普通高等教育"十一五"国家级规划教材

普通高等教育农业农村部"十四五"规划教材

植物保护学通论

（第3版）

主编　董双林

中国教育出版传媒集团

高等教育出版社·北京

内容简介

本书共分 9 章：第一章绪论重点介绍植物保护的一般概念、社会责任和义务，以及植物保护学的研究内容 s；第二至第五章分别介绍不同类型植物有害生物的基础生物学；第六章介绍植物有害生物的发生规律和预测技术；第七章介绍植物保护策略以及防治有害生物使用的各种技术；第八章重点介绍水稻、小麦、玉米、大豆、棉花、果树、蔬菜和设施农作物的病虫草害，及其发生危害特点与综合治理技术；第九章介绍植物保护技术推广的方式、体系，以及植保产品和器材的营销与管理。本书力求以简练的文字和简明的体系，帮助读者系统了解植物保护学的基本知识，掌握植物保护的基本概念、基本原理和基本技能。

本书是非植物保护专业涉农高校学生了解植物保护的推荐教材，也可作为作物育种和栽培以及基层植物保护工作者和农业生产管理者的参考书。

图书在版编目（CIP）数据

植物保护学通论 / 董双林主编 . --3 版 . -- 北京：高等教育出版社，2022.4（2024.11重印）

ISBN 978-7-04-056345-0

Ⅰ. ①植… Ⅱ. ①董… Ⅲ. ①植物保护 – 高等学校 – 教材 Ⅳ. ① S4

中国版本图书馆 CIP 数据核字（2021）第 129666 号

ZHIWU BAOHUXUE TONGLUN

| 策划编辑 孟 丽 | 责任编辑 赵晓玉 | 封面设计 张 志 | 责任印制 刁 毅 |

出版发行	高等教育出版社	网　　址	http://www.hep.edu.cn
社　　址	北京市西城区德外大街4号		http://www.hep.com.cn
邮政编码	100120	网上订购	http://www.hepmall.com.cn
印　　刷	河北鹏远艺兴科技有限公司		http://www.hepmall.com
开　　本	850mm×1168mm　1/16		http://www.hepmall.cn
印　　张	22.25	版　　次	2001 年 6 月第 1 版
字　　数	540 千字		2022 年 4 月第 3 版
购书热线	010-58581118	印　　次	2024 年 11 月第 5 次印刷
咨询电话	400-810-0598	定　　价	43.60元

《植物保护学通论》第3版
编 委 会

数字课程（基础版）

植物保护学
通论
（第3版）

主编　董双林

登录方法：

1. 电脑访问 http://abook.hep.com.cn/56345，或手机扫描下方二维码、下载并安装 Abook 应用。
2. 注册并登录，进入"我的课程"。
3. 输入封底数字课程账号（20位密码，刮开涂层可见），或通过 Abook 应用扫描封底数字课程账号二维码，完成课程绑定。
4. 点击"进入学习"，开始本数字课程的学习。

课程绑定后一年为数字课程使用有效期。如有使用问题，请点击页面右下角的"自动答疑"按钮。

植物保护学通论（第3版）

　　植物保护学通论（第3版）数字课程与纸质教材配套使用，是纸质教材的拓展和补充。数字课程包括各章复习思考题、教学课件等，便于学生自学，有助于提升教学效果。

用户名：　　　　密码：　　　　验证码：　　　　 5360 忘记密码？ 登录 注册

http://abook.hep.com.cn/56345

扫描二维码，下载Abook应用

第3版前言

为了满足涉农高校非植物保护专业大学生了解植物保护学基本知识的需要，我们于2001年首次出版《植物保护学通论》本科教材，并于2012修订再版。本教材从生产实际出发，首次将植物保护涉及的病、虫、草、鼠基础知识、测报和防治技术，以及植保技术推广和植保产品与器材的营销管理有机结合在一起，面世以来受到了广大师生和基层工作者的欢迎，在涉农高校的教学和植保技术的推广中发挥了较好的作用。但随着学科发展和生产实践的变化，书中的内容需要更新和补充，同时在教学过程中发现的不足，也需要进一步完善。为此，我们对本教材进行了第3版修订。

第3版继承并进一步强化了本教材的系统性、完整性和先进性。在第一章绪论及第九章植物保护技术推广部分，进一步突出了绿色植保、公共植保的现代植保理念，在其他各章也增加了对绿色防控技术的介绍；在第二章植物病害和第三章植物虫害的基础生物学部分，分别更新了植物病原物及昆虫纲的分类体系；在第七章农业有害生物的防治技术与策略部分，根据高选择性低残留及靶标分子合理设计的新农药创制趋势，增加了农药按来源和成分、按毒性及按作用靶标的分类介绍；在第八章主要作物病虫草害综合治理部分，增加了玉米和大豆2个主要作物的相应内容；在第九章植物保护技术推广部分，突出介绍了首部《农作物病虫害防治条例》的相关要点，更新了转基因抗病虫植物品种的管理与销售的内容，增加了植保无人机使用及管理的内容。全书在保持系统性、完整性，并注意引进科研新成果、新知识的同时，对原版个别错误做了订正，对语言做了进一步的精练。另外，第3版新增了各章复习思考题、教学课件等数字课程资源，供教学中选用。配套课件第五章由董双林制作，其余各章由武淑文制作。

第3版对编委会成员进行了适当扩充，同时原有成员也有个别变动，因此每位成员的编写任务也相应有所调整。全书第一章和第七章由韩召军编写，第二章由陈夕军编写、第三章由尹新明编写，第四章由强胜编写，第五章由董双林编写，第六章由刘向东、强胜（第四节）编写，第八章由陈夕军和易欣（第一节）、原国辉（第二节）、武淑文和李绍勤（第三节）、高宇（第四节）、董双林（第五节）、孙丽娟（第六节、第八节）、郑长英和孙丽娟（第七节）编写，第九章由吴小毅编写。全书最后由董双林统稿、韩召军主审。第3版的完成离不开前两版的良好基础，在此谨向前两版的所有编审人员致以衷心的感谢。

本书第3版继续得到了高等教育出版社和编者所在单位的大力支持；全书参考了大量的文献资料，但限于篇幅，未能一一列出。在此，我们对出版社、编者所在单位以及所有文献资料的作者一并表示真挚的感谢。

　　由于编者水平所限，不足和错误之处在所难免，希望广大教师、同学和植保同行在使用过程中，随时向我们指出，以便在今后的修订中进一步完善。

编者

2021年3月20日

第 2 版前言

第 1 版前言

目　录

第一章 绪论

植物是人类社会持续发展必不可少的再生资源。植物不仅为人类提供必需的基本生活品，同时能调节气候、控制水土流失、改善大气和人类的生存环境，并为野生动物及其他异养生物提供食物，维护生物多样性和地球生物资源。此外，植物在许多情况下，还是人类文明和传统文化的载体，也是景观构建的重要材料。因此，人类总是就其所掌握的知识，尽量充分利用植物造福人类。然而，植物在生长和发育过程中，经常受到各种不良环境的生物和非生物因子的影响，严重时造成植被和森林被毁、栽培植物的产量和品质下降，甚至绝产，由此导致饥荒和社会动荡。为了避免灾害，实现植物生产的高回报，人类在长期的农业实践中，不断总结经验，创造和发展了多种针对性减灾技术，植物保护学就是一门研究如何控制植物生物灾害的科学。做好植物保护工作，对于建设现代化农业体系、保险生态和粮食安全以及全面推进乡村振兴均具有重要意义。

第一节 植物保护的一般概念

植物保护（plant protection）是综合利用多学科知识，以经济、科学的方法，控制植物有害生物，保护人类目标植物免遭生物灾害，提高植物生产投入回报，维护人类的物质利益和环境利益的实用科学。早期植物保护仅是服务于作物栽培的一项技术措施，专业范围主要局限在作物的病虫害诊断与后续治理。随着现代农业的发展，要确保农业的高产、优质、高效，植物保护就必须了解各种可能的有害生物，弄清其发生规律，预测其危害程度及可能的灾害，开发科学、经济、有效的防治措施和对策，及时进行有害生物的预防和治理，同时避免植物保护措施对生态环境造成负面影响。因此，植物保护不断向相关学科渗透，衍生出许多基础研究和应用研究分支学科，如植物真菌学、植物细菌学、植物病毒学、植物线虫学、农业昆虫学、园艺昆虫学、农螨学、杂草学、农业鼠害学、植物检疫学、农药学、病虫害预测预报和有害生物综合治理等，形成了以保护植物为中心，既有基础理论又有应用技术的综合性学科体系。

一、植物保护的对象

植物保护是保护人类的目标植物。这与环境资源保护不同，并不是保护所有植物或生物的多样性，而是维护人类认为更具价值的植物的绝对优势。早期植物保护主要是保护栽培植物，包括大田作物、果树、蔬菜、特种经济植物及储藏期农产品。随着生态学的发展和人类环保意识的加强，人类逐步意识到保护森林和草原植被的重要性。在这方面，除了制定法规控制人为的破坏外，在必要情况下也采用了相应的植物保护措施控制有害生物的危害，并且形成了以保护森林为主的分支学科——森林保护学。应该说植物保护存在广义和狭义的保护对象，前者是指在特定时间和地域范围内，人类认定有价值的目标植物，而后者则是指人类的栽培植物。在农业上所说的植物保护一般是指狭义的栽培植物保护。

二、植物保护的目的

植物保护的目的是控制有害生物对植物的危害，避免造成生物灾害，最终提高植物生产投入的回报，获得最大的经济效益、生态效益和社会效益。在自然界，影响植物生长发育、作物产量和农产品质量的环境因子很多，主要有不良气候，不适宜的土、肥、水等非生物因素和病、虫、草、鼠等有害生物，严重时它们都可能造成巨大损失形成植物灾害。然而，防止气候灾害主要是通过农田规划、农田水利和其他设施建设，以及必要的栽培措施，而不适宜的土肥营养，主要是通过土壤改良、合理施肥和栽培措施进行解决。尽管植物保护也涉及植物缺素、冻害和日灼等非生物影响因子，但植物保护最主要的防控对象是植物有害生物，避免生物灾害。

三、有害生物与植物生物灾害

有害生物（pest）是指那些危害人类及其财产利益的生物。植物保护学范畴的有害生物是指那些危害人类目标植物，并能造成显著损失的生物，包括植物病原微生物、寄生性植物、植物线虫、植食性节肢动物和软体动物、杂草、鼠类以及其他部分鸟、兽等。而农业生物灾害是指有害生物严重危害人类目标植物，给人类造成巨大损失而形成的灾害。

植物，尤其是绿色植物，作为能源物质的初级生产者，处于生物圈食物链的基层。以植物为寄主或食物的生物，其数量之大、种类之多都是相当惊人的，它们都可能给植物造成伤害，并在条件适宜时大量繁殖，使伤害蔓延加重。因此这些生物都可能对人类目标植物的生产造成经济上的损失，都是潜在的有害生物。然而在自然界，由于受不同因素的制约，这些潜在有害生物对人类目标植物的伤害，绝大部分都不能造成可见的经济损失，只有极少部分可以较好地适应农田生态环境，大量繁殖危害，才能造成植物生产显著的经济损失，甚至暴发蔓延，形成生物灾害。何俊华等曾鉴别了624种可以危害水稻的（潜在）害虫，但在自然界曾经造成经济危害而需要进行防治的水稻害虫不足其十分之一，而不同地区常年需要专门防治的水稻害虫仅有几种。

同种作物会有不同的有害生物，它们有些在一般情况下种群密度较低，仅是偶尔造成经济危害，被称为偶发性有害生物；而另一些则是一直维持较高的种群密度，经常造成经济危害，被称为常发性有害生物；还有一些虽然是偶发性的，但一旦发生就会暴发成灾，这一类又被称为间歇暴发性有害生物。后两者是植物保护关注的重点对象。作为植物保护工作者，必须意识到，潜在有害生物是有害生物强大的后备军，当农作物品种、耕作制度、栽培措施、农田生态环境改变时，不同类型的有害生物会通过适应演化转换角色，一些有害生物会变成次要有害生物，而另一些次要有害生物则会变成有害生物，这也是植物保护工作艰巨复杂的一个重要原因。

为了指导农作物有害生物防治，保障国家粮食安全和农产品质量安全，2020年3月26日国务院颁布《农作物病虫害防治条例》，于同年5月1日正式实施。条例规定，根据农作物病虫害的特点及其对农业生产的危害程度，将农作物病虫害分为一类、二类和三类，进行分类管理。其中一类农作物病虫害是指常年发生面积特别大或者可能给农业生产造成特别重大损失的农作物病虫害，其名录由国务院农业农村主管部门制定、公布；二类病虫害是指常年发生面积大或者可能给农业生产造成重大损失的农作物病虫害，其名录由省级农业农村主管部门制定、公布，并报国务院农业农村主管部门备案；三类病虫害名录由设区市组织制定并报省农业农村厅备案。2020年9月15日，农业农村部公布了《一类农作物病虫害名录》，包括虫害10种，分别是草地贪夜蛾、飞蝗（包括飞蝗和其他迁移性蝗虫）、草地螟、黏虫（包括东方黏虫和劳氏黏虫）、稻飞虱（包括褐飞虱和白背飞虱）、稻纵卷叶螟、二化螟、小麦蚜虫（包括荻草谷网蚜、禾谷缢管蚜和麦二叉蚜）、马铃薯甲虫和苹果蠹蛾；病害7种，分别是小麦条锈病、小麦赤霉病、稻瘟病、南方水稻黑条矮缩病、马铃薯晚疫病、柑橘黄龙病和梨火疫病（包括梨火疫病和亚洲梨火疫病）。随着病虫发生及防控形势变化，2023年农业农村部对一类病虫害名录做了调整，将马铃薯甲虫和苹果蠹蛾更换为亚洲玉米螟和蔬菜蓟马，将柑橘黄龙病和梨火疫病更换为玉米南方锈病、油菜菌核病和大豆根腐病，另外增加了1种鼠害——褐家鼠。

避免植物生物灾害是植物保护的责任。面对种类繁多、适应性极强的有害生物，以及农业生产优质高产的要求和机械化规模经营的发展趋势，植物保护必须加强基础研究，开发更安全有效的防控技术途径，综合利用各种有效措施，建立高效易行的综防体系，通过清除病虫害来源降低发生基数，恶化病虫发生危害的环境条件，及时采取适当措施，将病虫害控制在经济危害水平以下。

四、植物保护的方式

一般来说，控制有害生物对植物的危害有两类方式，即防和治。防就是预防，是在病虫害发生危害之前，阻止有害生物与植物的接触和侵害，或阻止有害生物种群的增长。如利用植物检疫、抗性植物品种、防虫网、害虫驱避剂、保护性杀菌剂、种苗处理以及破坏有害生物越冬场所和"桥梁"寄主等防治措施均属于此类。而治则是指有害生物发生流行达到经济危害水平时，采取措施阻止有害生物的危害或减轻危害造成的损失，如利用杀虫剂、治疗性和铲除性杀菌剂、除草剂、杀鼠剂、捕鼠器、诱虫灯、性引诱剂、释放天敌以及清理田园等绝大多数植物保护措施均可以达到治的效果。治是面临病虫害危害损失采取的果断措施，时效性很强，投入较大，在生产上比较容易推广。而预防，由于短期内尚不能形成危害损失，所以农民的积极性通常不高。因此，预防措施一般必须简便、廉价，而且效果显著，才易于推广。针对检疫上的危险性有害生物和难治理的重大病虫害，采用的预防措施投入较大，但通常是由政府强制实施。

防和治都是为了控制病虫害，但控制病虫害仅是植物保护的手段，而其最终目的是提高植物生产投入的回报，获得最大的经济效益、生态效益和社会效益。因此，实施植物保护必须要考虑防和治的投入效益。早在1975年在全国植保工作会议上，我国就制定了"预防为主，综合防治"的植物保护工作方针，不仅强调了预防的重要性，同时也强调了多种防治技术的综合应用。

应该指出，病虫害防治并非保护植物不受任何损害，而是将损害控制在一定程度，以不影响人类的物质利益和环境利益为度，这是因为自然界存在大量的潜在有害生物，在绝大多数情况下它们都会对植物造成一定程度的损伤或危害，而植物自身具备一定的抗性和自我补偿能力，轻微的损伤并不影响植物的生长发育，对于绝大多数农作物来说，非收获部位轻微的损伤也不会导致产量和品质的明显下降。因此，完全阻止有害生物对植物的伤害不仅相当困难，而且投入加剧，同时在多数情况下也是不必要的。事实上，病虫害防治无论采用什么方式和措施，都必须获得一定的投入效益，如果投入的成本大于所获得的效益，那么该项植物保护措施就无法被接受。

第二节　植物保护的社会责任和义务

植物保护学是一门与人类生存和发展密切相关的科学，不仅对农业生产和粮食安全负有不可推卸的责任，同时还承载着生态文明的使命，以及维护环境安全和人类健康的义务。习近平总书记在党的二十大报告中明确指出，中国式现代化要"推动绿色发展，促进人与自然和谐共生"。植物保护需要同时考虑人类的经济效益、生态效益和社会效益，既要考虑眼前利益，也要照顾长远利益，既要考虑人类的农产品需求，也要考虑社会资源的投入。即使是在商品社会，植物保护工作者也应该时刻牢记，食品生产不同于一般商品！必须在源头上控制农药和有害生物毒素的残留污染，保证农产品质量。

一、植物保护与农业生产

植物保护在农业生产中占有不可或缺的地位。在古代农业中，由于植物保护技术落后，有害生物对作物造成的生物灾害是农业生产、人类发展和社会稳定的重要制约因素。在中国古代，蝗灾给中华民族造成巨大灾难。史书记载自唐朝后期至清朝末年的约 1 000 年间，有 300 多年发生蝗灾，蝗虫暴发年份，飞蝗过处，草木一空，饥民流离，尸骨遍野。人们将蝗灾、旱灾和黄河水患并列为制约中华民族发展的三大自然灾害。在欧洲，1845 年马铃薯晚疫病大流行，导致的"爱尔兰饥馑"举世闻名，据记载，25 万多人饿死，100 多万人背井离乡，仅迁往北美大陆的就有 50 多万人。

近代随着植物保护科学的发展，这种毁灭性的生物灾害已得到较好的控制，但是，病、虫、草、鼠等有害生物对农业生产的严重威胁有增无减。据 Yarwood 估计，从 1926 年到 1960 年美国有害生物发生记录增加了 3 倍。中国自 20 世纪 50 年代以来，有害生物发生面积也呈逐年增加趋势。其主要原因是人类为了满足不断增长的人口对农产品的需求，所采取的一系列高产耕作措施为有害生物提供了更适宜的发生环境。如高产优质植物良种及多熟制为有害生物提供了充足而优良的食物和寄主；频繁的异地引种和大面积规模化种植单一品种有利于有害生物暴发危害；精细耕作使农田物种群落高度简化，加之化学农药的广泛使用，杀伤天敌，致使有害生物失去了自然的生态控制机制；有害生物在长期持续的植物保护选择压力下，分化出不同的生物型和抗药性种群，都增加了有害生物暴发危害的风险。如果说早年的粗放低产农业，在不少情况下依赖自然生物控制，不经专门的植物保护尚能取得一定收获的话，那么在现代农业中，大田作物不经植物保护已经很难取得有效的收益了。

现代高产农业不仅生物灾害暴发的机会和频率比以往都高，绝对经济损失也大。据农业年鉴记载，中国 20 世纪 90 年代中期，农业上每年病、虫、草、鼠等有害生物成灾面积均在 3×10^8 hm^2 以上，利用植物保护措施挽回粮食损失超过 5×10^7 t、棉花 100 多万吨，而实际损失仍相当惊人。1992 年害虫大发生，在大力防治的情况下，保守估计种植业仍损失 80 亿元之多。据联合国粮食与农业组织统计，农业有害生物在世界农业生产中造成的损失为：粮食 20%、棉花 30%、水果 40%。美国估计其农业有害生物造成的农作物和牧草损失为 30%。

事实上，这还是正常实施植物保护后的损失，如果没有相应的植物保护措施，有害生物在作物生长发育的各个阶段，都可能造成毁灭性的灾害。显然，植物保护已成为现代农业生产必不可少的技术支撑。但另一方面，这也说明植物保护还具有通过减少有害生物危害损失提高农作物总产的巨大潜力。在耕地日趋紧张的现代社会，除了大海、荒漠、作物品种、高新技术能为人类提供更多的必需品外，植物保护的发展同样可以提供一条满足人类对农产品需求的高效途径。

除造成直接经济损失外，病虫危害还会显著降低农产品质量和破坏风味，甚至因毒素问题而失去利用价值。如玉米穗腐病和麦类赤霉病，其病原物禾谷镰刀菌会产生脱氧雪腐镰刀菌烯醇（俗称呕吐毒素），猪对这种毒素最为敏感，1 ppm 的含量即可导致拒食，含量增加可导致哺乳类呕吐、厌食、胃肠炎、腹泻、免疫抑制和血液病，欧盟还将其归类为 3 级致癌物，不少国家对其制定了限量标准，其中最低的为 0.75 mg/kg。而油料和谷物等作物籽实霉变产生的黄曲霉毒素的毒性更强，急性中毒可导致急性肝中毒和出血性坏死，比砒霜的毒性还高 68 倍；慢性中毒可以导致生长障碍，引起纤维性病变，诱发肝癌、胃癌、肠癌，是 1 级致癌物。通过病虫害防治，可以避免农产品霉变或携带毒素，因此植物保护不仅是作物高产、稳产的保证，同时也是生产优质、高效的保障。

二、植物保护与生态环境

植物保护除了在农业生产上保护人类的经济利益外，在保护生态方面也起到非常重要的作用。一方面，植物保护不仅保护大田农作物，还保护维护人类生态环境的森林、草原植被和园林植物，尤其是人类为了改善生态环境栽种的人工林和草场等，它们不具备原始森林经过长期反复生物灾变形成的稳定性，像大田作物一样容易受有害生物的危害。如中国为了阻止风沙蔓延而建立的生态工程——三北防护林，经常遭受透翅蛾和天牛的危害，必须实施植物保护，才能达到预期目的。另一方面，植物保护通过植物检疫控制有害生物的传播，保护人类的生态环境。这不仅是控制已知的有害生物，还包括控制动、植物引种到新环境下演变成的有害生物。如早年中国作为饲料和绿肥引进的水花生和水葫芦，以及改革开放后作为鲜切花引进的一枝黄花、作为食材引进的福寿螺、作为滩涂治理先锋植物引进的大米草，由于未能进行严格的安全评估，引种后均已演变成恶性入侵生物。更重要的是，植物保护还要通过减少本身的负面影响来保护生态环境和人类健康。

由于对自然认识不足，一些植物保护措施也会对环境产生一定的负面影响。其中最典型的就是过量使用化学农药所造成的3R问题（3R problem），即农药残留（residue）、有害生物再猖獗（resurgence）和有害生物抗药性（resistance）问题。化学农药开发的初期，一般仅考虑田间防治效果，因而使一批高毒、高残留农药投入田间使用，并且由于当时对化学农药的过度依赖，致使3R问题迅速泛滥。由于一些农药毒性高，分解慢，残存在农产品中以及漂流扩散进入空气、土壤和水体中，导致人、畜中毒，直接或间接影响人体健康及安全，有的甚至通过食物链富集，影响自然生态，形成农药残留问题。而广谱杀生性农药的使用，对天敌和有益生物的大量杀伤，严重破坏自然生态的控制作用，用药后残存的有害生物及一些次要有害生物种群数量激增，暴发危害，以致农田有害生物越治越多，形成再猖獗，使药剂防治次数不断增加。而在反复大量使用化学农药的人为选择压力下，有害生物通过适应性进化形成了抗药性，使正常剂量的农药无法达到防治效果，导致用药量不断增加。药剂防治次数和用药量的增加又加重了化学防治的3R问题，形成恶性循环。1962年美国生物学家卡尔逊发表《寂静的春天》对此进行了详细而生动的描述，并在社会上引起强烈反响。

为了确保农业高产、稳产、优质、高效，减少植物保护对生态环境的负面影响，经过生物学、生态学、植物保护学和环境科学等多学科的共同努力，在植物保护领域逐步达成了以确保有害生物防治并减少化学防治负效应为目的，利用多种有效技术措施进行有害生物综合治理的共识。其后，各国政府采取措施，成立专门机构控制农药的毒性与使用量，相继禁用了那些高毒、高残留以及具有三致（致癌、致畸、致突变）慢性毒性的农药，如内吸磷、DDT、杀虫脒等，并开发了一系列高效、低毒、低残留、高选择性农药品种以及控制生长发育和行为调节的非杀生性软化学药剂（soft chemical），将农药每亩（1亩 ≈ 666.7 m^2）用量由早期的几十克到数百克减少至目前的几克，甚至零点几克，加之多种综合防治措施的实施，使目前化学防治的3R问题得到很大改善。显然，植物保护在保护人类物质利益的同时，还要从生态学的角度出发，保护人类的环境利益。

第三节 植物保护学的研究内容

植物保护学研究的内容包括基础理论、应用技术、植保器材和推广技术等，主要是要弄清不同有害生物的生物学特性、与环境的互作关系、发生与成灾规律，建立准确的预测预报技术以及科学、高效、安全的防治措施与合理的防治策略，并将其顺利实施。

一、有害生物的生物学

植物保护涉及从非细胞生物到种子植物和哺乳动物等多种类型的潜在有害生物，它们各具不同的生物学特性，在农业生态环境不断变换的情况下，它们都可能危害成灾。因此，研究它们的遗传变异、结构功能、新陈代谢、生长发育、生活史、生物学习性与发生发展规律是有害生物防治的基础。这些基础研究不仅有助于发现适于防治有害生物的薄弱环节，而且可以为开发安全、高效、高选择性防治技术提供必要的依据和思路。如针对植物繁殖体带毒而开发的脱毒苗病毒病防治技术，以及根据昆虫信息通讯开发的行为调节剂，利用有害生物致命基因研发的基因干扰抗性作物品种，都是以生物学研究成果为基础的现代植物保护技术。因此，植物保护学在基础研究领域不断向微生物学、动物学、植物学、生态学、生理学、毒理学、分子生物学、组学等相关学科渗透，形成了植物病原生物学、植物病理学、昆虫分类学、昆虫生理学、昆虫生态学、杂草生物学、杂草生态学、农药毒理学、有害生物分子生物学和有害生物组学等，同时与应用相结合形成了一系列的应用基础分支学科研究领域，如植物病原真菌学、植物病原细菌学、植物病毒学、植物线虫学、农螨学、农业昆虫学、园艺昆虫学、杂草学、农业鼠害学、昆虫毒理学、农药环境毒理学等。此外，现代分子生物学和组学技术的发展，为研究有害生物的生理生化及遗传变异机制提供了有力的技术支持，使有害生物分子生物学和分子毒理学迅速崛起，成为现代农药分子设计、抗性作物品种培育，以及其他植物保护高新技术开发的重要基础。

二、有害生物发生规律与灾害预测

有害生物只有在环境条件适宜时，才能大量发生并侵染危害导致生物灾害。研究农田生态学，弄清环境因子对有害生物发生的影响，并根据有害生物的生物学特性和环境因子的变化，准确预测有害生物的发生期、发生量及危害损失程度，才能实施及时、有效和经济合理的防治措施。影响有害生物大发生的环境因子种类很多，包括气候因子、寄主及天敌等生物因子，以及土壤、肥料等其他非生物环境因子，它们都会影响农田生态，直接或间接地影响有害生物的种群消长及侵染危害。因此，植物生物灾害预测不仅涉及有害生物的自身发生规律，还涉及气象学、生态学、作物栽培学以及土壤肥料学等学科，尤其是生态学，研究有害生物与环境的互作关系，不仅是有害生物预测和灾害预警的基础，同时也是有害生物综合治理的基础。现代信息技术及计算机的应用，为环境信息采集和综合处理提供了有力手段，有害生物发生规律与灾害预测研究逐步深入，有害生物发生预测，尤其是中、长期预测的准确率不断提高，基于遥感和自动识别的田间病虫害信息采集技术迅速发展，以计算机 GIS（地理信息系统，geographic information system）、GPS（全球定位系统，global positioning system）和神经网络系统为基础的植物灾害预测学正在崛起。

三、有害生物防治对策与措施

有害生物防治实际上是防和治两者的结合，但在不同时期或不同情况下有不同的偏重。如 20 世纪 40 年代出现有机合成农药后，人类过度依赖化学防治，一般很少考虑早期有害生物的种群数量控制，而大都是进行发生后的治。3R 问题出现后，人类认识到有害生物防治的艰巨性和单项技术的局限性，逐步形成了有害生物综合治理的对策，将预防提到了更重要的位置。我国于 1975 年将"预防为主，综合防治"确定为植物保护方针，旨在加强植物保护的预防措施。事实上，植物病害防治由于技术的原因，一直是以预防为主。在现代农业有害生物综合治理实践中，为了避免生物灾害，大都采用预防为主的防治对策，即使是化学防治，在不少情况下也采用药剂预处理，如种子处理、土壤处理等。应该说预防是积极的植物保护对策，但应加强灾情预测的指导，以免为追求过度保险造成的投入浪费。

植物保护技术措施包括农业防治、物理防治、化学防治、生物防治、推广抗性植物品种以及植物检疫等，它们在长期的植物保护实践中均已得到较充分的利用，如农业防治中的水旱轮作、间作套种、播期调整、水肥管理和田园清理等，物理防治中的各种诱杀技术、防虫网隔离技术和特殊环境的温度控制技术等，化学防治中的杀虫剂、杀菌剂、除草剂和杀鼠剂的使用，生物防治中天敌的保护、引种繁育与利用，以及生物产物的开发利用等。随着科学的发展和植物保护学研究的深入，植物保护引进现代科学研究成果，不断研究开发新的高效、安全技术措施和器材，如微波处理技术，同位素不育技术，高效、低毒、无残留生物农药及有害生物行为控制技术，工程天敌微生物，植物免疫技术，脱毒技术，转基因抗性植物品种，分子植物检疫技术，智能遥感田间信息采集系统，航喷无人机等。为了更好地达到植物保护的目的，并满足现代农业对植物保护的要求，综合利用现代科技成果，不断开发高效、经济、安全的植物保护技术措施及相关器材，仍然是目前植物保护研究的重点。

植物保护学不仅有基础理论研究和应用研究，还包括技术的应用推广。由于植物保护涉及的学科面较广，理论与应用研究逐步形成了许多专业化的分支学科，这些分支学科对植物保护的学科发展和技术的原始创新至关重要，但分支学科的专家限于知识面较窄，很难面向农村和农民，指导有害生物的防治。因此，植物保护需要大量掌握综合植物保护技能与作物栽培知识，进行田间植物病虫害诊断，指导有害生物防治的一线植物保护专家。在国外有不同的植物保护咨询机构进行技术推广，我国则成立了从中央到地方的植物保护技术推广系统，包括植保植检站、农药检定所、农产品质量检测中心和海关植物检疫系统。随着农业集约化的发展，中国大量出现的农业公司、植保技术服务公司、专业合作社和农药经营企业，将会更有利于先进植保知识和理念的推广。此外，植物保护的技术和器材的应用推广，还需要政府和必要的法律支持。

如植物检疫就是由检疫系统通过政府立法而实施的，农药的生产、销售及使用则主要由政府的药检部门负责监管。这些都是植物保护技术推广的保证，也是植物保护的支撑行业。

小　结

植物保护是综合利用多学科知识，以经济、科学的方法，保护人类目标植物免遭生物危害，提高植物生产投入的回报，维护人类的物质利益和环境利益的实用科学。植物保护向相关学科渗透，发展成为既有基础理论又有应用技术的综合性植物保护学。

广义的植物保护是指保护特定时间和地域范围内人类认定有价值的目标植物，而狭义的植物保护则是指保护人类的栽培作物。

植物保护的目的是通过采取适宜的措施和策略，控制有害生物的危害，避免生物灾害，最终提高植物生产的回报，获得最大的经济效益、生态效益和社会效益。

农业有害生物是指危害农作物、并能造成显著经济损失的生物。而植物生物灾害则是指有害生物大量危害农作物或森林植被等人类保护的目标植物，给人类造成的严重损失。

控制有害生物对植物的危害包括防和治两种方式，目标是将危害控制在不影响人类的经济和生态效益的范围内。

植物保护在农业生产中占有不可或缺的地位，是现代农业生产必不可少的技术支撑。

植物保护学主要研究有害生物的生物学、发生规律与预测预报、防治措施和器材，以及防治策略和技术推广。

植物保护工作者应该时刻牢记，农业生产不同于一般商品生产，更多的是关乎人类健康和生存的食品生产。要认真学习并贯彻习近平总书记"绿水青山就是金山银山"、"像保护眼睛一样保护生态环境"等重要指示精神；要心系"三农"，担当使命，为保障国家粮食安全、促进生态文明建设，全面推进乡村振兴贡献力量。

数字课程学习

⬇ 教学课件　　　✍ 思考题

第二章 植物病害

植物的生长发育受到自然界各种因素的影响。在正常情况下，植物从周围环境中吸收水分、无机盐，并通过光合作用形成自身生长发育所需要的有机物，从而健康生长。但植物也会因病原物侵染等原因出现异常状况，从而呈现病态，甚至整个植株死亡。学习和掌握植物病害及症状类型、病原物种类、侵染和传播规律及诊断等基础知识，对于有效防治农作物病害，提高农作物产量和品质，具有重要意义。

第一节 植物病害的基本概念

一、植物病害的定义

由于致病因子的作用，导致植物正常的生理功能和生长发育受到影响，因而在生理或组织结构上表现出各种异常状态，甚至死亡，这种现象称为植物病害（plant disease）。

植物和致病因子（pathogenic factor）是植物病害形成的两个基本因素。致病因子包括生物因子（biotic factor）和非生物因子（abiotic factor），生物因子又称为病原物（pathogen）。对于生物因子引起的病害来说，病害的形成是植物与病原物相互作用的结果，但是它们之间的相互作用自始至终都是在一定的外界环境条件下进行的。因此，一般情况下，植物病害的形成涉及植物、病原物和环境三方面，它们之间呈相互影响的三角关系，即"病三角"（disease triangle）。随着社会的发展，人类活动对农业生产的影响越来越重要，因此人类活动与植物病害的发生和流行也密切相关。如培育品种、选择不同的耕作制度、采用不同的栽培措施等生产活动可以助长或抑制病害的发生发展；调运带病种苗，可以加速病害的远距离传播；长期大量的使用化学农药与化肥，可以诱导病菌抗药性的产生和土壤生境的改变等。因此，植物病害的发生和流行除了涉及植物、病原物和环境三个自然因素外，还应加上"人类干扰"这个重要的社会因素（图 2-1）。

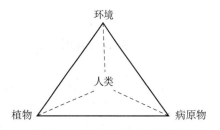

图 2-1　影响植物病害的因素

　　在病害的形成过程中，植物会出现一系列的病理变化。首先是生理机能的异常，并在此病变基础上，细胞或组织结构发生不正常的改变，最后在形态上产生各种各样的异常状态。植物本身由于遗传原因出现的病变，如白化苗、先天不孕等，称为遗传性疾病（hereditary disease 或 genetic disease），它与外界致病因子无关，因而不同于一般意义上的病害。虫伤、雹伤、风灾、电击及各种机械损伤对植物造成的破坏没有一个逐渐变化的病理过程，因而称为伤害（damage）。

　　植物病害造成的危害首先是减少植物，特别是农作物的产量。历史上由于病害流行造成严重缺粮而出现饥荒的现象并不鲜见，1845 年马铃薯晚疫病暴发，引起著名的"爱尔兰饥荒"，约 25 万人饿死，100 多万人流落他乡；1942 年印度孟加拉邦水稻胡麻斑病大流行，造成严重的"孟加拉饥荒"，200 多万人饿死；19 世纪 80 年代的法国葡萄霜霉病，更是几乎令整个法国酿酒业破产。即使在当代多种病害防控手段综合运用的基础上，在我国，水稻因各种病害年减产仍有 2×10^{10} kg；小麦仅锈病造成年减产 $3.5 \times 10^{9} \sim 6 \times 10^{9}$ kg；棉花因枯萎病年减产皮棉约 2×10^{8} kg。

　　病害也能降低农产品的品质。如糖用甜菜因褐斑病的危害可使糖量降低 1 ~ 4 度；棉花萎蔫病及铃病会使纤维变劣；番茄等植物因病毒病使得果实畸形瘦小，品质和口感低劣，不堪食用。

　　有些病害侵害的农产品中含有大量毒素，食用后可引起人畜中毒。如感染小麦赤霉病的麦粒加工面粉食用后会出现恶心、呕吐、抽风，甚至死亡；甘薯黑斑病病薯被牲畜食用后能诱发气喘病，严重时也会死亡。

　　有些农作物采收后，在运输和储藏期中发生的一些病害造成的损失也是惊人的。如甘蔗在储藏期或运输不当发生霉变，误食后能引起中毒；粮食和油料种子在储藏期能感染黄曲霉，而黄曲霉毒素是世界卫生组织公布的 1 类致癌物，其毒性远高于氰化物、砷化物和有机农药，取食染病种子加工成的食品可导致急性中毒、肝病变，甚至癌症。

　　从人类利用的角度来说，极少数病变却能提高植物的经济价值，即植物病害不但无害，反而有益。例如，茭白的食用部分是其感染了黑粉菌后膨大形成的肉质茎；有些花卉感染病毒后，花瓣的颜色由纯色变成杂色，增加了观赏度；韭菜和大蒜在遮光处理条件下形成风味独特的韭黄和蒜黄。这些"病态"虽然也由病原物或环境引起，但由于其对人类有利，因此并不被作为病害来对待。

二、植物病害的症状

植物受病原物侵染或不良环境因素影响后，在组织内部或外表显露出来的异常状态称为症状（symptom）。根据症状显示的部位，可分为内部症状（internal symptom）与外部症状（external symptom）。内部症状是指受病原物侵染后植物体内细胞形态或组织结构发生的变化，这些改变一般在光学或电子显微镜下才能辨别，如某些受害细胞或组织中出现的包含体（inclusion body）、侵填体（tylosis）等。外部症状是肉眼或放大镜下可见的植物外部病态特征，通常可分为病状（morbidity）和病征（sign）。病状是指植物自身表现出的肉眼可见的异常状态。病征是指病原物在植物病部表面形成的各种结构。许多真菌和细菌病害既有病状，又有明显的病征。但是，病毒和柔膜菌等病害只能看到病状，没有病征。大多数病害有其独特的症状，因此常常作为田间病害诊断的重要依据。但需要指出的是，不同病害可能表现相似症状，而同一病害发生在寄主不同部位、不同生育期、不同发病阶段和不同环境条件下，也可表现出不同症状。

（一）病状类型

1. 变色（discolor）　植物患病后局部或全株失去正常的绿色或发生颜色变化，称为变色。因叶绿素的合成受抑制使植物绿色部分均匀变色称为褪绿（chlorosis），因叶绿素被破坏而呈现的绿色部分均匀变色称为黄化（yellowing）；有的植物叶片发生的褪色不均匀，呈黄绿相间，称为花叶（mosaic）；有的叶绿素合成受抑制，而花青素生成过盛，使得叶色变红或紫红，称为红叶。

2. 坏死（necrosis）　植物的细胞和组织受到破坏而死亡，称为坏死。植物患病后最常见的坏死是呈现病斑（spot）。病斑可以发生在植物的根、茎、叶、果等各个部分，形状、大小和颜色亦各不相同，但轮廓一般都比较清楚。有的病斑受叶脉限制，形成角斑（angular spot）；有的病斑上具有轮纹，称为轮斑（round spot）或环斑（ring spot）；有的病斑呈长条状坏死，称为条纹（stripe）或条斑（streak）；有的病斑上坏死组织脱落后，形成穿孔（shot hole）。病斑可以不断扩大或多个联合，造成叶枯、枝枯、茎枯、穗枯等。有的病组织木栓化，病部表面隆起、粗糙，形成疮痂（scab）；有的树木茎干皮层坏死，病部凹陷，边缘木栓化，形成溃疡（canker）。

3. 腐烂（rot）　植物细胞和组织发生较大面积的消解和破坏，称为腐烂。腐烂和坏死有时是很难区分的。一般来说，腐烂是指组织受到破坏和消解，而坏死则多少还保持原有组织和细胞的轮廓。腐烂分为干腐（dry rot）、湿腐（wet rot）和软腐（soft rot）。若细胞消解较慢，腐烂组织中的水分能及时蒸发而消失，则称为干腐；如果细胞消解较快，腐烂组织不能及时失水，则称为湿腐；若胞壁中间层先受到破坏，出现细胞离析，然后再发生细胞的消解，则称为软腐。植物的根、茎、叶、花、果都可以发生腐烂，而幼嫩或多肉的组织更容易腐烂。根据腐烂的部位，可分为根腐、基腐、茎腐、花腐、果腐等。幼苗的根或茎腐烂，导致地上部分迅速倒伏，称为猝倒（damping-off）；如地上部分枯死但不倒伏，称为立枯（seedling blight）。

4. 萎蔫（wilt）　植物由于失水而导致枝叶萎垂的现象称为萎蔫。萎蔫有生理性和病理性之分。生理性萎蔫是由于土壤中含水量过少、盐分过高，或高温时过强的蒸腾作用而使植物暂时缺水，若及时供水，则植物可以恢复正常；病理性萎蔫是指植物根或茎的维管束组织被堵塞或受到破坏而发生供水不足所出现的凋萎现象，如黄萎、枯萎、青枯等，这种凋萎大多不能恢复，易导致植物死亡。

5. 畸形（malformation）　由于病变组织或细胞生长受阻或过度增生而造成的形态异常称为畸形。植物发生抑制性病变，生长发育不良，植株可出现矮缩（dwarf）、矮化（stunt），或叶片皱缩（crinkle）、卷叶（leaf roll）、蕨叶（fern leaf）等病状。病变组织或细胞若发生增生性病变，生长发育过度，则病部膨大，形成瘤肿（gall）；枝或根过度分支，产生丛枝（rosette）或发根（hairy roots）；有的病株比健株高而细弱，形成徒长（spindling）。此外，植物花器变成叶片状结构，使植物不能正常开花结实，称为变叶（phyllody）。

（二）病征类型

1. 霉状物　病部形成各种毛绒状的霉层，如绵霉病、霜霉病、青霉病、灰霉病、赤霉病等的病征。

2. 粉状物　病部形成白色或黑色的粉状霉层，分别是白粉病或黑粉病的病征。

3. 锈状物　病部表面形成小疱状突起，破裂后散出白色或铁锈色的粉状物，分别是白锈病和其他锈病的病征。

4. 粒状物　病部产生大小、形状及着生情况差异很大的颗粒状物。如真菌的子囊果、分生孢子果、菌核，以及线虫的胞囊等。

5. 索状物　病植物的根部表面产生紫色或深色的由大量菌丝纠结形成的菌丝索，即真菌的根状菌索。

6. 脓状物　潮湿条件下在病部产生黄褐色、胶黏状、似露珠的脓状物，即菌脓。这是细菌病害特有的病征。

三、植物病害的类型

植物病害种类繁多，依据不同的方法和要求，可分为不同的类型。根据被害植物的类别分为粮食作物病害、经济作物病害、果树病害、蔬菜病害、林木病害、观赏植物病害、药用植物病害、牧草病害等；根据植物的患病部位，分为根部病害、叶部病害、茎秆病害、果实病害等；根据症状类型分为花叶病、斑点病、叶枯病、腐烂病、萎蔫病、畸形病等；根据病原物类型分为卵菌病害、真菌病害、细菌病害、病毒病害、线虫病害等；根据病原物传播途径分为气传病害、水传病害、土传病害、种传病害、虫传病害等。根据致病因素的性质，植物病害又可分为两大类，即侵染性病害和非侵染性病害。

（一）非侵染性病害

由非生物因素（即不适宜的环境条件）引起的植物病害，称为非侵染性病害（uninfectious disease）。这类病害没有病原物的侵染，不能在植物个体间传播，所以也称非传染性病害或生理性病害。

引起非侵染性病害的环境因素很多，包括不适宜的温度、湿度、水分、光照、土壤、大气和栽培管理措施等。例如，氮、磷、钾等营养元素缺乏形成缺素症；土壤水分不足或过量形成旱灾或渍害；低温或高温形成冻害或灼伤；光照过弱或过强形成黄化或叶烧；肥料或农药使用不当形成肥害或药害；氟化氢、二氧化硫、二氧化氮等大气污染也会对植物造成毒害等。

（二）侵染性病害

由生物因素引起的植物病害，称为侵染性病害（infectious disease）。这类病害可以在植物个体间互相传染，所以也称传染性病害。

引起植物病害的生物因素称为病原物，主要有原生动物、卵菌、真菌、细菌、病毒、线虫和寄生性种子植物等。侵染性病害的种类、数量和重要性在植物病害中均居首位，是植物病理学研究的重点。

侵染性病害和非侵染性病害之间时常相互影响、相互促进。例如，长江中下游地区早春的低温冻害，可以加重由绵霉引起的水稻烂秧；由真菌引起的叶斑病，造成果树早期落叶，削弱了树势，降低了寄主在越冬期间对低温的抵抗力，因而患病果树容易发生冻害。

第二节　植物病原物

自然界各种生物之间都有一定的关系，如共栖、共生、拮抗和寄生等。绝大多数病原物与植物之间都是一种寄生关系。一种生物从其他活的生物中获取养分的能力称为寄生性（parasitism），这种生物称为寄生物（parasite），而被寄生的生物称为寄主（host）。一般将寄生物分为两类，即活体营养生物（biotroph）和死体营养生物（necrotroph）。活体营养生物是指在自然界中只能从寄主的活细胞和组织中获取养分的生物，如引起病害的白锈菌、霜霉菌、白粉菌、锈菌、部分黑粉菌、难培养细菌、植原体、病毒、线虫和寄生性植物等。死体营养生物是指自然界中可以从死的寄主组织或有机质中获取养分的生物，如大多数病原真菌和细菌。根据寄生的特性，死体营养生物又分两种情况：一种像活体营养生物一样，侵染活的细胞和组织，但寄主组织死亡后，能继续生长、繁殖，如许多引起叶斑病的真菌；另一种是在侵入前先分泌酶或毒素杀死寄主组织，然后进入其中腐生，如丝核菌等。

致病性（pathogenicity）是指一种生物具有的引致植物病害的能力，这种生物称为病原（物）（pathogen）。由此可见，生物的寄生性与致病性是两个不同的概念。前者强调从寄主中获取营养的能力，后者强调破坏寄主的能力，两者既有联系又有区别。总的来说，绝大多数病原物都是寄生物，但不是所有的病原物都是寄生物。例如，有些土壤中植物根际的微生物并不进入植物体内进行寄生，但可分泌一些有害物质，使植物根部扭曲，引起植物矮化，这种致病方式称为体外致病（exopathogenicity）。另外，也不是所有的寄生物都是病原物。例如，植物体内寄生着大量的微生物，但这些微生物对寄主并无明显的影响，更不引起病害，因此不能说是病原物。在植物病原物中，寄生性的强弱与致病性的强弱无明显相关性。例如，病毒都是活体营养生物，但有些并不引起严重的病害。而一些引起腐烂病的病原物都是死体营养生物，寄生性较弱，但它们对寄主的破坏作用却很大，如大白菜软腐病菌。

长期以来，人们将生物分为动物界和植物界，真菌被划分在植物界的藻菌植物门。但是，随着科学研究的深入，生物分界不断发生变化。Whittaker（1969）提出生物分为五个界，即原核生物界（Procaryotae）、原生生物界（Protista）、真菌（或菌物）界（Fungi）、植物界（Plantae）和动物界（Animalia）。在五界系统中，广义的真菌即菌物被归为一个独立的界。此后，随着超微结构、生物化学和分子生物学,特别是18S rRNA序列相似性的研究,生物五界系统以及真菌作为一个界的观点愈来愈受到质疑。Cavalier-Smith（1981,1988）提出将细胞生物分为八界,即原核总界的古细菌界（Archaebacteria）和真细菌界（Eubacteria）,真核总界的古动物界（Archaezoa）、原生动物界（Protozoa）、色菌界（Chromista）、真菌界（Fungi）、植物界（Plantae）和动物界（Animalia）。在八界系统中,广义的真菌分属三个界,即原生动物界,包括无细胞壁的黏菌及根肿菌；色菌界,包括细胞壁主要成分为纤维素、营养体为2n、具茸鞭型鞭毛的卵菌等；真菌界,指细胞壁成分含几丁质的真真菌（true fungi）,包括绝大多数传统的真菌成员。本书一般沿用真菌的广义概念,但本章使用新概念对植物病原物进行分别介绍。

一、原生动物

原生动物是低等的真核生物,营养体无细胞壁,为形状可变的原质团（plasmodium）,其吸收营养的方式主要靠吞噬（phagocytosis）或进行光合作用（photosynthesis）。原生动物可以通过两种方式产生后代,营养体不经过核配和减数分裂产生后代的方式称为无性繁殖（asexual reproduction）,必须通过异性生殖细胞结合并经减数分裂产生后代的方式称为有性生殖（sexual reproduction）。无性繁殖产生的后代孢子为无性孢子（asexual spore）,有性生殖产生的后代孢子为有性孢子（sexual spore）。原生动物产生的无性孢子为游动孢子（zoospore）,有性生殖产生的有性孢子为休眠孢子囊（resting sporangium）。

引起植物病害的原生动物主要为根肿菌纲（Plasmodiophoromycetes）根肿菌目（Plasmodiophorales）的根肿菌属（*Plasmodiophora*）和多黏菌属（*Polymyxa*）。

（1）根肿菌属 根肿菌属的休眠孢子囊通常只释放出一个游动孢子,因此该孢子又被称为休眠孢子（resting spore）。休眠孢子一般散生于寄主细胞内,呈鱼卵状。根肿菌属原生动物主要危害植物根部,使其指状肿大。如芸薹根肿菌（*P. brassicae*）引起的十字花科蔬菜根肿病（crucifer clubroot）（图2-2）。

（2）多黏菌属 多黏菌属的休眠孢子囊亦只释放出一个休眠孢子,这些休眠孢子聚集形成形状不规则的休眠孢子堆。休眠孢子堆一般产生于植物根部表皮细胞内,不引起其肿大,但有些可以作为传毒介体。如禾谷多黏菌（*P. graminis*）可传播包括大麦黄花叶病毒（barley yellow mosaic virus）和小麦梭条花叶病毒（wheat spindle streak mosaic virus）在内的多种植物病毒。

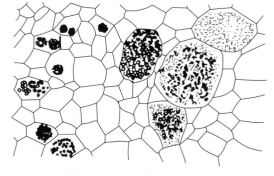

图2-2 芸薹根肿菌

示寄主细胞内原质团和休眠孢子
（引自陆家云主编《植物病原真菌学》）

二、色菌

色菌的营养体多为单细胞或无隔菌丝（aseptate hypha）,以吸收或原始光合氧化的方式获得营养。与植物相关的主要为卵菌门（Oomycota）色菌，其无性繁殖时可以产生游动孢子囊（zoosporangium），孢子囊内着生多个游动孢子；有些生殖产生卵孢子（oospore），1个或多个着生于1个藏卵器（oogonium）中。

卵菌有许多不同于真菌的特点：①卵菌的营养体为二倍体，真菌为单倍体；②卵菌细胞壁主要成分为纤维素，真菌为几丁质；③卵菌游动孢子具有茸鞭型鞭毛，真菌无茸鞭型鞭毛；④卵菌线粒体的脊为管状，真菌为板片状；⑤卵菌的赖氨酸合成途径为二氨基庚二酸途径，真菌为氨基己二酸途径；⑥卵菌的 25S rRNA 相对分子质量为 1.42×10^6，真菌为 $(1.30 \sim 1.36) \times 10^6$；⑦卵菌的有性生殖为卵配生殖（oogamy），真菌中则以其他多种方式进行。

卵菌中与植物病害相关的主要有4个目，即水霉目、腐霉目、霜霉目和白锈菌目，其中重要的属有下述几个。

（1）腐霉属　孢囊梗菌丝状；孢子囊球状或裂瓣状，萌发时产生泡囊，原生质转入泡囊形成游动孢子；藏卵器内含1个卵孢子。腐霉菌多生于潮湿肥沃的土壤中，可引起多种作物幼苗的根腐、猝倒以及瓜果的腐烂，如瓜果腐霉（*Pythium aphanidermatum*）（图 2-3）。

（2）疫霉属　孢囊梗分化不显著至显著；孢子囊近球形、卵形或梨形；游动孢子在孢子囊内形成，不形成泡囊；藏卵器内含1个卵孢子。寄生性较强，多为两栖或陆生，可引起多种作物的疫病，如引起马铃薯晚疫病的致病疫霉（*Phytophthora infestans*）（图 2-4）。

（3）霜霉属　孢囊梗有限生长，分化成各种特殊的分支；孢子囊卵圆形，成熟后可随风传播，萌发时产生游动孢子或直接产生芽管；藏卵器内含1个卵孢子。霜霉菌都是陆生、专性寄生的活体营养生物，可引起多种作物的霜霉病，如引起十字花科植物霜霉病的寄生霜霉（*Peronospora parasitica*）（图 2-5）。

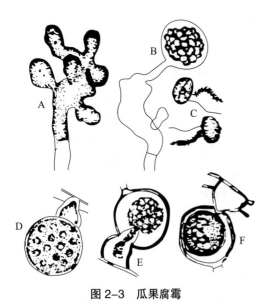

图 2-3　瓜果腐霉

A. 孢子囊；B. 孢子囊萌发形成泡囊；C. 游动孢子；D. 发育中的藏卵器和雄器；E. 藏卵器和雄器交配；F. 藏卵器、雄器和卵孢子

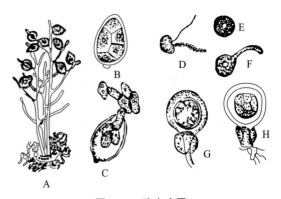

图 2-4　致病疫霉

A. 孢囊梗和孢子囊；B. 孢子囊；C. 孢子囊萌发；D. 游动孢子；E. 休止孢；F. 休止孢的萌发；G. 穿过雄器形成藏卵器；H. 藏卵器中形成的卵孢子

（4）白锈菌属　孢囊梗短棍棒形，平行排列在寄主表皮下；孢子囊卵圆形，串生；藏卵器内为单卵球，卵孢子壁有纹饰。白锈菌陆生且专性寄生，产生白色疱状或粉状孢子堆，很像锈菌的孢子堆，故名白锈菌。可引起植物的白锈病，如引起十字花科植物白锈病的白锈菌（*Albugo candida*）（图2-6）。

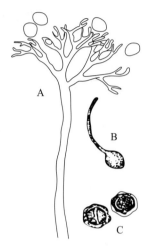

图 2-5　寄生霜霉

A. 孢囊梗和孢子囊；B. 孢子囊的直接萌发；
C. 卵孢子

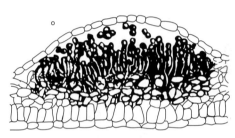

图 2-6　白锈菌

三、真菌

真菌（fungus）是一类营养体通常为丝状体，具几丁质细胞壁，以吸收方式从外界获取营养，通过产生孢子进行繁殖的低等真核生物。真菌种类多，分布广，存在于水、土壤以及各种物体上，可以腐生、寄生和共生。在所有病原物中，真菌引起的植物病害最多，如重要农业病害纹枯病、枯萎病、白粉病、锈病、黑粉病等。因此，真菌是最重要的植物病原物类群。

（一）植物病原真菌的一般性状

1. 营养体　真菌营养体大多为单倍体、可分支的丝状体，细胞壁含几丁质。单根丝状体称为菌丝（hypha），许多菌丝在一起称为菌丝体（mycelium）。菌丝呈管状，无色或有色，可无限生长，但直径是有限的，一般为 2～30 μm，最大的可达 100 μm。低等真菌的菌丝没有隔膜，称为无隔菌丝（aseptate hypha）；而高等真菌的菌丝有许多隔膜，称为有隔菌丝（septate hypha）（图2-7）。少数真菌的营养体不是丝状体，而是无细胞壁且形状可变的原质团（plasmodium）或具细胞壁、卵圆形的单细胞。

寄生在植物上的真菌往往以菌丝体在寄主的细胞间或穿过细胞进行扩展蔓延，并从寄主中吸取营养物质。有些真菌如活体营养生物侵入寄主后，菌丝体在寄主细胞内形成吸收养分的特殊结构称为吸器（haustorium）。吸器因种类不同而形状不一，如白粉病吸器为掌状、锈菌为指状（图2-8）。

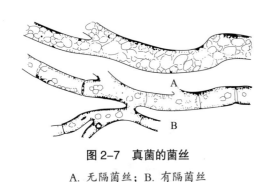

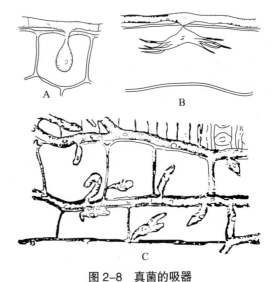

图 2-7　真菌的菌丝

A. 无隔菌丝；B. 有隔菌丝

图 2-8　真菌的吸器

A，B. 白粉菌吸器；C. 锈菌吸器

有些真菌菌丝体生长到一定阶段，可形成疏松或紧密的菌丝组织。菌丝组织体主要有菌核（sclerotium）、子座（stroma）和菌索（rhizomorph）等。菌核是由菌丝紧密交织而成的休眠体，内层为疏丝组织，外层为拟薄壁组织，表皮细胞壁厚、色深、较坚硬，形状和大小差异较大，通常似绿豆、鼠粪或不规则状。菌核的功能主要是抵抗不良环境，但在适宜条件下，它能萌发产生新的营养菌丝或繁殖体。子座是由菌丝在寄主表面或表皮下交织形成的一种垫状结构，有时与寄主组织结合而成。子座的主要功能是形成产生孢子的机构，但也有度过不良环境的作用。菌索是由菌丝体平行组成的长条形绳索状结构，外形与植物的根有些相似，所以也称根状菌索。菌索可抵抗不良环境，也有助于菌体在基质上蔓延。除形成这些菌组织外，有些真菌菌丝或孢子中的某些细胞在环境条件不良时，可膨大变圆、原生质浓缩、细胞壁加厚而形成厚垣孢子（chlamydospore），它能抵抗不良环境，待环境条件适宜时，再萌发成菌丝。

2. 繁殖体　真菌的繁殖体包括无性繁殖形成的无性孢子和有性生殖产生的有性孢子。

（1）无性繁殖（asexual reproduction）　真菌无性繁殖产生的无性孢子常有 3 种类型，即游动孢子、孢囊孢子和分生孢子（图 2-9）。

游动孢子（zoospore）　形成于游动孢子囊（zoosporangium）内，游动孢子囊由菌丝或孢囊梗顶端膨大而成。游动孢子无细胞壁，具 1~2 根鞭毛，释放后能在水中游动。

孢囊孢子（sporangiospore）　形成于孢子囊（sporangium）内，孢子囊由孢囊梗的顶端膨大而成。孢囊孢子有细胞壁，无鞭毛，释放后可随风飞散。

分生孢子（conidium）　产生于由菌丝分化而形成的分生孢子梗（conidiophore）上，顶生、侧生或串生，形状、大小多种多样，单胞、双胞或多胞，无色或有色，成熟后从孢子梗上脱落。有些分生孢子和分生孢子梗还着生在分生孢子果内。孢子果主要有近球形、具孔口的分生孢子器（pycnidium）和杯状或盘状的分生孢子盘（acervulus）。

（2）有性生殖（sexual reproduction）　真菌生长发育到一定时期（一般到后期）就进行有

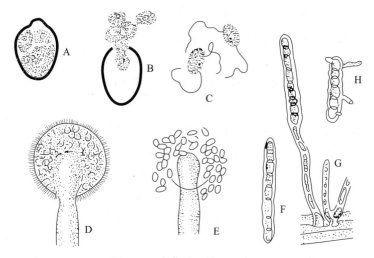

图 2-9 真菌的无性孢子类型

A. 游动孢子囊；B. 孢子囊萌发；C. 游动孢子；D. 孢囊梗和孢子囊；
E. 孢子囊破裂释放孢囊孢子；F. 分生孢子；G. 分生孢子梗；H. 分生孢子萌发

性生殖。多数真菌由菌丝分化产生性器官即配子囊（gametangium），通过雌、雄配子囊结合产生有性孢子，其整个过程可分为质配、核配和减数分裂 3 个阶段。经过有性生殖，真菌可产生以下类型的有性孢子（图 2-10）。

休眠孢子囊（resting sporangium） 休眠孢子囊是壶菌的有性孢子。通常由两个游动配子配合而成合子，再经核配和减数分裂形成单倍体厚壁孢子。休眠孢子囊萌发时释放出游动孢子。

接合孢子（zygospore） 接合孢子为接合菌的有性孢子。通常由雌、雄配子囊融合和核配后形成二倍体厚壁孢子。接合孢子萌发时进行减数分裂，产生芽管或形成孢子囊。

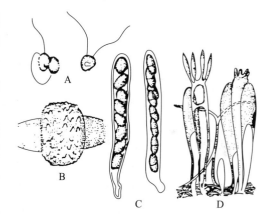

图 2-10 真菌的有性孢子类型

A. 合子（休眠孢子前体）；B. 接合孢子；
C. 子囊及子囊孢子；D. 担子及担孢子

子囊孢子（ascospore） 子囊孢子为子囊菌的有性孢子。通常由两个异型配子囊即雄器和产囊体接触后，雄性细胞核进入产囊体内与雌性细胞核配对。之后，产囊体上产生产囊丝，配对的雌、雄细胞核又进入产囊丝内。产囊丝顶端形成钩状体，雌、雄细胞核在钩状体内经核配和减数分裂而形成单倍体子囊孢子。子囊孢子着生在棒状或卵圆形的囊状结构即子囊（ascus）内。每个子囊中形成 4~8 个子囊孢子。许多真菌子囊的外面还具有包被即子囊果壁。子囊果一般有4 种类型：球状而无孔口的闭囊壳（cleistothecium）；瓶状或球状且有真正果壁和固定孔口的子囊壳（perithecium）；由子座溶解而成、无真正果壁和固定孔口的子囊腔（locule）；盘状或杯状的子囊盘（apothecium）。

担孢子（basidiospore） 担孢子是担子菌的有性孢子。通常直接由性亲和的"+""−"菌丝结合形成双核菌丝，双核菌丝的顶端细胞膨大形成棒状的担子（basidium），担子内双核经核配和减数分裂后在担子上着生4个外生的单倍体担孢子。

3. 生活史 真菌的生活史（life cycle）是指从一种孢子萌发开始，经过一定的营养生长和繁殖阶段，最后又产生同一种孢子的过程。真菌的典型生活史包括无性和有性两个阶段。无性阶段也称无性型（anamorph），往往在生长季节可以连续多次产生大量的无性孢子，这对病害的传播起着重要作用。真菌的有性阶段也称有性型（teleomorph），一般在植物生长或病菌侵染的后期产生，其作用除了繁衍后代外，还可帮助病菌度过不良环境，成为翌年病害的初侵染来源（图2-11）。

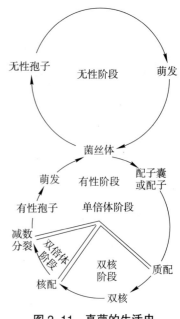

图2-11 真菌的生活史

（二）植物病原真菌的主要类群

根据营养体、无性孢子和有性孢子的特征将真菌分为四门一类，即壶菌门（Chytridiomycota）、接合菌门（Zygomycota）、子囊菌门（Ascomycota）、担子菌门（Basidiomycota）和无性菌类（Anamorphic fungi）（表2-1）。

表2-1 真菌界四门一类的主要特征

类群	营养体	无性孢子	有性孢子
壶菌门	单细胞或无隔菌丝	游动孢子	休眠孢子囊
接合菌门	无隔菌丝	孢囊孢子	接合孢子
子囊菌门	有隔菌丝	分生孢子	子囊孢子
担子菌门	有隔菌丝	多数缺	担孢子
无性菌类	有隔菌丝	分生孢子	多数缺，如发现多为子囊孢子，少数为担孢子

1. 壶菌门 营养体差异较大，较低等的为单细胞，有的可形成假根；较高等的可形成较发达的无隔菌丝体。无性繁殖产生游动孢子囊，内生多个后生单尾鞭的游动孢子。有性生殖大多产生休眠孢子囊，萌发时释放出游动孢子。壶菌是最低等的微小真菌，一般水生、腐生，少数可寄生植物，如引起玉米褐斑病的玉蜀黍节壶菌（*Physoderma maydis*）（图2-12）。

2. 接合菌门 营养体为无隔菌丝体，无性繁殖形成孢囊孢子，有性生殖产生接合孢子。这类真菌陆生，多数腐生，少数弱寄生，可引起果、薯的软腐和瓜类花腐等，如引起甘薯软腐病的匍枝根霉（*Rhizopus stolonifer*）（图2-13）。

3. 子囊菌门 营养体为有隔菌丝体，少数（如酵母）为单细胞，有些菌丝体可形成子座和菌核等。无性繁殖产生各种类型的分生孢子。有性生殖形成子囊孢子。子囊菌是真菌中最大的类群，均为陆生、腐生或寄生，许多是重要的植物病原物，与植物病害有关的主要是外囊菌（Taphrinomycetes）和子囊菌（Ascomycetes）。引起重要植物病害的子囊菌有：

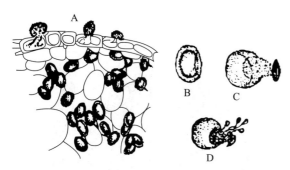

图 2-12 玉蜀黍节壶菌

［引自许志刚主编《普通植物病理学》（第 3 版）］

A. 寄主表面游动的孢子和寄主体内的休眠孢子；
B. 休眠孢子囊放大；C～D. 休眠孢子囊萌发

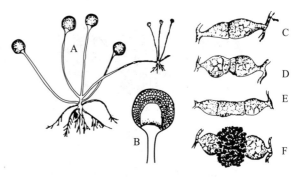

图 2-13 匍枝根霉

A. 孢囊梗、孢子囊、假根和匍匐枝；B. 放大的孢子囊；C. 原配子囊；D. 配子囊分化为配子囊和配囊柄；E. 配子囊交配；F. 交配后形成的接合孢子

① 外囊菌亚门　不形成子囊果，子囊裸生且是由双核菌丝细胞形成，该类子囊菌一般不产生分生孢子。均为植物病原菌，寄生性强，常常引起叶、枝和果的畸形，如引起桃缩叶病的畸形外囊菌（*Taphrina deformans*）（图 2-14）。

② 盘菌亚门　子囊由产囊丝发育而来，可形成各种类型的子囊果，如闭囊壳、子囊壳、子囊盘、子囊座和子囊腔等。无性繁殖产生各种类型的分生孢子。

闭囊壳菌　主要为白粉菌，子囊果为闭囊壳，壳上具有各种附属丝，内生一个或多个有规律排列的卵圆形子囊。菌丝体产生吸器伸入寄主细胞吸取营养。无性繁殖产生卵圆形、单

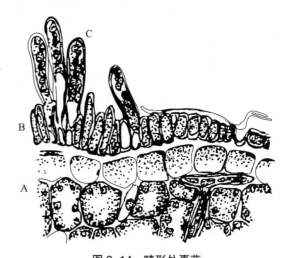

图 2-14 畸形外囊菌

A. 寄主表皮；B. 产囊细胞；C. 子囊和子囊孢子

胞、无色的分生孢子。高等植物专性寄生物，引起各种植物的白粉病，如引起麦类白粉病的禾布氏白粉菌（*Blumeria graminis*）（图 2-15）。

子囊壳菌　子囊果为子囊壳，子囊壳球状或瓶状，有固定孔口，壳内子囊一般束生或整齐排列，有的子囊间具侧丝，壳口有缘丝，子囊壁为单囊壁。无性阶段比较发达。重要病原物有引起麦类赤霉病的玉蜀黍赤霉（*Gibberella zeae*）等（图 2-16）。

子囊腔菌　子囊果为子囊腔或假囊壳，常称为腔菌。腔菌的子囊果壁是子座性质的，顶端孔口也是由子座溶解而成，腔内子囊通常束生或平行排列，有的子囊间有子座溶解而来的丝状残余物即拟侧丝，子囊壁为双囊壁。无性繁殖比较发达。重要病原物有引起梨黑星病的纳雪黑星菌（*Venturia nashicola*）等（图 2-17）。

子囊盘菌　子囊果为子囊盘，常称为盘菌。子囊果盘状或杯状，有柄或无柄，盘内为排列整齐的子实层即子囊和侧丝，子囊壁为单囊壁。一般不产生分生孢子。有的盘菌菌丝体形成菌

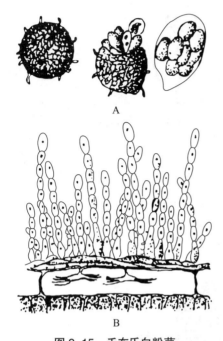

图 2-15 禾布氏白粉菌

A. 闭囊壳、子囊；B. 分生孢子梗和分生孢子

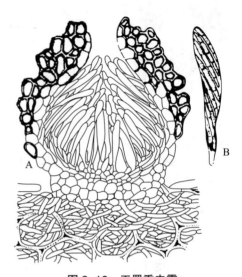

图 2-16 玉蜀黍赤霉

A. 子囊壳；B. 子囊和子囊孢子

核，菌核萌发产生子囊盘。重要病原物有引起油菜菌核病的核盘菌（*Sclerotinia sclerotiorum*）（图 2-18）。

4. 担子菌门 营养体为有隔菌丝体，且通常是双核菌丝体。菌丝体可形成菌核、菌索和担子果等。一般没有无性繁殖，即不产生无性孢子。有性生殖除锈菌外，通常不形成特殊分化的性器官，而由双核菌丝体的顶端细胞直接产生担子和担孢子。担子菌有两类：一类是高等担子菌，即伞菌亚门，其担子和担孢子着生在担子果内，如许多食用菌、药用菌和其他大型真菌；另一类是低等担子菌，即黑粉菌亚门，没有担子果，只在寄主组织内形成成堆的冬孢子，这类

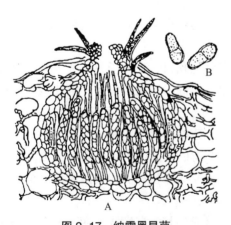

图 2-17 纳雪黑星菌

A. 子囊腔和子囊；B. 子囊孢子

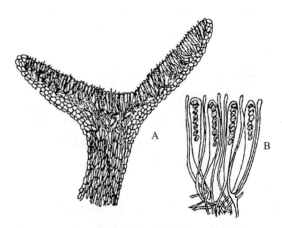

图 2-18 核盘菌

A. 子囊盘；B. 子囊、子囊孢子和侧丝

真菌包括黑粉菌（smut）和锈菌（rust），都是寄生高等植物的活体营养生物，分别引起多种作物的黑粉病和锈病。

① 黑粉菌　黑粉菌主要以双核菌丝体在寄主细胞间寄生，后期在寄主组织内产生成堆黑色粉状的冬孢子。冬孢子萌发时，其中两个细胞核核配，后在萌发形成的先菌丝中进行减数分裂，因此冬孢子和先菌丝相当于原担子和后担子。先菌丝上着生外生的担孢子。担孢子萌发成单核菌丝，不同单核菌丝融合或不同担孢子直接结合而形成双核菌丝，再侵入寄主。黑粉菌种类很多，引起许多重要的黑粉病，如引致小麦散黑穗病的小麦黑粉菌（*Ustilago tritici*）等（图 2-19）。

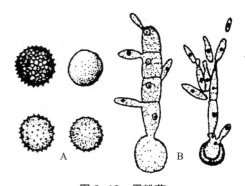

图 2-19　黑粉菌

A. 冬孢子；B. 冬孢子萌发成
先菌丝和担孢子

② 锈菌　锈菌生活史比黑粉菌复杂得多。营养体有单核和双核两种菌丝体，都能在植物上专性寄生。有些锈菌两种菌丝体在一种植物上寄生称为单主寄生，有的则在两种分类上不相近的植物上寄生称为转主寄生。锈菌生活史中可产生多种类型的孢子，最多的有 5 种，即性孢子、锈孢子、夏孢子、冬孢子和担孢子，其中只有夏孢子在生长季节可连续产生多次，不断侵染寄主。锈菌种类很多，引致许多重要植物的锈病，如引起小麦条锈病的条形柄锈菌小麦专化型（*Puccinia striiformis* f. sp. *tritici*）、小麦叶锈病的小麦柄锈菌（*Puccinia tritici*）和小麦秆锈病的禾柄锈菌小麦专化型（*Puccinia graminis* f. sp. *tritici*）等（图 2-20）。

5. 无性菌类　也称不完全真菌、半知菌等。营养体为有隔菌丝体，无性繁殖产生各种类型的分生孢子，有性生殖缺失或至今未被发现，一旦发现大多是子囊菌，少数为担子菌。因此，

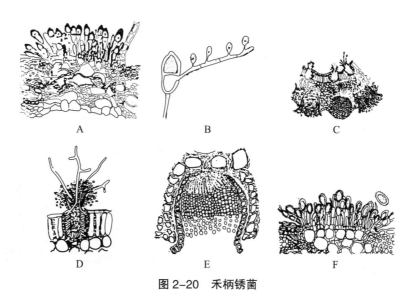

图 2-20　禾柄锈菌

A. 冬孢子堆和冬孢子；B. 冬孢子萌发产生担子和担孢子；C. 性孢子器和锈孢子器；
D. 放大的性孢子器；E. 放大的锈孢子器；F. 夏孢子堆和夏孢子

对于许多真菌来说，它们的无性型和有性型分别属于不同的类群，并同时具有两个学名。如引起小麦赤霉病的病菌，无性型学名是禾谷镰孢（*Fusarium graminearum*），有性型为玉蜀黍赤霉（*Gibberella zeae*）。应当指出的是，真菌的分类应根据有性型的系统演化，而无性菌的划分出于实用目的，没有系统分类意义。

目前，无性菌分类的主要依据是载孢体的类型、分生孢子的产生方式和分生孢子的特征。着生分生孢子的机构称为载孢体（conidiomata）。载孢体有多种类型：有的没有孢子果，分生孢子梗散生、束生，或着生在分生孢子座上；有的形成孢子果，分生孢子梗和分生孢子着生在近球形、具孔口的分生孢子器或盘状的分生孢子盘内。分生孢子的产生有不同方式，通常分为体生式（thallic）和芽生式（blastic）两类。体生式产孢是指营养菌丝的整个细胞作为产孢细胞，以断裂的方式形成分生孢子，这种孢子称为节孢子；芽生式产孢是指产孢细胞以芽殖的方式产生分生孢子，分生孢子的形成仅涉及产孢细胞的一部分。大多数分生孢子的产生是芽生式的。分生孢子的形状、分隔和颜色是多种多样的，包括卵圆形、椭圆形、棒形、镰刀形、线形或星形，单细胞、双细胞或多细胞，无色或有色。少数无性菌甚至不产生分生孢子。

根据这些特征，将引起植物病害的无性真菌分为两纲，即丝孢纲（Hyphomycetes）和腔孢纲（Coelomycetes），主要有以下 4 类：

（1）丝孢菌　不形成孢子果，分生孢子梗大多散生，少数束生或着生在分生孢子座上，梗上着生分生孢子。这类真菌包括许多重要的植物病原菌，如引起稻瘟病的稻梨孢（*Pyricularia grisea*）、玉米小斑病的玉蜀黍双极蠕孢（*Bipolaris maydis*）、棉花枯萎病的尖镰孢（*Fusarium oxysporum*）、棉花黄萎病的大丽轮枝孢（*Verticillium dahliae*）等（图 2-21）。

（2）黑盘孢菌　分生孢子梗和分生孢子着生在分生孢子盘上。重要的病原菌有引起棉、麻、苹果等炭疽病的胶孢炭疽菌（*Colletotrichum gloeosporioides*）等（图 2-22）。

（3）壳球孢菌　分生孢子梗和分生孢子着生在分生孢子器内。重要的病原菌有引起黄麻秆枯病的菜豆壳球孢（*Macrophomina phaseolina*）等（图 2-23）。

（4）无孢菌　不产生无性孢子，菌丝体在一定阶段形成菌核。最重要的病原菌是引起水

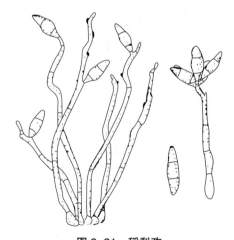

图 2-21　稻梨孢

（示分生孢子梗和分生孢子）

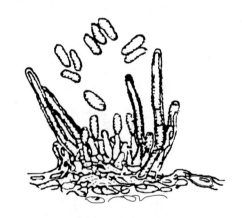

图 2-22　胶孢炭疽菌

（示分生孢子盘和分生孢子）

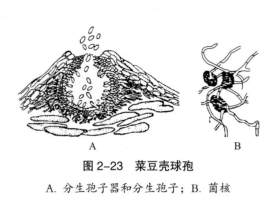

图 2-23 菜豆壳球孢

A. 分生孢子器和分生孢子；B. 菌核

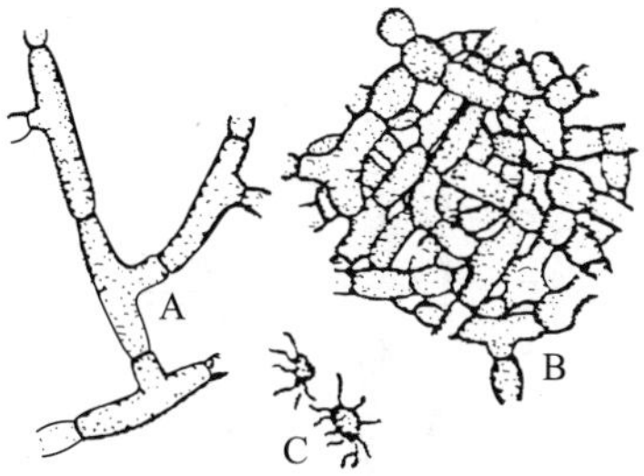

图 2-24 禾合丝核菌

A. 直角状分支的细丝；B. 菌丝纠结的菌组织；C. 菌核

稻等作物纹枯病的立枯丝核菌（*Rhizoctonia solani*）和麦类纹枯病的禾谷丝核菌（*R. cerealis*）（图 2-24）。

四、原核生物

原核生物（procaryote）是一类简单的单细胞生物，其环状双链 DNA 分子分散在细胞质中，没有核膜包被，但形成一定的核质区，因此称为拟核（nucleoid）；细胞分裂时不伴有细胞结构或染色特性等周期性变化，不形成纺锤体；细胞质中无线粒体、内质网等细胞器，核糖体较小（70S）；细胞壁有或无。原核生物分为原始细菌和真细菌（细菌），后者从实用的角度又可以分为革兰氏阴性细菌、革兰氏阳性细菌和柔膜菌。植物病原细菌主要有变形菌门（Proteobacteria）、放线菌门（Actinobacteria）和厚壁菌门（Firmicutes），它们可侵染植物引起一些重要病害，如水稻白叶枯病、茄科植物青枯病、十字花科植物软腐病、柑橘黄龙病、桑萎缩病等。

（一）一般性状

1. 形态和结构　细菌的形态有球状、杆状和螺旋状，因而分别称为球菌（coccus）、杆菌（bacillus）和螺旋菌（spirillum）。植物病原细菌（图 2-25）大多为杆状，菌体大小一般为（0.5~0.8）μm×（1~3）μm。细胞壁有（细菌、放线菌）或无（柔膜菌）。细菌的细胞壁由肽聚糖、脂类和蛋白质等组成，细胞壁外有以多糖为主的黏质层（slime layer），比较厚而固定的多糖层称为荚膜（capsule）。植物病原细菌菌体外有厚薄不等的黏质层，但很少有荚膜。大多数植物病原细菌有鞭毛（flagellum），着生在菌体一端或两端的鞭毛称为极鞭，着生在菌体四周的鞭毛称为周鞭毛（图 2-26）。细菌没有核膜，但形成一定的核质区。有些细菌除核质外，还有很小、环状的遗传因子即质粒（plasmid），它与细菌的抗药性、育性或致病性有关。细胞质中有核糖体、间体、颗粒状内含物、气泡和液泡等。有些细菌在菌体内可形成一种称为芽孢的内生孢子，芽孢具有很强的抗逆能力。植物病原细菌通常无芽孢，革兰氏染色反应大多为阴性（G⁻），少数是阳性（G⁺）。

柔膜菌没有细胞壁，因而无革兰氏染色反应，也无鞭毛等其他附属结构。菌体外层为三层结构的单位膜。引起植物病害的柔膜菌包括植原体和螺原体两类。植原体的形态、大小变化较大，可呈圆形、椭圆形、哑铃形、梨形等，大小为 80~1 000 nm。细胞内有颗粒状核糖体和丝状核酸物质。螺原体为线条状，其生活史的主要阶段呈螺旋形，一般长度为 2~4 μm，直径为

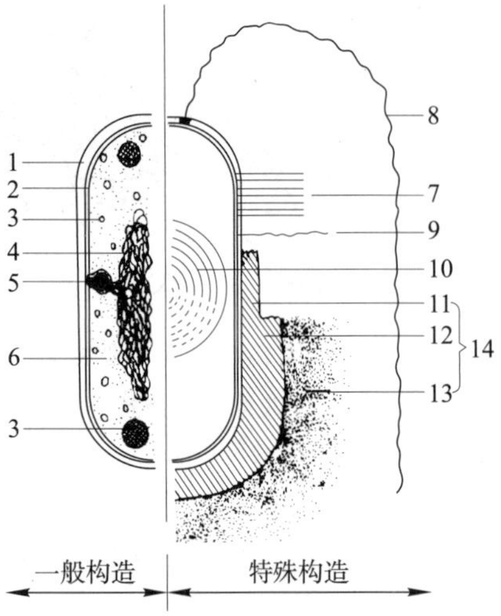

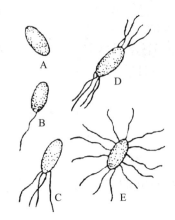

图 2-25 细菌细胞构造模式图

1. 细胞壁；2. 细胞质膜；3. 内含物；
4. 核区；5. 间体；6. 细胞质；7. 菌毛；
8. 鞭毛；9. 性毛；10. 芽孢；11. 糖被；
12. 微荚膜；13. 荚膜；14. 黏液层

图 2-26 植物病原细菌的形态

A. 无鞭毛；B. 单极鞭毛；C. 单极
丛鞭毛；D. 双极丛鞭毛；E. 周鞭毛

$100 \sim 200 \, \text{nm}$（图 2-27、2-28）。

2. 繁殖、遗传和变异　原核生物多以裂殖方式进行繁殖，即裂殖时菌体一分为二。细菌繁殖速度很快，在适宜条件下，每 $20 \, \text{min}$ 就可以分裂一次。柔膜菌还可以芽殖方式进行繁殖，即繁殖时芽生出分支，断裂而成子细胞。

原核生物的遗传物质主要是核质中的环状双链 DNA 分子，有些还有很小的环状质粒。基因组的相对分子质量一般为 $1 \times 10^9 \sim 5 \times 10^9$，而柔膜菌基因组较小，相对分子质量一般为 $5 \times 10^8 \sim 10 \times 10^8$。

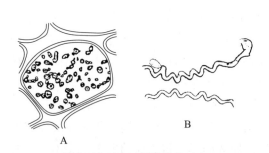

图 2-27 植物柔膜菌的形态

A. 植物筛管细胞中的植原体；B. 螺原体

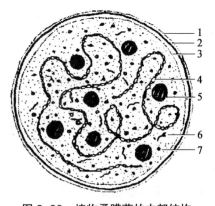

图 2-28 植物柔膜菌的内部结构

1-3. 三层单位膜；4. 核酸链；5. 核糖体；
6. 蛋白质；7. 细胞质

原核生物经常发生变异，包括形态变异、生理变异和致病性变异等。这种变异通常分为两类：一类是突变（mutation）。细菌自然突变率很低，一般为十万分之一。但是细菌繁殖快，繁殖量大，因而增加了变异发生的可能性；另一类是通过结合（combination）、转化（transformation）和转导（transduction）方式，一个细菌的遗传物质进入另一个细菌体内，使DNA发生部分改变，从而形成性状不同的后代。

3. 生理特性　大多数植物病原细菌都是死体营养生物，可在一般人工培养基上生长，固体培养基上形成的菌落通常为白色、灰色或黄色等。但有一类寄生在植物维管束的细菌在人工培养基上则难以培养（如木质小菌属）或不能培养（如韧皮杆菌属），称为维管束难养细菌（fastidious vascular bacteria）。植原体至今还不能人工培养，而螺原体需在含甾醇的培养基上才能生长，形成"煎蛋形"菌落。

绝大多数病原细菌是好氧的，少数为兼性厌气。对细菌生长来说，培养基的最适pH为中性偏碱，培养的最适温度一般为 $26 \sim 30\,^{\circ}\mathrm{C}$，$33 \sim 40\,^{\circ}\mathrm{C}$时停止生长，$50\,^{\circ}\mathrm{C}$、10 min 时多数死亡。

（二）主要类群

原核生物的形态差异较小，许多生理生化性状亦较相似，所以据此难以明确各成员之间的系统和亲缘关系。《伯杰氏细菌鉴定手册》第9版（1994）将原核生物分为4门、7纲、35组。近十多年来，随着分子遗传学的深入研究，原核生物的系统分类发生了较大变化。《伯杰氏系统细菌学手册》（第2版）（2011）根据16 s rRNA序列相似性，将原核生物分为古菌域（Domain Archaea）和细菌域（Domain Bacteria），并完整地提出了原核生物的分类系统。古菌域包括在高盐、高温等极端条件下生活的一类原始细菌。细菌域包括所有真正的细菌即真细菌，分为24门，其中植物病原细菌主要隶属于3门、7纲，3个门分别为变形菌门（Proteobacteria）、放线菌门（Actinobacteria phyl. nov.）和厚壁菌门（Firmicutes）。从实用角度看，上述真细菌可分为3个表型亚型（phynotypic subgroup），即革兰氏阴性细菌、革兰氏阳性细菌和柔膜菌，其中与植物病害有关的主要类群约有30属，重要的有：

1. 革兰氏阴性细菌　细胞壁较薄，厚度为 $7 \sim 8$ nm；壁中肽聚糖含量较低，为 $8\% \sim 10\%$；革兰氏染色反应阴性。

（1）农杆菌属（*Agrobacterium*）　变形菌门（Proteobacteria）α-变形菌纲（α-Proteobacteria）成员。短杆状，$1 \sim 4$ 根周生鞭毛。好气性。菌落灰白色至白色，质地黏稠，不产生色素。通常氧化酶阳性，过氧化氢酶阳性。DNA（G+C）% 为 $57 \sim 63$。该属细菌是土壤习居菌，有些含有致瘤（Ti）质粒。重要病原菌是根癌土壤杆菌（*A. tumefaciens*），其寄主范围极广，可侵害90多科300多种双子叶植物，引起桃、苹果、葡萄、月季等根癌病。

（2）劳尔氏菌属（*Ralstonia*）　变形菌门β-变形菌纲（β-Proteobacteria）成员。短杆状，单根极鞭或多根周鞭或无鞭毛；好气性；菌落灰白色；氧化酶和过氧化氢酶反应阳性；DNA（G+C）% 为 $64 \sim 68$。重要病原菌是茄劳尔氏菌（*R. solanacearum*），其引起番茄等茄科植物的青枯病。

（3）假单胞菌属（*Pseudomonas*）　变形菌门γ-变形菌纲（γ-Proteobacteria）成员。短杆状，1至多根极生鞭毛；严格好气性；菌落灰白色，有荧光反应的为白色或褐色；氧化酶阳性或阴性，过氧化氢酶阳性；DNA（G+C）% 为 $58 \sim 69$。病菌有丁香假单胞菌等，该菌有许多致病变种，可造成多种植物叶、枝、花、果的斑点和坏死，如引起桑细菌性疫病的丁香假单胞菌桑致病变种（*P. syringae* pv. *mori*）。

（4）黄单胞菌属（*Xanthomonas*）　变形菌门γ-变形菌纲成员。短杆状，单根极鞭；严格好气性；菌落通常黄色，产生非水溶性黄色素；氧化酶阴性或弱，过氧化氢酶阳性；DNA（G+C）% 为 63.3～69.7。该属成员均是植物病原菌，重要病菌有引起甘蓝黑腐病的野油菜黄单胞菌野油菜致病变种（*X. campestris* pv. *campestris*）和水稻白叶枯病的水稻黄单胞菌水稻致病变种（*X. oryzae* pv. *oryzae*）等。

（5）果胶杆菌属（*Pectobacterium*）　变形菌门γ-变形菌纲成员。短杆状，多根周生鞭毛；兼性好气性；代谢为发酵型；菌落灰白色；氧化酶阴性，过氧化氢酶阳性；几乎都能产生果胶酶，分解果胶或果胶酸。DNA（G+C）% 为 50.5～56.1。该属细菌都是植物病原菌，主要引起多种植物肉汁或多汁组织的软腐病，如引起大白菜等十字花科蔬菜软腐病的食胡萝卜果胶杆菌食胡萝卜亚种（*P. carotovorum* subsp. *carotovorum*）和水稻细菌性基腐病的菊果胶杆菌（*P. chrysanthemi*）。

（6）欧文氏菌属（*Erwinia*）　变形菌门γ-变形菌纲成员。短杆状，具运动性，多根周生鞭毛；兼性厌气；DNA（G+C）% 为 49.8～54.1。该属病菌主要有 9 种，如引起梨火疫病的解淀粉欧文氏菌（*E. Amylovora*），可导致梨树叶枯、枝枯、花腐和枝干溃疡等症状。

（7）木质部杆菌属（*Xylella*）　变形菌门γ-变形菌纲成员。短杆状，无鞭毛，好气性，对营养要求苛刻，需要生长因子。菌落乳白色至白色，有两种形态：一是枕状凸起，表面平滑，边缘整齐；另一是脐状凸起，表面粗糙，边缘波浪状。氧化酶阴性，过氧化氢酶阳性。DNA（G+C）% 为 51.0～52.4。病菌是难培养木质部杆菌（*X. fastidiosa*），其侵染植物木质部，使叶片边缘焦枯、早落，植株生长缓慢，果实减少和变小，最终全株萎蔫、死亡，如葡萄皮尔氏病、苜蓿矮缩病和桃伪果病等。

（8）韧皮部杆菌属（*Liberobacter*）　变形菌门α-变形菌纲成员。短杆状或梭形，无鞭毛，不运动。可以存活于木虱的血淋巴和唾液腺，可由木虱传播。至今未能在人工培养基上培养。病菌主要有引起柑橘黄龙病的亚洲韧皮杆菌（*L. asiaticum*）等。

2. 革兰氏阳性细菌　细胞壁较厚，达 10～50 nm；壁中肽聚糖含量较高，50%～80%；革兰氏染色反应阳性。

（1）棒形杆菌属（*Clavibacter*）　放线菌门（Actinobacteria）放线菌纲成员。短杆状、棒状，直或微弯，也可见楔形或球形。无鞭毛。好气性。菌落多为灰白色，氧化酶阴性，过氧化氢酶阳性。DNA（G+C）% 为 67～78。重要病原菌有引起马铃薯环腐病的密执安棒形杆菌环腐亚种（*C. michiganensis* subsp. *sepedonicus*）等。

（2）链霉菌属（*Streptomyces*）　放线菌门放线菌纲成员。菌落圆形、紧密，多为灰白色，有些能产生各种色素。菌体丝状、纤细、无隔膜，辐射状向外扩散，形成基质内菌丝和气生菌丝，在气生菌丝即产孢丝顶端产生链球状或螺旋状的孢子。少数链霉菌可侵害植物，如引起马铃薯疮痂病的疮痂链霉菌（*S. scabies*）。

3. 柔膜菌　厚壁菌门（Firmicutes）柔膜菌纲（Mollicutes）成员。菌体无细胞壁，外层由三层结构的单位膜即原生质膜包被，没有肽聚糖，无鞭毛。营养要求苛刻。对四环素敏感，而对青霉素不敏感。引起植物病害的柔膜菌包括螺原体和植原体，通常寄生在植物韧皮部。

（1）螺原体属（*Spiroplasma*）　菌体螺旋形。人工培养时需要提供甾醇，形成直径 1 mm 左右的"煎蛋状"菌落。DNA（G+C）% 为 25～31。重要的植物螺原体有引起柑橘僵化病的柑橘螺原体（*S. citri*）等。

（2）植原体属（*Phytoplasma*）　菌体圆形或椭圆形，但形态可变，有时呈丝状、杆状或哑铃状。DNA（G+C）% 为 23～29。常见的植原体病害有桑萎缩病、泡桐丛枝病、枣疯病等。

五、病毒

病毒（virus）是由核酸和蛋白质外壳组成，需在适宜寄主细胞内才能完成自身复制的非细胞（或分子）生物。病毒区别于其他生物的主要特征：一是个体微小。大多数病毒需要依靠电子显微镜放大几万至几十万倍才能看见；二是结构简单。病毒不具细胞结构，主要由核酸（DNA 或 RNA）和蛋白质外壳两部分构成；三是在寄主活细胞内复制增殖。由于病毒缺乏完整的酶和能量合成系统，因此其核酸复制和蛋白质合成需要寄主提供原材料、能量和场所。病毒是一类重要的植物病原物，其引起的病害数量和危害性仅次于真菌。大田作物和果树、蔬菜的许多病毒病都是农业生产上的突出问题，如水稻条纹叶枯病、小麦土传病毒病、大豆花叶病、玉米粗缩病、油菜病毒病、番茄病毒病、烟草花叶病等。

（一）一般性状

1. 形态、结构与组分

（1）病毒形态　病毒颗粒称为粒体（virion 或 particle），大部分为球状、杆状和线状，少数为弹状、杆菌状和双联体状（图 2-29）。球状病毒直径多为 20～35 nm，少数可达 70～80 nm；杆状病毒刚直，不易弯曲，大小一般为（130～300）nm×（15～20）nm；线状病毒细长，柔软弯曲，大小通常为（480～1 250）nm×（10～13）nm；弹状病毒为一端平截另一端圆锥形的子弹状，但大多数植物弹状病毒的两端均为钝椭圆形，大小为（170～380）nm×（55～100）nm；杆菌状病毒呈两端圆滑的短杆状，大小约 50 nm×18 nm；双联体病毒是由两个球状病毒侧面相连的联体结构。丝状病毒通常呈分支丝状，直径一般小于 10 nm。

（2）病毒结构　病毒粒体的基本结构是核蛋白，其内部为核酸，外面是起保护作用的蛋白衣壳（capsid）。少数病毒如弹状病毒，蛋白衣壳外面还有一层脂类和多糖等组成的囊膜或包膜（envelope）所包裹。

杆状或线状病毒都是螺旋对称结构，即粒体中间是螺旋状的核酸链，外面是由许多蛋白质亚基组成的衣壳。蛋白质亚基也排列成螺旋状，核酸就嵌在蛋白质亚基的凹痕处。因此，其粒体中心是空的。球状病毒是等轴对称结构，

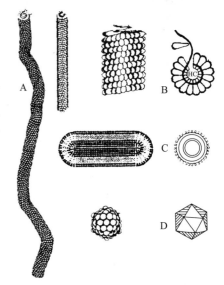

图 2-29　植物病毒的形态和结构

A. 线状病毒；B. 杆状病毒；
C. 弹状病毒；D. 球状病毒

其粒体呈二十面体对称，因而也称为二十面体病毒。球状病毒的蛋白质亚基装配成正二十面体，形成20个等边三角形面。有些球状病毒的外壳等边三角形还可分成较小的亚三角形。

（3）病毒组成　病毒的主要成分是核酸和蛋白质。病毒核酸有RNA和DNA两种类型，并有单链和双链之分。大多数植物病毒的核酸是单链RNA（ssRNA），少数为双链RNA（dsRNA）、单链DNA（ssDNA）或双链DNA（dsDNA）。不同形态病毒中核酸的比例不同。通常球状病毒的核酸含量高，占粒体质量的15%~45%；杆状和线状病毒中核酸占5%~6%；弹状病毒中核酸只占1%左右。病毒中蛋白可分为结构蛋白与非结构蛋白。结构蛋白主要是包被在粒体外部的衣壳蛋白（coat protein，CP）；非结构蛋白包括病毒复制所需的酶及传播、运动需要的功能蛋白等。除蛋白质和核酸外，弹状病毒还有少量的脂类和多糖存在于囊膜中。某些病毒粒体含有精胺和亚精胺等多胺物质，它们与核酸上的磷酸基团相互作用，以稳定折叠的核酸分子。此外，金属离子如Na^+、Ca^{2+}、Mg^{2+}等也是许多病毒必需的，它们与外壳蛋白亚基作用，可稳定外壳蛋白与核酸的结合。

（4）多分体病毒　大多数植物病毒的所有遗传信息都存在于一条核酸链上，并包被在一种粒体中。但有些病毒的遗传信息存在于两条或两条以上核酸链上，并分别包被在两种或两种以上粒体中，这种病毒称为多分体病毒（multicomponent virus）。多分体病毒中单独一个粒体不能侵染寄主，必须所有粒体同时侵染才能全部表达遗传性状。如黄瓜花叶病毒为三分体病毒（triad virus）。

（5）亚病毒　一些与病毒相似但特性不同、个体更小的病毒类似物称为亚病毒（subvirus）。亚病毒包括类病毒（viroid）、病毒卫星（virus satellite）和朊病毒（prion）。类病毒是能侵染植物、没有蛋白外壳、环状且具很高碱基配对的单链RNA。重要的类病毒有马铃薯纺锤块茎类病毒（*Potato spindle tuber viroid*，PSTVd）等。病毒卫星需要依赖其他病毒才能侵染和复制，被依赖的病毒称为辅助病毒（helper virus），其核酸与辅助病毒没有同源性，但可干扰和抑制辅助病毒的复制。病毒卫星包括卫星病毒和卫星核酸。卫星病毒是指其核酸能自身编码外壳蛋白，形成独立的粒体，如烟草坏死卫星病毒（tobacco necrosis satellite virus）。卫星核酸则自身不能编码外壳蛋白而包被在辅助病毒粒体中。绝大多数植物病毒的卫星核酸都是单链RNA分子，因而称为卫星RNA，如黄瓜花叶病毒卫星RNA（cucumber mosaic virus satellite RNA）。朊病毒是一种单纯的蛋白质侵染因子，能引起某些动物疾病，但至今未发现其感染植物。

2. 复制和增殖　病毒核酸的复制（replication）因核酸类型不同可有3种途径：DNA到DNA的直接复制（多数DNA病毒）；RNA到RNA的直接复制（多数RNA病毒）；DNA到RNA再到DNA的间接复制（少数DNA病毒如花椰菜花叶病毒）。后一种途径是病毒核酸复制特有的现象，包含一个反转录过程，其由病毒自身编码的反转录酶催化完成。

病毒基因组信息的表达包括转录和翻译过程，通常遵循遗传信息传递的一般规律，但有些特殊性。根据转录特性，单链RNA病毒可分为正单链RNA（+ssRNA）病毒和负单链RNA（−ssRNA）病毒。转录时，+ssRNA病毒的RNA可以直接作为mRNA，而−ssRNA病毒的RNA必须先复制成互补的+ssRNA，后者才能作为mRNA使用。多数植物病毒的核酸是+ssRNA。病毒的基因产物包括外壳蛋白、运动蛋白、传播辅助蛋白、复制酶、蛋白酶等。这些病毒蛋白可与病毒核酸、寄主蛋白等聚集，形成一定大小和形状的包含体（inclusion）。这些包含体有的在细胞核内（细胞核包含体），有的在细胞质内（细胞质包含体）；有的呈晶体状，有的为不定形，形态各异，可作为某些病毒鉴定的依据。

病毒的增殖（proliferation）过程，除了核酸复制和基因表达外，还包括病毒粒体的脱壳和新粒体的装配。植物病毒以被动方式通过微伤口（机械或介体造成的伤口）直接进入寄主活细胞，并脱壳而释放核酸。然后病毒核酸进行复制和表达，形成装备病毒所需要的核酸与衣壳蛋白。新的病毒核酸与衣壳蛋白再进行装配，成为新的子代粒体。

3. 移动和传播　植物病毒的移动是指病毒在寄主体内的转移扩散，其过程包括细胞间的短距离移动和通过维管束组织的长距离移动。病毒细胞间的移动是经胞间连丝进行的，其中病毒编码的运动蛋白能修饰胞间连丝，使其孔径扩大，以便病毒通过。病毒短距离移动的速度很慢，一般为每小时几纳米。大多数植物病毒的长距离移动通过植物韧皮部的筛管进行，移动方向与植株营养的主流方向一致，但移动机制尚不很清楚，其移动可能是一个需要病毒编码蛋白参与的主动运输过程。病毒长距离移动的速度很快，一般可达每分钟几厘米。

植物病毒的传播（transmission）是指病毒从一株植物转移到另一株植物的过程。病毒的传播是完全被动的。根据自然传播方式的不同，植物病毒传播分为介体传播和非介体传播。介体传播是指病毒依靠其他生物体进行传播侵染。在病毒传播中没有其他生物体的介入称为非介体传播，它包括机械传播、无性繁殖材料与嫁接传播、种子与花粉传播等。

（1）非介体传播

① 机械传播　也称汁液摩擦传播，是指病株汁液通过与健株表面的各种机械伤口摩擦接触，进行传播。田间病株接触或室内摩擦接种均为机械传播。田间机械传播主要由植株间接触、农事操作、农机具及修剪工具污染、人和动物活动等造成。这类病毒存在于表皮细胞，浓度高，稳定性强。引起花叶型症状的病毒以及由蚜虫、线虫传播的病毒较易机械传播，如烟草花叶病毒等。而引起黄化型症状的病毒和存在于韧皮部的病毒难以或不能机械传播。

② 无性繁殖材料和嫁接传播　许多病毒具有系统侵染的特点，在植物体内除生长点外各部位均可带毒，因而以块根、块茎、球茎和接穗芽作为繁殖材料会引起病毒的传播。嫁接可以传播任何病毒及柔膜菌病害。

③ 种子和花粉传播　约有 1/5 的病毒可以种传。种传病毒的寄主多为豆科、葫芦科、菊科植物，而茄科植物则很少。如南方菜豆花叶病毒和大豆花叶病毒侵染的菜豆、豇豆和大豆的有些种子可传毒。种子带毒的危害主要表现在早期侵染和远距离传播。病毒种传的主要特点是母株早期受侵染，病毒才能侵染花器；病毒进入种胚才能产生带毒种子。通常仅种皮或胚乳带毒常不能种传。种传病毒大多可以机械传播，常为花叶症状，若可经蚜虫传播则为非持久性传播。由花粉直接传播的病毒多数危害木本植物，如危害樱桃的桃环斑病毒、樱桃卷叶病毒等。这些花粉也可由蜜蜂携带传播。

（2）介体传播　自然界传播植物病毒的生物介体主要有昆虫、螨、线虫、真菌、菟丝子等，其中以昆虫最为重要。在传毒昆虫中，多数是刺吸式昆虫，特别是蚜虫、叶蝉、飞虱等。根据介体昆虫传播病毒的特性，可将植物病毒分为 3 种类型：

① 口针型病毒（style-borne virus）　也称非持久性病毒（non-persistent virus）。口针型病

毒只存在于昆虫口针的前端。昆虫在病株上取食几分钟后就能传毒，但保持传毒的时间不长，一般数分钟后当口针里的病毒全部排完，就不能再起传毒作用。这类病毒一般都可以通过汁液接触传播，传毒昆虫主要是蚜虫，引起的症状多为花叶型，如芜菁花叶病毒、大豆花叶病毒等。

② 循回型病毒（circulative virus） 包括所有半持久性病毒（semi-persisten virus）和部分持久性病毒（persistent virus）。介体在病株上取食较长时间才能获毒，但不能立即传毒。在介体内需经几小时至几天的循回期后，病毒才能被传播。在循回期内，循回型病毒从介体昆虫的口针经中肠和血淋巴到达唾液腺，再经分泌的唾液侵染寄主。昆虫保持传毒的时间虽然比口针型要长，但还是有限的，一般不超过 4 d。病毒大多存在于植物维管束，引起黄化或卷叶等症状。这类病毒一般不能通过汁液接触传播，而是由较专化的蚜虫传播，如大麦黄矮病毒；有的可以由叶蝉、飞虱传播，如甜菜缩顶病毒。

③ 增殖型病毒（propagative virus） 为部分持久性病毒。增殖型病毒在昆虫体内的转移时间更长，并能进行增殖。所以，获毒的昆虫可终身传毒，有的还能经卵传毒。这类病毒都不能通过汁液接触传播，传毒昆虫主要是叶蝉和飞虱，引起黄化、矮缩、丛生等症状，如水稻矮缩病毒、水稻条纹病毒等。

4. 对外界环境影响的稳定性 不同病毒对外界环境影响的稳定性不同，这种特性可作为鉴定病毒的依据之一。对外界环境影响的稳定性指标主要有稀释限点（dilution end point，DEP）、热钝化温度（thermal inactivation point，TIP）和体外存活期（longevity in vitro，LIV）等。

（1）稀释限点 指含病毒的汁液保持侵染力的最大稀释度。例如，烟草花叶病毒的稀释限点为 100 万倍左右，而黄瓜花叶病毒为 1 000 ~ 10 000 倍。

（2）热钝化温度 指处理 10 min 后，使病毒失去侵染能力的最低温度。例如，烟草花叶病毒的热钝化温度为 90 ~ 93℃，而黄瓜花叶病毒为 55 ~ 65℃。

（3）体外存活期 指含病毒汁液在室温（20 ~ 22℃）下能保持侵染力的最长时间。例如，烟草花叶病毒的体外存活期为一年以上，而黄瓜花叶病毒仅为一星期左右。

（二）主要类群

1. 病毒命名 病毒种的名称目前不采用拉丁双名法，而是以寄主名、症状名加"virus"构成，如烟草花叶病毒为 tobacco mosaic virus，缩写为 TMV。病毒属名由典型种的寄主缩写、主要特征缩写加尾词"virus"拼组而成，如烟草花叶病毒属为 *Tobamovirus*（*Toba-mo-virus*）。病毒科的命名与属相似，其尾词为"viridae"，如马铃薯 Y 病毒科为 *Potyviridae*（*Pot-y-viridae*）。病毒种、属、科的名称书写或打印时一律用斜体，首个字母大写，但暂定种名称用正体。

类病毒命名与书写规则与病毒相同，但尾词为"viroid"，缩写成 Vd，如马铃薯纺锤块茎类病毒为 potato spindle tuber viroid，缩写为 PSTVd。卫星病毒和卫星核酸是根据辅助病毒的名称来命名，书写时首个字母大写，但用正体，如烟草坏死卫星病毒为 Tobacco necrosis satellite virus；黄瓜花叶病毒卫星 RNA 为 cucumber mosaic virus satellite RNA。

2. 病毒分类 国际病毒分类委员会（ICTV）负责制定《国际病毒分类与命名规则》，不定期发布病毒分类的权威性报告。ICTV《病毒分类：国际病毒分类委员会第九次报告》（2011），根据病毒核酸类型、链数和转录特性，将病毒分为如下几类：DNA 病毒，包括 dsDNA 和 ssDNA

病毒；RNA 病毒，包括 dsRNA、+ssRNA 和 –ssRNA 病毒；反转录病毒，包括 RNA 反转录病毒和 DNA 反转录病毒。病毒的分类体系与其他生物不同，其独立成界，界内没有门、纲等高级分类单元，只有目（少数）、科、属、种的分类。目前，病毒分为 7 目、96 科、420 属、2 618 种，其中植物病毒有 3 目、25 科、120 属、1 114 种（包括确定种和暂定种）。另外，植物亚病毒分为类病毒和病毒卫星，类病毒有 2 科、8 属、32 种；病毒卫星包括卫星病毒 8 种和卫星核酸 148 种。病毒分类的主要依据还包括粒体特性、抗原性质和生物学性状等。

3. 重要类群

（1）烟草花叶病毒属（*Tobamovirus*）　典型种为烟草花叶病毒（TMV）。粒体直杆状，18 nm × 300 nm；核酸为一条 +ssRNA，有 6 395 个核苷酸（nt）；外壳蛋白为一条多肽，相对分子质量为 $1.7 \times 10^4 \sim 1.8 \times 10^4$。TMV 寄主范围较广，自然传播不需要介体，主要通过病汁液接触传播。对外界环境的抵抗力强，其体外存活期一般在几个月以上，在干燥的叶片中可以存活 50 多年。可引起烟草、番茄等植物的花叶病。

（2）马铃薯 Y 病毒属（*Potyvirus*）　植物病毒中第二大属，典型种为马铃薯 Y 病毒（Potato virus Y，PVY）。粒体线状，大小为（11 ~ 15）nm × 750 nm；核酸是一条 +ssRNA，有约 9 700 nt；外壳蛋白由一条多肽组成，相对分子质量为 $3.0 \times 10^4 \sim 4.7 \times 10^4$。主要以蚜虫进行非持久性传播，绝大多数可通过机械传播，个别可以种传。病毒可在寄主细胞内形成风轮状内含体。PVY 寄主广泛，主要侵染茄科植物如马铃薯、番茄、烟草等，引起下部叶片轻花叶，上部叶片变小、花叶、皱缩下卷，背面叶脉上有少量条斑。

（3）黄瓜花叶病毒属（*Cucumovirus*）　典型种是黄瓜花叶病毒（cucumber mosaic virus，CMV）。粒体球状，直径 28 nm；三分体，基因组含 RNA1、RNA2、RNA3 等三条 +ssRNA，分别有 3 357 nt、3 050 nt 和 2 216 nt，另有两个亚基因组即 1 031 nt 的 RNA4 和 689 nt 的 RNA4A，RNA4 是 RNA3 的亚基因组，RNA4A 是 RNA2 的亚基因组；RNA1、RNA2 分别包裹在不同的粒体中，而 RNA3 和 RNA4 包裹在同一粒体中。常存在卫星 RNA。外壳蛋白由一条多肽组成，相对分子质量为 2.4×10^4。在自然界主要依赖多种蚜虫以非持久性方式传播，也可经汁液接触传播。CMV 寄主范围很广，自然寄主有 67 个科 470 种植物，因而有人称为植物"流感病毒"。

（4）黄症病毒属（*Luteovirus*）　典型种为大麦黄矮病毒（barley yellow dwarf virus，BYDV）。BYDV 粒体球状，直径 25 ~ 30 nm；核酸为一条 +ssRNA，有 5 273 ~ 5 677 nt；外壳蛋白由一条多肽组成，相对分子质量为 2.2×10^4。由蚜虫以持久性、循回型方式进行传播，但不能在虫体内增殖，也不能经卵传播。寄主范围很广，可侵染大麦、小麦、燕麦、黑麦等 100 多种禾本科植物。在我国，主要引起大麦和小麦的黄矮病，病株叶片金黄色，显著矮化。

（5）真菌传杆状病毒属（*Furovirus*）　典型种是土传小麦花叶病毒（soil-borne wheat mosaic virus，SBWMV）。SBWMV 粒体杆状，直径 20 nm，长分别为 140 ~ 160 nm 和 260 ~ 300 nm；二分体，基因组包括两条 +ssRNA，RNA1 有 6 000 ~ 7 100 nt，包裹在长型粒体中；RNA2 有 3 500 ~ 3 600 nt，包裹在短型粒体中。外壳蛋白由一种多肽组成，相对分子质量为 $1.9 \times 10^4 \sim 2.05 \times 10^4$。自然寄主范围较窄，限于禾本科和一些藜属植物。由土壤中介体禾谷多黏菌（*Polymyxa graminis*）传播。主要危害冬小麦和大麦，开始在叶片上形成短线状褪绿条纹，后逐渐变黄、矮化，重病株不能抽穗。

（6）斐济病毒属（*Fijivirus*） 典型种为斐济病病毒（Fiji disease virus，FDV）。在我国，本属最具经济重要性的是水稻黑条矮缩病毒（rice black streaked dwarf virus，RBSDV）和南方水稻黑条矮缩病毒（Southern rice black streaked dwarf virus，SRBSDV）。RBSDV 粒体球状，直径 75~80 nm。基因组有 10 条 dsRNA（$S_{1\sim10}$），每条大小为 1 801~4 501 nt，基因组共有 29 141 nt；粒体中含有 5 种结构蛋白，组成 2 层外壳蛋白。主要自然寄主为水稻、玉米、小麦等，由灰飞虱传播。南方黑条矮缩病毒的基因组结构、寄主范围、传播介体、引起的病害症状等都与黑条矮缩病毒相似，但其传播介体主要为白背飞虱，灰飞虱传毒能力较弱。

六、线虫

线虫（nematode），又称蠕虫，是一种低等的无脊椎动物，在数量和种类上仅次于昆虫，居动物界第二位。线虫分布很广，多数腐生于水和土壤中，少数寄生于人、动物和植物。寄生植物的线虫称为植物寄生线虫或简称植物线虫，可以引起许多重要病害，如大豆胞囊线虫病、番茄根结线虫病、甘薯茎线虫病和水稻干尖线虫病等。此外，有些线虫还能传播真菌、细菌和病毒，或与其他病原物复合侵害植物。

（一）一般性状

1. 形态和结构 植物线虫体形小，一般长 0.3~12 mm，宽 0.01~0.05 mm。多数雌、雄成虫同为线形即蠕虫形，少数异形，即雄虫为线形，雌虫为梨形、柠檬形和肾形等。

线虫虫体可分为体壁和体腔两部分。体壁从外至内由角质膜、下皮层和肌肉层所组成，具有保持体形、保护体腔、调节呼吸和收缩运动的作用。体壁内是体腔，腔内充满用以湿润各种器官的体液。这种液体如同原始血液一样，供给虫体所需的营养物质和氧气。体腔内有消化系统、生殖系统、神经系统和排泄系统，其中消化系统和生殖系统比较发达。

消化系统是一个直通管道，起自口孔及口腔，经食道、肠、直肠而终于肛门。口孔由 6 个突出的唇片形成，后面是口腔。植物寄生线虫的口腔内有一个针刺状的骨化器官即口针（stylet）或矛针（spear）。口针中空，在先端和末端都有开口。线虫以口针穿刺植物细胞和组织，并分泌消化酶，消解寄主细胞中物质，然后将胞质成分吸入食道。口腔下面为一不规则管状物即食道（esophagus），其中部可以膨大成一个中食道球，后面为细长的食道峡部，末端为食道腺。食道腺能分泌唾液或消化液，因而也称唾液腺。食道主要有 3 种类型：一是垫刃型食道（tylenchoid esophagus）。整个食道可分为 3 部分，口腔后端到中食道球的前端是前体部，食道中部是前体部和峡部之间的膨大部分，之后是食道后体部，终止于贲门。背食道腺开口位于口针基球附近，而亚腹食道腺开口于中食道球腔内。二是滑刃型食道（aphelenchoid esophagus）。整个食道构造与垫刃型相似，但其背、腹食道腺开口均在中食道球腔内。三是矛型食道（dorylaimoid esophagus）。食道呈瓶状，分为两部分即细长的前体部和膨大的后体部，因而又称瓶型食道。食道类型是线虫分类鉴定的重要依据。从贲门到直肠这段管道是肠（instine），主要负责吸收和分解从食道送来的营养物质。

线虫的生殖系统非常发达，有的占据体腔的很大部分。雌虫有 1 个或 2 个卵巢，连接输卵管、受精囊、子宫、阴道和阴门。雌虫的阴门和肛门是分开的。雄虫有一个或一对精巢，连接输精管和泄殖孔。雄虫的生殖孔和肛门为同一孔口，称为泄殖孔。泄殖孔内有一对交合刺（spicule），有的还有引带（gubernaculum）和交合伞（copulatory bursa）等（图2-30）。

2. 个体发育和生态　线虫的一生经卵、幼虫和成虫3个阶段。两性成虫交配后，雌虫产卵，雄虫一般随后死亡。卵孵化出幼虫，幼虫发育到一定时期就蜕皮，每蜕皮一次，就增加一个龄期。幼虫一般有4个龄期。一龄幼虫通常在卵内发育，而从卵内孵化出来的是二龄幼虫。许多植物线虫以二龄幼虫侵染寄主，因此二龄幼虫也称为侵染性幼虫。四龄幼虫蜕皮后变成成虫。在适宜的环境条件下，线虫完成一个世代一般需要3~4周，一个生长季节可发生多代。但有的线虫一代短则几天，长则一年。

植物线虫都有一段时期生活或存活在土壤中，所以，土壤的环境条件对线虫生长、发育有很大的影响。土壤温、湿度高，线虫活动性强，体内养分消耗快，存活时间较短；在干燥、低温条件下，线虫存活时间较长。土壤长期淹水或通气不良可缩短线虫的存活期。许多线虫可以休眠状态在植物体外长期存活，如土壤中未孵化的卵，特别是在卵囊和胞囊中的卵，存活期更长。此外，植物的根，尤其是新根的分泌物，对线虫有很强的吸引力，所以线虫大多生活在耕作层特别是根际土壤中。

3. 寄生性和致病性　植物线虫都是活体营养生物，有外寄生和内寄生两种方式。外寄生线虫仅以口针穿刺到寄主组织内吸食，而虫体留在植物体外。内寄生线虫虫体全部进入植物体内，有的固定在一处寄生，多数在寄生过程中可在寄主中移动。一种线虫在不同的发育阶段可有不同的寄生方式。有些外寄生的线虫，到一定时期可以进入植物组织内寄生。即使是典型内寄生的线虫，在幼虫整个进入植物体内以前，也有一段时间是在寄主体外生活的。

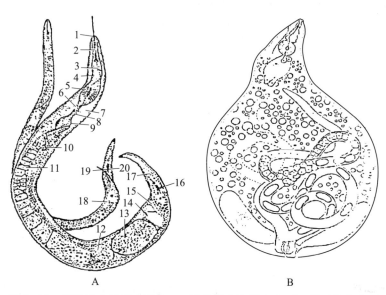

A　　　　　　　　　　　B

图2-30　植物线虫的形态结构——线性雌虫和雄虫（A）、梨形雌虫（B）

1. 头顶、唇区；2. 吻针（口针）；3. 背食管腺开口处；4. 食管前体部；5. 中食道球；6. 神经环；
7. 排泄孔；8. 峡部；9. 食管腺；10. 肠；11. 卵巢；12. 受精囊；13. 成熟的卵；14. 子宫；
15. 阴道孔（阴门）；16. 侧尾腺；17. 肛门；18. 精巢及精子细胞；19. 交合刺；20. 引带

线虫对植物的致病作用，除了直接造成损伤和掠夺营养外，主要是线虫在穿刺寄主时分泌的唾液中含有许多酶或毒素，从而引起各种病变。植物受线虫侵害后可表现多种症状，特别是根部腐烂、植株矮小、叶片黄化和局部畸形等。线虫除本身致病外，还与其他病原物的侵染和危害有一定关系。植物根部受到线虫侵害后，容易遭受土壤中其他病原物的侵染，从而加重病害的发生。例如，棉花根部受线虫侵害后，更易发生枯萎病。

（二）主要类群

线虫属于动物界线虫门（Nematoda）。根据侧尾腺口的有无，分为侧尾腺口纲和无侧尾腺口纲。植物线虫主要属于侧尾腺口纲中的垫刃目（Tylenchida）和滑刃目（Aphelenchida），其中，引起重要农作物病害的线虫有下列 5 个属。

1. 粒线虫属（*Anguina*） 垫刃目成员。雌、雄成虫均为线形，虫体较长，垫刃型食道，口针较小。大多数寄生禾本科植物的地上部，破坏茎、叶或子房形成虫瘿，如小麦粒线虫（*A. tritici*）。

2. 茎线虫属（*Ditylenchus*） 垫刃目成员。雌、雄成虫均为线形，垫刃型食道。主要危害地下的球茎、块茎、鳞茎、块根等，如引起我国甘薯茎线虫病的毁灭茎线虫（*D. destructor*）。

3. 异皮线虫属（*Heterodera*） 又称胞囊线虫属，垫刃目成员。雌、雄成虫异形，即雄虫细长，雌虫柠檬形；垫刃型食道；具突出的阴门锥；后期雌虫角质层变厚，呈深褐色，体内充满卵，这种含有大量卵的雌虫虫体称为胞囊（cyst）。该属线虫是危害植物根部的一类重要线虫，如大豆胞囊线虫（*H. glycines*）等。

4. 根结线虫属（*Meloidogyne*） 垫刃目成员。雌、雄成虫异形，即雄虫线形，雌虫梨形；垫刃型食道；具特征性的会阴花纹；后期雌虫常将卵产在尾部体外的胶质卵囊（egg sac）内。该属线虫危害多种植物根部，形成瘤状根结（root knot），如引起多种植物根结线虫病的南方根结线虫（*M. incognita*）、北方根结线虫（*M. hapla*）、花生根结线虫（*M. arenaria*）和爪哇根结线虫（*M. javanica*）等。

5. 滑刃线虫属（*Aphelenchoides*） 滑刃目成员。雌、雄成虫都是线形，滑刃型食道，口针较长。主要危害植物的叶、芽，如引起水稻干尖线虫病的贝西滑刃线虫（*A. besseyi*）。

七、寄生性种子植物

植物绝大多数是自养的，少数由于缺少足够叶绿素或因为某些器官的退化而营寄生生活，称为寄生性植物（parasitic plant）。寄生性植物中除少数藻类外，大都为种子植物。其大多寄生野生木本植物，少数寄生农作物，如大豆菟丝子、瓜类列当等，在农业生产上可造成较大的危害。

（一）一般性状

根据对寄主的依赖程度，寄生性种子植物可分为两类。一类是半寄生种子植物：有叶绿素，能进行正常的光合作用，但根退化，其导管直接与寄主植物相连，从寄主内吸收水分和无机盐，如寄生在林木上的桑寄生、槲寄生。另一类是全寄生种子植物：没有叶片或叶片退化成鳞片状，因而没有足够的叶绿素，不能进行正常的光合作用，其导管和筛管分别与寄主植物相连，从寄主内吸收全部或大部养分和水分，如菟丝子、列当等。

根据寄生部位的不同，寄生性种子植物还可分为茎寄生和根寄生。寄生在植物地上部分为茎（叶）寄生，如菟丝子、桑寄生等；寄生在植物地下部分为根寄生，如列当等。

寄生性种子植物对寄主植物的影响，主要是由于寄主营养被过度摄取后生长受到抑制。草本植物受害后，主要表现为植株矮小、黄化，严重时全株枯死。木本植物受害后，通常出现落叶、落果，叶片变小，顶枝枯死，开花延迟或不开花，甚至不结实。

（二）主要类群

寄生性种子植物都是双子叶植物，有 12 个科，其中最重要的是桑寄生科（Loranthaceae）、菟丝子科（Cuscutaceae）、列当科（Orobanchaceae）和玄参科（Scrophulariaceae）。桑寄生科的植物都是半寄生的灌木，危害热带或亚热带林木。菟丝子科的菟丝子和列当科的列当则是农业生产上重要的全寄生种子植物。

1. 菟丝子（*Cuscuta*）　茎寄生、全寄生的一年生草本植物，没有根和叶，或叶片退化成鳞片状，无叶绿素；茎为黄白色，呈旋卷丝状，用以缠绕寄主，在接触处长出吸盘（haustorium），侵入寄主体内；花很小，白色至淡黄色，排列成头状花序；果为开裂的球状蒴果，有种子 2~4 枚；种子很小，卵圆形，黄褐色至黑褐色，表面粗糙。

菟丝子种子成熟后落入土中或脱粒时混在作物种子中，成为来年菟丝子病害的主要初侵染来源。第二年当作物播种后，菟丝子种子发芽，生出旋卷的幼茎。当幼茎接触到寄主就缠绕其上，长出吸盘侵入寄主维管束中寄生。同时下部的茎逐渐萎缩，并与土壤分离。以后上部的茎不断缠绕寄主，并向四周蔓延危害。菟丝子有许多种类，可危害大豆、花生、马铃薯、苜蓿、胡麻等多种作物，如引起大豆菟丝子病的中国菟丝子（*C. chinensis*）（图 2-31）。

2. 列当（*Orobanche*）　根寄生、全寄生的一年生草本植物，没有叶绿素和真正的根，叶片退化为短而尖的鳞片状；茎单生或有分支，一般高 30~40 cm，黄色至紫褐色；穗状花序，花冠合瓣，蓝紫色；果实为蒴果，有种子 2 000 枚左右；种子细小，呈葵花子形，一般长度不超过 0.5 mm。

列当主要寄生在双子叶植物的根部。落在土里的列当种子，经过休眠后在适宜的温、湿度条件下萌发成线状的幼芽。当幼芽遇到适当的寄主植物根部，就以吸根（radicle）侵入寄主根内吸取养分。在吸根生长的同时，根外形成的瘤状膨大组织向上长出花茎。随着吸根的增加，列当的地上花茎数也相应增加。寄主植物因养分和水分被列当吸取，生长不良，产量减少。我国主要有埃及列当（*O. aegyptiaca*）和向日葵列当（*O. cumana*），大多分布在新疆等地，寄生在瓜类、豆类、番茄、烟草、马铃薯、花生、向日葵以及辣椒等植物上（图 2-32）。

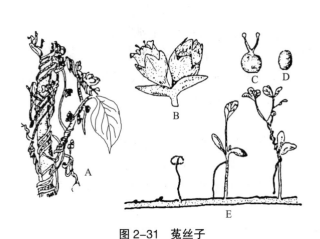

图 2-31　菟丝子

A. 大豆上的菟丝子；B. 花；C. 子房；D. 种子；
E. 菟丝子种子萌发及侵染寄主过程

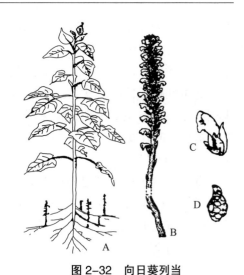

图 2-32　向日葵列当

A. 向日葵根部受害状；B. 列当的花序；
C. 花；D. 种子

第三节　病原物的侵染过程和病害循环

一、病原物的侵染过程

在植物侵染性病害发生过程中，一方面，病原物通过与寄主植物感病部位接触，侵入寄主并在其体内繁殖扩展，表现致病作用；另一方面，寄主植物对病原物的侵染也产生一系列反应，最后显示症状而发病。因此，病原物的侵染过程（infection process）也是植物个体遭受病原物侵染后的发病过程，有时称为病程（pathogenesis）。

病原物的侵染是一个连续的过程。为了分析病原物的侵染活动，可将这一过程分为侵入前期、侵入期、潜育期和发病期。

（一）侵入前期

侵入前期（prepenetration period）是指病原物侵入前已与寄生植物存在相互关系并直接影响病原物侵入的时期。许多病原物的侵入前期是从与寄主植物接触开始到形成某种侵入机构为止，有人称为接触期。但是，有些病原物特别是土壤中的病原物，在接触前就受到寄主植物和其他生物的影响。因而，侵入前期应包括接触前和接触后两个阶段。

侵入前期以植物表面的理化状况和微生物组成对病原物影响最大。例如，土壤中的病原物接触寄主前，植物根分泌的一些化学物质能吸引土壤中病原真菌、细菌和线虫向根部移动聚集；根分泌物还可促使真菌孢子和病原物休眠体萌发。病原物与寄主接触后，在植物表面或周围往往有一段生长活动期，如真菌孢子的萌发及芽管的伸长、细菌的繁殖、线虫的蜕皮和生长等，这些活动有助于病原物到达其侵入部位。此外，植物表面和周围的微生物能干扰和影响病原物的生存和定殖。因此，在侵入前期病原物必须适应寄主体外的复杂环境，克服各种不利因素才能实现侵入。此时，也是阻止病原物侵入和发展的有利时期。在生物防治中，应用具有拮抗和竞争作用的微生物可以控制病原物的侵染。

（二）侵入期

侵入期（penetration period）是从病原物开始侵入寄主到侵入后与寄主建立寄生关系的一段时间。病原物侵入寄主所需时间有的很短，如植物病毒通过微伤口或昆虫的口器注入，接触和侵入同时完成，侵入期一般只需要几秒钟至几小时；有的较长，如病原真菌孢子要在萌发后产生芽管才能侵入，通常需要几小时，但一般不超过 24 h。

病原物的侵入途径包括直接侵入、自然孔口侵入和伤口侵入。直接侵入是指病原物直接穿透寄主角质层和细胞壁而进入寄主体内。以真菌为例，其典型过程是：附着于寄主表面的真菌孢子萌发形成芽管，芽管顶端膨大产生附着胞，附着胞分泌黏液固定并产生较细的侵入钉（丝），直接穿透植物的角质层和细胞壁而进入细胞内。侵入钉（丝）穿透寄主时是靠分泌的酶及机械压力作用。自然孔口侵入以寄主组织上气孔侵入最为普遍，水孔、皮孔、柱头、蜜腺等也是侵入途径。由于植物自然孔口中含有较多营养物质和水分，故病原物进入自然孔口一般认为是趋化性和趋水性的作用。病原真菌进入自然孔口后，有的孢子萌发形成芽管，由芽管直接侵入；有的孢子萌发形成芽管后，先形成附着胞和侵入钉（丝），然后由侵入钉（丝）侵入。伤口侵入一般有 3 种情况：其一，伤口只是病原物的侵入途径，植物病毒进入细胞所需的伤口，必须是受伤细胞不死亡的轻微伤口；其二，有些病原物除以伤口作侵入途径外，还利用伤口的营养物；其三，病原物先在伤口处的死亡组织中生活并提高寄生能力，然后再侵入健全的组织。

各种病原物的侵入途径和方式是不同的。病原真菌中，寄生性强的真菌以直接侵入或从自然孔口侵入为主；寄生性弱的真菌主要从伤口或衰亡的组织侵入。病原细菌可经自然孔口或伤口侵入，有的只能从伤口侵入。柔膜菌和病毒均需要经伤口侵入。植物线虫一般以直接方式刺穿寄主细胞和组织，有时也可经自然孔口侵入。寄生性种子植物是直接产生吸根侵入。

影响病原物侵入的环境因素中，以湿度和温度影响最大。湿度是病原物侵入的必要条件，高湿度使寄主表面形成水膜，通常有利病原物的侵入。温度主要影响病原物侵入的速度。在适宜的温度范围内，一般病原物侵入快、侵入率高。温、湿度对一些病原真菌侵入的影响往往具有综合作用，如小麦叶锈菌的夏孢子萌发侵入的最适温度为 15~20℃，在此适温下叶面只要保持 6 h 左右的水膜，病菌即侵入叶片；如温度为 12℃，叶面持水则需保持 16 h 才能侵入；低于 10℃，即使叶面长期积水，也不能或极少侵入。光照与侵入也有一定关系。对于气孔侵入的病原真菌，因为光照关系到气孔的开闭而影响其侵入。

（三）潜育期

潜育期（incubation period）是从病原物与寄主建立寄生关系到寄主表现症状前的一段时期。病原物侵入寄主后，首先要从寄主体内获得营养物质和水分，建立寄生关系，然后在寄主体内繁殖扩展，最后引致寄主发病。潜育期内病原物与寄主的关系，最基本的是营养关系。在这一过程中，寄主对病原物的抵抗是极其复杂的。侵入寄主的病原物不一定都能建立寄生关系，即使建立了寄生关系的病原物，也不一定都能顺利地在寄主体内扩展而引起发病。例如，小麦散黑穗病菌（*Ustilago tritici*）从小麦花器侵入后，虽然已与寄主建立寄生关系，并以菌丝体潜伏在种胚内越夏，但当种子萌发时，潜伏的菌丝体不一定都进入幼苗生长点；而进入幼苗生长点的病菌，也不一定都能引起最后发病。

不同病原物在寄主体内扩展的方式也是不同的。植物病原真菌大部分以菌丝体在寄主细胞间或直接穿过细胞扩展，活体营养真菌形成吸器伸入寄主细胞吸取养分和水分；死体营养真菌先杀死寄主组织，然后向前扩展。引起萎蔫病的真菌，通常以菌丝体侵入植物木质部导管，并在其中扩展。植物病原细菌一般先在寄主薄壁组织细胞间繁殖、扩展，然后进入寄主细胞内。引起萎蔫病的细菌从寄主薄壁细胞组织进入木质部导管繁殖、蔓延。植物病毒进入寄主细胞后，在细胞中增殖，经胞间连丝移动，多数病毒还可进入韧皮部筛管快速移动，引起全株性感染。各类病原物在寄主内的扩展，基本上可以归为两类。一类是局部侵染（local infection），病原物扩展的范围局限于侵染点附近的细胞和组织，所形成的病害称为局部性病害；植物侵染性病害大多属于此类。另一类是系统侵染（systemic infection），病原物可从侵染点扩展到寄主的其他部分或全株，所引起的病害称为系统性病害。例如，真菌、细菌引起的萎蔫病；病毒引起的全株性侵染；病原物侵入寄主的生长点，随寄主发育而形成系统侵染，但仅在局部部位表现症状，如小麦散黑穗病等。

病害潜育期的长短主要决定于病害种类和环境条件，有的病害潜育期较短，一般只有几天；有的则较长，可有几月至几年。小麦散黑穗病潜育期将近半年，病菌从苗期侵入，直至结实时才在穗部显示症状；有些木本植物的病毒病害或柔膜菌病害，潜育期可达 2~3 年。同一种病害潜育期长短主要受温度影响。例如，稻瘟病在 26~28℃时，潜育期为 4.5 d；24~25℃时 5.5 d；17~18℃时 8 d；9~11℃时 13~18 d。

有些病害具有潜伏侵染现象，即病原物侵入寄主后，长期处于潜育阶段，寄主不表现或暂不表现症状，而成为带菌或带毒者。引起潜伏侵染的原因很多，通常是因为病原物在寄主体内发展受到限制，或者是因为环境条件不适宜发病等。

（四）发病期

经过潜育期后，寄主植物开始出现症状而发病。在发病期，局部性病害从最初出现的小斑点渐渐扩大成典型病斑。许多病害在病部可出现病征，如真菌子实体、细菌菌脓和线虫虫瘿等。

环境条件特别是温、湿度对症状出现后病害进一步扩展影响较大，其中湿度对病斑扩大和真菌孢子形成影响最大。如马铃薯晚疫病和烟草黑胫病在潮湿条件下病斑迅速扩大并产生大量孢子；气候干旱时，病斑则停止发展。在相对湿度小于 89% 时，稻瘟病病斑上一般不产生孢子；当湿度高于 93% 时，湿度越大，产孢量越大。因此，高湿和雨水条件下，许多病害易迅速扩展和流行。在一定湿度下，温度的影响也很重要，最适温度有利于病斑扩展和真菌孢子形成。

二、病害循环

病害循环（disease cycle）是指病害从寄主植物的前一个生长季节开始发病到下一个生长季节再度发病的过程。通常在一个地区，侵染性病害的循环过程是：作为侵染源的病原物经过一定途径传播到植物上引起初次侵染，后在病部产生子实体，有些病原物还可进行再次侵染，最后病原物以一定方式越冬或越夏，度过寄主中断期或休眠期，成为下一季植物发病的初侵染来源。因此，一种植物的病害循环主要涉及病原物的越冬或越夏、传播和初侵染与再侵染 3 个方面。病害不同，其病害循环的过程有较大差异。了解各种病害的循环特点是认识病害发生、发展规律的核心，也是对病害进行预测预报及制定防治对策的依据。

（一）病原物的越冬或越夏

病原物的越冬（overwintering）或越夏（oversummering）是指病原物以一定方式在特定场所度过不利于其生存和生长的冬季或夏季（寄主中断期或休眠期）的过程。病原物的越冬或越夏与寄主生长的季节性有关。在我国大多数纬度较高或纬度较低而海拔较高的地区，一年有明显的四季差异，多数作物在秋季收获而冬季中断或休眠，因此存在病原物越冬问题；一些越冬作物或早春作物在夏初收获，因而存在病原物越夏问题。但是，在热带和亚热带地区，植物可以全年正常生长，病原物可反复侵染为害导致病害不断发生，其基本没有越冬或越夏过程。越冬或越夏后的病原物将引起下一季寄主植物的初次侵染，因此，越冬或越夏场所一般也是下一个生长季节病原物的初侵染来源，其主要有 6 个方面。

1. 种子、苗木和无性繁殖材料　种苗和无性繁殖材料携带的病原物往往是下一年初侵染的最有效来源。病原物在种苗萌发生长时，无须经过传播接触而引起侵染。由种苗带菌引起感染的病株，往往成为田间的发病中心而向四周扩展。

病原物在种苗和无性繁殖材料上越冬、越夏，有多种不同的情况。①病原物各种休眠结构混杂于种子中，如大豆菟丝子的种子和油菜菌核病菌的菌核等；②病原物休眠孢子附着于种子表面或内部，如小麦腥黑穗病菌的冬孢子和粟白发病菌的卵孢子等；③病原物既可以繁殖体附着于种子表面又可以菌丝体潜伏于种子内部，如棉花枯萎病菌和水稻恶苗病菌等；④病原物侵入并潜伏在种苗及其他繁殖材料内部，如马铃薯环腐病菌在块茎中、大豆花叶病毒在种子内等。

2. 田间病株　有些活体营养病原物必须在活的寄主上寄生才能存活。如小麦锈菌的越夏、越冬，在我国都要寄生在田间生长的小麦上。小麦秆锈菌因不耐低温，只能在闽粤东南沿海温暖地区的冬麦上越冬；小麦条锈菌不耐高温，只能在夏季冷凉的西北高原高山春麦上越夏；小麦叶锈菌对温度适应范围较广，可以在我国广大冬麦区的自生麦苗上越夏，后在冬麦苗上越冬。

有些侵染一年生植物的病毒，当冬季或夏季无栽培寄主时，就转移到野生或其他栽培寄主上越冬或越夏。如黄瓜花叶病毒可在其他植物上寄生越冬。

3. 病株残体　所有死体营养病原物都能在病株残体中存活。如稻瘟病菌、玉米小斑病菌和水稻白叶枯病菌等均以病株残体为主要的越冬场所。残体中病原物存活时间的长短，主要取决于残体分解腐烂速度的快慢。一般情况下，病原物在残体中由于寄主组织的保护因而对环境的抵抗力较强，受到土壤中腐生菌的拮抗作用较小，当寄主残体分解腐烂后，其中的病原物也逐渐死亡。

4. 土壤　土壤是许多病原物的重要越冬或越夏场所。病原物可以休眠体在土壤中长期存活。如黑粉菌的冬孢子、菟丝子和列当的种子和线虫的胞囊或卵囊等。有些病原物的休眠体先存活于病残体内，当残体分解腐烂后，再散于土壤中。如根肿菌的休眠孢子、霜霉菌的卵孢子和根结线虫的卵等。另外，有些病原物可以腐生方式在土壤中存活。以土壤作为越冬、越夏场所的病原真菌和细菌，大体可分为土壤寄居菌和土壤习居菌两类。土壤寄居菌只能在土壤病残体上腐生或休眠越冬，病残体腐烂后，病菌亦死亡。土壤习居菌则对土壤适应性强，在土壤中可以长期存活，并且能够繁殖，如镰刀菌和丝核菌等。

5. 粪肥　有些病原物可随病株残体经牲畜饲食后排泄而进入粪肥。如粟白发病菌卵孢子和小麦腥黑穗病菌冬孢子随饲料经牲畜肠胃后仍具有生活力，若粪肥不腐熟而施到田间，就能引起初侵染。通常以病株残体作积肥的，病原物可混入肥料，该肥若未腐熟，施用后也会引起寄主作物发病。

6. 昆虫或其他介体　这对植物病毒和柔膜菌的越冬或越夏特别重要。许多病毒和柔膜菌可在介体昆虫及真菌、线虫体内越冬或越夏，成为下一季节的初侵染来源。有些病毒甚至能在介体内增殖及经卵传播。如水稻条纹病毒在灰飞虱体内越冬，土传小麦花叶病毒在禾谷多黏菌休眠孢子中越夏。

（二）病原物的传播

病原物从越冬、越夏场所到达寄主感病部位，或者从已经形成的发病中心向四周扩散，均需要经过传播才能实现。有些病原物可以由本身的活动，进行有限范围的主动传播，如真菌菌丝体和菌索的扩展及孢子的弹射、线虫在土壤中的移动、菟丝子茎蔓的攀缘等。但大多数病原物还是借助外力如气流、水流、昆虫及人为因素等进行被动传播。不同的病原物由于它们的生物学特性不同，其自然传播方式和途径也不一样。病原真菌以气流传播为主，其次是水流传播；病原细菌以水流传播为主；植物病毒和柔膜菌主要由昆虫等介体传播。人类活动对所有病原物的传播特别是远距离传播至关重要。

1. 气流传播　气流传播是一些重要病原真菌的主要传播方式。如麦类锈病菌、瓜类白粉病菌、稻瘟病菌、玉米小斑病菌等产生的孢子主要由气流传播。有时风雨交加还可以引起一些病原细菌及线虫的传播。

病原真菌孢子小而轻，易被气流散布到空气中，犹如空气中的尘埃微粒一样，可以随气流进行不同距离的传播，从而引起初侵染或再侵染。真菌孢子气流传播距离的远近，与孢子大小和气流强度有关。但是，孢子可以传播的距离不一定是病害传播的距离。有的真菌孢子因不能适应传播过程中的环境而死亡，或因传播后接触不到感病寄主以及没有适宜的侵染条件而不能致病。一般情况下，真菌孢子的气流传播多为近程传播（几米至几十米）和中程传播（几百米至几公里）。着落的孢子一般离菌源中心的距离越近，密度越大；距离越远，密度越低。远程传播的病菌有小麦秆锈病菌和条锈病菌等。病菌要实现远程传播，必须菌源基地有大量孢子；孢子被上升气流带到千米以上高空，再随水平气流平移；最后遇下沉气流或降雨，孢子着落到感病寄主上，在适宜条件下引起侵染。

2. 水流传播　对于病原细菌以及产生分生孢子盘与分生孢子器的病原真菌来说，由于菌体或孢子间大多有胶质黏结，这些胶质遇水膨胀和溶化后，细菌菌体或真菌孢子才能散出，因此这些病菌的传播必须要有水的存在。土壤中一些病原真菌、细菌及线虫可经过雨水溅到植物的地上部位，或随雨水、排灌水等水流传播。例如，水稻白叶枯病菌通常由雨水和排灌水传播，暴风雨更加有利于病害的扩展，这是因为暴风雨不仅引起叶片擦伤，利于病菌再侵染，而且病菌可经田水流动进行传播。

3. 昆虫及其他生物传播　昆虫与病毒、柔膜菌的传播关系最大。蚜虫、叶蝉和飞虱是植物病毒的主要传播介体。此外，有些病毒可经线虫和真菌传播。有些昆虫还可以传播一些病原细菌、真菌和线虫，如玉米啮叶甲传播玉米萎蔫病菌、甲虫传播榆疫病菌、天牛传播松材线虫等。

4. 人为因素传播　带有病原物的种子、苗木和其他繁殖材料，由于人为的携带和调运，可以远距离传播。人的生产活动如农事操作和使用的农具均可引起病原物的传播。所谓"土壤传播"实际上是一种病原物人为方式的传播，因为土壤中病原物只有通过人移动病土才能传播。

（三）病原物的初侵染与再侵染

越冬或越夏的病原物在植物一个生长季中最初引起的侵染，称初次侵染或初侵染（primary infection）。初侵染发病后病植物上产生的病原物繁殖体，经传播又侵染植物的健康部位或健康的植株，称为再次侵染或再侵染（secondary infection）。

只有初侵染、没有再侵染的病害称为单循环病害（monocyclic disease）。单循环病害在植物的一个生长季只有一个侵染过程，一般潜育期较长，如小麦散黑穗病、玉米丝黑穗病等。对此类病害只要消除初侵染来源，就可达到完全防治病害的目的。

在植物一个生长季中具有初侵染和再侵染的病害称为多循环病害（polycyclic disease）。多循环病害在植物的一个生长季中有多个侵染过程，潜育期一般较短。这类病害一般初侵染的数量有限，但由于不断再侵染，病害容易迅速蔓延而引起流行。此类病害包括许多重要的流行病，如稻瘟病、水稻白叶枯病、小麦条锈病、小麦白粉病、玉米小斑病等。对此类病害的防治，一般要通过种植抗病品种、改善栽培措施和多次药剂防治来降低病害发展速度，以控制病害的危害。

第四节　植物病害的诊断

植物病害的诊断是病害防治的前提和依据。它通常根据症状、病原物及病害发生特点来确定病因和病害种类，从而为采取相应的防治措施奠定基础。

一、柯赫法则

柯赫法则（Koch's rule）一般是用来确定侵染性病害及其病原生物的通则，其具体步骤为：

（1）植物病部常伴有病原生物存在；

（2）经分离，在培养基上可获得该病原生物的纯培养；

（3）将纯培养生物接种至相同植物的健株，被接种植株表现与原来相同的症状；

（4）从接种发病的植株上再进行该生物的分离和纯培养，其特征与原接种的病原生物相同。

根据柯赫法则可以确定一种病害是否由某种生物引起，但它也有一定局限性。首先，柯赫法则是建立在微生物学基础上的，因此它仅适用于侵染性病害。此外，就侵染性病害而言，绝大多数活体营养生物至今尚未能人工培养，难以获得纯培养，因而这类病原物不能完全按照柯赫法则进行鉴定，但其基本原理对这类病害的判别仍是适用的。

二、侵染性病害的特点与诊断

侵染性病害是由生物引起的，因此许多病害在病部存在病征；病害在植株间可以传染，病害有一个逐步扩展的过程。但是，引起侵染性病害的病原物种类繁多，病害症状和发生特点差别很大，诊断时必须细心把握。

（一）原生动物、色菌与真菌病害

这类病害的主要症状是坏死、腐烂和萎蔫，少数为畸形。病斑上常常有霉状物、粉状物、粒状物等病征，是真菌病害区别于其他病害的重要标志，也是病害田间诊断的主要依据。

原生动物中与植物病害有关的主要为根肿菌。根肿菌均为寄主细胞内专性寄生菌，少数寄生藻类和其他水生真菌，侵染植物后主要引起植物的根部和茎部细胞膨大或组织增生。

卵菌有许多重要病原菌。腐霉菌、疫霉菌等大多生活在水中或潮湿的土壤中，经常引起植物根部、茎基部和瓜果的腐烂或幼苗的猝倒，湿度大时往往在病部生出白色的棉絮状物。霜霉菌、白锈菌等高等卵菌都是活体营养生物，大多陆生，危害植物的地上部，引致叶斑和花穗畸形。在病部，霜霉菌产生白色至灰白色稀疏霉层（叶片背面）；白锈菌形成白色疱状突起，这些特征是各自病害特有的病征。另外，卵菌以厚壁卵孢子在土壤或病残体中度过不良环境，成为下次发病的初侵染源。

接合菌引起的病害很少，而且都是弱寄生，症状通常为薯、果的软腐或花腐。

许多子囊菌及无性菌引起的病害，一般在叶、茎、果上形成明显的病斑，其上产生各种颜色的霉状物或小黑点。它们大多是死体营养生物，既能寄生，又能腐生。但是，白粉菌则是活体营养生物，常在植物表面形成粉状的白色或灰白色霉层，后期霉层中夹有小黑点即闭囊壳。多数子囊菌的无性繁殖比较发达，在生长季节产生一至多次的分生孢子，进行侵染和传播。它们常常在生长后期进行有性生殖，形成有性孢子，以度过不良环境，成为下一生长季的初侵染来源。

担子菌中锈菌和部分黑粉菌为活体营养生物，在病部形成黑色或锈色的粉状物。黑粉菌多以冬孢子附着在种子上、落入土壤中或在粪肥中越冬，有的如大、小麦散黑粉菌则以菌丝体在种子内越冬。越冬后的病菌可以从幼苗或花器侵入，引起系统病害；少数黑粉菌可以从植株的任何部位侵入，引起局部病害，如玉米黑粉菌。锈菌可以形成多种类型的孢子，有的需要转主寄生。锈菌形成的夏孢子量大，可以通过气流作远距离传播，所以锈病常大面积发生。锈菌的寄生专化性很强，寄主品种间抗病性差异明显，因而较易获得高度抗病的品种，但这些品种也易因病菌发生变异而丧失抗性。

诊断真菌病害时，要仔细观察病害的症状并对真菌的子实体进行镜检。通常用湿润的挑针或刀片将寄主病部表面的各种霉状物、粉状物和粒状物挑出、刮下，或进行切片，放置玻片上，在显微镜下可以清楚地看到真菌的各种形态。如果病部没有子实体，则可进行保湿培养，以后再作镜检。对于常见的病害，通过观察症状与镜检病菌子实体，并查阅相关的参考书或资料，就可以确诊。有时病部观察到的真菌，并不是真正的病原菌，而是与病害有关的腐生菌，或遇到的病害为非常见病害或新病害，这时要确定真正的病因，必须按照柯赫法则进行人工分离、培养和接种等一系列工作。

（二）细菌病害

一般细菌病害的症状主要有坏死、腐烂、萎蔫和瘤肿等，并时常有菌脓（ooze）溢出。在田间，细菌病害的症状往往有如下特点：一是病部常为水渍状或油渍状；二是在潮湿条件下，病部有黄褐色或乳白色、胶黏、似水珠状的菌脓；三是腐烂型病害病部往往有恶臭味。

细菌一般通过伤口和自然孔口（如水孔或气孔）侵入寄主植物。侵入后，通常先将寄主细胞或组织杀死，吸取养分后再进一步扩展。在田间，病原细菌主要通过流水（雨水、排灌水等）进行传播。由于暴风雨能大量增加寄主伤口，有利细菌侵入，还能促进细菌传播，创造有利病害发展的环境，因此往往成为细菌病害流行的一个重要条件。

诊断细菌病害时，除了根据症状、侵染和传播特点外，通常可作显微镜观察。细菌侵染引致的病部，无论是维管束，还是薄壁组织，都可以通过徒手切片看到溢菌（bacterium exudation）现象。这种溢菌现象为细菌病害所特有，是区分细菌病害与真菌、病毒等其他病原物病害的最简便手段之一。具体做法是：切取病健交界处小块病组织放在玻片上，加一滴清水，盖上盖玻片后立即置于显微镜下观察。若是细菌病害，则从病组织切口处可见有大量细菌呈云雾状流出，即溢菌现象。另外，也用两块载玻片将小块病组织夹在其中，直接对光进行肉眼观察溢菌现象。通常维管束病害的溢菌量多，可持续几分钟至十多分钟；薄壁组织病害的溢菌状态持续时间较短，溢菌数量亦较少。

按照柯赫法则，从病部组织分离到病原细菌的纯培养后，挑取典型的单菌落，再接种到原寄主植物或指示植物（对植物病原细菌可普遍产生过敏反应的植物）上，使其表现出典型的或特有的症状反应。其中典型菌落的挑选是关键，接种植物的选择亦很重要。常用的过敏反应植物有烟草、菜豆、番茄和蚕豆等。假单胞菌属和黄单胞菌属的病原细菌注射在烟叶或蚕豆叶片上可引起过敏坏死反应。

（三）柔膜菌病害

柔膜菌包括植原体和螺原体，引起的病害主要症状有黄化、矮化、丛枝、花变叶及果实畸形等。柔膜菌限于植物韧皮部筛管细胞，其传播需要一些特殊方式，如嫁接、菟丝子和叶蝉等昆虫介体，至今还没有证明种子、土壤或接触摩擦等可以传病。螺原体可在含甾醇的人工培养基上生长，而植原体至今未能分离培养。柔膜菌病害由于其症状和传播特点与有些病毒病害相似，过去长期被误认为病毒病，因此诊断时需要十分小心。目前，柔膜菌病害的诊断主要依据病株韧皮部切片的电镜观察、四环素类处理后症状的暂时消失、介体昆虫的传染试验、血清学反应以及分子生物学分析等。

（四）病毒病害

植物病毒病害症状往往表现为花叶、黄化、矮缩、皱缩、丛枝等，少数为坏死斑点。在田间，一般心叶首先出现症状，然后扩展至植株的其他部分。患病植物体内可产生各种类型的内含体，但病部表面没有任何病征。绝大多数病毒都是系统侵染，引起全株发病，坏死斑点通常较均匀地分布于植株上，而与真菌和细菌引起的斑点分布不同。此外，随着气温的变化，特别是在高温条件下，病毒病害时常发生隐症现象。

植物病毒主要通过昆虫等生物介体进行传播。因此，病害的发生、流行及其在田间的分布往往与传毒昆虫密切相关。大多数真菌或细菌病害随着湿度的增加而加重，但病毒病害却很少有这种相关性，有时干燥反而有利于传毒昆虫的繁殖和活动，从而加速病害的发展。

病毒病害的诊断及鉴定往往比真菌和细菌引起的病害复杂得多，通常要依据症状类型、寄主范围（特别是鉴别寄主反应）、传播方式、粒体形态、血清学反应和核酸序列分析等。

（五）线虫病害

由于线虫的穿刺吸食对寄主细胞的刺激和破坏作用，植物线虫病害的症状往往表现为植株矮小、叶片黄化、局部畸形和根部腐烂等。一般将植物的受害部位或根际土壤进行分离，以获得线虫虫体，或者直接镜检根结、虫瘿、胞囊、卵囊等，进行诊断和鉴定。诊断时应注意，植物内寄生线虫容易在病部分离到，而根的外寄生线虫一般需要从根际土壤中分离。分离的线虫还需进行人工接种试验，完成柯赫法则，以确定其病原性。值得指出的是，有些线虫还与真菌、细菌等一起，引起复合侵染。

三、非侵染性病害的特点与诊断

非侵染性病害是由非生物因素引起的，因此发病植物上看不到任何病征，也不可能分离到病原物。这类病害不能传染，因而在田间不会逐步蔓延，往往大面积同时发病，无明显发病中心。除了植物自身遗传性疾病外，非侵染病害主要由不适的环境因素所致。这些因素包括不适的温度、湿度、水分、光照等物理因素和营养失调、环境污染及药肥施用不当等化学因素。如果环境条件改变，许多非侵染病害可以得到恢复。引起非侵染病害的因素很多，但大体上可从病害特点、发病范围、周围环境和病史等方面进行分析，以帮助诊断其病因。

1. 病害突然大面积同时发生，发病时间短，只有几天，大多是由于大气污染，如氟化氢、二氧化硫和二氧化氮等，或气候因素，如冻害、干热风、日灼所致。

2. 植物根部发黑，根系发育差，往往与土壤水多、板结而缺氧，有机质不腐熟而产生硫化氢或废水中毒等有关。

3. 有明显的枯斑、灼伤，且多集中在某一部位的叶或芽上，无既往病史，大多是使用化肥或农药不当所引起。

4. 明显的缺素症状，多见于老叶或顶部新叶，出现黄化症状或特殊的缺素症。

5. 病害只限于某一品种发生，表现为生长不良或与系统性症状相似，多为遗传性障碍。

小　结

植物病害是在致病因素的作用下，其生长和发育受到干扰或破坏而表现的异常状态。植物患病后表现的病态称为症状。植物病害的形成和发展涉及植物、病原（物）和环境三方面因素。在农业生产中，人类活动对作物病害的发生和流行有重要影响。根据致病因素的性质，植物病害可分为侵染性病害和非侵染性病害。侵染性病害由生物因素引起，这些生物因素称为病原物，主要有原生动物、色菌、真菌、细菌、柔膜菌、病毒、线虫和寄生性种子植物等。除植物自身遗传性疾病外，非侵染性病害均由非生物因素即环境条件引起，这些环境因素包括不适的温度、湿度、水分、光照等物理因素和营养失调、环境污染及药肥施用不当等化学因素。

　　病原物的侵染过程可分为侵入前期、侵入期、潜育期和发病期等 4 个时期。病原物的侵入途径有直接侵入、自然孔口侵入和伤口侵入。潜育期的长短和发病期病原物繁殖体的产生数量与病害的发展和流行有密切关系。病害循环主要涉及病原物的越冬或越夏、传播及初侵染与再侵染 3 个方面。病原物越冬或越夏的场所一般也是下一生长季节的初侵染来源地，主要有病种苗、田间病株、病残体、病土壤、昆虫介体等。病原物可以通过气流、水流、昆虫及其他介体和各种人类活动进行传播。根据病原物再侵染的有无，病害可分为单循环病害和多循环病害，这两类病害的流行特点和防治措施显著不同。

　　植物病害的诊断是病害防治的前提和依据。诊断时首先要确定是侵染性病害还是非侵染性病害。若是侵染性病害，一般要按照柯赫法则，根据症状特点和有关病原物特征，鉴定病原物种类。若是非侵染性病害，通常依据病害症状、发生特点、相关环境因子的异常变化等进行诊断，有时尚需有关因子的进一步检测和试验。

数字课程学习

📥 教学课件　　📝 思考题

第三章　植物虫害

植物虫害是指害虫危害植物造成的伤害和灾害。害虫则泛指那些可以通过取食、产卵活动传播或引发病害，危害植物的昆虫、螨类和蜗牛等小型节肢动物和软体动物。应该指出的是，并非所有的昆虫、螨类和软体动物都是害虫，它们中有的是天敌，可以控制害虫；有的是益虫，可以帮助植物传粉、分解植物残体和维护生态健康等；有的是资源生物，可以产丝、泌蜡，提供轻工和医药原料等。植物保护工作者要想正确认识这些生物，协调害虫与益虫的关系，有效控制害虫的危害，保障农作物高产和优质，必须深入了解它们的形态特征、分类系统、生物学特点及危害习性。

第一节　昆虫的形态结构

由于昆虫长期适应不同的生活环境，形成了许多外部形态和生理功能差异较大的类群，即使是同种昆虫，因为发育阶段、性别、地理分布及发生季节等不同，外形上也常有显著的差异。研究昆虫的外部形态、构造及其生理功能，对于识别昆虫，掌握昆虫的习性，了解其对生态环境的适应，以及选择害虫防治措施等，都具有极其重要的作用，也是植保工作者需要掌握的最基本的知识。

一、昆虫的形态特征

昆虫是体躯分为头、胸、腹 3 段，成虫大都生有 6 足 4 翅的节肢动物。

昆虫的体躯是由许多连续的体节组成的，两体节之间由节间膜相连。这些体节分别集中，形成了头、胸、腹 3 个功能明显不同的体段（图 3-1）。

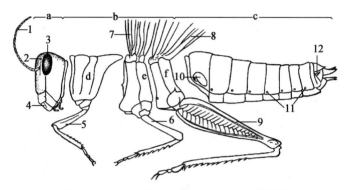

图 3-1　昆虫体躯的一般构造（以蝗虫为例）

a. 头部；b. 胸部；c. 腹部；d. 前胸；e. 中胸；f. 后胸
1. 触角；2. 单眼；3. 复眼；4. 口器；5. 前足；6. 中足；7. 前翅；8. 后翅；
9. 后足；10. 听器；11. 气门；12. 尾须

头部各体节紧密地愈合在一起，只有在胚胎时期才可见到分节的痕迹。头部着生有 1 个口器、1 对触角、1 对复眼和 1～3 个单眼，因此，头部是昆虫取食和感觉的中心。

胸部由 3 个体节组成，即前胸、中胸和后胸。每个胸节各着生 1 对足，中胸和后胸通常还各有 1 对翅，因此胸部是昆虫运动的中心。

腹部一般由 10 个体节和 1 个尾节组成，但在大部分昆虫中只能看到 9～10 节，腹部第 1 节至第 8 节两侧各有 1 对气门，末端有外生殖器及尾须，各种内脏器官大部分位于腹内，所以腹部是昆虫新陈代谢和生殖的中心。

只要掌握了昆虫的上述特征，就能把它与其他近缘的节肢动物区别开来。如蛛形纲的蜘蛛，体分头胸部和腹部 2 个体段，有 4 对足，无翅，无触角。甲壳纲的虾、蟹，身体分为头胸部和腹部，5 对足，无翅。唇足纲的蜈蚣和多足纲的马陆，体分头部和胴部，即胸部和腹部同形，而且无翅；蜈蚣身体各节着生 1 对足，马陆各节都生 2 对足。由于这些近缘动物都不符合昆虫的特征，所以都不是昆虫（图 3-2）。

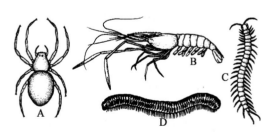

图 3-2　节肢动物门中昆虫纲的近缘纲动物

A. 蛛形纲（蜘蛛）；B. 甲壳纲（虾）；
C. 唇足纲（蜈蚣）；D. 多足纲（马陆）

二、昆虫的形态结构与功能

（一）昆虫的头部

头部是昆虫体躯最前面的一个体段，一般认为由 4 个或 6 个体节愈合而成。它的外壁结构紧密而坚硬，称为头壳。头壳通常呈圆形或椭圆形，内部包含着脑和消化管的前端以及头部附肢的肌肉；外面有各种感觉器官，如口器、触角、复眼和单眼等。头壳有 2 个孔，一个是口孔，其周围着生由 3 对附肢组成的口器；另一个是后头孔，为内部器官进入胸腹部的通道（图 3-3）。

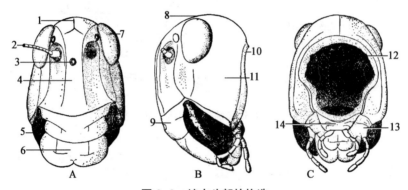

图 3-3　蝗虫头部的构造

A. 正面观；B. 侧面观；C. 后面观

1. 蜕裂线；2. 触角；3. 单眼；4. 额；5. 上颚；6. 上唇；7. 复眼；8. 头顶；
9. 唇基；10. 后头；11. 颊；12. 后头孔；13. 下颚；14. 下唇

1. 昆虫的头式　头式（head type）是根据昆虫口器的不同朝向而划分的头型。头式可以反映昆虫的取食方式和生活习性，利用头式可区分昆虫的大致类别。一般根据头的纵轴与身体纵轴的夹角不同，分为下口式、前口式和后口式 3 种头式（图 3-4）。

（1）下口式（hypognathous）　口器着生在头部的下方，与身体的纵轴垂直，这种头式适于咀嚼植物性食料，是比较原始的头式类型。如蝗虫、螽斯和鳞翅目的幼虫等。

（2）前口式（prognathous）　口器着生于头部的前方，与身体的纵轴成钝角或几乎平行，这种头式适用于捕食动物或其他昆虫。如虎甲、步行虫、草蛉等。

（3）后口式（opisthognathous）　口器向后倾斜，与身体的纵轴成锐角，不用时贴在身体的腹面，这种口器适于刺吸植物或动物的汁液。如蝽象、蚜虫、蝉、叶蝉等。

2. 昆虫的触角　触角（antenna）是昆虫头部的一对分节外长物，一般位于头部的前方。它的基部着生在膜质的触角窝内，可以自由转动。触角一般分为 3 部分（图 3-5），即柄节、梗节和鞭节。柄节是触角基部的第 1 节，一般比较粗大。梗节是触角的第 2 节，一般比较短小。梗节以下各节统称为鞭节，此节变化最大，往往分成许多亚节。

不同类型的触角其形状、长短、节数和着生位置不同，在种类或性别间变化很大，是昆虫

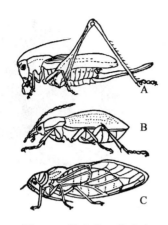

图3-4　昆虫的3种头式

A. 下口式（螽斯）；B. 前口式（步行虫）；C. 后口式（蝉）

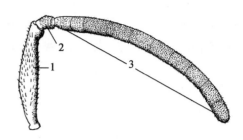

图3-5　触角的基本构造

1. 柄节；2. 梗节；3. 鞭节

分类鉴定或区别雌雄的重要依据。触角的主要类型如图3-6所示。

触角的主要功能是嗅觉和触觉，有的也有听觉作用。在触角上着生有许多嗅觉器，使得昆虫能够嗅到从远方散发出来的化学气味，借以觅食、聚集、求偶、选择产卵场所和逃避敌害等。许多昆虫的雌成虫在性成熟后，能分泌性信息素吸引同种雄虫前来交配，所以，雄虫的触角及嗅觉器往往比较发达，可在几百米以外嗅到雌虫分泌的性信息素。一些昆虫表现出明显的趋化性，也与其特殊的嗅觉器有关，如甘蓝夜蛾和小地老虎成虫对糖醋液的趋性，菜粉蝶对芥子苷的趋性。所以，利用昆虫触角对某些化学物质的敏感嗅觉功能，可以进行诱集和趋避，以了解虫情和开展害虫防治。

此外，昆虫的触角还具有其他一些功能。例如，雄蚊的触角具有听觉作用，雄性芫菁的触角在交配时可以抱握雌体；一种幽蚊幼虫的触角能够捕捉食物；水龟虫成虫的触角能够吸取空气；仰泳蝽的触角则可以平衡身体。

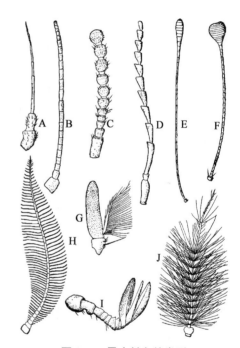

图3-6　昆虫触角的类型

A. 刚毛状；B. 丝状；C. 串珠状；D. 锯齿状；
E. 球杆状；F. 锤状；G. 具芒状；H. 羽毛状；
I. 鳃叶状；J. 环毛状

3. 昆虫的眼　昆虫的眼包括复眼（图3-7）和单眼。

昆虫的成虫期和不全变态昆虫的若虫期都有1对复眼。复眼（compound eye）着生在头部前上方，多为圆形和卵圆形，也有呈肾形或每个复眼又分为两部分的。善于飞翔的昆虫，复眼往往发达；低等昆虫、穴居昆虫和寄生性昆虫，复眼则常常退化或消失。

复眼由许多小眼集合而成。小眼的形状、大小及数目在各种昆虫中差异极大，一般复眼越

大，小眼数越多，视觉也越清晰。例如，蜻蜓的复眼由
10 000～28 000 个小眼组成，甘薯天蛾则为 27 000 个；最
少的是一种蚂蚁的工蚁，只有一个小眼。在双翅目昆虫
中，雄性的复眼较大，两复眼在背面相接，称为接眼；雌
性的复眼较小，且两眼离开，称为离眼。缨翅目昆虫的小
眼面凸出呈圆形，并且互相聚集在一起，称为聚眼。

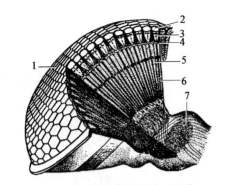

图 3-7　昆虫复眼的模式构造

1. 小眼面；2. 角膜镜；3. 晶体；4. 色素
细胞；5. 视觉细胞；6. 视杆；7. 脑

　　复眼是昆虫主要的视觉器官，它对光的反应比较敏
感。如对光的强度、波长、颜色等都有较强的分辨能
力。而且还能看到人类所不能看到的短波光，特别对
300～400 nm 的紫外线有很强的趋光性。许多害虫都有趋
绿的习性，蚜虫则有趋黄反应。此外，昆虫的复眼还能分
辨近处物体，特别是运动物体的影像。

　　单眼（ocellus）是另一种类型的视觉感受器。成虫和若虫的单眼位于头部的背面或前上方，
称为背单眼；全变态类幼虫的单眼位于头部两侧，称为侧单眼。背单眼一般有 3 个，有些昆虫
中间一个单眼消失或完全缺失。侧单眼一般具有 1～7 对。单眼的有无和数目以及着生的位置常
作为分类的依据。

　　4. 昆虫的口器　口器（mouthpart）是昆虫的取食器官，位于头部的下方或前端，由于各种
昆虫的食性和取食方式不同，口器的构造类型变化也很大，但基本上可以分为咀嚼式和吸收式
两大类，后者又因其吸取方式的不同可分为刺吸式、虹吸式、舔吸式和锉吸式等。

　　（1）咀嚼式口器（chewing mouthpart）　咀嚼式口器的特点是具有坚硬的上颚，能够取食固
体食物。其构造是较原始的标准类型，其他各种类型都是在此基础上演变而来的。如蝗虫的口
器，主要由上唇、上颚、下颚、下唇和舌 5 部分组成（图 3-8）。

　　（2）刺吸式口器（piercing-sucking mouthpart）　刺吸式口器的构造特点是上、下颚均延长成
针状，称为口针；下唇特化成喙；食窦演化为抽吸液体食物的筒状构造，称为食窦唧筒。口针
共 2 对，外面的 1 对是上颚口针，上颚口针末端有倒刺，是刺破植物的主要部分；内面的 1 对
是下颚口针，两下颚口针里面各有 2 个沟槽，并且互相嵌合形成食物道和唾液道，用以吸入植
物汁液和输送唾液。下唇呈分节的长管状，称为喙，其背面有 1 纵沟，称为下唇槽，2 对口针不
用时即藏于槽内。上唇呈狭小的三角形，覆盖在喙的基部（图 3-9）。

　　（3）锉吸式口器（rasping-sucking mouthpart）　这种口器为蓟马类昆虫所特有。其特点是上
颚不对称，右上颚高度退化或消失，口针则由左上颚和 2 个下颚特化而成，食管由 2 个下颚形
成，唾液管由舌与下唇的中唇舌形成。取食时先以左上颚锉破植物表皮，然后以头部向下突出
的短喙吸吮汁液。

　　（4）虹吸式口器（siphoning mouthpart）　这种口器为鳞翅目成虫所特有。其特点是 2 个下
颚的外颚叶特别延长，并且互相嵌合成一个管状的喙。喙在不用时蜷曲在头部的下面，如钟表
的发条，取食时可伸到花中吸食花蜜或吸收外露的果汁及其他液体。除部分夜蛾能危害果实外，
这类口器的昆虫一般不造成危害。

　　（5）舔吸式口器（sponging mouthpart）　这类口器为双翅目蝇类所特有。其特点是下唇特别

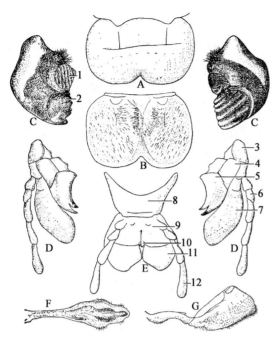

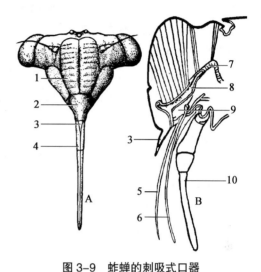

图 3-8　蝗虫的咀嚼式口器

A. 上唇；B. 上唇反面；C. 左右上颚；D. 左右下颚；
E. 下唇；F. 舌的腹面；G. 舌的侧面

1. 臼齿页；2. 切齿页；3. 轴节；4. 茎节；5. 内颚页；
6. 下颚须；7. 外颚页；8. 后颏；9. 前颏；10. 中唇舌；
11. 侧唇舌；12. 下唇须

图 3-9　蚱蝉的刺吸式口器

A. 头部正面观；B. 头部纵切面

1. 额；2. 唇基；3. 上唇；4. 喙；5. 上颚口针；
6. 下颚口针；7. 咽喉；8. 食窦；9. 舌；10. 下唇

发达，末端为 2 个半圆形的唇瓣，唇瓣上有许多环沟，与食管相通，取食时唇瓣伸展如盘状，贴在食物上，借抽吸作用将液体或半流体食物吸入食管内。

（6）幼虫的口器　昆虫的幼虫由于取食方式和生活环境与成虫不同，口器的构造也发生了变化。如鳞翅目和膜翅目叶蜂类幼虫的口器为变异的咀嚼式口器，唇和上颚不变，但下颚、下唇和舌愈合成一个复合体，鳞翅目幼虫在复合体的顶端还有吐丝器。蝇类幼虫的口器则为刮吸式，头部退化缩入前胸，口器退化仅剩 1 对口沟，用于刺破食物，然后吸食汁液及固体碎屑。脉翅目幼虫的口器为捕吸式，左、右上下颚分别合成刺吸构造，捕食时刺入猎物体内，并将消化液注入，经体外消化后将猎物举起，使消化好的食物流入口腔。

（二）昆虫的胸部

胸部是昆虫体躯的第 2 个体段，前面以颈膜与头部相连，后面与腹部相接。胸部由 3 个体节组成，即前胸、中胸和后胸。每个胸节有 1 对胸足，多数昆虫在中胸和后胸还各有 1 对翅。足和翅是昆虫的主要运动器官，所以胸部是昆虫的运动中心。

1. 胸节的基本构造　无翅亚纲和其他昆虫的幼虫期，胸节构造比较简单，3 个胸节基本相似。但有翅亚纲昆虫的成虫期，由于适应足和翅的运动，胸节需要承受强大的肌肉牵引力，因此，胸节高度硬化形成骨板，并且骨板内陷成许多内脊或内突，以便着生肌肉，外面则可见到很多沟和缝。每个胸节的骨板按上、下、左、右分别称为背板、腹板和侧板，各骨板又可分为若干小骨片。

（1）前胸 昆虫的前胸无翅，构造比较简单，但在各类昆虫中也有很大变化，其发达程度常与前足是否发达相适应。例如，蝼蛄的前足用于掘土，所以前胸比较粗壮；螳螂的前足用于捕捉，所以前胸非常细长。而鳞翅目、膜翅目和双翅目等昆虫的前足和中、后足的功用基本相同，而前胸又不着生翅，因此，前胸比中、后胸小得多。

（2）中胸和后胸 中胸和后胸因为有翅，所以在构造上常与前胸不同，称为具翅胸节（pterothorax）。其特点是背板、侧板和腹板都很发达，彼此紧密连接，结构比较坚强，以适应翅的飞行。具翅胸节的背板一般分为端背片、前盾片、盾片和小盾片，且常被前胸背板或翅所覆盖。

2. 昆虫的足 足是昆虫体躯上最典型的附肢，位于体节的侧腹面，着生于胸部的统称胸足，着生于腹部的统称腹足。成虫期一般有3对胸足，分别称为前足、中足和后足。

（1）足的基本构造 成虫的胸足一般由基节、转节、腿节、胫节、跗节和前跗节6节组成（图3-10），节与节之间由膜质相连，并有1~2个关节相连接，因此，各节均可活动。

（2）足的类型与功能 昆虫的足原是行动器官，一般用于行走，但不少昆虫由于生活环境和生活习性不同，足的形态构造和功能也发生了相应的变化，形成不同的类型。如步行虫、瓢虫、叶甲和蝽象的足适于行走，为步行足；蝗虫、蟋蟀、跳甲的后足是跳跃足；蝼蛄、金龟子的前足是开掘足；螳螂、猎蝽的前足是捕捉足；雄性龙虱的前足是抱握足；虱子的足是攀缘足等（图3-10）。足的类型常被作为分类的重要特征。

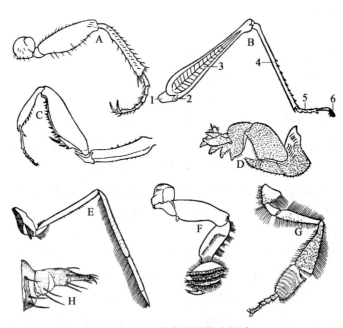

图3-10 足的类型及基本构造

A. 步行足（步甲）；B. 跳跃足（蝗虫）；C. 捕捉足（螳螂）；D. 开掘足（蝼蛄）；

E. 游泳足（仰泳蝽）；F. 抱握足（龙虱）；G. 携粉足（蜜蜂）；H. 幼虫的前足（鳞翅目）

1. 基节；2. 转节；3. 腿节；4. 胫节；5. 跗节；6. 前跗节

3. 昆虫的翅　昆虫的翅不是附肢，与鸟类的翅不同，它是由背板向两侧扩展而来。成虫期的昆虫一般有两对翅，其中着生在中胸的称前翅，着生在后胸的称后翅。少数种类只有 1 对翅，或完全无翅。不全变态昆虫的若虫期，翅在体外发育；全变态昆虫的幼虫期，翅在体内发育。

（1）翅的基本构造　昆虫的翅多呈三角形，在展开时，朝向前面的边缘称为前缘；朝向后面的边缘称为内缘或后缘；朝向外面的边缘称为外缘。与身体相连的角称为肩角；前缘与外缘形成的角称为顶角；外缘与内缘所形成的角称为臀角。多数昆虫的翅为膜质薄片，由于翅的折叠在翅面上可见一些褶线，据此可将翅面划分为腋区、臀前区和臀区 3 部分。有的昆虫在臀区的后面还有一个区，称为轭区（图 3-11）。

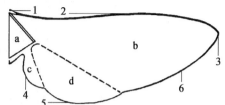

图 3-11　翅的分区和各部位的
名称（仿 Oldroyd）
a. 腋区；b. 臀前区；c. 轭区；d. 臀区
1. 肩角；2. 前缘；3. 顶角；4. 内缘；
5. 臀角；6. 外缘

（2）模式脉相　多数昆虫的翅面上有很多凸起或凹陷的线条，称为翅脉（vein），对翅膜起着支架的作用。其中从翅基到边缘的翅脉称为纵脉；连接两纵脉之间的短脉称为横脉。翅脉在翅面上的分布形式则称为脉序或脉相（venation），脉序在不同种类间变化很大，但也有一定的规律性，在同科、同属内有比较固定的形式。昆虫学家通过研究多种昆虫翅的发生学，抽象出了模式的脉相图（图 3-12），并用固定的中文名和英文名命名每条翅脉，通常用英文名称的第一个字母表示。

（3）翅的连锁　半翅目同翅类、鳞翅目和膜翅目等昆虫的成虫，以前翅为主要的飞行器官，后翅一般不太发达，飞行时必须通过特殊的构造将后翅挂在前翅上，才能保持前、后翅行动一致。这种将昆虫的前后翅连为一体的特殊构造，称为翅的连锁器（conjugation appendage）。常见的连锁方式有翅轭连锁、翅缰连锁、翅钩连锁等（图 3-13）。

（4）翅的类型　翅的主要功能是飞行，但不同昆虫由于适应特殊的生活环境，翅的形态和功能发生了一些变异，翅的质地也发生了相应变化，形成不同的类型，归纳起来主要有以

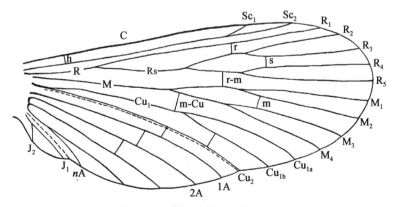

图 3-12　模式脉相图（仿 Ross）

C. 前缘脉；Sc. 亚前缘脉；R. 径脉；R_1. 第 1 径脉；Rs. 径分脉；M. 中脉；Cu. 肘脉；A. 臀脉；
J. 轭脉；h. 肩横脉；r. 径横脉；s. 分横脉；r-m. 径中横脉；m. 中横脉；m-Cu. 中肘横脉

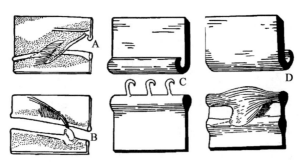

图 3-13　翅的连锁器（仿 Ross）

A. 翅轭；B. 翅缰和翅缰钩；C. 前后翅的卷褶和翅钩；D. 前后翅的卷褶和短褶

下几种。

① 膜翅　翅膜质，透明，翅脉明显。如蚜虫、蜂类、蝇类的翅。

② 鳞翅　翅膜质，在翅面上覆盖有鳞片。如蝶类、蛾类的翅。

③ 毛翅　翅膜质，在翅面上密生细毛。如石蛾的翅。

④ 缨翅　翅膜质，翅脉退化，翅狭长，边缘着生很多细长的缨毛。如蓟马的翅。

⑤ 复翅　翅革质，质地坚硬似皮革，半透明，翅脉仍然保留，兼有飞翔和保护作用。如蝗虫、蝼蛄、蟋蟀的前翅。

⑥ 鞘翅　翅革质，角质化程度高，翅脉消失，具有保护身体的作用。如金龟甲、叶甲、天牛等的前翅。

⑦ 半鞘翅　翅的基部为革质，端部为膜质。如蝽象的前翅。

⑧ 平衡棒　翅退化成很小的棍棒状，飞翔时用以平衡身体。如蚊、蝇、介壳虫雄性的后翅和捻翅虫雄虫的前翅。

（三）昆虫的腹部

腹部是昆虫的第三个体段，前面与胸部紧密相连，末端有尾须及外生殖器，两侧有气门，内脏器官大部分位于腹腔内，因此，腹部是昆虫新陈代谢和生殖的中心。

1. 腹部的基本构造　昆虫的腹部最多有 12 个体节，如原尾目昆虫；较低等的昆虫常保留 11 节，如蝗虫等。但弹尾目昆虫只有 6 节；较高等的昆虫一般为 9～10 节，甚至更少，如膜翅目青蜂科的腹部只有 3～5 节。腹节的构造比较简单，每个腹节只有背板和腹板，而没有侧板。背板与腹板之间是柔软的薄膜。节与节之间也由薄膜相连，称为节间膜，由于腹节前后两侧都是膜质，所以腹部有较大的伸缩能力。

腹部第 1 至第 7 节（雌性）或第 1 至第 8 节（雄性）称为内脏节，各节构造简单而相似，在有翅亚纲昆虫的成虫期无任何附肢，1～8 腹节两侧各有 1 对气门。腹部第 8 节（雌性）或第 9 节（雄性），因为着生有产卵器或交配器，构造有些不同，特称为生殖节。生殖节以后的各节，统称为生殖后节，除原尾目的成虫外，最多有 2 节，即第 10 节和第 11 节；第 11 节比较退化，有 1 对尾须，因为肛门位于此节的末端，所以它的背板称为肛上板，两侧称为肛侧板。

2. 外生殖器　昆虫外生殖器（genitalia）是生殖系统的体外部分，是交配、授精、产卵器官的通称，主要由腹部第 8 至第 9 节的附肢特化而成。由于种间隔离，不同种类外生殖器的形态显著不同，特别是雄性外生殖器，常作为鉴定种的重要依据。

雌性外生殖器又称产卵器（ovipositor），位于腹部第8至第9节的腹面。产卵器的构造比较简单，主要由3对产卵瓣组成，在背面的称为背产卵瓣，在腹面的称为腹产卵瓣，在背、腹产卵瓣中间的称为内产卵瓣（图3-14）。产卵器的形状因种类而不同。

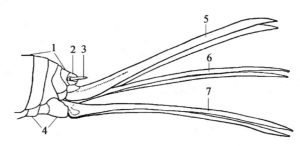

图3-14　雌性外生殖器的基本构造

1. 背板；2. 肛上片；3. 尾须；4. 腹板；5. 背产卵瓣；6. 内产卵瓣；7. 腹产卵瓣

雄性外生殖器又称交尾器或交配器（copulatory organ），位于第9腹节的腹面，构造比较复杂，主要包括阳具和1对抱握雌体的抱握器（图3-15）。阳具由阳茎及其附属构造组成，着生在第9腹节腹板后的节间膜上，此膜内陷成生殖腔，阳具就隐藏在生殖腔内。阳具一般呈锥状或管状，射精管开口于其顶端；交配时借助血液的压力和肌肉活动，插入雌虫的交配囊内，将精子排入。抱握器（harpago）的大小、形状变化很大，有叶状、钩状、钳状等，交配时用于抱握雌体。蜉蝣目、脉翅目、长翅目、半翅目、鳞翅目和双翅目等昆虫多有抱握器，有些种类消失。

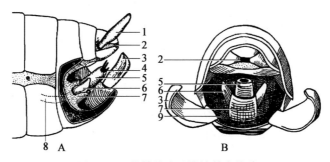

图3-15　雄性外生殖器的基本构造

A. 侧面观（部分体壁已去掉）；B. 后面观

1. 尾须；2. 肛门；3. 抱握器；4. 射精孔；5. 阳茎；6. 阳茎侧叶；7. 阳茎基；

8. 射精管；9. 生殖腔

（四）昆虫的体壁

体壁（integument）是昆虫体躯最外层的组织，由外胚层部分细胞形成，这层细胞的分泌物常堆积在体表，而且比较坚硬，所以又称为外骨骼。外骨骼有多种功用，如保持昆虫固定的体形、内陷供肌肉着生、保护内脏器官免受机械损伤、防止体内水分过度蒸发和外来有害物质的侵入等；体壁上还有各种感觉器官，使昆虫与外界环境保持联系。因此，昆虫体壁兼具高等动物骨骼和皮肤的作用。

1. **体壁的构造与特性**　昆虫的体壁由内向外依次由底膜、皮细胞层和表皮层组成。其中皮细胞层是活的组织，表皮层是它的分泌物（图 3–16）。

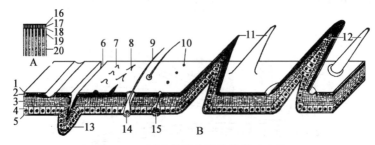

图 3–16　昆虫体壁的构造及其衍生物

A. 上表皮结构；B. 体壁结构

1. 上表皮；2. 外表皮；3. 内表皮；4. 皮细胞层；5. 底膜；6. 沟；7. 突起；
8. 微毛；9. 毛；10. 腺孔；11. 刺；12. 距；13. 内骨；14. 毛细胞；15. 腺细胞；
16. 护蜡层；17. 蜡层；18. 多元酚层；19. 角质精层；20. 孔道

（1）底膜　底膜位于体壁的最里层，是紧贴在皮细胞层下的一层薄膜，直接与血腔中的血淋巴接触，常有各种血细胞黏附在上面，也有神经和微气管穿过至皮细胞层。一般认为它是血细胞所分泌的非细胞物质，主要成分为中性黏多糖。

（2）皮细胞层　又称真皮层，是体壁中唯一活的组织，位于底膜之上，由单层细胞所组成。成虫期这一层细胞很薄而且退化；但在幼虫期，尤其是在新表皮形成时，皮细胞层特别发达，细胞多呈柱形，细胞质也比较浓厚。皮细胞层的主要生理功能包括控制昆虫的脱皮作用、分泌表皮层形成虫体的外骨骼，在脱皮过程中分泌蜕皮液，消化和吸收旧的内表皮和合成新表皮物质，修补伤口等。皮细胞中常有一些细胞特化成刚毛、鳞片和各种形状的感觉器及各种特殊的腺体。

（3）表皮层　表皮层是昆虫体壁的最外一层，结构比较复杂，而且各种昆虫表皮分层情况也不完全相同，自内向外一般可分为内表皮、外表皮和上表皮 3 层。

内表皮是表皮中最厚的一层，在皮细胞层之上，由许多重叠的薄片形成，一般柔软无色，主要成分是几丁质和蛋白质，具有一定的亲水能力。

外表皮由内表皮转化而来，主要成分也是几丁质和蛋白质，但其蛋白质已被多元酚氧化酶鞣化为骨蛋白而失去亲水性。外表皮性质坚硬而颜色较深，许多甲虫的体壁坚硬如盔甲，就是由于外表皮特别发达的缘故。软体的昆虫及昆虫的幼虫期或节间膜处外表皮不发达。

上表皮是表皮最外的一层，也是最薄的一层，一般 1 μm 左右，但它的构造和性质很复杂，是最重要的通透性屏障。上表皮中没有几丁质，主要成分是脂类和蛋白质。上表皮一般可分为 3 层，从内向外依次为角质精层、蜡层和护蜡层。有些昆虫则在角质精层和蜡层之间还有一层多元酚层。

2. **体壁的衍生物**　昆虫体壁的衍生物是指由皮细胞和表皮特化而成的体壁附属物。共有两大类，一类是发生在体壁外方的各种外长物，另一类是体壁内陷在体壁下方形成的内骨骼和各种腺体。

（1）体壁外长物　昆虫的体壁表面很少是光滑的，常常具有刻点、脊纹、棘和小疣以及刚毛、毒毛、鳞片、刺和距等。按其构造特点可以分为非细胞性和细胞性两类。

非细胞性突起均由表皮向外突出形成，没有皮细胞的参与，如刻点、脊纹、小疣、小棘、微毛等。

细胞性突起由皮细胞向外突出形成，又分为单细胞和多细胞两类。单细胞突起由一个皮细胞特化而成，如刚毛、毒毛、感觉毛和鳞片等。多细胞突起是由体壁向外突出而形成的中空刺状物，内壁含有 1 层皮细胞，这类突起分为两种，一种基部固着在表皮上，不能活动，称为刺（spine），如蝗虫、叶蝉后足胫节上着生的刺；另一种突起的基部以膜质与体壁相连，能够活动，称为距（spur），常着生在昆虫胫节的顶端，如飞虱后足胫节末端着生的距。

（2）体壁内陷物　为了增加体壁的强度和肌肉的着生面积，体壁常内陷形成各种内脊、内突和内骨。一般陷入较浅的称内脊，陷入较深的称内突；陷入更深而且形成一定的骨架的称内骨。表面所留的陷门通常称为缝或沟。

（3）皮细胞腺　所有的皮细胞都具有分泌功能，如表皮层就是由皮细胞分泌形成的。有一些皮细胞则特化成各种特殊的腺体，这些腺体有的仍与皮细胞层相连，有的则完全脱离皮细胞层而陷入体腔内。腺体的种类很多，按其结构可分为单细胞腺和多细胞腺；按其功能可分为唾腺、丝腺、蜡腺、胶腺、臭腺、毒腺、交哺腺、防御腺、蜕皮腺和性引诱腺等。

3. 体壁的色彩　昆虫的体壁除少数种类无色透明外，一般都具有颜色，有时各种颜色互相配合，构成各种不同的花纹，这是外界的光波与昆虫体壁相互作用的结果。根据体色的性质可分为色素色、结构色和混合色 3 种。

色素色（pigmentary color）又称化学色，是存在于体壁中或皮下组织内的某种色素所产生的颜色。这种色素大部分是新陈代谢的副产物，往往受外界环境因素的影响而发生变化。根据色素存在的位置又可分为表皮色、真皮色和皮下色。

结构色（structural color）又称物理色，是由体表的特殊结构对光的反射或干涉而产生的色彩，一般具有金属闪光，因为这类色彩是物理作用的结果，所以不会因煮沸或化学药品的处理而消失，如一些甲虫和鳞翅目成虫翅上常有的闪光色泽。

混合色（combination color）是综合上述两种色泽而成，昆虫的体色大都属于此类，例如蝶类的翅，既有色素色，又有能产生色彩的脊纹。蓝的结构色与黄的色素色结合，可以形成光亮的绿色，紫的结构色与红的色素色可形成洋红色，金属色则是由黑色素作为吸收体而与结构色混合而形成的。

昆虫的体色常受外界环境因子的影响而改变，例如在高温下体色浅而发亮，低温下则体色深而暗；潮湿能使昆虫的体色变深，干燥则使体色变浅。光线对昆虫的变色也起重要作用，例如菜粉蝶在绿叶上化的蛹呈绿色，在灰色的物体上化蛹则呈灰色；较短的光波使蝗虫呈灰色，较长的光波则使其变为暗褐色；竹节虫的体色白天鲜明，晚上变暗。

4. 体壁与化学防治的关系　由于体壁的特殊构造和理化性能，使它对虫体具有良好的保护作用，尤其是体壁上的刚毛、鳞片、蜡粉等被覆物和上表皮的蜡层及护蜡层，对杀虫剂的浸入起着一定的阻碍作用。因此，在应用药剂防治害虫时，应考虑到体壁这个因素。

不同种类的昆虫以及不同的发育期，其体壁的厚薄、软硬和被覆物多少也不一致，例如甲虫的体壁比较坚硬；鳞翅目幼虫的体壁比较柔软；粉虱、蚜虫和介壳虫体表常被蜡粉；灯蛾和毒蛾幼虫体上有很多长毛等。凡是体壁厚、蜡质多和体毛较密的种类，药剂不容易通过。同种昆虫幼龄期比老龄期体壁薄，尤其在刚蜕皮时，由于外表皮尚未形成，药剂就比较容易透入体内。昆虫体躯不同部位体壁的厚度也不一样，一般节间膜、侧膜和足的跗节处体壁较薄，而感觉器则是最薄弱的地方，且感觉器下面直接与神经相连，触杀剂很容易透入感觉器而使昆虫中毒。此外，表皮上的孔道也是药剂浸入的主要门户。

三、昆虫的内部器官与功能

昆虫内部器官按其功能主要分为消化、排泄、呼吸、循环、生殖、神经和激素调控系统。

（一）昆虫的消化系统

昆虫的消化系统（alimentray system）由消化管和消化腺组成，其功能是消化食物和吸收营养。不同昆虫取食消化的方式不同，因而消化管也有较大变化。一般取食固体食物的咀嚼式口器昆虫，消化管比较粗短；以液体为食的刺吸式口器昆虫，消化管比较细长，而且口腔和咽喉部分往往形成有力的抽吸汁液结构。

昆虫消化食物主要依赖消化液中各种消化酶的作用，将糖、脂肪、蛋白质等水解为适当的分子形式后，才能被肠壁吸收。这种分解消化作用，必须在稳定的酸碱度下才能进行。不同昆虫中肠的酸碱度有较大差异，如蝶蛾类幼虫肠液 pH 8.5～9.9，蝗虫为 5.8～6.9，甲虫为 6.0～6.5，蜜蜂为 5.6～6.3。同时昆虫肠液还有很强的缓冲作用，不因食物中的酸或碱而改变肠液中的酸碱度。肠道中的 pH 影响胃毒剂在肠内的溶解和吸收，直接关系到这些胃毒剂对不同昆虫的杀虫效果。

（二）昆虫的排泄系统

昆虫的排泄系统（excretory system）主要是马氏管。马氏管（Malpighian tube）是一些浸浴在血液里的细长盲管，开口在消化管中肠与后肠交界处，与肠管相通，其功用相当于高等动物的肾，能从血液中吸收各种新陈代谢排出的含氮废物，如尿酸、尿囊酸、尿素等。马氏管的形状和数目随昆虫种类而不同，少的只有 2 条，如介壳虫等，多的可达 150 条以上，如蜜蜂、飞蝗等。

（三）昆虫的呼吸系统

昆虫的呼吸系统（respiratory system）由许多富有弹性和一定排列方式的气管（trachea）组成，由气门开口于身体两侧。气管的主干纵贯体内两侧，主干间有横向气管相连接。主干再分支，愈分愈细，最后分成微气管，分布到各组织的细胞间，能把氧气直接送到身体的各部分。气门（spiracle）是体壁内陷而成的开口，一般多为 10 对，即中、后胸各 1 对，腹部 1～8 节各 1 对，但由于昆虫生活环境不同，气门数目和位置常常发生变化。昆虫的呼吸作用主要是靠空气的扩散和虫体呼吸运动的通风作用，使空气由气门进入气管、支气管和微气管，最后到达各组织。当空气中含有有毒物质时，毒物也就随着空气进入虫体，使其中毒致死，这就是熏蒸杀虫的基本原理。当温度高或空气中二氧化碳含量较高时，昆虫的气门开放时间长，施用熏蒸剂的杀虫效果也好。另外，气门属疏水性，故矿物油易进入，通过堵塞窒息可起到杀虫作用。

（四）昆虫的循环系统

昆虫的循环系统（circulatory system）属开放式循环系统，即血液不是封闭在血管里，而是充满在整个体腔内，内部器官则浸浴在血液中。循环器官的主体是背血管，位于身体背面的下方，前端开口，后端封闭。背血管前段伸入头部，称大动脉，后段由一连串的心室组成，称为心脏。心脏伸至腹部，心室又有心门与体腔相通，血液通过心门进入心脏，由于心脏的收缩，使血液向前流动，由大动脉的开口流入头部及体腔内部。这种开放式循环系统的最大特点是血压低、血量大，并随取食和生理状态的不同而变化。该系统的主要功能是运输养料、激素和代谢废物，维持正常生理所需的血压、渗透压和离子平衡，参与中间代谢、免疫应答及体温调节等。但由于血液中没有血红素，所以无携氧功能，氧气的供应和二氧化碳的排除主要由呼吸系统进行。

（五）昆虫的神经系统

昆虫通过身体表面的不同感觉器官，感受外界的各种刺激，经过神经系统（nervous system）的协调，支配各器官作出适当的反应，进行取食、交配、趋性、迁移等各种生命活动。昆虫的神经系统由中枢神经系统、交感神经系统和周缘神经系统组成，中枢神经系统包括脑、咽喉下神经节和纵贯于腹血窦中的腹神经索；交感神经系统主要指额神经和与其相连接的神经索；周缘神经分布在感觉器和肌肉、腺体等效应器上，其功能是把外来刺激所产生的冲动传至中枢神经系统，把中枢神经系统的指令信号传递给效应器。

昆虫靠许多感觉器来接受各种刺激，如在体表附肢上的感触器，分布在口器上的味觉器，分布在触角上的嗅觉器，在腹侧、胫节或触角等位置的鼓膜听器和单眼、复眼等视觉器。由感觉器接收到的刺激，通过周缘神经系统传入中枢神经系统，经信息加工后发出相应的行为指令。了解神经系统有助于对害虫进行防治，如目前使用的有机磷杀虫剂属于神经毒剂，它的杀虫机制就是抑制乙酰胆碱酯酶的活性，当昆虫受刺激时，在神经末梢突触处产生的乙酰胆碱不能被分解，使神经传导一直处于过度兴奋和紊乱状态，最终导致昆虫麻痹衰竭而死。此外，还可利用害虫神经系统引起的习性反应，如假死性、迁移性、趋光性、趋化性等，进行害虫防治。

（六）昆虫的生殖系统

昆虫生殖系统（reproductive system）及其结构多样性是强大生殖能力、丰富适应性和多种生殖方式的基础。雌性生殖系统由 1 对卵巢和与其相连的输卵管、受精囊、生殖腔和附腺组成；雄性生殖系统由 1 对睾丸和与其相连的输精管、贮精囊、射精管、阳茎和生殖附腺所组成。昆虫性成熟后，雌雄经过交配，雄虫的精子从卵的受精孔进入卵内，这个过程称为受精。一般受精卵能孵化为幼虫，未受精卵则不能孵化。因此，利用射线照射、化学药剂处理等不育技术也可防治害虫。此外，利用遗传工程培育杂交不育或生理上有缺陷的品系，释放到田间，使其与自然种群杂交，也可造成害虫种群的灭亡。

（七）昆虫的激素与信息素

昆虫激素是虫体内腺体分泌的一种微量化学物质，它对昆虫的生长发育和行为活动起着重要的支配作用。传统上将激素分为内激素（hormone）和外激素（pheromone）两类，现在一般激素仅指内激素，而将外激素称为信息素。激素（内激素）分泌于体内，通过循环系统等传递到特定的靶组织起作用，主要包括脑神经细胞分泌的脑激素、前胸腺分泌的蜕皮激素和咽侧体分泌的保幼激素 3 类。脑激素可以激活前胸腺分泌蜕皮激素促使昆虫脱皮，又可以激活咽侧体分泌保幼激素使虫体保持幼龄状态。昆虫生长发育和变态的调节和控制就是通过激素间的协调作用进行的。信息素则分泌于体外，通过空气或水等介质的传播，被种内其他个体感受后起作用。信息素根据其功能可以分为很多种，主要有性信息素、示踪信息素、警戒信息素和聚集信息素等。性信息素是昆虫在性成熟后分泌的激素，用于引诱同种异性个体前来交配。

利用激素和信息素的作用机制可以开发杀虫剂防治害虫，如保幼激素及其类似物、性信息素技术等。

第二节　昆虫的生物学特性

昆虫种类繁多，在进化过程中，由于长期适应其生活环境，逐渐形成了各自相对稳定的生长发育特点、繁殖方式和行为习性，即种性。掌握昆虫的这些生物学特性，不仅是研究昆虫分类和进化的基础，而且对于害虫的防治和益虫的利用有着重要的实践意义。

一、昆虫的生殖方式

昆虫的生殖方式多种多样，大致有以下几个类型：

（一）两性生殖

两性生殖（sexual reproduction）是昆虫繁殖后代最普遍的方式。绝大多数昆虫为雌雄异体，通过两性交配后，精子与卵子结合，雌性产下受精卵，每粒卵发育成 1 个子代个体，这样的生殖方式，称为两性生殖。

（二）孤雌生殖

卵不经过受精而发育成新个体的生殖方式称为孤雌生殖（parthenogenesis），又称单性生殖。通常有 3 种情况：有些昆虫没有雄虫或雄虫极少，完全或基本上以孤雌生殖进行繁殖，称为经常性孤雌生殖，常见于一些蓟马、介壳虫、粉虱等昆虫；另一些昆虫则两性生殖和孤雌生殖交替，进行 1 次或多次孤雌生殖后，再进行 1 次两性生殖，称为周期性孤雌生殖或异态交替（heterogeny），如许多蚜虫从春季到秋季，连续 10 多代都是孤雌生殖，一般不产生性蚜，而当冬季来临前才产生性蚜，雌雄交配后产下受精卵越冬；在正常进行两性生殖的昆虫中，偶尔也出现未受精卵发育成新个体的现象，称为偶发性孤雌生殖，如家蚕、飞蝗等。蜜蜂雌雄交配后，产下的卵并非全部受精，因部分卵在通过阴道时未能从贮精囊中获得精子，凡受精卵皆发育为雌蜂，未受精卵孵出的皆为雄蜂。

（三）卵胎生和幼体生殖

卵胎生（ovoviviparity）是指卵在母体内成熟后，并不排出体外，而是停留在母体内进行胚胎发育，直到孵化后直接产下幼虫，如蚜虫的孤雌生殖。卵胎生对卵有一定的保护作用。

　　有些昆虫处于幼虫时期就能进行生殖，称为幼体生殖（paedogenesis），如一些瘿蚊等。凡进行幼体生殖的，产下的均是幼虫，因此，幼体生殖也被看成是一种胎生形式。

　　（四）多胚生殖

　　多胚生殖（polyembryony）是指1个卵发育成2个或更多的胚胎，每个胚胎发育成一个正常个体的生殖方式。常见于一些寄生蜂，如小蜂科、小茧蜂科、姬蜂科等的一些种类，最多的1个卵可孵出3 000头幼虫。多胚生殖是对活体寄生的适应，可以充分利用寄主繁殖出较多的后代个体。

二、昆虫的变态发育

　　昆虫的个体发育过程，可划分为胚胎发育和胚后发育2个阶段。胚胎发育（embryonic development）在卵内完成，至孵化为止，又称卵内发育。胚后发育（postembryonic development）是从卵孵化幼虫开始至成虫性成熟的整个发育期。

　　（一）昆虫的变态及其类型

　　昆虫在胚后发育过程中，从幼期转变为成虫过程中形态发生变化的现象，称为变态（metamorphosis）。昆虫种类繁多，变态多样，通常可归纳为增节变态、表变态、原变态、不完全变态和全变态5个基本类型，常见的有不完全变态和全变态。

　　1. 不完全变态（hemimetabola）　昆虫的一生只经过卵、幼虫和成虫3个阶段，没有蛹期。其中一类幼虫和成虫在形态、食性等方面相似，亦称渐变态，其幼虫称为若虫（nymph），如蝗虫、盲蝽等；另一类幼虫和成虫的形态和习性有较大差别，如蜻蜓等，幼虫和成虫形态差异显著，其幼虫期的一些适应性构造在变为成虫后全部消失，亦称为半变态（hemimetamorphosis），其幼虫称为稚虫（naiad）。

　　2. 全变态（holometabola）　昆虫一生经过卵、幼虫、蛹和成虫4个阶段。幼虫和成虫在外部形态、内部器官、生活习性等方面有显著差别，如在形态方面幼虫往往具有成虫期没有的临时性器官，同时隐藏有成虫期的复眼和翅芽，经过蛹期的剧烈改造，才变为成虫。

　　（二）昆虫的个体发育阶段

　　全变态昆虫的个体发育过程包括卵期、幼虫期、蛹期和成虫期4个阶段，不同阶段有不同的形态特征和发育特点。

　　1. 卵期　卵自产下后到孵出幼虫或若虫所经历的时间称卵期。这是昆虫胚胎发育的时期，也是个体发育的第1阶段。通常把卵作为昆虫生命活动的开始。卵期的长短因昆虫种类、季节或环境不同而异，短的只有1~2 d，长的可达数月之久。

　　昆虫的卵（ovum，egg）可看作一个大型细胞（图3–17），最外面包着1层坚硬的卵壳，表面常有特殊的刻纹。卵壳下为1层薄膜，称卵黄膜，里面包着原生质、卵黄和细胞核。卵的顶端有一个或几个小孔，称卵孔，是受精时精子通过的地方，故又称精孔。

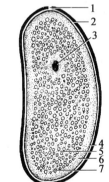

图3–17　昆虫卵的基本构造

1. 精孔；2. 卵壳；3. 细胞核；4. 卵黄膜；5. 原生质；6. 周质；7. 卵黄

昆虫的卵一般较小，最小的直径仅有 0.02 mm，最长的有 7 mm。卵的形状因种类而异（图 3-18），一般为卵圆形（如豆芫菁）或肾脏形（如东亚飞蝗），但也有半球形（棉铃虫）、圆球形（甘薯天蛾）、桶形（稻绿蝽）等。

在卵内完成胚胎发育后，幼虫破壳而出的过程，称为孵化（hatching）。一批卵或卵块从开始孵化到全部孵化结束，称为孵化期。幼虫孵化时用上颚或特殊的破卵器突破卵壳，有些种类的幼虫孵化后还有取食卵壳的习性。对农业害虫来说，卵孵化为幼虫后就进入为害期，所以，消灭卵是一项重要的预防措施。

2. 幼虫期　昆虫幼虫（larva）或若虫从卵内孵出，发育到蛹（全变态昆虫）或成虫（不完全变态昆虫）之前的整个发育阶段，称为幼虫期或若虫期。幼虫或若虫期一般 15 ~ 20 d，长的达几个月甚至几年，北美一种蝉的若虫在土中生活长达 17 年之久。幼虫期的显著特征是大量取食，迅速生长，增大体积，积累营养，完成胚后发育。

初孵幼虫随着虫体的增长，经过一定时间，要重新形成新表皮，并将旧表皮脱去，这种现象称为蜕皮（moulting），脱下来的皮称蜕。每蜕皮 1 次，幼虫体重和体积也显著增大，食量增加，抗逆力增加。

从卵孵化到第 1 次蜕皮前的幼虫或若虫称为 1 龄幼虫或若虫，以后每蜕皮 1 次，幼虫增加 1 龄。两次蜕皮之间所经历的时间称为龄期（stadium）。

全变态昆虫种类多，幼虫形态差异显著，根据其胚胎发育的程度和胚后发育的适应与变化，

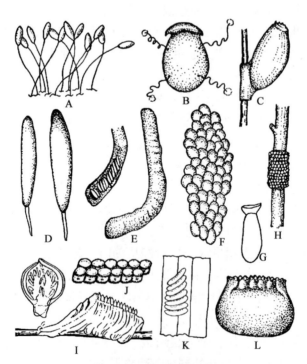

图 3-18　昆虫卵的形状

A. 草蛉；B. 蜉蝣；C. 头虱；D. 瘿蚊；E. 飞蝗；F. 玉米螟；
G. 米象；H. 天幕毛虫；I. 螳螂；J. 菜蝽；K. 灰飞虱；L. 蚕蛾

可将其分为原足型（protopod）、多足型（polypod）、寡足型（oligopod）和无足型（apodous）4 种类型，最常见的是后 3 种类型（图 3-19）。

3. 蛹期　是指一些昆虫从幼虫期转变为成虫的过渡时期。末龄幼虫（常称为老熟幼虫）脱最后 1 次皮变为蛹（pupa）的过程，称为化蛹（pupation）。从化蛹至羽化出成虫所经历的时间为蛹期。昆虫蛹期一般 7～14 d，但越冬蛹可长达数月之久。

根据蛹的翅、触角、足等附肢是否紧贴于蛹体和能否活动等特征，可将蛹分为离蛹（exarate pupa，又称裸蛹）、被蛹（obtect pupa）和围蛹（coarctate pupa）3 类（图 3-20）。由于蛹一般缺乏逃避敌害的能力，内部又进行着剧烈的旧组织解离和新组织发生，易受不良环境的影响，因此是防治中可针对性利用的薄弱环节。

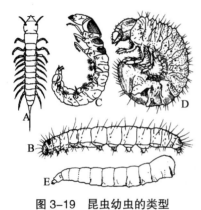

图 3-19　昆虫幼虫的类型

A-C. 多足型；D. 寡足型；E. 无足型

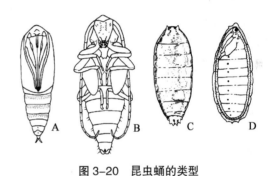

图 3-20　昆虫蛹的类型

A. 被蛹；B. 离蛹；C. 围蛹；D. 围蛹的透视

4. 成虫期　是指成虫出现到死亡所经历的时间。成虫期是昆虫生命的最后阶段，成虫的主要任务是交配、产卵以繁衍其种群，所以，成虫期也是昆虫的生殖时期。由于成虫期形态已经固定，种的特征已经显示，因而成虫形态是昆虫分类的主要依据。

成虫从它的前一个虫态蜕皮而出的过程，称为羽化（emergence）。羽化即全变态类成虫蜕去蛹皮，或不完全变态类若虫最后 1 次蜕皮的过程。初羽化的成虫，身体柔软而色浅，翅短而厚。不久成虫通过吸入空气，并借助肌肉收缩使血液流入翅内，靠血液的压力使翅伸展，待翅和体壁硬化后便能飞翔。

有些昆虫羽化时，生殖腺已发育成熟，不取食便可交配产卵，它们产卵后不久即死去。但也有很多昆虫羽化后，其生殖腺尚未成熟，还需要取食以获得卵巢发育所需的营养，这种取食称为补充营养（supplemental nutrition）。有些具有补充营养习性的农业害虫，在成虫期因取食造成的危害很大，如猿叶虫、黄条跳甲等；也有一些昆虫在成虫期虽然取食，但主要取食花蜜，对植物无直接危害，如菜粉蝶、小地老虎、棉铃虫等。具有补充营养习性的昆虫，成虫的营养状况直接影响生殖力的大小，如以花蜜为食的成虫在蜜源植物丰富的地区或年份，产卵量会显著增加。了解成虫的补充营养特性，可用于虫情调查，进行预测预报，还可以在其喜食的植物上喷洒药剂或设置诱集器进行诱杀。

成虫性成熟后便开始交配产卵。昆虫的产卵量随种类和环境条件的变化而变化，有的 1 头雌虫只能产 1 粒卵，如苹果绵蚜、葡萄根瘤蚜等；黏虫可产卵几百粒，多至 1 800 余粒；甘蓝夜蛾可产卵 2 500 余粒。昆虫对产卵场所也有一定选择性，一般选择对幼虫取食有利的地方，如寄生蜂或寄生蝇把卵产在寄主的体表或体内；捕食性昆虫把卵产在离捕食对象较近的地方；植食性昆虫则按其习性分别把卵产在寄主植物的叶片、花、果、茎、根或接近植物的土中。

三、昆虫的世代

昆虫的卵或若虫，从离开母体发育到成虫性成熟并能产生后代为止的个体发育史，称为一个世代（generation），简称 1 代或 1 化。完成一个世代所需要的时间，称为世代历期。因此，一个世代通常包括卵、幼虫、蛹及成虫等虫态，习惯上以卵或幼体离开母体为世代的起点。

昆虫一年发生的代数主要受遗传特性所决定。一年发生 1 代的昆虫，称为一化性（univoltine）昆虫，如大地老虎、大豆食心虫、天幕毛虫、梨茎蜂、舞毒蛾等。一年发生 2 代及其以上者，称为多化性（polyvoltine）昆虫，如东亚飞蝗、二化螟 1 年发生 2～3 代，棉蚜 1 年可发生 10～30 代。另外，也有一些昆虫发生 1 代需要两年或多年，称为半化性（semivoltine）昆虫，如十七年蝉需要 13～17 年才能完成 1 代。

多化性昆虫 1 年发生代数的多少，还与环境因素，特别是温度有关，所以同种昆虫在不同地区一年发生的代数也有不同。如亚洲玉米螟在黑龙江一年发生 1 代，在山东一年发生 2～3 代，在江西一年发生 4 代，在广东一年发生 5～6 代；菜缢管蚜在东北一年发生 10～20 代，在华北一年发生 31 代，在华中一年发生 34 代；黏虫在我国不同地区可发生 2～8 代。

多化性昆虫常由于成虫产卵期长，或越冬虫态出蛰期不集中，而造成前一世代与后一世代同一虫态同时出现的现象，称为世代重叠。也有一些昆虫出现局部世代的现象，如棉铃虫在山东、河北、河南一年发生 4 代，以蛹越冬，但有少部分第 4 代蛹当年羽化为成虫，并产卵发育为幼虫，因气温较低而死亡，形成不完整的第 5 代。多化性昆虫越冬的一代，特称为越冬代，如亚洲玉米螟在河南、山东一年发生 3 代，以第 3 代老熟幼虫越冬，常称其为越冬代幼虫，其蛹和成虫分别称为越冬代蛹和越冬代成虫。

四、昆虫的生活史

昆虫的生活史又称生活周期，通常是指一年中昆虫个体发育的全过程，也称为年生活史或生活年史（life history）。农业上习惯将昆虫年生活史定义为从越冬虫态越冬后复苏开始，到翌年越冬复苏前的全过程。研究害虫的年生活史，目的在于摸清害虫在一年内的发生规律、活动和危害情况，针对害虫生活史中的薄弱环节，确定有利防治时机，具有重大的实践意义。

昆虫的年生活史可以用文字来记载，也可以用各种图解的方式绘成生活史图或发生历，如将害虫的发生危害与寄主植物的生育期结合绘制成图，更可一目了然（图 3-21）。

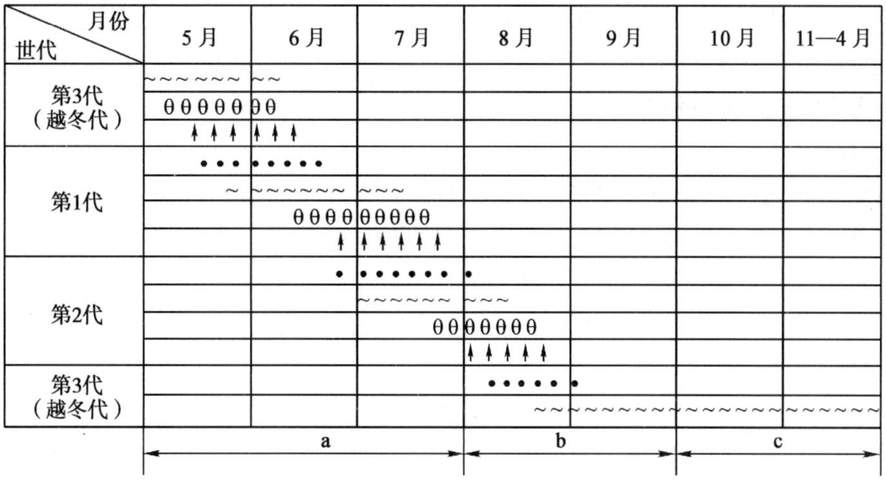

世代＼月份	5月	6月	7月	8月	9月	10月	11—4月
第3代（越冬代）	~~~~~ ~~ θθθθθθ ↑↑↑ ↑↑↑						
第1代		•••• ~ ~~~~~~ ~~~ θθθθθθθ ↑ ↑↑↑↑↑					
第2代			• ••••• • ~~~~~ ~~ θθθθθθ ↑↑↑↑↑				
第3代（越冬代）				••••• • ~~ ~~~~~~	~~~~	~~~~	~~~~

a	b	c

图 3-21　粟灰螟的生活史图解（郑州，1995）

a. 谷子幼苗期；b. 谷子穗期；c. 越冬期
· 卵；~ 幼虫；θ 蛹；↑ 成虫

五、昆虫的生物学习性

（一）休眠

昆虫在年生活史的某一阶段，由于不适宜的环境条件，常引起生长发育停止，不食不动，环境条件一旦转变为适宜条件，则生长发育迅速恢复正常状态，这种现象称为休眠（dormancy）。休眠是昆虫在个体发育过程中对不良环境的一种暂时性适应。在温带及寒带地区，每年冬季严寒来临之前，随着气温下降，食物减少，各种昆虫都寻找适宜场所进行休眠，称为休眠越冬或冬眠。在夏季干旱或高温条件下，有些昆虫也会进入休眠，称为休眠越夏或夏眠。

具有休眠特性的害虫较多，如小地老虎、黏虫、斜纹夜蛾、甜菜夜蛾、稻纵卷叶螟、东亚飞蝗等都有冬眠的习性，它们在休眠越冬期间，抗寒力的大小，死亡率的高低，因越冬场所和越冬虫态或虫龄的不同而异。

（二）滞育

某些昆虫在一定的季节、一定的发育阶段，无论环境条件适合与否，都出现生长发育停止、不食不动的现象，称为滞育（diapause）。从滞育开始到终止的时间，称为滞育期。滞育是昆虫在系统发育过程中形成的一种比较稳定的遗传特性，因此一旦进入滞育很难被解除。

滞育的诱导因素有多种，其中一年中光周期的变化是诱导滞育的主要因素。自然界的光周期变化有 2 个方向，冬至到夏至日照由短到长，夏至到冬至则由长到短，滞育昆虫通过感受光周期变化来决定开始滞育的时间。感受光周期信号的虫期称为感受虫期，一般在滞育虫期之前，如玉米螟感受虫期为 3~4 龄幼虫，而滞育虫期为 5 龄幼虫。引起昆虫种群中 50% 个体进入滞育的光周期界限称为临界光周期（critical photoperiod）。为适应自然界的光周期变化，昆虫有 2 种滞育类型，一种是短日照滞育型，即在短于临界光周期的条件下产生滞育，以滞育虫态越冬，如玉米螟、二化螟等；另一种是长日照滞育型，即在长于临界光周期的条件下产生滞育，以滞育虫态越夏，如大地老虎、麦红吸浆虫等。少数昆虫属于中间型，即光照时间过短或过长均可引起滞育，如桃蛀果蛾等。此外，温度、湿度、食料等生态因子对滞育也有影响，例如对短日照滞育型的昆虫，高温能抑制其滞育。

（三）假死性

一些昆虫受到某种刺激或震动时，身体蜷曲，停止不动，或从停留处跌落呈假死状态，稍停片刻即恢复正常的现象，称为假死性。这是昆虫逃避敌害的一种自卫适应反应，有的昆虫成虫具有假死性，如猿叶虫、金龟子、象鼻虫等；有的幼虫具有假死性，如小地老虎、斜纹夜蛾等。人们可以利用这种假死性，采集昆虫标本，设计震落捕虫机具进行器械防治。

（四）趋性

趋性（taxis）是指昆虫对外界刺激所产生的趋向或背向行为活动，其中趋向活动又称正趋性，背向活动称为负趋性。昆虫的趋性是较高级的神经活动，仍属于非条件反射。能引起昆虫表现趋性的刺激物较多，常见的有光、化学物质、温度、湿度等，因此，趋性又分为趋光性、趋化性、趋温性、趋湿性等。趋光性是昆虫对光的刺激产生的趋向或背向活动，趋向光源的反应称为正趋光性，背向光源的反应称为负趋光性；不同种类甚至不同性别和虫态的昆虫趋光性不同，多数夜间活动的昆虫对灯光，特别是黑光灯趋性较强。趋化性是昆虫对一些化学物质的刺激所表现出的反应，其正、负趋化性通常与觅食、求偶、躲避敌害和寻找产卵场所等有关。趋温性、趋湿性是昆虫对温度或湿度刺激所表现出的定向活动。

害虫防治中常利用害虫的趋光性和趋化性，如灯光诱杀是以趋光性为依据的；食饵诱杀是以趋化性为依据的，忌避剂是以负趋化性为依据的。

（五）多型现象

有些昆虫除成虫期有性二型现象外，同一性别还分化成不同的形态，具有不同的生活习性，这种现象称为多型现象（polymorphism）。如蚜虫在食料充足时，产生无翅胎生雌蚜，继续繁殖，食料不足或居住空间拥挤时，则产生有翅胎生雌蚜，迁飞到其他地方；飞虱的雌、雄成虫也都有短翅和长翅型之分。了解害虫多型现象的产生原因及其与环境的关系，可以为害虫数量预测提供重要依据。

（六）食性

昆虫在生长发育过程中，需要不断地取食大量的有机物质，以获得生命活动所需的营养。但昆虫种类繁多，由于自然选择的结果，每种昆虫逐渐形成了特有的取食范围，这种对食物的选择性称为食性（feeding habit）。通常按照取食的食物类别把食性分为植食性、肉食性、腐食性和杂食性4类。

以活体植物为食的昆虫称为植食性昆虫（phytophagous insect），这些昆虫多是植物的害虫或潜在害虫。按取食植物的范围可进一步分为单食性、寡食性和多食性3种。单食性昆虫只取食一种或同属的几种植物，如三化螟只取食水稻，豌豆象只取食豌豆；寡食性昆虫一般只取食一个科的若干种植物，如菜粉蝶只危害十字花科植物和与其近缘的植物；多食性昆虫能取食不同科的许多植物，如玉米螟和棉铃虫可取食多个科的很多种植物。

以动物活体为食的昆虫称为肉食性昆虫（carnivorous insect），多为卫生害虫和害虫天敌。按其取食和生活方式又分为捕食性和寄生性2种。捕食性昆虫是靠捕食其他昆虫或小动物为食的一类昆虫，一般身体大于捕食对象，如螳螂、瓢虫、步甲、草蛉、食蚜蝇等。寄生性昆虫是寄生在其他昆虫或动物体内外取得营养物质的一类昆虫，如寄生蜂类、寄生蝇类等。

以动物尸体、粪便或腐败植物为食的昆虫称为腐食性昆虫（saprophagous insect），在生态循环中有重要作用。如埋葬虫等。

既取食植物性食料又取食动物性食料的昆虫称为杂食性昆虫（omnivorous insect）。如蟋蟀、蚂蚁、蜚蠊等。

（七）群集性

同种昆虫的个体大量聚集在一起生活的习性，称为群集性（aggregation）。各种昆虫群集的方式不同，可分为临时性群集和永久性群集。临时性群集是指昆虫仅在某一虫态或一段时间内群聚生活在一起，以后就散开，如很多昆虫的低龄幼虫群集生活，高龄后分散生活；多数瓢虫越冬时聚集在石块缝中、建筑物的隐蔽处或落叶层下，到春天就分散活动。永久性群集往往出现在昆虫个体的整个生育期，一旦形成群集后很久不会分散，趋向于群居生活，如飞蝗有群居型和散居型之分，如果发生密度较大，卵孵化出蝗蝻（若虫）后，蝗蝻可集聚成群，集体行动或迁移，变为成虫后仍不分散，成群远距离迁飞危害。但是，这种群居性也是相对的，如果经过防治，残留少数个体，由于相互间失去了特定的联系和刺激，就会失去群居性而变为散居的生活方式。

（八）迁移性

迁移是昆虫适应不良环境，寻找适宜的寄主和栖息环境，而进化形成的行为习性，包括迁飞（migration）和扩散（dispersion）。

迁飞是指某种昆虫通过远距离飞行，成群地从一个发生地转移到另一个发生地的现象。不少农业害虫具有远距离迁飞的习性，如东亚飞蝗、黏虫、小地老虎、稻纵卷叶螟、稻褐飞虱、草地螟、白背飞虱等都属远距离迁飞性害虫，这些昆虫成虫开始迁飞时，雌虫的卵巢还没有发育，大多数没有交尾产卵，通过迁飞到降落地后才性成熟。

扩散是许多昆虫在同一发生地域内进行的近距离迁移。如一些瓢虫、叶甲和蟓象等，可作季节性的迁移，在秋末从田间大批迁至灌木林、谷地、草丛等越冬场所越冬，次年春季又迁回田间；甘蓝夜蛾幼虫有成群向邻田迁移取食的习性。了解害虫的迁移特性，查明它们的来龙去脉及扩散、转移的时期，对害虫的测报与防治均具有重要意义。

第三节　植食性昆虫及其危害

一、昆虫的主要类群

昆虫纲是生物界最大的类群，迄今为止关于高级阶元的分类及各类群之间的亲缘关系尚无完全一致的观点。传统上，昆虫纲分为2个亚纲34个目；近年来，根据形态学、系统发生及分子生物学等研究结果，将原来的昆虫纲上升为六足总纲，将原来的原尾目、弹尾目、双尾目分别上升为独立的纲，余下的石蛃目、缨尾目和有翅亚纲作为新的昆虫纲，共有30个目。本书采用新的昆虫纲分类系统。

昆虫纲依据是否原生无翅，分为无翅亚纲（Apterygota）和有翅亚纲（Pterygota），前者仅包括石蛃目和衣鱼目，后者包括其他28个目。根据休息时翅能否向后折叠于背上，有翅亚纲又可分为古翅次纲（Paleoptera）和新翅次纲（Neoptera），古翅次纲仅包括蜉蝣目和蜻蜓目，其他原生有翅昆虫均属于新翅次纲。新翅次纲根据幼虫期翅在体外还是体内发育，进一步可分为外翅类（Exopterygota）（不完全变态类）和内翅类（Endopterygota）（全变态类）。外翅类包括襀翅目、蜚蠊目、螳螂目、等翅目、缺翅目、竹节虫目、蛩蠊目、直翅目、纺足目、革翅目、半翅目、啮虫目、食毛目、虱目和缨翅目等15个目；内翅类包括鞘翅目、捻翅目、广翅目、脉翅目、蛇蛉目、长翅目、毛翅目、鳞翅目、双翅目、蚤目和膜翅目等11个目。在昆虫纲30个目中，与农林生产关系最密切的有7个目，其中植食性的多为害虫，而捕食性和寄生性的多为天敌。

（一）直翅目（Orthoptera）

直翅目包括许多常见的植物害虫，如蝗虫、蟋蟀、蝼蛄等。全世界已知约2.5万种，中国已记录约2 300种。

1. 形态特征及习性　体中到大型。咀嚼式口器，复眼发达，触角多为丝状。前胸发达，多数具翅，少数无翅；具翅者有单眼2~3个，无翅者无单眼；前翅狭长，为复翅；后翅膜质、宽大，静止时似扇状折叠于前翅之下；后足发达为跳跃足，或前足为开掘足；腹部末端具尾须1对，雌虫腹部末端多具产卵器（图3-22）。

不完全变态，若虫的形态、生活环境和取食习性与成虫相似。一年发生1代，少数2~3代，多数以卵越冬。一般生活在地上部，亦有生活在土中的，如蝼蛄等。成虫多产卵在土中，如蝗虫、蝼蛄、蟋蟀等；或产卵在植物组织内，如螽斯等。多数为植食性，少数肉食性。很多种类是农业害虫。

2. 重要科及其形态特点

（1）蝗科（Locustidae）　俗称蚂蚱或蚱蜢。一般大型；头圆形或圆柱形，颜面垂直或向后倾斜，头部略缩入前胸内；触角显著比身体短，一般8~30节，多数为丝状；前胸背板发达，呈马鞍状；前翅狭长，后翅臀区大；足的跗节为3节；听器位于腹部第1节的两侧；产卵器粗短，呈凿状。

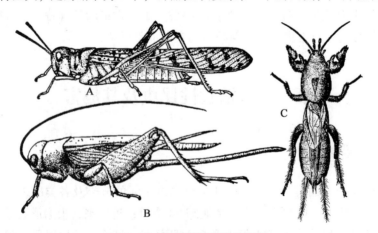

图3-22　直翅目重要科的代表

A. 蝗科（东亚飞蝗）；B. 蟋蟀科（油葫芦）；C. 蝼蛄科（华北蝼蛄）

蝗科为典型的植食性昆虫，能取食不同科的植物，非常贪食；多数一年1代，卵通常聚产于土中，若虫一般5龄。本科中重要农业害虫很多，包括东亚飞蝗（*Locusta migratoria manilensis*）和大垫尖翅蝗（*Epacromius coerulipes*）、中华稻蝗（*Oxya chinensis*）、小稻蝗（*O. intricata*）、黄胫小车蝗（*Oedaleus infernalis*）、短星翅蝗（*Calliptamus abbreviatus*）、长额负蝗（*Atractomorpha lata*）等。

（2）蝼蛄科（Gryllotalpidae）　俗称拉拉蛄。触角显著比身体短；前足粗壮，为典型的开掘足，后足腿节不甚发达，不能跳跃；前翅短，后翅长，伸出腹部末端，呈尾状；无听器；尾须长，无外露的产卵器。

为重要地下害虫，喜欢栖息在温暖潮湿、腐殖质多的壤土或沙壤土内；生活史长，一般1~3年完成一代，以成虫或若虫在土壤深处越冬。重要农业害虫有华北蝼蛄（*Gryllotalpa unispina*）、东方蝼蛄（*G. orientalis*）等。

（3）蟋蟀科（Gryllidae）　俗称蟋蟀。身体粗壮，色暗；头为下口式；触角比身体长，端部尖细；听器2个，位于前足胫节的两侧，外侧的比内侧的大；足的跗节为3节；产卵器呈长针状。

多数为穴居种类；也有的白天躲在砖石、枯草等隐蔽物下，夜间活动；少数在树上生活。部分蟋蟀为害农作物，如中华蟋蟀（*Gryllus chinensis*）和油葫芦（*G. testaceus*）等。

（二）半翅目（Hemiptera）

半翅目是昆虫纲中较大的一个目，包括异翅类和同翅类（即原来的半翅目和同翅目），为典型的刺吸式口器昆虫，常见的有蝽象（异翅类）、蝉、叶蝉、飞虱、粉虱、蚜虫和蚧壳虫（同翅类）。全世界已知8.3万种，中国已知约6 500种。

1. 异翅类的特征及习性　体小至中型，略扁；刺吸式口器，下唇分节称喙，其基部着生在头部下前方；触角3~5节；复眼显著，单眼有或无；前胸背板甚大，中胸小盾片发达；跗节一般为3节；多数具4翅，前翅半鞘翅，后翅膜质；前翅基半部硬化部分往往还可分成革片、爪片、缘片和楔片4部分；膜质部分亦称膜片，常具翅脉；静止时翅平放于身体背面，末端部分交叉重叠，陆生种类身体腹面常有臭腺开口，能发出恶臭，如蝽象（图3-23）。

不完全变态；卵单粒或成块，产于寄主体表、组织内或土中；若虫一般5龄，体色变化较大；多数种类一年发生1代，以成虫越冬，少数种类一年发生多代，以卵越冬；多为植食性，以刺吸式口器刺吸植物的幼枝、嫩茎、嫩叶和果实；少数为捕食性，是多种害虫的天敌（图3-24）。

2. 同翅类的特征及习性　体小到大型。多数为小型昆虫；刺吸式口器；具复眼，单眼有或无；体壁光滑无毛，翅2对，静止时呈屋脊状，前翅质地相同，膜质或革质，不形成半鞘翅；亦有很多无翅的；少数种类仅具前翅，后翅变成平衡棒；跗节为1~3节；常见的如蚜虫、粉虱、介壳虫、飞虱、叶蝉等（图3-25~3-27）。

不完全变态。多数种类年发生代数较多。生殖方式多样，有两性生殖、孤雌生殖及有性与无性交替生殖等。雌虫产卵部位因种类而异，蝉、叶蝉、飞虱等能用其产卵器切裂植物的枝、叶，把卵产在植物组织中，造成产卵危害；蚜虫、蚧等只能将卵产在植物的表面。全部为植食性，不少种类还能传播植物病毒，有些种类的排泄物中因含有大量糖分称为蜜露，可引起煤污病，影响植物的光合作用。

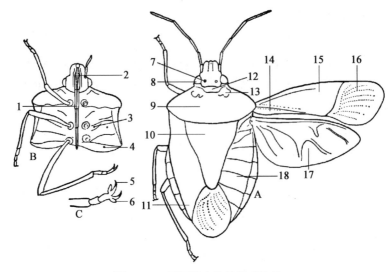

图 3-23　异翅类虫体的模式构造

A. 整体背面观；B. 体前段腹面观；C. 后足端部

1. 喙；2. 上唇；3. 臭腺；4. 气门；5. 爪；6. 假爪垫；7. 单眼；8. 复眼；9. 前胸背板；
10. 小盾片；11. 前翅；12. 领片；13. 胝；14. 爪区；15. 革区；16. 膜区；17. 后翅；18. 腹部

图 3-24　异翅类重要科的代表

A. 蝽科（斑须蝽）；B. 网蝽科（梨冠网蝽）；C. 缘蝽科（粟小缘蝽）；D. 盲蝽科（三点盲蝽）

3. 重要科及其形态特点

（1）蝽科（Pentatomidae）　体小至大型；头小，三角形；触角 5 节，极少数 4 节；单眼 2 个，少数缺；喙 4 节；小盾片小，三角形，超过爪片的长度。前翅分革片、爪片和膜片 3 部分，膜片上有多条纵脉，均发自于基部一横脉上；足跗节 3 节。

大多数为植食性，刺吸危害蔬菜、水稻、大豆和花生等农作物。如，云南菜蝽（*Eurydema pulchra*）主要危害十字花科蔬菜；稻绿蝽（*Nezara viridula*）和斑须蝽（*Dolycoris baccarum*）寄主广泛，对水稻、小麦、玉米、棉花、大豆、花生、烟草、蔬菜等多种农作物以及苹果、梨等果树均可造成危害；少数种类捕食鳞翅目、叶蜂、叶甲的幼虫。

（2）网蝽科（Tingidae）　体小而扁，头顶、前胸背板及前翅具网状花纹；触角 4 节，以第 3 节最长；喙 4 节；无单眼；前胸背板常向上突出形成钟罩状结构，向前遮盖头部，向后覆盖中胸小盾片，向两侧扩展成侧背板；前翅质地均匀，不分为革质和膜质；跗节为2节，无中垫。

植食性，多在叶片背面或幼嫩枝条上群集为害，排泄褐色污物，并在被害组织产卵；若虫暗黑色，体侧有刺突，与成虫形态差别大。常见的梨冠网蝽（*Stephanitis nashi*）主要为害仁果类果树。

（3）缘蝽科（Coreidae）　体中到大型，宽扁或狭长，两侧缘略平行，多为褐色或绿色；触角4节，由头部侧上方伸出；喙4节，有单眼；前胸背板及足上常有叶状突起或尖角；中胸小盾片小，短于前翅爪片；前翅分革片、爪片及膜片3部分，膜片上有多条分叉的纵脉，均出自基部一横脉上；足较长，有些种类后足腿节粗大，跗节3节。

植食性，一些种类刺吸水稻、粟类、豆类等农作物。如，粟缘蝽（*Liorhyssus hyalinus*）和水稻缘蝽（*Leptocorisa acuta*）除为害禾本科作物外，对豆类、蔬菜、烟草和仁果类果树也能造成危害。

（4）盲蝽科（Miridae）　体小至中型；触角4节，第2节最长；喙4节，无单眼；前翅分革片、爪片、楔片及膜片4部分，膜片基部常有1～2个翅室；跗节3节或2节；产卵器发达，呈镰刀状，产卵于植物组织。

多数植食性，如绿盲蝽（*Lygus lucorum*）、三点盲蝽（*Adelphocoris faciaticollis*）和苜蓿盲蝽（*A. lineolatus*），是棉花的重要害虫，在其他作物田也比较常见；少数种类是肉食性，捕食飞虱、叶蝉的卵。

（5）蝉科（Cicadidae）　体中至大型。复眼大，单眼3个，呈三角形排列于头部中央；触角着生于复眼之间的前方；胸部宽阔，翅宽大，膜质；前足腿节膨大，下缘具刺，跗节3节；雄虫腹部第1节腹面有发音器，雌虫具听器（图3-25A）。

若虫生活在地下，取食植物根部的汁液。发育历期较长，一般需两年或更长时间才能完成一代。常见的蚱蝉（*Cryptotympana pustulata*）以产卵为害多种林木和果树的枝条。

（6）叶蝉科（Cicadellidae）　体小型，一般细长；触角甚短，刚毛状；单眼2个，位于头顶边缘或头顶与额之间，少数无单眼；后足基节有1～2列短刺；产卵器锯齿状（图3-25B）。

多食性，不同季节常危害不同植物。一年发生多代，多以卵或成虫越冬。成虫行动活泼，能跳跃和飞翔，有趋光性，卵多产在叶脉或一定粗细的枝条上。常见的黑尾叶蝉（*Nephotettix cincticeps*）、二点黑尾叶蝉（*N. impicticeps*）、白翅叶蝉（*Empoasca subrufa*）等是水稻的主要害

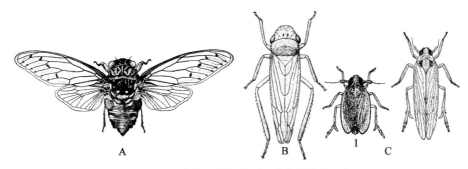

图3-25　半翅目同翅类重要科的代表（一）

A. 蝉科（蚱蝉）；B. 叶蝉科（大青叶蝉）；C. 飞虱科（灰飞虱）（1. 短翅型；2. 长翅型）

虫；大青叶蝉（*Tettigella viridis*）在北方作物田比较常见；桃一点斑叶蝉（*Erythroneura sudra*）和葡萄斑叶蝉（*E. apicalis*）分别对桃和葡萄为害严重。

（7）飞虱科（Delphacidae） 体小型，善跳跃；后足胫节末端有一个大型可活动的距，是本科最显著的鉴别特征；雌虫有发达的产卵瓣，产卵于植物组织内；多数种类有多型现象，分长翅型和短翅型（图3-25C）。

绝大多数为害禾本科植物，一年发生3～8代，以卵或成虫越冬；卵产在叶鞘或叶脉内，若虫喜群集危害。如稻褐飞虱（*Nilaparvata lugens*）、白背飞虱（*Sogatella furcifera*）、灰飞虱（*Laodelphax striatella*）等是重要的水稻害虫，在其他禾本科作物田也比较常见。

（8）粉虱科（Aleyrodidae） 体小型，虫体及翅上皆被白色蜡粉；复眼肾形，有的则分为两部分，犹如2对复眼；触角7节；雌雄均具4翅，翅脉简单，前翅最多3条翅脉，后翅只有翅脉1条；跗节2节，末端除具爪外，尚有爪间髭；若虫、蛹及成虫腹部末端均有一个管状孔。

寄主通常广泛，一年发生代数较多，以各种虫态越冬，成虫不善飞翔，有高度的群集性。重要种类有严重危害保护地蔬菜的温室粉虱（*Trialeurodes vaporariorum*），危害柑橘等果树的黑刺粉虱（*Aleurocanthus spiniferus*）和柑橘粉虱（*Dialeurodes citri*）（图3-26A）等。

（9）蚜科（Aphididae） 体小型至微小型，柔软，有翅或无翅，体裸露或被蜡质分泌物；触角通常6节，末节中部起明显变细，分成基部与鞭部，第3～6节上生有圆形或椭圆形感觉孔，为分类的重要特征；喙3～4节；跗节2节，少数1节或缺；腹部8～9节，多数种类在第6或第7节2侧前方生有1对管状突起，称为腹管；腹末生有一个圆锥形或乳头状突起，称为尾片（图3-26B）。

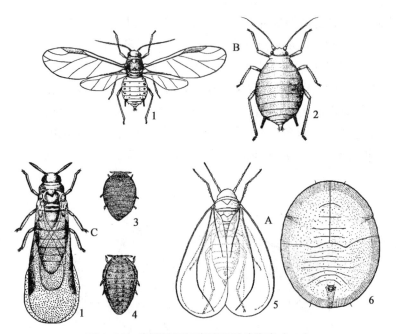

图3-26 半翅目同翅类重要科的代表（二）

A. 粉虱科（柑橘粉虱）；B. 蚜科；C. 瘤蚜科

1. 有翅雌蚜；2. 无翅雌蚜；3. 叶瘿型雌蚜；4. 根疣型雌蚜；5. 成虫；6. 蛹壳

　　蚜虫的生活史极为复杂，一般有单性及两性生殖交替及寄主转移等现象，年发生代数可多达 20～30 代，寄主范围因种类而异。重要害虫较多，如为害棉花、瓜类等作物的棉蚜（*Aphis gossypii*），主要为害豆科作物的豆蚜（*A. craccivora*），为害苹果、梨等仁果类果树的苹果蚜（*A. pomi*），为害麦类作物的荻草谷网蚜（*Macrosiphum miscanthi*）、麦二叉蚜（*Schizaphis graminum*）、禾谷缢管蚜（*Rhopalosiphum padi*）和麦无网长管蚜（*Metopolophium dirhodum*），危害烟草、蔬菜等作物和桃、杏等果树的桃蚜（*Myzus persicae*），为害十字花科蔬菜的萝卜蚜（*Lipaphis erysimi*）、甘蓝蚜（*Brevicoryne brassicae*）等。

　　（10）盾蚧科（Diaspididae）　体微小或小型。雌虫圆盘状或长形，体节不明显；头与前胸愈合，无复眼，触角和足退化，中后胸与腹部分节明显，腹部第 2～8 节常愈合成 1 块骨板；雄虫触角发达，小眼 3 对；喙短，口针细长，有翅或无翅（图 3-27A）。

　　为害多种林木和果树，造成树势衰弱。重要害虫有为害柑橘的矢尖蚧（*Unaspis yanonnensis*）、糠片盾蚧（*Parlatoria pergandii*）、黑片盾蚧（*P. zizyphus*）、黑褐圆盾蚧（*Chrysomphalus ficus*），为害仁果和核果类果树的梨圆蚧（*Comstockaspis perniciosus*）、桑白盾蚧（*Pseudaulacaspis pentagona*）等。

　　（11）蜡蚧科（Coccidae）　体小型；雌虫体卵圆形或长卵形，扁平或隆起呈半球形或圆球形；体壁坚硬，裸露或被有蜡质；虫体背面分节不明显；触角小；喙短，构造简单；足短小或退化；腹部无气门，腹部末端有肛裂，肛门上盖有 2 块三角形的肛板；雄虫有翅或无翅，口针短而钝（图 3-27B）。

　　多数种类为林木、果树的重要害虫，如朝鲜球坚蚧（*Didesmococcus koreanus*）、日本蜡蚧（*Ceroplastes japonicus*）等。

　　（12）硕蚧科（Margarodidae）　雌虫体椭圆形，肥大，常被有蜡粉；体分节明显；触角 6～11 节；复眼退化，单眼 2 个；足通常发达，跗节 1～2 节；腹部气门 2～8 对。雄虫体红色，翅黑色；有复眼及 2 个单眼；触角羽毛状，10 节；后翅退化为平衡棒，上生有 4～6 条弯曲的端刚毛；腹末有成对的突起（图 3-27C）。

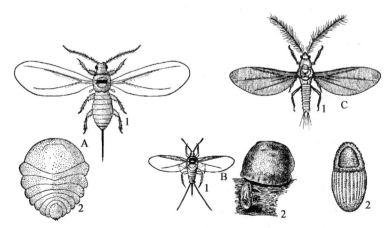

图 3-27　半翅目同翅类重要科的代表（三）

A. 盾蚧科（桑白盾蚧）；B. 蜡蚧科（朝鲜球坚蚧）；C. 硕蚧科（吹绵蚧）

1. 雄成虫；2. 雌成虫

为害各种果树和林木，常见的有吹绵蚧（*Icerya purchasi*）和草履蚧（*Warajicoccus corpulenta*）等。

（三）缨翅目（Thysanoptera）

统称为蓟马，全世界已知约 6 000 种，中国已知约 500 种。

1. 形态特征及习性　体微小，体长 0.5～2 mm，很少超过 7 mm；黑色、褐色或黄色；头略呈后口式，口器锉吸式，能锉破植物表皮，吮吸汁液；触角 6～9 节，线状，略呈念珠状，一些节上有感觉器；翅狭长，边缘有长而整齐的缘毛，脉纹最多有 2 条纵脉；足的末端有泡状的中垫，爪退化；雌性腹部末端圆锥形，腹面有锯齿状产卵器，或呈圆柱形，无产卵器（图 3-28）。

不完全变态。一年发生 1～10 代；一般两性生殖，很多种类无雄虫，进行孤雌生殖；卵很小，有的产在植物组织内，产卵处表面略为隆起，有的产在植物表面或缝隙中；若虫 4 龄，3 龄时出现翅芽，末龄时不食不动，触角向后放在头上，似全变态的裸蛹；多为植食性，少数为肉食性，捕食其他小型昆虫；生活于植物的花、叶、枝和芽上。

2. 重要科及其形态特点

（1）蓟马科（Thripidae）　体略扁平；触角 6～8 节，第 3、4 节上有叉状或锥状感觉器，末端 1～2 节形成端刺；翅缺或有，具翅者前翅狭而尖，翅脉少，无横脉；产卵器锯齿状，端部向下弯曲（图 3-28A）。

多数为植食性，农业害虫较多，如为害烟草、小麦、棉花、马铃薯等农作物和苹果、梨等果树的烟蓟马（*Thrips tabaci*），为害水稻、小麦等禾本科作物的稻蓟马（*Chloethrips oryzae*）等。少数为捕食性，捕食叶螨和微小昆虫。

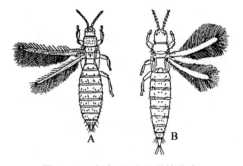

图 3-28　缨翅目重要科的代表

A. 蓟马科（烟蓟马）；
B. 管蓟马科（稻管单蓟马）

（2）管蓟马科（Phlaeothripidae）　多数种类体暗色或黑色。触角 8 节，少数 7 节，具锥状感觉器；翅面光滑无毛；腹部第 9 节宽大于长，比末节短，腹部末节管状，生有较长的刺毛，无产卵器（图 3-28B）。

包括植食性和捕食性两类。植食性种类主要为害水稻、小麦等禾本科作物，如稻管蓟马（*Haplothrips aculeatus*）；捕食性种类可捕食粉虱、介壳虫、螨类等。

（四）鞘翅目（Coleptera）

通称甲虫，是昆虫纲乃至动物界中种类最多、分布最广的类群。全世界已知约 36 万种，占昆虫纲 40% 以上，中国已知 2 万余种。

1. 形态特征及习性　体小型至大型，体壁坚硬。成虫和幼虫均为咀嚼式口器。成虫复眼显著，一般无单眼；触角 10～11 节，有多种类型；前胸发达，能活动，前胸背板自成 1 骨片；前翅质地坚硬，角质化，形成鞘翅，静止时在背中央相遇成一直线；后翅膜质，通常纵横叠于鞘翅下；腹部节数较少，腹面可见 5～7 节，背面 7～9 节，无尾须；跗节 4 或 5 节。幼虫为寡足型，少数为无足型；头部发达，坚硬，胸部 3 节，腹部 10 节；头部每侧有单眼 1～6 个，触角 3

节（图 3-29 ~ 3-32）。

完全变态类，部分种类幼虫各龄出现多种不同形态。成虫和幼虫的食性复杂，大多数为植食性，也有捕食性、寄生性、腐食性等。很多成虫具有假死性。雌成虫产卵于土表、土下、洞隙中、水中或植物上，产在植物上的卵常包围在卵鞘内，产在水中的卵多包于袋状的茧内。幼虫 3 龄或 4 龄。在土中化蛹者多藏于土室内，在植物上化蛹的一般有茧。

2. 重要科及其形态特点　鞘翅目通常分为肉食亚目（Adephaga）、多食亚目（Polyphaga）和管头亚目 3 个亚目（图 3-29）。肉食亚目绝大多数肉食性，成虫第 1 腹节腹板被后足基节窝所分割。多食亚目食性复杂，多为植食性或肉食性，成虫第 1 腹节腹板不被后足基节窝所分割。管头亚目为植食性，成虫头部延伸成喙状，外咽缝愈合成一条或消失；前胸背侧缝和腹侧缝消失；后足基节固定在腹板上，基节窝也不将第 1 节腹板完全分开（图 3-30 ~ 3-32）。

（1）叩头甲科（Elateridae）　通称叩头虫。成虫体小至中形，长形，体色多暗淡；触角 11 ~ 12 节，锯齿状或栉齿状；前胸背板后缘角突出呈锐刺，前胸背板后方中央有突出物，嵌在中胸腹板前方凹陷内，使头部能够进行有力的叩头活动；足较短，跗节 5 节；腹部可见 5 节。幼虫又称金针虫，体略扁，细而长，多呈金黄色或棕红色，坚硬、光滑；无上唇；3 对胸足大小接近；腹部气门各有 2 个裂孔（图 3-30A）。

幼虫常栖息于地下食害植物的根部、块茎及种子，是重要的地下害虫。生活史长，2 ~ 5 年完成 1 代。重要的农业害虫有细胸叩头虫（*Agriotes fusicollis*）、沟叩头虫（*Plenomus canaliculatus*）等。

（2）吉丁甲科（Buprestidae）　成虫体形与叩头甲相似，体上常有鲜艳的金属光泽；前胸后侧角无刺，前胸与鞘翅相接处不凹入，前胸腹板宽扁平状，嵌入中胸腹板，不能活动；触角锯齿状；腹部第 1、2 节腹板愈合。幼虫俗称串皮虫，体细长，前胸常扁平而膨大，无足，腹部 9 节，柔软（图 3-30B）。

成虫喜欢阳光，白天活动；幼虫钻蛀果树、林木的形成层，形成曲折的虫道，虫道内充满虫粪。主要有钻蛀果树、林木枝干的苹小吉丁（*Agrilus mali*）、柑橘小吉丁（*A. auriventris*）、红

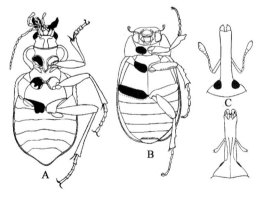

图 3-29　鞘翅目 3 个亚目的特征

A. 肉食亚目（步甲）成虫腹面观；
B. 多食亚目（金龟甲）成虫腹面观；
C. 管头亚目（象甲）头部

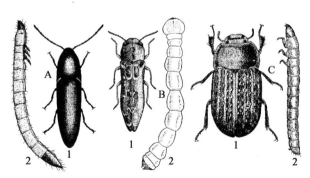

图 3-30　鞘翅目重要科的代表（一）

A. 叩头甲科（细胸金针虫）；B. 吉丁甲科（柑橘小吉丁）；
C. 拟步甲科（砂潜）；
1. 成虫；2. 幼虫

缘绿吉丁（*Lampra belluta*）等。

（3）拟步甲科（Tenebrionidae）　成虫体扁平，小至大型；体表坚硬，一般为灰色或暗色；头部较小，与前胸连接紧密；触角短，11 节，生于头部前侧缘下方，丝状或棍棒状；前胸背板两侧有脊起；前足基节球形，基节窝闭式；跗节式为 5-5-4 式（即前足 5 节，中足 5 节，后足 4 节）；鞘翅一般盖住整个腹部，很多种类鞘翅中后部愈合；多数种类无后翅；腹部腹面可见 5 节，前 3 节腹板愈合。幼虫圆筒状，体壁坚硬，呈黄、褐、白等色；具上唇，有胸足 3 对，第 1 对足常较大；尾端有 2 钩棘（图 3-30C）。

大多以植物为食，常以枯死、腐败的植物、粪便、种子、谷类及其制品、蕈类等为食。往往大面积群栖于干燥荒芜地带，在新开垦地区常大量为害农作物，如砂潜（*Opatrum subaratum*）等；不少种类是重要的仓库害虫，如赤拟谷盗（*Tribolium ferrugineum*）、黄粉虫（*Tenebrio molitor*）等。

（4）鳃金龟（甲）科（Melolonthidae）　成虫体小至大型，体色多暗淡；触角 8 ~ 10 节，鳃叶状，鳃叶部发达，由 3 ~ 7 节组成；上唇外露骨化；各足上的 1 对爪通常大小相等，至少后足上的相似；腹部气门位于腹板侧上方。幼虫通称蛴螬，上唇心圆形，肛门三裂状（图 3-31A）。

生活史长，1 ~ 2 年完成 1 代，幼虫为植食性，在地下咬断植物幼苗的根茎，使植株枯死，是重要的地下害虫，在水浇地和低湿地发生较多。常见的有大黑鳃角金龟（*Holotrichia* spp.）、暗褐鳃角金龟（*H. parallela*）、毛黄脊头鳃角金龟（*H. trichophora*）、黑玛绒金龟（*Maladera orientalis*）等。

（5）丽金龟（甲）科（Rutelidae）　成虫中到大型，多数种类体色艳丽，具蓝、绿、黄等金属光泽；触角 9 或 10 节，鳃叶部 3 节；各足上的 1 对爪通常大小不对称，大爪端部常分裂，尤以前、中足明显；腹部前 3 对气门位于侧膜上，后 3 对气门位于腹板上。幼虫亦称蛴螬，肛门多为横裂状（图 3-31B）。

成虫取食林木、果树的叶片，幼虫在地下咬断植物幼苗的根茎，为重要的地下害虫，常见的有铜绿丽金龟（*Anomala corpulenta*）等。

（6）芫菁科（Meloidae）　成虫体中型或长型，体壁及鞘翅柔软；头部与体轴垂直，在复眼后方急剧缢缩，呈颈状；触角 11 节，丝状、念珠状或锯齿状；两鞘翅末端分开，不在中缝相遇；爪裂开，跗节式 5-5-4；腹部可见 6 节腹板。幼虫形态变化较大，1 龄幼虫为衣鱼型，行动活泼；2 ~ 4 龄为蛴螬型；5 龄幼虫足退化，不活动；6 龄时又恢复为蛴螬型，故特称为复变态（图 3-31C）。

幼虫为寄生性或捕食性，在地下捕食蝗虫卵或寄生于蜂巢内；成虫植食性，以豆科植物为食物。有些是农业害虫，如为害大豆的锯角豆芫菁（*Epicauta gorhami*）等。

（7）叶甲科（Chrysomelidae）　通称金花虫。成虫体小至中型，椭圆、圆形或圆柱形，常具金属光泽与花纹；触角短，一般 11 节，丝状或近似念珠状；复眼圆形，着生位置接近前胸；跗节隐 5 节；腹部可见 5 节腹板。幼虫肥壮，3 对胸足发达，体背常具有枝刺、瘤突等附属物（图 3-31D）。

成虫和幼虫均为植食性，食叶为主，有些种类蛀茎或咬食植物根部，是多种农林作物、果树、蔬菜等作物的害虫，如为害蔬菜的黄条跳甲类（*Phyllotreta* spp.）、黄守瓜（*Aulacophora femoralis*），为害薯类作物的甘薯叶甲（*Colasposoma dauricum*），为害马铃薯等茄科植物的马铃

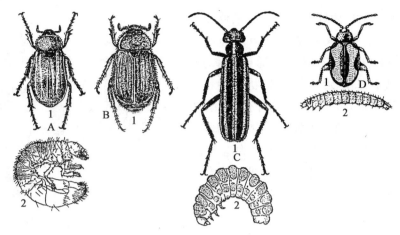

图3-31　鞘翅目重要科的代表（二）

A. 鳃金龟科（华北大黑鳃角金龟）；B. 丽金龟科（铜绿丽金龟）；
C. 芫菁科（锯角豆芫菁）；D. 叶甲科（黄曲条跳甲）
1. 成虫；2. 幼虫

薯甲虫（*Leptinotarsa decemlineata*）等。

（8）瓢甲科（Coccinellidae）　成虫体小至中型，卵圆形，腹部平坦，背面弧形或半球形拱起；多为红、褐、黄、白、黑色等，常具鲜艳色斑；头小，后部嵌入前胸；触角一般11节，锤状；跗节隐4节；腹部可见5或6节腹板。幼虫体直长，有深或鲜艳的颜色，行动活泼，体上生有很多带刺毛的突起或分支的毛状棘，有的附有白色蜡粉（图3-32D）。

分肉食性和植食性两类。肉食性瓢虫成虫体背面有光泽，以成虫和幼虫捕食蚜虫、介壳虫、粉虱、螨类等，是重要的天敌昆虫。植食性瓢虫成虫无光泽，以成虫和幼虫取食植物叶片，常见的害虫有马铃薯瓢虫（*Henosepilachna vigintioctomaculata*）等，为害马铃薯、茄子等作物。

（9）天牛科（Cerambycidae）　成虫体中至大型，少数小型，身体长形；触角甚长，往往超过体长，生活时向身体后方伸出；触角基部被复眼所包围；复眼肾形；跗节隐5节；腹部可见5节或6节。幼虫身体长圆柱形，略扁；前胸背板很大，扁平；胸、腹节的背、腹面均有骨化区或突起，胸足退化，但留有遗痕（图3-32A）。

成虫白天活动，产卵于树缝或植物表皮下，幼虫钻蛀为害，对林木、果树枝干危害极大，少数种类可钻入草本植物茎内为害。重要害虫有星天牛（*Anoplophora chinensis*）、光肩星天牛（*A. glabripennis*）、桑天牛（*Apriona germari*）、梨眼天牛（*Bacchisa fortunei*）、橘褐天牛（*Nadezhdiella cantori*）、桃红颈天牛（*Aromia bungii*）等。

（10）豆象科（Bruchidae）　成虫体小，卵圆形，体被鳞片；头下口式，额延伸成短喙状；复眼大，前缘凹入，包围触角基部；触角常为锯齿状或栉齿状，着生在复眼前方；前胸背板略呈三角形，鞘翅短，呈钝形；腹部末端1~3节外露，跗节隐5节；腹部可见6节。幼虫为复变态，1龄幼虫似步甲幼虫，有长的足及具齿的胸板，适于穿入光滑而坚硬的种子；2龄后幼虫足部分或全部消失，柔软肥胖，呈蠕虫形，体白色（图3-32B）。

成虫主要在幼嫩豆荚上产卵，幼虫孵化后蛀入豆粒内危害，并随收获进入仓库继续为害，多为重要的贮粮害虫，如蛀食不同豆粒的豌豆象（*Bruchus pisorum*）、蚕豆象（*B. rufimanus*）等。

（11）象甲科（Curculionidae）　通称象鼻虫。成虫体小至大型，头部延长如象鼻状，特称为"喙"；口器位于喙的端部，喙的两侧各有1相接的触角沟，称触角窝；触角多为膝状，少数呈棒状，10～12节，棒状部由3节组成；跗节多为隐5节；腹部腹板5节。幼虫体软，肥胖而弯曲；头部发达；无足；体表平滑或有皱纹，有突起；气门2孔式（图3-32C）。

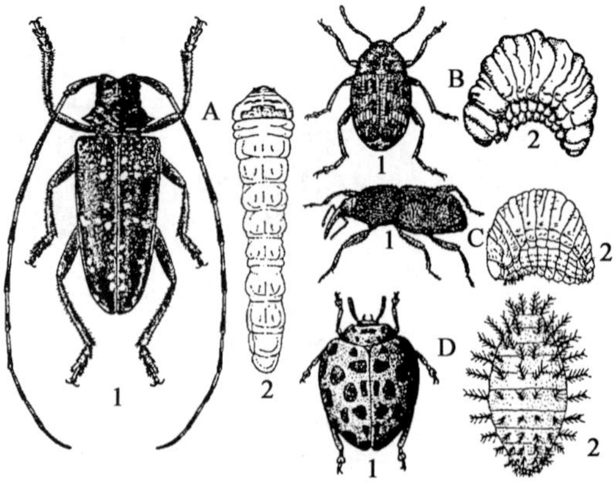

图 3-32　鞘翅目重要科的代表（三）

A. 天牛科（星天牛）；B. 豆象科（豌豆象）；
C. 象甲科（玉米象）；D. 瓢甲科（马铃薯瓢虫）
1. 成虫；2. 幼虫

成虫、幼虫均为植食性，食叶、蛀茎、蛀根或种子，农业害虫较多。如蛀食各种谷物的米象（*Sitophilus oryzae*）、玉米象（*S. zeamais*），为害棉花的棉尖象（*Phytoscaphus gossypii*）、大灰象（*Sympiezomias velatus*）等。

（五）鳞翅目（Lepidotpera）

鳞翅目包括蝶类和蛾类，是昆虫纲中仅次于鞘翅目的第二大目，分布范围极广。全世界已知近20万种，中国已知约9 000种。

1. 形态特征及习性　体小至大型。成虫翅、体及附肢上布满鳞片，口器虹吸式或退化；复眼1对，单眼通常2个，但常被毛及鳞片盖住；触角有丝状、球杆状及羽毛状等；一般具翅1对，翅面上常有很多花纹，翅脉变化大，前翅纵脉13～14条，最多15条，后翅最多只有10条，翅上的花纹和翅脉是分类的重要特征（图3-33）。幼虫体圆锥形，柔软，身体上常有很多纵行线纹，称体线；有的密布分散的刚毛或毛瘤、毛簇、枝刺等；头部坚硬，每侧一般有6个单眼；唇基三角形，额很狭，呈"人"字形；咀嚼式口器；多足型，胸足3对，腹足2～5对，多数5对；腹足末端常有钩毛，称为趾钩；少数钻蛀性生活的幼虫足常退化；体线和趾钩是鉴别幼虫种类的重要依据（图3-34～3-35）。

完全变态类。生活习性复杂，一年发生1代或数代，亦有少数2～3年完成1代。多数以幼虫或蛹越冬，少数以卵或成虫越冬。成虫一般不危害植物，仅取食一些花蜜，只有极少数吸果蛾类口器坚硬，能刺入苹果、柑橘等果实吸取汁液，有些成虫口器退化，不取食；蝶类成虫多白昼活动，而蛾类多在夜间活动，很多蛾类有趋光性和趋化性，可利用此特性进行测报和诱杀防治；有些成虫还有季节性远距离迁飞的习性。幼虫绝大多数为植食性，是农林作物、果树、茶叶、蔬菜、花卉等作物的重要害虫，危害方式多种多样，有的直接取食植物的叶、花、果实及枝，有的则蛀入植物组织内危害，也有些种类是仓库中粮食、种子、食品、药材、衣物等的大害虫，在土中生活的幼虫则咬食植物根部，成为重要的地下害虫。

2. 重要科及其形态特点　通常根据成虫触角的类型和翅的连锁方式、脉序等，将鳞翅目分为锤角亚目（Rhopalocera）、同脉亚目（Homoneura）和异脉亚目（Heteroneura）。其中锤角亚目通称蝶类，触角端部膨大，球杆状；前后翅没有特殊的连锁器，飞翔时前后翅贴合式连接；前

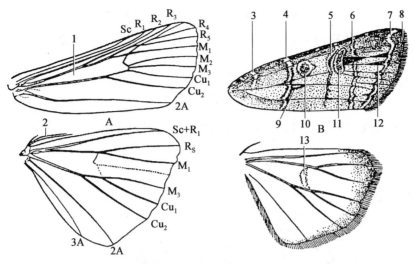

图 3-33 鳞翅目成虫翅的脉相和斑纹（小地老虎）

A. 脉序；B. 斑纹

1. 中室；2. 翅僵；3. 基横线；4. 内横线；5. 中横线；6. 外横线；7. 亚缘线；
8. 缘线；9. 楔形纹；10. 环形纹；11. 肾形纹；12. 剑形纹；13. 新月纹

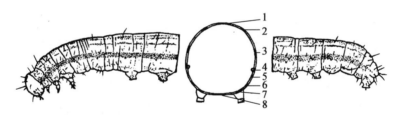

图 3-34 鳞翅目幼虫的体线（黏虫）

（中间圆圈为体躯横切面示意图，数字所指为各条体线在一侧的位置）

1. 背线；2. 亚背线；3. 气门上线；4. 气门线；5. 气门下线；6. 基线；7. 侧腹线；8. 腹线

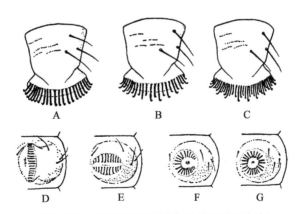

图 3-35 鳞翅目幼虫的腹足趾钩及排列方式

A. 单序；B. 2序；C. 3序；D. 中带式；E. 横带式；F. 缺环式；G. 环式

后翅脉序不同（图 3-36 ~ 3-37）。同脉亚目前后翅脉序相同，即前后翅的 Sc 与 R_1 均分离，Rs 分 4 支；飞行时前后翅靠翅轭连锁，故又称轭翅亚目（Jugatae），本目多为低等的蛾类。异脉亚目触角多为线状、栉齿状或羽毛状，极少呈棒状；前后翅脉序不同，中室内 M 主干多退化或消失，后翅 Sc 与 R_1 合并为 1 条，Rs 不分支；飞行时前后翅靠翅僵连锁，故又称缰翅亚目（Frenatae）（图 3-38 ~ 3-42）。

（1）弄蝶科（Hesperiidae） 成虫体小或中型，粗壮，色深暗，翅面上有白斑或黄斑；触角端部尖出，弯成小钩；前后翅的翅脉各自分离无共柄现象，由翅基部或中室分出。幼虫头大，身体纺锤形，前胸细瘦呈颈状，腹足趾钩 3 序或 2 序，环式；腹部末端有臀栉（图 3-36A）。

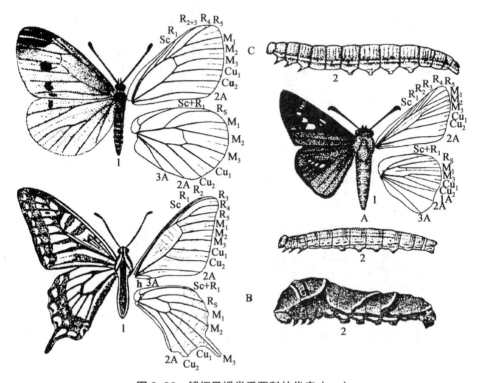

图 3-36 鳞翅目蝶类重要科的代表（一）
A. 弄蝶科（稻弄蝶）；B. 凤蝶科（黄凤蝶）；C. 粉蝶科（菜粉蝶）
1. 成虫；2. 幼虫

成虫多在早晚活动，幼虫常吐丝缀联数片叶作苞，在苞内取食叶片，主要为害禾本科植物，重要害虫有为害水稻的稻弄蝶（*Parnara guttata*）、隐纹谷弄蝶（*Pelopidas mathias*）等。

（2）凤蝶科（Papilionidae） 成虫体中或大型，颜色鲜艳，多为黄色或黑色，有红、绿或蓝等色斑。触角棒状；翅三角形；前翅 Cu 与 A 脉间有 1 基横脉，后翅 Sc 与 R_1 在基部形成 1 亚前缘室，上面有 1 肩脉，A 脉只有 1 条。幼虫身体多数光滑，前胸背中央有"臭角"，遇惊时翻出体外，呈"Y"状；趾钩中带式，2 或 3 序（图 3-36B）。

以幼虫取食芸香科、樟科、伞形花科等植物的叶片，常见的有为害果树的黄凤蝶（*Papilio machaon*）、花椒凤蝶（*P. xuthus*）等。

（3）粉蝶科（Pieridae） 成虫体中型，白色或黄色，有黑色或红色斑点；前翅三角形，后翅卵圆形，前翅 A 脉 1 条，后翅 2 条。幼虫圆柱形，细长，表面有很多小突起和次生毛；绿色或黄色，有的有纵线；头大，每个体节分成 4～6 个小环，趾钩中带式，2 序或 3 序（图 3-36C）。

以幼虫为害十字花科、豆科、蔷薇科等植物。常见的蔬菜害虫有小菜粉蝶（*Pieris rapae*）、大菜粉蝶（*P. brassicae*）、花粉蝶（*Pontia daplidice*）等。

（4）蛱蝶科（Nymphalidae）　成虫体中或大型，翅面上有各种鲜艳的色斑和闪光，显得格外美丽，触角端部特别膨大；前翅的中室为闭式，R 脉分 5 支，A 脉 1 条；后翅中室为开式，A 脉 2 条；前足很退化。幼虫体色较深，头部常有突起，身体上常有成对的棘刺；腹足趾钩中带式，3 序，很少 2 序（图 3-37A）。

幼虫取食野生和栽培植物的叶片，常见的害虫有印度赤蛱蝶（*Vanessa indica*）等。

（5）眼蝶科（Satyridae）　成虫体小或中型，颜色多不鲜艳，翅面上常有眼状斑纹；前翅 Sc、Cu、2A 脉基部特别膨大；前足退化。幼虫体纺锤形，前胸和末端消瘦而中部肥大；头比前胸大，分为 2 瓣或有 2 个角状突起；肛板呈叉状；体节分环；腹足趾钩中带式，单序、2 序或 3 序（图 3-37B）。

幼虫主要为害禾本科植物，如中华眉眼蝶（*Mycalesis gotama*）主要为害水稻。

（6）麦蛾科（Gelechidae）　成虫体小型，色暗淡；触角第 1 节上有刺毛排列呈梳状；下唇须向上弯曲伸过头顶，末节尖细；前翅狭长，端部尖；后翅外缘凹入或倾斜，顶角突出，后缘有长毛。幼虫圆柱形，白色或红色，腹足趾钩环式或 2 横带式，2 序（图 3-38A）。

幼虫取食方式多样，有的卷叶或缀叶，如为害薯类的马铃薯麦蛾（*Phthorimaea operculella*）和甘薯暖地麦蛾（*Brachmia macroscopa*）；有的为害储藏期的谷物，如麦蛾（*Sitotroga cerealella*）；红铃虫（*Pectinophora gossypiella*）是南方棉区的重要害虫，为害棉花的蕾、花、铃和种子。

（7）菜蛾科（Plutellidae）　成虫体小型，细狭，色暗，停息时触角伸向前方；下唇须短，向前突出；翅狭，前翅披针状；后翅菜刀形，M_1 与 M_2 常共柄。幼虫行动活泼，体细长，通常绿

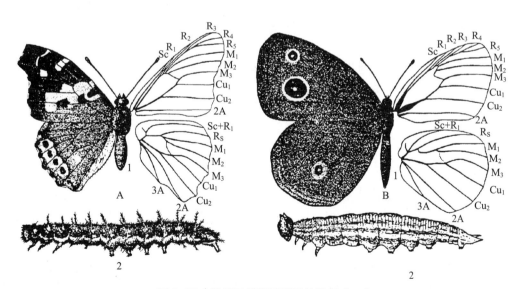

图 3-37　鳞翅目蝶类重要科的代表（二）

A. 蛱蝶科（印度赤蛱蝶）；B. 眼蝶科（中华眉眼蝶）

1. 成虫；2. 幼虫

色；腹足细长，趾钩单序或2序，环式（图3-38B）。

幼虫食叶为害，常取食叶肉，使被害叶片呈网状，如严重为害十字花科蔬菜的小菜蛾（*Plutella xylostella*）等。

（8）蓑蛾科（Psychidae）　雌雄异型。雄成虫有翅及复眼，触角羽毛状，喙退化；翅略透明，前后翅中室内保留M脉主干，前翅A脉基部3条，至端部合并为1条，后翅Sc+R_1与中室分离。雌虫无翅，幼虫形，终生在幼虫缀成的巢内生活。幼虫体肥胖，胸足发达；腹足趾钩单序，椭圆形排列（图3-38D）。

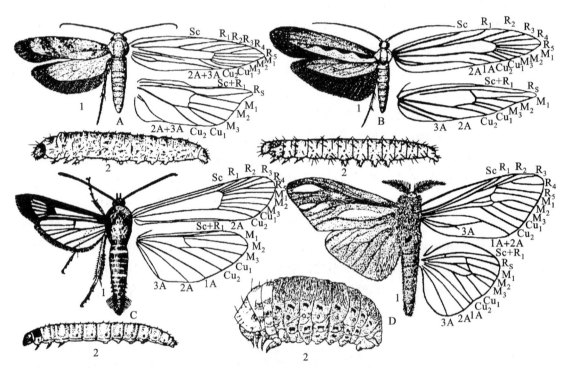

图3-38　鳞翅目蛾类重要科的代表（一）

A. 麦蛾科（红铃麦蛾）；B. 菜蛾科（菜蛾）；C. 透翅蛾科（苹果透翅蛾）；D. 蓑蛾科（大蓑蛾）

1. 成虫；2. 幼虫

以幼虫取食果树和林木的叶片，幼虫能吐丝缀叶成袋状的巢，背负行走，常见的有大蓑蛾（*Clania uariegata*）等。

（9）透翅蛾科（Aegeriidae）　成虫体中型，狭长，似蜂状；触角棍棒状，末端有毛；单眼发达；喙明显，下唇须上弯，第3节短小，末端尖锐；翅狭长，除边缘和翅脉外，大部分透明，无鳞片；后翅Sc+R_1脉藏在前缘褶内；后足胫节第1对距在中间或近端部。幼虫钻蛀危害，腹足趾钩单序，2横带式。

以幼虫在木本植物的枝条或茎内钻蛀，为害果树、林木等，常见的有苹果透翅蛾（*Conopia hector*）、白杨透翅蛾（*Paranthrene tabaniformis*）、葡萄透翅蛾（*P. regalis*）等。

（10）卷蛾科（Tortricidae）　成虫体小到中型，多为褐色或棕色，并有条形斑纹或云斑；前翅略呈长方形，肩区发达，前缘弯曲，有些种类前缘向反面褶叠，停息时前翅平叠在背上，呈钟罩状，前缘翅脉均从基部或中室直接伸出，Cu 出自下缘近中部；后翅 $Sc+R_1$ 与 Rs 分离。幼虫圆柱形，体色多为深浅不同的绿色，有的白色、粉红色、紫色或褐色；腹足趾钩 2 序或 3 序，环式；前胸气门前的骨片或疣上有 3 根毛；肛门上方常有臀栉（图 3–39A）。

幼虫喜欢隐蔽，主要卷叶为害果树等木本植物，如黄色卷蛾（*Choristoneura longicellana*）、苹褐卷蛾（*Pandemis heparana*）、黄斑长翅卷蛾（*Acleris fimbriana*）等，为害农作物的很少，如棉褐带卷蛾（*Adoxophyes orana*）。

（11）小卷蛾科（Olethreutidae） 与卷蛾科相似，但体型较小。前翅前缘无褶叠，R_4 与 R_5 分离，M_2、M_3 与 Cu_1 在边缘互相接近，Cu_2 从中室下缘近中部处分出；后翅 Cu 脉上有长的梳状毛。幼虫腹足趾钩单序或 2 序，环形（图 3–39B）。

幼虫多为蛀果害虫，如蛀食果树果实的梨小食心虫（*Grapholitha molesta*）、苹小食心虫（*G. inopinata*），蛀食大豆豆荚的大豆食心虫（*Leguminivora glycinivorella*）等；卷叶的种类较少，如苹果重要害虫芽白小卷蛾（*Spilonota lechriaspis*）等。

（12）蛀果蛾科（Carposinidae） 成虫体中小型，头顶有粗毛，单眼退化，口器发达；前翅翅脉发达，彼此分离，Cu_2 出自中室下角或接近下角，后翅 Rs 脉通向翅顶，M 脉只有 1～2 条。幼虫腹足趾钩为单序环式（图 3–39C）。

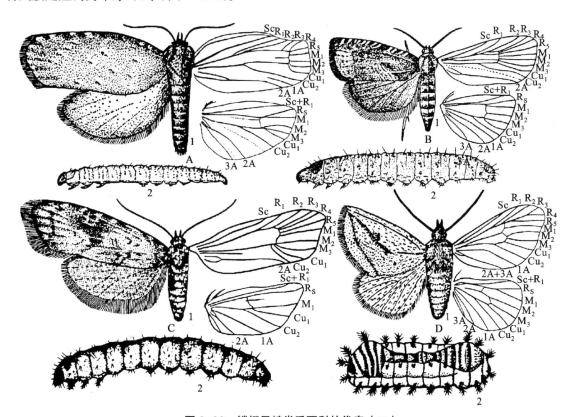

图 3–39 鳞翅目蛾类重要科的代表（二）

A. 卷蛾科（黄斑长翅卷蛾）；B. 小卷蛾科（梨小食心虫）；C. 蛀果蛾科（桃蛀果蛾）；D. 刺蛾科（黄刺蛾）

1. 成虫；2. 幼虫

以幼虫蛀果为害。重要害虫有为害仁果类和核果类果树的桃蛀果蛾（桃小食心虫）（*Carposina nipponensis*）等。

（13）刺蛾科（Eucleidae）　成虫中等大小，体短而粗壮，多毛，黄色、褐色或绿色，有红色或暗色的简单斑纹；喙退化，雌虫触角丝状，雄虫羽毛状；翅较阔，鳞片浓密，前翅 R_3、R_4、R_5 共柄，或在中室外愈合，M_2 基部接近 M_3，A 脉 2 支，2A 基部有分叉；后翅 Sc+R_1 与 Rs 在中室基部愈合，两脉间无横脉，A 脉 3 支。幼虫蛞蝓形，体上有刺及毒毛；头小，缩入胸内，胸足很小，腹足退化呈吸盘状；化蛹时作坚硬的茧，形如雀蛋（图 3-39D）。

幼虫主要食叶为害木本植物，少数种类为害果树，常见的有黄刺蛾（*Cnidocampa flavescens*）、褐边绿刺蛾（*Parasa consocia*）等。

（14）斑蛾科（Zygaenidae）　成虫体小至中型，身体光滑，有单眼，喙发达，雄虫触角多为羽毛状；翅面鳞粉稀薄，呈半透明状；前、后翅中室内有 M 脉主干，后翅 Sc+R_1 与 Rs 接触或连有横脉。幼虫头部小，缩入前胸内，体上有扁毛瘤，上生短刚毛；腹足趾钩单序，中带式（图 3-40A）。

以幼虫食叶为害果树、林木等，常见的有梨叶斑蛾（梨星毛虫）（*Illiberis pruni*）等。

（15）螟蛾科（Pyralidae）　成虫体小到中型，细长，柔弱，腹部末端尖削，鳞片细密紧贴，体显得比较光滑；下唇须长，伸出头的前方；有单眼，触角细长，前翅三角形，R_3 与 R_4 有时还有 R_5 在基部共柄，1A 消失；后翅 Sc+R_1 有一段在中室外与 Rs 愈合或接近，M_1 与 M_2 基部远离，臀区发达，A 纹 3 条。幼虫体细长，光滑，毛稀少，腹足趾钩 2 序，很少 3 序或单序，缺环，少数全环；前胸气门前毛 2 根（图 3-40B）。

成虫夜间活动，有强的趋光性。幼虫喜欢隐蔽，相当活泼，取食方式多样，有的卷叶为害，有的钻蛀茎干，有的蛀食果实或种子，有的取食储藏物。重要农业害虫较多，如为害水稻的稻纵卷叶螟（*Cnaphalocrocis medinalis*），为害蔬菜等作物的菜心野螟（*Hellula undalis*）和甜菜网野螟（草地螟）（*Loxostege sticticalis*），钻蛀禾本科作物茎秆的亚洲玉米螟（*Ostrinia furnacalis*）、高粱条螟（*Proceras venosatus*）、二点螟（*Chilo infuscatellus*）、二化螟（*C. suppressalis*）、三化螟（*Tryporyza incertulas*），为害仁果类和核果类果树的梨大食心虫（*Eurhodope pirivorella*），蛀食豆科作物果实的豆荚斑螟（*Etiella zinckenella*），主要的仓库害虫有印度谷螟（*Plodia interpunctella*）和烟草粉斑螟（*Ephestia elutella*）等。

有些专家把草螟类从螟蛾科独立为草螟科（Crambidae），多数栖息在草地上，它们外形色彩差别很大。

（16）尺蛾科（Geometridae）　成虫体小到大型，细长；翅薄而宽大，外缘常凹凸不齐，有的雌虫无翅或翅退化；前翅 M_3 出自中室后角，后翅 Sc+R_1 与 Rs 在基部弯曲或与中室有一段合并，A 脉只 1 条。幼虫腹足 2 对，分别着生于第 6 和 10 腹节上，趾钩一般为 2 序中带或缺环式（图 3-40C）。

幼虫拟态性强，爬行时弓背，故称为"尺蠖""步曲"。多取食木本植物的叶片，为林果害虫，如为害枣树的枣尺蠖（*Chihuo zao*）、为害茶树的茶埃尺蠖（*Ectropis obliqua*）等。

（17）枯叶蛾科（Lasiocampidae）　成虫体中型或大型，粗壮而多毛，静止时形似枯叶；单眼和喙管均退化，触角羽毛状；前翅 R_4 长而游离，R_5 与 M_1 共柄，M_2 基部与 M_3 接近，或缺 M_2；

后翅无翅缰，肩区扩大，有1~2条脉。幼虫体粗壮，多长毛；前胸在足的上方有1或2对突起；腹足趾钩2序，中带或缺环式（图3-40D）。

幼虫食叶为害，多为林果害虫，如马尾松毛虫（*Dendrolimus punctatus*）、苹果枯叶蛾（*Odonestis pruni*）、黄褐天幕毛虫（*Malacosoma neustria*）等。

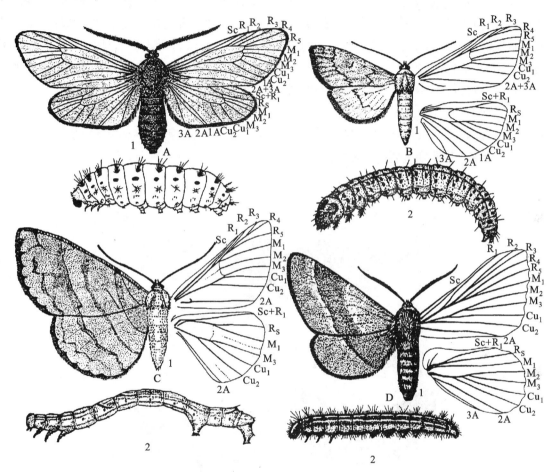

图3-40　鳞翅目蛾类重要科的代表（三）

A. 斑蛾科（梨叶斑蛾）；B. 螟蛾科（亚洲玉米螟）；C. 尺蛾科（茶埃尺蠖）；D. 枯叶蛾科（黄褐天幕毛虫）
1. 成虫；2. 幼虫

（18）天蛾科（Sphingidae）　成虫体大型，粗壮，纺锤形，末端尖削；头大，复眼突出，喙发达；触角中部加粗，末端弯曲成钩状；前翅大而狭，顶端尖而外缘倾斜，R脉分为4~5支，有共柄；后翅较小，Sc+R$_1$与中室平行，并有一小横脉与中室中部相连。幼虫身体粗大，表面光滑，第8腹节背面有一尾状突起，称尾角，腹足趾钩2序中带式（图3-41A）。

幼虫食叶为害，在土中化蛹。常见的害虫有甘薯天蛾（*Herse convolvuli*）、枣桃六点天蛾（*Marumba gaschkewitschi*）、豆天蛾（*Clanis bilineata*）等。

（19）夜蛾科（Noctuidae）　夜蛾科是鳞翅目中最大的一个科，包括2万多个种。成虫体中到大型，粗壮多毛，体色灰暗；触角丝状，少数种类雄蛾为羽毛状；胸部粗大，背面常有竖起的鳞片丛；前翅密被鳞片，多具色斑，中室后缘有脉4支，中室上外角常有R脉形成的副室；后翅多为白色或灰色，Sc+R$_1$与Rs在中室基部有一段接触又分开，造成一个小形基室。幼虫体粗壮，光滑少毛，腹足通常5对，少数3对或4对，腹足趾钩单序中带式，前胸气门前毛片上有2根毛（图3–41B、C）。

　　一年发生多代，多以蛹越冬；成虫均在夜间活动，趋光性强，多数种类对糖醋液表现出明显趋性；幼虫为植食性，重要农业害虫较多。为害方式多样，有的钻入地下咬断植株的幼苗或根茎，如地老虎类（*Agrotis* spp.）等；有的蛀茎或蛀果，如取食禾本科作物的大螟（*Sesamia inferens*）和为害棉花蕾铃的金刚钻类（*Earias* spp.）；有的在植株上取食叶片，如为害水稻的稻螟蛉（*Naranga aenescens*），为害蔬菜的甜菜夜蛾（*Spodoptera exigua*）、甘蓝夜蛾（*Mamestra brassicae*）和斜纹夜蛾（*Spodoptera litura*），为害大豆的小造桥虫（*Anomis flava*）、银纹夜蛾类（*Argyrogramma* spp.）等；棉铃虫（*Helicoverpa armigera*）和烟夜蛾（*H. assulta*）寄主范围较广，蛀果兼食叶为害，是非常重要的农业害虫。

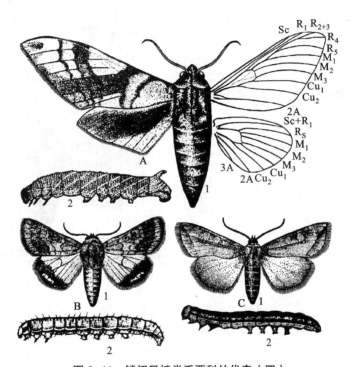

图3–41　鳞翅目蛾类重要科的代表（四）

A. 天蛾科（豆天蛾）；B. 夜蛾科（棉铃虫）；C. 夜蛾科（黏虫）

1. 成虫；2. 幼虫

　　（20）毒蛾科（Lymantriidae）　成虫体中型，粗壮，胸部、腹部及前足多毛；口器和下唇须均退化，无单眼；触角羽毛状；前翅R$_2$～R$_5$共柄，常有1副室，M$_2$与M$_3$接近，后翅Sc+R$_1$在中室1/3处与中室相接触，造成一个基室；多数种类雌虫腹部末端有毛丛。幼虫体被毒毛，毛长短不一，生于第1至第8腹节的毛瘤上；腹足趾钩单序中带式（图3–42A）。

　　以幼虫食叶为害，有些为果树和林木害虫，常见的有舞毒蛾（*Lymantria dispar*）、盗毒蛾

（*Porthsia similis*）等。

（21）舟蛾科（Notodontidae）　又称天社蛾科，成虫与夜蛾相似。前翅多具副室，M_2 不与 M_3 接近，中室后缘脉为 3 支；后翅 $Sc+R_1$ 与中室平行靠近，但不接触，有时在中室近 1/2 或 1/4 处相连。幼虫大多颜色鲜艳，背面有较多的次生刚毛，但无毛瘤；腹足 4 对，趾钩单序中带式，臀足退化或特化成枝状；栖息时腹足固着，头尾两端翘起，其状如舟，故有"舟形虫"之称（图 3-42B）。

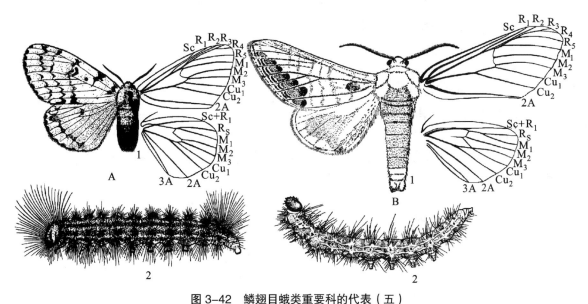

图 3-42　鳞翅目蛾类重要科的代表（五）

A. 毒蛾科（舞毒蛾）；B. 舟蛾科（苹果舟蛾）

1. 成虫；2. 幼虫

　　幼虫主要食叶为害木本植物，为林木和果树害虫，常见的有苹掌舟蛾（*Phalera flavescens*）、杨扇舟蛾（*Clostera anachoreta*）等。

　　（六）膜翅目（Hymenoptera）

　　膜翅目包括各种蜂类、蚂蚁等，是昆虫纲中比较大的目，全世界已知 14.5 万余种，中国记载约 8 600 种。

　　1. 形态特征及习性　体小至中型，有些寄生种类身体极小，体长甚至不到 1 mm。口器咀嚼式或咀吸式。触角有丝状、念珠状、棍棒状、栉齿状、膝状等多种。复眼大，单眼 3 个，常在头顶排成三角形。翅膜质，不被鳞片，翅脉变异大；前翅前缘中部附近常有暗色的翅痣，后翅较小，前缘有 1 列钩刺，与前翅相连接。胸足 3 对，跗节一般为 5 节，少数寄生种类为 2~3 节。腹部第 1 节并入后胸，称并胸腹节，绝大多数种类腹部第 2 节常缩小成"腰"，称为腹柄。雌虫有发达的产卵器，锯状或针状，有的特化为螫刺。幼虫为多足型或无足型，前者体表通常有毛斑，头部骨化程度高，上颚强大，常有侧单眼，腹足数目在 6 对以上；后者体表无色斑，无足，头部骨化弱，口器及触角退化，无单眼，多营寄生生活。

　　完全变态类。一般为两性生殖，也有单性孤雌生殖和多胚生殖。生活习性比较复杂，多数种类为寄生性或捕食性，是重要的害虫天敌；有些种类是非常重要的传粉昆虫；少数为植食性，取食植物叶片或钻蛀为害。多数为单栖性；少数为群栖性，营社会性生活，甚至形成明显的分级。

2. 重要科及其形态特点　通常根据胸部和腹部的连接方式、是否收缩成腰等将膜翅目分为广腰亚目（Symphyta）和细腰亚目（Apocrita）2 个亚目（图 3-43 ～图3-44）。广腰亚目大多数为中等或大形蜂类，腹部基部与胸部相接处宽大，不收缩成腰状；足的转节 2 节；翅脉较多，后翅至少有 3 个基室；产卵器锯状或管状；幼虫植食性，多为农林害虫。细腰亚目成虫腹部基部紧缩成腰状，或延伸成柄状，腹部第 1 节并入胸部，第 2 或 2、3 节呈结状；后翅最多只有 2 个基室；幼虫绝大多数为肉食性，是有益昆虫。

（1）叶蜂科（Tenthridinidae）　成虫身体短粗；头的每侧只有一个单眼；触角丝状，7 ～ 10 节；前胸背板后缘有深深的凹入；前翅有短粗的翅痣，有缘室 2 个；前足胫节有 2 个端距；产卵器扁，锯状。幼虫体光滑（无毛、刺等），多皱纹，腹足 6 ～ 8 对（图 3-44A）。

以幼虫食叶为害，卵产在植物组织内，常见的有小麦叶蜂（*Dolerus tritici*）等。

（2）茎蜂科（Cephidae）　成虫体细长，体色常为黑色而有黄带及其他斑纹；头大，复眼显

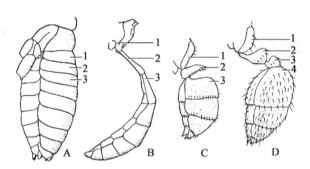

图 3-43　膜翅目的胸腹部联结方式

A. 广腰；B. 细腰；C. 腹部第 2 节呈结状；D. 腹部第 2 节和第 3 节呈结状
1. 第 1 腹节；2. 第 2 腹节；3. 第 3 腹节；4. 第 4 腹节

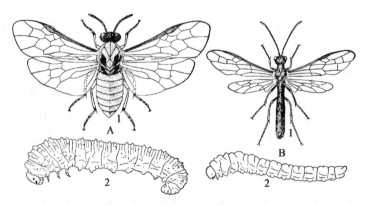

图 3-44　膜翅目重要科的代表

A. 叶蜂科（小麦叶蜂）；B. 茎蜂科（麦茎蜂）
1. 成虫；2. 幼虫

著，触角丝状；前胸背板后缘平直；前翅翅痣长；前足胫节只有 1 端距；腹部稍侧扁，末端膨大，产卵器短，能收缩。幼虫体色淡，表皮多皱，足退化，腹部末端有尾状突起（图 3–44B）。

幼虫钻蛀茎干，主要为害草本植物，也有为害木本植物枝条的，如梨茎蜂（*Janus piri*）等。

（七）双翅目（Diptera）

双翅目包括蚊、虻、蝇等，多数种类与人类关系密切。全世界已知近 12.5 万种，中国已知近 1 万种。

1. 形态特征及习性　成虫小至中型，体短宽、纤细，或椭圆形；头下口式，复眼发达，单眼 3 个或无单眼；触角的形状及节数变化很大，有丝状、念珠状、具芒状等；口器刺吸式或舐吸式，有些种类口器退化或消失；仅有 1 对膜质的前翅，故称双翅目，后翅特化成平衡棒；足的跗节一般为 5 节。幼虫无足，蛆形，体形、体色、气门的形态和呼吸方式多种多样，根据头部的发达或退化情况，可分为全头式、半头式和无头式 3 种类型。

完全变态类。幼虫一般 4 龄，蛹为围蛹或裸蛹。多数种类的成虫取食植物汁液、花蜜来补充营养，不造成危害；但有些种类吸食人畜血液，甚至传播各种传染病，是重要的卫生害虫。幼虫食性杂，植食性者多蛀果、潜叶或造成虫瘿，为农业害虫；腐食性和粪食性者主要取食动植物的腐败残体或粪便，在生态循环中具有重要作用；捕食性和寄生性的种类，则多为害虫天敌。

2. 重要科及其形态特点　通常根据触角的长短和形式，将双翅目分为长角亚目（Nematocera）、短角亚目（Brachycera）和芒角亚目（Aristocera）3 个亚目（图 3–45 ~ 3–47）。长角亚目成虫触角一般长于头、胸部之和，6 节及以上，无芒；下颚须 4 ~ 5 节；幼虫全头式，蚊、蠓、蚋等属于此类。短角亚目成虫触角短于胸部，一般 3 节，具分节或不分节的端芒，下颚须 1 ~ 2 节；幼虫头部不明显，半头式，通称虻类。芒角亚目成虫触角短，3 节，第 3 节膨大，背面有触角芒，下颚须 1 节；幼虫头部退化，多缩入前胸内，为无头式，通称蝇类。

（1）摇蚊科（Chironomidae）　成虫体微小至小型；头部被前胸所遮盖；触角细长，多毛，5 ~ 11 节，雄虫触角环毛状；复眼卵形或肾形，眼面光滑或有毛，无单眼；口器不发达，喙短；胸部大，后胸有纵沟；翅狭，翅脉明显；足细长，前足特长，静息时举起；胫节有距，跗节极长；腹部细瘦。幼虫体细长，圆柱形，多呈红色；胸部第 1 节和腹部末节各有一个伪足突起；第 9 节或肛门周围有 2 对血鳃（图 3–46A）。

幼虫多生活于水中，多为腐食性，少数为害农作物的根部，如稻摇蚊（*Tendipes oryzae*）等。

（2）瘿蚊科（Cecidomyiidae）　成虫体微小，纤细；复眼发达，通常左右愈合成一个；触角念珠状，10 ~ 36 节，每节有环生的放射状细毛；喙或长或矩，有下颚须 1 ~ 4 节；翅较宽，有毛或鳞毛，翅脉极少，纵脉仅 3 ~ 5 条，无明显的横脉；足细长，基节短，胫节无距，爪简单或有齿，具中垫或爪垫；腹部 8 节，伪产卵器长短不一，能收缩。幼虫体纺锤形，白、黄、橘红或红色；头部退化；中胸腹板上通常有一个突出的剑状骨片，有齿或分成 2 瓣，为弹跳器官，是鉴别种的主要特征（图 3–46B）。

幼虫捕食性、腐食性或植食性，植食性种类以幼虫为害植物的花、果实等，很多能造成虫瘿。常见的重要害虫有稻瘿蚊（*Pachydiplosis oryzae*）、麦红吸浆虫（*Cecidomyia mosellana*）、麦黄吸浆虫（*Contarinia tritici*）等。

（3）潜蝇科（Agromyzidae）　成虫体小型或微小型，多为黑、绿或黄色。触角芒光裸或具细

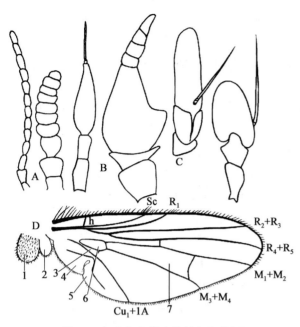

图3-45　双翅目昆虫的触角和前翅

A. 长角亚目；B. 短角亚目；C. 芒角亚目；D. 蝇的前翅
1. 腋瓣；2. 翅瓣；3. 臀室；4. 轭室；
5. 臀叶；6. 基室；7. 盘室

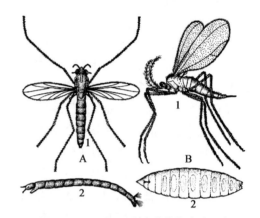

图3-46　双翅目重要科的代表（一）

A. 摇蚊科（稻摇蚊）；B. 瘿蚊科（麦红吸浆虫）
1. 成虫；2. 幼虫

毛，单眼三角区较小；翅宽，无腋片，C 脉有 1 处折断，Sc 脉退化或与 R_1 合并，或仅在基部与 R_1 分开，R 脉 3 分支直达翅缘，M 脉间有 2 个闭室，其后有 1 个小臀室。幼虫蛆形，前尖后齐，白色；口钩上有 2~4 齿，前气门位于前胸背面，扇形、半圆形或分叉，后气门在腹部末端的背面，每个气门上的开口为 3~22 个（图 3-47A）。

幼虫多为植食性，潜叶为害，残留上下表皮，形成各种各样的虫道，有的蛀茎为害。如为害小麦的麦植潜蝇（*Phytomyza nigra*），为害大豆的豆秆黑潜蝇（*Melanagromyza sojae*）和菜豆蛇潜蝇（*Ophiomyia phaseoli*）；豌豆潜蝇（*Chromatamyia horticola*）和美洲斑潜蝇（*Liriomyza sativae*）对豆科和葫芦科蔬菜的危害最大，在各地严重发生。

（4）黄潜蝇科（Chloropidae）　又称秆蝇科。成虫微小或小型，体光滑无毛，大多数为淡黄绿色，并常有斑纹；触角芒光裸，不呈羽毛状；单眼三角区较大，C 脉在近 Sc 末端仅有一个折断处，Sc 脉短，末端不折转，M 脉间基室与中室合并，仅有一个翅室，其后无臀室。幼虫圆柱形，口钩明显；前气门小而长，有瓣 4 个以上，后气门裂卵形，开口于末端突起上（图 3-47B）。

多以幼虫钻蛀草本植物的茎，有些为重要农业害虫。如稻秆蝇（*Chlorops oryzae*）、麦秆蝇（*Meromyza saltatrix*）等。

（5）实蝇科（Trypetidae）　成虫体小至中型，常有棕、黄、橙、黑等色；头部宽大，具细颈；复眼大，常见绿色闪光，单眼有或无；触角芒光裸或有细毛，翅面常有褐色的云雾状斑纹；C 脉有 2 处折断，Sc 脉向前缘突然弯曲，几乎成直角，中室 2 个，臀室三角形；中足胫节有端距。腹部背面可见 4~5 节；雌虫产卵器细长，扁平而坚硬，分 3 节。幼虫蛆形，黄白色，体上有小刺，口钩 2 个，平行；前胸气门扇形，其边缘有 14~38 个小瓣，后气门互相连接，每个气门有 3 个平行的长裂缝（图 3-47C）。

幼虫植食性，蛀食植物的叶、芽、茎、果实、种子，有的造成虫瘿，不少种类为检疫对象。常见的有为害柑橘的橘大实蝇（*Bactrocera minax*）和橘小实蝇（*B. dorsalis*），危害瓜类的瓜大实蝇（*B. cucurbitae*）等。

（6）水蝇科（Ephydridae）　成虫体微小至小型，黑灰色而有光泽；翅的脉序与黄潜蝇科相似，但 C 脉在前缘有 2 处折断。幼虫纺锤形，后气门着生在管状突起上（图 3-47D）。

多数植食性，潜食水生植物的茎叶或咬食植物组织，如稻水蝇（*Ephydra macellaria*）、麦叶毛眼水蝇（*Hydrellia griseola*）等。

（7）花蝇科（Anthomyiidae）　成虫体小至中型，外形似家蝇；体细长多毛；复眼发达，雄虫 2 个复眼几乎相接触；触角芒羽毛状；中胸背板被 1 条完整的盾间沟划分为前后 2 片，连同小盾片共 3 片；翅脉平直，直达翅缘，M_{1+2} 脉不急剧向前弯曲，而与 R_{4+5} 平行或远离。幼虫体白色、黄白、黄褐色或黑色，每一体节有 2~6 根丝状突起，植食性的头部具 2 个口钩，前气门指状突少于 12 个，潜叶类的则多于 40 个；后气门 3 个气门裂，排成放射状（图 3-47E）。

幼虫多取食腐败的动、植物或动物粪便等，有些种类为害农作物的根部，称为根蛆，如为害蔬菜和瓜类的灰地种蝇（*Delia platura*）、萝卜地种蝇（*D. floralis*）和葱地种蝇（*D. antigua*），都是重要的地下害虫。

二、吸收式害虫及其危害

（一）吸收式害虫的种类

吸收式害虫（sucking pest）是以吸收式口器取食植物的害虫的简称。根据口器的不同，吸收

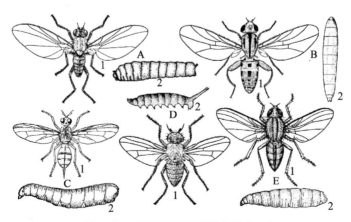

图 3-47　双翅目重要科的代表（二）

A. 潜蝇科（豌豆彩潜蝇）；B. 黄潜蝇科（麦秆蝇）；C. 实蝇科（橘大实蝇）；
D. 水蝇科（稻水蝇）；E. 花蝇科（灰地种蝇）
1. 成虫；2. 幼虫

式害虫进一步分为刺吸式害虫、锉吸式害虫、虹吸式害虫、刮吸式害虫。

刺吸式害虫种类最多，危害最大。它们多集中在半翅目和同翅目，按其分类地位和为害方式可分为蝽类、叶蝉类、飞虱类、蚜虫类、蚧类、粉虱类等。

锉吸式害虫即缨翅目的蓟马，主要为害烟草、小麦、棉花、马铃薯等农作物和苹果、梨等果树。主要害虫有烟蓟马、稻蓟马等。

虹吸式害虫如鳞翅目吸果夜蛾类害虫，以成虫吸食果树的果实汁液，严重影响果实品质或造成大量落果，如嘴壶夜蛾、鸟嘴壶夜蛾等。

刮吸式害虫涉及双翅目多种植食性的蚊类和蝇类，均以幼虫取食为害。其中危害最大的是瘿蚊、潜蝇、秆蝇、实蝇和种蝇。瘿蚊以为害禾本科、杨柳科和菊科植物为主，如稻瘿蚊、吸浆虫等；蝇类的寄主范围因种而异，常见的重要害虫有豌豆潜蝇、美洲斑潜蝇、豆秆黑潜蝇、稻秆蝇、麦秆蝇、橘大实蝇、灰地种蝇等。

（二）为害症状及其特点

吸收式害虫取食时，将口针刺入植物表皮，从植物组织中吸取细胞液和各种营养物质，因此，被害植物外表没有显著的残缺和破损。但由于取食造成了植物正常生理过程的破坏，加上植物对受害的能动反应，常表现出多种多样的为害状（图 3-48）。此外，这类害虫常通过传播病害而造成间接危害。

1. 为害状   吸收式害虫常见的为害状有卷曲、皱缩、畸形和枯萎。蚜虫、蓟马、蝽类等喜欢刺吸植物的幼嫩部分，常常由于受唾液的刺激，被害组织不均衡生长，出现芽或叶片卷曲、皱缩、果实畸形等症状。如棉蚜为害棉花、梨二叉蚜为害梨树、苹果蚜为害苹果后使叶片褪色、

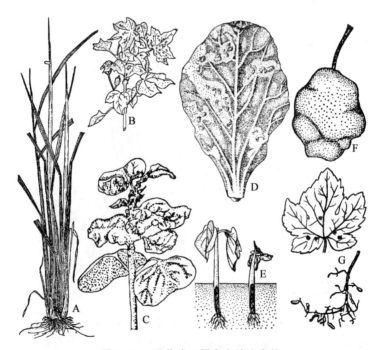

图 3-48   吸收式口器害虫的为害状

A. 稻瘿蚊；B. 棉盲蝽；C. 棉蚜；D. 潜蝇；E. 灰地种蝇；F. 蝽；G. 葡萄根瘤蚜

畸形卷缩；棉盲蝽刺吸棉花顶芽，造成叶片主脉扭曲和组织坏死，展叶后叶片破碎，形成"破碎叶"；蝽象刺吸苹果幼果后，被害部位不能正常生长，导致后期的"猴头果"。有些害虫的唾液中含有特殊的化学物质，致使植株萎蔫或使细胞急剧增生，局部畸形生长，膨大或形成虫瘿，如葡萄根瘤蚜为害葡萄叶片，可使被害叶长成虫瘿，为害根部则使其肿胀，皮层绽裂，甚至局部溃烂，引起整株枯死。

刮吸式害虫的为害状比较特殊（图3-48）。蚊类幼虫主要为害生长点、刚萌发的种子、幼根，以及花器和处于灌浆期的子粒等植物的幼嫩部分。为害生长点的使其不能正常发育，如稻瘿蚊幼虫侵害水稻生长点后，初期症状不明显，中期基部膨大成"大肚秧"，后期叶鞘愈合成管状伸出，称为"标葱"；为害种子和幼苗的造成种子腐烂和死苗；蛀食籽粒的造成瘪粒；蝇类幼虫主要在植物高湿度的部位取食，潜叶为害或钻蛀茎干和果实，或在植株近地面处为害；潜叶为害的在叶片上形成各种形式的虫道；蛀茎的破坏植物的输导组织，造成枯心和整株枯死；蛀果的引起烂果或落果；在近地面处为害的多蛀食植物根茎部，使植株萎蔫死亡。

2. 直接伤害　直接伤害指吸收式害虫因取食对植物造成的生理伤害。吸收式害虫取食时，其口针不断刺入植物组织，对植物造成机械伤害，同时分泌唾液和吸取植物汁液，使植物细胞和组织的化学成分发生明显变化，造成病理或生理伤害。从外表看，被害部位出现褪色斑点是最常见的吸收式害虫为害状，植物受害初期，被害部位叶绿素减少，先出现黄色斑点，以后逐渐变成褐色或银白色，严重时细胞枯死，木栓化并与活的组织分离，使植物光合作用面积减少，长势衰弱，甚至出现部分器官或整株枯死的情况。从内部变化看，生理性伤害则是吸收式害虫最主要的危害，害虫取食常常大量消耗植物体中的水分、氨基酸和糖类，使植物营养失调；同时因唾液的作用，积累的养分被分解，如被稻褐飞虱为害的水稻，叶片中蛋白质和淀粉的含量减少，而游离氨基酸和还原糖的含量则明显增加。

3. 间接危害　刺吸式害虫是植物病害，特别是病毒病的重要传播媒介。这些昆虫对植物造成的直接危害可能并不大，但传毒所带来的间接危害却十分严重。据统计，约有400种植物病毒病是通过昆虫传播的，其中绝大多数是刺吸式害虫，如桃蚜至少可以传播107种病毒，黑尾叶蝉可传播水稻普通矮缩病和黄萎病，灰飞虱能传播水稻黑条矮缩病和条纹叶枯病、小麦丛矮病、玉米矮缩病等，麦二叉蚜是麦类黄矮病的传播媒介。吸收式害虫还会为某些病原菌的侵入提供通道，如萝卜地种蝇幼虫容易引起白菜软腐病的蔓延，稻摇蚊危害水稻幼芽可招致绵腐病的发生，苹果绵蚜瘤状虫瘿的破裂易导致苹果腐烂病的发生等。

蚜虫等刺吸式害虫在取食的同时排出大量水分、蜜露，使茎叶油光发亮，不仅招致霉污病的发生，还直接污染叶片和果实，堵塞气孔，影响呼吸和光合作用，阻碍植物的正常生长发育，使其商品价值降低。

三、咀嚼式害虫及其危害

（一）害虫类别及其为害范围

咀嚼式害虫（chewing pest）是以咀嚼式口器取食为害植物的害虫的简称。重要农业害虫中绝大多数是咀嚼式害虫，主要集中在直翅目、鞘翅目、鳞翅目和膜翅目。根据它们取食植物的

部位和为害特点可分为如下 5 大类:

1. 食根类害虫　食根类害虫又称为地下害虫,是指在地下或近地表处取食植物种子、根或根茎的一类害虫。它们的寄主范围一般较广,可为害麦类、玉米、高粱、谷子、薯类、豆类、棉花、蔬菜和果树、林木的幼苗等,如直翅目的蝼蛄,鞘翅目的叩头甲、金龟甲、拟地甲和象甲,鳞翅目的地老虎等。蛴螬是金龟甲的幼虫,在我国黄河流域及北方的旱作区普遍发生;蝼蛄在我国南北方均有发生,以成虫和若虫为害;金针虫是叩头甲的幼虫,特别在新开垦的荒地为害较重;地老虎的幼虫俗称切根虫,全国普遍发生,但以长江流域和东南沿海地区为害最重。

2. 食叶类害虫　食叶类害虫是指取食植物叶片的一类害虫。这类害虫较多,根据取食方式的不同,可进一步分为暴露为害和潜藏为害两类。

（1）暴露为害类　指危害虫态暴露在外的一类食叶性害虫,寄主范围因种而异。其中为害禾本科作物的重要食叶害虫有东亚飞蝗、黏虫等,为害大豆的有豆芜菁、造桥虫类和豆天蛾等,为害薯类作物的有甘薯叶甲和甘薯天蛾,为害蔬菜的有黄条跳甲类、黄守瓜、菜粉蝶类、菜蛾、甜菜夜蛾、甘蓝夜蛾和斜纹夜蛾,为害果树和林木的有凤蝶、刺蛾、尺蠖、枯叶蛾、毒蛾、舟蛾等。

（2）潜藏为害类　指危害虫态在叶片上下表皮间潜食,或吐丝将叶片卷曲起来,或将多片叶缀连营巢,潜伏其中取食的害虫。重要害虫有为害水稻的弄蝶类和稻纵卷叶野螟,为害薯类的麦蛾,为害蔬菜等作物的菜心野螟、草地螟,为害果树、林木的蓑蛾、斑蛾、卷蛾等。

3. 蛀茎类害虫　指在植物茎秆内钻蛀取食的一类害虫。其中钻蛀禾本科作物茎秆的有亚洲玉米螟、高粱条螟、二点螟、二化螟、三化螟和大螟等,它们是常发性重要农业害虫;钻蛀危害果树、林木等木本植物的重要害虫涉及多种吉丁虫、天牛和透翅蛾。

4. 蛀果类害虫　指钻蛀植物果实的一类害虫。如钻蛀棉花蕾铃的红铃虫和金刚钻类,蛀果兼食叶的棉铃虫和烟夜蛾,蛀食大豆豆荚的大豆食心虫和豆荚斑螟等均是非常重要的农业害虫;为害仁果类和核果类果树的食心虫类和桃蛀野螟是果树的重要害虫。

5. 贮粮害虫　指为害储藏期粮食及其加工品的一类害虫。常见的有蛀食各种谷物的玉米象、谷盗和麦蛾,蛀食谷物及其他农产品的印度谷螟和烟草粉斑螟,蛀食不同豆粒的豆象等。

（二）为害症状及其特点

咀嚼式害虫危害的共同特点是造成明显的机械损伤,在植物的被害部位常常可以见到各种残缺和破损,使组织或器官的完整性受到破坏。由于被害部位不同,所表现出的为害状也千差万别（图 3-49 ～ 3-51）。

1. 田间缺苗断垄　这是地下害虫的典型为害状,如蛴螬、蝼蛄、叩头虫、地老虎、稻象甲等咬食作物地下的种子、种芽和根部,常常造成种子不能发芽,幼苗大量死亡。

2. 顶芽停止生长　有些害虫喜欢取食植物幼嫩的生长点,使顶尖停止生长或造成断头,如棉田 1 代棉铃虫幼虫常常取食棉花的嫩叶,烟夜蛾幼虫喜欢集中取食烟草的顶部心芽和嫩叶,菜心野螟主要取食蔬菜幼苗的心叶,芽白小卷蛾幼虫吐丝将苹果幼芽与数片嫩叶缠缀后取食。由于生长点被食害,植物往往停止生长,甚至死亡。

3. 叶片残缺不全　这是咀嚼式害虫的典型危害状,不同的取食方式常造成以下不同的症状:

（1）潜食　潜叶蛾类在叶片的两层表皮间取食叶肉,形成各种透明的虫道。

图 3-49　咀嚼式口器害虫的为害状（一）

A. 小地老虎；B. 芽白小卷蛾；C. 稻纵卷叶野螟；D. 黄条跳甲类；E. 黄斑长翅卷蛾；
F. 粉蝶类；G. 甜菜网野螟

图 3-50　咀嚼式口器害虫的为害状（二）

A. 三化螟；B. 亚洲玉米螟；C. 二点螟；
D. 大豆食心虫；E. 棉铃虫

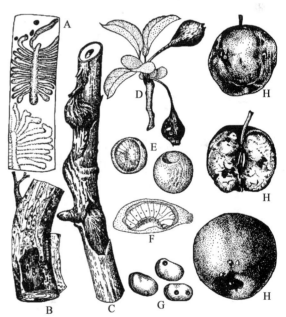

图 3-51　咀嚼式口器害虫的为害状（三）

A. 皱小蠹；B. 柑橘小吉丁；C. 梨眼天牛；D. 梨大食
心虫；E. 豌豆象；F. 麦蛾；G. 绿豆象；H. 桃蛀果蛾

（2）蚀食　叶甲类、植食性瓢虫、稻纵卷叶野螟、斜纹夜蛾和一些蛱蝶的幼虫等取食叶肉，而留下完整透明的上表皮，形成筛底状凹洞。

（3）剥食　粉蝶类、烟夜蛾、甜菜夜蛾和一些鞘翅目幼虫常将叶片咬成不同形状和大小的孔洞，严重时将叶肉吃光，仅留叶脉或大叶脉。

（4）吞食　蝗虫和一些鳞翅目幼虫的暴食期，取食叶片时没有任何选择，将叶片吃成各种形状的缺刻，严重时将整片叶吃光，甚至将植株吃成光秆。

4. 茎叶枯死折断　是蛀茎类害虫的典型为害状。水稻螟虫、二点螟、亚洲玉米螟、高粱条螟等螟虫，早期常常造成心叶枯死，或在叶片上形成大量穿孔；后期造成茎秆折断，在不同作物上形成"枯心苗""枯孕穗""白穗""虫伤株"等。吉丁虫、小蠹虫在树皮和皮下木质部的浅层蛀食，天牛、透翅蛾蛀食树干的木质部，分别形成不同的隧道，削弱树势，严重时引起枝干或全株枯死。

5. 花蕾和果实受害　多种果树食心虫、棉铃虫、红铃虫、金刚钻、豆象类、玉米象、麦蛾等均蛀食果实或籽粒内部，大豆食心虫和豆荚斑螟可蛀入豆荚内取食豆粒，使果实或籽粒受害、脱落或品质下降。棉铃虫等害虫还取食花蕾，造成落蕾。

第四节　农业害螨及其危害

螨类（mite）在动物分类上属于节肢动物门蛛形纲的蜱螨亚纲（Acari），通称蜱螨。它们在自然界分布较广，有的为害农作物，引起叶片变色和脱落；有的为害植物的柔嫩组织，形成疣状突起；有的在仓库内为害粮食，使粮食发霉变质；有的则寄生或捕食其他动物。这些螨类均与农业有着密切的关系。

一、螨类的形态特征

螨类身体微小，肉眼不易看见。螨体多为圆形或卵圆形，一般分颚体和躯体两部分，颚体为前端部分，躯体是螨体的主要部分，位于颚体后方（图 3-52）。

（一）颚体

颚体由螯肢节和须肢节组成，其上着生有口器、螯肢、须肢和一些感觉器官，因此是取食中心。螯肢由 2～3 节组成，具有摄取食物的功能；须肢位于螯肢的外侧，由转节、股节、膝节、胫节、跗节和趾 6 部分组成。

（二）躯体

躯体大多呈囊状，可分为前足体、后足体和末体 3 部分，是感觉、运动、代谢、消化、生殖等的中心。躯体的背面有时骨化成盾板，表皮上有纤细或粗细不规则的纹路或各种形状的刻点和瘤突，是分类的主要依据。背面着生有各种形状的刚毛，称为背毛，其形状和数目也是分类的主要依据。腹

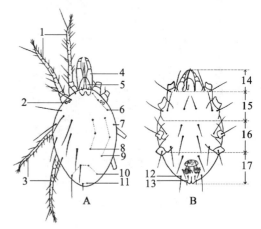

图 3-52　螨类的形态特征

A. 背面观；B. 腹面观

1. 前足；2. 单眼；3. 后足；4. 须肢；5. 螯肢；6. 前足体毛；7. 肩毛；8. 后足体背中毛；9. 后足体背侧毛；10. 骶毛；11. 臀毛；12. 前肛侧毛；13. 肛毛；14. 颚体；15. 前足体；16. 后足体；17. 末体

面通常有骨化板，上面着生纤细的刚毛，称为腹毛，其中在生殖孔和肛门附近的毛常作为分类依据。

螨类一般有 4 对足，但幼螨和瘿螨科、跗线螨科的部分种类只有 2 ~ 3 对足。着生在体躯前段的两对称前足，着生在体躯后段的两对称后足。螨类的足通常由基节、转节、腿节、膝节、胫节和跗节 6 部分组成；基节固定在躯体腹面，不能活动；跗节前端有时有趾节，多数情况下趾节形成步行器，由一对爪和一个爪间突组成，形状各异，为分类的依据。

螨类只在成螨期具有生殖孔，是区别成螨和若螨的主要特征。大多数螨类体躯上有气门，如寄螨目有 4 对气门，位于后足体和末体的背侧或腹侧，真螨目的一些种类的气门则位于螯肢基部或前足体的肩角上。

二、农业害螨的主要类群

蜱螨的种类较多，全世界有 500 000 余种，按照 G. W. Krantz 的分类系统，蜱螨亚纲分为寄螨目（Parasitiformes）和真螨目（Acariformes）2 个目，7 个亚目，380 个科，农业害螨主要集中在真螨目的 6 个科（图 3-53）。

（一）叶爪螨科（Penthaleidae）

成螨体微小，长 0.1 ~ 1.0 mm，体圆形或略成梨形，后端较狭。体色绿色、黄色、红色或黑色，有时具色斑。皮肤柔软，有细线或细毛。前足体前部有一突起，上具刚毛一对，两侧各有一个假气门器，肛门位于体背部；足有两爪和一刷状垫（图 3-53A）。

（二）瘿螨科（Eriophyidae）

成螨体微小，长 0.1 ~ 0.2 mm，蠕虫形，狭长。前足体背板大，呈盾状，后足体和末体延长，分为很多环纹；足仅 2 对（图 3-53B）。

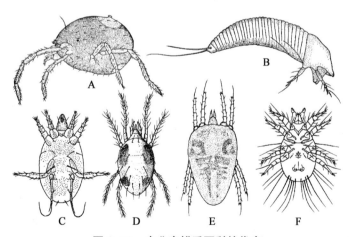

图 3-53 农业害螨重要科的代表

A. 叶爪螨科（麦大背肛螨）；B. 瘿螨科（柑橘锈螨）；C. 跗线螨科（侧多食跗线螨）；
D. 叶螨科（棉叶螨）；E. 细须螨科（卵形短须螨）；F. 粉螨科（腐食酪螨）

（三）跗线螨科（Tarsonemidae）

成螨体微小，长 0.1 ~ 0.3 mm，圆形或长圆形。本科突出的特点是须肢微小，雌螨第 4 对足端部具鞭状毛，雄螨第 4 对足粗大，足的爪间突为膜质（图 3-53C）。

（四）叶螨科（Tetranychidae）

成螨体微小，长 0.2 ~ 1.0 mm，圆形或长圆形；雄虫腹末尖削。多为红色、暗红色或暗绿色；足 4 对，须肢 5 节；前足体一般有 3 对背毛，后足体和末体有 10 对背毛，背毛有刚毛状、棒状、扇状等 4 种不同形式；本科是农业害螨中最重要的类群，全世界记载近 1 000 种，中国已知 110 余种（图 3-53D）。

（五）细须螨科（Tenuipalpidae）

成螨体微小，长 0.2 ~ 0.4 mm，卵形或梨形，体色深红色、黄褐色或苍白色。体壁骨化程度较高，背面通常形成网状花纹。螯肢针状；须肢 1 ~ 5 节，其胫节无爪，跗节上的刚毛最多 3 根。前足体背毛 3 对；后足体肩毛 1 对，背中毛 1 ~ 3 对，背侧毛 5 ~ 7 对。足粗短，具环状皱纹（图 3-53E）。

（六）粉螨科（Acaridae）

成螨体微小，长 0.2 ~ 0.4 mm，白色或灰白色。体毛光滑，不呈羽毛状。前足体与后足体之间有一缢缝；足的基节与身体腹面愈合，故为 5 节；第 1 和第 2 对足的跗节各有一棒状感觉毛，跗节末端有爪和爪垫（图 3-53F）。

三、螨类的生物学特性

（一）生殖与发育

螨类的生殖方式有两性生殖、孤雌生殖和卵胎生等。两性生殖需经雌雄交配，卵受精后发育成新个体；孤雌生殖有产雌孤雌生殖和产雄孤雌生殖两种情况。

螨类的个体发育因种类而不同。叶螨科的种类一般经过卵、幼螨、第 1 若螨、第 2 若螨和成螨 5 个时期。跗线螨仅有卵、幼螨和成螨 3 个发育阶段，无若螨期。某些瘿螨则只有卵、若螨和成螨期，而没有幼螨期。

（二）世代和生活史

螨类世代历期的长短和年发生代数因种类而异，主要农业害螨一般世代历期 20 ~ 40 d，年发生 3 ~ 10 代，多的达 20 多代。同种螨在不同环境条件下的发生世代数也不同，其中环境因子，特别是温湿度是最重要的影响因素，在温湿度较高的地区世代历期短，年发生的代数多，相反在温湿度低的地区发生代数少。对于年发生代数较多的种类，往往世代重叠现象十分明显。

在北方地区，螨类一般以雌成螨越冬，也有以雄成螨、若螨或卵越冬的。越冬雌螨有很强的抗寒性和抗水性，越冬场所多在土中、枯枝落叶下以及杂草和各种植物上等。为了适应不良环境，有些螨类还有滞育现象，滞育虫态多为卵或雌螨。

（三）食性

农业螨类的食性极为复杂，一般可分为植食性、捕食性、寄生性、腐食性和食菌性 5 类。重要的农业害螨均为植食性；捕食性螨类如植绥螨、肉食螨、长须螨等是植食性螨类的重要天敌；寄生性螨类多寄生在鞘翅目、鳞翅目、膜翅目、半翅目、同翅目、双翅目等昆虫的体外，对抑制这些害虫的发生有一定作用，但寄生于家蚕和蜜蜂的螨类则是害螨；食菌性螨类，特别是有些粉螨是食用菌栽培的大敌；腐食性螨类则对加快有机物的生态循环有重要作用。

四、重要农业害螨及其危害

（一）害螨种类及其为害范围

重要的农业害螨集中在真螨目的 6 个科，对粮食、油料、蔬菜、果树、棉花等作物和茶树、桑树、花卉、林木等的危害极大；有些还是重要的仓库害螨，直接危害储藏期的各种农产品。常见的重要种类有：主要为害麦类作物的麦圆叶爪螨（*Penthaleus major*）和麦岩螨（*Petrobia latens*）；主要为害棉花等多种经济作物的朱砂叶螨（*Tetranychus cinnabarinus*）；几乎为害各种显花植物的二斑叶螨（*Tetranychus urticae*）；为害茄子、辣椒、番茄、黄瓜等蔬菜和茶树、柑橘、林木的侧多食跗线螨（茶黄螨）（*Polyphagotarsonemus latus*）和卵形短须螨（*Brevipalpus obovatus*）；为害苹果、梨、桃等北方落叶果树的山楂叶螨（*Tetranychus viennensis*）、果苔螨（*Bryobia rubrioculus*）和榆（苹果）全爪螨（*Panonychus ulmi*）；为害柑橘类果树的柑橘全爪螨（*P. citri*）、橘芽瘿螨（柑橘瘤壁虱）（*Eriophes sheldon*）和橘芸锈螨（柑橘锈壁虱）（*Phyllocoptruta oleivora*）；为害禾谷类、面粉类、油籽类、豆类等的腐食酪螨（*Tyrophagus putrescentiae*）等。

（二）为害症状及其特点

绝大多数农业害螨的为害特点十分相似，为害时均以其细长的口针刺破植物表皮细胞，吸食汁液，使被害部位失绿、枯死或畸形，但不同植物、不同被害部位常表现出不同的受害状。如小麦等禾本科植物叶片受害后，先失绿并出现黄色斑块，严重时叶尖枯焦或全叶枯黄，甚至整株死亡；棉花叶片受害后，先出现失绿的红斑，继而出现红叶干枯，叶柄和蕾铃的基部产生离层，严重时叶片和蕾铃大量脱落，状如火烧；苹果叶片被害后，最初呈现出许多失绿的小点，随后扩大连成片，最终叶片焦黄脱落；柑橘叶片被害后，果皮粗糙，满布网状细纹和褐色斑点；瘿螨为害果树、农作物的叶片或果实后，还会刺激受害部位形成虫瘿，除了直接危害外，有的种类还是植物病毒的传播媒介；仓库害螨的蜕皮和排泄物会污染储藏的农产品，使其发热霉变、变色并带有腥臭味，带螨的农产品与人体皮肤接触后，还会诱发皮疹。

第五节　软体动物及其危害

软体动物（mollusc）是一类具有三胚层和真体腔，在结构上可以分为头、足、内脏囊及外套膜 4 部分的动物。头位于身体前端；足位于腹面，是由体壁延伸出的富含肌肉的运动器官；内脏囊位于身体背面，是由体壁包裹内脏形成的囊状器官；外套膜是由身体背面体壁延伸形成的膜状结构，有些种类的外套膜向体表分泌碳酸钙形成外壳。

软体动物门是动物界中仅次于节肢动物门的第二大动物门，种类繁多，不同种类形态差异大，包括人们生活中熟悉的蜗牛（腹足类）、河蚌（双壳类）、乌贼（头足类）和石鳖（多板类）等。但为害植物并造成显著经济损失的种类较少，主要是腹足纲中的一些种，如福寿螺（*Pomacea canaliculata*）、灰巴蜗牛（*Bradybaena ravida*）、同型巴蜗牛（*B. similaris*）和蛞蝓（*Agriolimax agrestis*）等。它们舔食植物叶片和嫩茎，造成孔洞和缺刻，严重时吃光叶片，截断嫩茎，对多种作物，尤其是苗期作物造成严重危害。

一、福寿螺

福寿螺又名大瓶螺、苹果螺，属瓶螺科、福寿螺属，为雌雄异体、体内受精、体外发育的卵生动物。原产地是南美洲亚马孙河流域，1981 年作为食用螺引入广东，其后作为特种经济动物又被引入其他省份养殖。但由于养殖过度，食用口味不佳，市场不好而被大量遗弃或逃逸，并很快扩散到农田和天然湿地，现已成为危害巨大的外来入侵物种。辨认福寿螺最容易的特征是雌螺在水线以上的固体物表面产下的"粉红色的卵块"。

福寿螺营水栖生活，但有极强的耐旱能力，可以紧闭壳盖静止不动耐受干旱达 3~4 个月。福寿螺的成、幼螺均可越冬，具有很强的繁殖能力，单雌产卵数千粒。在广州年自然繁殖 3 代，卵期 10 d 左右，幼螺经 2~3 个月发育成熟，即可交配产卵，产卵雌成螺平均寿命 6 个月，可连续产卵 2~4 个月，1 只雌螺一年可以繁殖 30 万只以上。福寿螺耐饥饿能力很强，中小型个体甚至可以耐受 3 个月的饥饿。在干旱季节，福寿螺埋藏在湿润的泥土中，可以度过 6~8 个月，被灌溉时能再次活跃起来。但福寿螺不耐低温，冬季暴露在 1~2℃的空气中 1 d 即死亡，在 1~2℃的越冬土壤里，1 周后死亡率为 25%~50%。福寿螺最适生长水温为 25~32℃，超过 35℃生长速度下降，生存临界最高水温为 45℃，最低生长水温为 5℃。福寿螺食性广，是以植物为主食的杂食性螺，尤其喜欢吃带甜味的水生植物，也爱吃水中的动物腐肉。

福寿螺在中国仅分布在南方各省，主要为害水稻、茭白、菱角、空心菜、芡实等水生作物及水域附近的甘薯等旱生作物。福寿螺繁殖迅速，取食量大，咬食水生农作物可造成严重减产。另外，福寿螺螺壳锋利，容易划伤农民的手脚；大量繁殖可造成其他水生物种的灭绝，极易破坏当地的湿地生态系统和农业生态系统。更为重要的是，福寿螺是卷棘口吸虫和广州管圆线虫的中间宿主。食用未充分加热的福寿螺可能被感染，引发吸虫病和广州管圆线虫病，严重者可致痴呆，甚至死亡。

二、灰巴蜗牛和同型巴蜗牛

灰巴蜗牛和同型巴蜗牛均属巴蜗牛科，为雌雄同体、异体交配受精的卵生动物，是多种植物的苗期害虫。

灰巴蜗牛成贝头部发达，头上有 2 对触角，后触角顶端长有眼睛，口位于头部下方，腹面有足，体外有扁球形螺壳，壳面黄褐色或红褐色，螺旋部低矮，体螺层较宽大，缘中部有 1 条褐色带，壳口呈椭圆形，脐孔缝状。同型巴蜗牛成体略小，螺壳厚，壳口呈马蹄形，脐孔小而深，呈洞穴状。两种蜗牛的幼贝形态与成贝相似，卵均为圆球形，直径 2 mm，初产乳白色，有光泽，逐渐变成淡黄色，近孵化时，变成土黄色。每年繁殖1代或2代，冬季以成贝和幼贝在潮湿阴暗的草堆石块下或土缝里越冬。春季气温上升后越冬蜗牛开始取食，随后成贝开始交配产卵。一般成贝存活2年以上，可多次产卵，卵多产于潮湿疏松的土里或枯叶下，卵在干燥的土壤中不孵化。两种蜗牛均喜阴湿环境，雨天昼夜活动，晴天昼伏夜出，连续干旱时便隐藏起来，并分泌黏液封住出口，进入休眠状。

灰巴蜗牛和同型巴蜗牛常混合发生，前者分布范围较广，后者主要是在华东、华南、西南和西北地区发生。两种蜗牛食性杂，可为害豆科、十字花科和茄科类蔬菜，棉、麻、甘薯等农作物，月季、蜡梅、杜鹃、佛手、兰花等花卉类，此外还严重为害草坪，尤其喜食三叶草和酢浆草等。

三、蛞蝓

蛞蝓属蛞蝓科，俗称鼻涕虫，为雌雄同体、异体交配受精的卵生动物。体长圆形，长约4.5 cm，背面淡褐色或黑色，腹面白色。头端腹侧有口，前端有2对触角，后方的一对较长，其顶端有眼。触角能自由伸缩，如遇刺激立即缩入。跖面有黏液腺，分泌黏液，匍行经过处，常留有白色黏液的痕迹。感觉灵敏，触之立即蜷缩。蛞蝓完成一个世代约250 d，春末夏初开始产卵，卵期16~17 d，幼贝期55 d左右。成贝产卵期可达160 d，卵产于潮湿、隐蔽的土缝中，每隔1~2 d产卵一次，1~32粒，平均产卵量约400粒。蛞蝓性喜荫蔽，怕热畏光，强光下2~3 h即死亡，因此昼伏夜出，夜间有2个活动高峰分别在20：00—21：00和4：00—5：00，每年也有2个活动盛期分别为4—6月和10—11月。高温干旱不利蛞蝓发生，而阴暗潮湿有利于大发生，气温11.5~18.5℃、土壤含水量为20%~30%对生长发育最为有利。蛞蝓耐饥力强，可以静止度过食物缺乏或环境不良阶段。

蛞蝓分布较广，为害类似蜗牛。

小　结

昆虫是体躯分为头、胸、腹三段、具有6足4翅的节肢动物。

昆虫种类繁多，形态特征和生物学特性多样，即使是同种昆虫，因发育阶段、性别、地理分布及发生季节等不同，其特征和特性也常有显著的差异。

昆虫的体壁兼具骨骼和皮肤的作用，其特殊的构造和理化性为虫体提供了良好的保护作用，并对杀虫剂的浸入起到一定的阻碍作用。昆虫的内部系统和普通动物比较，既有类似又有区别，按其功能主要分为消化系统、排泄系统、呼吸系统、循环系统、生殖系统、神经系统和激素调控系统等。

昆虫具有多种生殖方式，通过不同的变态发育完成其生活史，还具有一些重要的生物学习性，包括休眠、滞育、假死、趋性、群集、迁移、多型性和食性的分化等。这些特点和习性在昆虫对环境的适应中均具有重要作用。

农业害虫和天敌主要分布在直翅目、半翅目、缨翅目、鞘翅目、鳞翅目、双翅目和膜翅目等 7 个目。农业害虫按口器类型可分为吸收式害虫和咀嚼式害虫，具有不同的危害方式和致害特点。一些螨类和几种软体动物也能造成严重的作物灾害。

只有深入了解和研究农业害虫及其天敌的形态特征、分类系统、生物学及危害习性，才能正确认识和协调害虫与益虫的关系，有效控制害虫的危害，保障农作物的高产和优质。

数字课程学习

📥 教学课件　　　✍ 思考题

第四章　农田草害

　　杂草是排在病虫后的第三大农田有害生物，严重影响农作物产量和质量的同时，除草剂的大量使用还给生态环境和人类健康造成不利影响。学习和了解杂草的生物学、生态学及主要种类，是提高农田杂草防除效果及减少除草剂使用量的基本前提。

第一节　杂草的概念及其生物学特性

一、杂草的概念

　　杂草（weed）是能够在人工生境中自然繁衍其种群的植物。杂草不同于一般植物，首先它具有较强的适应性，可以在人工环境中不断繁衍。而其他野生植物是很难在人工生境中自然繁衍的，它们很容易被人类的农事耕作等活动所根除。栽培作物虽然可以在人工生境中持续下去，但必须依靠人类耕作、播种、栽培和收获等一系列的帮助。其次，杂草不是人类栽培或保护的植物，它在人工生境中的自然繁衍必将影响人类对人工生境的维持，给人类的生产和生活造成危害，因而杂草具有危害性。所以确切地说，"杂草是能够在人类试图维持某种植被状态的生境中不断自然延续其种群，并影响到人工植被状态维持的一类植物"。

二、杂草的适应性

杂草的适应性强主要表现在杂草的抗逆性、可塑性、生长势、杂合性和拟态性上。

1. 抗逆性（stress resistance）　杂草具有强的生态适应性和抗逆性，表现在对盐碱、人工干扰、旱涝、极端高、低温等有很强的耐受能力。例如，藜、扁秆藨草和眼子菜等都有不同程度耐受盐碱的能力。野胡萝卜、野塘蒿作为二年生杂草，在营养体被啃食或被刈割的情况下，可以保持营养生长数年，直至开花结实为止。天名精、黄花蒿等会散发特殊的气味，对取食的禽、畜和昆虫具有明显的驱避作用。还有些植物含有毒素，如曼陀罗，可以防止多种植食性动物的啃食。

2. 可塑性（plasticity）　杂草在不同生境下，对自身个体大小、种群数量和生长量的自我调节能力，称为杂草的可塑性。较强的可塑性使杂草能在多变的人工环境条件下持续繁衍。如在密度较低的情况下，能通过提高其个体结实量来产生足量的种子；或在极端不利环境条件下，缩减个体以减少物质的消耗，保证种子的形成，延续其后代。藜和反枝苋的株高可矮小至 5 cm，高至 300 cm；结实数可少至 5 粒，多至百万粒。当土壤中杂草种子和繁殖器官的数量很大时，其发芽率会大大降低，以避免由于群体过大而导致个体的死亡率增加。

3. 生长势（growth vigor）　杂草中的 C_4 植物比例明显较高，如常见的恶性杂草稗草、马唐、狗尾草、牛筋草、香附子、反枝苋、马齿苋和白茅等，都是 C_4 植物。而 C_4 植物由于光能利用率高、CO_2 和光补偿点低而饱和点高、蒸腾系数低，从而表现为净光合速率高，能够充分利用光能、CO_2 和水进行有机物的生产。所以，杂草要比作物表现出更强的竞争能力。此外，同是 C_4 植物，C_4 杂草比 C_4 作物具更低的 CO_2 和光补偿点，如马唐就可以在高大的玉米株丛的荫蔽下正常生长发育。此外，C_4 植物体内的淀粉储存在维管束周围，不易被草食动物利用，故也免除了食草动物的更多啃食。

4. 杂合性（heterozygosity）　杂合性即生物种群（等位基因）的异质性。一般杂草基因型都具有杂合性，这也是保证杂草具有较强适应性的重要因素。杂合性增加了杂草的变异性，从而大大增强了抗逆性能，特别是在遭遇恶劣环境条件，如低温、旱、涝以及使用除草剂除草时，可以避免整个种群的覆灭，使物种得以延续。

5. 拟态性（mimicry）　拟态是一种生物模拟另一种生物或周围环境的形状、颜色、斑纹等，借以保护自身免受攻击的一种适应现象。杂草具有较强的拟态性，如稗草与水稻，野燕麦与麦类，狗尾草与谷子，它们在形态、生长发育规律以及对生态环境的要求上都有许多相似之处，因而很难将这些杂草与其伴生的作物分开或从中清除。这些杂草也被称为伴生杂草（accompanying weed）。杂草的拟态性是在长期人工和自然选择过程中发展出来的独特的性状。杂草可以通过与作物的杂交、形成多倍体或由本身的多态性而导致拟态性的产生。

三、杂草的繁殖能力

杂草的繁殖能力强体现在杂草的多实性、繁殖方式和籽实传播方式的多样性、种子的寿命长且萌发不齐以及有性生殖方式复杂等方面。

1. 多实性　大多数一年生和二年生杂草都尽可能多地繁殖种群的个体数量，来适应环境和繁衍种群。许多多年生杂草亦是如此。如野燕麦每株可结实多达 1 000 粒，蒲公英达 1 100 粒，看麦娘达 2 000 粒，繁缕 20 000 粒，荠菜 22 300 粒，牛筋草则高达 135 000 粒，杂草结实数量远比作物所结子实多上几倍、几十倍甚至几百倍。而且在多数情况下，籽实并不同时发育成熟，而是连续不断的结实、成熟，并边熟边脱落，因而很难从田中清除。

2. 繁殖方式多样　绝大多数多年生杂草都具有无性繁殖和有性繁殖两种方式。扁秆藨草分别可以用地下根茎、球状块茎及籽实进行繁殖。刺儿菜具有分支的根状茎，其上生有大量的芽，这些芽可以发育成新的植株；而地上茎又可长出许多头状花序，结出大量的小瘦果，进行有性繁殖。通常杂草的地下繁殖器官，在耕作过程中被切断后，都可各自发育成独立的植株。而许多一年生杂草，虽然主要以产生种子来繁殖，但也能在其营养生长期间，进行营养繁殖。如马唐、波斯婆婆纳，在除草过程中植株被切断后，残茎上会生出不定根，进而发育为新的植株。

3. 籽实传播方式多样　杂草常具有适应于散布的特殊结构。如酢浆草、野老鹳草的蒴果在开裂时，会将其中的种子弹射出去。野燕麦的膝曲芒，可以使其子实在麦堆中感应空气中的湿度变化而曲张游动，进而使其在麦堆中均匀散布。许多杂草会借助风、水、动物、交通工具等外力传播。如蒲公英、苦苣菜的瘦果顶端具冠毛，可以在空中随风飘散。菵草籽实两侧具有 1 对不脱落的囊状颖片，可随水流传播。天名精的瘦果表面具有黏性物质，可以黏附在人或动物身体上得以传播。苍耳、鬼针草果实表面的倒钩刺可附着在动物毛皮上进行传播。稗草、藜、反枝苋、繁缕等的籽实被动物吞食后，随粪便排出而传播。豚草果实顶端的硬刺状突起，可以刺在汽车橡胶轮胎上，随轮子转动的离心力在公路沿线传播。此外，杂草种子还可以与作物种子混杂并随之借人力进行传播。

4. 种子寿命长且萌发不齐　相对于作物而言，所有的杂草种子的寿命都较长。藜的种子最长可在土壤中存活 1 700 年，繁缕的种子可存活 622 年，野燕麦、早熟禾、马齿苋、荠菜和泽漆的种子都可存活数十年。杂草种子常有某些机制来保持其休眠状态；如具有坚硬、不透气的种皮或果皮，种子抑制萌发物质的代谢，种胚的后熟，萌发对光的需求等。

保持种子休眠的机制也是导致杂草种子萌发参差不齐的主要因素。此外，杂草种子的多样性也会影响种子萌发的一致性。休眠度不同的种子，对萌发条件的要求和反应不同。如滨藜可以结出 3 种类型的种子：植株上层的籽粒大，呈褐色，当年即可萌发；中层的籽粒较小，黑色或青黑色，翌年才能萌发；下层的籽粒最小，黑色，第三年才能萌发。藜和苍耳也有类似的情形。萌发不整齐是杂草适应逆境的重要特性，它可以使杂草避免被人类或其他恶劣环境一次清除。

5. 有性生殖方式复杂　杂草可以是自花或异花传粉受精，还有一些杂草同时具有这两种传粉方式。如宝盖草、饭苞草都有保证自花传粉受精的闭花和保障异花传粉受精的开花两种类型的花。异花传粉可以增加杂草的变异，从而增强杂草的生命力和适应性。自花传粉一方面可以保证在环境条件不利时或个体单独生长时杂草的结实和种族延续，另一方面，还有利于不利环境筛选的少数有利基因型，在新环境中能迅速取得群体优势。此外，杂草还具有无融合生殖方式，这种方式可以保持某些在有性繁殖方式下不孕的杂合基因型，从而更有利于保持杂草的杂合性。

第二节　杂草生态学

杂草生态学（weed ecology）是研究杂草与其环境之间关系的科学，用于揭示杂草的群体消长，杂草与杂草、杂草与作物以及其他环境因子之间相互作用的规律及其机制。

一、杂草个体生态

（一）种子休眠的生理生态

休眠（dormancy）是有活力的籽实及地下营养、繁殖器官暂时处于停止萌动和生长的状态。它可以保证种子在一年中固有的时期萌发出苗。大多数杂草种子甚至其营养繁殖器官都具有休眠的特点。导致杂草籽实休眠有种子自身内部和外部环境两个方面的因素。

休眠的内因主要有：①种子、腋芽或不定芽中含有生长抑制剂；②果皮或种皮不透水、不透气，或机械强度很高；③种胚在种子成熟时尚未发育成熟。上述因素导致的休眠都是杂草本身所固有的生理学特性决定的，故也被称为原生休眠（innate dormancy）。

与之相对的还有外界环境因素诱导产生的休眠，也被称作诱导休眠（induced dormancy）或强迫休眠（enforced dormancy）。诱导休眠大多是由于不良环境条件如高温、低温、干旱涝渍、除草剂、黑暗和高 CO_2 的比例等引起，使已经解除原生休眠可以萌发的籽实重新进入休眠状态。

杂草籽实休眠受环境因素的制约，是保证杂草种群延续的重要条件，它可以使种子处于休眠状态，安全度过不良环境，遇适宜环境条件时再萌发生长。

无论是由内因造成的原生性休眠或由外因导致的诱导休眠，都可以通过适当的方法或改变其环境条件而打破。

（二）种子萌发的生理生态

萌发是杂草种子的胚由休眠状态转变为代谢活跃状态、体积增大并从种子突出、长成幼苗的过程。杂草种子的萌发在自然界具有周期性的节律，其发芽盛期通常均在生长最适时机来临时出现，这为杂草提供了萌发、幼苗定植、生长发育、产生种子的最大机会。萌发过程受 3 类生长调节物质的影响，即：促进萌芽的物质，如赤霉素类；抑制萌发的物质，如脱落酸；抗内生抑制的物质，如细胞分裂素。萌发依赖于这些物质间的平衡调节。此外，萌发需要适宜的环境条件，而不同杂草所需的环境条件有一定的差异，但通常均需要较为充足的氧气和水以及适宜的温度。

氧通过分压及其与二氧化碳的比例变化，对杂草的萌发产生影响，其中两者的比例更为重要。杂草种子对不同氧分压的要求，可以控制不同种类的杂草籽实在不同土壤深度萌发出苗。

杂草籽实只有吸水膨胀后，使种子中细胞的细胞质呈溶胶状态，活跃的生理生化代谢活动才能开始。当种子的含水量大于 14% 时，才能确保这一过程的出现。通常土壤湿度达到田间持水量的 40% ~ 100% 时，杂草籽实就可以获得足够的水分而发芽。一般杂草籽实越大，需要的土壤湿度越高。水生或湿生杂草萌发所要求的土壤湿度要显著高于旱地杂草。过高的水分条件常会导致某些旱地杂草籽实缺氧进而腐烂和死亡。

杂草种子萌发需要适宜的温度范围，在这个范围中有一个最适温度。温度低于种子萌发适宜温度范围的下限或高于其上限，种子都不会萌发。

有些杂草籽实只有在适宜的光照条件下才能较好地萌发。种子内部具有活跃型（Pfr）和非活跃型（Pr）光敏色素，Pfr可以促进种子萌发，而Pr则抑制种子萌发。光照对发芽的影响，主要是通过光照长短和光质影响两种光敏色素在体内的转换和比例而起作用。郁蔽度高的作物田间，杂草籽实不再萌发出苗，就是由于叶冠层透过的光含有更多的远红光，而将杂草种子中的光敏色素促变为非活跃型。

上述诸因子对杂草籽实萌发的影响常是综合的。有时一个因素会影响到几个因子的变化，从而复合作用于杂草籽实的萌发。

杂草营养繁殖器官的萌发与杂草籽实的萌发一样，受上述诸多因素的影响和制约，也有其周期节律性。此外，营养繁殖器官的萌发还受顶端优势和苗优势的控制，以及繁殖器官大小的影响，一般情况下，器官的大小与发芽率成反比。

二、杂草种群生态

（一）杂草种子库

在任何时候，田间土壤中都包含有产生于过去生长季节的杂草种子及其营养繁殖器官。这些存留于土壤中的杂草种子或营养繁殖体总体上被称为杂草种子库（或繁殖体库）（weed seed bank）。

土壤是保存杂草种子的良好场所，它可以防止动物的觅食，并为种子提供适宜的休眠或萌发条件等。杂草种子库时刻都处于输入和输出的动态变化之中，如图4-1。

（二）杂草的种群动态

理论上，杂草种群应是具有几何级数增长的趋势。但实际上，由于空间、营养条件等的限制，不可能达到这种理想状态。杂草种群大小随着时间处于一种动态变化之中。如果施加的外界各种因素是基本稳定的，那么，杂草种群规模在不断变化中能处于相对稳定的状态。

杂草种群的无限扩张或绝灭，在实际情况中是不多见的。人们可以通过农业措施或化学措施除去生活着的杂草植株，但不可能同时消灭土壤杂草种子库中的所有杂草繁殖体。杂草种群的无限扩张，只有当某种杂草侵入新的环境时，在短时间内才会出现，但随着自然天敌的引入，

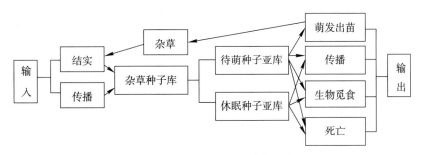

图4-1　杂草种子库的动态组成

这种变化也就不复存在。不过，就一个特定区域来说，中止杂草控制措施，总是迅即引发杂草种群规模的增长。防除杂草不仅对当季作物的生长有利，也是控制下季杂草种群规模的必要措施。

影响杂草种群大小的因素很多，一方面，从杂草种子萌发、出苗、生长发育为成株、开花结实，到达土壤杂草种子库，再萌发出苗的整个生活史的每个环节都会受到各种因素的影响，使种群数量不断减少。但另一方面，杂草经历一次生活周期，通过无性或有性繁殖，产生出比初始时更多的个体，使种群数量不断增加。杂草种群就是在这种不断循环的生活周期中，保持着动态的稳定，并使种群延续。

（三）杂草与作物间的竞争

杂草与作物的竞争实质上是为了争夺有限的生长空间和生活资源。

1. 地上部的竞争　地上部的竞争主要是杂草与作物对光照和 CO_2 的竞争。

光合作用是杂草与作物赖以生存的基础。光合作用的场所主要位于叶片，因此，阳光能否到达叶片，就成为能否进行正常光合作用的关键。所以，杂草与作物地上部分存在着对光的激烈竞争。杂草与作物的生物学特性在三维空间上影响它们的竞争能力。叶面积系数影响吸收光的能力和对光的竞争力；叶的伸张角和空间排列方式也影响对光的竞争力，平行于地面的叶片比竖立叶片能获取更多的阳光；螺旋状排列叶片要优于对生叶；植株高度影响叶片在空间的位置，也显著影响到对光的竞争力；此外对不同光质的利用能力也是决定竞争力的要素。生产实践中，力保作物全苗、壮苗、早发封行，就是为了使作物在与杂草竞争阳光的过程中处于优势地位。

CO_2 是光合作用合成有机物的原材料之一，通常情况下，大气中 CO_2 的供给不会有太大的问题，但是，在光合作用旺盛的浓密植物冠层中，CO_2 浓度往往比正常值要低，这时，由于 C_4 植物对 CO_2 的亲和力高于 C_3 植物，在利用 CO_2 方面就会表现出明显的优势。

2. 地下部分的竞争　地下部分的竞争主要是植物的根系对水、矿质营养元素的吸收竞争。

植物维持生命活动，需不断从土壤中吸收水分，供植物的蒸腾作用和光合作用。蒸腾作用是植物最重要的生理活动之一，需要消耗较多的水分。杂草与作物的植株密度、根系发育程度、根系扎入土壤的深度、蒸腾作用的时期和强度、对水分的利用率等均影响它们对水分的竞争力。C_4 植物的水分利用率通常要高于 C_3 植物，因而在对水分竞争中具有一定的优势。水分竞争是杂草造成作物减产的一个重要因素。干旱条件下，这种危害更为明显。

杂草与作物竞争矿质营养物质，特别是对氮的竞争，是造成作物减产的又一重要因素。影响竞争能力的因素主要有根部的相对体积和在土壤中的分布状态。此外，对养分的利用率也影响到竞争。许多杂草的耗氮量比作物高数倍，对其他养分如磷和钾的消耗量也高于作物。豆科杂草在氮分缺乏的情况下，表现出较强的竞争能力，加施氮肥则有利于作物的生长，而抑制此类杂草的生长。

3. 杂草与作物竞争造成的损失　作物产量的损失程度与竞争性杂草的数量和质量有着密切的相关性。作物的损失随杂草数量的增加而增加，但是不同杂草的株型、生长类型、发生时期、竞争持续时间长短差异很大，因而，杂草的数量与作物产量损失的关系不是呈直线相关，而是呈"S"形曲线相关。不过，作物产量的损失与杂草的质量呈直线相关。因此，杂草的质量对于预测杂草造成的作物减产程度比密度更为准确，也更接近生产实际情况。

（四）杂草的竞争临界期和经济阈值

初期的杂草幼苗一般不足以对作物构成竞争、造成危害。但随着杂草幼苗的生长，竞争就逐渐产生。起初这种竞争是微弱的，随着时间的推移，竞争作用逐渐增强，对作物产量的影响就越来越明显。当杂草生长存留造成的作物产量损失量和无草状态下作物产量增加量相等时的天数，即为杂草的竞争临界期（critical period of weed competition）。换言之，即是不造成作物产量明显损失的草、苗共存期。在杂草竞争临界期内，作物可以耐受杂草由于竞争对作物造成的影响，这一期限一般约占作物全生育期的 1/4，即 40 d 左右，但不同作物的期限长短有一定的差异。在临界期之后，对作物产量的损失将非常显著。因此，竞争的临界期是进行杂草防除的关键时期。只有在此时除草，才是最有效的。过早除草可能会做无用功，而过迟则会对作物的产量造成较大的影响。

但实际上，不是在任何杂草发生密度条件下都需除草，一方面杂草密度较低时，作物可以忍耐其存在。另一方面，当杂草危害造成的损失较低时，除草效益将不抵用于除草的费用。因此，生产上应用危害经济阈值来指导杂草防除。危害经济阈值（economic threshold）是防治后作物增收的效益与防除费用相等时的草害情况。为了使草害防治具有良好的经济效益，一般使防治费用控制在小于或等于杂草防除获得的效益。

（五）化感作用

化感作用（allelopathy）是指植物向环境释放出特定的化学物质，影响周围其他植物生长发育的现象。具有化感作用的化学物质称为化感物质（allelochemical），如其直接由植物体分泌或分解而来，则称之为原生化感物质，由其产生的化感作用称为真化感作用；植物经微生物等降解产生的化感物质，间接来源于植物，因此被称为次生化感物质，其作用被称为功能性化感作用。

化感作用是自然界存在的普遍现象。它既存在于不同杂草种群之间，也存在于杂草与作物之间，有时还存在于同种杂草不同个体或作物与作物之间。如小飞蓬产生 C_{10} 聚乙炔甲酯可以抑制豚草种子发芽；野燕麦的根系分泌出莨菪素及香草酸等可以抑制小麦的生长发育；小飞蓬根腐烂产生的化感作用物可以抑制同种杂草幼苗的生长；腐烂的小麦残体会抑制玉米的生长。

1. 化感物质及其来源　化感物质是植物次生代谢化合物，其进入环境的途径主要有挥发、淋溶、根分泌和植物残体的分解。如蒿属、桉属、鼠尾草属植物会释放挥发性类萜类物质，被周围的植物吸收，或经露水浓缩后被吸收，或进入土壤中被根吸收而发生作用。某些植物的化感物质经降雨、灌溉、雾及露水等的淋溶，随水进入土壤中，进而作用于其他植物。还有一些植物的根系能主动分泌化感物质，如牛鞭草的根能分泌苯甲酸、肉桂酸和酚酸类等 16 种化感物质。有的植物残体在分解过程中，将各种化合物释放到环境中，其中微生物的分解可以形成许多化感物质。

2. 化感作用的机制和意义　化感物质主要影响植物的生长发育和生理生化代谢过程。这种影响通常情况下是起抑制作用，但有时也有促进作用。其作用机制主要有：①抑制种子萌发和幼苗生长。如酚类化合物及水解单宁等能阻碍赤霉素的生理作用，阿魏酸和 3,4- 二羟基苯甲酸能抑制吲哚乙酸氧化酶的活性；另外还可以抑制萌发过程中的关键酶，阻碍萌发过程。②抑制蛋白质合成及细胞分裂，如香豆素和阿魏酸可以阻止苯丙氨酸整合进蛋白质分子中，肉桂酸也具有抑制蛋白质合成的作用，从而影响细胞分裂。③抑制光合和呼吸作用。莨菪素能引起气孔关闭，使光合速率下降，酚酸可以降低大豆叶绿素含量和光合速率，胡桃醌、醛、酚、类黄酮、香豆素等能使氧化磷酸化解偶联。④抑制酶活性。如绿原酸、咖啡酸、儿茶酚可以抑制马铃薯中磷酸化酶的活性，单宁可以抑制过氧化物酶、过氧化氢酶和淀粉酶的活性等。⑤影响水分代谢和营养的吸收，香豆素、酚衍生物、绿原酸、咖啡酸、阿魏酸等使叶片水势下降，水分失衡，其中的酚酸可以使植物对养分的吸收降低。

化感作用是植物间生存竞争的一种手段，利用植物间存在的化感作用，进行合理的作物轮作和套作，可以达到抑制杂草的发生和危害的目的。如黑麦、高粱、小麦、大麦、燕麦的残体能有效抑制一些杂草的生长；在作物田套种向日葵，对曼陀罗、马齿苋等许多农田杂草有控制作用。

化感物质可以用来研制和开发新除草剂品种。现在正在使用的激素类除草剂就是模拟植物的天然产物而人工合成的。最近发现的光敏除草剂也是人类利用植物天然产物的例子，其活性成分为 5- 氨基酮戊酸，是叶绿素合成过程中合成卟啉的中间产物，它在暗期与二乙烯基四吡咯结合，造成其后在光下单线态氧与游离基过剩，对杂草造成毒害。利用化感物质发展除草剂，可以节省时间和开发成本，而且，这样的除草剂不易在环境中累积和造成污染。

三、杂草群落生态

农田杂草在一定环境因素的综合影响下，形成了不同杂草种群的有机组合。这种在特定环境条件下重复出现的杂草种群组合，就是杂草群落（weed community）。

（一）杂草群落与环境因子间的关系

杂草群落的形成、结构、组成、分布受环境因子的制约和影响。影响杂草群落结构的主要环境因子，大致可以分为直接作用和间接作用两类。直接制约杂草群落的因子有：土壤水分、土壤类型、土壤肥力、土壤酸碱度、土壤耕作、地形和地貌等。通过影响或改变上述因子，而对杂草群落有间接影响的因子有轮作和种植制度、季节、气候和海拔等。这些因子通常部分或全部综合发挥作用，研究不同因子间及其与杂草群落之间内在的关系，是杂草群落生态学的主要内容，可以为杂草的生态防除提供理论依据。

（二）杂草群落的演替及顶极群落

杂草群落演替（succession of weed community）是指杂草群落在农业措施和环境条件变化的作用下，一个杂草群落为另一个杂草群落所取代的过程。在自然界，植物群落演替是非常缓慢的过程，但是农田杂草群落的演替，由于农业耕作活动的频繁，而较为迅速。

农田杂草群落演替的动力主要来自农业耕作活动及农业生产措施的应用，演替的趋势总是使杂草与农作物的生长周期相一致。也就是说，作物是一年一熟或一年多熟的农田，其杂草群落的演替总是趋向于以一年生杂草为主的方向，反之，亦然。

杂草群落演替的结果，总是达到一种可以适应某种农业措施作用总和的动态稳定状态，也即顶极杂草群落（climax weed community）。水稻田中顶极杂草群落均是以稗草为优势种的杂草群落。尽管一直处于人类汰除的威胁中，但由于稗草与水稻有许多相似之处，因此使之处于相对稳定状态。稻茬麦田的顶级杂草群落是以看麦娘为优势种的杂草群落。北方旱茬麦田则多是以野燕麦为优势种的顶级杂草群落。秋熟旱作物田的顶级杂草群落，大多以马唐为优势种。

四、我国农田杂草发生及区划

中国地域辽阔，各地农业自然生态条件各异，种植的作物种类、复种指数和轮作、栽培方式均有较大差异。这些自然生态条件和农业措施对不同地区农田杂草的发生和分布，具有决定意义。

（一）农田杂草的危害性等级

据不完全统计，截止到 1992 年，有文献报道的农田杂草约 1 400 种，隶属 105 科，其中双子叶植物杂草 72 科，约 930 种，单子叶植物杂草 440 种，蕨类、苔藓和藻类植物杂草 30 种。根据发生范围、数量及危害程度，这些农田杂草被分为以下 4 个类型。

1. 恶性杂草　分布范围广泛、群体数量巨大、相对防除困难、对作物生产造成严重损失的杂草，被定为恶性杂草。在全国范围内，被定为恶性杂草的有 37 种，它们是：空心莲子草、牛繁缕、藜、刺儿菜、鳢肠、泥胡菜、打碗花、荠、播娘蒿、铁苋菜、大巢菜、节节菜、萹蓄、酸模叶蓼、马齿苋、猪殃殃、矮慈姑、异型莎草、碎米莎草、香附子、牛毛毡、水莎草、扁秆藨草、看麦娘、野燕麦、菵草、毛马唐、马唐、稗、无芒稗、旱稗、牛筋草、白茅、千金子、狗尾草、鸭舌草和眼子菜。

2. 区域性恶性杂草　群体数量巨大，但仅在局部地区发生或仅在一类或少数几种作物上发生，不易防治，对该地区或该类作物造成严重危害的杂草，被定为区域性恶性杂草。如硬草主要在华东土壤 pH 较高的稻茬麦或油菜田发生危害；鸭跖草虽分布较广，但大量发生于农田并造成较重危害的报道主要是在东北和华北的部分地区；菟丝子虽是一种有害寄生性杂草，在大豆田严重发生时会导致绝产，分布发生地理范围也较广，但是其危害的作物仅是大豆，因而被划作区域性恶性杂草。区域性恶性杂草共有 96 种，其中禾本科 22 种，菊科 13 种，石竹科 6 种，蓼科 5 种，十字花科和莎草科各 4 种，苋科、藜科、唇形科、紫草科各 3 种，还有其他 20 个科共计 30 种。

3. 常见杂草　发生频率较高，分布范围较为广泛，可对作物构成一定危害，但群体数量不大，一般不会形成优势种的杂草被定为常见杂草。共有 396 种。

4. 一般性杂草　这类杂草对作物生长不构成危害或危害较小，分布和发生范围不广。

（二）杂草发生的影响因素与杂草区系划分

1. 杂草发生的影响因素　杂草的发生受季节、作物类型、耕作制度以及地理地貌等众多因素的影响。其中，季节是影响杂草种类及发生量的最主要因素。如夏熟旱作的麦类、油菜、蚕豆等田块中，主要为春夏发生型杂草，如看麦娘、野燕麦、播娘蒿、猪殃殃、牛繁缕、荠和打碗花等。秋熟旱作物如玉米、棉花、大豆和甘薯等田中，主要为夏秋发生型杂草如马唐、狗尾草、鳢肠、铁苋菜、牛筋草和马齿苋等；夏熟和秋熟两类作物田中的杂草仅有个别是共同发生的，如香附子、刺儿菜和苣荬菜。不过，在北方一季作物区，这种情况稍多一些。

水田与旱田的杂草明显不同。水稻田的杂草大多数为湿生或水生杂草，如稗、鸭舌草、节节菜、矮慈姑、扁秆藨草、水莎草、异型莎草、牛毛毡和眼子菜等；水稻田一般没有和夏熟旱作田共同发生的杂草，只有少数种类和秋熟旱作田是共同的，如空心莲子草、千金子、稗和双穗雀稗等。

轮作制度除影响土壤性质、含水量等生态因子外，也不利于土壤籽实库种子的存活，导致不同的杂草群落类型。稻茬夏熟作物田中是以看麦娘或日本看麦娘为优势种的杂草群落，还有部分是以硬草或棒头草为优势种的杂草群落；旱茬夏熟作物田中，北方地区和南方山坡地多是以野燕麦为优势种的杂草群落。

地理地貌也是影响杂草发生的重要因素。如播娘蒿、麦瓶草、麦蓝菜和麦仁珠喜温凉性气候，因此在秦岭和淮河一线以北地区的夏熟作物田发生和危害，在气候类似的西南高海拔地区也有发生。扁秆藨草只在偏盐碱性的水稻田发生危害，北方地区稻田较为普遍。圆叶节节菜喜好暖性气候，主要发生分布于华南及长江以南山区的水稻田。胜红蓟、龙爪茅等适应热带、亚热带气候条件的杂草，主要发生于华南地区的旱地。薄蒴草主要发生于西北高海拔地区的麦类和油菜田。

2. 我国农田杂草区系划分　以杂草群落的优势种、杂草群落的时空组合规律为基础，结合主要杂草的生物学特性和生活型、农业自然条件和耕作制度特点等，将我国农田杂草划分成 5 个区，下属 7 个亚区。

（1）东北湿润气候区：稗、野燕麦、狗尾草 – 春麦、大豆、玉米、水稻一年一熟作物杂草区

该气候区包括黑龙江、辽宁和吉林三省。主要杂草群落为稗 + 狗尾草杂草群落、马唐 + 稗 + 狗尾草群落、野燕麦 + 卷茎蓼群落和野燕麦 + 稗杂草群落。稗、狗尾草、野燕麦和马唐为主要群落的优势种。野燕麦为优势种的群落越向西北发生越普遍，而马唐为优势种的越向东南越多。春夏型杂草野燕麦和夏秋型杂草稗等同在一块田中出现。其他重要杂草有卷茎蓼、刺蓼、香薷、鼬瓣花、苣荬菜、鸭跖草、反枝苋、苍耳、藜、问荆、扁秆藨草和眼子菜等。

（2）华北暖温气候区：马唐 – 播娘蒿、猪殃殃 – 冬小麦 – 玉米、棉、油料一年两熟作物杂草区

该气候区主要包括河北、山东、山西、陕西、宁夏、甘肃南部、河南大部以及安徽和江苏北部等黄淮流域。在麦类等夏熟作物田，杂草群落优势种多为阔叶杂草，有时有 2 个以上的优势种。播娘蒿、猪殃殃、麦仁珠和麦蓝菜等为主要杂草优势种。其他重要杂草有野燕麦、麦家公、麦瓶草、藜、小藜、遏蓝菜、离蕊芥、小花糖芥、离子草和打碗花等。

在秋熟旱作物田，以单子叶杂草为优势种，如马唐、稗、牛筋草和狗尾草等。其他主要杂草有马齿苋、刺儿菜、香附子和铁苋菜等。

① 黄淮海平原：冬麦 – 玉米、棉花一年两熟作物杂草亚区

特征杂草有麦仁珠、离子草、离蕊芥、大巢菜、马齿苋、刺儿菜、牛筋草和反枝苋等。

② 黄土高原：冬麦 – 小杂粮二年三熟或一年一熟作物杂草亚区

特征杂草有问荆、篱天剑、藜和大刺儿菜等。

（3）西北高原盆地干旱半干旱气候区：野燕麦 – 春麦或油菜、棉、小杂粮一年一熟作物杂草区

该气候区包括内蒙古、甘肃北部、新疆、西藏、青海以及四川西北部。野燕麦是杂草群落

的优势种，有时藜属的藜、小藜和灰绿藜等与之共为优势种。其他主要杂草有萹蓄、苣荬菜、大刺儿菜、卷茎蓼、薄蒴草和密花香薷等。

① 蒙古高原：小杂粮、甜菜一年一熟作物杂草亚区

特征杂草有蒙山莴苣、紫花莴苣、苣荬菜、问荆、西伯利亚蓼、鸭跖草和鼬瓣花等。

② 西北盆地、绿洲：春麦、棉、甜菜一年一熟作物杂草亚区

特征杂草有藜、芦苇、扁秆藨草、稗、灰绿碱蓬和西伯利亚滨藜等。

③ 青藏高原：青稞、春麦、油菜一年一熟作物杂草亚区

特征杂草有薄蒴草、萹蓄、微孔草、平卧藜、密花香薷和二裂叶委陵菜等。

在上述三个杂草区中有少部分的水稻种植，其稻田主要杂草群落是稗＋扁秆藨草＋眼子菜＋野慈姑。

（4）中南亚热带气候区：稗－看麦娘－马唐－冬季作物－双季稻一年三熟作物杂草区

该气候区包括长江流域、江南和云贵地区。在冬季作物田，看麦娘为稻茬水稻土田的杂草群落优势种。而在旱茬冬季作物田，猪殃殃为优势种。该区农作物以水稻最为重要。稻田以稗草为优势种，占据群落的上层空间，在下层有鸭舌草、节节菜、牛毛毡和矮慈姑等。在秋熟旱作物田，马唐为优势种。

① 长江流域：牛繁缕－冬季作物－单季稻一年两熟作物杂草亚区

在冬季作物田中，看麦娘为优势种，牛繁缕为亚优势种或主要杂草。该亚区向北，则逐渐过渡到看麦娘和猪殃殃及大巢菜组合的群落。沿江和沿海棉茬冬季作物田，有波斯婆婆纳和粘毛卷耳为优势种的杂草群落。

② 南方丘陵：雀舌草－绿肥－双季稻一年三熟作物杂草亚区

雀舌草为冬季作物田仅次于看麦娘的重要杂草。其他特征杂草有裸柱菊、芫荽菊、圆叶节节菜、水竹叶、水蓼和酸模叶蓼等。

③ 云贵高原气候区：棒头草－冬季作物－稻、玉米和烟草二年三熟作物杂草亚区

棒头草和长芒棒头草为仅次于看麦娘的重要冬季作物田杂草。其他重要特征杂草有早熟禾、尼泊尔蓼、遏蓝菜、千里光和辣子草等。

（5）华南热带、亚热带气候区：稗－马唐－双季稻－热带作物一年三熟作物杂草区

该气候区包括海南、台湾以及广东、广西和云南的南部。稗和马唐分别为稻田和热带旱作物田杂草优势种。在稻田，其他重要杂草有鸭舌草、圆叶节节菜、节节菜、异型莎草、萤蔺、草龙、尖瓣花和虻眼等。在旱田，胜红蓟、两耳草、水蓼、酸模叶蓼、香附子、飞扬草、千金子、龙爪茅和铺地黍等为主要或特征杂草。

第三节　杂草的分类及主要杂草种类介绍

一、杂草的分类

杂草分类（weed classification）是识别杂草、进行杂草生物学和生态学研究的基础，对杂草

的防除和控制具有极为重要的意义。依据不同学科的需要，杂草可以按其形态学、生物学特性、系统学、生境生态学等进行分类。

（一）形态学分类

杂草的形态学分类是根据杂草的形态特征（morphological characteristics）进行杂草分类。因为许多除草剂就是由于杂草的形态特征而获得选择性的，应用形态学分类可以较好地指导杂草的化学防治。因此，植物保护学上常使用形态学杂草分类的概念。根据形念学分类，杂草大致可分为三大类。

1. 禾草类（grass weed）　主要包括禾本科杂草。茎圆或略扁，节和节间区别明显，节间中空；叶鞘开张，常有叶舌；胚具一子叶，叶片狭窄而长，平行叶脉，叶无柄。

2. 莎草类（sedge weed）　主要包括莎草科杂草。茎三棱形或扁三棱形，无节与节间的区别，茎常实心；叶鞘不开张，无叶舌；胚具一子叶，叶片狭窄而长，平行叶脉，叶无柄。

3. 阔叶草类（broad leaf weed）　包括所有的双子叶植物杂草及部分单子叶植物杂草。茎圆形或四棱形；叶片宽阔，具网状叶脉，叶有柄；胚常具 2 子叶。

（二）生物学特性分类

杂草的生物学特性分类主要是根据杂草所具有的不同生活型和生长习性进行分类。由于少数杂草的生活型随地区及气候条件有变化，故按生活型的分类方法不能十分详尽。但其在杂草生物学、生态学研究、农业生态、化学防治及植物检疫中具有重要意义。

首先，按杂草的生活史可以将杂草分为三大类：即一年生杂草、二年生杂草和多年生杂草。

1. 一年生杂草（annual weed）　在一个生长季节完成从出苗、生长及开花结实的生活史。如马齿苋、铁苋菜、鳢肠、马唐、稗、异型莎草和碎米莎草等，种类较多。它们大都危害秋熟旱作物及水稻。

2. 二年生杂草（biennial weed）　在两个生长季节内完成从出苗、生长到开花结实的生活史。通常是冬季出苗，翌年春季或夏初开花结实。如野燕麦、看麦娘、波斯婆婆纳、猪殃殃和播娘蒿等，它们大都危害夏熟作物。

3. 多年生杂草（perennial weed）　一次出苗，可在多个生长季节内生长和开花结实，并兼以种子和营养器官繁殖，以度过不良气候环境。如具有地下根茎的刺儿菜、苣荬菜、双穗雀稗等；具有地下块茎的香附子、水莎草、扁秆藨草等；具有地下球茎的野慈姑等；具有地下鳞茎的小根蒜（*Allium macrostemon*）等；具有地下直根的车前（*Plantage asiatica*）；越冬或越夏芽在地表的蛇莓（*Duchesnea indica*）、酢浆草（*Oxalis corniculate*）和艾蒿等。

其次，按茎的性质可将杂草分为草本类杂草（herbaceous weed）和木本类杂草（woody weed）。根据营养方式还可分为自养型和寄生型杂草（parasitic weed）。寄生型杂草多营寄生性生活，从寄主植物上吸收部分或全部所需营养物质。

（三）系统学分类

杂草的系统学分类即依植物系统演化和亲缘关系的理论，将杂草按门、纲、目、科、属、种进行的分类。这种分类可以确定所有杂草的生物学位置，比较准确和完整，但实用性稍差。不过，系统学分类系统中的低级分类单元如科、属、种，也被应用于杂草其他分类系统中，使其更为完善。

（四）生境生态学分类

此种分类是根据杂草所生长的环境以及杂草所构成的危害类型，对杂草所进行的分类。其实用性强，对杂草的防治有直接的指导意义。按生境生态学分类，常将杂草分为耕地杂草、杂类草、水生杂草、草地杂草、森林杂草和环境杂草。

1. 耕地杂草（agrestal weed）　耕地杂草又称田园杂草，是指能够在人们为了获取农业产品进行耕作的土壤上不断自然繁衍的植物。根据田园类型又可以分为：

（1）农田杂草　根据农田类型又可进一步分为水田杂草、秋熟旱作物田杂草和夏熟作物田杂草等。

（2）果、茶、桑园杂草　由于果树、茶、桑均为多年生木本，故其间的杂草包括了秋熟旱作物田和夏熟作物田杂草的许多种类。此外，果、茶、桑园杂草中，多年生杂草比例较高，有些杂草在农田中并不常见。

2. 杂类草（ruderal）　杂类草是能够在路埂、宅旁、沟渠边、荒地、荒坡等生境中不断自然繁衍其种族的植物。这类杂草中，许多是先锋植物，相当部分为原生植物。

3. 水生杂草（water weed）　水生杂草是能够在沟、渠、塘等生境中不断自然繁衍其种族的植物。它们主要影响水的流动和灌溉、淡水养殖和水上运输等。

4. 草地杂草（grassland-weed）　草地杂草是能够在草原和草地中不断自然繁衍其种族的植物。这类杂草影响畜牧业生产。

5. 森林杂草（forestry weed）　森林杂草是能够在速生丰产人工管理的林地中不断自然繁衍其种族的植物。

6. 环境杂草（environmental weed）　环境杂草是能够在人文景观、自然保护区和宅旁、路边等生境中不断自然繁衍其种族的植物。主要影响人们要维持的某种景观或生境，对环境产生影响。如豚草产生可致敏的花粉飘落于大气中，使大气受污染。

二、主要杂草种类介绍

主要杂草种类以科为单位进行分类介绍。禾本科与莎草科是农田最重要的杂草，排列在前；其他各科按拉丁名顺序排列。

（一）禾本科

禾本科重要杂草较多，包括看麦娘、日本看麦娘、野燕麦、䅟草、马唐、毛马唐、稗、无芒稗、西来稗、旱稗、长芒稗、光头稗、牛筋草、白茅、千金子、硬草和狗尾草等。

1. 看麦娘（*Alopecurus aequalis*）　一或两年生草本，秆多数丛生。叶鞘疏松抱茎；叶舌长约 2 mm。穗形圆锥花序呈细棒状，小穗长 2~3 mm，颖膜质，近基部连合，沿脊有纤毛，侧脉下部具短毛；外稃膜质等长或稍长于颖，下部边缘联合，外稃中部以下伸出长 2~3 mm 芒，中部稍膝曲，常无内稃；花药橙黄色。果时颖和稃包被颖果（图 4-2）。同属日本看麦娘（*Alopecurus japonicus*）（图 4-3）与前者不同的是其穗形圆锥花序较粗壮，小穗长 5~6 mm，外稃在中部以上伸出长 8~12 mm 的芒，花药白色或淡黄色。

幼苗：第一片真叶呈带状披针形，长 1.5 cm，具直出平行脉 3 条，叶鞘亦具 3 条脉，叶及

图 4-2   看麦娘

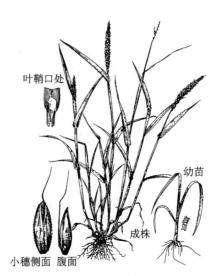

图 4-3   日本看麦娘

叶鞘均光滑无毛，叶舌膜质，2~3 深裂，叶耳缺。

种子萌发的温度为 5~23℃，最适温度 15~20℃；适宜土层深度 0~2 cm。籽实具 2~3 个月的原生休眠。在湿润的环境中籽实可存活 2~3 年，而在干旱条件下寿命仅短至 1 年。

分布几乎遍布全国，但尤以秦岭–淮河流域一线以南地区稻茬麦类和油菜田发生严重。

看麦娘与日本看麦娘是稻麦（油菜）连作区发生最为严重的杂草，为杂草群落优势种，尤以麦田防除困难。绿麦隆、异丙隆、精噁唑禾草灵可用于小麦田化学防除。油菜田可用吡氟禾草灵、氟吡甲禾灵、拿捕净等防除。

2. 野燕麦（*Avena fatua*）   叶舌透明膜质，叶表面及边缘疏生柔毛。小穗下垂，形似飞燕，通常小穗轴的节间易断落，密生硬毛；小穗有 2~3 小花，颖有脉，外稃的中部以下常有较硬的毛，基盘密生短纤毛（髭毛），芒自外稃中部稍下处伸出，膝曲，扭转。颖果矩圆形，长 6~9 mm，宽 2~3 mm，腹面具沟，胚椭圆形，色深（图 4-4）。

幼苗：第一片真叶带状，具 11 条直出平行叶脉，叶舌先端齿裂，无叶耳，光滑无毛；第 2 片叶带状披针形，叶缘具睫毛。

种子萌发的温度为 2~30℃，最适温度 10~20℃；适宜土层深度 3~7 cm。籽实具 3 个月左右的原生休眠期。

野燕麦为旱性麦地主要杂草，多为杂草群落优势种，危害较大。南岭一线以北地区发生，但尤以秦岭–淮河流域一线以北地区严重。是东北和西北地区为害最重的杂草。用野燕枯、精噁唑禾草灵做茎叶处理可防除。

3. 菵草（*Beckmannia syzigachne*）   二年生草本，叶鞘具较宽白色膜质边缘。圆锥花序由贴生或斜升的穗状花序组成，小穗近圆形，两侧压扁，或双行覆瓦状排列于穗轴的一侧；颖半圆形，两颖对合，等长，背部灰绿色，草质或近革质，边缘质薄，白色，有 3 脉，顶端钝或锐尖，有淡绿色横纹；外稃披针形，有 5 脉，其短尖头伸出颖外，成熟时颖包裹颖果（图 4-5）。

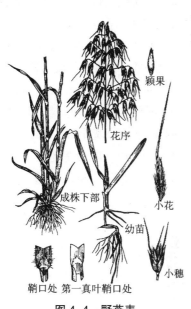

图 4-4　野燕麦　　　　　　　　　　图 4-5　菵草

幼苗：第一片真叶带状披针形，具 3 条直出平行脉，叶鞘略呈紫红色，亦有 3 脉。叶舌白色膜质，顶端 2 裂。第 2 片真叶具 5 条平行脉，叶舌三角形。

菵草为稻茬麦（油菜）田主要杂草。但以低洼涝渍地发生量大。精噁唑禾草灵、禾草克、吡氟禾草灵、氟吡甲禾灵、异丙隆茎叶处理以及乙草胺土壤处理有效。

4. 马唐（*Digitaria sanguinalis*）　茎匍匐，节处着土常生根。叶舌长 1 ~ 2 mm，叶鞘常疏生有疣基的软毛。总状花序 3 ~ 10 枚，指状着生秆顶；小穗双生（孪生），一有柄，一无柄或有短柄；第一颖钝三角形，长约 0.2 mm；第 2 颖长为小穗的 1/2 ~ 3/4，成熟时第二颖边缘具短纤毛。第一外稃与小穗等长，中央 3 脉明显，第二外稃边缘具短柔毛。同属毛马唐（*Digitaria ciliaris*）（图 4-6）第二外稃边缘具长纤毛。

幼苗：第一片真叶卵状披针形，有 19 条直出平行脉，叶缘具睫毛。叶片与叶鞘之间有一不甚明显的环状叶舌，顶端齿裂。叶鞘表面密被长柔毛。第二片叶叶舌三角状，顶端齿裂。

种子萌发的适宜温度为 20 ~ 35℃；适宜的土壤深度 1 ~ 6 cm，以 1 ~ 2 cm 发芽率最高。籽实具原生休眠。

马唐与毛马唐是秋熟旱地为害最重的两种主要杂草。为害几乎遍及全国。常在作物田混生为害，亦是草坪的主要杂草。

5. 稗（*Echinochloa crusgalli*）　叶无叶舌，光滑无毛。圆锥花序直立而粗壮，小穗有两小花构成，长约

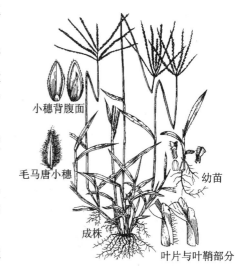

图 4-6　马唐和毛马唐

3 mm，第一小花雄性或中性，第二小花两性；第一外稃草质，脉上有硬刺疣毛，顶端延伸成一粗糙的芒，芒长 5 ~ 10 mm，第二外稃成熟呈革质，顶端具小尖头（图 4-7）。

　　幼苗：第一片真叶带状披针形，具 15 条直出平行叶脉，无叶耳、叶舌，第二片叶类同。

　　本属还有无芒稗（*Echinochloa crusgalli* var. *mitis*）（图 4-8），小穗无芒或有极短的芒，芒长不超过 3 mm，圆锥花序的分支花序常再具小的分支花序。西来稗（*E. crusgalli* var. *zelayensis*）（图 4-8）小穗无疣毛，无芒，花序分支不再分出小枝而不同于无芒稗。旱稗（*Echinochloa hispidula*）（图 4-9），圆锥花序下垂，小穗绿色，成熟时褐色，小穗较大，长 4 ~ 5 mm 或更长。长芒稗（*Echinochloa caudata*）（图 4-10）圆锥花序稍下垂，常带紫色；小穗卵圆形，长 3 ~ 4 mm，脉上具硬刺毛，或疣基柔毛；发生于淹水稻田及沟、湖、塘边水中。光头稗

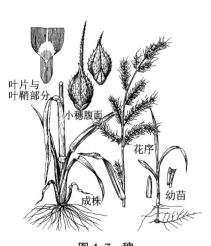

图 4-7　稗

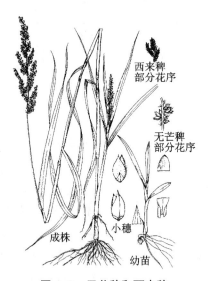

图 4-8　无芒稗和西来稗

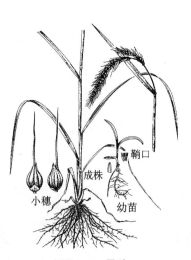

图 4-9　旱稗

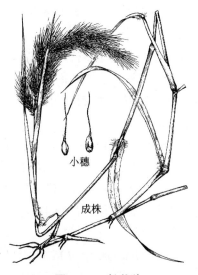

图 4-10　长芒稗

（*Echinochloa colonum*）（图 4-11）与稗不同的是秆较细弱，小穗卵圆形，长 2 ~ 2.5 mm，无芒，较规则地 4 行排列于穗轴一侧，呈总状，其总状花序长不过 1 ~ 2 cm。

稗草（*Echinochloa* spp.）种子萌发的温度为 13 ~ 45℃，最适温度 20 ~ 35℃。适宜的土壤深度 1 ~ 2 cm。子实在湿润土壤深层可存活 10 年之久。

稗草为稻田为害最严重的一类杂草。全国各水稻产区均有分布。稻稗、硬稃稗在早稻田发生较重，无芒稗、稗等在晚稻田多见。无论是土壤中还是收获的水稻中都掺有大量的稗种。加之其形态、生长习性等与水稻相似，成了稻田中极难汰除的杂草之一。有时也发生于秋熟旱作物田地。

加强秧田除稗，人工拔除或用除草剂禾大壮、二氯喹啉酸、氰氟草酯等，并结合用丙草胺、恶草灵、丁草胺本田"封闭"，可有效防除稗草。

6. 牛筋草（蟋蟀草）（*Eleusine indica*）　根发达，深扎。茎丛生，扁平，茎叶均较坚韧，叶中脉白色，叶舌柔毛状，叶鞘压扁，鞘口有柔毛，有脊。穗状花序 2 至数枚指状着生秆顶，小穗含有 3 ~ 6 小花，两侧压扁、无柄，呈紧密地双行复瓦状排列于穗轴的一侧。两颖不等长，有 2 脉成脊，脊上粗糙；外稃顶端尖，主脉与其邻近的两脉密接，形成背脊；内稃有两脉成脊，内稃短于外稃。种子黑褐色，成熟时有波状花纹，卵形（图 4-12）。

幼苗：第一片真叶线状披针形，直出平行脉 9 条，叶舌环状，齿裂，叶鞘对折。全株两侧扁平，光滑无毛。

种子萌发的适宜温度为 20 ~ 40℃，最适土壤深度 0 ~ 1 cm，土层 3 cm 及以下的种子不能萌发，要求的最适土壤含水量为 10% ~ 40%。

为旱地主要杂草之一，棉田尤为发生多。全国分布危害。

7. 白茅（*Imperata cylindrica* var. *major*）　多年生草本，有长根状茎，白色。秆高 28 ~ 80 cm，节上有长 4 ~ 10 mm 柔毛。叶鞘老时在基部常破碎成纤维状；叶舌长约 1 mm；叶片主脉明显突出于背面。圆锥花序圆柱状，长 5 ~ 20 cm，直径 1.5 ~ 3 cm，分支短缩密集；小穗披针形

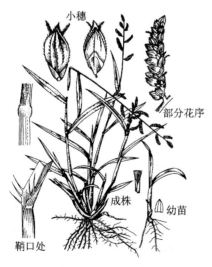

图 4-11　光头稗

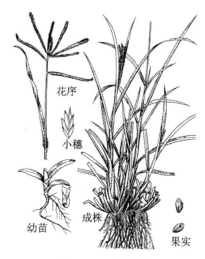

图 4-12　牛筋草

或长圆形，基部围以细长的丝状柔毛，孪生，小穗柄长短不等，两颖几乎相等，下部及边缘被细长柔毛；雄蕊2；柱头紫黑色（图4-13）。

幼苗：第一片真叶长椭圆形，具13条平行叶脉，叶舌呈半圆形，第二片真叶线状披针形。

种子萌发以18℃为最适宜。根茎发芽以15～24℃为最适，低于6℃时生长缓慢。

果园危害严重的杂草之一，也广泛发生和危害夏熟作物。耗损肥力，板结土壤，对果树和茶生长危害较大。春夏秋发生。全国都有发生和分布。草甘膦茎叶处理有效。

8. 千金子（*Leptochloa chinensis*）　一年生直立草本或下部伏卧，茎下部几节常屈膝，生不定根。叶鞘无毛，叶柔软，叶舌膜质。圆锥花序；小穗紫色含3～7朵小花，使整个花序呈紫色，复瓦状成双行排列在穗轴一侧，颖有1脉；外稃有3脉，无芒，顶端钝，无毛或下部有微毛。颖果长圆球形，长约1 mm（图4-14）。

幼苗：第一片真叶长椭圆形，具7条直出平行脉；叶舌白色膜质环状，顶端齿裂；叶鞘短，缘薄膜质，脉7条；叶片、叶鞘均被极细短毛。

种子萌发的适宜温度在20℃以上。干旱和淹水都不宜于种子萌发。

湿润旱地、直播稻直至不平整水稻田多有发生。分布发生于秦岭－淮河流域一线以南各省区。

9. 硬草（耿氏碱茅）（*Sclerochloa kengiana*）　二年生草本。叶鞘长于节间，下部闭合；叶舌干膜质，长2～3.5 mm，顶端截平或有裂齿；叶片扁平或略对折。圆锥花序紧缩，紧硬直立，每节有2分支，分支粗壮而平滑；小穗轴的节间粗壮；颖长卵形，顶端尖或钝；外稃宽卵形，顶端尖或钝，主脉较粗壮而隆起成脊，边缘干膜质；内稃顶端有缺口（图4-15）。

幼苗：第一片真叶带状披针形，有3条直出平行脉，叶舌干膜质2～3齿裂，叶鞘亦有3脉。第二片真叶与前叶不同在于叶缘有极细的刺状齿，有9条脉，叶鞘下部闭合。

种子萌发的最低温度为1.8℃，最适温度16～18℃。适宜土层深度0.12～2.4 cm。

硬草为华东地区盐碱性稻茬夏熟作物田的主要杂草之一。有时会成为优势种。

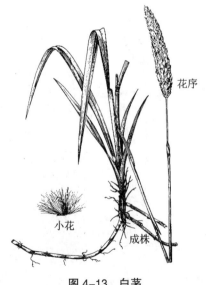

图4-13　白茅

图4-14　千金子

10. 狗尾草（莠）(*Setaria viridis*)　植株直立，基部斜上。叶鞘圆筒状，有柔毛状叶舌、叶耳，叶鞘与叶片交界处有一圈紫色带。穗状花序狭窄呈圆柱状，形似"狗尾"；常直立或微弯曲。数枚小穗簇生，全部或部分小穗下托以一至数枚刚毛，刚毛绿色或略带紫色，颖果长圆形，扁平，外紧包以颖片和稃片，其第二颖几与小穗等长（图 4-16）。

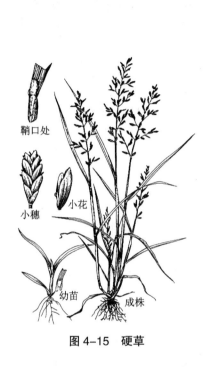

图 4-15　硬草

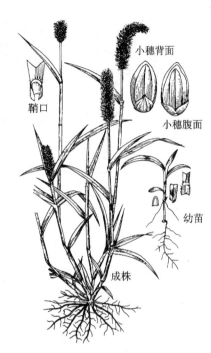

图 4-16　狗尾草

幼苗：胚芽鞘紫红色，第一片直叶长椭圆形，具 21 条直出平行脉，叶舌呈纤毛状，叶鞘边缘疏生柔毛，叶耳两侧各有 1 紫红色斑。

种子萌发的温度为 10～38℃，最适温度 15～30℃。适宜土壤深度 2～5 cm，子实在深层土壤中可存活 10～15 年。

广布全国各地。为旱地主要杂草之一。亦发生于果、桑、茶园及蔬菜地。

本属尚有大狗尾草（*Setaria faberii*）（图 4-17），植株高大，圆锥花序粗大下垂，数枚小穗簇生，第二颖长为小穗的 3/4；金狗尾（*Setaria glauca*）（图 4-18），圆锥花序直立，小穗单生，下托数枚金黄色刚毛，第二颖长只及小穗的一半。

大狗尾草为大豆田主要杂草，分布发生遍及各大豆产区。金狗尾在耕作粗发地发生较重，亦是果园主要杂草，分布几乎遍及全国。

（二）莎草科（Cyperaceae）

1. 异型莎草（球花碱草、三方草）(*Cyperus difformis*)　一年生草本。秆丛生，扁三棱形。叶短于秆。叶状总苞 2～3 片，长于花序；聚伞花序简单，每歧顶端的穗状花序呈头状；小穗多数，密聚，披针形，有花 8～12 朵；排列疏松的鳞片呈折扇状圆形，长不及 1 mm，有 3 条不明显的脉，边缘白色透明；雄蕊 2 枚，柱头 3。小坚果三棱状倒卵形，浅棕色，微小（图 4-19）。

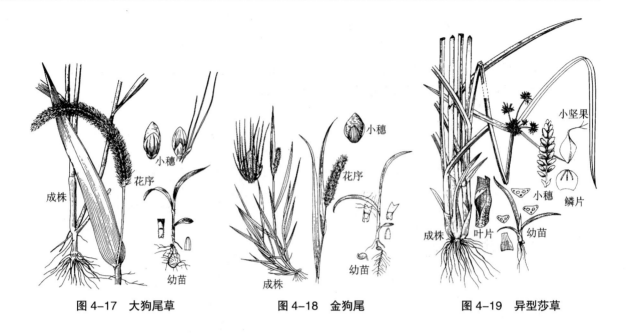

图 4-17　大狗尾草　　　　图 4-18　金狗尾　　　　图 4-19　异型莎草

幼苗：第一片真叶线状披针形，3 条平行叶脉，叶片横剖面呈三角形，能见 2 个气腔。叶片与叶鞘间无明显过渡，叶鞘呈半透明状，有脉 11 条，3 条较显。

种子萌发的适宜温度为 30~40℃，水深超过 3 cm 不宜萌发。种子成熟后有 2~3 个月的原生休眠期。

分布遍及全国。喜生于带盐碱性的土壤，有时发生较重，根浅而脆，易拔除。有时也发生于湿润秋熟旱作物田地。苄磺隆、吡嘧磺隆、恶草灵、2-甲-4 氯有较好防效。

2. 香附子（*Cyperus rotundus*）　多年生草本，具匍匐根状茎，顶端具褐色椭圆形块茎。秆锐三棱形。鞘棕色，常裂成纤维状。叶状苞片 2~3；聚伞花序简单或复出，穗状花序有小穗 3~10；小穗线形，有花 10~30 朵；花药 3，线形；花柱长，柱头 3；小穗呈棕红色。小坚果三棱状倒卵形，长约 1 mm（图 4-20）。

幼苗：第一片真叶线状披针形，具明显平行脉 5 条，常从中脉处对折，横剖面三角形。第三片真叶具 10 条明显的平行脉。

分布遍及全国。沙质地发生尤重。

多以块茎繁殖，块茎发芽的温度为 13~40℃，最适温度 30~35℃。种子亦能繁殖。香附子喜光，遮阴能明显影响块茎的形成。

3. 扁秆藨草（*Scirpus planiculmis*）　匍匐根茎，其顶端生球状块茎，多以根茎或块茎繁殖。秆较细瘦，扁三棱形。叶条形，基生和秆生。聚伞花序短缩成头状，花序下苞片呈叶状，1~3片，长于花序；鳞片矩圆形，棕褐色，螺旋状排列，顶部有撕裂状缺刻，有芒，小穗卵形或矩圆状卵形，下位刚毛 4~6，长约为小坚果的 1/2，有倒刺，雄蕊 3 枚，柱头 2。小坚果宽倒卵形，扁而两面微凹，长 3~3.5 mm，平滑而具小点（图 4-21）。

幼苗：第一片真叶针状，横剖面呈圆形，无脉，无气腔，早枯。叶鞘边缘有膜质的翅。第二片真叶有 3 条脉和 2 个大气腔。第三片叶横剖面呈三角形，也有 2 个大气腔。

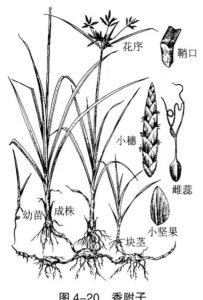

图 4-20　香附子

图 4-21　扁秆蔍草

以块茎和种子繁殖，块茎发芽的最低温度为 10℃，最适温度 20～25℃；种子萌发的最低温度为 16℃，最适温度约为 25℃。两者的原生休眠期不明显。

大多数发生在淮河沿线以北地区，尤以微盐碱性土壤常见。西南地区亦有。和水莎草相似，是北方地区水稻田较难防除的一种恶性杂草。莎扑隆、苄磺隆和吡嘧磺隆等对幼苗及萌生苗有效。苯达松、2-甲-4-氯和氯氟吡氧乙酸也都有效。

4. 水莎草（*Juncellus serotinus*）　具横走地下根茎，顶端数节膨大。秆扁三棱形。植株粗壮，花时路高出水稻。叶基部对折，上部平展。叶状苞 3 片，长于花序；聚伞花序，复出，1～3 个穗状辐射枝，花序轴被稀疏短硬毛，小穗含多数小花，宽卵形，呈 2 列，小穗轴宿存，有白色透明的翅；雄蕊 3；柱头 2。小坚果背腹压扁，面向小穗轴，双凸镜状，棕色，有细点（图 4-22）。

幼苗：全株光滑。第一片真叶线状披针形，具 5 条脉，叶片横剖面呈三角形，叶鞘膜质透明，有 5 条呈淡褐色的脉。第二、三片真叶近"V"字形，第二片真叶 7 条脉，第二片真叶 9 条脉。

以块茎和种子繁殖，萌发的最低温度为 5℃，最适温度为 20～30℃；最高温度为 45℃。

几乎遍及全国水稻产区。地下根茎较难清除，可节节萌芽成株，手拔费工费力，根茎仍留存土中，多数除草剂对之无效或效果差，是目前较难防除的一种杂草。新垦稻田发生较重，有时成片为害，做熟的田块发生较少。防除方法同扁秆蔍草。

5. 牛毛毡（*Eleocharis yokoscensis*）　多年生草本，具极细的匍匐根茎；秆密丛生，细如毛发，常密被稻田表面，状如毛毡，故得名牛毛毡。叶退化成鞘状。小穗单一顶生，卵形，含少数几朵花，每鳞片各有 1 朵花，鳞片膜质，卵形，顶端钝尖，两侧棕色，缘膜质，具下位刚毛 1～4，长为小坚果的两倍，其上有倒齿。柱头 3，具褐色小点。小坚果狭长圆形，无棱，长约 1.8 mm，淡黄白色，有细密整齐的网纹；花柱基短尖状（图 4-23）。

图 4-22 水莎草

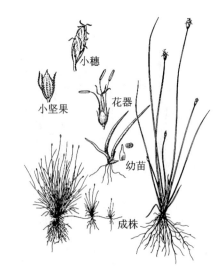

图 4-23 牛毛毡

幼苗：全株光滑。第一片真叶针状，无脉，横剖面呈圆形，中间有 2 个气腔，无明显的叶脉，叶鞘薄而透明。

分布遍及全国稻田。发生严重时，在土表形成一层毡状覆盖，夺走大量的土壤养分和水分，使水稻分蘖受阻，对产量影响较大，人工防除难度较大，但 2-甲-4-氯、杀草丹、苄磺隆、吡嘧磺隆和丁草胺等除草剂均可防除。

（三）泽泻科（Alismataceae）

矮慈姑（*Sagittaria pygmaea*）　沼生多年生草本，具球茎。叶基生，线状披针形，基部渐狭，无柄。花茎直立，花轮生，单性，雌花常 1 朵，无梗，生于下轮；雄花 2~5 朵，有 1~3 cm 的梗；萼片 3，倒卵形；花瓣 3，白色；雄蕊约 12 枚，花丝扁而阔；心皮多数，扁平。瘦果阔卵形，长约 3 mm，两侧有狭翅，顶端圆形，有不整齐锯齿（图 4-24）。

幼苗：子叶针状。下胚轴与初生根连接处膨大成球状颈环。初生叶带状披针一形，3 条纵脉与其间横脉构成方格状。后生叶纵脉更多。露出水面叶呈带状。

长江流域及其以南地区分布。耐荫，多发生于中和晚季稻田。有时较为严重。该科类似的杂草还有野慈姑（长瓣慈姑）（*S. trifolia* var. *sinenses*）。

（四）苋科（Amaranthaceae）

1. 反枝苋（*Amaranthus retroflexus*）　茎直立，幼茎近四棱形，老茎有明显的棱状突起。叶菱状卵形或椭圆状卵形，顶端尖或微凹，有小芒尖，两面及边缘有柔毛，脉上毛密。花小，组成顶生或腋生的圆锥花序；苞片干膜质，透明，顶端针刺状，长 3~5 cm；花被片 5，白色，顶端有小尖头；雄花有雄蕊 5；雌花的花柱 3。胞果扁圆形而小，盖裂，包于宿存花被内。种子细小，倒网卵形，黑色，有光泽（图 4-25）。

幼苗：子叶卵状披针形，具长柄。上、下胚轴均较发达，紫红色，密生短柔毛。初生叶 1 片，先端钝圆，具微凹，叶缘微波状，背面紫红色。后生叶顶端具凹缺。第二后生叶叶缘有睫毛。

种子萌发的适宜温度为 15~30℃，在土层 5 cm 深度内萌发。

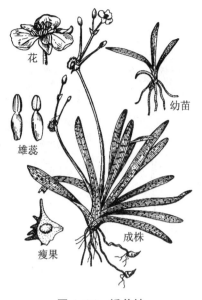

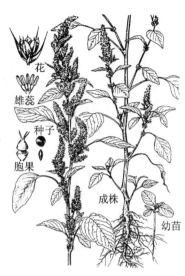

图 4-24　矮慈姑　　　　　　　　　　　图 4-25　反枝苋

秋熟旱作物地主要杂草之一。有时亦见于蔬菜地和果园。长江流域及其以北地区更为普遍。与本种同属的主要杂草还有野苋（皱果苋、绿苋）（A. viridis）、刺苋（A. spinosus）和凹头苋（A. ascendens），均为蔬菜及秋熟旱地常见杂草，全国分布。

2. 空心莲子草（水花生，革命草）（A. philoxeroides）　多年生宿根性草本。茎基部匍匐，上部伸展，中空，节腋处疏生细柔毛。叶对生，长圆状倒卵形或倒卵状披针形，表面有贴生毛，边缘有睫毛。头状花序单生叶腋，有长 1~6 cm 的总花梗；苞片和小苞片干膜质，宿存；雄蕊 5，基部合生成柄状（图 4-26）。

空心莲子草为湿润旱地重要的杂草，有时为害严重。也见于水稻田及桑园。较难防除。发生分布于华北、华东、中南和西南地区。

（五）菊科（Asteracea）

1. 鳢肠（墨旱莲）（Eclipta prostrata）　茎下部平卧，节着土易生根，全株被糙毛。茎、叶折断后有深色的水汁，植株干后呈黑褐色。叶对生，叶片披针形、椭圆状披针形或线状披针形。头状花序的直径 6~11 mm，总苞片 5~6，绿色，长椭圆形；缘花舌状白色。瘦果扁四棱形，黑褐色，长约 3 mm，有明显的小瘤状突起（图 4-27）。

幼苗：子叶卵形，具主脉 1 条和边脉 2 条，光滑无毛。下、上胚轴均发达，密被向上伏生毛。初生叶对生，全缘或具稀细齿，三出脉。

种子萌发的适宜温度为 20~35℃，需光，近土表层的籽实萌发。籽实具原生休眠。

发生遍及全国。为秋熟旱作物地主要杂草之一，湿润土壤发生更甚。

2. 刺儿菜（Cephalanoplos segetum）　多年生，有长的地下根茎，且深扎。幼茎被白色蛛丝状毛，有棱。叶互生，基生叶花时凋落，叶片两面有疏密不等的白色蛛丝状毛，叶缘有刺状齿。雌雄异株，雌花序较雄花序大；总苞片 6 层，外层甚短，苞片有刺。雄花冠短于雌花冠，但雄花冠的裂片长于后者，有纵纹 4 条，顶端平截，基部收缩（图 4-28）。

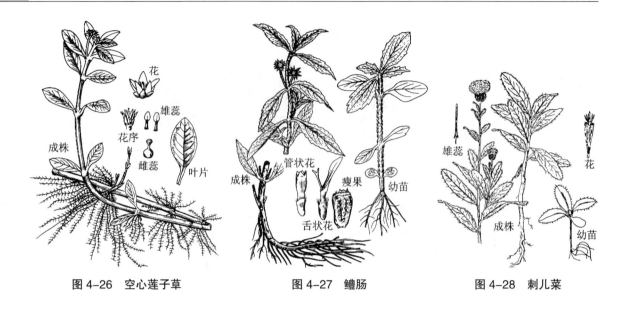

图 4-26 空心莲子草   图 4-27 鳢肠   图 4-28 刺儿菜

幼苗：子叶矩圆形，叶基楔形。下胚轴极发达，上胚轴不育。初生叶 1 片，缘齿裂，具齿状刺毛，随之出现的后生叶几乎和初生叶对生。

以根茎繁殖为主，种子繁殖为辅。春季萌发。块茎发芽的温度为 13～40℃，最适温度为 30～35℃。种子亦能繁殖。

分布遍及全国。北方及南方地下水位低的旱地（山坡地、砂性地）发生较多，是较难防除的杂草之一。但其不耐湿，水旱轮作能很有效地防治。在作物田，用草甘膦定向喷雾或播前用药防效好。

3. 苣荬菜（匍茎苦菜）（*Sonchus brachyotus*） 多年生草本，有匍匐根状茎。茎下部光滑，上部有脱落性白色绵毛。叶椭圆状披针形，叶缘有稀疏缺刻或浅羽裂，裂片三角形，边缘具尖齿。花梗与总苞多少有脱落性白色绵毛。瘦果长椭圆形，具数纵肋（图 4-29）。

幼苗：子叶阔卵形，先端微凹，上、下胚轴均较发达，光滑无毛，并带紫红色。初生叶 1 片，阔卵形，先端纯圆，叶缘有疏细齿，无毛。第 2～3 后生叶为倒卵形，缘具刺状齿，叶两面密布串珠毛，具长柄。

根茎和种子繁殖。晚春出苗。为沿海及北方地区旱性麦、油菜地危害性杂草。由于其发达的地下根茎，防除较为困难。

该属另有 2 种二年生常见杂草：苦苣菜（*S. oleraceus*），有腺毛，叶片深羽裂或提琴状羽裂，裂口朝下，裂片边缘有稀疏而短软的尖齿，柔软；瘦果肋间有粗糙细横纹。续断菊（*S. asper*），有腺毛，茎生叶片卵状狭长椭圆形，不分裂，或缺刻状半裂或羽状分裂，裂片边缘密长刺状硬尖齿；瘦果肋间无横纹；生路旁，也常侵入麦田。

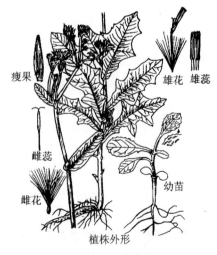

图 4-29 苣荬菜

苦苣菜属3种杂草均可做饲料，亦可做野菜食用。

4. 稻搓菜（*Lapsana apogonoides*） 一或二年生细弱草本，叶多基生，羽状分裂，顶端裂片最大，两侧裂片向下逐渐变小，茎生叶较小。为稻茬麦和油菜田主要杂草。淮河流域及其以南地区发生普遍，作物生长的前中期为害较重。

5. 泥胡菜（*Hemistepta lyratn*） 一年生草本，茎直立，茎及叶背常被白色蛛丝状毛，因而叶腹面绿色，叶背灰白色，叶大头羽状分裂。头状花序总苞5~8层，背面顶端有小鸡冠状突起。是夏熟作物田最常见的杂草，南北均有分布和为害。

（六）十字花科（Brassicaceae）

1. 播娘蒿（*Descurainia sophia*） 全株被灰白色分支毛。叶2~3回羽状分裂，裂片纤细。总状花序有多数小花，细小，黄色。长角果线形，每室具1行种子。种子多数，细小，椭圆形或长圆形，长约1 mm，暗褐色；有细网纹（图4-30）。

幼苗：子叶椭圆形，具长柄。下胚轴发达，上胚轴不育。初生叶1片，羽状裂。除下胚轴和子叶外，全株均密被分支毛和星状毛。

种子萌发的温度为3~20℃，最适温度8~15℃；适宜土层深度1~3 cm，过深至5 cm，不能出苗。该草耐盐碱。单株结实量可至5万~9万粒。种子具3~4个月的原生休眠期。

在秦岭-淮河流域以北地区发生和为害，是该区域最主要的杂草之一。

2. 遏蓝菜（菥蓂）（*Thlaspi arvense*） 植株光滑无毛，深绿色。花白色。短角果扁平，卵形或近圆形，边缘有宽翅，顶端具深凹口。种子每室有4~12粒，卵形，长约1.5 mm，黑褐色，表面有向心的环纹。

幼苗；子叶阔椭圆形，一侧常有凹缺，叶脉不显，具长柄。下胚轴发达，上胚轴不育。初生叶2，对生，近圆形，先端微凹，叶脉明显。全株光滑无毛（图4-31）。

种子萌发的温度为1~32℃，冬前出苗。种子具3~4个月的原生休眠期。

分布几乎遍及全国，但主要以长江流域以北地区发生为害普遍。嫩株可作饲料和野菜。

3. 荠菜（*Capsella bursa-pastoris*） 全株被叉状分支毛和星状毛。基生叶莲座状；茎生叶互

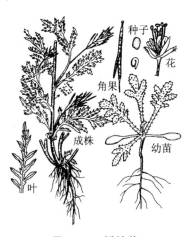

图4-30 播娘蒿

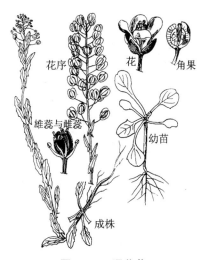

图4-31 遏蓝菜

生，披针形，边缘齿状分裂至不裂，基部箭形，抱茎。花白色，短角果，三角状心形。种子细小，长椭圆形，淡褐色。

幼苗：子叶阔椭圆形或阔卵形，全缘，具短柄。下胚轴不甚发达，上胚轴不育。初生叶2，对生。后生叶互生，叶形变化较大，叶缘细齿状分裂。幼苗全株除子叶和下胚轴外，密被星状毛和分支毛（图4-32）。

种子萌发的温度为15~25℃。种子具短的原生休眠期。

全国分布，为夏熟作物田主要杂草之一。可作蔬菜。

（七）石竹科（Caryophyllaceae）

1. 牛繁缕（*Malachium aquaticum*）　植株常带紫红，茎光滑或仅在幼茎的叶柄处及花序上有白色短软毛。叶卵形或宽卵形，基部叶有柄，上部叶无柄，基部略包茎。花5，花瓣5，再深裂几达基部，白色；花柱5。蒴果5瓣裂，每瓣顶端再2裂。种子肾形，褐色，表面有小瘤状突起（图4-33）。

幼苗：子叶卵形。初生叶阔卵形，对生，叶柄有疏生长柔毛。后生叶与初生叶相似。全株绿色，幼茎带紫色。

种子萌发的温度为5~25℃，最适温度为15~20℃；适宜土层深度0~3cm。种子具2~3个月的原生休眠期。

除东北、西北地区外的大部分省区有分布，主要发生为害于稻茬麦、油菜田，尤以地下水位高且土质黏重的湖泊滩地、洼地为甚，常与看麦娘、菵草混生为害。

常见类似种繁缕（*Stellaria media*），植株呈黄绿色，茎上有一纵行短柔毛。花柱3，果6瓣裂。常为旱性地主要杂草，尤以疏松肥沃土壤多见而与牛繁缕不同。全国分布。可作青饲料。

2. 雀舌草（*Stellaria alsine*）　茎纤细，丛生，光滑无毛。叶长卵形至卵状披针形，形似鸟雀的舌而得名，无柄或近无柄。花白色，雄蕊5枚。蒴果6瓣裂（图4-34）。除西北地区外的大部分省区均有分布。

稻茬油菜或麦田的一种主要杂草，尤以沙壤土发生严重。常和看麦娘混生为害。

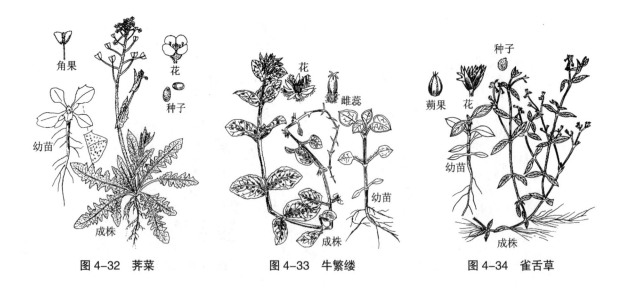

图4-32　荠菜　　　　　图4-33　牛繁缕　　　　　图4-34　雀舌草

该科还有重要的2种直立草本杂草：麦瓶草（米瓦罐）（*Silene conoidea*），全株被腺毛；基生叶匙形，茎生叶长卵形或披针形，叶基抱茎；花萼筒于果时基部膨大，卵形，上部狭缩，形似花瓶状。麦蓝菜（王不留行）（*Vaccaria segetalis*）全株光滑无毛；茎基部叶长椭圆形；茎上部叶长椭圆状披针形，基部圆形或心形，无柄；花萼筒上有5棱角，花后基部膨大，顶端明显狭窄。这两种杂草多发生于秦岭-淮河以北地区旱地，也见于西南高海拔地区，是这些地区麦田最常见的杂草。2-甲-4-氯、百草敌、苯磺隆等可防除。

（八）藜科（Chenopodiaceae）

藜（灰条菜）（*Chenopodium album*） 茎直立，粗状，有沟纹和绿色条纹，带红紫色。茎下部的叶片菱状三角形，有小规则牙齿或浅齿，基部楔形；上部的叶片披针形，尖锐，全缘或稍有牙齿；叶片两面均有银灰色粉粒，以背面和幼叶更多。花簇生并构成圆锥花序；花黄绿色。胞果光滑，包于花被内；果皮有小泡状皱纹或近平滑。种子卵圆形，扁平，黑色（图4-35）。

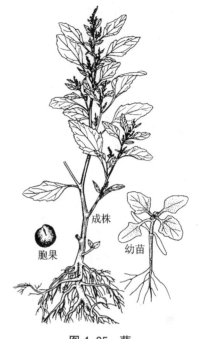

图4-35 藜

幼苗：子叶长椭圆形，背面有银白色粉粒，具长柄。上、下胚轴均很发达，前者红色，后者密被粉粒。初生叶2片，对生，三角状卵形，叶缘微波状，两面均布满粉粒。后生叶卵形，叶缘波齿状。幼苗全体灰绿色。

种子萌发的温度为5~40℃，最适温度为15~25℃；土层深度在5 cm以内。

全国都有分布，但以秦岭-淮河一线以北地区麦田发生较为普遍和严重，为该地区最主要的杂草之一。南方地区多发生于路旁、宅边和果园。以为害中后期小麦生长为主。在南方为夏秋季杂草。

本科重要杂草还有小藜（*Chenopodium serotinum*），似藜，但茎下部叶明显3裂，近基部的2裂片短；叶椭圆形或三角形；茎中部叶片椭圆形，缘有波状齿。果皮有蜂窝状皱纹，种子边缘有棱。麦田常见杂草，偶见发生量较大而成景观的。在小麦生长后期危害。

此外，还有灰绿藜（*C. glaucum*），茎下部平卧或斜上；叶厚，肉质；下有较厚的白粉。发生与分布同上。

（九）旋花科（Convolvulaceae）

打碗花（*Calystegia hederacea*） 叶三角形或戟形，基部两侧有分裂。苞片2枚，卵圆形，紧贴萼外；萼片长圆形，无毛，宿存；花冠漏斗形，长2~3.5 cm；雄蕊5，不伸出花冠外，花丝基部扩大，有细鳞毛。蒴果卵圆形，光滑。种子卵圆形，黑褐色，表面有小疣（图4-36）。

根芽和种子繁殖，春季出苗。

夏熟作物田常见杂草，中后期为害为主，有时较为严重。亦

图4-36 打碗花

为害秋熟旱作物如玉米、棉花和大豆等。也生路旁、荒地。东北、华北、西北、华东各地分布。

该科常见的杂草还有田旋花（*Convolvulus arvensis*），多年生缠绕草本。根状茎横走。苞片2，线形，与萼远离，而与打碗花不同。根芽和种子繁殖，春季出苗。以在秦岭－淮河流域一线以北地区发生为主。

（十）菟丝子科（Cuscutaceae）

1. 菟丝子（中国菟丝子）（*Cuscuta chinensis*）　一年生寄生草本。茎纤细缠绕，黄色。无叶。花簇生成小伞形或小团伞形花序；苞片和小苞片存在；花萼杯状，5裂，裂片三角形，中部以下连合；花冠壶形或钟形，白色，长为花萼的2倍，5裂，裂片三角状卵形，向外反折，宿存；雄蕊5枚，花丝短，鳞片5，长圆形，边缘流苏状；子房近球形，花柱2，柱头头状，宿存。蒴果近球形，稍扁，成熟时被宿存花冠全部包住，盖裂。种子2～4粒，淡褐色，卵形，表面粗糙，具明显的喙（图4-37）。

幼苗：丝状，呈淡绿色，顶端作缠绕状，但一旦缠上寄主即转变为黄色。

种子萌发的温度为15～35℃，最适温度为24～28℃；土层深度0～3 cm。

分布于东北、华北、华东、西南等省区。危害大豆，发生严重时可导致大豆品质和产量严重降低，甚至颗粒无收。也为害花生、芝麻、苘麻、马铃薯。种子可入药。

2. 南方菟丝子（*Cuscuta australis*）（图4-37）　与菟丝子主要区别是：花萼裂片3～4（少有5）枚，长圆形或近圆形，不等长；花冠淡黄色，裂片长圆形，直立；鳞片小，边缘短流苏状，蒴果下半部为宿存花冠所包，不规则开裂；种子的喙不显著。其分布和危害同菟丝子。

（十一）大戟科（Euphorbiaceae）

铁苋菜（海蚌含珠）（*Acalypha australis*）　一年生草本，全株被柔毛，叶互生，椭圆状披针形，叶脉三出。雄花成顶生或腋生的穗状花序，紫红色，雄花萼4裂，雄蕊8，下有叶状肾形苞片1～3，合时如蚌而得名；雌花生于雄花的基部；雌蕊三心皮构成，3室、3个花柱，每柱上成二裂的柱头。蒴果，钝三棱形，基部托衬有一大苞片。种子近球形，褐色（图4-38）。

图4-37　菟丝子和南方菟丝子

I 为南方菟丝子

图4-38　铁苋菜

幼苗：子叶宽矩圆形，三出脉，无毛。上、下胚轴均发达，密被毛，前者斜垂直生，后者弯生。初生叶 2，对生，缘钝锯齿状，叶面密生短柔毛。

种子萌发的适宜温度为 10~20℃。

该科还有地锦草（*Euphorbia humifusa*）和斑地锦（*E. supina*），均为匍匐草本。

几乎遍及全国发生为害，为秋熟旱作物地最主要的杂草之一。

（十二）豆科（Leguminosae）

大巢菜（救荒野豌豆）（*Vicia sativa*）　一年或二年生攀缘草本。偶数羽状复叶，顶端小叶常变成卷须，小叶 4~8 对，长椭圆形或倒卵形，较宽，顶端截形，微凹，有小尖头；花 1~2 朵腋生，紫红色；荚果线形，具种子数粒；种子圆球形，成熟时黑褐色（图 4-39）。

幼苗：下胚轴不发育。上胚轴发达，带紫红色。初生叶鳞片状，幼苗主茎上的叶子均为由 1 对小叶所组成的复叶，顶端具小尖头或卷须。侧枝上的叶子为倒卵形小叶所组成的羽状复叶，小叶顶端钝圆或平截，缘有睫毛。托叶呈戟形。

种子萌发的温度为 5~30℃，最适温度为 20℃；土层深度 0.5~15 cm，最适土层 2~4 cm。籽实具 3~4 个月的原生休眠期。

分布于华北、西北、华东、华中、西南各省区。在旱地或部分稻麦连作田危害发生严重。

同属相似种还有广布野豌豆（*V. cracca*），总状花序腋生，有花 7~15 朵，花冠紫色或蓝色。荚果长椭圆形，宽扁，具种子 3~5 粒。广布南北各省区，但北方地区更为普遍。四籽野豌豆（*V. tetrasperma*），总状花序腋生，常仅有 1~2 朵紫蓝色小花，总梗细柔，荚果常含 4 粒种子；小巢菜（*V. hirsuta*），腋生总状花序，有数朵小花，花序被短柔毛，荚果短小，含种子 1~2，可以相互区别。

（十三）千屈菜科（Lythraceae）

节节菜（*Rotala indica*）　一年生矮小草本，茎丛生，呈四棱形，基部常生出不定根。叶对生，无柄，叶片倒卵形、椭圆形或近匙状长圆形。花小，排列成腋生的穗状花序，苞片卵形或阔卵形；小苞片 2，披针形或钻形；花萼钟形，4 裂；花瓣 4，淡红色，极小，短于萼齿；雄蕊 4；花柱线形，长为子房之半或相等。蒴果椭圆形，常 2 裂。种子小，倒卵形或长椭圆形（图 4-40）。

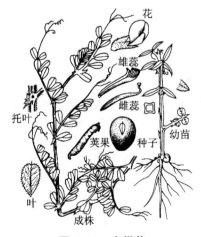

图 4-39　大巢菜

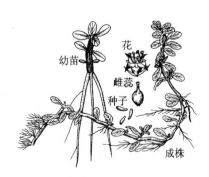

图 4-40　节节菜

幼苗：子叶匙状椭圆形。初生叶匙状长椭圆形，先端钝，全缘，1条脉，无柄。后生叶阔椭圆形，始现羽状叶脉。

春季萌发，以秋季为害最甚，多发生于中晚稻田，是主要杂草。分布发生于秦岭-淮河一线及其以南地区。

该科类似杂草还有圆叶节节菜（*Rotala rotundifolia*），长江以南地区稻田常见，为南岭一线及其以南地区稻田主要杂草，也发生于湿润秋熟旱作物田。类似杂草还有水苋菜（*Ammannis bacifera*）、耳基水苋（*A. arenaria*）和多花水苋（*A. multiflora*），常见于水稻田，但为害都不甚严重。多分布于秦岭-淮河一线以南地区。

（十四）蓼科（Polygonaceae）

1. 萹蓄（*Polygonum aviculare*） 植株被白粉；茎丛生，匍匐或斜升。叶片线形至披针形，近无柄；托叶鞘膜质，下部褐色，上部白色透明，有明显脉纹。花1~5朵簇生叶腋，露出于托叶鞘之外，花梗短，基部有关节；花被5裂，裂片椭圆形，略绿色，边缘白色或淡红色；雄蕊8；花柱3裂。瘦果卵形，3棱形，褐色或黑色，有不明显小点（图4-41）。

幼苗：子叶线形，无柄。下胚轴发达，红色；上胚轴不育。初生叶1片，倒披针形，具短柄，基部有膜质托叶鞘，鞘口齿裂。幼苗全株光滑无毛。

种子萌发最适温度为10~20℃，土层深度1~4cm。

夏熟作物田主要杂草之一，分布几乎遍及全国，但以北方地区发生为害较重。

2. 酸模叶蓼(旱苗蓼，大马蓼)（*Polygonum lapathifolium*） 茎直立，粉红色，节部膨大，常散生暗红色斑点；叶形及大小多变，披针形至椭圆形，两面沿主脉及叶缘有伏生的粗硬毛；近中部常有大形暗斑；托叶鞘膜质，淡褐色，筒状，纵脉纹明显，顶端截形，无缘毛。穗形圆锥花序，苞片斜漏斗状，膜质，边缘疏生短睫毛；花瓣白色至粉红色，4深裂；雄蕊6；花柱2裂，向外弯曲。瘦果卵圆形，扁平，两面微凹，黑褐色，光亮（图4-42）。

幼苗：子叶卵形，具短柄。上、下胚轴发达，淡红色。初生叶1片，背面密生白色绵毛，具柄，基部具膜质托叶鞘，鞘口平截而无缘毛。

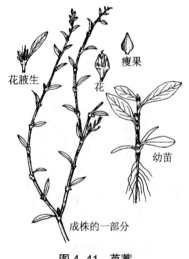

图4-41   萹蓄

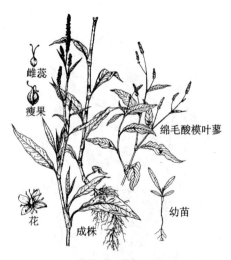

图4-42   酸模叶蓼和绵毛酸模叶蓼

另有一变种，绵毛酸模叶蓼（var. *salicifolium*）（图 4-42）叶片长披针形，下面密生白色绵毛。种子萌发的最适温度为 15~20℃；土层深度在 5 cm 以内。具原生休眠期。

常生于田间和沟边。为夏熟作物田主要杂草之一，亦发生于秋熟旱作物田。几乎遍及全国，但以福建、广东和东北的一些省份发生和为害较为严重。

同属还有水蓼（辣蓼）（*P. hydropiper*），在南方地区以春夏季发生为多，福建部分地区发生危害较重。卷茎蓼（*P. convolvulus*），北方地区重要的麦类作物田杂草，亦为害大豆、玉米等秋熟旱作物，尤以东北、华北北部和西北地区为害严重，淮河流域及其以南地区只偶见于秋熟旱作田。

（十五）雨久花科（Pontederiaceae）

鸭舌草（*Monochoria vaginalis*）　叶卵形、卵状披针形至披针形，基部圆形或浅心形，叶柄基部有鞘。总状花序不高出叶，从叶鞘中抽出，有花 3~6 朵，花蓝色，略带红，雄蕊 6，其中 1 个较大。蒴果卵形，长不及 1 cm。种子卵圆形至长圆形，表面有纵纹（图 4-43）。

幼苗：子叶伸长将胚推出种壳外，先端仍留在壳中，膨大成吸器。下胚轴与初生根之间有节，甚至膨大成颈环。上胚轴缺。初生叶披针形，3 条纵脉及其间横脉构成方格状。露出水面叶渐变成披针形至卵形。

种子萌发的温度为 20~40℃，最适温度约为 30℃，适宜的土壤深度为 0~1 cm。光暗交替适于萌发。种子具 2~3 个月的原生休眠期。

鸭舌草为稻田发生普遍、为害较重的一种杂草，多耐阴，占据下层空间，争夺土壤养分。苄磺隆、恶草灵对其有较好的防效。

（十六）马齿苋科（Portulaceceae）

马齿苋（马菜）（*Portulaca oleracea*）　一年生肉质草本。茎带紫红色，匍卧状。叶楔状长圆形或倒卵形，互生或近对生。花 3~5 朵生枝顶端，花萼 2，下部与子房连合；花瓣 4~5，黄色，裂片顶端凹；雄蕊 10~12；花柱顶端 4~5 裂。蒴果盖裂。种子细小，扁圆，黑色，表面有细点（图 4-44）。

图 4-43　鸭舌草

图 4-44　马齿苋

幼苗：子叶椭圆形或卵形，先端钝圆，无明显叶脉，稍肥厚，带红色，具短柄。上胚轴较发达，带红色。初生叶 2 片，对生，边缘有波状红色狭边，仅见 1 条中脉。

种子萌发的温度为 17~43℃，最适温度为 30~40℃；土层深度 3 cm 以内。

秋熟旱作物地主要杂草之一，也发生于蔬菜地。全国各地几乎均有发生。

（十七）眼子菜科（Potamogetonaceae）

眼子菜（水上漂）（*Potamogeton distinctus*） 浮水多年生草本，具细长的根状茎，其顶端数节的芽和顶芽膨大成"鸡爪芽"。浮水叶卵状披针形，近长椭圆形，近革质，沉水叶线形，具膜质的托叶。穗状花序。果实斜倒卵形，背部有 3 脊，中脊明显突起，侧脊不明显，顶端近扁平。种子近肾形；无胚乳（图 4-45）。

图 4-45 眼子菜

幼苗：子叶针状。上胚轴缺如。初生叶带状或带状披针形，先端急尖或锐尖，全缘，托叶成鞘，顶端不伸长，叶 3 条脉。露出水面叶渐变成卵状披针形。

根茎和种子均可繁殖，以根茎无性繁殖为主。根茎萌芽的最适温度为 20~35℃。

土壤黏重的稻田发生较重，亦是稻田较难防除的杂草之一，北方稻田为害尤重。水旱轮作有较好的控制作用，扑草净防效最好，2-甲-4 氯和敌草隆亦有效。

（十八）茜草科（Rubiaceae）

猪殃殃（*Galium aparine* var） 蔓生或攀缘状草本，茎四棱形，棱和叶背中脉及叶缘具倒生的细刺。叶 6~8 片轮生，花 3~10 朵组成或顶生或腋生的聚伞花序，黄绿色。果实球形，密生钩毛，果柄直立（图 4-46）。

幼苗：子叶阔卵形，先端微凹。上胚轴四棱形，并有刺状毛。初生叶亦阔卵形，4 片轮生，后生叶与前叶相似。幼根呈橘黄色。

种子萌发的温度为 2~25℃，最适温度为 11~20℃；适宜土层深度 0~6 cm。籽实具约 3 个月的原生休眠期。

全国大部分地区有分布，是旱性麦地危害最重的杂草之一，有时与单季稻轮作的田块亦有发生。对多数除草剂敏感性差，苯达松（麦田）、草除灵（油菜田）有效，在 2~5 叶期用药较佳。氯氟吡氧乙酸与 2-甲-4-氯合剂也有较好防效。

与之特征近似的另一种为麦仁珠（*Galium tricorne*）（图 4-46），其与前者的区别是花常 3 朵成腋生聚伞花序，花冠白色，花柄在花后下垂。果实具短毛，下垂。多分布于淮河沿岸及以北的旱性麦田，稻麦轮作田无此种。该种多不耐渍。百草敌和 2-甲-4-氯对其有较好的防效。

（十九）玄参科（Scrophulariaceae）

波斯婆婆纳（阿拉伯婆婆纳）（*Veronica prsica*） 有柔毛，下部伏生地面，斜上。基部叶对生，上部叶互生。花单生于苞腋，苞片叶状，花萼 4 裂，花冠淡蓝色，4 裂，不对称，花柄长于苞片。蒴果 2 深裂，两裂片叉开 90° 以上，花柱显著长于凹口。种子长圆形或舟形，腹面凹入，表面有皱纹（图 4-47）。

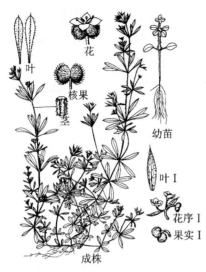

图 4-46 猪殃殃和麦仁珠

Ⅰ 为麦仁珠

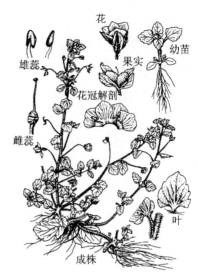

图 4-47 波斯婆婆纳

幼苗：子叶阔卵形。上胚轴被横出直生毛。初生叶卵状三角形，叶缘有粗锯齿和短睫毛，叶片和柄密生柔毛。

分布于长江流域各省区。

种子萌发的适温为 8～15℃；适宜土层深度 1～3 cm。籽实具 3 个月左右的原生休眠期。

为冲积土地区旱地的恶性杂草。对麦类、油菜等夏熟作物以及棉花、大豆、玉米等秋熟作物的苗期造成较严重的危害。该草节处常生根，人工防除较困难。

小　结

农田杂草是能够在农田生境中不断自然繁衍其种族的植物。杂草具有适应性广、繁殖能力强等与种族繁衍密切相关的特征，从而导致其对农业生产的危害性。

杂草生态学是研究杂草与其环境之间关系的科学，包括个体、种群和群落 3 个水平。

杂草种子的休眠受内、外两类因素的制约，其萌发需适宜的水分、氧分压和温度等。

杂草种子库动态决定了杂草发生的数量，杂草种群与作物之间存在竞争和化感作用，竞争临界期和经济阈值是制定杂草防除的时间和措施决策的重要指标。

杂草群落结构和分布受各种农业措施和自然环境条件的制约，并随之改变而发生演替，直至达到与之相应的稳定的顶级杂草群落。

中国农田杂草约 1 400 种，其中恶性杂草 37 种。中国杂草可区划为 5 个杂草区，下属 7 个杂草亚区。

杂草可以按形态学、生物学特性、系统学和生境生态学进行分类。中国农田主要杂草包括：禾本科的看麦娘、日本看麦娘、野燕麦、菵草、马唐、毛马唐、稗、无芒稗、西来稗、旱稗、长芒稗、光头稗、牛筋草、白茅、千金子、硬草和狗尾草；莎草科的异型莎草、香附子、扁杆藨草、水莎草、牛毛毡；阔叶杂草中的矮慈姑、反枝苋、空心莲子草、鳢肠、刺儿菜、苣荬菜、播娘蒿、遏蓝菜、荠菜、牛繁缕、雀舌草、藜、打碗花、菟丝子、铁苋菜、大巢菜、节节菜、萹蓄、酸模叶蓼、鸭舌草、马齿苋、眼子菜、猪殃殃和波斯婆婆纳等。

数字课程学习

⤓ 教学课件　　✎ 思考题

第五章　农业鼠害

鼠类是重要农作物有害生物，不仅在作物生长期取食种苗及籽实，还在作物储存期大量盗食，鼠类构筑的洞穴也给农田及堤坝带来隐患。农作物害鼠种类多、习性复杂、活动能力强，因此，只有充分了解重要农业害鼠的种类及其生活习性，掌握主要作物鼠害的发生规律和防治途径，才能有效地控制鼠害，降低作物损失。

第一节　鼠类的概念及形态特征

一、鼠类的概念

鼠类通常是指哺乳纲、啮齿目（Rodentia）的动物。其典型特征是上、下颌上各长有一对非常强大的门齿，其形状呈锄状，并且终生不断生长。啮齿目动物正是依靠这两对门齿啮咬食物、打穴穿洞，保证其取食和生存。

有时鼠类是指鼠形动物，即与鼠科动物形态相似的动物，包括啮齿目除豪猪科以外的动物和部分兔形目动物。兔形目（Lagomorpha）动物与啮齿目动物的区别是长有前、后两对上门齿，但在形态结构和生态习性等方面，都与啮齿目动物非常相似。而植物保护上常说的害鼠，则泛指啮齿目和兔形目中的所有有害动物。

鼠类是哺乳动物中的一大类群，在全世界已知的 4 200 多种哺乳动物中，鼠类就有 1 700 余种，约占总数的 40%；我国已知啮齿目动物有 220 种。

二、鼠类的形态特征

（一）外部形态

鼠类大多体形较小，全身被毛，体躯可分为头、颈、躯干、四肢和尾 5 个部分（图 5-1）。

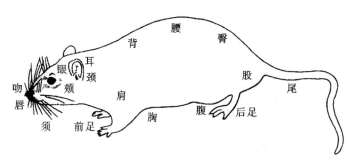

图 5-1　鼠的外部形态（仿沈兆昌）

1. 头　鼠的头部很发达，向前伸长，是脑、感觉器官（眼、耳、鼻等）和摄食器官（口部）的着生部位，因而头是取食和感觉的中心。头部的最前端为吻，吻的下方为口，口中有舌，口的下方为唇，口的周围长有多根具有感觉功能的胡须。吻的上面部分为鼻，为嗅觉器官。头部的侧面部分称颊，有些种类的颊非常发达，在口腔内形成颊囊，具有临时储存食物的功能。头部侧面中部的背后方着生有眼，为视觉器官。在眼的背后方着生有耳，为听觉器官。头部背面、吻的后部区域为额。头部的腹面、唇的后部为喉。

2. 颈　耳的后面连接头与躯干的部分是颈部。

3. 躯干　是鼠身的主体，内部包含有内脏，下方着生有四肢，因此躯干是运动和繁殖的中心。躯干由前向后背面依次为背部、腰部、臀部，腹面依次为胸部、腹部。前肢上端的区域称为肩，后肢上端的区域称为股。雌鼠的腹面着生有 3～6 对乳头，腹末端有尿道口、阴门及肛门 3 个孔；雄鼠的腹末端仅有生殖孔和肛门 2 个孔，并可见到阴囊和隐于包皮中的阴茎。鼠的体长指从吻端至肛门间的距离。

4. 四肢　前肢由上臂、前臂和前足 3 部分组成，前足又分为掌、腕、指 3 部分，指上着生有爪。后肢由股、胫、跗和后足 4 部分组成，后足又分为跖和趾两部分，在趾上亦着生有爪。鼠的趾（指）上的爪都朝向前方，有利于支撑身体和快速行进。

5. 尾　鼠的尾部是躯体的最末端部分，为一细长的鞭状物，具有平衡身体的作用。尾上长有毛或鳞片。尾部的发达程度在不同的鼠种间差异很大。

鼠类的外部形态在不同鼠种间变化较大，因此是鉴别鼠种的重要依据。常用的特征有体长、耳长、尾长、体毛和尾毛的颜色及疏密、前、后趾及爪的长度，趾数，吻的长度等。体长和体重常用来划分鼠龄。

（二）骨骼形态

鼠类的骨骼系统具有重要的生理功能：①支撑身体各部分，保持一定的体形；②保护内部器官，如脑、心、肺等；③在运动中起杠杆的作用；④骨髓具有造血的机能；⑤骨骼内储存有钙、磷等，可调节血液中钙和磷的含量。

鼠类的骨骼系统包括头骨、脊柱、胸骨和肋骨以及肢骨等 4 部分（图 5-2）。

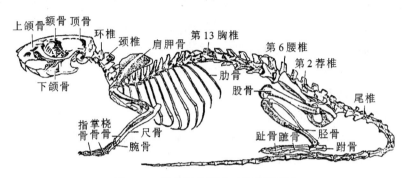

图 5-2　鼠的骨骼形态（仿杨安峰）

1. 头骨　头骨包括颅骨和下颌骨两部分。颅骨主要由鼻骨、额骨、顶骨、前颌骨、上颌骨、腭骨、颧骨、蝶骨、听泡及枕骨组成。下颌骨上只有一对齿骨。

头骨的形态构造（图 5-3）在鼠种的鉴定中最为重要，鼠种的鉴定以头骨为最终依据。常用的头骨特征有颅全长、颅基长、腭长、上齿隙长、上齿列长、额宽、眶间宽、眶后宽、颅宽、听泡长、听泡宽等。

2. 脊柱　脊柱由一系列椎骨组成，从前到后依次为颈椎、胸椎、腰椎、荐椎和尾椎 5 部分。各椎骨由韧带连接构成脊柱。椎骨间有一层软骨垫，称为椎间盘，可减少脊椎骨活动的摩擦。脊椎骨的中央形成椎管，其中容纳脊髓和血管等。

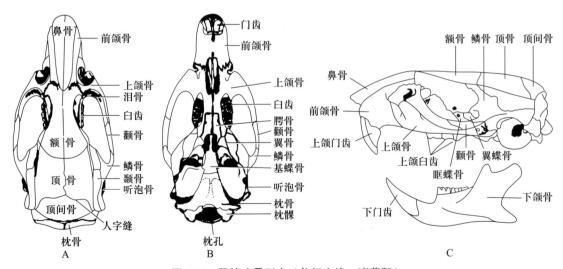

图 5-3　鼠的头骨形态（仿杨安峰、诸葛阳）

A. 背面观；B. 腹面观；C. 侧面观

3. 胸骨和肋骨　胸骨是位于胸部腹面中央的一系列骨片，肋骨则位于胸椎和胸骨之间，每个胸椎都与肋骨相连，并与肋骨和胸骨一起构成胸廓。

4. 肢骨　肢骨指四肢上的骨片，分前肢骨和后肢骨。前肢骨包括肱骨、桡骨、尺骨、腕骨、掌骨和指骨；后肢骨包括股骨、胫骨、腓骨、跗骨、跖骨和趾骨等。

（三）牙齿及齿式

鼠类的牙齿着生于颅骨和下颌骨上。与其他哺乳动物相同，鼠类的牙齿依形态和功能可分为门齿、犬齿（缺失）、前臼齿和臼齿。门齿在最前面，其他依次向后排列。由于鼠类的犬齿缺失，因此在门齿和前臼齿间留下一空隙，称为齿隙（或齿间隙）。同一鼠种的前臼齿和臼齿在形态上区别不大，通常共称为颊齿；但不同鼠种的颊齿在形态上变化很多，以适应不同的食性。

表示牙齿排列数目的方式称为齿式（teeth-formula）。齿式是哺乳动物的稳定特征，齿式的表述方式一般有两种。一种是分式的方式，如松鼠科的齿式为 1、0、2、3/1、0、1、3 = 22。其中分子和分母分别代表上颌和下颌，4 个数字依次为门齿、犬齿、前臼齿和臼齿的个数。齿式表述的第二种方式为字母的上下标方式，如松鼠科的齿式表示为 I_1^1、C_0^0、P_1^2、$M_3^3 = 22$。其中，I、C、P 和 M 分别代表门齿、犬齿、前臼齿和臼齿，上标数字表示上颌的齿数，下标数字表示下颌的齿数。

第二节　鼠类的生物学习性

一、栖息地及洞穴

（一）栖息地

鼠的栖息地是指鼠类筑窝居住、寻找食物、交配繁殖以及蛰眠越冬等活动的场所。根据鼠类对环境的适应性，从地理分布上可将鼠类分为广布型和狭布型两大类。前者对环境的适应性强，分布范围广；而后者对环境有较高的选择性，受气候、土壤、食物等因素的影响很大，只分布在特定的区域。

1. 栖息地类型　鼠类在分布区域内，由于植被、土壤、地貌以及小气候等的不同，其栖息地又可分为最佳栖息地、可居栖息地和不适栖息地 3 种。最佳栖息地具备该鼠种生存的最佳条件，有丰富的食物资源、适宜的活动范围以及合适的筑巢营地，可满足生活和繁殖等各方面的要求。因此在最佳栖息地内，鼠的密度常常很高。在可居栖息地内，各方面条件可维持鼠的生存和繁殖，但不能形成高密度的种群。在不适栖息地内，鼠的生存和繁殖受到不利的影响。

2. 不同鼠类的最佳栖息地　在中国，鼠类的最佳栖息地一般有如下 7 类。

（1）农田　以农田为最佳栖息地的种类很多，且鼠的种群密度较高。农田耕作和栽培水平的不断提高，为害鼠提供了丰富的食物资源，使害鼠密度不断上升。栖息在北方农田的害鼠以黑线仓鼠、大仓鼠、达乌尔黄鼠、中华鼢鼠、褐家鼠和黑线姬鼠为主，栖息在南方农田的鼠种则以黄毛鼠、板齿鼠、褐家鼠和黑线姬鼠为主。

（2）家舍　以村镇城市为最佳栖息地的鼠种称为家栖种，主要有褐家鼠、黄胸鼠和小家鼠等 3 种。它们也常栖息活动于靠近村舍的农田。

（3）草原　以此为最佳栖息地的鼠种较多，约有 40 种。常见的有草原黄鼠、布氏田鼠、草原旱獭、跳鼠等。它们取食牧草，挖土打洞引起牧草失水枯死。

（4）森林　在北方的针叶林带，栖息的主要鼠种有灰鼠和小飞鼠等，主要以松子和果仁为食；在地面活动的一些种类，取食林木种子和幼苗等。在南方热带雨林中，树栖的有黄胸鼠、黄毛鼠和各种绒鼠。

（5）高原　以此为最佳栖息地的鼠种主要是分布在新疆、青海和内蒙古等地的几种旱獭。它们栖息在海拔 1 500 m 以上的森林草甸等山区。

（6）沙漠　以沙漠和半沙漠地区作为最佳栖息地的有沙鼠和跳鼠，它们取食梭梭，挖吃沙蒿、柠条和沙米等植物的种子。

（7）水域　属于半水栖的鼠种主要有河狸和水獭，生活于新疆等地植物繁茂的河流和沼泽地。

（二）洞穴

鼠的洞穴既是储粮、越冬、休息、繁殖的场所，也可用于隐藏身体、逃避敌害。鼠类洞穴的形式多种多样，其构造与鼠的种类及其生活环境、活动季节等有关。隐藏条件好的林地、灌丛中的鼠类利用石隙、草窝、树洞营建比较简单的洞穴。越冬鼠种的洞系也往往比较简单，仅 1 ~ 2 个洞口，窝巢位于最深处，与当地冻土层的深度大致相同。在冬眠期间，将洞口封闭，避免空气流通。

农田、家舍鼠类的洞穴一般比较复杂，特别是日行性群居鼠种的洞穴更为复杂。饲养场和食品加工厂的鼠类的洞系非常复杂。但小家鼠由于活动范围小，在粮袋、杂物内即可做窝，洞穴比较简单。

典型的洞穴通常由洞口、洞道、窝巢、仓库、粪洞、盲道、暗窗及洞外的跑道等部分组成，称为洞系。鼠类模式洞系如图 5-4 所示。相对简单的如黑线姬鼠的洞系，一般有 2 ~ 3 个洞口，洞道短而浅，长 1 ~ 2 m，有 2 ~ 4 个分支，一个圆形窝巢，无粪道和仓库（图 5-4）。而比较复杂的则如布氏田鼠的洞系，洞口多，洞口有抛土，并且根据季节不同，还可分为冬季洞和夏季洞。前者常有洞口 8 ~ 16 个，多时达数十个，洞道很长，且纵横交错；夏季洞则无仓库，窝巢较小，洞口只 3 ~ 10 个，洞道短。此外，如中华鼢鼠的洞系分为 3 层：第一层距地面 8 ~ 15 cm，为与地面平行的一条主干道，沿主道两侧有多条觅食通道；主干道下边距地面约 20 cm 处为第二层洞道，为常住洞，洞道宽大，内有临时仓库；再往下为第三层，距地面 150 ~ 300 cm，为其"老窝"，有仓库、巢室、粪道和盲道等，结构齐全。

在不同的环境中寻找和区别鼠的洞穴，是识别鼠种和指导灭鼠的有效方法。此外，一般有鼠的洞口光滑、整齐、无蛛网，或洞口周围有新鲜、疏松的土堆以及粪便和尿迹，或洞口周围有被咬

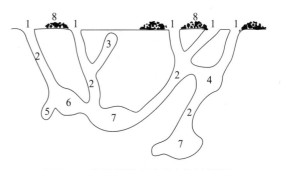

图 5-4　鼠类的模式洞系（仿赵肯堂）

1. 洞口；2. 洞道；3. 暗窗；4. 窟；
5. 盲道；6. 厕所；7. 窝巢；8. 抛土

食的庄稼和植物残迹。不同鼠种的抛土方式也不同，如鼹形田鼠、黄鼠等的抛土，在洞外形成土丘；跳鼠的抛土，在洞外形成条状土带等。

二、活动与取食

（一）活动

鼠的活动包括觅食、打洞、筑巢、求偶、避敌、迁移等。鼠的活动与鼠种、鼠龄、栖息环境、气候条件和季节变化等有密切的关系。

根据鼠的昼夜活动规律，将鼠类分为白昼活动型、夜间活动型和昼夜活动型 3 种类型。白昼活动型的鼠种有黄鼠、布氏田鼠、花鼠等，它们一般白天活动，夜间休息；夜间活动型的有黑线仓鼠、黑线姬鼠、大仓鼠等，它们夜间活动，白天很少出洞；昼夜活动型的如小家鼠、褐家鼠、巢鼠等。

气候和季节的变化对鼠的活动有一定的影响。白昼活动型的鼠种，在阴雨和有风的天气，活动较少；春秋季节，气温较低，一般在中午活动较多，在夏季高温季节，则在早晨和午后活动较多。夜间活动型的鼠种大多在日落后和日出前活动，但也有些种类在午夜时活动较多。某些有储粮习性的鼠种，在秋季往往延长取食活动的时间，以盗运粮草。

多数鼠种在出生后 3 个月到两年内活动能力最强，幼鼠和老体鼠的活动能力则较弱。在觅食、交配和筑巢时，鼠的活动变得频繁。雌鼠在怀孕和哺乳期间，活动减少。

对于家栖鼠和农田鼠种，其活动多循一定的路线。如褐家鼠在住宅区沿墙根、墙角、下水道夹角等行走，天长日久便形成明显的跑道。再如黑线仓鼠等鼠种，在农田取食活动时常沿沟渠底部和田埂行走，形成跑道。了解不同鼠种的活动习性可指导有效的防治。

不同鼠种活动范围的大小也不一样。家栖鼠一般在住宅区内活动，活动范围在 30 ~ 60 m；农田鼠种一般在农田、草地、荒坡上活动，范围较大，如达乌尔黄鼠的活动范围可达 300 ~ 500 m，布氏田鼠的迁移距离可达 4 ~ 10 km。

幼鼠与亲鼠分洞是鼠类扩散的主要原因，食物、气候和农事操作也会造成一些鼠种的迁移。

（二）取食

鼠类的活动大多是为了寻找食物，从中摄取各种营养物质。根据取食食物种类的多少，鼠类从食性上可分为狭食性和广食性两大类。狭食性种类只取食一种或几种食物，如复齿鼯鼠主要取食柏树叶和鳞果，松鼠主要取食红松松子。但自然界中多数鼠种属广食性种类，且取食对象主要为植物性食物，少数为动物性食物，有时还有微生物。如大仓鼠的食物除花生、大豆、绿豆、玉米、谷子、高粱、多种杂草及植物种子外，还有蝼蛄、金龟子、棉铃虫等动物食物。食性最广的要数褐家鼠，在田间主要取食各种农作物的绿色部分和收获部分，喜食各种瓜果蔬菜，有时也取食昆虫、田螺等；在住宅内，凡是人吃的食物，它都可取食，还可取食肥皂、蜡烛、蚯蚓和多种昆虫等。

鼠类对食物的选择不但取决于食物的营养价值和食物的适口性，还取决于食物的可获得性。在食物种类和数量均丰富的环境中，鼠类首先选择那些适口性好、营养价值高的食物种类；但当喜食食物缺乏时，鼠类就会取食那些适口性和营养较差、但数量丰富的食物，就近取食，以获得足够的能量。因此，随季节的变化、作物生育期的不同以及栖息地的差异，鼠类取食食物的种类常会有很大的变化。

在温带和寒带地区，全年气候变化明显，导致食物的种类变化很大，鼠的取食种类亦随之变化。如在江苏农田活动的黑线姬鼠，在春季以麦类、油菜、蚕豆等作物的嫩绿部分以及春播作物的种子为食，夏季以小麦、大麦、玉米等谷物及其他植物的绿色部分、各类瓜果蔬菜和多种昆虫为食；秋季则以水稻、玉米、花生和大豆等作物的收获部分为食；冬季来临，转向取食各种杂草及蔬菜的种子。

同一鼠种对农作物不同品种以及同一品种的不同生育期的取食为害也不同。这一点对于培育抗鼠害作物品种、制定鼠害的防治策略及确定鼠害的防治适期，具有重要的指导意义。此外，有些鼠种取食食物的种类随性别和年龄的不同，亦有所不同。

三、生长与繁殖

（一）生长发育

幼鼠出生后，全身裸露，闭眼，不能走动。出生后数日发育迅速，表现在体表长毛，出牙，睁眼，并由母鼠带领出洞活动等。幼鼠断乳后即打洞分居，开始独立觅食生活。一般出生后一个月左右开始独立生活，但有的种类，如灰獭，要和双亲共同生活3年，第4年性成熟后才分居生活。

1. 年龄阶段　鼠类的生长发育一般可分为幼鼠、亚成体鼠、成鼠和老体鼠4个年龄阶段。其划分标准如下：幼鼠，从出生到独立生活的阶段；亚成体鼠，从独立生活到性成熟的阶段；成体鼠，从体型、性器官均发育成熟到开始衰老的阶段，此阶段的繁殖力最旺盛；老体鼠，体形、毛色明显衰弱到死亡的阶段，此阶段的繁殖力大大降低。

2. 鼠的寿命　不同种类间差异很大，常与其繁殖力、个体大小有关。繁殖力强、个体小的种类平均1～2年，如小家鼠1年左右，布氏田鼠2年左右；而繁殖力弱、个体大的鼠种平均寿命3～5年，如褐家鼠3年左右，花鼠、黄鼠3～5年，松鼠、鼯鼠7～8年。

3. 鼠的年龄组的划分方法　在研究鼠龄时，应针对特定的鼠种，选用简便、准确性高的方法，并辅助以其他方法进行验证。常用的年龄划分方法有以下7种。

（1）依上颌臼齿的生长状况和咀嚼面的磨损程度划分　对于某些鼠种，该方法准确性高，但由于臼齿磨损是一个连续的过程，很难量化，因此技术要求较高、费力费时。

（2）依体重、体长、尾长等划分　该方法简便实用，但易受季节和营养状况，繁殖、换毛及测量技术等影响，准确性较低。

（3）依胴体重划分　胴体重是指将内脏（包括生殖器官）去除后的鼠体重。该方法所得结果误差较小，且容易掌握。但组间有一定的重叠。

（4）依眼球晶体干重划分　鼠类眼球晶体干重随年龄的增加而增加，依此鉴定的年龄最接近实际年龄，准确性较高。但操作复杂，技术要求高。

（5）依头骨干重划分　哺乳动物骨骼中的无机盐成分（主要是钙和磷）随年龄的增长而增加，因此可用于年龄的划分。

（6）依阴茎骨干重划分   同种同龄雄鼠阴茎骨长度变化较小，比较稳定，因此用于雄鼠年龄组的划分。

（7）依顶嵴间宽划分   某些鼠种随年龄增长，其顶骨的左右顶嵴彼此靠拢，因此顶嵴间宽可作为年龄划分的标准。

（二）繁殖

鼠的繁殖力很强，具体表现为性成熟快、怀孕期短、年繁殖次数多、每胎产仔量大等。室内观察表明，一对褐家鼠一年可繁殖 15 000 只左右，当然在自然条件下会有所降低。春季是鼠类大量繁殖的季节，大多个体进入性周期。雄鼠表现为睾丸明显增大，并从腹腔中降入阴囊，贮精囊充满精子，追逐雌鼠，进行交配；雌鼠表现为卵巢出现黄体，子宫壁加厚，阴道分泌物涂片镜检可见大量的上皮细胞。雌雄鼠交配后，受精卵进入母体子宫，开始胚胎发育，直至分娩。繁殖期过后，雌雄生殖器官，如子宫、卵巢、睾丸等明显萎缩，停止生殖功能，进入休止期。

一年中，鼠的繁殖时期、次数及每胎产仔数，均随鼠种的不同及所处地理纬度的不同而不同。条件适宜时，有些鼠种可周年繁殖，如褐家鼠、小家鼠等。但大多鼠种在春秋季节达到繁殖的高峰期，而在冬季寒冷、缺乏食物，或夏季高温炎热时，很少繁殖或不繁殖。多数鼠种一年可繁殖数胎，但有些鼠种每年只一胎。

鼠类每胎的产仔数，不同鼠种间不同。大仓鼠一般每胎 7~9 只，多的达到 20 只以上；褐家鼠每胎 7~10 只，多的达到 17 只。同一鼠种在不同地区，其产仔数亦不同。如乌达尔黄鼠，在河北张家口地区每胎 4~12 只，平均 7 只；在陕西合阳地区每胎 2~9 只，平均 5 只。此外，成年鼠较老年鼠的繁殖力旺盛，年繁殖次数及每胎产仔数均较高。

雌鼠在产仔后，胎盘残斑留在"Y"形的子宫带上，形成斑痕。下次妊娠时又在子宫带新的部位形成斑痕。因此，根据子宫带上斑痕的数目和大小，可判断雌鼠的繁殖次数和产仔数。母鼠由于哺乳，使乳房隆起，乳头胀大，并与周围皮肤形成黑褐色的哺乳斑，据此亦可判断雌鼠是否产过仔。

四、行为与通讯

（一）行为

鼠的行为是鼠对内、外刺激做出的有利于自身的反应，是神经系统的反射活动，它包括与生俱来的非条件反射和通过学习、经验等逐渐形成的条件反射。鼠的行为可分为个体行为和社群行为。

1. 个体行为   鼠的个体行为主要包括鼠的一些本能行为和学习行为。本能行为与生俱来，世代相传。对于某一特定的鼠种，其本能反应的表现型是相同的，具有固定的模式，不受外界环境因素的影响。打洞就是鼠类典型的本能行为，筑巢、求偶、交配、咬啮等也是鼠类所共有的本能行为。大仓鼠的洞穴中具有仓库，而黑线姬鼠的洞穴中则没有，这是两个鼠种在本能行为反应上的差异。

鼠类的学习行为是指在个体经验的基础上，通过感觉器官本能地按照经验调节的行为。鼠类通过学习能感知产生有效结果的反应，并记忆和储存这些信息，按照需要改变自己的行为。鼠类的学习行为可以归纳为 5 种。

（1）条件反射　一个预先有意义的刺激（如食物等）和一个非条件的中性刺激（如灯光）同时出现，形成的正强化反应，就是条件反射。开始，鼠只对食物有反应，而对灯光无反应；但以食物和灯光同时刺激，久而久之，在没有食物刺激的情况下，单独以灯光刺激，同样能引起鼠的类似食物的反应。

（2）习惯性　习惯性指当某种刺激反复出现时，动物逐渐失去对该刺激的反应。如以超声波驱鼠，开始时有效，但一定时间后，效果降低甚至失效。

（3）戏耍行为　鼠通过戏耍行为进行尝试和失误学习。如追逐、攻击、防御、通讯等行为均可在学习过程中获得。

（4）探察行为　多数鼠种在栖息地的重要地点喜欢走固定的路线，但有时也到陌生地进行探险，并且常以嗅、啃、跑、爬等方式对事物反复探察。通过这种行为，鼠类对食物、水源的位置、潜伏藏身地点、路线等不断探察，达到熟悉。

（5）对新物体的反应　在鼠的生活环境中，放置一个新的物体，可引起特殊的反应。这一反应由对新物体的好奇开始，至对新物体的熟知而结束，包括避开、接近、探察、熟悉等几个步骤。不同鼠种对新物体反应的程度和快慢不同。因此，在布夹或投毒灭鼠时，对新物体反应轻的小家鼠和黑线姬鼠第 2 d 即可见效；而对于反应强的褐家鼠、黄胸鼠等，要经过数天后才能见效。

2. 社群行为　社群行为是指两个以上的同种鼠体之间的相互联系的行为。鼠类具有较强的社群行为，主要表现在社群序位行为、领域行为、斗争行为、利他行为、警觉行为等。

社群序位行为、领域行为在鼠类中普遍存在。同种鼠类个体具有相同的生态位。因此，在一定的时间和空间内，存在着为保卫环境资源而发生的竞争现象，竞争的结果使得个体间相对分离，形成巢区，亦即个体或家族进行正常觅食、交配、育仔和避敌等日常活动的区域。有些鼠种在巢区内，特别是在洞口周围的一定区域内对异种个体进行防御，形成领域。较优势的雄鼠（一般是体壮和居住时间较长者）控制着最有利的领域范围，次级雄鼠则被排挤到次要的地域。次级雄鼠又在当地建立起社会优势，将更低一级的雄鼠排挤到更次要的地域。与雄鼠相比较，雌鼠的优劣等级关系较弱，只是在怀孕和哺乳期才会凶狠地防卫其领域。

社群序位、领域都是通过斗争行为达到的。斗争行为包括侵犯、攻击、竞争、防御和逃遁。种内侵犯保证了种内个体在栖息地内的均匀分布，合理地利用环境资源，限制了过高的种群密度；同时斗争行为也有利于优胜劣汰，有利于种群的繁衍。

利他行为是指对行为者本身无直接利益，甚至有害，但可使群体中其他个体得益的一种行为。当小家鼠被鼠胶粘住后，会呼救其他成员帮助其脱离困境，结果使一个家族中的其他小家鼠也被粘住；但当小家鼠遇到猫或人这种大的危阶时，它就会发出报警信息，告知其他成员赶快逃跑。

（二）通讯

鼠类在生活过程中，个体之间、个体与群体之间或群体与群体之间，经常要通过传递一定的信息而发生联系，协调彼此间的关系。一般包括物理通讯和化学通讯两大类。

1. 物理通讯   鼠类的物理通讯又包括听觉通讯、视觉通讯和触觉通讯。

视觉通讯的信息是通过光来传递，由眼睛来接收的。因此，这种通讯常发生于白天和晨、昏活动的鼠种中。在鼠类的听觉通讯中，鼠个体发出声波或超声波通过空气传播，由其他个体的耳朵来接收。褐家鼠等在夜间发出各种烦人的叫声以及人所感觉不到的超声波，正是它们在进行求偶、招呼、争斗、警告等联系的信号。超声猫就是人们利用鼠类可以接收超声波的特性，而研制出的一种可发射超声波干扰鼠的正常生活，达到驱鼠目的的电子装置。触觉行为在鼠类中亦相当普遍，特别是在性行为和护仔行为中非常明显。鼠的鼻、唇、舌、颈、足、尾和体躯等在触觉通讯中均起很重要的作用。

2. 化学通讯   化学通讯是指鼠类通过身体上的腺体向体外分泌化学物质，并借助环境中的媒介物传递到其他个体，使之接收并引起相应的生理和行为反应。这种行为化学物质称为外激素或信息素。鼠类的外激素常常是几种挥发性化合物的混合物，具有结构和比例上的特异性，因此可以被同种个体准确而灵敏地识别和感受。

鼠类的包皮腺可分泌某些化合物混合于尿液中一起排出体外；肛门腺可分泌化合物混合于粪便一同排出体外；腹腺、液腺、皮脂腺、侧腺、香腺、臭腺等都可分泌某些具有行为或生理功能的化合物。外激素的释放分直接和间接两种方式。前者指外激素被释放并挥发到周围环境中，由空气或水直接传递给接收的个体；后者则是指将外激素分泌后寄放到一些物体或生活基质中（如石块、树枝、土块等），建立气味标记点，通过这些标记点再释放到周围环境中，传递给其他个体。如鼠类通过尿液、粪便排出的外激素，都属于间接释放。

鼠类外激素大多以空气和水为介质进行传导，其他个体通过嗅觉器官接收。鼠类的嗅觉比较灵敏，在鼻腔内黏膜上具有大量的嗅觉细胞，这些细胞的神经纤维将感受到的化学刺激直接传递给大脑，做出行为反应。

鼠类的外激素可诱发多种生理和行为反应，主要有：①对性成熟的诱导效应。在一定的种群密度下，雄性外激素可刺激同种雌性个体的性成熟，有利于种群数量的增长；而当种群密度过大时，雄性外激素对雌性个体的性成熟则有抑制作用，进而抑制种群的增长。②对性周期的诱导作用。雄性外激素能促使雌鼠发情，使雌、雄发情期吻合；雄鼠外激素还可缩短雌鼠的发情周期，使繁殖次数增加。③对妊娠的诱导效应。④对其他个体的引诱效应。⑤生殖隔离效应。⑥警报效应。

五、越冬与冬眠

冬季的严寒和食物缺乏对鼠类的生活习性具有重要的影响。在长期的进化适应中，鼠类形成了多种越冬形式，常见的有冬眠、贮粮、迁移、改变食性等。

冬眠是最有效的越冬形式，具有种的专一性。生活在我国北方地区的一些鼠种如黄鼠、跳鼠、花鼠等，都有冬眠的习性。随着冬天的到来，气温逐渐降低，草木枯黄，食物条件逐渐恶化。这时，有冬眠习性的种类，已在体内储存了大量的脂肪，作为漫长冬季的能量物质。鼠开始冬眠时，进洞后先将洞口封闭，再进入巢室，开始进入冬眠，称入蛰。入蛰后的鼠在形态上表现为双眼紧闭，身体蜷伏，首尾相对，缩成一团，不吃不动；生理上表现为体温显著降低，血液循环减慢，心跳和呼吸减弱，新陈代谢水平极低，处于昏迷状态。冬去春来，气温逐渐回升，草木萌发，冬眠鼠开始苏醒，心跳和呼吸增强，体温升高，双眼睁开，开始出洞活动，称为出蛰。

环境温度是影响鼠类冬眠（入蛰和出蛰）的重要因子。在夏季将黄鼠放入冰窖中可引起冬眠。自然界中，黄鼠在秋末气温降低到10℃左右时开始入蛰。达乌尔黄鼠于春季日平均气温达到2~5℃时，雄鼠首先开始出蛰。

储粮越冬是鼠类越冬的另一个重要形式。一些重要的鼠种，如仓鼠、田鼠、鼠兔、沙鼠等，在秋季储藏大量的植物种子、茎叶等作为冬季的食物。这些鼠种大多是群居性的，因此在秋季参加储粮的个体数很多，但在冬季一部分会死亡，留下的个体便会有较多的食物，有利于种的延续。林区的鼠种，如棕背䶄、大林姬鼠、䶄鼠等，常以改变食物种类的形式越冬。在冬季，它们改为取食树皮、树根及幼嫩的小树等。

第三节　中国主要的农林牧害鼠

中国共有啮齿目动物9科78属220种，兔形目2科2属24种，分布于全国各地。在我国发生面积大、危害重的种类有10多种，包括褐家鼠、小家鼠、黑线姬鼠、黄毛鼠、黑线仓鼠、大仓鼠、中华䶄鼠、长爪沙鼠、达乌尔黄鼠、板齿鼠、黄胸鼠、东方田鼠等。本节对有代表性的23种农林牧主要害鼠，就其分布、危害、形态特征和生活习性进行简要介绍。其中包括鼠科9种、仓鼠科9种、松鼠科2种、豪猪科和跳鼠科各1种，以及兔形目鼠兔科1种。

1. 黄毛鼠（*Rattus losea*） 又名园鼠、罗赛鼠、田鼠、拟家鼠、黄哥仔（图5-5）。

分布范围：主要在长江流域以南，是东南沿海地区的优势种。

为害对象：各种农作物，如稻谷、甘蔗、花生、蔬菜、瓜果、豆类等。

形态特征：体长140~165 mm，尾细，约等于体长，后足短。雌鼠在胸部和鼠蹊部各有乳头3对。背毛棕褐或黄褐色，腹部灰白色，背、腹毛无明显分界。尾上有黑褐色密而短的毛，前后足背面白色。

生活习性：喜在近水处筑窝，秋冬季则喜在禾草堆或堤坝上筑窝。洞口有2~5个，洞道弯曲，洞内只有1个窝巢，垫有杂草。洞外可见挖洞时抛出的土堆和粪便。食性杂，除为害农作物外，还可捕食小鱼、青蛙和昆虫等，食物缺乏时亦取食杂草。主要在夜间活动。繁殖力很强，四季均可繁殖，4—5月和9—10月为两个高峰期。每胎产仔5~6个，幼鼠3个月达到性成熟。

2. 黄胸鼠（*Rattus flavipectus*） 又名黄腹鼠、长尾鼠和长尾吊（图5-6）。

图5-5　黄毛鼠

图5-6　黄胸鼠

分布范围：主要在长江以南各省区。

为害对象：主要为害农作物、甘蔗及粮库、食品厂和居室内的储粮及食物。

形态特征：体形细长，长 130～190 mm。尾长超过体长。耳薄而大。乳头胸部 2 对、鼠蹊部 3 对。喉及胸部中间呈棕黄色或褐色。体背毛棕褐或黄褐色，但幼鼠背毛灰暗、腹毛青灰色。前足背面深褐色。

生活习性：嗅觉灵敏、行动敏捷，喜攀登，性狡猾。在农田栖息时，洞穴简单，窝巢内垫有草叶、果壳等；在居室内栖息时，常在天花板、椽瓦间或夹墙内筑巢。居室内与小家鼠竞争激烈，常呈此消彼长之势。在南方的火车和轮船等交通工具上，亦可严重为害。食性杂，并喜食含水量多的食物。夜间活动为主，晨、昏时最为活跃。由于食物关系，春季常迁往农田，秋季又迁回村镇。繁殖力强，全年 3～4 胎，每胎产仔 5～6 只。4—6 月为繁殖盛期。

3. 大足鼠（*Rattus nitidus*）又名水老鼠、灰腹鼠、喜马拉雅鼠（图 5-7）。

分布范围：主要在长江流域及南方各省。

为害对象：盗食水稻、玉米、甘薯等各种农作物。

形态特征：体型中等。外形与黄毛鼠相似，但稍大。后足长超过 32 mm，尾与体等长或稍长。背毛棕褐色，吻周围毛略显灰色。背毛有粗硬和柔软两种。腹毛灰白色。前后足背面白色。尾背面棕褐色，腹面灰白色。

生物习性：常栖息、活动于潮湿多草的山地田周围，以及台地和低洼的稻田。洞穴多筑在荆棘或石隙中，有 4～5 个洞口，洞长可达 4 mm。窝巢用稻草、树叶等堆成。有拖食入洞的习性，洞内常可发现有残留的豆壳、稻壳等。黄昏后活动最频繁。食性很杂，有时还取食昆虫等小动物，甚至自相残杀。春秋季是繁殖盛期，每胎产仔 5～7 个。

4. 褐家鼠（*Rattus norvegicus*）又名沟鼠、大家鼠、粪鼠、挪威鼠（图 5-8）。

图 5-7 大足鼠

图 5-8 褐家鼠

分布范围：世界性分布，我国除西藏外均有分布。

为害对象：在居民区内主要取食（为害）各种食物、家具和建筑物，在野外则取食各种农作物、水果以及家禽、家畜等。

形态特征：体型大，体长 110～210 mm。尾短于体长。后足长于 28 mm。乳头胸部 2 对、腹部 1 对、鼠蹊部 3 对。背毛棕色或灰褐色，间有黑色长毛。腹毛污灰白色。尾上面灰褐、下面灰白色，尾部鳞片明显。前后足背面均为污白色。

生物习性：栖息地广泛，为家野两栖的人类伴生种。在居民区内，常栖息于阴沟、厕所、厨房、仓库、屠宰场、垃圾堆等。在野外，栖息于河堤、路旁、稻田、菜地、果园等。在工矿企业、港口、码头、车站、隧道，甚至火车、轮船等大型运输工具上都有躲藏。该鼠喜在水源附近栖息。室内常在墙缝、地板下打洞筑巢，野外常在田埂、沟边、渠边及堤岸上打洞。一般有 2~4 个洞口，巢内以杂草、碎纸铺垫。洞内常能发现大量的储存食物。食性杂，偏爱含水量多的食物。周年可繁殖，5—9 月为盛期。每胎产仔 8~10 只。

5. 小家鼠（*Mus musculus*） 俗名小鼠、鼷鼠、小耗子、米仔鼠（图 5-9）。

分布范围：广泛分布。即使在沙漠、荒漠草原等严酷的环境中均能生存。

为害对象：各种农作物的禾苗、果实，居民区内的食品、粮食、衣物、家具等。

形态特征：体形小，长 60~70 mm，尾长与体长基本相等。后足短于 17 mm。耳短，前折不达眼部。背毛灰、棕褐或棕灰色，腹面灰褐或灰白色。前后是背面与体背毛色相同。

生物习性：为家野两栖种。在室内，常在家具角落、物品堆放处作窝，以棉化、纸屑等铺垫。野外，则在草垛、柴堆下作窝。一般以夜间活动，但密度高时白天亦活动。有季节性迁移现象。杂食性，以盗食粮食为主，春季取食青苗和昆虫。全年可繁殖，野外以春秋两季为盛期。产仔后能马上再次交配受孕。每胎产 6~8 仔。其种群量随环境条件影响很大，条件适宜时，短期内可暴发成灾。

6. 黑线姬鼠（*Apodemus agrarius*） 又名田姬鼠、黑线鼠、长尾黑线鼠（图 5-10）。

分布范围：除青海和西藏外，各地均有报道。以东北北部、皖北、湖北、陕西发生较重。

为害对象：各种农作物禾苗、粮食、果实。喜食稻、麦、花生、红薯、豆类等。春季常盗食种子和青苗，夏季咬食植物绿色部分、瓜果及昆虫，冬季食物缺乏时可窜入居民区内盗食粮食。

形态特征：体形较小，体长 65~120 mm。耳长前折不达眼部。尾长为体长的 2/3。尾毛不发达，鳞片裸露呈环状。四肢短小。胸腹各有乳头 2 对。雄鼠个体大于雌鼠。毛色随栖息环境而变化，生活在农田的为棕色或沙褐色，在林缘和灌丛的为灰褐带有棕色。体背有一黑色暗纵纹，在北方清晰，在长江以南趋于隐没。背毛棕灰或棕黄，腹毛灰白，体背与体侧无明显分界。尾毛深灰或棕灰色，前后足背面污白色。

生物习性：栖息地广泛，各种林地、草甸、沼泽及居民区及农田周围均有分布。洞穴结构简单，有洞口 2~3 个，窝巢以草叶、秸秆筑成。主要是夜间活动，以晨、昏活动最频繁。有季节性迁移现象。年繁殖 3~5 胎，每胎产仔 5~7 只，幼鼠 3 个月达性成熟。

7. 板齿鼠（*Bandicota indica*） 又名大柜鼠、小拟袋鼠、乌毛柜鼠（图 5-11）。

分布范围：分布于两广、云南、贵州、四川、台湾、福建等地。分布北界为南岭至金沙江

图 5-9 小家鼠

图 5-10 黑线姬鼠

图 5-11 板齿鼠

一线，是我国南方沿海地区的重要农业害鼠。

为害对象：主要为害水稻、甘蔗、香蕉、甘薯等。喜食甘蔗等具甜味的植物。

形态特征：体形大，体长250 mm以上。吻较短，不突出。尾较粗，上有清晰的覆瓦状鳞片，尾与体长相等。背毛较硬，臀部毛尤长，达70 mm。足掌裸露，具6枚足垫。胸腹部各有3对乳头。背毛黑褐色，以头部和背中央毛色最深。腹毛棕黄色，毛基灰褐色。尾部背腹面均为黑褐色，有光泽。前后足背面黑褐色。

生物习性：喜栖息于潮湿、近水、土质松软的环境中，在沿海的稻田、水塘、灌堤、荒地较多，很少进入居民区。洞穴建于隐蔽处，有洞口2~4个，洞道分支多有窝巢和盲道，巢内垫有潮湿的软草。以夜间活动，性多疑，出洞前先窥探四周。如遇敌则迅速入洞，并堵塞洞口。善游泳。食性杂。可同年繁殖，以春末至秋初为高峰期。每胎产仔2~10只。

8. 社鼠（*Rattus confucianus*） 又名硫黄腹鼠、野老鼠、田老鼠、山耗子（图5-12）。

分布范围：除黑龙江及新疆外，其余省区均有分布。

为害对象：主要为害山地、丘陵的农作物和树木。主要以各种坚果，如桐子、栗子、马尾松、杉果为食物，常盗食稻、麦、豆类、谷子和直播的树种，也取食植物嫩叶。

形态特征：体型似褐家鼠，但较小而细长。我国共有6个亚种，各亚种间形态上有一定的差异。体长一般115~145 mm，耳大而薄，前折可盖住眼睛。尾细长可自如转动，略超过体长。胸腹各有乳头2对。体背棕褐色，背中央毛色较深且杂有少量白毛。腹毛白色略带硫黄色。背腹毛界限分明，是不同于褐家鼠的重要之处。尾背面棕色，腹面及尾尖白色。足背棕褐色，趾部白色。夏毛色深且多针毛，冬毛色浅而无针毛。

生活习性：属于温湿型种类。栖息于山地多岩石的树丛、杂草间或靠近菜园、稻田、水渠的地方。洞穴简单，多利用石隙、树根及灌木的缝隙作窝，也可在草丛下挖洞作窝。以夜间活动为主。能攀缘上树。春夏之交为繁殖盛期。每胎产仔1~9只。

9. 巢鼠（*Mycromys minutus*） 又名苇鼠、麦鼠、禾鼠、圃鼠、矮鼠等（图5-13）。

分布范围：我国大部分省区。

为害对象：主要为农作物和蔬菜，包括谷子、玉米、大豆、稻谷等。作物成熟前主要取食绿色部分，成熟后则啃食粮食。

形态特征：体型较小，体长小于75 mm。尾细长，约与体长相等。尾毛稀疏，具缠绕性。耳短，胁折仅达耳眼距的一半。有乳头4对。毛色随地理位置变化很大。背部为沙黄、棕黄或黑褐色；臀部呈棕红色，较背前部鲜艳；腹毛污白或污黄色，毛基灰色、毛尖白色；耳毛棕黄色。背腹分界线不明显。

图5-12 社鼠

图5-13 巢鼠

生活习性：多栖息于森林边缘的灌木丛、草原带及农田周围的草甸及灌丛、杂草中。洞穴筑于草丛中，巢球状，由叶片构成。巢壁分为3层，内层最细软。一般只有一个洞口。从洞口的开闭可知道洞内是否有鼠，有鼠则洞口封闭。冬季巢鼠在草垛或地下挖洞，有洞口3~5个，复杂的有仓库。通常夜间活动，性喜攀登，偶尔可见在浅水中游泳。3—10月为繁殖期，年繁殖1~4胎，每胎产仔5~8只。

10. 大仓鼠（*Cricetulms triton*） 又名大腮鼠、齐氏鼠、搬仓（图5-14）。

分布范围：主要分布于东北、华北、西北和江淮地区。

为害对象：豆类、花生、小麦、玉米及苹果等水果。

形态特征：在仓鼠中体型最大。体长100~180 mm，尾长约为体长的1/2。有颊囊。后足粗壮。背毛灰略带沙黄，腹毛灰白色，尾上下均灰暗色。后足背面白色。

生活习性：栖息于农田、田埂、沟渠、荒坡及灌丛中。洞穴复杂，洞道深长，有洞口6~8个，仓库2~4个，每一仓库可存粮1~2 kg。其窝巢位于洞穴最深处，垫以植物茎叶。通常夜间活动。秋季活动频繁，常远距离搬运冬粮。主要取食植物性食物，特别是种子，为害很大。5—9月为繁殖期，每胎产仔5只左右。

11. 黑线仓鼠（*Cricetuls barabensis*） 又名仓鼠、花背仓鼠、小仓鼠、搬仓鼠、背纹仓鼠（图5-15）。

分布范围：与大仓鼠相近，主要在东北和华北，向西可到河西走廊，南界为秦岭－长江一线。

为害对象：主要为田间农作物。以盗食种子为主，也少量采食植物绿色部分。在盗食过程中践踏的粮食远超过其取食的量。

形态特征：体型较小，体长80~120 mm。体肥壮，耳圆，吻钝。尾短，为体长的1/4。有颊囊，乳头4对。背中央有一黑色纵纹，背毛灰褐至棕黄色；腹毛灰白色；前后肢背面白色。背腹毛分界明显。

生活习性：柄息地遍及草原、山地、平原农田、疏林等各种生境。在农田和栽培草地，常在田埂打洞。其洞穴分为临时洞、贮粮洞和栖息洞3种。临时洞较简单，仅1~2个洞口，供临时躲避用；储粮洞内有仓库，可见到粮油种子和草籽；栖息洞较复杂，内有窝巢、仓库、厕所和旧盲道等，洞道长达2 m以上。夜间活动，有储粮习性。年繁殖4~5胎，每胎产仔4~8只。

12. 长尾仓鼠（*Cricetulus longicaudatus*） 又名搬仓（图5-16）。

分布范围：分布于华北、西北及西南等省区。

为害对象：主要有玉米、豆类、高粱、苜蓿和棉子等。春秋季多取食种子，夏季主要咬食绿色部分。

图5-14　大仓鼠

图5-15　黑线仓鼠

图5-16　长尾仓鼠

形态特征：体型大小与黑线仓鼠相似。体长 70～105 mm。头稍大，具颊囊，其中存满食物时可占身体的 1/3。眼小。耳前折不达眼部。尾长约为体长的 1/2。四肢短小，后足长 11～17 mm，约为尾长的一半。有乳头 4 对。背毛基部灰色，尖部灰白或灰黄，部分黑色；腹毛尖部白色、基部灰色且外露。尾部背腹面与体背腹面色泽相同。前后足背面均白色，与黑仓鼠不同。

生活习性：栖息于山地草原、草甸、灌丛、林缘、荒漠草原、高寒湿地等。当这些环境被开垦后，它们常聚集于田间，成为优势种。有时可进入居民区。洞系隐蔽，常利用石块下或土壤裂缝加以扩充作为巢穴，有的占有其他鼠类的废弃洞。食性杂，以植物为主，也取食昆虫。有贮粮习性，但越冬期间仍有外出寻食。以夜间活动为主。年繁殖 2～3 胎以上，每胎 5～9 仔。8 月后停止繁殖。

13. 北方田鼠（*Microtus mandarinus*） 又名棕色田鼠、维氏田鼠、地老鼠等（图 5-17）。

分布范围：分布于东北、华北、江苏、安徽等省区。

为害对象：主要为害各种大田作物、蔬菜及苗木等。洞系常可破坏渠道。

形态特征：系小型田鼠，体圆桶状，静止时缩成短粗的球状。体长 88～115 mm。头钝圆，耳短，眼极小。尾长为体长的 1/4～1/3。背毛呈棕黄或棕黑色，有光泽。腹毛白色。体侧为浅棕黄色。足背面污白色，尾上面黑褐色，下面灰白色，尾尖白色。

生物习性：营地下生活，很少到地上来。喜栖居于潮湿、土质松软、草被茂密的地方。洞系复杂，洞道多支，沿主道挖掘取食道。洞系外有抛土形成的小土丘。土丘较小，且分散不成链状，可与鼢鼠土丘区分。洞道分上下两层，上层为取食道，有许多分支；下层为主干道，通向仓库和窝巢。洞内有仓库 2～7 个，窝巢在洞穴最深处，有两层垫草。为群居种类，每个洞系有 5～7 只鼠生活。不冬眠。年产仔 2～4 胎，每胎 2～5 仔。

14. 东方田鼠（*Microtus fortis*） 又名沼泽田鼠、远东田鼠、大田鼠、莘田鼠、水耗子等（图 5-18）。

分布范围：分布于东北各省、内蒙古、陕西、江苏、浙江、福建及湖南等省区。

为害对象：各种农作物，以取食植物茎叶和种子为主，喜食幼嫩的水生植物。冬季为害林木，使幼苗死亡。

形态特征：体型较大，体长 120～150 mm。尾长为体长的 1/3～1/2。四肢短小。后足掌前部裸露，具 5 个足垫，足掌基部有褐色短毛。背毛黑褐色，侧毛色较浅，腹毛污白色。背腹毛分界明显。尾背面黑色，腹面污白色。

图 5-17 北方田鼠

图 5-18 东方田鼠

生活习性：栖息于低湿多水的环境，如沼泽、草甸、河渠两岸等。洞系有多个出口，洞道长而交错。有窝巢多个。夏季夜间活动，其他季节白天活动。善游泳，能潜水。有季节性迁移习性，当洪水来时成群迁往周围农田。春季繁殖，年产3~4胎，每胎5~11仔，其发生常具暴发性。

15. 布氏田鼠（*Microtus brandti*）　又名沙黄田鼠、草原田鼠、白兰其田鼠、布兰德特田鼠（图5-19）。

分布范围：分布于我国东部典型的草原区，如内蒙古东部、吉林、河北北部等地。

为害对象：主要为害及破坏草原植被，是畜牧业的大敌。喜食冷蒿、多根葱、隐子草、锦鸡儿、冰草及苔草等。发生量大时，不仅啃食牧草，而且加速植被退化、沙化。

形态特征：体型较小，体长90~120 mm。尾短小，为体长的1/5~1/4。耳较小。体背沙黄色或黄褐色，幼体毛色较深；腹毛浅灰色，稍带黄色；背腹分界线不明显。尾部被腹面毛色均与体背毛色同，末端毛较长。

生活习性：是我国干旱草原鼠种，多栖息于植被退化的草场。群居，以家族为单位集中于同一洞系中。洞系结构较复杂，但较浅。一般有洞口7~8个，多则20~30个。洞系上抛出的浮土形成特殊的"土丘"景观。地下洞道纵横交错，有仓库、窝巢、粪洞、暗窗、盲道等。窝巢位于洞系最深处，仓库位于洞系的四周。食性有季节性变化，春季嗜食种子，植物牛长季节则取食茎叶。不冬眠。秋季开始贮粮，活动频繁，此时洞系容易识别。每一洞系贮粮可达10 kg以上。主要在白天活动，范围在100 m以内，但在交尾期或食物短缺时，活动距离增加。年繁殖2~3胎，每胎产仔10个。5月上旬至7月中旬是幼鼠大量出生的时期。

16. 中华鼢鼠（*Myospalax fontanierii*）　又名原鼢鼠、瞎佬、瞎老鼠、瞎瞎（图5-20）。

分布范围：河北、山西、内蒙古、陕西、四川、湖北、甘肃、宁夏等地。

为害对象：是农、牧业重要害鼠，为害马铃薯、胡萝卜、大葱及百合属植物的球茎，冬季食物缺乏时啃咬树木。

形态特征：体粗壮，体长185~270 mm，雄体一般大于雌体。头部粗大，鼻端钝圆，外耳壳退化，仅留隐于毛内的小耳孔。眼极小。四肢短，前爪特别发达，具镰刀状锐爪。尾短，与后足等长，被有稀疏的短毛。体毛柔软，具光泽。背毛灰褐、锈红或棕褐色，在额与唇周围有不规则的白斑。腹毛灰色或灰白色。尾毛无或仅有稀疏的短毛。

生活习性：营地下生活，有贮粮习性。栖息于以我国北方黄土高原为典型的环境，适于栖息于土层深厚、较湿润的林缘坡地、农田、山地丘陵或草原和高寒草甸。洞道复杂，分为

图5-19　布氏田鼠

图5-20　中华鼢鼠

两部分。与地面平行、距地面 10 cm 左右的是取食和活动的主洞道，长而多分支；另一部分在距地面 2 ~ 3 m 的地方，称为老窝。老窝内有窝巢、粪洞和仓库，仓库内贮有大量的粮食、土豆、牧草等。该鼠在春秋季活动最为频繁，地面可见呈链状或星状排列的土丘，土丘半径大于 20 cm，是识别有无鼢鼠的标志。该鼠有封洞习性。不冬眠，且无明显的日夜规律。单独生活，仅繁殖期雌雄生活在一起。幼鼠出生后 2 ~ 3 个月与母鼠分离。繁殖力较低，每年只一胎，产 2 ~ 8 仔。

17. 长爪沙鼠（*Meriones unguiculatus*）　又名长爪土鼠、黄毛鼠、黄耗子、黄尾巴耗子、白条子、沙土鼠（图 5-21）。

分布范围：北方各省区。

为害对象：各种大田作物，如小麦、谷子、糜、黍、豆类等。

形态特征：上门齿黄色。体长 100 ~ 125 mm。耳阔，长约为后足长的 1/3。尾长等于或小于体长，尾端有深褐色毛束。眼大。四足趾端有弯锥形锐爪，足掌被细毛。体背沙黄色间有黑毛。背毛毛基灰色，中间黄色，毛尖稍带深褐色。腹毛污白色，毛基灰色，这是与另一种农田害鼠子午沙鼠的重要区别。尾背面与体背毛色相同。爪黑褐色。

生活习性：属草原动物，群居，不冬眠。主要栖息于草原和荒漠草原环境中的灌丛、滩地、季节河道两岸。洞系复杂，多分支，有 4 ~ 15 个洞口；洞道纵横交错，长可达数十米。窝巢内垫杂草等，有仓库 1 ~ 6 个，可大量贮粮。白天活动。但冬季很少出洞。喜食植物嫩叶和种子。一年多胎，每胎产 2 ~ 11 仔。

18. 林鼠（*Clethrionomys rufocanus*）　又名红毛山耗子（图 5-22）。

分布范围：东北、华北、西北及湖北和四川等省区。

为害对象：主要为绿色部分，冬季则咬食松树等树皮。

形态特征：体型粗笨，体长 90 ~ 120 mm。尾短而纤细，为体长的 1/4 ~ 1/3。四肢短小，后足长于 20 mm。背毛棕褐色，腹毛灰白色，背腹毛无明显分界。尾上面灰黑色，下面灰褐色。

生活习性：栖息于北方林区，在针阔混交林、阔叶林、灌丛、林缘坡地均可栖息。洞穴常利用石块间隙、树洞及枯叶层下，稍加修整。洞道简单。全天可活动，以夜间更频繁。春季开始繁殖，秋季结束，年繁殖 2 ~ 3 胎，每胎产 4 ~ 13 仔。

19. 岩松鼠（*Sciurotamias davidianus*）　又名扫毛子、石老鼠、刁老鼠（图 5-23）。

分布范围：辽宁、河北、内蒙古、山西、陕西、河南、甘肃、宁夏、安徽、湖北、贵州等省区分布。

图 5-21　长爪沙鼠

图 5-22　林鼠

图 5-23　岩松鼠

为害对象：主要为害干果、杏桃等果实，及农作物玉米、谷子和豆类。是山区林业和农业的重要害鼠。

形态特征：体型中等，体长 200～250 mm。尾粗大，约为体长的 2/3，静止时向上翘，尾毛长而蓬松，但较稀疏。耳短且无簇毛，有颊囊。掌部裸露，拇指退化，第 4 趾长于第 3 趾。胸部有乳头 1 对，腹部 2 对。体色与亚种有关。背面多为黄褐色或黑棕色，腹部黄灰色。眼眶围以白圈。耳背面有灰斑。

生活习性：为半树栖半地栖种类。栖息于山地、丘陵多岩石的地方及附近的树林果园、灌丛中。取食核桃、山桃、山杏等，也采食种子和浆果，有时进入农田为害作物。在旅游区常进入有人憩息处，寻觅食物。白天活动，常出现于岩石中。善攀树，行动敏捷，活动路线比较固定。早晨和傍晚为活动高峰期。洞穴多建于岩石缝隙中，结构简单。洞口建于灌木或杂草下，不易发现。不冬眠。体毛有季节性更换。夏季毛色灰，冬季偏黄、绒毛丰富。在华北地区以 11 月份的毛皮质量最好。

20. 达乌尔黄鼠（*Citellus dauricus*） 又名草原黄鼠、达乌里黄鼠、蒙古黄鼠、阿拉善黄鼠、禾鼠、豆鼠、大眼贼（图 5-24）。

分布范围：广泛分布于东北平原、华北平原、蒙古高原、黄土高原、西至甘肃东部和青海的湟水河谷，南至黄河。

为害对象：我国北方农田和草原。在农区，可为害小麦、谷子、糜黍、莜麦、向日葵等，春季刨食种子、啮咬幼苗和茎干，造成缺苗或作物倒伏、断折；秋季大量盗食谷物。也为害蔬菜、瓜果。在牧区盗食牧草，破坏植被。

形态特征：体粗壮，体长 190～250 mm。尾短，仅为体长的 1/4～1/3。尾毛蓬松，向两侧展开。头圆，眼大。四肢粗短，可用后肢直立。前足拇指不显著，具小爪，足掌裸露，有掌垫 3 个。各爪尖锐，黑褐色。有乳头 5 对。体色随亚种的不同有变化。一般体背黄褐色，杂有黑毛；腹毛沙黄略带青灰色；体侧与足背均为淡黄色。尾毛形成围绕尾轴的黑色毛环，这是与另一种赤颊黄鼠的区别之一。

图 5-24 达乌尔黄鼠

生活习性：在草原、农田、荒地及滩地、灌丛均可栖息。一般一鼠一洞。洞系结构简单，可分为临时洞和越冬洞。临时洞有多个洞口，无窝巢；越冬洞中最深处有窝巢。以白天活动为主。春秋季在中午活动频繁，夏季则避开炎热的中午。其活动有领域行为，领域直径在 7～15 m。当食物条件恶化或受到惊吓时，可进行迁移。具有冬眠习性，冬前有较长的育肥期。入蛰和出蛰均与气温有关。出蛰后 10 d 左右即进入繁殖期。每年只繁殖一次，产仔 4～11 个，5—6 月为繁殖盛期。幼鼠夏末与母鼠分居，第二年才可繁殖。一年中，其生活周期可划分为冬眠期、出蛰期、交配期、产仔哺乳期、幼鼠出窝和分散期 6 个时期。

21. 豪猪（*Hystrix hodgsoni*） 属豪猪科，又名刺猪、蛤猪、箭猪、剑猪、响铃猪（图 5-25）。

图 5-25 豪猪

分布范围：主要在长江以南各省及四川、陕西、安徽、湖北的部分地区。

为害对象：主要为害玉米，特别是在玉米乳熟期，成群窜入田间，啃食玉米。亦可为害甘薯、木薯、花生、瓜类、蔬菜、菠萝等。

形态特征：体大，被长刺。体长 550~700 mm，体重 9~12 kg。尾大部隐没于后臀棘刺中。体背棘刺从头部向后逐渐变长变硬。吻钝圆，耳露于毛外。四肢毛硬而长，但不成棘。幼体的臀部长有鳞片。

生活习性：栖息于山地草坡、灌丛或树林中，尤其喜欢在半开发山区的坡地草丛中栖息，在旷野平地则少见。其洞穴较复杂，有 2~4 个洞口，洞口常隐于草丛中。有时利用天然石洞，有时挖掘土洞。夜晚活动，单独或小群觅食。听、视觉均不发达，行动反应迟钝。行走常有一定的路线。行走时，臀部棘刺相互摩擦发出"沙沙"声。遇敌时，竖起棘刺，以臀部向敌，以刺防御，口中发出"噗噗"声。秋季交尾，春季产仔，一年一胎，产 2~4 仔。

22. 五趾跳鼠（*Allactaga sibirica*） 属跳鼠科，又名跳脚鼠、跳兔、驴跳、沙跳等（图 5-26）。

分布范围：主要分布于北方各省区。特别在黄土高原以北的草原、荒漠和农田广泛分布。

为害对象：在农区刨食种子，盗食蔬菜和瓜果；在牧区，刨食草根和固沙植物。

形态特征：是跳鼠科中最大的一种。尾长为体长的 1.2~1.5 倍，末端具很大的羽状毛穗。耳长似兔，前折可达鼻端。吻端钝圆，眼大，触须发达。后足发达，为前足的 3~4 倍。具 5 趾，中间 3 趾着地，另两趾悬于跖部。体背沙黄或褐灰色，背毛色较深，腹毛均为白色。

生活习性：喜居于干燥的草原、沙漠和灌丛中。洞系结构简单，有 1~2 个洞口，窝巢位于最深处。夜间活动，白天将洞口堵上。对环境中出现的新事物反应较强，常集体探索。行走时，前足收起，用后足跳跃，并以尾作平衡器，每跳可达 2~3 m。前足只用于短距离移动或抓取食物。有冬眠习性，9—10 月份入蛰，来年 4 月份出蛰。4—5 月为繁殖期盛，每胎产仔 3~5 只。种群在年度间变化较小。

23. 达乌尔鼠兔（*Ochtona daurica*） 属于兔形目、鼠兔科。又名达呼尔鼠兔、鸣声鼠、蒿兔子、耕兔子、草原鼠兔（图 5-27）。

分布范围：主要分布于内蒙古、河北、山西、陕西、宁夏等北方省区。

为害对象：为害牧草，并以洞系覆盖草场。对草原为害较大。

形态特征：属体型较小的兔形目动物。形态似田鼠，但无尾，体肥硕。体长 120~200 mm。吻部圆钝。四肢短小。体背沙黄或黄褐色，腹毛灰褐色，毛基灰色，毛尖污白色。夏毛色较深，

图 5-26　五趾跳鼠

图 5-27　达乌尔鼠兔

呈黄褐色；冬毛较浅，呈沙黄色。

生活习性：栖息于高原丘陵、典型草原和山地草原。群居生活。洞系较复杂，有 3~30 个洞口，较大的洞前有小土丘，其上有兔粪。洞道纵横交错，有仓库 1~3 个。主要是白天活动，出洞时常直立瞭望，遇有敌情，则鸣声报警。不冬眠，有贮草习性。贮草时，先将草咬断并堆成小堆，待风干后再搬回仓库。年繁殖 2 胎，每胎产仔 5~12 个。数量在年度间变动较大。

第四节　鼠害及其防治

农业鼠害主要是由于害鼠盗食作物种苗和籽实造成的。鼠类大部分体小，生活周期短，生长快，繁殖力强，活动频繁，消耗能量大。一般来说，鼠类日进食量可以达到自身体重的 10%~30%，加之种群数量较大，鼠类盗食造成的损失相当惊人。据联合国粮农组织统计，鼠类给农作物造成的直接经济损失占农作物总产值的 10%~20%。我国年均农田鼠害发生面积超过 3 000 万 hm²，每年因鼠害造成的田间和农户储粮损失超过 70 亿 kg。此外，鼠类引起的流行性出血热等鼠传疾病，还对人民群众的健康安全带来威胁。

一、主要农作物鼠害的特点

不同作物由于作物种类、生长期以及生态环境的差异，其害鼠种类和鼠害特点也各有不同。

（一）小麦鼠害

1. 害鼠种类　主要种类为黑线姬鼠、褐家鼠、黄鼠、黑线仓鼠、大仓鼠、棕色田鼠等。

2. 为害特点

播种至出苗期：由于此时秋熟作物大都已收获，因而鼠类的食物比较缺乏，麦种和刚出苗的幼苗受害较重。特早或特晚播种的麦田受害较适播麦田重。害鼠或扒食种子，或取食刚出土的幼苗，造成缺苗断垄。

孕穗至乳熟期：此期恰值害鼠春季的第一个繁殖高峰期，嫩穗成为害鼠的主要食物，是小麦受害较重的时期。害鼠咬断麦秆，取食嫩穗，造成断茎或枯穗。地下活动的棕色田鼠在其洞内咬断根系，然后将茎一边向洞内拖，一边咬成段状，最终将穗部拖入洞内并取食。另外，棕色田鼠的活动常造成植株根系悬空，使植株发黄甚至枯死。

成熟期：咬食麦穗，留下散乱的麦壳和一摊一摊的麦轴；害鼠践踏落地的麦穗，使无法收拾，造成很大的损失。成熟期的产量损失为 3%~5%，严重地块可达到 20% 左右。

（二）水稻鼠害

1. 害鼠种类　主要种类有黑线姬鼠、褐家鼠、黄毛鼠和黄胸鼠等。长江三角洲以黑线姬鼠为优势种，珠江三角洲以黄毛鼠为优势种。

2. 为害特点

苗期：3 叶期以前的秧苗受害较重，造成缺苗；严重时整块秧苗被吃掉。3 叶后到分蘖阶段，害鼠咬断主茎和分蘖，形成枯苗，很像螟虫的为害状，但没有虫害的侵入孔和粪便。

孕穗期：孕穗期是受鼠害最重的时期，此期往往与害鼠繁殖期吻合，母鼠需要大量营养，形成为害高峰。害鼠咬啮稻茎基部，呈破碎的麻丝状，半边开裂，影响灌浆结实，重者形成枯孕穗；咬破未孕穗的秧苗，形成枯苗、白穗；或将孕穗咬断，造成缺穗。因为水稻孕穗期已基本没有补偿能力，受害后损失较重。因此，此期为药剂防治的重要时期。

抽穗至成熟期：黑线姬鼠等将稻株压倒，咬断茎穗，出现断穗团、断穗带；或害鼠将稻穗堆在地上，取食米粒，田间留下一堆堆枝梗、谷壳和粪便及一粒粒散落的稻谷。

（三）玉米鼠害

1. 害鼠种类　主要种类有黑线姬鼠、小家鼠、褐家鼠、黑线仓鼠、大仓鼠、黄胸鼠等。

2. 为害特点

播种期：害鼠盗食刚播下的种子，形成盗食洞。逐穴扒食，顺行为害，造成缺种，重者需补种或重播。

幼苗期：害鼠在幼苗基部扒洞，盗食种子使幼苗缺少营养和水分而枯死，造成缺苗断垄，重者需补种或重播。随着种子营养的耗尽及腐烂，以及小麦等作物的成熟，害鼠对玉米的为害减轻。

灌浆期：黑线姬鼠喜食果穗，撕开苞叶，由上而下啃食子粒。一般将果穗的上半部啃掉，有时将整个果穗全部啃光。地面上常留有苞叶碎片和子粒的皮壳。

成熟期：害鼠为害籽粒，特别是倒伏的玉米，受害更重。大风过后使玉米倒伏，常使鼠害加重；另外，玉米螟的为害，使玉米遇风后易倒伏，因此，凡是玉米螟为害重的田块，鼠害往往也较重。

（四）棉花鼠害

1. 害鼠种类　为害棉花的害鼠主要为黑线姬鼠和褐家鼠。低酚棉田为害严重。

2. 为害特点

播种期：播种至出苗期间，害鼠顺着播种行连续或间断地刨出棉种，取食为害。嗑破棉子后，取食子仁。被害棉种失去生活力，造成缺苗断垄。低酚棉田的为害比常规田明显较重。

苗期：早春时，害鼠常咬破苗床的塑料薄膜，钻进苗床内筑巢为害。打洞时将土抛出洞外，形成小土丘，压盖棉苗。害鼠打洞使棉苗根部松动，失水而死亡。

铃期：此期害鼠主要为害 20 d 以上的棉铃，一般不为害幼铃和吐絮的老铃。夜间害鼠爬上棉株中下部的果枝，将棉铃一个个咬落，然后下地为害。取食时，先啃破铃壳，再拉出棉瓣，撕去包在棉子上的棉絮，嗑开棉子壳，取食棉仁。地面留有一堆一堆的铃壳和棉絮。

吐絮期：害鼠将一瓢瓢子棉拖至地面、沟边或洞旁，集中堆放，破坏棉絮，取食棉子。有时还在棉子中做窝，降低棉纤维品质。

（五）蔬菜鼠害

蔬菜在生长期和贮存期都会受到害鼠的为害。为害蔬菜的害鼠一般以家栖鼠为主，常见的有褐家鼠、黄胸鼠、小家鼠等。此外，黑线姬鼠、黑线仓鼠和大仓鼠等野栖鼠种也偶有为害。害鼠对茄果类、瓜类及豆类蔬菜的为害较重。播种期以大粒型的种子受害较重；生长期以幼果和嫩荚受害较重；成熟期则以瓜果类受害最重。

（六）果树鼠害

果园内的生态环境比较稳定，适宜害鼠的栖息、繁殖和生存。因此，果园内鼠洞较多，鼠的种群密度较高，为害程度亦较一般农田为重。果园害鼠种类与农田基本一致。

害鼠啃食果皮和果肉。啃食过的果实上留有门齿的齿痕。有的将果实咬成伤疤或孔洞；有的咬断果柄，使果实落地，失去经济价值。

二、鼠害的防治

同其他农业有害生物一样，鼠害的防治也要贯彻"预防为主，综合防治"的植保方针。在突出农业防治、恶化害鼠生存环境的同时，推广应用毒饵站及围栏陷阱等新型绿色防治技术，并注意保护鼠类天敌，将害鼠种群控制在较低的水平。当害鼠大发生时，要合理应用化学防治方法，统筹安排，大面积统一防治，并注意人畜安全和环境保护。我国的鼠害治理由政府统一指导，水平居世界前列。鼠害的防治主要包括农业防治、器械防治、生物防治和化学防治。鉴于鼠害化学防治的特殊性和重要性，本节重点对其进行介绍。

（一）化学防治的主要途径

1. 毒饵灭鼠 毒饵灭鼠是鼠害防治的主要途径。

（1）毒饵的组成 毒饵由诱饵、添加剂和杀鼠剂 3 部分组成。其中，诱饵又称基饵，是毒饵的重要部分，其作用是引诱鼠类前来取食毒饵。凡是鼠类喜欢吃的东西都可作为诱饵。一个好的诱饵应具有适口性好、害鼠喜吃而非目标动物不取食或不能取食、不影响灭鼠效果、来源广、价格低，以及便于加工、储存、运输和使用等特点。添加剂主要用于改善诱饵的理化性质，增加毒饵的警示作用以提高人畜的安全性。因此，常用的添加剂有引诱剂、黏着剂、警示色以及防霉剂和催吐剂等。

（2）毒饵的配制 毒饵配制常用的方法有黏附法、浸泡法、混合法及湿润法。黏附法适用于不溶于水的杀鼠剂，所用诱饵为粮食，其特点是适口性好，但不能久放，一般随配随用。浸泡法适用于水溶性的杀鼠剂，即用杀鼠剂的水溶液浸泡诱饵，使药剂渗入诱饵。此类毒饵含水较多，对喜饮水的害鼠适口性较好。混合法适用于粉状诱饵，与杀鼠剂混合制成面块或面丸毒饵，可使杀鼠剂均匀分布于诱饵中。此法可机械化加工，大批量生产，但贮存时易发霉。对于水溶性的杀鼠剂，还可用湿润法配制毒饵，先用少量水将杀鼠剂溶解后喷洒在诱饵上拌匀，使药液全部浸透即可使用。

（3）毒饵的投放 要将毒饵投放在害鼠经常活动的场所，使大多数鼠都能吃到致死量。毒饵的投放有两种方法，即直接投放和间接投放。前者指将毒饵直接放到田间或室内，进行突击性灭鼠。后者指将毒饵投放在一定规格的罐、盒等容器或专门设计的毒饵站内，让鼠慢慢取食，进行害鼠的长期防治。其中，毒饵站能让鼠类自由进入取食毒饵而其他动物（如鸡、鸭、猫、狗等）不能进入，创新了投饵技术，具有高效、安全、环保、经济、持久等优点，成为当前农区鼠害可持续治理的核心技术。该技术由我国学者发明，现已在世界各国得到应用。

2. 熏蒸灭鼠 在密闭的环境内，使用熏蒸药剂释放毒气，使害鼠呼吸中毒而死。该方法的优点是具有强制性，不受鼠类取食行为的影响，灭效高；不用毒饵，节省粮食；作用快，一般

2~3 h 即可生效；使用安全，无二次中毒现象；仓库内使用可鼠虫兼治。其缺点是用药量大，需密闭环境。

3. 化学驱鼠 用驱鼠剂涂抹保护对象，当害鼠嘴唇或舌头接触刺激鼠的口腔黏膜，使其感到不适，不愿再次啃咬。化学驱鼠并非灭鼠，只是保护物品不被为害，是一种预防性措施。

4. 化学不育 使害鼠取食化学不育剂，导致其终生不育，达到控制害鼠种群的目的。化学不育剂除对化学不育剂的要求比一般杀鼠剂更严格：只对害鼠有作用；一次口服可终生有效；适口性好，不拒食；使用方便，价格便宜。我国虽然已经登记了 2 种植物源不育剂，但尚没有一个很好的化学不育剂。

（二）两类常用化学杀鼠剂

现有的化学杀鼠剂按作用形式可分为急性杀鼠剂和慢性杀鼠剂。两类杀鼠剂各有特点，在鼠害防治中应因地制宜，选择性应用。

1. 急性杀鼠剂（acute rodenticide） 急性杀鼠剂的特点是作用快速、潜伏期短，1~2 d 内甚至几小时内即可引起中毒死亡；此外，毒饵用量少，使用方便。对野外害鼠可直接投放，且一次性投放即可取得很好的防效。由于这类杀鼠剂大多无选择性，容易造成人畜中毒，且无特效解毒剂，因此不建议在生活区使用，野外使用时也要特别当心，同时严禁使用国家明令禁止的高毒杀鼠剂品种。目前各国允许使用的急性杀鼠剂仅有胆骨化醇（cholecalciferol）、溴甲灵（bromethalin）和敌溴灵（desmethylbromethalin）等几种。

2. 慢性杀鼠剂（chronic rodenticide） 慢性杀鼠剂主要指抗凝血杀鼠剂，这类杀鼠剂需使害鼠多次食用、累积中毒才能充分发挥其作用，又称为多剂量杀鼠剂。采用低浓度的毒饵让害鼠反复取食，不易引起害鼠的警觉拒食，既符合鼠类的取食习性，充分发挥药效，又可减少非目标动物误食中毒。

慢性杀鼠剂按化学结构又可分为香豆素类杀鼠剂（coumarin rodenticide）和茚满二酮类杀鼠剂（indandione rodenticide）两类。前者一般比后者的毒性低，主要有杀鼠灵（warfarin）、杀鼠醚（coumatetralyl）、比猫灵（coumachlor）等，后者主要有敌鼠（diphacinone）、鼠完（pinone）和氯敌鼠（chlorophacinone）等。20 世纪 70 年代以来，香豆素类杀鼠剂又有较大发展，不但使急性毒力大大提高，低剂量也能取得非常好的效果，并且能有效地毒杀对老一代产品有抗性的鼠种，因而被称为第二代香豆素类杀鼠剂。常用的品种有大隆（brodifacoum）、溴敌隆（bromadiolone）、杀它仗（stratagem）和硫敌隆（defethialone）等。

小 结

鼠类也称啮齿动物，在分类学上通常指啮齿目和兔形目的动物。鼠类体形较小，全身被毛，体躯可分为头、颈、躯干、四肢和尾 5 个部分，其中头部是取食和感觉的中心，躯干是繁殖和运动的中心。鼠类高度发达的内骨骼，具有支撑身体、保护中枢神经系统和内脏的功能。鼠类的头骨特征是鼠种分类的重要依据。

寻找最佳栖息地、打洞筑巢是鼠类重要的生物学习性。鼠类的洞系结构复杂，多种多样，因种而异。鼠类大多属杂食性，但主要以取食（盗食）植物、粮食为主，因此对于农林牧业的为害较重。鼠类具有很强的繁殖潜力，一般一年多胎，一胎多仔，环境适宜时极易暴发成灾。在冬季，北方鼠种多有冬眠的习性，有的鼠种则以贮粮、改变食性等方式越冬。鼠类具有较强的社群行为和个体行为特征，而鼠类的通讯在这些行为中起着重要的作用。鼠类的雄性外激素对雌性鼠的生殖行为具有重要的调节作用。

我国害鼠种类很多，但主要集中于鼠科和仓鼠科。掌握它们的形态特征和生物学习性以及在不同作物上的为害特点，对于有效地识别和防治鼠害非常重要。鼠害的防治应采取"预防为主、综合防治"的策略。在突出农业防治，恶化害鼠生存环境的同时，大力推广应用毒饵站及围栏陷阱等新型绿色防治关键技术，并注意保护鼠类天敌，将害鼠种群控制在较低的水平。当害鼠大发生时，要合理应用化学防治方法，统筹安排，大面积统一防治，并注意人畜安全和环境保护。

数字课程学习

⬇ 教学课件　　✍ 思考题

第六章　农业有害生物的发生规律及预测

农业有害生物的发生与流行由寄主、天敌、气候等生物和非生物因素以及自身生物学特性决定。一般来说，害虫和害鼠的发生危害主要与其种群数量、食物和天敌情况有关；病害的流行则主要取决于寄主的感病状态、病原物数量、气候和传播途径；而杂草则与季节、土壤环境和作物生长状况等密切相关。弄清各种有害生物的发生流行规律，依据有害生物的发生流行条件，可以较准确地预测不同有害生物的发生期、发生量以及可能造成的经济损失，以便决定是否需要以及何时进行防治。因此，在研究有害生物发生规律的基础上，进行有害生物的预测，是植物保护的重要内容。2021 年底农业农村部通过并发布《农作物病虫害监测与预报管理办法》，自 2022 年 1 月 24 日正式实施。

第一节　植物病害的流行

一、病害流行的概念

植物病害流行是植物群体发病的现象，在植物病理学中，曾经把病害在较短时间内突然大面积严重发生从而造成重大损失的过程称为病害的流行，而在定量流行学中则把植物群体的病害数量在时间和空间中的增长都泛称为流行。植物病害的预测是依据流行学原理和方法估计病害发生时期和数量，指导病害的治理。在群体水平上研究植物病害发生规律、病害预测管理的综合性学科则称为植物病害流行学（epidemiology），它是植物病理学的分支学科。

二、病害流行的类型

根据病害的流行学特点，可分为单循环病害和多循环病害。

1. 单循环病害（monocyclic disease）　是指在病害循环过程中只有初侵染而没有再侵染，或者虽有再侵染，但作用较小的病害。此类病害多为种子传播的病害或土壤传播的全株性或系统性病害，其自然传播的距离较近、效能较低。病原物可产生抗逆性强的休眠体越冬，越冬率较高、较稳定。单循环病害每年的流行程度主要取决于初始菌量。寄主的感病期较短，一旦初侵染结束，则当年病害发生的数量就基本定局，此后受环境条件的影响较小。此类病害在一个生长季节中菌量增长幅度不大，但能够逐年积累，稳定增长，若干年后可能导致较大的流行，因而也称为"积年流行病害"。

一些重要的农作物病害，例如水稻恶苗病、稻曲病、大麦条纹病、小麦散黑穗病、小麦腥黑穗病、小麦全蚀病、小麦线虫病、玉米丝黑穗病、棉花枯萎病和黄萎病以及多种果树病毒病害等都是积年流行病害。小麦散黑穗病病穗率每年增长 4~10 倍，如第一年病穗率仅为 0.1%，则第四年病穗率将达到 30%，造成严重减产。

2. 多循环病害（polycyclic disease）　是指在一个生长季节中病原物能够连续繁殖多代，从而发生多次再侵染的病害，例如稻瘟病、稻白叶枯病、麦类锈病、玉米大小斑病、马铃薯晚疫病等气流传播和雨水传播的病害。这类病害大多数是局部侵染的，寄主的感病时期长，病害的潜育期短。病原物的增殖率高，但其寿命不长，对环境条件敏感，在不利条件下会迅速死亡。病原物的越冬率及越冬存活率均较低。多循环病害在有利的条件下增长率很高，病害增幅大，具有明显的由少到多、由点到面的发展过程，可以在一个生长季节完成菌量积累，造成当年病害的严重流行，因而又称为"单年流行病害"。

以马铃薯晚疫病为例，在最适天气条件下潜育期仅 3~4 d，在一个生长季内再侵染 10 代以上，病斑面积增长可达 10 亿倍。有调查表明，在 4 669 m^2 的地块内只发现一个马铃薯晚疫病中心病株，而 10 d 后在其四周约 100 m^2 面积内就出现了 1 万多个病斑，增长极为迅速。但是，由于各种气象条件或其他条件的变化，不同年份流行程度波动较大，相邻年的流行程度无相关性。第一年大流行，第二年可能发生轻微。

单循环病害和多循环病害的流行特点不同，防治策略也不同。防治单循环病害，消灭初始菌源很重要，除选用抗病品种外，田间卫生、土壤消毒、种子消毒、拔除病株等措施都有良好防效。即使当年发病很轻，也应该采取措施防止菌量的逐年积累。防治多循环病害则主要靠种植抗病品种、采用药剂防治和农业防治措施，降低病害的增长率。

三、植物病害流行因素

植物病害流行受到寄主植物群体、病原物群体、环境条件和人类活动等多种因素的影响，这些因素的相互作用决定了流行的强度和广度。在诸多流行因素中，最重要的是感病寄主植物、强致病性病原物和有利的环境条件。

（一）感病寄主植物

存在感病寄主植物是流行的基本前提。感病的野生植物和栽培植物都是广泛存在的。虽然人类已经能够通过抗病育种选育高度抗病的品种，但是现在所利用的主要是小种专化抗病性，在长期的育种实践中因人为的不断选择而逐渐失去了植物原有的非小种专化抗病性，致使抗病品种的遗传基础狭窄，易因病原物群体致病性变化而丧失抗病性，沦为感病品种。

感病的寄主植物还包括特定生育期或栽培不当造成的敏感状态的寄主植物。如小麦赤霉病的流行必须有扬花期的小麦。种植过密、氮肥过多造成的嫩弱植物，对多种病原物的敏感性均会增加，是加重病害流行的重要因素。

此外，农业规模经营和保护地栽培的发展，往往在大面积范围内出现单一的农作物种类甚至品种的单一化，使感病性寄主大面积集中，特别有利于病害的传播和病原物的增殖，导致病害的大面积流行。

（二）强致病性病原物

许多病原物群体内部有明显的致病性分化现象，如果其中强致病性的小种或菌系、毒株占据优势地位，就有利于病害大流行。在种植作物抗病品种时，病原物群体中对抗病品种具有毒性的小种或菌（株）系将优先得到增殖并逐渐占据优势，从而导致作物抗病性的丧失，引起病害重新流行。

有些病原物能够大量繁殖和有效传播，短期内能积累巨大菌量；有的抗逆性强，越冬或越夏存活率高，初侵染菌源数较多。这些都是病害流行的重要因素。

（三）有利的环境条件

环境条件主要包括气象条件、土壤条件、栽培条件和生物条件等。有利于流行的条件应能持续足够长的时间，且出现在病原物繁殖和侵染的关键时期。

1. 气象条件　气象条件以温度、水分（包括湿度、雨量、雨日、雾和露）和日照最为重要。气象条件既影响病原物的繁殖、传播和侵入，又影响寄主植物的抗病性。不同类群的病原物对气象条件的要求不同。例如，霜霉病的孢子在水滴中才能萌发，而水滴对白粉菌分生孢子的萌发不利。因而，多雨天气容易引起霜霉病的流行，而对白粉病却有抑制作用。

不利的环境条件通过影响寄主植物，使植物生长不良、抗病能力降低，也可以加重病害流行。如水稻抽穗前后遇低温阴雨天气，稻株组织柔软衰弱，易感染穗颈稻瘟病。同一环境条件常常既影响寄主，又影响病原物。例如，高湿促进马铃薯晚疫病的流行，一方面是因为高湿对病菌孢子的大量产生及其萌发和侵入有利，另一方面高湿增大马铃薯叶片细胞的膨压而使之趋于感病。

2. 土壤条件　土壤条件包括土壤的理化性质、土壤肥力和土壤微生物等，既可以直接影响土壤中栖息的病原物，也可以通过对寄主植物健康的影响而间接影响病害的流行。但土壤条件往往只影响病害在局部地区的流行。

3. 栽培条件　人类在农业生产过程中所采用的各种栽培管理措施，在不同情况下对病害发生有不同的作用，需要做具体分析。生产上常通过栽培措施来改变上述各项流行因素，阻止或减少病害的流行。

4. 生物条件　对由生物介体传播的病害，传毒介体数量及其扩散能力也是影响病害流行的重要因素。例如，水稻条纹叶枯病的流行与媒介昆虫灰飞虱的发生数量和带毒率密切相关。

（四）流行主导因素分析

地区之间和年份之间主要流行因素和因素间相互作用的变动，造成了病害流行的地区差异和年际波动。对于地区之间，按照病害流行程度和流行频率的差异可划分为病害常发区、易发区和偶发区。常发区是流行的最适宜区，易发区是病害流行的次适宜区，而偶发区为不适宜区，仅个别年份有一定程度的流行。病害流行的年际波动最大的是以气流传播和生物介体传播的病害，根据年度流行程度和损失情况可划分为大流行、中度流行和不流行等类型。对于某种病害来说，在诸多流行因素中，往往有一种或少数几种起主要作用，被称为流行的主导因素。正确地确定主导因素，对于病害流行分析、预测和设计防治方案都有重要意义。

病害的大流行往往与某些流行因素的剧烈变化有关。我国20世纪50年代大面积种植抗病小麦品种'碧玛1号'，从而控制了条锈病，后因条锈病对该品种有致病性的条中1号小种大量增殖，克服了'碧玛1号'的抗病性，导致条锈病大流行。在"绿色革命"时推广的墨西哥矮秆小麦品种，由于对多种叶枯病高度感病，引起壳针孢叶枯病、雪霉叶枯病、链格孢叶枯病等在各自适生区域持续流行。

在感病寄主植物与病原菌均具备时，适宜的气象条件往往成为病害流行的主导因素。稻瘟病、麦类锈病、赤霉病、马铃薯晚疫病、葡萄霜霉病等多种病害，都曾因气候异常导致其超常流行。如1845年和1846年西欧马铃薯晚疫病的流行，与1845年该地区持续低温多雨有关，晚疫病首先在比利时和西欧大陆严重流行，并跨海传播到英国和爱尔兰，导致著名的"爱尔兰饥荒"。

第二节　植物害虫种群动态

一、害虫种群及其特征、结构

种群（population）是指一定区域内生活着的同种个体的集合。同一种群内的个体能随机交配，共享同一基因库。事实上，田间各种害虫的种群常呈斑块化分布，有些种类的个体虽在同一区域内，但由于在不同的斑块其交流并不频繁，长期自然选择后，它们在生理生态或适应性等方面会发生细微或明显的变化，因此这类种群被称为异质种群（metapopulation）。种群的个体数量由于种的特性和环境条件的作用而经常处于变动中，数量时增时减，占据的生活空间也相应地扩张或缩小。害虫大发生实质上是害虫种群在特定的时间内迅速增长、种群密度剧增的结果。

（一）种群特征

种群由个体组成，个体的生物学特征，如出生、死亡、年龄、性别、基因型、滞育等在种群中同样存在，相应地由出生率、死亡率、年龄组配、性比、基因型比率和滞育率等比率数据来表征。此外，种群还具有个体所不具备的特征，如密度、数量动态、空间分布、密度制约效应等，特别是种群能根据环境条件来调节自身密度。

此外，种群存在种下分化和多态现象。不同区域或环境下的同物种种群间的个体自由交配的可能性极小，长时间的同质交配，致使种群间发生分化，形成一定的遗传差异，产生出不同的地理宗、生态宗或生物型。而多态现象是种内个体的不同表现型，如长翅型和短翅型、居留型和迁飞型等。

（二）种群结构

种群结构又称种群组成，是指种群内生物特征不同的各类个体在种群中所占比例的分配状况，或在总体中的分布。最主要的是性比与年龄结构，其次是因昆虫多型现象而产生的各类生物型，如蚜虫种群内的有翅型和无翅型蚜的比例状况。

1. 性比（sex ratio）　是种群中雌性个体数对雄性个体数的比。大多数昆虫自然种群的性比为 1∶1。但是，有些昆虫种群的性比常因环境条件变化而改变。例如，松毛虫赤眼蜂在不同寄主卵上育出的蜂，其性比不同，由大型卵（柞蚕卵、松毛虫卵）育出的蜂的性比高，而在麦蛾等小型卵内育出的蜂性比低。种群基数相同时，性比高有利于种群的增长。

2. 年龄结构（age distribution）　指种群内各年龄组（虫态）个体占总体的百分比。年龄结构不仅影响当时种群的存活与繁殖能力，而且还预示未来种群的发展趋势。一个迅速增长的种群往往具有高比例的年轻个体、稳定的种群年龄分布相对均匀；衰退种群则有较高比例的老年个体和较低比例的幼年个体。

3. 多态现象（polymorphism）　种群内相同性别的个体在形态特征上表现出差异的现象，称为种群的多态现象、多型现象或多态性。种群中多态性个体不仅在形态上有一定差异，在行为和生殖能力上也常有显著不同。例如，褐飞虱长翅型具有强迁飞能力但繁殖力低，而短翅型不能迁飞但繁殖力高。多态现象的发生预示着种群未来数量将发生大的变化。

二、种群消长类型

昆虫种群消长（population dynamic）即种群的数量动态，取决于两个方面，一是种群内因素（如生理、生态特征及适应性等），二是内在因素与栖息地各外界因素间特殊的联系方式。由于种群的物种特性，以及栖息地的地形、区域性气候、植被种类等在一定空间及相当长的时间内都有相对稳定的动态类型，因而相应的物种种群也呈现相对固定的数量动态类型。种群数量动态类型也是在一定条件下种的特性，掌握种群消长的动态类型，有利于进行害虫的预测。害虫种群的消长主要表现在地理空间和时间上。在不同地理空间上，种群的数量消长表现为种群密度稳定高发区、种群密度稳定低发区及种群密度波动区三类。害虫种群在时间上的消长主要表现为年际间消长及季节性消长。年际间消长表现为周期波动型、非周期波动型和年度间稳定型。季节性消长规律较为明显而稳定，对害虫的测报和管理有较好的指导意义。

（一）种群密度的季节性消长类型

昆虫的种群密度随着自然界季节变化而起伏波动。这种波动在一定的空间内常有相对的稳定性，形成了种群季节性消长类型。在一化性的昆虫中，季节消长比较简单，在一年内种群密度常只有一个增殖期，其余时期都呈减退状态。这种季节性消长动态，常和害虫的滞育特性密切关联。如小麦吸浆虫，在长江流域，春季 4 月中旬至 5 月中旬为增殖期，其余时间生存数量都呈减退。多化性昆虫的季节性消长比较复杂，一般表现为 4 种类型（图 6-1）。

1. 斜坡型　种群数量仅在前期出现生长高峰，以后各代便直趋下降，如小地老虎、黏虫、豌豆潜叶蝇、稻小潜蝇、稻蓟马、麦叶蜂、芜青叶蜂等。

2. 阶梯上升型　表现为逐代逐季数量递增，如玉米螟、红铃虫、三化螟、棉大卷叶虫、棉铃虫等。

3. 马鞍型　常在春、秋季出现数量高峰，夏季常下降，如棉蚜（夏季发生伏蚜的地区除外）、萝卜蚜、桃蚜、麦长管蚜、黍缢管蚜、菜粉蝶、小菜蛾、麦蜘蛛等。

4. 抛物线型　常在生长季节中期出现高峰，前后两头发生均少，如大豆蚜、高粱蚜、斜纹夜蛾、甜菜夜蛾、稻苞虫、棉红叶螨等。

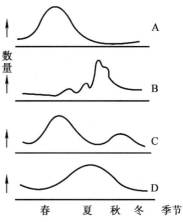

图 6-1　长江流域几种害虫种群季节消长模式图（仿张孝羲等，1979）

A. 黏虫——斜坡型；B. 三化螟——阶梯上升型；C. 桃蚜——马鞍型；D. 高粱蚜——抛物线型

（二）种群季节性消长的主导因素

种群季节性消长主要是由种的特性及其生境的季节性变动的相互作用而形成的。从影响季节消长的主导因素上考虑，又可以分为气候制约型、气候 – 食物制约型和天敌制约型。

1. 气候制约　是以物种对气候的适应性为内因，以栖息地的气候条件为主要诱发因子的季节消长类型。如小地老虎，其发育的适温为 14～20℃，凡气候适宜的季节亦为种群的发生季节，在浙江、四川等地为春季，广州则为晚秋、冬季及早春。斜纹夜蛾的发育适温为 25～30℃，且气温高达 40℃时，对生存的影响不大。因此，该种的多发季节常在夏季。

2. 气候 – 食物制约　是以物种对气候条件或其食料条件的适应为主导因子的季节消长类型。如水稻三化螟，其发育繁殖的适温为 29～30℃，幼虫的侵入及营养需求与水稻各生育期间的关系极为密切。在分蘖期、孕穗期、抽穗前后对害虫的侵入、生存均有利，而秧苗期、返青期、圆杆期及抽穗后均不利。在江苏地区，当 3、4 月份雨量大、雨日多、气温低的年份，越冬幼虫、蛹死亡多，第一代发生数量受抑制。而当气候适宜的季节，2～3 代幼虫盛孵期与水稻各感虫生育期的吻合程度，常为决定当地多发的主导因素，并且由于这种吻合程度在不同地区及不同年份的变化，而形成三化螟在各地区或年份间的差异。

3. 天敌制约　是以外界天敌的季节性消长为主导诱发因子的季节消长型。如银纹夜蛾，在江苏徐州一带历年常以 7 月上旬第二代密度最大，由于第二代蛹期及第三代幼虫期遭受一种小茧蜂及病菌的寄生，致使以后各代密度急剧下降。

三、种群增长模型

种群数量是种群在生物因素和非生物因素作用下的结果。在有利的环境条件下，种群的生殖力增强，死亡率减小，种群数量增高；相反，在不利的环境因素作用下，生殖力下降，死亡率增加，种群数量降低。种群增长型就是指种群数量随时间变化而变化的形式，是一时间函数。种群的增长型可以利用种群数量随时间变化的规律，采用数学模型来表示，因此又被称为种群增长模型。

建立种群的增长模型时，会用到两个重要的种群参数，净增殖率（net reproductive rate）与内禀增长率（intrinsic rate of increase）。净增殖率（R_0）是指种群中每个雌性个体所产生的雌性后代数。$R_0 > 1$ 表明种群数量将增加；$R_0 = 1$ 表示种群数量将保持不变；$R_0 < 1$ 表示种群数量将降低。内禀增长率（r_m）是研究种群在特定条件下潜在的最大增长能力，其值越大表示种群增殖越快。下面介绍常见的 3 种种群数量增长模型（图 6-2）。

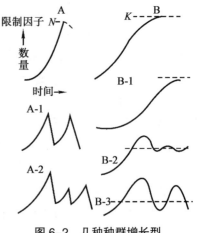

图 6-2　几种种群增长型

（仿 Odum，1978）

A. 指数增长型；B. 逻辑斯蒂模型

（一）指数增长模型

马尔萨斯最早提出，生物种群在无限资源环境中能按几何级数增长，即在理想的环境下，任何生物的群体数量会呈指数增长，用数学式表示为：

$$\mathrm{d}N/\mathrm{d}t = (b - d) = Nr_m$$

式中，N 为种群数量；t 为时间；b 为瞬时出生率；d 为瞬时死亡率；r_m 为种群瞬时增长率（内禀增长率）。

上式用积分形式表达为：

$$N_t = N_0 e^{r_m t}$$

式中，N_0 为初始种群数量。此式告诉我们，当 $r_m > 0$ 时，种群会不断增长；$r_m < 0$ 时，种群将衰退。

指数增长模型是在资源无限的理想状况下的种群生长型，而害虫种群很少会遇到资源无限的环境，因此符合该模型的种群不多。不过，在短时间内，个体较小且繁殖力强的害虫，如蚜虫、螨和飞虱等会接近于指数增长模型。

（二）逻辑斯蒂模型

在现实环境中，昆虫种群不会按内禀增长率一直增长。当种群数量增加到一定程度时，由于资源的有限，种内和种间竞争加剧，加上其他生态因素的限制，种群的实际增长率会逐渐减小，趋于零，种群数量将维持在饱和水平（K）附近。许多生物种群，在一定时空内的增长过程，符合逻辑斯蒂模型。

$$\mathrm{d}N/\mathrm{d}t = Nr_m (K - N)/K \text{ 或 } N = K/(1 + e^{a-rt})$$

式中，K 为种群饱和水平或称环境最大负载量，$(K-N)/K$ 为环境阻力；a 为常数；r 为内禀增长率；t 为时间。显然，当种群数量 N 小于 K 值时，种群在不断增加其数量，但随着 N 增大，种群增长速率 $r_m (K-N)/K$ 逐渐减少，当 $N = K$ 时，增长速率为零。蚜虫、果蝇等昆虫，在一定时空内的种群增长曲线符合逻辑斯蒂模型。

（三）种群数量动态基本模型

昆虫种群在一定时空内的数量（P）取决于以下四个因素：①种群起始数量（P_0）；②增殖速率（R），即在单位时间内每头雌虫的平均增殖能力；③死亡率（d）或以生存率（$1-d$）表示；④种群在单位时空内的迁移率（M），迁入 M 为负数，迁出为正数。它们之间的相互关系可以用下式表示：

$$P = P_0 \left[R(1-d)(1-M) \right]^n$$

式中，n 为代次。因为增殖速率 R 为种群繁殖力和性比之积，故上式可写成：

$$P = P_0 \left[e\frac{f}{m+f}(1-d)(1-M) \right]^n$$

式中，e 为平均每雌虫的产卵量；$\dfrac{f}{m+f}$ 是雌虫比率（f 为雄虫数，m 为雌虫数）。

由此可见，只要我们了解目前的种群基数及未来时间内各种生态因素对种群繁殖力、生存率和迁出率的影响程度，就能预测该昆虫种群的数量变化。

四、生命表在种群动态研究中的应用

生命表（life table）是按时间或种群的年龄（虫龄和虫态）顺序编制的，系统记录种群从出生到死亡的整个生活史过程中的存活、繁殖状况及死亡原因等的表格。昆虫生命表技术为种群数量动态分析和害虫发生量预测提供了有利的工具。根据多年的生命表数据可分析出影响昆虫数量变动的关键因素和关键时期，从而组建昆虫种群数量预测模型。对世代分离明显的昆虫，一般编制特定年龄生命表。下面给出第二代小菜蛾在甘蓝上的生命表（表6-1）。

表 6-1　小菜蛾在甘蓝上的种群生命表

虫期（x）	每期起始虫量（l_x）	死亡原因（d_{xf}）	死亡数（d_x）	死亡率（q_x）	存活率（$1-q_x$）
卵	1 580	未受精	25	0.016	0.984
低龄幼虫	1 555	降雨 30 mm	1 199	0.771	0.229
虫龄幼虫	356	降雨 13 mm	36	0.101	0.899
		小茧蜂寄生	52	0.146	0.854
高龄幼虫	268	姬蜂寄生	69	0.257	0.743
蛹	199	姬蜂	92	0.462	0.583
蛾	107	性别	54	0.505	0.495
雌蛾	53	成虫死亡与生殖力减退	39	0.736	0.264
正常雌蛾	14（平均蛾产卵 57 粒）				
全代			1 566	0.991	0.009

（Harcoutr，1961）

从该生命表可看出小菜蛾从卵至成虫发育过程中，降雨对低龄幼虫的死亡影响大，但降雨是否为影响该种群数量的关键因子还不能确定，需要根据不同年份的多张同世代生命表的结果来判断。根据生命表可估计下一代小菜蛾种群数量及变化趋势，可按下式计算种群趋势指数（I）。

$$I = S_E \times S_{L1} \times S_{L2} \times S_{L3} \times S_{L4} \times S_{L5} \times S_P \times S_A \times P \times F = (N_{t+1})/N_t$$

式中，S_E 为卵期存活率；$S_{L1} \sim S_{L5}$ 为各龄（如 1~5 龄）幼虫存活率；S_P 和 S_A 分别为蛹和成虫的存活率；P 为性比；F 为平均产卵量。将上述生命表中的有关数据代入此式，计算得 $I = 0.505$。这表示下一代种群数量是上一代的一半。

显然，I 的大小可预测种群下一代数量的变化趋势。当 $I = 1$ 时，下一代种群数量保持稳定；当 $I > 1$ 时，种群数量将增长；$I < 1$ 时，种群数量将减少。

五、影响种群动态的因素

昆虫种群可以看成是一个自我管理系统，它能按自身的性质和环境状况调节其密度，使种群密度在环境中呈波动状态。参与种群密度调节的因素种类很多，主要有生物因素、气候因素、环境综合因素和自身动态平衡因素，这些因素是进行害虫预测和进行害虫综合治理的重要依据。因此，曾经有不少学者试图把影响昆虫种群数量变动的因素概括成一个模式，提出自己的学说，如天敌控制、气候控制、综合控制和遗传变异等自身调节控制，但究竟引起昆虫种群变动的实质是什么？还必须根据具体情况作具体分析，试图把影响昆虫种群变动的众多因素归于一点，显然是困难的。

种群数量的变动是种群的遗传特性（生理、生态特性和适应性）与外界环境条件相互作用的结果。前者为引起种群数量波动的内因，后者则为外因。这种表现具有时间和空间上的差异，各影响因素之间还有主从关系，即在一定的条件下，常有一两种是主导因素，其他则为次要因素。这种主从关系也不是固定不变的，可以因条件和对象而相互转换。在同一地区，一种外界因素对于不同害虫种群的数量变动的效应是不同的。如长江流域以北地区，冬季 −16℃ 以下的低温因素对三化螟、红铃虫种群可起绝对致死效应，而对玉米螟、二化螟的影响则较小。而同一外界因素在不同的地区，对同一昆虫的数量波动效应也有一定的同一性，如 14~24℃ 的气候因素在南京、昆明、重庆、广州等地对小地老虎均有促进季节性猖獗的效应，而 25℃ 以上的高温均可促使当地种群出现季节性的衰落。这些都足以说明外界因素是必须通过内在特性而起作用的。因此，我们在研究一个种群的数量变动原因时必须首先掌握种群的内在特性，再调查分析其与外界因素间的相互联系，并辨别出相互间的主从关系，以及在时间、空间上的变异程度，才能正确地洞悉种群数量波动的真实原因。

第三节　植物病虫害预测

一、病虫害的调查方法

植物病虫害的分布和危害、发生时期和症状的变化，以及栽培和环境条件对植物病虫害发生的影响，品种在生产中的表现，不同防治措施的效果，危害造成的损失等，都要通过病虫调查才能掌握。由于农田生态系统的复杂性，不同病虫害的生物学特性、发生密度和田间各种环境因子的分布差异，使病虫害在田间分布也非常复杂。要获得准确的病虫资料，就必须了解病虫的田间分布特征。根据分布型选用适宜的取样方法，按照正确的方法系统记载有关的调查项目，并通过计算以合理的指标来准确描述病虫发生和危害情况。只有用科学的方法获得了准确的病虫害资料数据，才能对具体情况作出正确的分析判断。

调查前要做充分的准备，首先要选择好调查地点和方法，使调查结果能反映当地的真实情况，具有代表性。第二，事先确定具体所要收集的资料，保证调查资料的完整性。第三，采用适当的调查方法和记载标准，以保证不同调查资料的可比性。调查后对掌握的材料要分析研究，防止因没有充分依据，或因主观片面而出现估计错误。有时调查需要经过多次重复才能得出准确的结论。

（一）病虫害的空间分布

空间分布（spatial distribution）是指在不同的条件下，不同种类有害生物种群（或被害作物）在田间的聚集或分散的形式。它取决于生物种的生物学特性、种群密度、寄主植物以及其他环境条件。种群的空间分布是调查取样方法选择时的重要依据。按生物种群内个体间的聚集程度与方式，可将空间分布分为以下几类：

1. 均匀分布（even distribution） 均匀分布常是由于生物个体间的相互排斥造成的。如由于昆虫成虫产卵分布均匀或幼虫具有自相残杀习性等原因而使种群内的个体在田间呈均匀分布。均匀分布的种群各个体间相距的距离相等。

2. 随机分布（random distribution） 随机分布指种群内各个体既不相互吸引也不相互排斥，彼此间独立。即每个个体在空间任何一点出现的可能性相同。其概率分布为：

$$P_x = e^{-m}（m^x/x!）$$

式中，P_x 代表在某个样方内出现 x 个个体的概率；m 为每个样方内种群的平均密度，可以从调查数据中估计出；e 为自然对数的底；! 为阶乘号。

3. 核心分布（contagious distribution） 核心分布指昆虫种群在田间的分布由许多核心组成，虫体逐步向四周扩散。例如幼虫低龄时在果园呈核心分布，随着虫龄增大，虫体慢慢扩散呈随机分布。核心分两个亚型，一是核心大小大致相同，另一类是核心大小不等，但是"核心"本身在空间上呈随机分布。故核心分布也可视为随机分布的一种变型，往往是昆虫成虫成块产卵，或幼虫有聚集习性造成的。

4. 镶嵌分布（mosaic distribution） 又称负二项分布，指个体在田间分布疏密相间，呈现明显聚集现象，很不均匀。如水稻大螟表现为田边发生多，而在稻田中间发生量相对少，属于明显的嵌纹分布。

（二）调查取样方法

植物病虫害调查时需根据病虫害的空间分布，采取不同的抽样方法。病虫害调查常采用顺序抽样方法进行，主要有以下 4 类（图 6-3）。

1. 五点式和棋盘式取样法 适宜于密集的或成行的植物和随机分布的病虫害（图 6-3A、B、D）。棋盘式取样还适用于聚集分布的病虫害。

2. 对角线式取样法 适宜于密集的或成行的植物和随机分布的病虫害，有单对角线式和双对角线式两种（图 6-3C、F）。

3. 分行式取样和平行跳跃式取样法 适宜于成行的作物和核心分布的病虫害（图 6-3E、H）。

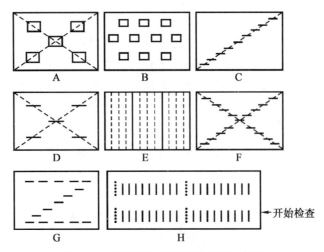

图6-3   田间调查各种取样方法示意图

A. 五点式（面积）；B. 棋盘式；C. 单对角线式；D. 五点式（长度）；
E. 分行式；F. 双对角线式；G. "Z"字形；H. 平行跳跃式

4. "Z"字形取样法   适宜于嵌纹分布的病虫害（图6-3G）。

根据种群在田间的分布型以及作物的种植方式，采取相应的抽样方法，可以迅速准确地估计昆虫总体的情况。对均匀分布和随机分布的种群，一般采用五点式和棋盘式抽样，样方面积可增大，样方数可减少。对核心分布的种群，为减少抽样误差，宜用平行跳跃式取样。而嵌纹分布的种群最好用"Z"字形取样。例如，果树的各种红蜘蛛多分布在果园外围的植株或见光较好的植株上，若采用对角线或五点法抽样，则往往估计密度偏低。

（三）调查的类别

害虫田间调查可分为普查和系统调查两类。普查主要是大面积地调查害虫的发生程度或者防治后的效果，调查的时间根据需要而定。系统调查是按一定的时间间隔，在不施药的系统田对重要的害虫进行详细的调查，包括害虫种类、各虫龄的发生数量等。系统调查的结果对害虫的预测预报有重要的指导价值。

病害调查通常分为一般病害调查、重点病害调查和调查研究3种。虽然它们之间不是绝对的，但有助于明确调查目的和采取的方法。

1. 一般病害调查   一般病害调查主要是了解病害的分布和发病程度。当一个地区有关病害发生情况的资料很少，可先进行一般病害调查。一般病害调查的面很广，并且要有代表性。调查的病害种类较多，但对发病率的计算并不要求十分精确。与植物检疫性病害的调查性质相类似，其主要任务是了解这些病害是否发生和发生的地区。

对一般病害发病情况的调查，为了节约人力和物力，调查次数可以少一些，最好是在发病盛期进行一次到两次。如小麦病害调查的适当时期，叶枯病是在抽穗前，条锈病是在抽穗期，叶锈病可以迟一些，杆锈病、赤霉病、腥黑穗病和线虫病等可以迟到完熟期。如果一次要调查几种作物或几种病害的发生情况，可以选择一个比较适中的时期。

一般病害调查的记录，可以参考表6-2"大麦病害调查记载"的方式。

表 6-2 大麦病害调查记载

调查地点： 调查日期： 调查人：

病害名称	调查田块							
	第 1 田	第 2 田	第 3 田	第 4 田	第 5 田	……	第 10 田	平均
散黑穗病								
坚黑穗病								
白粉病								
条纹病								
网斑病								
斑点病								
条锈病								
叶锈病								
秆锈病								
其他								

注：重点病害记载发病率，次要病害和很少发生的病害记载有无。

2. 重点病害调查　经过一般病害调查发现的重要病害，可作为重点病害的对象，深入了解它的分布、植物发病率、造成的损失、环境影响和防治效果等。重点调查的次数要多一些，发病率的计算也要求比较准确。比较深入的重点病害调查，可以参考表 6-3 "作物病害调查记载"内容进行。

表 6-3 作物病害调查记载

调查地点和单位名称 _____ 调查日期 _____ 调查人 _____ 作物 _____
品种 _____ 种子来源 _____ 病名 _____
发病率和田间分布情况 _____ 土壤性质和肥沃度 _____
土壤湿度 _____ 灌水和排水情形 _____ 施肥性质 _____
耕作栽培方法（指出特点）_____
当地湿度和降雨（注意发病前和病害盛期时的情形）_____
防治方法和防治效果 _____ 群众经验 _____

3. 调查研究　研究和重点调查的界限是很难划分的，但调查研究一般不是对一种病害作全面的调查，而是针对其中的某一个问题。调查的面不一定要广，但是要深入。除田间观察外，更要注意访问和座谈。由于各种调查研究的目的不同，很难有比较统一的调查表格。

调查研究不需要很多的设备，农田就是实验地，所以实验规模之大和各种对比处理之多，远远超过一般实验研究。许多植物病害问题是通过调查研究或者是在调查研究的基础上解决的。调查研究和实验研究是相互配合的。调查研究中发现的问题，有些可以通过实验得到解决。同时试验研究又为调查研究提出了新的任务，具体地说，也就是提出了进一步调查的项目。通过不断地调查研究和实验研究，才能逐步提高对一种病害的认识。

为了说明调查研究的重要性，这里举一些实例。海南岛橡胶树在 20 世纪 70 年代严重发生由疫霉菌引起的条溃疡，调查发现主要是由于追求产量而过度割胶和雨后树干潮湿时割胶造成的。近年来采取适度割胶，并在树干割胶部位上部加一帽罩，病害基本得到控制。同样，20 世纪 70 年代在江苏黄河故道的梨树上大都发生由细菌引起的"锈水病"，树干流锈色的水，梨树大都不久死去。经过长期的调查，发现与修剪有关。发病的果树大都修剪较轻，开花结果过多，加之地力薄，树势衰弱而易于感病死亡。经过改变修剪方式，减少结果，并施肥灌水，病害基本得到控制。

目前，研究发现对农作物病虫害的调查与监测还可以采用遥感（RS）监测的方法。如采用昆虫雷达可实时监测高空迁飞昆虫的数量，为迁飞性害虫的迁入或迁出时间与数量的测报提供指导。采用高光谱遥感技术可实时监测作物受病虫害危害的受害等级，以减轻传统的下田调查病虫害的工作量，并可以提高调查结果的准确性与实现调查数据的实时电子化。

另外，地理信息系统（GIS）及全球定位系统（GPS）技术在病虫调查中也发挥了重大作用。GPS 技术为病虫害调查时提供了精确的地理位置信息，GIS 系统可将不同区域病虫害的发生情况形象地显示在地图上，并且可通过叠加方法，分析各区域病虫害发生程度与各因子间的关系。目前，3S 技术结合物联网技术已广泛地应用于农业有害生物的监测与预测工作之中。

（四）田间病、虫情的表示方法

1. 田间病情的表示方法　一般用发病率、严重度和病情指数表示大田病害的发病程度。

（1）发病率（incidence rate）　根据调查对象的特点，调查在单位面积、单位时间或一定寄主单位上出现的数量。发病率是指发病田块、植株和器官等发病的普遍程度，一般用百分比表示。

$$发病率 = \frac{病叶（秆）数}{调查总叶（秆）数} \times 100$$

（2）严重度（disease severity）　根据调查对象的特点，调查发病器官在单位面积上发病情况。严重度表示田块植株和器官的发病严重程度。

$$严重度 = \frac{叶（秆）孢子堆面积}{调查叶（秆）总面积} \times 100$$

（3）病情指数（disease index）　病情指数表示总的病情，由普遍率和严重度计算而得。

$$病情指数 = 100 \times \frac{\sum（病级株数 \times 病级代表数值）}{（调查株数总和 \times 发病最重级的代表数值）}$$

发病最重的病情指数是 100，完全无病是 0，所以其数值表示发病的程度。

2. 田间虫情的表示方法　田间虫情一般用虫口数量来表示，但有时也采用病害类似的方法，以作物的受害情况来表示。

（1）以虫口数量表示　根据调查对象的特点，调查它在单位面积、单位时间、单位容器或一定寄主单位上出现的数量。

对于地上部分的害虫，抽样检查单位面积、单位植株或单位器官上害虫的卵（或卵块）数或虫（幼虫、若虫或成虫）数。这项工作需在害虫发生季节、最易发生的时期，或越冬期进行，如对黏虫常调查每平方米的幼虫数；对麦田蚜虫常调查平均百株蚜虫数（百株蚜量）。

对于地下害虫，则常用筛土或淘土的方法统计单位面积一定深度内害虫的数目，必要时进行分层调查。如对金针虫、蛴螬、拟地甲等地下害虫和桃小食心虫、梨小食心虫等幼虫或蛹在土内休眠的害虫等的调查。常用每平方市尺（1 平方市尺 =0.11 m^2）土中的平均虫数表示。

对于飞翔的昆虫或行动迅速不易在植株上计数的昆虫，如有趋光（色）性、趋化性，可用黑光灯、糖蜜诱杀器或黄皿诱集器（只用于有翅蚜）等进行诱捕，还可采用性诱剂诱集，以单个诱集器逐日诱集数表示。网捕是调查田间这类害虫的另一种重要方法。标准捕虫网柄长 1 m，网口直径 0.33 m，来回扫动 180 度为 1 次取样，以平均 1 次或 10 次取样中的虫数表示。

（2）以作物受害程度表示　如被害率（infestation percentage）、被害指数（infestation index）和损失率（percent of loss）等来表示。

被害率表示作物的株、秆、叶、花、果实等受害的普遍程度，可用下式表示：

$$被害率 = \frac{被害株（秆、叶、花、果）数}{调查总株（秆、叶、花、果）数} \times 100$$

许多害虫对植物的危害只造成植株产量的部分损失，植株之间受害程度不等，用被害率表示并不能说明受害的实际情况。因此，往往先根据害虫的危害进行程度分级，再通过计算用被害指数来表示。

$$被害指数 = 100 \times \frac{\sum（虫害级别 \times 该级的株（秆、叶、花、果）数）}{调查总株（秆、叶、花、果）数 \times 最高虫害级别值}$$

被害指数只能表示受害轻重程度，但并不直接反映产量的损失。产量的损失以损失率来表示。

$$损失率 = \frac{损失系数 \times 被害率}{100}$$

$$损失系数 = \frac{（健株单株产量 - 被害株单株产量）}{健株单株产量} \times 100$$

二、病虫害预测技术

依据病虫害的发生流行规律，利用经验的或系统模拟的方法估计一定时间之后病虫害的发生流行状况，称为预测（prediction, prognosis）。由权威机构发布预测结果，称为预报（forecasting）。有时对这两者并不作出严格的区分，通称为病虫害预测预报，简称病虫害预报。

预报重点是测算一定时限后病虫害发生流行状况的指标，例如病虫害发生期、发生数量和发生流行程度的级别等称为预（测）报量；而用以估计发生期和预报量的发生流行因素称为预报（测）因子。目前病虫害预测的主要目的是用做防治决策参考和确定药剂防治的时机、次数和范围。

（一）预测的内容

病虫害预测主要是预测其发生期、发生量或流行程度和导致的作物损失。

1. 发生期预测（prediction of occurrence period）　主要是估计病虫害可能发生的时期。对于害虫来说，通常是特定的虫态、虫龄出现的日期，或者迁飞性害虫的迁出与迁入时间等。而病害则主要是侵染临界期。如果树和蔬菜病害多根据小气候因子预测病原菌集中侵染的时期，以确定喷药防治的适宜时期。这种预测也称为侵染期预测。德国一种马铃薯晚疫病预测方法是在流行始期到达之前，预测无侵染发生，发出安全预报，这称为负预测。

2. 发生量或流行程度预测（prediction of occurrence degree）　主要是预测有害生物可能发生的量或流行的程度。预测结果可用具体的虫口或发病数量（发病率、严重度、病情指数等）作定量的表达，也可用发生、流行级别作定性的表达。发生、流行级别多分为大发生（流行）、中度发生（流行）、轻度发生（流行）和不发生（流行），具体分级标准根据病虫害发生数量或作物损失率确定，因病虫害种类而异。

3. 损失预测（prediction of loss）　也称为损失估计，主要是在病虫害发生期、发生量等预测的基础上，根据作物生育期和病虫害猖獗的情况，进一步研究预测某种作物的危险生育期，是否完全与病虫害破坏力、侵入力最强而且数量最多的时期相遇，从而推断灾害程度的轻重或所造成损失的大小。配合发生量预测，进一步划分防治对象、防治次数，并选择合适的防治方法，控制或减少危害损失。在病虫害综合防治中，常应用经济损害水平和经济阈值等概念。前者是指农作物受害虫危害引起的经济损失与防治所需的费用相等时的种群密度，后者是指应该采取防治措施以防止害虫密度达到经济损害水平时有害生物的密度。损失预测结果可以确定有害生物的发生是否已经接近或达到经济阈值，用于指导防治。

（二）预测时限与预测类型

按照预测的时限可分为超长期预测、长期预测、中期预测和短期预测。

1. 超长期预测（extra long-range prediction）　也称为趋势预测（tendency prediction），一般时限在一年或数年。主要运用病虫害流行历史资料和长期气象、人类大规模生产活动所造成的副作用等资料进行综合分析，预测结果指出下一年度或将来几年的病虫害发生的大致趋势。超长期预测一般准确率较差，还处于研究阶段，现已初步发现利用海温资料可对棉铃虫的发生级别及褐飞虱的前期迁入量进行提前 1~2 年的预测。

2. 长期预测（long-term prediction）　长期预测也称为病虫害趋势预测，其时限尚无公认的标准，习惯上指一个季节以上，有的是一年或多年。主要依据病虫害发生流行的周期性和长期气象等资料作出。预测结果指出病害发生的总体趋势，需要随后用中、短期预测加以校正。害虫发生量趋势的长期预测，通常根据越冬后或年初某种害虫的越冬有效虫口基数及气象资料等，于年初展望其全年发生动态和灾害程度。例如我国滨湖及河泛地区，根据年初对涝、旱预测的资料及越冬卵的有效基数来推断当年飞蝗的发生动态；我国长江流域及江南稻区多根据螟虫越冬虫口基数及冬春温、雨情况对当地发生数量及灾害程度的趋势作出长期估计；多数地区能根据历年资料用时间序列等方法研制出预测式。长期预测需要根据多年系统资料的积累，方可求得接近实际值的预测值。

3. 中期预测（medium-term prediction）　对于害虫而言，预测下 1~2 个世代的情况，即为中期预测，其时限一般为一个月至一个季度，但视病虫害种类不同，期限的长短可有很大的差别。如一年一代、一年数代、一年十多代的害虫，采用同一方法预测的期限就不同。中期预测多根据当时的有害生物数量数据、作物生育期的变化以及实测的或预测的天气要素作出预测，准确性比长期预测高，预测结果主要用于作出防治决策和作好防治准备。如预测害虫下一个世代的发生情况，以确定防治对策和部署。目前三化螟发生期预测，用幼虫分龄、蛹分级法，可依据田间检查上一代幼虫和蛹的发育进度的结果，参照常年当地该代幼虫、蛹和下代卵的历期资料，对即将出现的发蛾期及下一代的卵孵和蚁螟蛀茎为害的始盛期、高峰期及盛末期作出预测，预测期限可达 20 d 以上；或根据上一代发蛾的始盛期或高峰期加上当地常年到下一代发蛾的始盛期或高峰期之间的期距，预测下一代发蛾始盛期或高峰期，预测期限可长达一个月以上。

4. 短期预测（short-term prediction） 短期预测的期限在 20 d 以内。一般做法是根据害虫前一两个虫态（龄）的发生情况，推算后一两个虫态（龄）的发生时期和数量，或根据天气要素和菌源情况进行预测，以确定未来的防治适期、次数和防治方法。其准确性高，使用范围广。目前，我国普遍运用的群众性测报方法多属此类。例如三化螟的发生期预测，多依据田间当代卵块数量增长和发育、孵化情况，来预测蚁螟盛孵期和蛀食稻茎的时期，从而确定药剂或生物防治的适期。又如，根据稻纵卷叶螟前一代田间化蛹进度及迁出迁入量的估计来预测后一两个虫态的始见期、盛发期等，以确定赤眼蜂的放蜂或施药适期。病害侵染预测也是一种短期预测。

也有人主张短期预测为 20 d 以内，中期预测为 20 d 到 3 个月，长期预测为 3 个月以上。

（三）病害预测的依据和方法

病害流行的预测因子应根据病害的流行规律，从寄主、病原物和环境等诸因素中选取。一般来说，菌量、气象条件、栽培条件和寄主植物生育期情况等是重要的预测依据。

1. 根据菌量预测单循环病害侵染概率 这种预测较为稳定，受环境条件影响较小，可以根据越冬菌量预测发病数量。对于小麦腥黑穗病、谷子黑粉病等种传病，可以检查种胚内带菌情况，确定种子带菌率和翌年病穗率。在美国，还利用 5 月份棉田土壤中黄萎病菌微菌核数量预测 9 月份棉花黄萎病病株率。菌量也用于麦类赤霉病预测，为此需检查稻桩或田间玉米残秆上子囊壳数量和子囊孢子成熟度，或者用孢子捕捉器捕捉空中孢子。多循环病害有时也利用菌量作预测因子。例如，水稻白叶枯病病原细菌大量繁殖后，其噬菌体数目激增，病害严重程度与水稻中噬菌体数量呈高度正相关，故可以利用噬菌体数量预测白叶枯病发病程度。

2. 根据气象条件预测多循环病害的流行 多循环病害受气象条件影响很大，初侵染菌源不是限制因素，对当年发病的影响较小，故通常根据气象因素预测。有些单循环病害的流行程度也取决于初侵染期间的气象条件，可以利用气象因素预测。英国和荷兰利用"标蒙法"预测马铃薯晚疫病侵染时期，该法指出若相对湿度连续 48 h 高于 75%，气温不低于 16℃，则 14～21 d 后田间将出现中心病株。又如葡萄霜霉病菌，以气温为 11～20℃，外有 6 h 以上叶面结露时间为预测侵染的条件。苹果和梨的锈病是单循环病害，每年只有一次侵染，菌源为果园附近桧柏上的冬孢子角。在北京地区，每年 4 月下旬至 5 月中旬若出现大于 15 mm 的降雨，且其后连续 2 d 相对湿度大于 40%，则 6 月份将大量发病。

3. 根据菌量和气象条件进行预测 以综合菌量和气象因素的流行学效应作为预测的依据，已用于许多病情的预测。有时还把寄主植物在流行前期的发病数量作为菌量因素，用以预测后期的流行程度。我国北方冬麦区小麦条锈病的春季流行通常依据秋季发病程度、病菌越冬率和春季降水情况预测。我国南方小麦赤霉病流行程度主要根据越冬菌量和小麦扬花灌浆期气温、雨量和雨日数预测。而在某些地区，菌量的作用不重要，只根据气象条件预测。

4. 根据菌量、气象条件、栽培条件和寄主植物生长状况进行预测 有些病害的预测除应考虑菌量和气象因素外，还要考虑栽培条件和寄主作物的生育期和生长发育状况。例如，预测稻瘟病的流行，需注意氮肥施用期、施用量及其与有利气象条件的配合情况。在短期预测中，水稻叶片肥厚披垂，叶色墨绿，则预示着稻瘟病可能流行。在水稻的幼穗形成期检查叶鞘淀粉含量，若淀粉含量少，则预示穗颈瘟可能严重发生。水稻纹枯病流行程度主要取决于栽植密度、氮肥用量和气象条件，可以作出流行程度因密度和施肥量而异的预测式。油菜开花期是菌核病的易感阶段，预测菌核病流行多以花期降雨量、油菜生长势、油菜始花期迟早以及菌源数量（花朵带病率）作为预测因子。此外，对于昆虫介体传播的病害，介体昆虫数量和带毒率等也是重要的预测依据。

5. 病害预测的方法　当前广泛利用的是经验式预测，这需要搜集有关病情和流行因素的多年多点的历史资料，经过综合分析或统计计算建立经验预测模型用于预测。

（1）综合分析预测法　综合分析预测法是一种经验推理方法，多用于中、长期预测。预测人员调查和收集有关品种、菌量、气象因素和栽培管理诸方面的资料，与历史资料进行比较，经过全面权衡和综合分析后，依据主要预测因子的状态和变化趋势估计病害发生期和流行程度。

（2）数理统计预测法　数理统计预测法是运用统计学方法，利用多年的历史资料，建立数学模型预测病害的方法。当前主要用回归分析、判别分析以及其他多变量统计方法选取预测因子，建立预测式。此外，一些简易概率统计方法，如多因子综合相关法等，也被用于加工分析历史资料和观测数据和预测。

在诸多统计学方法中，多元回归分析用途最广。现举小麦叶锈病预测方法为例说明多元回归分析法的应用。依据美国大平原地带 6 个州 11 个点多个冬、春小麦品种按统一方案调查的病情和一系列生物 – 气象因子的系统材料，用逐步回归方法导出一组预测方程，分别用以预测自预测日起 14 d、21 d 和 30 d 以后的叶锈病严重度。预测因子选自下述因素：

x_1：预测日前 7 d 平均叶面存在自由水（雨和露）的小时数；

x_2：预测日前 7 d 降雨 ≥ 0.25 mm 的天数；

x_3：预测日前叶锈病严重度的普通对数转换值；

x_4：预测日小麦生育期；

x_5：小麦侵染函数，用逐日积累值表示。当日条件有利于侵染（最低气温 > 4.4℃，保持自由水 4 h 以上，孢子捕捉数 1 个以上）时数值为 1，否则为 0；

x_6：叶锈菌生长函数（病菌生长速度的 $\sin^2$ 变换值）；

x_7：预测日前 7 d 的平均最低温度；

x_8：预测日前 7 d 的平均最高温度；

x_9：预测日前累积孢子捕捉数量的普通对数转换值；

x_{10}：叶锈病初现日到预测日的严重度增长速率（自然对数值）；

x_{11}：捕捉孢子初始日到预测日的累积孢子数量增长速率（自然对数值）；

x_{12}：捕捉孢子初始日到预测日的累积孢子数量的普通对数转换值；

在利用计算机进行的逐步回归计算过程中剔除了对预测作用不显著的自变量，得出包含对预测量相关性较高的各预测因子的多个回归方程，其一般形式为：

$$y = k + b_1 x_1 + b_2 x_2 + \cdots\cdots + b_n x_n$$

式中，y 为预测量（严重度的对数转换值），x_1，x_2，……，x_n 为预测因子，b_1，b_2，……，b_n 为偏回归系数，即各因子对流行的"贡献"，可用以衡量各因子作用的相对大小，k 为常数项。最后根据各个回归方程的相关系数和平均变异量，选出了 6 个用于冬小麦、4 个用于春小麦的最优方程。例如，预报 14 d 后叶锈病严重度的预测式为：

$$y = -3.399\,8 + 0.060\,6\,x_1 + 0.767\,5x_3 + 0.400\,3x_4 + 0.007\,7x_6$$

回归方程是经验和观测的产物，它并不表示预测因子与预测量之间真正的因果关系，所以得出的预测式只能用于特定的地区。

病害造成的产量损失也多用回归模型预测。通常以发病数量以及品种、环境因子等为预测因子（自变量），以损失数量为预测量（因变量），组建一元或多元回归预测式。

侵染预测的原理已在前面有所介绍，现已研制出装有电脑的田间预测器，可将有关的数学预测模型转换为计算机语言输入预测器，同时预测器还装有传感器，可以自动记录并输入有关温度、湿度、露时等小气候观测数据，并自动完成计算和预测过程，显示出药剂防治建议。

系统模拟预测模型是一种推理模型，建立模拟模型的第一步是把从文献、实验室和田间收集的有关信息进行逻辑汇总，形成概念模型，概念模型通过实验加以改进，并用数学语言表达即为数学模型，再用计算机语言译为计算机程序，经过检验和有效性、敏感性测定后即可付诸使用。使用时，在一定初始条件下输入数据，使状态变数的病情依据特定的模型（程序）按给定的速度逐年积分和总和，外界条件通过影响速度变数而影响流行，最后打印出流行曲线图。

（四）害虫预测方法

害虫预测的方法很多，按其基本做法大致可分为 3 类，即：①统计法，根据多年观察积累的资料，探讨某种因素，如气候因素、物候现象等，与害虫某一虫态的发生期、发生量的关系，用害虫种群本身前后不同的发育期、发生量之间相关关系，进行相关回归分析，或数理统计运算，组建各种预测式进行预测。②实验法，应用实验生物学方法，主要是求出害虫各虫态的发育起点温和有效积温，然后应用当地气象资料预测其发生期；还可以用实验方法探讨营养、气候、天敌等因素对害虫生存、繁殖能力的影响，提供发生量预测的依据。③观察法，直接观察害虫的发生和作物物候变化，明确其虫口密度、生活史与作物生育期的关系。应用物候现象、发育进度、虫口密度和虫态历期等观察资料进行预测，这种方法为目前最通行的预测方法。

1. 发生期预测 发生期预测方法有以下几种。

（1）发育进度预测法 根据害虫田间发育进度（development process）的调查结果，参考当时气温预报，加上相应的虫态历期，推算以后虫态的发生时间。此法用于短期预测，方法简单，准确性较高。具体分为历期法、分龄分级法和期距法 3 种。

历期法是对前一虫态（或虫龄）的田间发育进度（如化蛹率、羽化率等）进行系统调查，当调查到其百分率达到始盛期（16%）、高峰期（50%）和盛末期（84%）时，分别加上当时气温下各虫期的历期，就能推导后面某一虫期的发生时间。例如，桃小食心虫越冬幼虫在陕西眉县 5 月下旬开始出土，6 月用性诱芯监测发蛾量。1984 年的诱蛾资料表明，6 月 20 日—7 月 3 日是发蛾盛期，已知当时气温下平均产卵前期为 3.5～4.0 d，卵历期 7 d，由此推算第 1 代桃小食心虫卵盛期为 6 月 24 日—7 月 7 日，卵孵化盛期为 7 月 1 日—7 月 14 日。

分龄分级法是选择害虫幼虫期和蛹期作 1～2 次发育进度调查，记录幼虫各龄的数量，分别计算百分率。如果查到的是蛹，则根据蛹的眼点等特征作分级处理，并计算出各级蛹在样本中的百分率。根据各虫龄（态）的累积百分率，确定出可作为预测虫期的始盛期（16%）、高峰期（50%）和盛末期（84%）的主要虫源（即某一虫龄），根据该虫龄到成虫所需的发育天数，则可分别预测出成虫的始盛期、高峰期（盛期）和盛末期。此法简便实用，在水稻螟虫预测上经常采用。在园艺害虫发生期预测上，只要有害虫各龄历期和蛹分级标准的资料，使用此法就十分方便可靠。

期距法是根据期距进行预测的一种方法。期距通常是指各虫期在田间出现的始盛、高峰和盛末期间隔的时间距离。虫期的间隔可以是同代内的，也可以是上下代之间的。期距与历期并没有本质区别。历期一般是在控制温度下观察昆虫发育进度而得到的平均值，期距是从多年调查的虫情资料中得出的经验值或历史平均值。它代表田间害虫种群的平均发育进度，更符合实际情况，但应用上有局限性。因为各地气象条件不同，不能将甲地的某种害虫的期距资料拿到乙地去用。有了某种害虫的各种期距，只要查准该害虫现在的发育进度，加上相应的期距，便能准确地预测下一虫态或虫期的发生时间。

利用发育进度法预测害虫发生期，关键要有该虫的各种历期或期距资料。期距资料通常以诱集法、饲养法和系统调查法获得。

诱集法利用害虫的趋光性或趋化性进行诱测。例如，在果园内设黑光灯、糖醋诱液或性信息素诱捕器，在害虫成虫发生期每天统计诱虫量，这样可得出本地一年中各代成虫的始盛期、高峰期和盛末期，连续数年便可得到各代间的期距和同一代从始盛期至高峰期和盛末期的期距。用糖醋液或黑光灯诱集虫种多，但诱虫效果受天气变化的干扰大；用性引诱剂受天气变化的干扰小，基本只诱目标害虫的雄虫，一般不需要对成虫分别鉴定。

对于有些害虫成、幼虫没有明显的趋性，幼虫又在隐蔽处生活，不易调查，可采用饲养方法观察各虫龄和虫态的历期。饲养条件要保持接近自然条件，这样测得的平均历期可代替期距。

系统调查法是对特定农田中主要害虫进行定期系统调查，以获得有关资料的一种方法。要求取样方法要合理，有代表性。查虫的时间间隔视具体害虫而定，一般 3～5 d 调查一次。由某虫态出现前开始调查，统计害虫各虫态和各龄的数量，计算出发育进度，直到害虫进入下一世代为止。

调查害虫发育进度的实质是了解害虫当时的年龄分布，计算出孵化率、化蛹率和羽化率。例如，1986 年在兰州市苹果园对苹果顶梢夜蛾的发育进度做了调查，结果见表 6-4。

表 6-4　苹果顶梢夜蛾化蛹与羽化进度（兰州）

调查日期	12/6	15/6	18/6	21/6	24/6	27/6	30/6	2/7	5/7	8/7	10/7
化蛹率 /%	2.5	11.5	21.9	40.4	62.1	75.8	88.5	97.4	100		
羽化率 /%			2.0	7.6	14.2	30.1	49.5	66.4	74.0	89.1	95.5

注：化蛹率 =（活蛹数 + 蛹壳数）/（幼虫数 + 蛹数 + 蛹壳数）× 100
　　羽化率 = 蛹壳数 /（活幼虫数 + 蛹数 + 蛹壳数）× 100。

从调查资料可见，蛹到成虫的期距约 8.5 d。不同年份气象条件不同，蛹的历期可能有所变化，积累 3～5 年的资料，就可得到一代苹果顶梢夜蛾从蛹到蛾的平均期距。如有该虫在当地各虫态和虫龄的平均历期，只需在田间普查 1～2 次，了解当时不同虫态的百分比，加上相应龄期就能预测下一虫态的发生期。

（2）物候法　物候（phenological phenomena）是指自然界各种生物活动随季节变化而出现的现象。像燕子北飞、桃花盛开、柑橘发春梢、青蛙首次鸣叫都表示气候进入了一定的节令，具备了一定的温、湿度条件。每年大地回春有早有晚，特定物候现象的出现在年度间是有差别的，但各种物候现象出现的先后次序是不变的。害虫的复苏、生长发育同样受自然气候的影响，某一特定虫期的出现总是伴随一定时令的。通过长期观察各种动植物物候上的相互联系，找出标志某种害虫即将出现的物候征兆，就能预测害虫发生期。在郑州，果农发现"梨芽萌发，梨二叉蚜卵孵化"；通过对小地老虎每年春天的出现日期观察，各地均证明"桃花一片红，发蛾到高峰"。

物候法就是利用其他生物与害虫发育的同步或关联性，借助其他生物的活动规律，预知害虫出现时期。害虫与周围生物的物候关系有直接和间接两种。直接关系是害虫的发生期与其他生物的物候期有同步关系，例如，梨实蜂成虫的盛发期总是与梨树盛花相逢。这是因为该虫只能产卵于花萼表皮组织内，是梨实蜂长期适应寄主形成的。间接关系是指没有因果关系的生物间的同步现象，如"油桐开花，燕子南来"。根据生物同步出现的物候来预测害虫指导防治，时间上显得仓促。最好把观察重点放在害虫发生之前的物候上，找出某种物候现象与目标害虫出现的时间间隔。例如，河北晋州市鸭梨上的山楂叶螨，第一代幼、若螨在花盛期开始出现，1 个月后为山楂叶螨种群迅速增长期，是防治的关键时期。因此农户都知道梨花谢后 20～25 d 是防治适期，无须专业人员进行测报。物候法的优点是一旦找到了规律，人人都会用。但物候预测仅适用于某个地区，没有验证前，不可盲目地搬用外地资料，而且并非所有害虫的发生期都能用此法来预测。

（3）有效积温法　害虫在适宜温度范围内，生长发育速率与温度几乎呈直线关系，只要已知一种害虫全世代或某虫态的有效积温（effective accumulated temperature）常数和发育起点温度（developmental zero），我们便可根据田间害虫的发育状态和近期内的气温预报，预测害虫未来时间的发育进度。

例如，已知梨小食心虫卵的发育起点温度为 5.5℃，它的卵期有效积温常数为 74 日度。如害虫调查得知 5 月 12 日为卵高峰日，气象预报 5 月中旬日均气温 18.5℃，推算卵的发育历期（N）为

$$N = \frac{K}{t-t_0} = \frac{74}{18.5-5.5} = 5.7（日）$$

式中，N 为发育历期；K 为有效积温；t 为平均气温；t_0 为发育起点温度。

卵高峰日加卵历期即为卵孵化高峰期，即 5 月 17 日—5 月 18 日。

另外，还可以根据害虫成虫的卵巢解剖来预测害虫下一虫期的发生时间。如经长期解剖和田间卵量调查发现，上海地区当查到小地老虎雌蛾具 4-5 级卵巢的个体占 15%～20% 时，田间为产卵始盛期，占 45%～50% 时为产卵高峰期。由此，只要对成虫进行卵巢解剖，统计出各级卵巢出现的个体比率，则可根据卵历期预测出下一代的幼虫始盛期或高峰期。此方法中用到的

成虫可通过诱蛾获得。

2. 发生量预测 由于影响害虫发生量的因素较多，作用过程比较复杂，所以发生量的预测要比发生期预测困难得多。未来害虫种群数量，一方面取决于现在的种群基数、种群繁殖率，另一方面与气象、天敌、食物因子对昆虫种群死亡率的综合作用有关。只有在深入了解该害虫发生规律的基础上，才能采取一定的方法预测害虫发生量。害虫发生量预测方法很多，有的比较简单，适合于基层使用，但预测准确度低。有的比较复杂，需要专业人员经过大量计算给出发生量预测值，准确度相对要高。

（1）有效虫口基数预测法 通过对上一代害虫有效基数的调查，结合该虫的平均存活率，可预测下一代的发生量。常用下式估算种群数量：

$$P = P_0 \frac{e \times f}{m + f} (1-d)$$

式中，P 为下一代数量；P_0 为上一代虫口基数；e 为每雌平均产卵数；f 为雌虫数；m 为雄虫数；$\frac{f}{m+f}$ 即雌虫比率；d 为各虫期累积死亡率；（$1-d$）即不同虫期的存活率。

例如，某地秋蝗的虫口基数为每平方米 0.5 头，雌虫占总虫数的 45%，产卵的雌蝗占 90%，每雌平均产卵 240 粒，卵越冬死亡率为 55%，预测翌年夏蝗若虫密度时代入公式即可得到，夏蝗密度 =0.5 × 0.45 × 240 × 0.9 × (1-0.55) =21.87（头 /m²）。

对于世代分离明显的若虫，若能准确了解虫口基数和存活率及平均繁殖力，则可采用此法预测。它的前提是害虫没有迁入迁出，上下两代发生在同一生态环境中。

（2）生物气候图法 生物气候图法是指对以气象因素为数量变动主要影响因素的害虫，靠绘制生物气候图找出各年季节性气候变动对其发生量的影响，从而进行发生量预测。该方法是通过气候相似法来进行预测的，即相似的气候条件对应相似的发生程度。

绘制气候图是以月（旬）总降雨量或相对湿度为横坐标，月（旬）平均温度为纵坐标，将害虫发生期的各月（旬）的温、湿组合在图上标点，并将各点用实线连起来，形成多边的封闭曲线图，根据不同年度的气候图与害虫发生量的相关性，找出典型的大发生或轻发生的模式气候图。再根据当年气象预报或实际气象资料绘制成的气候图，与历史上各种模式图比较，推测当年害虫发生趋势。

（3）经验指数预测 经验指数预测指用经验指数估计害虫未来的数量变化趋势。经验指数是在确定了影响害虫数量变动主导因素的基础上，对多年虫情资料与环境因素资料进行统计分析得到的。包括温、湿度系数和天敌指数等。例如，对北京地区 7 年资料的分析，得出影响棉蚜季节性消长的主导因素为旬平均气温和相对湿度，通过温湿系数大小可以预测棉蚜的发生程度。

$$温湿系数（E）= \frac{旬平均相对湿度（RH）\times 100}{旬平均气温}$$

当连续两旬的温湿系数为 2.5 ~ 3.0 时，棉蚜将大发生。

（4）数理统计方法 数理统计预报法包括聚类分析、判别分析、相关回归分析等。主要对虫情历史资料和气象历史资料用多元统计分析方法进行综合，建立判别或回归预测方程。用历史资料检验预测式的预测准确率，若达到可以接受的预测准确率，就能用于害虫发生量预测。此法成败的关键是预测因子选择的正确性及虫情资料的可靠性。虫情资料积累的年份越多，系统性好，所建立出模型的预测误差就小。

（5）种群系统模型　在 20 世纪 80 年代初，国外对柑橘和苹果的主要害虫进行了种群系统模型预测，我国对水稻、棉花上的重要害虫也建立了一系列种群系统预测模型。主要根据多年生命表资料，结合实验生态方法，研究不同温度和湿度、食料及天敌条件对害虫种群参数（如发育速率、出生率、死亡率）的影响，从而组建害虫种群数量预测模型。只要输入种群起始数量及有关生态因素的值，就可给出未来时间害虫种群密度的预测值。通过田间实验能不断校正预测结果。这对害虫的综合治理决策十分重要，但要建立这样的预测模型需要坚实的基础研究。

由于作物病虫害的种类繁多、各病虫害发生所受的影响因子各异，同时，环境因子在各季节和各年度间变化频繁，并且病虫害的发生往往不是简单的线性过程，因此，目前虽然已有诸多的病虫害预测方法，但是要对各种病虫害进行准确的预测还不是一件容易的事。近年来，人工智能、物联网等新型技术已开始应用于病虫等有害生物及相关因子的监测，由此获得的大规模数据，将有助于提高预测模型的准确性。

第四节　杂草群落演替与种群动态预测

一、杂草群落演替

随着环境条件的改变与人为因素的作用，杂草群落处在不断的变化之中。有的杂草优势种群可能会逐渐衰退，而有的劣势种群可能迅速上升为优势种群。在农田中为害的杂草通常不是单一杂草种群，而是多种杂草种群有机组合而成的群落。群落中的种群不遵循"均匀平衡、机会均等"的规律，而是有主有次，但都对农作物构成不同程度的危害。随着时间的推移，一个杂草群落被另一个杂草群落取代的过程，就叫作杂草群落演替。

（一）杂草群落演替的机制

影响杂草群落演替的因素包括外界环境因子与人为因素。

1. 外界环境因子　影响杂草群落演替的环境因子很多，主要包括：全球气候变暖和 CO_2 升高对杂草群落的持续影响；适合的外界条件促使杂草繁殖体在短时期内大量蔓延；检疫性外来恶性杂草的侵入与传播；群落中杂草间的伴生、相互影响的作用；杂草种类的变种或生态型的发生发展；杂草病害、虫害的连续流行导致某种杂草自然衰退；自然灾害（洪涝、地下水位的急剧升高或降低等）迫使种群演替等。

2. 人为因素

（1）垦荒　垦荒破坏了自然的杂草群落，随着垦荒后土壤的熟化，农田杂草迅速代替了荒地杂草。种植农作物后，一年生禾本科杂草（稗草、狗尾草、马唐、牛筋草、虎尾草、画眉草等），以及黎、蓼、苋、苍耳、鸭跖草等成为主要杂草。华北滨海地区垦荒前，土壤含盐量极高，杂草种群以盐生植物为主（如青蒿、碱蓬、翅碱蓬、海蓬子、柽柳等），垦荒植稻后，演替为以稗属以及眼子菜、藨草、扁秆藨草、苦草、牛毛毡、异型莎草、聚穗莎草、萤蔺、雨久花等为主的稻田杂草群落。

（2）耕作、栽培的改变　耕作在生产中的意义是熟化土壤，形成良好的土壤耕作层，协调土壤中空气与水分的关系，为农作物创造更好的生长发育条件。耕作与杂草的关系首先表现在对土壤中杂草种子库的输入和输出的影响。合理的耕作可以破坏杂草在田间的传播循环，减少或降低杂草种子的有效性。但杂草同时也获得了适宜的生存条件。深耕能有效地消灭多年生杂草；喷灌与灌溉可诱发杂草。例如南方地区对冬绿肥的适时耕翻能使看麦娘来不及形成种子，因而减少来年的发生基数；适时耕翻麦茬套种的绿肥，可消灭一些旱稗，因而减少麦茬大豆田旱稗的发生基数。耕作与杂草防除的关系，还表现在不同的耕作方法如翻耕（深翻、浅翻）、少耕和免耕等，改变了杂草种子在土壤中的垂直分布状况，影响杂草种子在下茬或来年的发生种类与数量。如稻麦轮作田中看麦娘和牛繁缕的发生量因耕地方法不同，群落组成也有差异。秋季深耕，则牛繁缕［冬（春）生杂草］的比例有所增加。如此周期性的耕作足以引起杂草群落组成的改变。此外，耕作还能发挥季节的灭草优势，并消灭已经发生的优势杂草群落。

作物栽培措施直接影响农田生态环境，从而间接影响杂草群落结构。水稻的人工移栽和机插秧，为了促进返青，需要保持薄水层，这样可以抑制许多杂草子实的萌发出苗，此外，进行大苗移栽，在早期与杂草竞争中处于优势地位，减少杂草的发生。不过，随农村劳动力向城市转移，直播的轻简栽培流行，为了促进水稻出苗，田面通常干干湿湿，十分有利于杂草滋生，且水稻往往晚于杂草出苗，在竞争中处于劣势地位，导致草害发生严重。有效的化学除草剂的使用成为直播栽培成功的关键，但目前使用的除草剂绝大多数对杂草稻无效，导致杂草稻泛滥，甚至在部分田块导致绝产。

农作物间套混种可在田间构成复合群体，增加叶面积系数。而大约20%的杂草种子需要在光诱导下才能发芽，因此，农作物间、套作也可以抑制这类杂草种子的萌发，从而影响杂草的群落构成。例如蚕豆生长期间有很多禾本科杂草受到抑制，稻田放萍对稗草、眼子菜、异型莎草有很大的抑制作用。但应指出，在某些情况下间作混作地的杂草较单作要多，如棉麦套种地的杂草因小气候的改变，温度比单作高，有利于春草萌发。

肥料与杂草防除的关系表现在两个方面，一方面因施入未腐熟的有机肥，往往给农田输入大量的杂草种子。杂草种子有很强的生命力，常常可在次年萌发危害，扩大杂草群落。施用河泥、草塘泥等易将很多水生杂草的繁殖体或种子带进农田。另一方面施用无机肥主要是用以促进农作物早发，抑制田间杂草的发生。但如农作物种群与杂草相比处于劣势时，杂草争夺肥料的能力则较农作物强，使用化肥反而助长杂草的生长发育。在此情况下应先消灭杂草，再施肥促苗。

农作物的合理密植能有效地控制杂草。大田作物杂草的危害规律是：当作物出苗后杂草生长速度高于栽培幼苗的生长速度，在一定的杂草数目下，杂草会抑制作物幼苗的生长（草欺苗）。后期栽培作物逐渐长大，反过来又抑制了杂草的生长（苗欺草）。

旱地改成水田或水田改成旱地，大田改成园田或园田改成大田等，也都能引起杂草群落的改变。甚至轮作、换茬也能控制某种杂草的发生与危害。白茅是北方韭菜田中的主要危害杂草，韭菜田改植小麦后，白茅出现的频率几乎为零。马齿苋是北方园田的主要杂草，园田改成稻田后，很难看到它的踪迹。谷莠子与粟共生，改植其他作物便会自然减少。

（3）化学除草 化学除草剂已经成为防除杂草的最主要技术措施，它节省人力，效果好，对作物安全，增产增收，具有很大的经济效益和社会效益。但目前使用的除草剂大部分为选择性除草剂，只能防除某一种或某几种主要杂草，如氟吡甲禾灵、吡氟禾草灵、精喹禾灵用于防除油菜田禾本科杂草，引起向牛繁缕等阔叶草为优势的群落演替。燕麦畏用于防除麦田野燕麦，而对其他杂草无效。有些除草剂虽然杀草谱较广，如2,4-D，但也只能防除部分双子叶杂草。而麦田杂草种类繁多，并在一定的生态条件下具有一定的种群组成和结构，这种群落组成会因生产活动而发生变化。实践证明，长期在农作物田中施用某一种除草剂，会使抗药性杂草演化，杂草群落演替加速。这是化学除草面临的新问题，必须予以足够重视和寻求综合治理的对策。

（二）除草剂导致农田杂草群落的演替

实践表明，在一个地块内长期单一应用一种除草剂，不仅可能会逐渐增加杂草的抗药性，更重要的是使农田杂草的主要群落发生演替。

1. 麦田杂草的演替 长期使用苯磺隆防除，致使麦田抗性播娘蒿、猪殃殃种群上升，群落发生演替，部分地区导致杂草失控。长期使用精噁唑禾草灵、唑啉草酯导致麦田菵草、看麦娘产生抗药性，致使抗性种群演替，防效降低甚至无效。尤其是菵草从原来的常见杂草已经演替为长江中下游地区稻茬麦田的优势杂草。黑龙江省农业科学院植物保护研究所曾对全省27个县市7个大型农场的实地调查表明，对2,4-D丁酯有较强抗性的卷茎蓼，已在许多麦田中逐渐成为优势杂草，北部和东南部地区的麦田卷茎蓼迅速蔓延危害，不仅影响小麦生长，更严重的是给收获造成极大困难。

2. 稻田杂草的演替 二氯喹啉酸可以有效防除稗草，但是对千金子无效，长期使用导致千金子种群密度上升，成为优势杂草。有些地区稗草形成抗药性种群，演替出以抗药性稗草为优势种的群落，甚至草害失控。磺酰脲类除草剂苄嘧磺隆、吡嘧磺隆可以有效防除阔叶杂草和莎草，长期使用导致水苋菜产生抗药性，甚至演替为优势杂草。五氟磺草胺杀草谱广，可以有效防除稗草、阔叶杂草和莎草，因此，大面积广泛使用，一是导致不太敏感的千金子演替为优势种，二是稗草普遍产生抗药性，演替为抗性稗草群落。

长期使用2,4-D丁酯、2-甲-4-氯对水直播稻田的双子叶杂草，对水莎草、鸭舌草、矮慈姑、野荸荠、异型莎草、牛毛草等防效较好，但对眼子菜、蘋、萤蔺、节节菜防效甚差。对野荸荠、水莎草、扁秆藨草也只能伤其茎叶，地下部分仍具有旺盛的生命力，不能根除。

3. 玉米田杂草的演替 玉米种植区域广泛，杂草群落类型多样。华北地区玉米田常用的除草剂为乙草胺、异丙甲草胺、莠去津，多在播后苗前使用，对一年生禾本科杂草防除效果好，但对阔叶杂草防效较差，导致部分地区苣荬菜、刺儿菜、鸭跖草、苍耳、龙葵等成为主要危害性杂草。

二、农田杂草群落演替的对策

农田杂草及其种群演替的可能结果有：①杂草数量减少，优势种群减弱；②杂草密度增加，个体生长势更强，整个田地会被某种或数种杂草布满，劣势种群变为优势种群；③一些原来没有的杂草种群的出现，杂草迁移到新的农田。

在杂草群落的演替中，人类生产活动起着关键的作用。因而应当通过有效的防治措施来干扰和控制农田杂草群落的组成，以达到更好地控制草害的目的。

1. 实行以化学防除为主体的综合治理方法，进行协调管理。将单纯的化学防除与系统的农业、生态和机械防除措施有机地结合运用。

2. 开展持续性农田杂草调查，注意与掌握草情动态，为调整与制定新的防治对策提供依据。

3. 农业措施中应强调健全植物检疫制度，合理轮作，合理密植，合理施肥，精选种子，调整播期等。机械防除杂草措施中要重视基础耕作、播前整地质量、作物生长期内的中耕灭草。

4. 化学除草措施中应重视芽前土壤处理，立足做好土壤封闭，辅助以苗后茎叶处理；避免单一使用除草剂或单一品种除草剂多年使用；合理使用除草剂（除草剂的选择、施药方法的选择、药剂的混用与搭配使用、苗带化学除草结合机械除草等）。

三、杂草种群动态预测

种群动态是指田间杂草种群数量的变化，它对我们制定防治措施，特别是在防治中应用"阈值"是十分重要的。种群动态决定于输入与损失两方面的因素，其中包括产生、死亡、迁入与迁出。一个种群经一定时期（t）及下一时期（$t+1$）后的数量变化可按下式计算：

$$N_{t+1} = N_t + B - D + I - E$$

式中，N 为种群数量；B 为产生数量；D 为死亡数量；I 为迁入数量；E 为迁出数量。

（一）输入

1. 种子数量　种子数量主要来源于杂草结实量，但通过不同传播途径如风、水、动物、人以及混杂于播种材料中传播而来的杂草种子，也增加土壤中杂草种群的数量。一株杂草能结实数十至数十万粒，但实际杂草结实数的多少决定于土壤中杂草种子发芽数和成活数。发芽数则因种子休眠期、寿命及其在土壤中所处位置而异，接近土表的种子往往易于发芽。杂草出苗后，在生长过程中即发生种间竞争、也发生种内竞争。种间竞争会导致单株结实率及单位面积结实量下降，种内竞争的结果产生自身稀疏现象，可以使单株结实率减少，而单位面积结实量仍会因杂草密度大而显著增多。

2. 种子贮存　土壤中的种群，包括种子和其他繁殖体构成了种子库，它们在土壤中可以休眠待机萌发，但休眠贮存有一定的存活寿命限制，有效种子库是种子休眠与寿命的一种功能表现。贮存期种子会因不同因素产生损失，但一般种子库本身的损失总量不足以防止土壤中种子的积累；当天然放牧场耕作 5 年或 10 年而成为耕地后，如果田间保持无草状态，那么土壤中种群总量便明显下降。但在生产中，由于许多杂草的多实性，所以一年中仅仅很少量的杂草便能造成次年的再感染，从而增加种子库中杂草种子数量。

3. 营养体繁殖器官　多年生杂草营养繁殖器官是造成田间再侵染的重要原因之一，与种子比较，它易于萌芽成新株，而且在一年内能不断繁殖，其个体的竞争性很强，是土壤中种子库的输入来源之一。

（二）损失

杂草的损失分完全损失（死亡）与活力损失（繁殖能力下降）。损失的途径很多，如通过防治措施消灭幼苗与植株、昆虫及病原菌感染造成的伤害、异常气候环境条件等引起土壤中种子库种子量的减少；种内与种间竞争、异株克生也会导致田间杂草的损失及种子库中种子的腐烂等。

在进行大量且系统的调查基础上，可以编制适宜的模型，应用计算机来预测不同防治措施对种子库损失的影响与种群的变化规律之间的联系。但当前存在的问题是，我们对中间相当大的损失尚缺乏深入的调查研究，不足以提出准确的模型。

农田杂草群落及其分布与种群密度的变化，是人类通过农业生产措施使环境因素发生改变的结果。耕作、轮作、栽培制度的改变，翻耕机械和收获机械的使用，将多年生杂草再生器官切成多个小段，并使杂草种子随着收割作业被分散到各处。混杂有草籽的作物种子频繁调运，使杂草远地传播。由于劳力安排或自然条件影响，不能按期收获或应用联合收获机延迟收获时间，有利于杂草种子的成熟和落入土壤。此外，应用除草剂使杂草种类和数量减少，但抗药性杂草种类增加，同时也会导致一些新的杂草种群出现，改变了农田杂草的结构组成。

第五节 农业鼠害预测

一、农田鼠情调查

农田鼠情调查是了解鼠情，掌握农田鼠害发生规律，进行农业鼠害预测所必需的基础工作。它主要是通过选择适当的方法，调查害鼠种类、种群密度、繁殖强度、年龄组成调查和鼠害损失。

（一）害鼠种类调查

农田害鼠种类较多，但同一地区通常只有几到十几种。其中1～2种所占的数量比例较大（5%以上），对农作物的危害突出，被称为优势鼠种，非优势鼠种所占的比例累计不超过50%。所占比例在1%～5%的鼠种称为常见种，比例在1%以下的称为少见种。鼠种调查就是调查当地害鼠种类及其构成比例。

调查方法主要是通过适当布点，利用鼠夹或鼠笼诱捕，收集标本，进行分类统计。一般情况下，每月捕捉一次，连续捕捉一年，即可基本查清当地的鼠种。

（二）种群密度调查

农作物鼠害与优势鼠种的种群密度密切相关。但一般很难直接统计某地害鼠的绝对种群数量，故田间种群密度调查，主要是直接或间接地相对数量调查和绝对数量的推定。

直接相对数量调查是通过直接捕捉害鼠而估算其相对数量。如鼠夹法，就是利用一定型号的鼠夹、在固定的范围和时间内进行捕捉，以统计相对数量的调查方法。

间接相对数量调查是利用取食、活动行为，反映害鼠相对密度的方法。如食饵消耗法，在调查区内选择有代表性的样方，布放一定数量和同一规格的食饵，经害鼠一定时间的取食后，计算食饵消耗率作为该地害鼠的相对密度指标。此外还有堵洞观察盗洞率、平丘观察新掘洞的土堆数以及观察害鼠足迹等方法。

绝对数量推定是利用鼠夹或鼠笼连续捕捉害鼠，累计捕鼠量，通过坐标作图推算该地害鼠种群数量。常用的有捕捉除去法和标记流放法。前者设定一地的害鼠数量随着捕捉去除而减少，因而逐日捕鼠量也下降，以每日捕鼠量对该日前累计捕鼠量作图，将每日捕鼠量延推至零时的累计捕鼠量，便是该地的种群推定数量。后者设定捕捉标记后流放，使逐日捕鼠中的标记鼠比例不断上升，以每日捕鼠的标记率对该日前的累计标记流放数作图，将每日捕鼠标记率延推至100% 时的标记鼠累计数，便是该地的种群推定数量。

（三）繁殖强度调查

繁殖强度调查主要是通过每月捕鼠和雌鼠解剖，了解当地优势害鼠雌成鼠的怀孕率、妊娠频率、怀胎仔数，用于分析害鼠种群数量的变化。

（四）年龄组成调查

年龄组成是指某种害鼠种群内，幼体鼠、亚成体鼠、成体鼠和老体鼠等不同年龄组的构成比例。由于各年龄组的个体繁殖情况和生命期望不同，因而年龄组成左右着种群数量增长的速度。调查主要是通过短期内连续捕鼠 100 只以上，进行年龄区分统计。

（五）鼠害损失调查

鼠害损失调查主要是为害鼠防治提供依据，或用于不同防治措施的保苗、保产等防治效果的评估。重点是根据害鼠的危害习性及其造成被害作物的田间分布型，选择适宜的取样方法。一般来说，由于害鼠有多次盗食同一地点食物的习性，常造成作物点片受害，使作物受害成聚集型分布。但随着害鼠密度加大和鼠害的加重，作物受害的空间分布会由聚集型分布变为随机型或均匀型。因此，农作物鼠害调查通常采用平行跳跃式、"Z"字形和棋盘式取样。

二、鼠害预测技术

（一）预测预报的原则

为了制定合理的防治方案，必须研究鼠类发生的客观规律，采取科学的预测预报方法，一般应搜集和研究鼠情变化主导因素及其条件等资料。

（二）鼠情变化的主导因素

鼠类种类和数量变化的原因，归根结底是由它们的出生率和死亡率决定的。在这种矛盾中，出生率往往起决定作用。

1. 雌鼠在种群中所占的比例　参加繁殖的雌鼠个体多，种群的出生率就高，所以要注意研究种群中雌鼠所占的比例。

2. 害鼠年龄大小的比例　幼年鼠比例大，老年鼠比例小，表明出生率大于死亡率，是一个数量迅速增长的种群；幼年鼠和中年鼠的比例大体相等，表明出生率和死亡率大体相近，是一个稳定的种群；幼年鼠的比例较小，中年和老年鼠的比例相对较大，表明出生率小于死亡率，是一个数量正在下降的种群。所以要注意研究种群中幼年鼠、中年鼠和老年鼠各占多大比例。

3. 种群寿命和繁殖年数的长短　绝大多数害鼠早亡，很少活到老死的年龄，育龄未能充分利用，对种群出生率影响很大，所以要注意研究种群的寿命和育龄利用情况。

4. 雌鼠年龄和繁殖数量的相关性　雌鼠年龄和繁殖数量呈两头小中间大的规律。这是因为幼年鼠的繁殖潜力尚未充分发挥出来，老年鼠的繁殖能力逐渐衰退，而壮年鼠的繁殖力旺盛，是种群增加的主力。所以要注意研究不同年龄雌鼠的怀孕率和每窝产仔数，找出各种雌鼠年龄和繁殖数量的相关性。

5. 鼠类各生育阶段的自然死亡率　鼠类的死亡率很高，新旧个体的交替很快。老年鼠的死亡对种群数量影响不大，而中年鼠和幼年鼠的死亡会直接影响种群数量的增加。为此要注意研究鼠类在各生育阶段的自然死亡率及其对种群数量的影响。

（三）鼠情变化的条件

鼠类在大自然和人类共存，又与许多动植物组成"食物链"。所以气象、食源、天敌、人类等，对鼠类的发生都有很大的影响。

1. 气象的变化　鼠类生活在大气的底层，气象条件与鼠类息息相关，以温度对鼠类的影响最为明显。因鼠类是温血动物，机体所有的生命过程只有在稳定的体温下才能正常进行。由于其体形小，散热表面积相对较大，所以很多时间处于过冷状态的威胁下。为了适应这一情况，它们的汗腺和散热机能不发达，需要更多的靠化学调节方式来保持体温。在体内积累脂肪和其他营养，供环境温度偏低时产生热量，并在冬眠期减弱生命活动，减少热量消耗。不冬眠的鼠种，有的进居民点过冬，有的靠储藏粮食维持生命。因热量不足，有部分鼠因过冷而死亡。当环境温度偏高时，机体内部器官的工作和体细胞的生命活动，仍不断增加新的热量。为适应这一情况，高温季节，鼠类活动减少，或者夏蛰，由于多余的热量无法排出，有的因过热而死亡。春季升温早，对提高鼠类繁殖率和成活率有利，而寒流又会降低其繁殖率和成活率，造成部分死亡。

各种鼠对光照的长短、强弱都有一个最适宜的范围。日照对鼠类的分布、栖息和生活方式都有一定影响。光对鼠类（包括常年营地下生活的鼠类）是一个重要的刺激信号，作用于神经系统，调节内分泌，拨动"生物钟"，对出蛰、繁殖、入蛰产生稳定的影响。光照还会使植物繁茂，供给鼠类丰富的食源。

一切生命活动都离不开水，鼠类通过取食和皮肤吸收获得水分，又通过排泄和呼吸排出水分。所以在干旱地区，鼠类常为取得水分而疯狂咬断青苗。在大旱之年，黄鼠等为避免不良环境，夏蛰和冬眠常连接起来。雨水充沛，会使鼠类的食源丰富；雨水过多，则会灌死鼠类，所以对鼠类进行预测预报，必须以气象预报为研究的基本资料之一。

2. 食源的丰歉　食物能决定鼠类的栖息地、生活环境和习性。在食物充足、营养丰富的条件下，某些鼠能够刚产仔又交配，怀一窝奶一窝，繁殖率显著提高。若怀孕营养不足，还会引起部分胚胎死亡。所以进行鼠情测报时，必须认真调查研究食源丰歉情况。

3. 栖息环境　各种鼠都有栖息的最适环境，即适于它们居住、采食、蛰眠的地方。如草原黄鼠喜在植被低矮（25~30 cm）、不太郁闭（覆盖度25%~30%）的地方栖息。当草原被开垦变成农田后，喜在背风向阳和土质坚硬的坟滩、地埂、道旁栖息。家鼠喜在家具下面的墙基、屋角活动，到田间后，常找玉米、高粱、葵花等高秆作物田藏身和寻食。

研究和破坏鼠类的栖息环境，可对其产生永久性不良影响，促使鼠类数量逐渐下降，甚至灭绝。这是鼠情预测预报和防治的重要内容之一。

4. 天敌的控制　鼠类的天敌很多，它们对控制鼠类发展、保持生态平衡起重要作用，是鼠情预测预报的重要参考资料。

5. 疾病的传染　鼠间经常有各种疾病流行，由媒介昆虫（主要是体外寄生虫跳蚤等）传染细菌和病毒性疾病，死亡率极高。

6. 人类活动的影响　人们不搞防鼠建筑和乱放食物，常常为家鼠提供良好的栖息环境和丰富的食源，加之破坏树木，滥用剧毒药，大量捕杀益鸟益兽，都会使鼠类失去天敌的控制，猖獗危害。所以，某些地方鼠害严重的原因之一，就是人类破坏了生态平衡，受到了大自然的惩罚，这也是鼠情预测预报必须考虑的内容之一。

（四）害鼠种群数量预测

鼠害程度取决于鼠种及其种群数量。害鼠数量预测需要充分掌握其发生规律和制约数量消长的各种主要调节因子。害鼠种群数量的预测方法可以归纳为两类：第一类是统计模型类的方法，如回归方程分析、马尔科夫链分析、时间序列分析等。目前建立的种群动态模型虽能较好地描述过去的动态，但由于年份间决定数量消长的主导因子的不确定性及相互作用，所以这些模型的预测功能并不强，仍需要对鼠害发生规律和机制的深入研究和积累。第二类是生物数学模型类的预测方法，如生命表法和 Leslie 矩阵，相对简便有效。

小　结

农业有害生物的发生流行，主要取决于寄主、环境和有害生物自身的生物学特性。

了解病原生物的侵染循环和流行规律、害虫的种群消长规律和消长型，是进行生物灾害预测的基础。有害生物调查，必须根据其在田间的空间分布，采取相应的取样方法，并以适当的参数进行记录和统计，以便获得准确的信息资料。

有害生物预测包括短期预测、中期预测、长期预测和超长期预测。预测的内容包括有害生物的发生期（关键时期）、发生量（或程度）以及作物的受害损失。病害预测主要根据菌量、气候及与寄主敏感期的吻合程度等进行。虫害预测则主要根据害虫的种群基数、生长型和发育历期，配合气象因素和寄主的发育状态进行。杂草群落演替受多种因素的影响，其种群数量动态主要取决于土壤中种子库的输入和输出。农田鼠害调查方法因调查的目的而异，鼠害主要依据鼠情变化的主导因子和环境条件进行预测。

农业有害生物的预测是一项系统工程，属于一门多学科交叉的科学，只有在对有害生物进行长期监测与资料积累的基础上，综合利用生物学、数学、统计学及计算机、人工智能等学科的先进方法与技术，才可能达到准确预测的目的。

数字课程学习

　教学课件　　　　　思考题

第七章 农业有害生物的防治技术与策略

　　农业有害生物的防治技术与策略是植物保护研究的核心。随着科学的发展和人类对自然界认识的提高，有害生物防治所使用的技术措施和器材不断更新，防治策略也在不断地调整。要想做好有害生物的防治，必须要与时俱进，充分了解和掌握最先进的防治策略与不断更新的防治技术和方法。

第一节　有害生物的防治技术

　　农业有害生物防治技术是控制有害生物，避免或减轻农作物生物灾害的技术。具体措施种类很多，一般按作用效果可以归纳为两类，一类是防，另一类是治。但事实上，许多措施既有防也有治，很难严格区分，故本书沿用传统上以防治措施的性质进行归类的方法，将防治技术区分为植物检疫、农业防治、抗害品种的利用、生物防治、物理机械防治和化学防治6类，并分别介绍。

一、植物检疫

　　植物检疫（plant quarantine）是国家或地区政府，为防止危险性有害生物随植物及其产品的人为传播，以法律手段和行政措施强制实施的保护性植物保护措施。

（一）植物检疫的重要性

首先，植物检疫通过阻止带有危险性有害生物的农产品和植物繁殖材料的入境，阻止局部危害的有害生物在地区间传播和蔓延。现代社会的农产品贸易和植物引种极为普遍，然而引种常常带入危险性有害生物，并在新环境下暴发，给人类造成巨大的经济损失，甚至酿成灾难。如19世纪30年代欧洲从南美洲引种马铃薯，随种带入马铃薯晚疫病菌，在欧洲温暖潮湿的气候环境下暴发流行，导致有名的"爱尔兰饥馑"，使岛上800万人口3年内锐减到400万；原产于美国的葡萄根瘤蚜，1860年随苗木引入法国，1880至1885年暴发危害，导致葡萄园大面积毁灭，酒厂倒闭；美国从亚洲引种时将栗疫病带入，其后暴发，使美国东部一带栗树几乎绝种；引种埃及长绒棉带进的红铃虫，在20世纪初导致几十个植棉国皮棉减产约1/4。农产品携带危险性有害生物，并通过贸易渠道在国家或地区间传播，造成严重后果的事例也很多：如20世纪初，由于造船业的兴起，日本从美国进口大量原木，将原产于北美的松材线虫带入日本，导致松材线虫萎蔫病暴发，损失惨重。事实上，近代各国因引种和贸易带入有害生物暴发为害的事例不胜枚举，造成的经济损失也相当惊人。

其次，植物检疫可以提高进口农产品的安全性，同时通过指导农产品安全生产，建立无害种苗和商品生产基地，提高出口农产品的安全，通过与国际植物检疫组织的合作与谈判，为本国的农产品出口铺平道路，维护国家在农产品贸易中的利益：如1989年中国与日本植物检疫部门合作，解决了中国出口哈密瓜和鲜荔枝的检疫问题；20世纪90年代中期通过合作与谈判，使新西兰、加拿大和美国相继取消了从中国进口鸭梨的禁令。目前全球经济一体化趋势使各国间农产品贸易大大加强，一些国家为了保护本国的农产品市场，常使用关税壁垒和技术壁垒措施阻止农产品进口，而携带危险性有害生物及农药残留超标往往形成农产品贸易最大的技术壁垒。因此，加强植物检疫可以促进农产品贸易公平健康地发展，维护国家的利益和民族的尊严。

最后，植物检疫通过阻止危险性有害生物的传播，不仅避免了生物灾害造成的经济损失，而且还维护了人类的环境利益和生命安全。在这方面，因检疫不严导致严重后果的事例也很多：如随木质包装箱进入中国江苏的松材线虫，导致江苏大量古松枯死，严重破坏了植被景观，给生态环境造成不可估量的损失；进口大豆中夹杂的曼陀罗种子和阿米草，曾引起严重的人畜中毒事故；引进的饲料植物水葫芦、滩涂治理先锋植物大米草、鲜切花一枝黄花、食材福寿螺等，均因为没有从植物检疫的角度进行充分论证，引进后都已演变成对农田和生态为害严重的有害生物。而为根除传入的危险性有害生物，人类使用大量农药或其他清除措施，不仅投入巨大，也给生态环境造成严重破坏。

（二）植物检疫的实施内容

植物检疫有时依据进出境的性质，又分为对国家间货物流动实施的外检（口岸检疫）和对国内地区间实施的内检，虽然两者的偏重有所不同，但实施内容基本一致，主要包括危险性有害生物的风险评估与检疫对象的确定、疫区和非疫区的划分、转运植物及植物产品的检验与检测、疫情的处理以及相关法规的制定与实施。

1. 有害生物的风险评估与检疫对象的确定　自然界由于地理因素、气候因素和寄主分布不同所造成的隔离，使地区间有害生物的分布存在明显差异。而这种隔离差异很容易被人为破坏，使有害生物扩散蔓延。这是植物检疫的基本依据。一般来说，有害生物经人为传播至新地区后，会出现 3 种结果：其一，传入的有害生物不能适应当地的气候和生物环境，无法生存定居，故不造成危害，如小麦腥黑穗病在气候较冷的地区发生严重，而在中国年平均气温 20℃ 以上的地区病菌不能生存。其二，当地生态环境与原分布区相近，或因有害生物适应能力较强，在传入区可以生存定居，并造成危害。其三，传入地区的生态环境更适宜有害生物，一旦传入，迅速蔓延，危害成灾，且由于缺乏有效的控制措施，往往造成毁灭性的破坏和灾难，如从南美传入爱尔兰的马铃薯晚疫病及从亚洲引种带入美国的栗疫病皆属于此类。因此，了解有害生物的分布、生物学习性和适生环境，弄清其传入的危险性和传入后的危害性，确定危险性有害生物，是植物检疫的首要任务。

根据国际植物保护公约（1979）的定义，检疫性有害生物（quarantine pest）是一个受威胁国家目前尚未分布，或虽有分布但分布未广，且正在进行积极防治的、对该国具有潜在经济重要性的有害生物。由于自然界有害生物种类很多，且不少国家又有利用植物检疫设置技术壁垒的趋向，为了保证植物检疫的有效实施和公平贸易，各国在确定检疫对象时，必须对有害生物进行风险评估，并提供足够的科学依据，以增加透明度。关贸总协定最后协议中就明确指出，检疫方面的限制必须有充分的科学依据，某一生物的危险性应通过风险分析来决定，而且这一分析还应该是透明的，应该阐明国家间的差异。

有害生物风险评估通过信息资料的搜集整理、实地调查和模拟环境的实验研究等方法获取有关资料，对可能传入的有害生物进行风险评估，以确定危险性有害生物。有害生物风险评估主要包括传入可能性、定殖及扩散可能性和危险程度的评估。它涉及的因素很多，主要包括生物学因素、生态学因素和贸易及管理因素。一般来说，传入可能性的评估主要考虑有害生物感染流动商品及运输工具的机会、运输环境条件下的存活情况、入境时被检测到的难易程度以及可能被感染的物品入境的量及频率。定殖及扩散可能性评估主要考虑气候和寄主等生态环境的适宜性、有害生物的适应性、自然扩散能力及感染商品的流动性与用途。危险程度的评估主要考虑有害生物的危害程度、寄主植物的重要性、防治或根除的难易程度、防治费用及可能对经济、社会和环境造成的恶劣影响。

经风险评估后，凡符合局部地区发生、能随植物或植物产品人为传播，且传入后危险性大的有害生物均可以被列为危险性有害生物，并由官方列入植物检疫名单进行公布而成为检疫对象（quarantine subject）。

2. 疫区和非疫区的划分　　疫区划分是植物检疫的重要内容之一，也是实施检疫性有害生物风险管理的重要依据。疫区（area of infestation）是指由官方划定的、发现有检疫性有害生物危害的，并由官方控制的地区。而非疫区（pest free area）则是指有科学证据证明未发现某种有害生物，并由官方维持的地区。主要根据调查和信息资料，依据有害生物的分布和适生区进行划分，并经官方认定，由政府宣布。一旦政府宣布，就必须采取相应的植物检疫措施加以控制，阻止检疫性有害生物从疫区向非疫区的可能传播。所以，疫区划分也是控制检疫性有害生物的一种手段。

随着现代贸易的发展和风险管理水平的提高，商品携带检疫性有害生物的零允许量已被突破，疫区和非疫区也被进一步细化，进而出现了有害生物低度流行区和受威胁地区的概念。低度流行区是指经主管当局认定的，某种检疫性有害生物发生水平低，并已采取了有效的监督控制或根除措施的地区。此类地区的出口农产品经过有效的风险管理措施处理后，比较容易达到可以接受的标准。受威胁地区是指适合某种检疫性有害生物定殖，且定殖后可能造成重大危害的地区，是植物检疫严加保护的地区。

3. 植物及植物产品的检验与检测　植物检疫通过对植物及植物产品的检验来检测、鉴定有害生物，确定其中是否携带检疫性有害生物及其种类和数量，以便出证放行或采取相应的检疫措施。植物检疫检验一般包括产地检验、关卡检验和隔离场圃检验3类，要求使用的方法必须是准确可靠、灵敏度高；快速、简便、易行；有标准化操作规程、重复性好；安全且不导致有害生物扩散。由于有害生物及被检的植物、植物产品和包装运输器具种类繁多，适用于不同种类的检测方法不同，因此在不少情况下，需要几种方法的配合使用。

产地检验是指在调运农产品的生产基地实施的检验。对于关卡检验较难检测或检测灵敏度不高的检疫对象常采用此法。产地检验一般是在有害生物高发流行期前往生产基地，实地调查应检有害生物及其危害情况，考察其发生历史和防治状况，通过综合分析做出决定。实地调查一般需在有害生物高发流行期进行2～3次，以保证调查资料的可靠性。对于田间现场检测未发现检疫对象的，即可签发产地检疫证书；对于发现检疫对象的则必须经过有效的消毒处理后，方可签发产地检疫证书；而对于难以进行消毒处理的，则应停止调运并控制使用。

关卡检验是指货物进出境或过境时对调运或携带物品实施的检验，包括货物进出国境和国内地区间货物进出境时的检验。这是植物检疫的重要一环。关卡检验的实施通常包括现场直接检测和适当方法取样后的实验室检测。针对不同对象所使用的方法主要有：通过目测或手持放大镜对植物及其产品、包装材料、运载工具、放置场所和垫铺物料进行检测；诱器检测；过筛检测；比重检测；染色检测；X光透视检测；洗涤检测；保湿萌芽检测；分离培养及接种检测；噬菌体检测；电镜检测；血清学检测；DNA探针检测；指示植物接种检测等。近年来，利用简易仪器，通过检测病虫害微量信息进行快速无损检测，备受关注。对于检测合格的，即可出证放行，而不合格者则须采取相应的植物检疫处理措施进行处理。

隔离场圃检验是一需要较长时间的系统隔离检验措施，主要是通过设置严格控制隔离的场所、温室或苗圃，提供有害生物最适发生流行的环境，隔离种植被检植物，定期观察记录，检测植物是否携带检疫性有害生物，经一个生长季或一个周期的观察检测后，作出结论。该法适用于在实验室常规检测不易肯定，或由于时间或条件限制而不能立即作出结论的检验。尤其是对植物引种的繁殖材料，是在引种后大面积释放前，为安全起见，继产地和关卡检验后设置的阻止有害生物传播的又一道防线。一旦发现检疫性有害生物，必须及时采取根除扑灭措施。因此，有时又将隔离场圃检疫称为后检。

4. 疫情处理　疫情（situation of infestation, epidemic situation）泛指某一单位范围内，植物和植物产品被有害生物感染或污染的情况。植物检疫检验发现有检疫性有害生物感染或污染的植物和植物产品时，必须采取适当的措施进行处理，以阻止有害生物的传播蔓延。

疫情处理所采取的措施依情况而定。一般在产地或隔离场圃发现有检疫性有害生物，常由官方划定疫区，实施隔离和根除扑灭等控制措施。关卡检验发现检疫性有害生物时，则通常采用退回或销毁货物、除害处理和异地转运等疫情处理措施。一般关卡检验发现货物事先未办理审批手续，现场又被查出带有禁止或限制入境的有害生物，或虽然已办理入境审批手续，但现场查出有禁止入境的有害生物，且没有有效、彻底的杀灭方法，或农产品已被危害而失去使用价值的，均应退回或销毁。正常调运货物被查出有禁止或限制入境的有害生物，经隔离除害处理后，达到入境标准的也可出证放行，或运往非受威胁地区，另作加工用。

除害处理是植物检疫常用的疫情处理方法，主要有机械处理、温热处理、微波或射线处理等物理方法，以及药物熏蒸、浸泡或喷洒处理等化学方法。由于植物检疫处理费用及后果均由货主承担，因而实施时必须遵守国际惯例和公认的基本原则。

植物检疫中疫情处理的基本原则首先必须符合检疫法规的有关规定，有充分的法律依据；同时征得有关部门的认可，且符合各项管理办法、规定和标准。其次，所采取的处理措施应当是必须采取的，而且应该将处理所造成的损失减少到最低程度。消灭有害生物的处理方法必须具备下列条件：完全有效，能彻底消灭有害生物，完全阻止有害生物的传播和扩展；安全可靠，不造成中毒事故，无残留，不污染环境；不影响植物的生存和繁殖，不影响植物产品的品质、风味、营养价值，不污染产品外观。

5. 植物检疫法的制定与实施　植物检疫法（plant quarantine act）是有关植物检疫的法律、法令、条例、规则、章程等所有法律规范的总称，是实施植物检疫的法律依据。按其内容可分为单项法规和综合性法规。单项法规是针对某一特定有害生物而颁布的法规。一般来说，早期针对某一特定有害生物的禁令，以及目前在应急情况下针对突发疫情而发布的有关法规，均属于单项法规。综合性法规着重于植物检疫的整体，目前绝大多数国家均立有综合性植物检疫法，有的单独没立为植物检疫法，如中国的《中华人民共和国进出境动植物检疫法》和《植物检疫条例》等；也有将其列入相关法律，如植物保护法或有害生物法等。另外，根据法规涉及的范围，也可将植物检疫法规分为国际性法规、区域性法规、国家级法规等。国际性植物检疫法规是国际组织制定的，需要各国共同遵守的行为准则，包括有关的公约、协定和协议等，如联合国粮农组织制定的《国际植物保护公约》、世界贸易组织制定的《卫生与动植物检疫措施协议》等；区域性法规是由相近生物地理区域内的不同国家，根据其相互经济往来情况，自愿组成的区域性植物保护专业组织所制定的有关章程和规定，如《亚洲和太平洋区域植物保护协定》等是各成员国需要遵守的准则；国家级法规是由国家制定或认可的有关法规，是受国家强制实施的行为准则。此外，还应该指出的是，在双边贸易协定、协议及合同中规定的植物检疫条款，也是贸易双方应遵守的行为准则，具备法规效力。法规的基本内容主要包括立法宗旨、检疫范围与检疫程序、禁止或限制进境的物品、检疫主管部门及执法机构、法律责任等。

建立国际植物检疫法规主要是为了加强国际协作，以便更有效地防治有害生物和防止危险性有害生物的传播，保护各成员国的动植物健康，减少检疫对贸易的消极影响，促进国际贸易的发展。它通常经国际组织制定后由各签约国实施。随着全球经济一体化的发展，现代贸易需要有统一的国际植物检疫行为准则。但目前国际植物检疫法规尚不完善，因此，为了加强有害生物风险管理，将危险性有害生物的传播可能性降至最低，建立健全国家级植物检疫法规更为重要。

建立国家级植物检疫法规必须符合国际植物检疫法规的要求，并依据植物检疫措施的国际标准制定，同时还应提供充分的科学依据。尤其是规定检疫范围与检疫程序、开列禁止或限制进境物名单，必须经过充分的调查研究，提供必要的科学依据。否则，制定的法规就可能被认为是"非关税的技术贸易壁垒"或带有"歧视"性，实施时可能受到"起诉""报复"，甚至"制裁"。

植物检疫法规的实施通常由法律授权的特定部门负责。目前，不同国家一般均设有专一的植物检疫机构，具体负责有关法规的制定和实施。中国有关植物检疫法规的立法和管理由农业农村部负责，口岸植物检疫（外检）由海关总署领导下的国家出入境检疫检验局及下属的口岸检疫机构负责，国内检疫工作（内检）由农业农村部植物检疫处和地方检疫部门负责。口岸植物检疫主要负责与动植物检疫有关的国际交往活动，制定国际贸易双边或多边协定中有关植物检疫的条款，处理贸易中出现的检疫问题；收集世界各国疫情并进行分析，提出应对措施；制定有关植物检疫法规，审定检疫对象及应检物名单，办理检疫特许审批；负责实施进出境检验及检疫处理；并负责制定及实施口岸检疫科研计划等。内检方面，农业农村部植物检疫处负责起草植物检疫法规，提出植物检疫工作的长远规划和建议；贯彻执行《植物检疫条例》，协助解决执行中出现的问题；制定植物检疫对象和应检物名单；负责国内外植物引种的审批；汇编有关植物检疫资料；推广植物检疫工作经验，培训检疫人员；及组织植物检疫科研攻关等。地方检疫部门主要负责贯彻执行植物检疫的有关法规，制定本地区的实施计划和措施；起草地方性植物检疫法规，确定本地植物检疫对象和应检物名单，提出划分疫区和非疫区的方案；执行产地、调运、邮件及旅行物品检验，签发植物检疫有关证书；承办植物引种的检疫审批；监督检查种苗隔离试种（后检）；及协助建立无害种苗繁殖和农林产品商品生产基地等。此外，还有一些科研单位和农业院校及学术团体提供科研技术支撑和信息咨询。

（三）植物检疫的特点

植物检疫以法律为后盾，以先进技术为手段，实施强制性检疫检验，通过对农产品经营活动的限制来控制危险性有害生物的传播，因而与其他有害生物防治技术措施明显不同。首先，植物检疫具有法律的强制性，植物检疫法不可侵犯，任何集体和个人不得违犯，否则应依法论处。其次，植物检疫具有宏观战略性，不计局部地区当时的利益得失，而主要考虑全局的长远利益。最后，植物检疫的防治策略是对有害生物进行全种群控制，即采取一切必要手段，将危险性有害生物控制在局部地区，并力争彻底消灭。植物检疫是一项根本性的预防措施，是植物保护的主要手段。但由于植物检疫仅针对危险性有害生物，且主要通过控制传播蔓延进行有害生物治理，因此，该措施在农业有害生物防治中，具有明显的局限性。

二、农业防治

农业防治（agricultural control）是通过适宜的栽培措施降低有害生物种群数量或减少其侵染可能性，培育健壮植物，增强植物抗害、耐害和自身补偿能力，以减少有害生物危害损失的一种植物保护措施。农业防治主要是恶化有害生物的发生和侵染为害环境，是农田生态调控的重要方式，其最大优点是不需要过多的额外投入，且环境友好，易与其他措施相配套。合理利用农业防治措施不仅是有害生物综合治理的有效环节，而且通过推广有效的农业防治措施，常可在不增加额外投入的情况下，大范围持续减轻有害生物的发生程度。但农业防治也具有很大的局限性，第一，农业防治须服从丰产要求，不能单独从有害生物防治的角度去考虑问题。第二，农业防治措施往往在控制一些病虫害的同时，引发另一些病虫害。因此，实施时必须针对当地主要病虫害综合考虑，权衡利弊，因地制宜。第三，农业防治具有较强的地域性和季节性，且多为预防性措施，在病虫害已经大发生时，防治效果不大。农业防治的主要技术措施包括改进耕作制度；采用无害种苗；调整播种方式；加强田间管理；安全收获等。

（一）改进耕作制度

耕作制度的改变常可使一些常发性重要有害生物变成次要有害生物，这在生产实践中已有不少实例，并成为大面积有害生物治理的一项有效措施。其主要内容包括调整作物布局，实施轮作倒茬和间作套种等种植制度，以及与之相适应的土地保护和培养制度。

1. 调整作物布局　作物布局是一个地区或生产单位作物构成、熟制和田间配置的生产部署，其主要内容是各种作物田块的设置、品种搭配和茬口安排。合理的作物布局不仅可以充分利用土地资源，发挥作物的生产潜能，增加产量，提高农业生产效益，同时对控制有害生物的发生流行具有重要意义。

（1）作物田块的设置　主要依据不同地区或地块所处的经济和生态环境进行设置。经济环境直接影响农产品的销售及效益，如大城市郊区的蔬菜生产效益一般要高于偏僻的农村，这种状况会直接影响到农民承担植物保护费用的能力，进而影响植物保护措施的实施。生态环境主要是当地的气候、田块所处位置的小气候、土壤及相邻植被状况等，它不仅影响有害生物的发生流行，同时还可能影响天敌生物的扩散、引进和定居繁殖。气候直接影响有害生物的分布和发生，因此，选择适宜气候的地区种植特定的作物，不仅利于作物的生长，同时有利于有害生物的控制。地块的选择也要考虑小气候，一般向阳坡有利于喜温型有害生物的发生，而低洼田块有利于喜湿型有害生物的发生。土壤对有害生物发生的影响比较复杂，一般来说，黏土吸水性强，容易板结，不利于害虫的发生，但对真菌性病害的发生则较有利。相邻植被主要涉及有害生物的寄主、越冬越夏场所及天敌生物的分布和转移。

（2）轮作和间作　在作物品种搭配和茬口安排方面，主要是依据有害生物对寄主和生态环境的要求，采用合理的轮作和间作，切断有害生物的寄主供应，利用作物间天敌的相互转移，或土壤生物的竞争关系，恶化发生环境，减少田间有害生物的积累。一般来说，适于某种有害生物的作物或几种作物的连作和间作均是不利的。如棉花连作有利于枯、黄萎病的发生和蔓延；玉米和大豆间作有利于蛴螬的发生危害；棉花和大豆间作有利于叶螨的发生。而小麦或越冬绿肥和棉花的间、套作，可以较好地控制棉花苗期蚜虫的危害；稻麦、稻棉等水旱轮作可以明显减少多种有害生物的危害，这也是小麦吸浆虫、地下害虫和棉花枯萎病防治的有效措施之一。此外，对于迁飞性有害生物，迁出地和迁入地种植相似的敏感作物有利于其大发生；大面积单一种植同一品种的作物，对于病害的暴发流行有利，但对发生期较长，且对寄主生育期敏感的水稻螟虫却有很好的控制作用。

（3）诱集植物　根据有害生物的习性，在作物田内设置诱集植物带，诱集害虫集中消灭，也是一项有效的农业防治措施。如在棉田种植玉米带引诱棉铃虫和玉米螟产卵，在茄子田周围种植马铃薯引诱二十八星瓢虫等，并进行集中处理，均能有效地减轻害虫对主要作物的危害。有时还可以利用某些作物对一些害虫的驱避作用进行害虫防治，如蔬菜田内间作芹菜或大葱，可以减轻蚜虫的发生为害。

2. 土壤耕作和培肥　土壤不仅是农作物的生长基质，同时也是许多有害生物的栖息和活动场所，因而土壤中的水、气、温、肥和生物环境不仅影响作物的生长发育，同时也影响有害生物的生存繁衍。

（1）土壤耕作的作用　土壤耕作是对农田土地进行耕翻整理，以改善土壤环境，保持土地高产稳产能力的农业措施，通常包括收获后和播种前的耕翻，以及生长季的中耕。土壤耕作对有害生物的影响主要表现在3个方面，首先土壤耕作可以改善土壤中的水、气、温、肥和生物环境，有利于培养健壮的作物，提高对有害生物的抵抗和耐害能力。其二是耕翻可以使土壤表层的有害生物深埋，使土壤深处的暴露，破坏其适生条件。如散落在土壤表层的杂草种子，深埋后会影响其发芽，生活在植物残体内的害虫和病菌，埋入土壤中后，因植物残体的腐烂而死亡消解。而土中生活栖息的病菌和害虫在耕翻暴露后，则会因环境的改变而死亡或被天敌捕食。此外土地耕翻，还会因机械作用，直接杀伤害虫，或破坏害虫的巢室而使其致死。另外，土壤板结、湿度大、温度低是导致一些作物（如棉花）早春苗期炭疽病和立枯病大发生的重要原因，适时松土，增加通气和土温，可以有效控制这类病害的发生。

（2）土地培养的作用　土地培肥措施，如农田休闲、轮作绿肥等，也可以较大地改变有害生物的生存环境，大幅度地降低有害生物的种群数量，尤其对那些寄主范围较窄、活动能力较差的有害生物更为有效。菜田在夏季病虫高发期休闲晒垡，稻田冬耕冻垡及沤田均是生产上使用的土地培肥兼控制病虫害的有效措施。选择适当的绿肥植物品种进行轮作，可以诱发真菌孢子和线虫卵萌发孵化，随后因找不到适宜的寄主而死亡消解，从而降低这些有害生物在土壤中的种群数量。

（二）使用无害种苗

种苗等繁殖材料对有害生物发生的影响，主要是种苗携带传播病虫害，及种子质量差造成的作物生育期不一致，长势弱，增加有害生物的侵染危害。

某些有害生物以种苗等繁殖材料携带作为主要传播途径，因此，带有病虫害的种苗就成为这些有害生物的侵染源，播种这样的种子会导致病虫害的人为传播。如棉花枯、黄萎病在中国的传播蔓延。此外，品种混杂，子粒饱满和成熟度不一，或一些种苗被侵染后因生长势降低，播种后往往造成出苗和生育期参差不齐，给田间管理和收获造成不利影响，同时增加一些对作物生育期要求较严的有害生物的侵染机会，从而加重有害生物的危害。所以，生产上使用的种苗等繁殖材料，应该是不携带有害生物的优质纯种。目前生产上利用无害种苗繁育基地，种苗无害化处理，以及工厂化组织培养脱毒苗是获得无害种苗的有效措施。

（三）调整播种方式

调整播种方式主要包括调整播种期和播种密度。由于长期的适应性进化，在特定地区害虫发生期往往形成与其寄主植物的生长发育相吻合的状况，如果气候环境允许，且在不影响复种指数以及其他增产要求的情况下，适当提前或推迟播种期，将害虫发生期与作物的易受害期或危险期错开，即可避免或减轻害虫的危害。这一农业措施对那些播种期伸缩范围大、易受害期或危险期短的作物，和食性专一、发生一致、危害期集中的害虫具有明显的效果。如中国南方稻区的栽培避螟措施，以及北方春麦区早播减少麦秆蝇产卵，都是生产上行之有效的植物保护措施。

种植密度主要通过影响农田作物冠层和田间小气候，以及作物的生长发育而影响病虫害的发生危害。一般来说，种植密度大，影响通风透光，田间荫蔽，湿度大，植物木质化速度慢，有利于大多数病害和喜阴好湿性害虫的发生为害。而种植过稀，植物分蘖分支多，生育期不一致，也会增加另一些有害生物的发生危害，尤其是杂草的发生为害会明显加重。因而要综合考虑作物的特性和作物的主要病虫害，合理密植，这样不仅有利于抑制病虫害的发生，同时也能充分利用土地、阳光等自然资源，提高作物单产。

（四）加强田间管理

田间管理涉及一系列的农业技术措施，可以有效地改善农田的小气候和生物环境，使之有利于作物的生长发育，而不利于有害生物的发生为害。田间管理对病虫害发生影响较大的主要是排灌、施肥和田园卫生。

1. 排灌　排灌不仅可以有效地改善土壤的水、气条件，满足作物生长发育的需要，还可以有效地控制病虫害的发生和危害。稻田春耕在适宜的时间进行灌水，可以杀死稻桩内越冬的螟虫；水稻生长季在二化螟化蛹前烤田，化蛹高峰期后，灌深水（10 cm）并保持 2～3 d，可以杀死大部分二化螟蛹；稻田排灌干干湿湿，可以有效地控制稻瘿蚊的发生；冬季排干稻田积水，可以减少稻根叶甲的越冬场所。麦田春灌可以减轻蛴螬和金针虫的危害。棉田适期灌水可以有效地杀死棉铃虫的入土老熟幼虫和蛹。但灌水往往会造成局部分布病害的传播，同时积水或土壤湿度较大，也有利于某些病害的发生。如棉田积水就有利于枯萎病的发生。此外，喷灌造成田间湿度过大，水滴四溅，也有利于病害的传播和发生。而有设施的地方，利用滴灌可以较好地控制病害的发生。

2. 施肥　施肥对有害生物的影响是多方面的。作物的生长发育需要多种必需元素的平衡供应，包括氮、磷、钾和其他微量元素。作物的种类和发育期不同，对不同元素需要的量和形式也不同，土壤中的盐度、pH、温湿度及微生物的活动均会影响必需元素供应的有效性。某种元素的缺乏或过量，均会导致作物生长发育异常，形成类似于病虫危害症状的缺素症或中毒症。因此，施肥必须合理、适当、均衡。一般来说，氮肥过多，作物生长嫩绿，分支分蘖多，有利于大多数病虫的发生危害。但缺氮时，作物生长瘦弱，有利于叶斑病和叶螨等病虫的发生。磷、钾、钙及微量元素的合理平衡施用，具有显著的抗病虫效果。

施肥在防治病虫害中的作用主要表现在 3 个方面：其一是施肥可以改善作物的营养条件，提高作物的抗害和耐害能力。如控制作物的长势、加速保护性木栓组织和保护性物质的形成、提高生长发育速度以缩短对有害生物的敏感期等。其二是施肥可以改变土壤的性状和土壤微生物群落结构，恶化土壤中有害生物的生存条件。其三，施肥还可以直接杀死有害生物。如棉田施用过磷酸钙可以杀死叶螨和蛞蝓，稻田施用石灰可以杀死蓟马、飞虱、叶蝉等害虫，氨对病菌有直接杀伤作用，棉田喷施氨态氮（尿素）可以减轻各种叶斑病。

3. 田园卫生　主要是借助于农事操作，清除农田内的病虫害及其滋生场所，改善农田生态环境，减少病虫害的发生。作物的间苗、打杈、摘顶、脱老叶，果树的修剪、刮老树皮，清除田间的枯枝落叶、落果、遗株等各种作物残余物，均可将部分害虫和病残体随之带出田外，减少田间的病虫害数量。田间杂草往往是病虫害的野生过度寄主或越冬场所，清除杂草可以减少作物病虫害的侵染源。因此，清理田园，尤其是冬季果园的清理，已成为一项有效的病虫害防治措施。应该指出，干净不等于卫生，干净的田园内，生物群落过于简化，不利于天敌的生存繁育。相反，适当间作某些品种的绿肥，可有效地抑制杂草的生长，并可为天敌生物提供适宜的食物和栖息场所，有利于对有害生物的自然控制。对于杂草比较严重的果园，利用作物秸秆进行地面覆盖处理，也可以取得很好的防治效果。

（五）安全收获

采用适当的方法、机具进行适时收获，并进行必要的收获后处理，对病虫害的防治也有重要作用。一些害虫在作物成熟时离开寄主进入越冬场所。如大豆食心虫和豆荚螟取食大豆，在大豆成熟时幼虫脱荚入土越冬，如能及时收割、尽快运往场院进行干燥脱粒，即可阻止幼虫入土，减少次年越冬虫源。桃小食心虫也具有类似的习性，处理果实堆放场所，可以减少越冬虫量。对于一些晚发害虫，因作物较早地及时收获，可以中断其食物来源而增加死亡。作物收获后处理因作物种类不同而异，大田作物的籽实一般经干燥后即可防霉储藏。对于多汁的水果、蔬菜，收获时必须注意避免机械创伤，防止感染致病，必要时需进行消毒和保鲜处理。但应注意处理方法，避免有毒物残留污染。

三、作物抗害品种的利用

作物抗害品种（crop resistant variety）是指具有抗害特性的作物品种，它们在同样的灾害条件下，能通过抵抗灾害、耐受灾害以及灾后补偿作用，减少灾害损失，取得较好的收获。作物品种的抗害性是一种遗传特性，广义上包括抗干旱、抗涝、抗盐碱、抗倒伏、抗虫、抗病、抗草害等，一般所说的抗害品种和抗害性主要是指对病虫害的抗性，而将不宜气候和土壤等非生物环境的抗性称为抗逆性。

（一）植物的抗害性与抗害机制

植物的抗害性可以涉及多种不同的抗性机制，对于不同品种的抗性，可能是多基因的综合效应，也可能是个别主效基因的作用，因而所表现的抗性程度和类型也不相同。

1. 植物的抗害性的类型　植物的抗害性一般根据抗性表现的程度可分为免疫、高抗、中抗、中感和高感几种类型。其中，免疫是指不受某些病虫害的侵害，而其他类型则是根据不同病虫害危害的症状和造成损失的程度等，经过相互比较而具体划分的。

抗性也可以根据其对病菌生理小种或害虫生物型的反应，分为垂直抗性（vertical resistance）和水平抗性（horizontal resistance）。垂直抗性又称为专化抗性或特异抗性，是指作物品种只对一种或某几种病菌生理小种或害虫生物型表现抗性，而对另一些则不表现抗性；垂直抗性常表现为较高水平的抗性，但较容易因病菌生理小种或害虫生物型的变化而丧失。水平抗性是指作物品种对病菌的各种生理小种或害虫的各种生物型均具有相似的抗性，抗性水平常较低，但不会因病菌生理小种或害虫生物型的变化而丧失。应该说真正的垂直抗性和水平抗性只是抗性的两个极端情况，大多数抗性品种表现的抗性均介于两者之间，即对一种或某几种病菌生理小种或害虫生物型表现较高的抗性，而对另一些则表现为较低的抗性。

依据植物抗性的表达情况，还可以将植物抗性区分为组成型抗性和诱导型抗性。组成型抗性不需要外因诱导，抗性基因始终都在表达，尽管环境条件和植物生长发育状况会影响其表达程度。而诱导型的抗性基因一般情况下处于休眠状态，只有接受特定的外因诱导，如害虫取食、病菌侵染、机械损伤、特定的化合物等，才启动表达。

2. 植物的抗害机制　植物抗害机制在农业昆虫学和植物病理上有多种分类，综合起来大致可以分为抗选择性、抗生性、避害性和耐害性。

（1）抗选择性（nonpreference）　抗选择性主要是由于受植物体内或表面挥发性化学物质、形态结构以及植物生长特性所造成的小生态环境的影响，不吸引甚至拒绝害虫取食产卵，不刺激或抑制病菌萌发侵染。如菜粉蝶仅在含有芥子油苷的植物上产卵，蚜虫较少在叶面多绒毛的植物上定居。一些抗病品种植株表面缺少病原物的识别因子（一般为特定结构的多糖、糖苷、糖蛋白或蛋白质），无法刺激病菌产生必要的酶、附着胞、侵入钉及吸器，不能完成侵染。紫色洋葱鳞片渗出的原儿茶酚和儿茶酚可以抑制洋葱炭疽菌，因而比白皮洋葱发病轻。

（2）抗生性（antibiosis）　抗生性是由于植物体内存在有害的化学物质、缺乏必要的可利用的营养物质，以及内部解剖结构的差异和植物的排斥反应，对害虫和病菌造成不利影响，使害虫大量死亡、生长受抑制、不能完成发育或延迟发育、不能繁殖或繁殖率低，使病原物不能定殖扩展。如含有较多有毒化合物"布丁"的玉米，可导致玉米螟幼虫大量死亡；含有高浓度棉酚的棉花，对棉铃虫具有抗性。还原糖含量高的品种可以加重欧氏杆菌导致的马铃薯软腐病，而在含量低的薯块上发病则轻。

（3）避害性（damage avoidance）　避害性主要是植物敏感期与病虫害侵染期的错位，包括两个方面，其一是由于植物具有某种结构特性，使害虫和病菌不能造成危害损失，如向日葵螟和桃蛀螟在向日葵坚皮品种上产卵，幼虫孵化后取食花粉和花冠，3龄后待其为害种子时，坚皮品种的种皮内已形成了坚硬的木栓层，幼虫无法蛀入为害。有些小麦品种气孔早晨张开迟，以致叶面结露已干，从而使只能从张开气孔侵入的小麦秆锈病夏孢子不能侵入。其二是由于作物品种的生长发育特性不同（迟或早），使作物的易受害期与病虫的发生期错开，一旦作物的易受害期与病虫的发生期吻合，即失去避害能力。因此，也有人称此为"假抗性"。

（4）耐害性（tolerance）　耐害性是指有些作物品种在病虫定殖寄生取食以后，具有较强的忍受和补偿能力，不表现明显的症状或产量损失。如禾谷类耐害品种具有较强的分蘖能力，在主茎受钻蛀性害虫危害枯死后，可以迅速分蘖形成新茎，从而不致显著影响产量。小麦的耐锈品种和十字花科植物的耐肿根病品种，均具有较强的根系再生能力，用以补充体内的水分和养分消耗，从而减轻病害造成的损失。

（二）作物抗害品种的选育

作物抗害品种的选育首先应该确定育种的目标，再根据具体目标搜集抗源材料，通过适宜的育种方法和抗性鉴定技术进行抗性品种的选育。

1. 育种目标的确定　确定抗性育种目标主要是为了提高育种的投入效益，解决生产上的重大问题，减少植物保护对环境的副作用。因此，抗性育种首先要选择重要的经济作物；其次要选择在相当大范围内持续大发生、已成为某一作物栽培生产限制因素的重要病虫害；最后，是其他植物保护措施难以控制、不能承担较昂贵的植物保护投入或现有植物保护措施对环境和农产品安全生产副作用较大的作物病虫害。以解决这类问题为目标育成的抗性品种，作用大，效益高，易于推广应用。此外，有时还要根据有害生物的分布范围、迁移能力和种下类群分化状况，确定选育垂直抗性品种或水平抗性品种。

2. 抗源材料的搜集　抗源材料主要是指转入作物体内可以遗传，并能产生抗性表现的基因或其他遗传物质。包括同种或近源种植物的抗性基因，不同生物体内可以表达产生抗性物质的基因，甚至有害生物体内的遗传物质。采用不同的育种技术可以选用不同的抗源材料，传统抗性育种大多利用同种或近源种的抗性基因，而现代生物技术育种则可将远源生物体内的抗性基因和有害生物体内的遗传物质，转入目标作物体内使之产生抗性。如将苏云金杆菌的毒素蛋白基因转入植物体内形成作物抗病品种，利用基因干扰原理筛选有害生物的基因片段构建转入子，使作物表达靶向害虫重要基因的双链 RNA，或将病毒卫星 RNA 和反向 RNA 转入植物体内，形成作物抗病虫品种。应当指出，抗性必须和优良的农艺性状相结合，才能育成优良的抗性品种。因此，具有优良农艺性状的作物品种资源也是抗性育种必不可少的材料。

抗源材料的搜集需要广泛的生物学知识和农业知识、必要的理化和遗传学分析以及抗性筛选技术。一般来说，抗源材料的搜集应考虑如下几个方面：第一，从作物传统种植地，或有害生物大发生田挑选同种作物的抗性植株；第二，从野生同种植物或近源种的植物中筛选分离抗性基因；第三，从致病性天敌生物体内分离抗性基因；第四，从有害生物体内分离适宜的遗传物质；第五，通过诱变筛选获得抗性种质材料。

3. 抗性育种方法　抗性育种方法包括传统方法、诱变技术、组织培养技术和分子生物学技术。一般需要根据抗源材料和育种条件进行选用。此外应该指出，所有抗性育种技术都包括抗性的筛选和鉴定，在了解病虫害生物学的基础上，选用适当的方法，进行筛选鉴定，可以有效地提高抗性育种的效率。

（1）传统抗性育种　传统抗性育种主要是选种、系统选育以及具有抗性和优良农艺性状品种资源的杂交和回交选育。选种又称混合选种，是从有害生物大发生田，选取高抗植株采种。这种方法简便，但作物抗性性状提高较慢。系统选育是将田间选择的高抗作物种子，隔离繁殖，并人工接种有害生物，对其后代进一步进行筛选。该方法对自花授粉作物效果较好。杂交通常是利用具有优良农艺性状的作物品种为母本，与抗性品种、野生植株或近源种进行杂交选育。有时将表现较好的杂交后代进一步与母本回交，从而将抗性性状转入具有优良农艺性状的品种体内，形成优良的抗性品种。

（2）诱变技术　诱变技术是指在诱变源的作用下，诱导植物产生遗传变异，再从变异个体中筛选抗性个体。这种方法比较随机，但可以通过这种方法获得新的抗源材料。诱变源包括化学诱变剂和物理的诱变因素，生产上使用较多的是辐射诱变，即辐射育种，如利用同位素（^{60}Co）辐射和紫外辐射进行诱变育种。

（3）组织培养技术　组织培养技术是在无菌条件下培养植物的离体器官、组织、细胞或原生质体，使其在人工条件下生长发育成植株的一种技术。首先组织培养可以快速克隆繁殖不易经种子繁殖的抗性植物。其次，组织培养可以与诱变技术相结合，分离抗性突变体。再者，组织培养可以利用花粉、花药选育单倍体抗性植株，再经染色体加倍形成抗性同源植物。最后，组织培养通过原生质融合技术可以将不同抗性品种或种的遗传性状相结合，克服杂交困难，培育高抗和多抗品种。

（4）分子生物学技术　分子生物学技术的应用使抗性育种得到了革命性的发展。首先分子生物学通过克隆抗性基因，利用载体导入或基因枪注射，可以将各种生物的抗性基因转入目标作物体内，解决了传统育种技术无法克服的远源杂交障碍问题。如将豆科植物体内的胰蛋白酶抑制蛋白基因转入禾本科植物体内，将苏云金杆菌的毒素蛋白基因转入植物体内，形成作物抗虫品种。其次，分子生物学可以通过植物的基因改造，创造新抗源。如依据分离到的病毒 RNA 创建转入体，转入后使植物体内表达反向核酸序列片段，当病毒侵入后，由于核酸的互补结合，阻止其复制繁殖，形成作物抗病性。再次，有些病菌的侵染，需要寄主体内具备识别因子或专一性受体，如通过基因改造，改变或去除这些物质，则会赋予植物抗病性。近年来，利用有害生物的关键基因构建抗害遗传材料，通过基因干扰进行抗害育种也取得了成功。如基于基因干扰的抗玉米根虫的转基因玉米，在美国已经批准生产使用。最后，利用基因编辑技术，破坏植物体内有害生物入侵为害必需的蛋白因子，也可望成为植物抗性育种的新途径。这些都将在很大程度上解决抗性育种的抗源难寻问题。此外，分子生物学育种技术大大提高了抗性育种的效率，随着技术的进一步发展，这一领域将为植物保护做出巨大贡献。

（三）作物抗害品种的利用

1. 优点　利用作物抗害品种防治作物病虫害是一种经济有效的措施。

（1）这一措施使用方便，潜在效益大。抗害品种一旦育成，只要推广应用，无须或很少需要额外投入其他费用，便能产生巨大的经济效益。据报道，美国为开发小麦瘿蚊、麦茎蜂、玉米螟和苜蓿彩斑蚜的抗性品种，总投资近 930 万美元，但推广应用后，估计农民每年因此减少损失 30 800 万美元。

（2）该措施对环境影响小，也不影响其他植物保护措施的实施，在有害生物综合治理中具有很好的相容性。

（3）利用作物抗害品种防治病虫害具有较强的后效应，除有害生物产生新的变异外，作物抗害品种可以长期保持对病虫害的防治作用，即便是中低水平的抗性，有时也能通过累积效应导致有害生物种群持续下降，甚至达到根治的水平。

2. 局限性　利用作物抗害品种防治作物病虫害也有较大的局限性。

（1）传统抗性育种受抗性基因资源和有害生物的生物学限制，并非所有重要病虫害均可利用作物抗害品种进行防治。而利用分子生物学技术的转基因育种则需要充分的安全评估。

（2）有害生物具有较强的变异适应能力，可以通过变异适应，使作物抗害品种很快丧失抗性。对于分布广、迁移能力和变异适应能力强的有害生物，以及垂直抗性的作物品种，尤其如此。如褐飞虱的生物型变异可以对水稻抗虫品种产生适应。

（3）由于有害生物种类繁多，作物抗性品种控制了目标病虫后，常使次要有害生物种群上升、危害加重。某些植物性状具有双重表型，对一种有害生物表现为抗性，而对另一种则表现为敏感性。如中国北方推广抗大、小斑病的玉米品种，使丝黑穗病发病加重。推广抗棉铃虫的转 Bt 基因棉，使棉盲蝽和叶螨的危害加重。

（4）培育作物抗性品种通常需要较长的时间。

3. 合理利用　作物抗害品种的合理利用在实施过程中非常重要，它可以最大限度地发挥抗性品种的作用，避免抗性过早地丧失。

（1）利用抗性品种应该纳入综合防治体系，与其他综防措施相配套，以便更好地控制目标有害生物，以及其他有害生物和次要有害生物，减缓抗性品种对有害生物的选择压力，延缓有害生物对抗性品种的适应速度。

（2）适宜地利用垂直抗性和水平抗性。对于分布广、迁移能力和变异适应能力强，多化性或多循环的病虫害，宜采用水平抗性，以延缓抗性丧失。对于分布范围较小、迁移能力弱、世代数少或单侵染循环并能通过其他防治措施有效降低种群数量的病虫害，即便利用垂直抗性的作物品种，也能较好地维持品种的抗性性状。

（3）利用群体遗传学的方法原理，采取适宜的治理措施，如不同抗性机制的品种轮作、镶嵌式种植，利用庇护地措施等，可有效地减轻抗性品种对有害生物适应选择。

（4）培育多抗性品种，使之以多种不同机制对抗靶标有害生物，同时也包括兼抗多种有害生物，这样可以进一步提高抗性品种在植物保护中的作用。

四、生物防治

生物防治（biological control）是利用有益生物及其产物控制有害生物种群数量的一种防治技术。这一防治技术起源很早，很久以前人类在从事农业活动时就发现了生物之间的食物链关系，并利用天敌生物进行有害生物的防治。19世纪后期天敌引种的成功，以及生态学的发展，促进了这一技术的迅速发展，但20世纪中期兴起的化学防治，严重地干扰了生物防治的研究和发展，直至化学农药的3R问题显现以后，这一领域才再度受到重视。

（一）生物防治的原理

在自然界，各种生物通过食物链和生活环境等相互联系，相互制约，形成复杂的生物群落和生态系统，其中任何生物或非生物因素的改变，均可能导致不同生物种群数量的变化。在农田生态系统中，由于要创造条件以确保作物的绝对优势，使农田生物群落大大简化，削弱了生物之间的相互制约能力，常常导致直接以作物为取食寄主的有害生物暴发危害。传统的生物防治就是根据生物之间的相互关系，人为地增加有益生物的种群数量，从而取得控制有害生物的效果。因此，传统狭义的生物防治主要是利用活体有益生物进行有害生物的种群数量控制。随着科技的发展，现代生物学有能力揭示生物互作的各种机制和特殊物质。因此，人类已从直接利用活体生物发展到利用生物产物，甚至将生物产物进行分子改造，通过工厂化合成或利用生物表达，用以防治有害生物。

但应该注意的是，活体生物、生物产物和人工改造后合成的化合物具有明显的差异。活体生物不仅是天然存在的，在野外可以自行繁衍传播，而且由于生物的协同进化，一般不会产生抗性。生物产物也是天然生物合成的，在自然界易于降解，但不具自行繁衍传播的能力。而生物产物经过分子改造，并经过化工合成后，已非天然，无论从其性质、毒性，还是从其对环境的影响上看，均更接近化学农药，所以归属于化学农药范畴。

（二）生物防治的途径

生物防治的途径主要包括保护有益生物、引进有益生物、人工繁殖与释放有益生物以及生物产物的开发利用等四个方面。

1. 保护有益生物 自然界有益生物种类尽管很多，但由于受不良环境以及人为影响，常不能维持较高的种群数量。要充分发挥其对有害生物的控制作用，常需要采取一定的措施加以保护。保护利用有益生物可以分为直接保护、利用农业措施保护和用药保护。

（1）直接保护是指专门为保护有益生物而采取的措施。如人工采集水稻螟虫的卵，让寄生蜂产卵繁殖。在冬季，利用地窖、草把等为天敌提供适宜的越冬场所，使其翌年种群数量快速增长。

（2）农业措施保护主要是结合栽培措施进行保护。如在果园中种植藿香蓟、紫苏、大豆、丝瓜等作物能为捕食螨提供食料和栖息场所。通过耕作、施肥促进作物根际拮抗微生物的繁殖，也是生产上推广应用的有效措施。

（3）用药保护主要是防治有害生物时，应注意合理用药，避免大量杀伤天敌等有益生物。如利用对有益生物毒性小的选择性农药，选择对有益生物较安全的时期施药，选择适当的施药剂量和施药方式等。

保护措施主要是为有益生物提供必要的食物资源和栖息场所，帮助有益生物度过不良环境生长期，避免农药对有益生物的大量杀伤，维持其较高的种群数量。自然界有益生物资源丰富，因地制宜地保护利用，一般不需要增加费用和花费很多人工，且方法简单，效果明显，易于被种植者接受。

2. 引进有益生物　引进有益生物防治害虫已成为生物防治中的一项重要工作，尤其对异地引进作物品种上的病虫害，从其原产地引进有益生物进行防治，常可取得惊人的效果。这在国际上已有许多先例。最著名的是 19 世纪末，美国从大洋洲引进了澳洲瓢虫防治柑橘吹绵蚧，很快起到了完全控制的作用。该瓢虫在美国建立了永久性的群落，直到现在，澳洲瓢虫对吹绵蚧仍起着有效的控制作用。据统计，世界范围内引进天敌防治成功、基本消除危害的重要害虫有 100 多种。

但引进有益生物应做充分的调查研究和安全评估，以免引进失败或演变成有害生物。一般来说，首先考虑从要防治的目标有害生物原产地的轻发生地区搜寻，更有可能引进到有效的有益生物。第二，要考虑引入地的气候和生态环境是否适合被引入的有益生物，以提高引进后定殖的成功率。第三，采用适宜的包装运输工具，防止运输途中死亡。第四，采取必要的检疫措施，防止携带危险性病虫害。第五，要考虑生物的寄主专化性和繁殖能力，必要时进行隔离培养，一方面进行繁殖驯化，保证引进生物能在当地定殖，另一方面就其对其他生物或生态环境的影响进行安全评估，防止盲目引进后演化成有害生物。

3. 有益生物的人工繁殖与释放　有益生物，尤其是寄主范围较窄的天敌生物，对有害生物常表现为跟随效应，即在有害生物大发生后才大量出现。人工繁殖与释放不仅可以增加自然种群数量，而且可以使有害生物在大发生危害之前得到有效的控制。在这方面，已有很多成功的事例，如工厂化大量生产赤眼蜂，用于防治鳞翅目害虫；利用适当的有机物做培养基，发酵生产拮抗菌进行种子或土壤处理防治苗期病害等。

为了达到人工繁殖和释放有益生物的目的，一般要选择高效适宜的有益生物种类，以提高投入效益；选择适宜的寄主或培养材料，以减少繁殖成本，避免生活力的退化；选择适当的释放时期、释放方法和释放量，以帮助其建立野外种群，保证对有害生物的控制作用；必要时，须采取适宜的方法进行释放前的保存。

4. 生物产物的开发利用　生物体内产生的次生物质、信号化合物、激素、毒素等天然产物，由于对有害生物具有较高的活性、选择性强、对生态环境影响小、无明显的残留毒性问题，均可被开发用于有害生物的防治。这一领域最早使用的是含有杀虫杀菌活性的植物，如巴豆、鱼藤、烟草、除虫菊等。随着生物学的发展，更多的天然化合物被以不同的方式开发利用。如害虫的性信息素被用于诱捕害虫或迷向干扰交配，害虫激素被用于干扰其正常生长发育，微生物的拮抗物质及内毒素被开发为生物农药，近年来一些信号化合物被开发用于刺激植物启动免疫防卫系统，一些有害生物的关键基因，也被用作基因干扰的靶基因，通过培育基因干扰型抗害作物品种或合成核酸（双链 RNA）农药，用于有害生物防治。生物产物已成为植物保护资源开发的宝库，它不仅可以直接用于有害生物的防治，还可以作为母体化合物，进行人工模拟、改造，用于开发新农药，一些特定蛋白和多肽类物质的基因，甚至有害生物的遗传物质，还被用作转基因抗性育种的材料。

尽管如此，生物产物的开发利用常受到许多限制。首先是因为天然活性化合物分离纯化困难。天然活性化合物在自然界以极低的浓度存在，而且许多化合物的结构不稳定。此外，许多天然活性化合物结构复杂，且常以几种成分组合发挥作用。因此，必须采用适当的提纯、分离、纯化和分析方法，才可能获得成功。其次，通过转基因方式利用远源物种的遗传物质培育抗害作物品种，还必须进行充分的安全评估，并面临社会接受程度的问题。

（三）生物防治技术的应用

目前，针对有害生物已建立了一些有效的生物防治方法，归纳起来主要是利用动物天敌、病原微生物、拮抗生物和生物产物进行病害、虫害、草害和鼠害的防治。

1. 动物天敌的利用　动物天敌种类很多，从高等哺乳类到节肢动物、线虫和原生动物，都可通过捕食或寄生而成为某些有害生物的天敌，它们主要被用来防治虫害、草害和鼠害。

（1）动物天敌治虫　动物天敌对虫害具有显著的控制作用，许多鸟类如燕子、啄木鸟、灰喜鹊等，两栖类中的青蛙、蟾蜍，捕食性昆虫如瓢虫、步甲、草蛉、螳螂、食蚜蝇、食虫虻、食虫蜻、蚂蚁、胡蜂、捕食螨等，寄生性昆虫如姬蜂、茧蜂、小蜂、小茧蜂等，都是农业害虫的天敌，通过保护、引进和人工繁殖释放，可以有效地控制农作物的虫害。原生动物中的有些微孢子虫，也是害虫的较专一的寄生物，有的种类目前已被开发用于大面积防治蝗虫等害虫。此外，养禽治虫也是一项很有用的生物防治措施，稻田养鸭不仅可以防治害虫，同时还取食杂草籽实和根茎，对草害也有一定的控制作用。

（2）动物治草　如以虫治草，20 世纪初澳大利亚从美洲原产地搜集筛选引进仙人掌螟蛾等天敌昆虫防治草原恶性杂草仙人掌，是最早获得成功的一例天敌引种实例。其后有 100 多种昆虫被成功的用于控制杂草的危害。又如水田养鱼治草，操作方便，成本低，效益好，在生产上有不少成功的应用。东欧国家引进胖头鱼防治池塘中的水生杂草，中国利用稻田养鱼养蟹，防治杂草，均获得了成功。此外，也可以利用草食动物的偏食性防治作物田杂草，如在棉田放鹅，可以有效地防治禾本科杂草。

（3）天敌治鼠　鼠类在自然界的天敌也不少，它们大都是陆生肉食性动物，如猛禽、猛兽、蛇等。一方面，它们通过觅食大量捕杀鼠类。如一只长耳鸮一个冬季可以捕鼠 360～540 只，一只体重 700 g 的艾虎一年可捕鼠兔 1 543 只、鼢鼠 470 只。另一方面天敌还可以通过惊吓减少其取食危害，甚至干扰其内分泌系统影响体内正常代谢和繁殖，造成异常迁移、流产或弃仔等行为，对鼠类种群具有显著的控制作用。家养的猫和狗也可以捕食鼠类，但在其他食物充足的情况下，捕食力下降。同时这类动物携带和传染人畜共患病，故一般不宜提倡。所以，鼠类的天敌控制，主要是保护自然天敌，防治滥捕滥杀，也可以采用适当的形式放养。

2. 病原微生物的利用　病原微生物的种类很多，开发利用的水平也较高，目前已被用来防治病、虫、草、鼠等各种农业有害生物。

（1）微生物治病　目前研究较多的是利用重寄生真菌或病毒来防治作物真菌和线虫病害。如土壤中的腐生木霉菌可以寄生立枯丝核菌、腐霉、小菌核菌和核盘菌等多种作物病原真菌，其中重要的生防菌种，哈姿木霉、康宁木霉和绿色木霉已被开发用于大田作物病害的防治。这类重寄生真菌的防病作用，除对寄主寄生致病外，还具有抗生和竞争作用。在自然界，线虫被真菌寄生或捕食也很普遍，但目前大面积开发利用的还很少。病毒寄生植物病原真菌后，常使其致病力降低为弱致病菌株，法国曾利用人工接种栗疫病弱致病菌株的方法，以这种弱致病菌成功地控制了栗疫病的危害。

（2）微生物治虫　害虫的病原微生物被开发利用得较为广泛，许多种类已被工厂化生产，制成生物农药。如细菌中用于防治鳞翅目、双翅目和鞘翅目害虫的苏云金杆菌，专杀土壤中蛴螬的乳状芽孢杆菌。真菌中的白僵菌、绿僵菌、拟青霉菌、多毛菌、赤座霉菌和虫霉菌等，可以用于防治鳞翅目、同翅目、直翅目和鞘翅目害虫。昆虫病毒由于寄主十分专一，通常只寄生一种或亲缘关系很近的虫种，而且环境适应能力强，一些包涵体病毒在室温下 1~2 年不失活，在土壤中数年仍有侵染能力，所以开发利用也十分迅速。1960 年全世界记录的昆虫病毒只不过 200 种，1986 年已达 1 690 种之多，其中属于杆状病毒科（Baculoviridae）的许多病毒被开发用于大面积防治农业害虫。如加拿大从欧洲原产地，搜集引进的寄生于云杉叶蜂的一种核型多角体病毒，用于喷洒防治云杉叶蜂，引进当年就控制了危害，且由于病毒寄生，该害虫随后一直受到控制。此外，菜粉蝶颗粒体病毒和棉铃虫多角体病毒也有广泛的应用。

（3）微生物治草　杂草和作物一样也受多种病原微生物的侵染而发生病害，目前在生物防治中开发利用较多的是病原真菌。如山东农科院利用寄生菟丝子的炭疽菌研制开发成"鲁保 1 号"真菌制剂，用于大豆菟丝子的防治，获得了巨大的成功。新疆利用列当镰刀菌防治埃及列当，云南利用黑粉菌防治马唐，也都取得了明显的成效。国外也有许多以菌治草取得成功的事例。如澳大利亚和美国从欧洲引进灯芯草粉苞苣锈菌防治灯芯草粉苞苣，美国从牙买加引进胜红蓟小尾孢防治胜红蓟等。

（4）病原微生物治鼠　虽然具有不少优点，但其安全性较差，在应用上受到很大限制。这主要是由于鼠类与高等动物亲缘关系较近，而病原微生物的遗传变异性较强，使用后常导致人、畜、禽感染。如开发用于鼠类防治的沙门氏菌，经荷兰和美国鉴定的 651 种血清型都能引起人、畜染病。因此，利用这一措施，必须进行严格评估和监测，以免发生事故。

3. 拮抗生物的利用　拮抗生物主要通过产生抗生物质，占领侵染位点，以及营养和生态环境的竞争来控制有害生物，一般被用来防治作物病害和草害。

作物病害生物防治上常用弱致病菌株的拮抗作用形成交叉保护反应，阻止强致病菌的侵染危害。如生产上利用诱变技术处理野生型烟草花叶病毒，获得可以侵染但不表现症状的弱毒株系，并通过接种保护烟草不受致病性野生型烟草花叶病毒的危害。在自然界还存在大量可以产生抗生素的微生物，包括放线菌、真菌和细菌，它们可以杀死和溶解病原生物，对病害具有良好的控制作用。如中国从土壤微生物中筛选出的 5406 和公主岭霉，被广泛用于作物种子处理，防治作物苗期病害和玉米丝黑穗病。另一些腐生性较强的微生物，生长繁殖较快，能迅速占领作物体上可能被病原物侵入的位点，或竞争夺取营养，从而控制病原物的侵染。如菌根真菌，可以促进作物生长的荧光假单胞杆菌和芽孢杆菌等根际微生物，许多已被开发用于作物的防病增产。此外，一些拮抗微生物在土壤中大量繁殖，与土壤的理化特性共同作用，可以形成控制病害发生流行的天然"抑菌土（pathogen suppressive soil）"，也被用于作物病害的生物防治。

生产上还可以利用生物的拮抗作用，以植物释放的次生物质（allelochemical）抑制杂草，或通过植物间的营养、空间和阳光的竞争来防治杂草。中国明代出版的书中就有开荒后先种芝麻，以防草害的记载。小麦体内含有对羟基苯甲酸类的物质，对白茅和反枝苋等杂草具有明显的克生作用，因此，种植小麦可以控制上述杂草。胡桃树能释放一种叫胡桃醌的次生物质，可以抑制多种一年生杂草。高粱属植物的根系分泌物可以降解出高粱醌，可以抑制苘麻、反枝苋、稗草、马唐和狗尾草的生长。黑麦的次生物质可以有效地抑制双子叶杂草的生长。稻田放养满江红（红浮萍）可以抑制稗草、莎草等杂草的生长。果园种植草木樨可以控制多种杂草。目前已发现 30 多个科的上百种植物具有克草作用。

4. 生物产物的利用　可以用于有害生物防治的生物产物种类很多，主要包括植物次生化合物和信号化合物、微生物抗生素和毒素、昆虫的激素和信息素，它们大都可以开发成生物农药或制剂，大面积用于有害生物的防治。如具有较强杀虫活性的苦皮藤、印楝的天然成分和微生物发酵产物——阿维菌素被加工成生物杀虫剂。许多微生物产生的抗生素被用于开发生产杀菌剂，在中国广泛使用的井冈霉素、内疗素、链霉素、多抗霉素、庆丰霉素和放线酮均属于这类产品。除草剂的开发中，从链霉菌代谢产物分离开发出了除草剂 A 和除草剂 B，从水稻条枯病菌中分离得到了双丙氨磷。害虫的性信息素经过分离鉴定后，被开发用于大田诱捕害虫或迷向干扰害虫交配。害虫激素被用于干扰其正常生长发育。近年来一些植物和微生物信号化合物被开发用于刺激植物启动免疫防卫系统。据估计自然界生物次生活性物质种类极多，目前鉴定的仅有百分之几，分子生物学研究又开辟了生物遗传物质的利用途径，如利用有害生物的关键基因实施基因干扰防控等。因此，生物产物的利用具有非常广阔的前景。

（四）生物防治的特点

从保护生态环境和可持续发展的角度讲，生物防治是最好的有害生物防治方法之一。第一，生物防治对人、畜安全，对环境影响极小。尤其是利用活体生物防治病、虫、草害，由于天敌的寄主专化性，不仅对人、畜安全，而且也不存在残留和环境污染问题。第二，活体生物防治对有害生物可以达到长期控制的目的，而且不易产生抗性问题。如美国利用澳洲瓢虫防治柑橘吹绵蚧，加拿大利用核型多角体病毒防治云杉叶蜂，法国利用人工接种弱致病菌株控制栗疫病都收到了"一劳永逸"的控制效果。第三，生物防治的自然资源丰富，易于开发。此外，生物防治成本相对较低。

但从有害生物治理和农业生产的角度看，生物防治仍具有很大的局限性，尚无法满足农业生产和有害生物治理的需要。第一，生物防治的作用效果慢，在有害生物大发生后常无法控制。

第二，生物防治受气候和地域生态环境的限制，防治效果不稳定。第三，目前可用于大批量生产使用的有益生物种类还太少，通过生物防治达到有效控制的有害生物数量仍有限。第四，生物防治通常只能将有害生物控制在一定的危害水平，对于一些防治水平要求高的有害生物，很难达到理想的防治水平，而且较难用于种群整体治理。

然而，从发展角度看，面对环境和可持续发展问题，生物防治措施与生态环境保护具有"相融性"，与农业可持续发展具有"统一性"。生物防治强调发挥自然天敌的控制作用，通过保护利用自然天敌、引进外地天敌、繁殖释放天敌和应用生物农药防治有害生物，可以维持农田生态系统的物种多样性，使生态系统向良性循环方向发展，符合自然发展规律。

五、物理防治

物理防治（physical control）是指利用各种物理因子、人工和器械防治有害生物的植物保护措施。常用方法有人工和简单机械捕杀、温度控制、诱杀、阻隔分离、微波辐射等。物理防治见效快，常可把害虫消灭在盛发期前，也可作为害虫大量发生时的一种应急措施。这种技术通常比较费工，效率较低，一般作为一种辅助防治措施，但对于一些用其他方法难以解决的病虫害，尤其是在有限范围内当有害生物大发生时，往往是一种有效的应急防治手段。另外，随着遥感和自动化技术的发展，加之物理防治器具易于商品化的特点，这一防治技术也将有较好的发展。

（一）人工机械防治

人工机械防治就是利用人工和简单机械，通过汰选或捕杀防治有害生物的一类措施。播种前种子的筛选、水选或风选可以汰除杂草种子和一些带病虫的种子，减少有害生物传播为害。对于病害来说，除在个别情况下利用拔除病株、剪除病枝病叶、刮除茎干溃疡斑等方法防治外，汰除带病种子对控制种传单循环病害可取得很好的控制效果。而害虫防治常使用捕打、震落、网捕、摘除虫枝虫果、刮树皮等人工机械方法。如用适当的工具对拍防治缀叶营巢危害的稻苞虫，利用夜间危害后就近入土的习性，人工捕捉防治小地老虎高龄幼虫，利用细钢钩勾杀树干中的天牛幼虫。有时利用害虫的假死行为，将其震落消灭。如在甜菜夜蛾大发生时，利用振落法，在棉花行间以塑料薄膜收集，一人一天可捕虫数千克。在稻田水面上滴加一些柴油，尔后利用拉绳的办法抖落飞虱、叶蝉等害虫，使其沾满油物，封闭气门，窒息而死。有时利用网捕防治那些活动能力较强的害虫，而果园常利用刮老树皮消灭在其下越冬的害虫和某些病菌繁殖体。人工机械除草包括拔除、锄地、耕翻等，曾是草害防治的主要方法，目前在不少地区仍有较多的应用。此外，利用捕鼠器捕鼠也是一项有效的鼠害器械防治技术。

（二）诱杀法

诱杀法主要是利用动物的趋性，配合一定的物理装置、化学毒剂或人工处理来防治害虫和害鼠的一类方法，通常包括灯光诱杀、食饵诱杀和潜所诱杀。

1. 灯光诱杀（light trap）　如利用害虫对光的趋性，采用黑光灯、双色灯或高压汞灯结合诱集箱、水坑或高压电网诱杀害虫。利用蚜虫对黄色的趋性，采用黄色粘胶板或黄色水皿诱杀有翅蚜。

2. 食饵诱杀（bait trap）　不少害虫和害鼠对食物气味有明显趋性，通过配制适当的食饵，可以利用这种趋化性诱杀害虫和害鼠。如配制糖醋液可以诱杀取食补充营养的小地老虎和黏虫成虫等。

3. 潜所诱杀（hiddern trap） 利用不少害虫具有选择特殊环境潜伏的习性，也可以诱杀害虫。如田间插放杨柳枝把，可以诱集棉铃虫成虫潜伏其中，次晨用塑料袋套捕可以减少田间蛾量。

（三）温控法

有害生物对环境温度均有一个适应范围，过高或过低，都会导致有害生物的死亡或失活。温控法就是利用高温或低温来控制或杀死有害生物的一类物理防治技术。利用这一技术常需严格掌握处理温度和处理的时间，以避免对作物造成伤害。一般来说，温度控制对于种子、储粮或休闲田的处理最为常用。如温水浸种、储粮或种子的暴晒可以消灭种子携带的多种病虫害。伏天高温季节，通过闷棚、覆膜晒田，可以将地温提高到 60～70℃，从而杀死多种有害生物。生产上推广的韭蛆无公害防控技术，就有在韭菜生长季，选择晴好天气收割韭菜，其后覆膜，利用太阳照晒，使地表 5 cm 处温度升高到 40℃，并维持 4 h，以杀死不同虫态韭蛆的防控技术。对于地下病虫害严重的小面积地块，除覆膜暴晒外，也可在休闲时利用沸水浇灌进行处理。低温可以抑制许多有害生物的繁殖和为害活动，这不仅被用来开发蔬菜和水果的低温保鲜技术，同时，如果将粮食储藏温度控制在 3～10℃，也可以抑制大部分有害生物的为害。许多害虫的抗冻能力较差，尤其是储粮害虫，−5℃以下便会结冰死亡。所以寒冷地区在冬季采用翻仓降温来防治储粮害虫。对于少量的种子，也可以在不影响发芽率的情况下，装塑料袋防潮置家用冰箱冷冻室内冷冻处理数天，进行低温杀虫。

（四）阻隔法

阻隔法是根据有害生物的侵染和扩散行为，设置物理性障碍，阻止有害生物的侵染危害或扩散的措施。只有充分了解了有害生物的生物学习性，才能设计和实施有效的阻隔防治技术。如桃小食心虫，主要以幼虫在树干周围附近的土壤中越冬，在早春化蛹羽化前，地上培土 10 cm 可以有效地阻止成虫出土。梨尺蠖和枣尺蠖羽化的雌成虫无翅，必须从地面爬上树才能交配产卵，所以可以通过在树干上涂胶、绑塑料薄膜等设置障碍，阻止其上树。果园果实套袋，可以阻止多种食心虫在果实上产卵。而设施农业中利用适宜孔径的防虫网，可以避免绝大多数害虫的入侵危害。近年来海南等地推行防虫网防治豇豆田蓟马，获得较好效果。

（五）辐射法

辐射法是利用电波、γ射线、X射线、红外线、紫外线、激光、超声波等电磁辐射进行有害生物防治的物理防治技术，包括直接杀灭和辐射不育。如用 $^{60}C_o$ 作为 γ 射线源，在 25.76 万伦琴的剂量下，处理储粮害虫黑皮蠹、玉米象、谷蠹、杂拟谷盗等，经 24 h 辐射，绝大多数即行死亡，少数存活害虫也常表现为不育。利用适当剂量放射性同位素衰变产生的 α 粒子、β 粒子、γ 射线、X 射线处理昆虫，可以造成昆虫雌性或雄性不育，进而利用不育性昆虫进行害虫种群治理。在这方面，美国和墨西哥利用这一技术消灭了羊皮螺旋蝇，英国、日本等国在一些岛屿上消灭了地中海实蝇和柑橘小实蝇。应该指出，虽然这类技术在室内研究中具有广泛的杀灭病虫的效果，但目前能进行大面积应用的方法仍较少，即使是辐射干燥，也很难处理短时间收获的大量农作物籽实。

六、化学防治

化学防治（chemical control）是利用化学农药防治有害生物的一种防治技术。主要是通过开发适宜的化学农药品种，并加工成适当的剂型，利用适当的机械和方法处理作物植株、种子、土壤等，来杀死有害生物或阻止其侵染危害。通常所说的药剂防治与化学防治不尽相同，前者泛指利用各种农药进行的防治，而后者则特指利用化学农药进行的防治。

（一）化学农药的开发

化学农药的开发包括创制新农药和研制新的剂型和制剂，前者主要是寻找或创制可以用于有害生物防治的化合物，后者主要是研制农药化合物适应于不同用途的有效使用剂型和制剂。

1. 化学农药的创制　一般有 4 种途径，即随机合成、类推合成、天然活性化合物改造和农药分子设计。

（1）随机合成　随机合成是利用化学化工知识合成大量新化合物，并利用生物测定技术筛选出对有害生物有较高毒力的先导化合物，再通过基团改造和优化开发出高效化合物，进而通过安全评估开发出新的农药化合物。该法可以开发出全新的先导化合物，形成新的农药系列，在早期农药开发中发挥了较大的作用。但随着大量化合物被筛选，新化合物的合成越来越困难。此外，该法比较随机，工作量大，成功率小。

（2）类推合成　类推合成是以已有的农药分子为模板，通过电子重排，改变分子中某些结构、元素及基团，进而开发出新的农药化合物的方法。该法具有明确的目的性，工作量相对较小，成功率较高，农药中许多系列品种均是以该法拓展开发成功的。但这种途径无法创制新的先导化合物，同时容易引起专利纠纷。

（3）天然活性化合物改造　天然活性化合物改造又称"仿生"，是以自然界动、植物和微生物体内存在的天然活性化合物分子为模板，通过分子改造开发新农药化合物的方法。仿生法具有模拟合成的优点，并且能开发出先导化合物，也不易引起专利纠纷，近期不少新农药品种均是通过该途径开发成功的。但由于天然化合物在自然界以极低的浓度存在，且通常结构复杂，不稳定易失活，因此分离纯化和分子改造均较困难。

（4）农药分子设计　农药分子设计是在充分了解有害生物体内关键功能物质（靶标分子）性能的基础上，依据分子互作原理，设计效应化合物，筛选开发新农药的方法。理论上该方法可以开发高效和高选择性的农药品种，但需要较强的有害生物基础生化和分子生物学知识，以及计算机模拟辅助技术。目前在医药开发上已有较好的成绩，但在农药开发上尚处于探索之中。

2. 农药剂型和制剂的开发　农药剂型（pesticide formulation）是将农药原药与辅助剂混合调配，加工制成具有一定形态、组分和规格，适合各种用途的商品农药形式，如乳油、可湿性粉剂等。而农药不同剂型、含量和用途的加工品则称为制剂（pesticide preparation），如 1% 甲维盐乳油、24% 甲氧虫酰肼悬浮剂等。绝大多数农药必须加工成一定剂型的制剂才能进行商品化应用，因此剂型和制剂的开发对农药的利用至关重要。

（1）剂型加工的作用　首先，剂型加工为农药赋形，即赋予农药以特定的稳定形态，以适应各种应用技术对农药分散体系的要求，便于流通和使用。如 50% 多菌灵可湿性粉和 5% 阿维菌素乳油，分别为含有效成分 50% 和 5% 的粉状固体和油状液体，均可以用于喷雾。以此定型产品进行流通，可以方便地进行质量检测。其次，剂型加工可以改变农药的性能。如粉剂的粒度、可溶性粉剂的悬浮率和液剂的湿润展着性等，可以使农药均匀分布、牢固黏着、更好地沉积，充分发挥其毒力。适当的剂型和加入适当的辅助剂，可以提高原药的稳定性，延长农药的商品货架寿命，甚至提高原药的毒力。将高毒农药加工成低毒剂型及其制剂，可以提高农药使用的安全性。将农药加工成特殊的缓释剂剂型，可以延长农药的持效期，减少施药次数。最后，将一种原药加工成多种制剂，可以扩大农药的使用方法和用途，而将适宜的农药混合加工成复配制剂，可以达到一药多治、增效、减少农药用量、延缓抗性发展、降低残留及对环境的影响等多种效果。

（2）剂型和制剂的开发原则　任何一种农药均可以开发出不同剂型的多种制剂，但具体以何种制剂商品化使用，设计时应注意农药和有害生物的特性、使用方法和制剂价格等多方面的问题。

第一，要考虑原药的理化性质，如形态、熔点、溶解度、挥发度、水解稳定性、热稳定性等。一般来说，易溶于水的原药，宜加工成水剂、可溶性粉剂和粉剂。易溶于有机溶剂的原药宜加工成乳油、油剂和微胶囊剂。如原药在水和烃类溶剂中溶解度均较低，则以加工成可湿性粉、悬浮剂和水分散性粒剂为好。

第二，要考虑防治对象的生物学特性。如防治表皮蜡质层较厚的介壳虫，以渗透性较强的油剂和乳油为好。防治地下害虫以颗粒剂效果好，施用方便。

第三，要考虑具体的施用技术。如喷粉、喷雾和烟熏，常量喷雾和超低容量喷雾，以及速效和长残效施药，对剂型都有不同要求。一般情况下，常量喷雾使用乳油、可湿性粉剂和悬浮剂，超低容量喷雾选择油剂或高浓度乳油，长残效施药选择缓释剂。此外还要考虑使用地的地理环境，缺水地区大田防治喷粉较多，农桑地区农田用药则宜使用不易飘散的颗粒剂。

第四，还要考虑不同剂型的加工成本价格。它与药效、使用方便、安全等因素一起构成农药制剂的市场竞争能力，最终决定制剂能否推广使用。

3. 农药研发的关键指标　必须指出，农药开发成功的核心是农药的毒力、毒性、选择性和药效。

毒力是指农药对有害生物的毒杀能力，是衡量和比较农药潜在活性的指标，通常利用生物测定，以杀死某种目标有害生物群体 50% 个体的致死中量（LD_{50}），或使其 50% 个体产生中毒反应的效应中量（ED_{50}）表示。新农药开发或确定农药防治对象时，首先要对化合物进行毒力测定，以确定化合物对有害生物的活性和开发潜力。值得指出的是，中毒反应泛指化学物质与生物体相互作用，引起机体的结构或功能损害，所产生的各种反应。在农药毒力研究中，除了致死以外，中毒常用的评价终点还有生长抑制、发育畸形、繁殖力下降，以及行为异常产生的侵染能力下降、忌避、禁食等。由于现代植保注重调控，故这些非致死的中毒反应在新农药创制中更值得关注。

毒性是指农药对非靶标生物有机体器质性或功能性损害的能力，常分为急性毒性、亚急性毒性和慢性毒性三种。急性毒性是指生物一次性接触较大剂量的农药，在短时间内迅速作用而发生病理变化，出现中毒症状的农药毒性。农药对高等动物的急性毒性常用白鼠的致死中量来表示，如通常将大鼠口服致死中量小于 5 mg/kg 定为剧毒，5～50 mg/kg 为高毒，50～500 mg/kg 为中毒，500～5 000 mg/kg 为低毒，大于 5 000 mg/kg 为微毒。亚急性毒性是指生物长期连续接触一定剂量的农药，经过一段时间的（量及效应）累积后，表现出急性中毒症状的农药特性。慢性毒性是长期接触少量农药，在体内积累，引起生物机体的机能受损，阻碍正常生理代谢，出现病变的毒性。农药的慢性毒性测定主要是对其致癌、致畸和致突变，即三致作用，以及神经毒性、生殖毒性和免疫毒性等项进行判断。毒性是农药安全评估的主要内容，也是新农药能否商品化应用的重要依据。一般高毒农药使用会受到许多限制，而具有致癌、致畸、致突变作用的活性化合物不能商品化。

选择性是指农药对不同生物的毒性差异。农药开发必须注意农药对目标有害生物和非目标生物之间的毒性差异。一般来说，选择性差的农药容易引起作物药害，杀伤天敌，并造成蜂、蚕、鱼、畜、禽和人的中毒事故，使用安全性较低。

药效是农药在特定环境下对某种有害生物的防治效果，它是化合物的毒力与多种因素综合作用的结果，包括农药的剂型、防治对象、寄主作物、使用方法和时间以及田间环境因素等。药效通常在田间或接近田间的条件下测定，主要用来评价不同制剂和使用技术及其在不同环境下的应用效果、防治有害生物的范围、对天敌等其他生物的影响和应用前景。由于药效好坏是一种农药能否推广应用的依据，因此药效实验通常需要多年多地的实验，最好能经历防治大发生病虫害的考验。中国农药登记的药效评估实验，由特定的资质单位实施，采用双盲实验，并对不同类型农药规定了具体的实验年数和地点数量。

（二）农药的种类及作用特点

农药（pesticide）是植物保护上使用的各类药剂的总称。随着植物保护学的发展，农药的概念已由传统的植物有害生物化学防除药剂不断扩大。2001 年修订版《中华人民共和国农药管理条例》对农药的定义是：农药是指用于预防、消灭或者控制危害农业、林业的病、虫、草和其他有害生物以及有目的地调节植物、昆虫生长的化学合成或者来源于生物、其他天然物质的一种物质或者几种物质的混合物及其制剂。显然广义的农药包括用于有害生物防治的化学农药和生物农药，以及作物的生长调节剂。这与不同国家使用的"植物保护剂"和"植物药剂"的概念基本一致，均属于农用化品。事实上，商品农药种类繁多，通常根据不同的特征进行分类，并在商品化时进行相应的标识，以利了解农药的特性和用途，并进行正确地使用。常用的分类特征有防治对象、作用方式、使用方法、来源、组成成分、毒性、选择性、稳定性、作用机制、物理状态和剂型等。

1. 按防治对象分类

根据防治有害生物的种类，将农药分为杀虫剂、杀菌剂、除草剂、杀鼠剂和植物生长调节剂等不同类型，而后再依据药剂的作用方式等进行细化分类。

（1）杀虫剂（insecticide）　杀虫剂是用于防治农、林业害虫和卫生害虫的农药，广义的杀虫剂还包括杀螨剂和杀软体动物剂，是一类能够杀死有害昆虫、害螨、蜗牛和蛞蝓等或阻止其为害的农药，商品包装上农药标签底部的标识带为红色。

杀虫剂的作用方式通常包括触杀、胃毒、内吸、熏蒸、驱避、拒食、引诱、不育和生长调节等。触杀作用是指药剂与虫体接触后，通过穿透作用经体壁进入体内或封闭昆虫的气门，使昆虫中毒或窒息死亡。胃毒作用是指害虫取食药剂后，随同食物进入害虫消化器官，被肠壁细胞吸收后进入虫体内引起中毒死亡。内吸作用是指农药施到植物上或施于土壤里，可被植物枝叶或根部吸收，传导致植株的各部分，害虫（主要是刺吸式口器害虫）取食后引起中毒死亡。实际上内吸性杀虫剂的作用方式也是胃毒作用，但内吸作用强调该类药剂具有被植物吸收在体内传导的性能，因而在使用方法上，如根施、涂茎，可以明显不同于其他药剂。熏蒸作用是指药剂由液体或固体气化后，以气体状态通过害虫呼吸系统进入虫体，使之中毒死亡。拒食作用是指农药被取食后，造成害虫正常生理机能的破坏，引起厌食或取食能力丧失而饥饿死亡。驱避作用是指一些农药挥发的气体分子，在一定范围内刺激害虫的嗅觉器官，使之逃离现场的一种非杀死保护作用。引诱作用与驱避作用相反，它能吸引害虫前来接近。具有引诱作用的化合物一般与毒剂或其他物理性捕获措施配合使用，杀灭害虫。不育作用是指化合物通过破坏生殖系统，形成雄性、雌性或雌雄两性不育，使害虫失去正常繁殖能力。生长调节作用主要是阻碍或抑制害虫的正常生长发育，使之失去危害能力，甚至死亡。

因此，按作用方式可以将杀虫剂分为触杀剂（contact poison）、胃毒剂（stomach poison）、内吸剂（systemic poison）、熏蒸剂（fumigant poison）、驱避剂（repellant）、拒食剂（antifeedant）、引诱剂（attractant）、不育剂（insect sterilant）和生长调节剂（insect growth regulator）。但应当指出，一种农药常具有多种作用方式，如大多数合成有机杀虫剂均兼具有触杀和胃毒作用，有些还具有内吸或熏蒸作用，如阿维菌素、吡虫啉和敌敌畏等，它们通常以某种作用为主，兼具其他作用。但也有不少是专一作用的杀虫剂，尤其是非杀死性的软农药（soft chemical），如忌避剂、拒食剂、引诱剂、不育剂等。

（2）杀菌剂（fungicide） 杀菌剂是用于防治植物病害的农药，包括杀真菌剂、杀细菌剂、杀病毒剂和杀线虫剂，是一类能够杀死病原生物，抑制其侵染、生长和繁殖，或提高植物抗病性的农药，商品包装上农药标签底部的标识带为黑色。

杀菌剂防治植物病害的作用方式主要有保护作用、治疗作用和铲除作用。保护作用是指药剂处理健康植物后，通过阻止病原微生物的入侵、灭活外部病原微生物、激发植物免疫抗性等，保护健康植物免于罹患疾病。具有这种作用的药剂被称为保护剂（protective fungicide），适于在病原物入侵前施用。治疗作用是指药剂处理已经被侵染的植物，通过内吸作用进入植物体内，通过选择性灭活已入侵的和接触到的病原微生物，终止其入侵、定殖、寄生和危害，从而使被侵染的植物免于发病，甚至使侵染导致的可逆性病状恢复正常。具有这种作用的药剂被称为治疗剂（curative fungicide），适于在病害的潜伏期或发病初期施用。铲除作用是指药剂处理菌源，通过其对病原微生物强大的直接毒力，完全抑制或杀灭病原微生物，使其不能扩散侵染致病。具有这种作用的药剂被称为铲除剂（eradicant fungicide），它们通常杀菌活力极强，药效短，易产生药害，适于做土壤、种子和休眠期植物表面的消毒处理。但也有一些铲除剂具有良好的选择性和内吸作用，不仅可以处理生长期植物表面的菌源，甚至可以渗入植物体内进行菌源的系统铲除，它们兼具有铲除作用、保护作用和治疗作用。

（3）除草剂（herbicide） 除草剂是用来毒杀和消灭杂草和特定地域里绿色植物的一类农药，商品包装上农药标签底部的标识带为绿色。

除草剂对杂草的作用方式主要有两种。一是内吸传导作用，即药剂可以被植物吸收并传导至敏感部位或全株，导致杂草中毒死亡。具有这种作用的药剂被称为输导型除草剂（translocatable herbicide）。二是触杀作用，即药剂没有内吸传导作用，只能使接触到的杂草组织中毒死亡。具有这种作用的药剂被称为触杀型除草剂（contact herbicide）。由于杂草和作物均属于植物，亲缘关系近，在药剂应用上必须格外注意不同特性构成的选择机会，更应该熟悉与选择相关的归类，如选择性除草剂、灭生性除草剂、播前混土处理剂、播前土表处理剂、播后苗前土壤处理剂、苗后土壤处理剂、播前茎叶处理剂和苗后生长季茎叶处理剂等。

（4）杀鼠剂（rodenticides）　杀鼠剂是用于防治有害啮齿动物的农药，商品包装上农药标签底部的标识带为蓝色。杀鼠剂大都是胃毒剂，主要采用毒饵施药。一般将杀鼠剂分为无机杀鼠剂，如磷化锌；抗凝血素类杀鼠剂，如大隆、鼠得等；植物类杀鼠剂，如番木鳖和其他杀鼠剂，如毒鼠磷和灭鼠优等。按其作用速度又可以分为急性杀鼠剂和慢性杀鼠剂两大类。急性杀鼠剂毒杀作用快，潜伏期短，仅 1 ~ 2 d，甚至几小时内，即可引起中毒死亡。这类杀鼠剂大面积使用，害鼠一次取食即可致死，毒饵用量少，容易显效。但此类药剂对人、畜毒性大，使用不安全，而且容易出现害鼠拒食现象。如磷化锌、毒鼠磷和灭鼠优等。慢性杀鼠剂主要是抗凝血杀鼠剂，其毒性作用慢，潜伏期长，一般 2 ~ 3 d 后才引起中毒。这类药剂适口性好，能让害鼠反复取食，可以充分发挥药效。同时由于作用慢、症状轻，不会引起鼠类警觉拒食，灭效高。

（5）植物生长调节剂（plant growth regulator）　植物生长调节剂是一类能够调控植物生长发育的农药，标签特征标志带深黄色。按作用方式可以分为生长促进剂和生长抑制剂。前者可以促进植物细胞分裂、伸长和分化，打破植物休眠，促进开花，延缓衰老和器官脱落，提高坐果率，促进果实膨大，增加收获量等。后者有几种不同类型，其中生长素传导抑制剂抑制顶端优势，促进侧枝侧芽生长；生长延缓剂抑制茎尖分生组织活动，延缓生长；生长抑制剂破坏茎尖分生组织抑制芽的生长；乙烯释放剂抑制细胞伸长生长，促进果实成熟、衰老和营养器官脱落；脱落酸促进植物的叶和果实脱落。利用植物生长调节剂控制植物的生长发育，可以提高植物的抵抗和躲避病虫害的能力。

2. 按其他方式分类

植物保护上有时也会按使用方式进行农药归类，将农药分为土壤处理剂、种子处理剂和叶面喷洒剂等，除草剂甚至细化到播前混土处理、播前土表处理、播后苗前土壤处理、苗后土壤处理、播前茎叶处理和苗后生长季茎叶处理等不同类型。而农药学，尤其是农药研发领域，在分类上则更注重农药的来源、组成成分、毒性、选择性、稳定性、作用机制、物理状态和剂型等。

（1）按来源和成分分类　农药可以依据区来源不同分成化学农药、生物源农药和生物技术农药 3 大类。

化学农药（chemical pesticide）是由无机化学物质和人工合成的有机化合物制备的农药，因此又可以分为无机农药（inorganic pesticide）和有机合成农药（synthetic organic pesticide），而有机农药又可依据其功能基团或核心分子结构细分为有机氯、有机磷、有机氮、有机硫、有机砷、芳烃、氨基甲酸酯等不同类型，包括以天然活性化合物位先导进行分子改造研发的农药。生产有机农产品不能使用化学农药。

生物源农药（biogenic pesticide）是由天然生物活性物质或生物活体制备的农药，因此又可以分为生物化学农药（biochemical pesticide）和生物体农药（organism pesticide），前者包括直接利用生物体内活性物质或仿生合成相同分子结构物质制备的农药，而后者则包括病原微生物、天敌昆虫，以及转基因表达其他生物抗害物质的作物品种等，可以用于防治植物有害生物的各种活体生物。一般认为生物园农药是环境友好型农药，但也要注意天然毒素的毒性问题。

生物技术农药（biotechnology pesticide）是通过生物技术创制的各类农药，包括工程改造的生物体农药，工程改造的核酸、蛋白和肽类农药，以及表达抗害工程改造物质的作物品种。生物技术开辟了农药研发的新途径，但需进行严格的安全评估，确保不会产生生态和环境安全问题。

（2）按毒性、选择性和稳定性分类　农药安全评估如发现所开发的化学物具有慢性毒性问题，尤其是"致畸、致癌、致变"、慢性神经性毒性和生殖毒性，则无法登记上市，因此现行农药的毒性主要是急性毒性。一般依据对哺乳动物（大、小鼠）的急性经口、经皮和吸入致死中值（LD_{50} 或 LC_{50}），对农药毒性进行分级。1982 年我国农牧渔业部发布的《农药安全使用规定》将农药分成高毒农药、中等毒农药和低毒农药三类，现行农业部 2017 年第 2569 号公告《农药登记资料要求》中，则将农药毒性划分为剧毒、高毒、中等毒、低毒和微毒等 5 类，具体标准见表 7-1。高毒和剧毒农药的使用范围和营销施用操作均有特殊规定，实践中必须严格执行。如一般不能用于蔬菜、果树、中药材、烟草和茶等作物，以及废弃物的焚化处理等。

表 7-1　农药毒性分级标准

大鼠毒性	剧毒	高毒	中等毒	低毒	微毒
急性经口 LD_{50} /（mg/kg 体重）	≤ 5	> 5 ~ 50	> 50 ~ 500	> 500 ~ 5 000	> 5 000
急性经皮 LD_{50} /（mg/kg 体重）	≤ 20	> 20 ~ 200	> 200 ~ 2 000	> 2 000 ~ 5 000	> 5 000
急性吸入 LC_{50} /（mg/m³）	≤ 20	> 20 ~ 200	> 200 ~ 2 000	> 2 000 ~ 5 000	> 5 000

除了毒性以外，安全问题还涉及农药的选择性和稳定性，前者表现为对非靶标生物的安全性，包括作物药害和天敌杀伤作用，后者则关系到蓄积毒性（cumulative toxicity）和残留毒性（residual toxicity）。因此农药也有选择性农药、蓄积毒性农药和高残留农药之分。

（3）按作用机制分类　农药除了极少数利用物理作用外，如矿物油通过封闭害虫气门使之窒息死亡，大都具有特定的靶标分子，通过与靶标分子互作引发级联反应，导致相关的结构和功能损伤，由此对有害生物产生干扰或致死效应，很少有像强酸强碱那样没有靶标，直接进行接触毁坏的农药。因此，农药可以依据其破坏的功能系统和作用靶标分子进行分类。由于植物有害生物涉及的动物、植物和微生物差异较大，农药作用机制因类而异。故一般在杀虫剂、杀菌剂和除草剂等类别下，再分神经毒剂、呼吸毒剂、生长调节剂，行为控制剂、不育剂、代谢干扰剂、光合作用抑制剂等，然后再进一步按农药的作用靶标分子细分。以杀虫剂的神经毒剂为例，又可以细分为：①乙酰胆碱酯酶抑制剂，如有机磷、氨基甲酸酯杀虫剂；②乙酰胆碱受体效应剂，如烟碱、杀螟丹、杀虫双；③神经纤维膜钠离子通道干扰剂，如拟除虫菊酯、茚虫威、DDT；④γ氨基丁酸受体氯离子通道干扰剂，如阿维菌素等。

此外农药的理化状态和剂型，不仅是农药分类的特征，而且与农药的使用方法、毒性和药效均有密切关系。

（三）农药的剂型

农药剂型种类很多，包括干制剂、液制剂和其他制剂。其中有些是供加水稀释使用的浓缩剂型，有些是供加有机溶剂稀释使用的浓缩剂型，有些是直接使用（不稀释）的剂型，有的是专供种子处理和特殊用途的剂型。

1. 乳油（emulsifiable concentrate，EC） 乳油是农药原药用溶剂溶解后，加入适当的乳化剂混合，制成的均相透明油状液体制剂。乳油加水稀释，可自行乳化，分散成相对稳定的乳状液。这类剂型的制剂有效成分含量高，贮存稳定性好，使用方便，防治效果好，加工工艺简单，设备要求不高，在整个加工过程中基本无三废。但由于其含有相当量的易燃有机溶剂，如管理不严易发生事故，使用不当易发生药害。此外，乳油产品的包装价格较贵，乳油中的有机溶剂在大量喷施时也会造成环境污染。

针对乳油的缺点，开发了微乳剂和水乳剂等新剂型，它们尽量保留了乳油的优点，同时尽可能用水代替有毒的有机溶剂，以减少溶剂的环境污染。

2. 水乳剂（emulsion oil in water，EW） 水乳剂是亲油性液体原药或低熔点固体原药溶于少量不溶于水的有机溶剂后，在乳化剂的作用下，以极小的油珠（<10 μm）稳定地分散在水中制成的不透明乳状液剂。水乳剂实际上是一种浓缩的乳状液，含量一般在20%～50%，使用时加水稀释成乳状液，供喷雾使用，附着力强。因此，水乳剂又被称为浓乳剂（concentrated emulsion）。与乳油相比，水乳剂以水为分散介质，燃烧、爆炸危险小，储运安全，减少了有机溶剂对环境、人畜及作物的危害性，是乳油的理想水基替代剂型。

3. 微乳剂（microemulsion，ME） 微乳剂是油溶性液态原药在乳化剂作用下，以粒径为0.1～0.01 μm的液滴悬浮在水中形成的透明液剂，属于热力学稳定的分散体系，有效成分含量一般为5%～50%。其特点是以水为介质，不含或少含有机溶剂，因而不燃不爆、生产贮运安全、环境污染少，对靶体渗透性强，附着力好，同样是乳油的理想水基替代剂型。

4. 粉剂（dust powder，DP） 粉剂是农药原药、填料和少量助剂经混合粉碎至一定细度，而制成的粉状制剂。根据粉剂的有效成分含量和粉粒细度又可分为含量大于10%的浓粉剂、含量小于10%的田间浓度粉剂、粉粒平均直径为20～25 μm的低飘移粉剂、10～12 μm的一般粉剂和小于5 μm的微粉剂。粉剂具有使用方便，药粒细、较能均匀分布，撒布效率高、节省劳动力，加工费用低等优点，特别适用于供水困难地区和防治暴发性病虫害。但粉剂用量大，有效成分分布的均匀性和药效的发挥不如液态制剂，而且飘移污染严重。因此，目前这类剂型的制剂使用已受到很大限制。

5. 可湿性粉剂（wettable powder，WP） 可湿性粉剂是原药、填料、表面活性剂和辅助剂，经混合并粉碎很细而制成的、可被水湿润而悬浮在水中成为悬浮液的粉状制剂，主要供喷雾使用。可湿性粉剂是一种农药有效成分含量较高的干制剂，其形态类似于粉剂，使用上类似于乳油，在某种程度上克服了这两种剂型的缺点。由于它是干制剂，包装价廉，便于贮运，生产过程中粉尘较少，又可以进行低容量喷雾。但可湿性粉剂对加工技术和设备要求较高，尤其是粉粒细度、悬浮性和湿润性。此外，可湿性粉剂一般不宜用于喷粉，因为喷粉时分散性差，且有效成分浓度高，分散不均匀，容易产生药害，价格也比粉剂高。

6. 粒剂（granule，GR）　粒剂是用农药原药、辅助剂和载体制成的松散颗粒状制剂，一般按其颗粒大小分为颗粒直径范围在 1 700 μm 以上的大粒剂、300～1 700 μm 的颗粒剂和小于 300 μm 的细粒剂或微粒剂。粒剂的制造主要是利用包衣法、吸附法、挤出成型法将农药与矿物性和植物性载体混合进行造粒。选用适宜的载体、辅助剂和加工方法，可以制造成遇水迅速崩解释放的解体性颗粒或不崩解而缓慢释放的非解体性颗粒，以满足不同的需要。施用粒剂可以避免散布时微粉飞扬，污染周围环境，减少操作人员吸入微粉造成人身中毒。制成粒剂还可以使高毒农药低毒化，并能控制有效成分的释放速度。粒剂撒施方便，方向性强，可以使药剂到达所需要的部位。粒剂一般不黏附于植物的茎叶上，可以避免造成植物药害或对茎叶过多的污染。但解体性粒剂贮运过程中易破碎，从而失去粒剂的特点。此外，粒剂有效成分含量低，用量较大，贮运不太方便。

7. 可溶性粉剂（soluble powder，SP）　可溶性粉剂又称水溶性粉剂，是将水溶性农药原药、填料和适量的助剂混合制成的可溶解于水中的粉状制剂，有效成分含量多在 50% 以上，供加水稀释后使用。这种剂型的制剂具有使用方便、分解损失小、包装和贮运经济安全、无有机溶剂等优点。

8. 悬浮剂（suspension concentrate，SC）　悬浮剂俗称胶悬剂，是将不溶于水的固体或不混溶的液体原药、辅助剂，在水或油中经湿法超微粉碎后，制成的分散体，是一种具有流动性的糊状制剂，使用前用水稀释混合形成稳定的悬浮液。悬浮剂兼有可湿性粉剂和乳油的优点，并为不溶于水和有机溶剂的农药提供了广阔的开发应用前景。

9. 水剂（aqueous solution，AS）与水溶性液剂（soluble concentrate，SL）　水剂是农药原药的水溶液剂型，药剂以离子或分子状态均匀分散在水中，属于真溶液。这类剂型的药剂必须在水中稳定，其有效成分浓度取决于原药的水溶解度，一般情况是其最大溶解度。而水溶性液剂是农药原药溶于水溶性有机溶剂的液体剂型，使用时用水稀释成真溶液。这两种剂型均含有防冻剂和湿润展布剂，与乳油相比，毒性和药害可能小，对环境的污染少，制造工艺简单，应该利用适宜的原药发展这些剂型。

10. 缓释剂（controlled release formulation）　缓释剂是利用控制释放技术，通过物理化学方法，将农药贮存于农药的加工品之中，制成可使有效成分控制释放的制剂。控制释放包括缓慢释放、持续释放和定时释放，但农药制剂通常为缓慢释放，故成为缓释剂。缓释剂可以减少农药的分解以及挥发流失，使农药持效期延长，减少农药施用次数。还可以降低农药毒性。使液体农药固形化，便于包装、贮运和使用，减少飘移对环境的污染。

11. 超低量喷雾剂（ultra low volume agent）　超低量喷雾剂一般是含农药有效成分 20%～50% 的油剂（oil solution），有的制剂中需要加入少量助溶剂，以提高原药的溶解度，有的需加入一些化学稳定剂或降低对作物药害的物质等。超低量喷雾剂不需稀释可以直接喷洒，因此，需要选择高效、低毒、低残留、相溶性好、挥发性低、比重大、黏度小、闪点高的原药和溶剂，以保证药效和使用安全，减少环境污染。

12. 种衣剂（seed coating, seed dressing） 种衣剂泛指用于种子包衣的各种制剂，处理种子后，在其表面形成具有一定包覆强度的保护层，用以防治有害生物、提供营养、调节种子周围小环境、调节作物生长、调节种子形状以便于播种操作等。防治有害生物的种衣剂是将农药或含肥料和植物生长调节剂，与黏合剂按一定比例混合配制而成。种衣剂直接用于处理作物种子，并且由于黏合剂对农药的固定和缓释作用，因而具有高效、经济、安全、持效期长的特点。

13. 烟剂（fumigant, FU） 烟剂又称烟雾剂，是用农药原药和定量的助燃剂、氧化剂和发烟剂等均匀混合配制成的粉状制剂，点燃时药剂受热气化在空气中凝结成固体微粒。烟剂颗粒细小，扩散性能好，能深入到极小的空隙中，充分发挥药效。但受风和气流的影响较大，一般只适用于森林、仓库和温室大棚里的有害生物防治。在喷烟机械发展的基础上开发出来的热雾剂，与烟雾剂具有相似的特点。它是将油溶性药剂溶解在具有适当闪点和黏度的溶剂中，再添加辅助剂加工成的制剂，使用时借助烟雾机将制剂定量送至烟化管，与高温高速气流混合喷射，使药剂形成烟雾。

（四）农药使用的方法及机械

利用农药防治有害生物主要是通过茎叶处理、种子处理和土壤处理保护作物并使有害生物接触农药而中毒。为把农药施用到作物上或目标场所，所采用的各种施药技术措施称为施药方法。施药方法种类很多，主要依据农药的特性、剂型特点、防治对象和保护对象的生物学特性以及环境条件而定，目的是提高施药效率和农药的使用效率、减少浪费、飘移污染以及对非靶标生物的毒害。按农药的剂型和处理方式可以分为喷雾法、喷粉法、撒施或泼浇法、拌种和种苗浸渍法、毒饵法和熏蒸法等主要类型。

1. 喷雾法（spraying） 喷雾法是将液态农药用机械喷撒成雾状分散体系的施药方法。乳油、可湿性粉剂、可溶性粉剂、悬浮剂以及水剂等加水稀释后，或超低量喷雾剂均可用喷雾法施药。喷雾法主要用于作物茎叶处理和土壤表面处理，其施药工作效率高，但有一定的飘移污染和浪费，随喷雾机械和雾化方式不同，以及产生的雾滴大小而异。

2. 喷粉法（dusting） 喷粉法是利用鼓风机械所产生的气流把农药粉剂吹散后沉积到植物上或土壤表面的施药方法。由于较常量喷雾的工效高，速度快，往往可以及时控制有害生物大面积的暴发危害。喷粉防治效果受施药器械、环境因素和粉剂质量影响较大。一般来说，手动喷粉器由于不能保证恒定的风速和进药量，喷洒效果较差，目前已很少使用。另外，气流、露和雨水会影响药粉的沉积，一般风力超过 1 m/s 时不宜喷粉。粉剂不耐雨水冲洗。施药后 24 小时内如有降雨，应补喷。露水有利于药粉沉积，但叶面过湿，会使药粉分布不均匀，容易造成药害。

3. 撒施或泼浇法 撒施或泼浇法是指将农药拌成毒土撒施或兑水泼浇的人工施药方法，一般是利用具有一定内吸渗透性或熏蒸性的药剂防治在浓密作物层下部栖息危害的有害生物。如稻田撒施敌敌畏毒土防治稻飞虱等。但由于这类方法费工，目前已很少使用。

4. 拌种（seed coating）和种苗浸渍法 两种均是直接处理种苗的施药方法。通常用粉剂、种衣剂或毒土拌种，或将可用水稀释的药剂兑水后浸种或浸苗，可以防治种苗携带的有害生物、地下害虫、土传病害、害鼠等苗期病虫害。该类方法用药集中，工作效率高，效果好，基本无飘移污染。但施药效果与用药浓度、浸渍时间和温度有密切关系，要适当掌握，并避免药害。

5. 毒饵法（bait trapping） 毒饵法是用有害动物喜食的食物为饵料，加入适口性较好的农药配制成毒饵，让有害动物取食中毒的防治方法。此法用药集中，相对浓度高，对环境污染少，常用于一些其他方法较难防治的有害动物，如害鼠、软体动物和一些地下害虫。

6. 熏蒸法（fumigating） 熏蒸法是利用药剂熏蒸防治有害生物的一类方法。主要是利用具有熏蒸作用的农药，如烟雾剂防治仓库、温室大棚、森林、茂密作物层或密闭容器里的有害生物。

农药的施用还有不少根据药剂特性和有害生物习性设计的针对性防治方法，如利用内吸性杀虫剂涂茎防治棉蚜、注射树干防治蛀干害虫和刺吸式害虫，利用高浓度农药在果树树干上制造药环防治爬行上树的有害动物，利用除草剂制成防治草害的含药地膜等，都是农业上常用的施药方法。

此外，施药器械的发展也非常迅速，随着农业劳动力的减少，机械化施药已成为当代主流，除了背负和车载喷雾喷粉机械外，无人机和植保专业服务业的发展也使得航空喷雾迅速普及。无人机施药的最大特点是施药效率高，适应性广，用药量少，可以对各种冠层类型的作物施药，也可以实施常量、低容量和超低容量喷雾。但航空施药也存在一些明显的缺点，如药业对作物冠层的穿透能力较差，飘移污染相对严重，对分散小块农田施药困难等。随着适宜药剂、剂型、喷施器械的研发和无人机性能的改进，无人机航喷将成为植物保护施药的重要组成（见第九章）。

（五）农药的合理应用

科学合理的使用农药是植物化学保护成功的关键。结合农业生产实践和自然环境，进行综合分析，灵活使用不同农药品种、剂型、施药技术和用药策略，可以有效地提高防治效果，避免药害以及残留污染对非靶标生物和环境的损害，并可以延缓有害生物抗药性的发生发展。

1. 药剂种类的选择 各种农药的防治对象均具有一定的范围，且常表现出对种的毒力差异，甚至同种农药对不同地区和环境里的同一种有害生物也会表现出不同的防治效果，尤其是因不同地区的用药差异形成的抗药性种群，药效差异更大。因此，必须根据农药标签等有关资料、当地的抗药性监测和田间药效试验结果来选择有效的防治药剂品种。

2. 剂型的选择 农药不同的剂型均具有其最优使用场合，根据具体情况选择适宜的剂型，可以有效地提高防治效果。如防治水稻后期的螟虫和飞虱，采用粉剂喷粉或采用液剂喷雾的效果不如采用粒剂，或撒毒土和泼浇防治。

3. 适期用药 各种有害生物在其生长和发育过程中，均存在易受农药攻击的薄弱环节，适期用药不仅可以提高防治效果，减少农药用量，同时还可以避免药害和对天敌及其他非靶标生物的影响，减少农药残留。有时，错过防治适期就意味着防治失败。

4. 采用适宜的施药方法 不同的防治对象和保护对象需要不同的施药方法进行处理，选择适宜的施药方法，既可以得到满意的效果，又可以减少农药用量和飘移污染。一般来说，在可能的情况下，尽量选择减少飘移污染的施药技术。如可以通过种苗处理防治的病虫害，尽量不要在苗期喷药防治，这不仅省工、高效、无飘移污染，而且对天敌生物和非靶标生物影响小，有利于建立良性农田生态环境。

5. 注意环境因素的影响 合理用药必须考虑温度、湿度、雨水、光照、风、土壤性质和作物长势等环境因素。温度影响药剂毒力、挥发性、持效期、有害生物的活动和代谢等；湿度影响药剂的附着、吸收、植物的抗性、微生物的活动等；雨水造成对农药的稀释、冲洗和流失等；光照影响农药的活性、分解和持效期等；风影响农药的使用操作、飘移污染等；土壤性质影响农药的稳定性和药效的发挥等；而作物长势则主要影响农药接近有害生物。一般通过选择适当的农药剂型、施药方法、施药时间来避免环境因素的不利影响，发挥其有利的一面，达到合理用药的目的。

6. 充分利用农药的选择性　合理用药必须充分利用农药的选择性，减少对非靶标生物和环境的危害。包括利用农药的选择毒性和时差、位差等生态选择性。如使用除草剂时常利用选择性除草剂（药剂的选择性）、芽前处理（时差选择）、定向喷雾（位差选择）等，避免作物药害。使用杀虫剂也常利用其选择性，避免过多地杀伤天敌及授粉昆虫等有益生物。如利用内吸性杀虫剂进行根区施药，在果园避免花期施药，不采用喷粉的方法施药，在不影响药效的情况下添加适量的石炭酸或煤焦油等蜜蜂的驱避剂，可以减少对蜜蜂的毒害。在桑园内或附近禁止喷施沙蚕毒素类和拟除虫菊酯类杀虫剂，桑园内防治害虫采用对家蚕毒性小、残效短的农药，桑园附近农田采用无飘移的大粒剂撒施或液体剂兑水泼浇等，避免对桑蚕的毒害。棉田利用拌种、涂茎等施药方法，减少前期喷药，可以有效地保护天敌。在鱼塘、水源附近应选择对鱼低毒的农药，水产养殖稻田施药前灌深水，尽量使用使药剂沉积在作物上部的施药方法，避免农药飘移或流入鱼塘，可以避免对鱼的毒害。使用杀鼠剂则应特别注意利用选择性避免对人、畜、禽的毒害。

7. 抗药性治理（pesticide resistance management）　合理用药要采取适当的用药策略延缓抗药性的发生发展。主要是尽量减少单一药剂的连续选择，如采用无交互抗性农药轮换使用或混用，采用多种药剂搭配使用，避免长期连续单一使用一种农药；利用其他防治措施，或选择最佳防治适期，提高防治效果，控制农药使用次数，减轻选择压力；尽可能减少对非靶标生物的影响，保护农田生态平衡，防止害虫再猖獗而增加用药次数；实施镶嵌式施药，为敏感有害生物提供庇护所等。

8. 纳入综合防治体系　合理用药还必须与其他综合防治措施配套，避免忽视其他防控措施而单独依赖农药，充分发挥其他措施的作用，以便有效控制农药的使用量，减少使用农药造成的残留污染、有害生物抗药性和再猖獗等问题。

（六）农药的安全使用

农药是一类生物毒剂，除了对有害生物具有较高的毒力外，对人类和其他非靶标生物通常也具有不同程度的毒性。另外，农药的供销和使用涉及不同环节和利益群体，安全用药必须树立公民的道德意识和社会责任感，严格遵守《农药安全使用规范》《农药安全使用标准》《农药安全使用规定》等有关法规，避免农药或农药残留对人类的毒害作用、对植物的药害和对其他非靶标生物的毒害作用。

农药储运过程事故泄露、混放污染、误食误碰等；农药施用过程中，皮肤接触、呼吸农药粉雾或有毒气体，污染饮食；施药后误入施药场所，食用污染农产品、农药残留超标农产品，或取食中毒动物形成二次中毒等，均可导致人畜中毒。使用农药品种不当；使用时期不当；使用剂量不当；农药混淆或污染，尤其是除草剂存放过程中或通过施药器械混入其他药剂；前茬使用不适宜的农药品种、用药次数过多、使用剂量过大等造成残留污染；用药环境条件不适宜，施药方法不当等，均可导致植物药害。不注意用药选择和用药环境，或随意丢弃农药废弃物，均可能杀伤鱼、蜂、蚕、鸟等非靶标生物。不恰当的使用广谱性杀虫剂可能大量杀伤天敌，导致害虫再猖獗。因此农药安全使用必须注意下列问题。

1. 保证农药的安全贮运　指定专人购买、专人保管，明确责任。定量采购，避免长期或大量贮存农药。购买三证（农药登记证号、产品标准号、农药批准证号）齐全的农药，要检查农药标签，阅读说明书，核实农药的商品名、通用名和化学名称，有效成分含量，防治对象和使用范围，剂型和施用方法，以及其他相关提示，注意农药的出厂日期和有效期等，对于包装破漏、标识不清和外观可疑的农药，不得购买和使用。运输和搬运农药时，应注意轻拿轻放，保证包装完整无损。发现有渗漏、破裂等异常状况，应仔细检查，用规定的材料重新包装后运输，并及时妥善处理被污染的地面、运输工具和包装材料。农药贮存应设专用库、专用柜集中存放，不能分户保存。要保证贮存室门窗牢固，通风条件好，门、柜加锁。贮存的农药包装上应有完整、牢固、清晰的标签，并分类存放，切忌不同农药混淆和相互污染。农药不得与粮食、蔬菜、瓜果、食品、日用品等混载、混放。农药进出仓库应建立登记手续，不准随意存取。

2. 遵守国家有关规定进行科学用药　不生产、不销售、不使用国家明令禁止使用的农药品种。了解农药的毒性、药害和残留特点，以及抗药性状况，严格执行国家和地方政府有关限制使用农药的规定。了解农药的安全使用规范，严格执行安全间隔期规定，不超标准使用农药。坚持"预防为主，综合防治"的植保方针和绿色植保理念，充分利用农业防治、生物防治、物理防治等综合治理技术，尽量避免使用化学农药。准确预警，把握用药时机，同时避免使用"保险药"，尽可能减少农药的使用次数和用量。注重用药的多样性，经常轮换使用、交替施用不同类型的农药，避免连续使用单一农药品种防治同一对象。

3. 注意施药操作与安全防护　施药人员应身体健康，具备一定植保知识以及施药操作和中毒急救应急处理的能力，避免没有用药常识，年老体弱人员、儿童、三期妇女、精神病和皮肤病患者从事施药操作。选择适宜的施药机械，保证药械完好，按操作规范使用，避免药液溢漏，污染皮肤和防护衣物。穿戴防护用品，防止农药进入眼睛、接触皮肤或吸入体内。选择适宜场所，正确配制农药。在下雨、大风天气、高温时不要施药。不要逆风施药。施药期间不准进食、饮水、吸烟。施药场所应备有足够的水、清洗剂、急救药箱、维修工具等，要使用正确方法处理中毒事故、排除药械故障。施药操作人员工作后应淋浴清洗。使用有机磷和氨基甲酸酯类农药的操作人员，施药后应检测胆碱酯酶活性。

4. 正确清洗施药器械和处理废弃物　每次施药后要洗净药械，但不要在河流、小溪、井边冲洗，以免污染水源。农药废弃物处理必须遵守有关规定，对于没有明确规定的应征求有关部门和专家的意见，按毒性和废弃物的性质采取不同的处理方式。使用剩余的农药应恢复密封包装状态，带回按农药贮存要求妥善保管。少量剩余农药配制物的处理，一般是均匀地喷洒到施用作物上，但不要集中施于一点，或过量用药造成药害。不得将剩余药液倒入河沟、路边等处，以免造成污染中毒事故。对于变质、失效及淘汰的农药要予以销毁。凡按规定需要焚烧销毁的农药，一定要在特定的专用焚化炉中处理。一般高毒农药要先经化学处理，而后用防渗漏深池掩埋。掩埋地应远离住宅和水源，并设"有毒"标志。低毒和中毒农药一般在远离住宅和水源的地方挖深坑掩埋。农药包装等废弃物严禁作为他用，也不能乱丢。完好的农药容器包装物等可以由生产厂或销售部门统一回收。高毒农药的破损包装物要按高毒农药处理要求进行处理。玻璃和金属容器要洗净存放，统一毁坏深埋。塑料和纸质包装物需要焚烧处理。

（七）化学防治的特点

化学防治在有害生物综合治理中占有重要的地位。它使用方法简便，效率高，见效快，可以用于各种有害生物的防治，特别在有害生物大发生时，能及时控制危害。这是其他防治措施无法比拟的。如不少害虫为间歇暴发为害型，不少病害也是遇到适宜条件便暴发流行，这些病虫害一旦发生，往往来势凶猛，发生量极大，其他防治措施往往无能为力，而使用农药可以在短期内有效地控制危害。

但是，化学防治也存在一些明显的缺点。第一，长期使用化学农药，会使某些有害生物产生不同程度的抗药性，致使常规用药量无效，提高用药量往往造成环境污染和毒害，且会使抗药性进一步升高造成恶性循环。而更换农药品种，由于农药新品种开发的艰难，会显著增加农业成本，而且由于有害生物的多抗性，如不采取有效的抗性治理措施，甚至还会导致无药可用的局面。第二，化学农药在杀伤天敌的同时破坏了农田生态系统中有害生物的自然控制能力，打乱了自然生态平衡，造成有害生物的再猖獗或次要有害生物上升危害。尤其是使用非选择型农药或不适当的剂型和使用方法，造成的危害更为严重。第三，残留污染环境。有些农药的性质较稳定，不易分解，在施药作物中的残留，以及飘移流失进入大气、水体和土壤后都会污染环境，直接或通过食物链生物浓缩后间接对人、畜和有益生物的健康安全造成威胁。因此，使用农药必须注意发挥其优点，克服缺点，才能达到化学保护的目的，并对有害生物进行持续有效的控制。

综上所述，各种有害生物防治技术均具有一定的优缺点，对于种类繁多、适应性极强的有害生物来说，单独利用其中任何一种技术，都难以达到持续有效控制的目的。因此，植物保护必须利用各种有效技术措施，采取积极有效的防治策略，才能达到持续控制有害生物，确保农业生产高产稳产、优质高效。

第二节　有害生物的防治策略

防治策略是人类防治有害生物的指导思想和基本对策。现代有害生物的防治策略主要是综合治理（integrated pest management，IPM），或称综合防治（integrated pest control，IPC），即综合考虑生产者、社会和环境利益，在投入效益分析的基础上，从农田生态系统的整体性出发，协调应用农业、生物、化学、物理等多种有效防治技术，将有害生物控制在经济危害允许水平以下。它的主要特点是不要求彻底消灭害虫；强调防治的经济效益、环境效益和社会效益；强调多种防治方法的相互配合；以及高度重视自然控制因素的作用。

目前也存在一些其他防治对策，但基本大同小异，明显不同的是种群整体治理或全种群治理（total population management，TPM）策略，即利用各种有效手段，将害虫彻底消灭。这一防治对策主要用于局部发生的严重病虫害、检疫性有害生物和卫生害虫，可以用一次性投入进行长期防治。但由于防治措施的有效性和有害生物生物学的复杂性，目前适于实施有效的种群整体治理的对象还较少。成功的事例除各种意外侵入的检疫性有害生物和卫生害虫（如无蝇城市）外，还有上文提及的一些岛屿上地中海实蝇和柑橘小实蝇的消灭，以及美国和墨西哥羊皮螺旋蝇的消灭。随着植物保护技术的发展，这一防治对策有可能发挥更大的作用，尤其是无害种苗和商品出口基地的区域性检疫有害生物全种群治理。

一、防治策略的演变

随着人类的进步、科技的发展、人类对自然的认识和控制能力的提高、信仰和哲学观念的改变，在人类社会发展的不同时期有不同的有害生物防治策略。

（一）古代"修德减灾"防治策略

古代农业由于对自然的认识以及科技的落后，控制自然灾害的能力较差，尽管当时也已发现了不少防治有害生物的矿物、植物、天敌、农业措施及人工机械技术，但尚没有形成完整的植物保护体系。朴素唯物主义者积极采用已有的各种技术措施进行有害生物的防治，并总结各种成功的经验，开拓新的防治技术。这一时期被称为多重防治（multiple control）或朴素的综合防治时代。在此期间，虽然有害生物防治也取得一定成效，但总体上人类对自然灾害常表现出无能为力，认为自然灾害是上天对人类劣迹的惩罚，检点自身、以求宽恕是当时的普遍意识。因此，"修德减灾"可以说是当时的主导防治策略。

（二）近代以消灭为主的防治对策

随着对自然认识的提高以及有害生物治理技术的发展，人类发现了自身对有害生物的控制能力和消灭有害生物的可能性，19世纪引进天敌控制有害生物的成功，尤其是20世纪40年代有机合成农药的出现给人类提供了前所未有的有力"武器"，人类控制生物灾害的能力大大增强。突飞猛进的植物保护技术，神奇的农药防治效果，加之与有害生物长期斗争的敌对心态，以及对有害生物的复杂性及其防治的艰巨性认识不足，使人类产生了消灭有害生物的强大自信心和强烈愿望，认为完全有能力而且应该彻底消灭有害生物，从而形成了以化学防治为主的彻底消灭有害生物的防治对策。如中国1958年提出的植物保护方针就是"全面防治，土洋结合，全面消灭，重点肃清"。虽然这一时期对农药的集中研究和过分依赖，削弱了对其他防治技术的研究与利用，但却促进了化学防治技术的迅猛发展，形成了几乎完全依赖化学防治的集约化化学防治时代。

（三）现代的综合防治策略

农药的残留污染对生态环境造成危害，使非靶标生物，尤其是有益生物和人类自身面临健康和安全的威胁；杀伤天敌，破坏了农田生态对有害生物的自然控制，导致有害生物再猖獗；在农药的选择压力下，有害生物通过适应产生抗药性，使农药对其不再有效，这些问题都使人类开始认识到有害生物防治的复杂性和艰巨性，以及单项防治技术的局限性。1962年卡尔逊发表《寂静的春天》，吸引了全社会尤其是相关学科的关注和参与，加速了人们对集约化化学防治的反思。在分析了化学防治中出现的各种矛盾和问题以后，人们逐步认识到防治有害生物不能，也没有必要以"消灭"为目标，防治有害生物不仅涉及有害生物本身，同时还涉及其他生物、环境和生态系，以及农业投入收益的经济学问题，因而有害生物防治不应该固定使用某类技术。在此认识的基础上，针对用何种对策才能做到既能长期、经济、有效地控制有害生物的危害，又能避免因防治不当带来的不良副作用的问题，经过数年探讨，不少专家提出了综合治理的观点。1967 年联合国粮农组织在罗马召开的有害生物综合防治专家会议上，综合各种观点形成了有害生物综合防治的概念。随后经过补充，于 20 世纪 70 年代初形成了普遍接受的有害生物综合治理策略。中国在 1975 年农业部主持召开的全国植物保护工作会议上，将"预防为主，综合防治"确定为中国的植物保护方针，从而结束了集约化学防治时代，开创了有害生物综合治理的新纪元。综合防治策略的提出，促进了农业基础生物学的研究，以及各种不同植物保护技术的发展。这一时期，人类对生态系统、人类与环境的关系有了更高的认识，对有害生物防治以及人类自身能力的认识也更客观、更理智。

应该指出的是，综合防治策略仍处于发展阶段，至目前为止尚没有一个完美的定义。但各种表述均突出了经济学、生态学和环境保护学的观点，并突出了防治方法的选择及协调应用，维护生产者、社会和环境利益，防治的决策标准以及对多种有害生物的综合考虑等主要内容。相信随着有害生物综合治理的发展，将会有更准确、完善的定义，并在植物保护中发挥更大的作用。

二、综合治理策略

实施综合防治必须了解农田生态系统的组成以及各种因素之间的相互关系，弄清不同防治措施对生态系统中各种因子的影响，确立有害生物综合防治的管理范围和目标，建立信息收集、防治决策和防治实施体系。

（一）综合防治的类型

在综合治理策略的发展与实施过程中，先后出现过三种不同水平的综合防治，即单病虫性综合防治、单作物性综合防治和区域性综合防治。

1. 单病虫性综合防治　以 1~2 种主要病虫害为防治对象的综合防治是综合防治发展初期实施的一种类型，主要是针对某种作物上的 1~2 种重要有害生物，根据其发生和流行规律，以及不同防治措施的特点，采用生物防治、农业防治与化学防治相结合的办法，以控制有害生物，获得最佳的经济效益、环境效益和社会效益。这类综合防治尽量减少化学农药的使用量及其对环境的污染，但由于考虑的有害生物种类较少，往往因其他有害生物的危害或上升危害，而影响综合防治的效果。

2. 单作物性综合防治　以某种作物为保护对象的综合防治是为了克服上述缺点而发展起来的，它是综合考虑一种作物的多种有害生物，并将作物、有害生物及其天敌作为农田生态系统的组成成分，利用多种防治措施的有机结合，形成有效的防治体系进行系统治理。这类综合防治涉及的因素繁多，需要广泛的合作，采集各种必需的信息，了解各种有害生物及其发生规律，不同防治措施的性能对农田生态系统的影响，明确治理目标，筛选各个时期需要采取的具体措施，组成相互协调的防治体系，通常还利用计算机模型协助进行管理。

3. 区域性综合防治　区域性综合防治是以生态区内多种作物为保护对象的综合治理，是在单一作物有害生物综合治理的基础上更广泛的综合。由于一种作物的有害生物及其天敌受其所处生物环境的影响，作物之间常出现有害生物和天敌的相互迁移。因此，对一种作物的有害生物综合防治效果常受其他作物有害生物防治的影响。区域性综合防治通过对同一生态区内各种作物进行综合考虑，进一步协调好作物布局，以及不同作物的有害生物防治，可以更好地实现综合防治的目标。

（二）综合防治体系的管理目标

如上所述，综合防治的管理目标是获得最佳的经济效益、环境效益和社会效益。为了实现这一目标，综合防治首先需要引进经济危害允许水平和经济阈值来确保防治的经济效益。

经济危害允许水平（economic injury level，EIL）又称经济损害水平，是农作物能够容忍有害生物危害的界限所对应的有害生物种群密度，在此种群密度下，防治收益等于防治成本。经济危害允许水平是一个动态指标，它随着受害作物的品种、补偿能力、产量、价格、所使用防治方法的防治成本的变化而变动。一般可以先根据防治费用和可能的防治收益确定允许经济损失率，而后再根据不同有害生物在不同种群密度下可能造成的损失率，最后确定经济危害允许水平。

经济阈值（economic threshold，ET）又称防治指标（control index），是有害生物种群达到必须防治时的种群密度临界值。确定经济阈值除需考虑经济危害允许水平所要考虑的因素外，还需要考虑防治措施的时效性和有害生物种群的动态趋势。经济阈值是由经济危害允许水平衍生出来的，两者的关系取决于具体的防治情况。若采用的防治措施可以立即制止危害，则经济阈值和经济危害允许水平相同；若采用的防治措施不能立即制止有害生物的危害，或防治准备需要一定的时间，而种群密度依然持续上升，则经济阈值要小于经济危害允许水平；当考虑到天敌等环境因子的控制作用，种群处于下降时，经济阈值常大于经济危害允许水平。此外，有一些危害取决于关键侵染期的有害生物，如水稻三化螟和小麦赤霉病等，一旦侵染必然会对作物的产量或品质造成严重影响。对于这类有害生物，需要根据其侵染期制定在特定时段和种群密度下需要进行防治的所谓时间经济阈值（time economic threshold），也就是防治适期及其防治指标。显然，经济危害允许水平可以指导确定经济阈值，而经济阈值需要根据经济危害允许水平和具体防治情况而定。

利用经济危害允许水平和经济阈值指导有害生物防治是综合防治的基本原则，它不要求彻底消灭有害生物，而是将其控制在经济危害允许水平以下。因此，它不仅可以保证防治的经济效益，而且可以取得良好的生态效益和社会效益。首先，据此进行有害生物防治，不会造成防治上的浪费，也不会使有害生物危害造成大量的损失。其次，保留一定种群密度的有害生物，有利于保护天敌，维护农田生态系统的自然控制能力。最后，在此基本原则指导下的综合防治有利于充分发挥非化学防治措施的作用，减少用药量和用药次数，减少残留污染，延缓有害生物抗药性的发生和发展。

生态效益和社会效益主要是通过发挥非化学防治措施的作用，减少农药用量来实现。因此，采用多种技术措施协调防治，尽量减少农药用量，是综合防治的又一基本原则。生态效益是指依据生态平衡规律实施植物保护，对人类的生产、生活条件和环境条件所产生的有益影响和有利效果。显然，造成环境污染，引起有害生物抗药性并形成恶性循环，阻碍农业可持续发展的植物保护是不符合生态效益观的，从保证生态效益的角度，要求使用的防治措施既要能有效地保护作物，又对非靶标生物和生态环境影响小，但这有时与经济效益是有矛盾的。如用人工机械捕捉有害动物，虽然对环境和非靶标生物影响小，但绝大多数农业有害生物都很难用人工机械捕捉进行有效的防治，其中不少是因为防治成本过高和效率过低造成的。此外，有些防治措施对生态的不良效应很难估计，如有机氯类农药 DDT 的副作用是在其大量推广应用多年以后才发现的。因此，综合防治只能是通过充分发挥非化学防治措施，尤其是生态系统自然控制的作用，尽量减少农药用量来保证生态效益。社会效益是指作物保护的资源投入对社会发展产生的有益影响和有利效果，是社会整体的根本利益。因此，制定综合防治体系既要考虑生产者的利益，也要考虑社会资源的配置以及消费者的利益，从社会的整体角度出发。一般来说，有了经济效益和生态效益，也就有了社会效益。

（三）防治体系的构建

防治体系包括信息收集、防治决策和防治实施 3 个主要部分。信息收集主要包括收集农产品、农资和劳动力等市场经济信息、气象信息，农田生态系统内作物的生长发育状况、有害生物和天敌的种类、密度和发育状态信息以及环境信息，以指导防治决策。防治决策主要是利用各种信息，以及基础农业、生物、经济和环境等知识，对有害生物的种群密度变动、可能的受害程度、不同防治措施可能产生的效果，通过计算机模拟等手段进行预测和评估，以做出何时、采取何种措施进行防治。而防治的实施主要是由农民或专业植物保护部门根据综合防治决策建议进行。显然，构建防治体系的关键是决策系统。

组建综合防治体系，首先必须符合安全、有效、经济、简便的原则，即对人畜、作物、天敌、其他有益生物、环境无污染和伤害；能有效地控制有害生物，保护作物不受侵害或少受侵害；费用低，消耗性生产投入少；因地因时制宜，方法简单易行，便于农民掌握应用。此外，组建综合防治体系还必须进行一系列的调查研究，以弄清作物上的主要有害生物种类及其发生动态和演替规律，确定主要防治对象及其防治关键期。其次，必须了解有害生物种群动态与作物栽培、环境气候的关系，确定影响有害生物发生危害的关键因子和关键时期，制定主要有害生物种群动态的测定方法。再次，研究作物生长发育的特点及其对有害生物的反应，制定考虑天敌因素在内的有害生物复合防治指标（经济阈值）。从次，弄清主要天敌及其发生规律和对有害生物的控制作用。最后，开发各种有害生物的防治技术措施，系统研究它们对农田生态系统有害生物、天敌和作物的影响，以及对环境的影响。

在此基础上，从综合防治的目标出发，本着充分发挥自然控制因素作用的原则，筛选各种有效、相容的不同防治措施，按作物生长期进行组装，形成作物多病虫害优化管理系统。这包括采用合理的作物布局和耕作制度，对某种作物而言涉及品种的选择、种子的处理、土壤的处理、田间栽培管理措施和专门的防治措施。

总之，综合防治需要各种不同的经济、生物和环境信息，需要对有害生物的发生与危害、各种防治措施对有害生物、天敌以及其他生物和环境的效果做出准确预测。因此需要大量的农业基础生物学知识，广泛而准确的信息采集，以及复杂的建模和计算机编程。获得最佳经济效益、生态效益和社会效益是比较理想化的，由于一般情况下很难实现所有相关信息的综合，也很难进行所谓"最佳效益"的评判，因此，在综合治理的具体实践中，重点是根据主要矛盾考虑多种措施的协调应用，在综合防治原则的指导下进行有害生物的治理。从这一点讲，目前的有害生物防治基本上都是在进行综合防治。但应当指出的是，随着社会的进步，高产、优质、高效、可持续农业的发展，以及人类环境安全和健康意识的加强，人类将更重视生态效益和社会效益，从而要求植物保护更多地利用自然因子来控制有害生物，保障农业生产。因此，植物保护学必须加强基础研究，以便开发更多、更有效的自然控制措施，实现更高水平上的有害生物综合防治。

小　结

　　有害生物的防治主要是利用植物检疫措施、农业栽培措施、抗害植物品种、生物防治技术、物理防治技术和化学防治技术等控制有害生物种群数量或阻止其为害。各项技术措施在实践中均有一定的优、缺点，植物保护很难利用某一种技术控制面广量大、适应性极强的有害生物。因而，协调应用多种技术措施，在获取最佳经济效益、生态效益和社会效益的思想指导下，实施有害生物的综合治理，是目前农业有害生物最有效的防治对策。

数字课程学习

📥 教学课件　　　📝 思考题

第八章 主要作物病虫草害综合治理

农业有害生物的发生因地域、作物种类和品种及环境条件的变化而不同，因此，对其综合治理应根据具体情况建立不同作物病虫草害综合防控体系。本章将在介绍水稻、小麦、玉米、大豆、棉花、果树和蔬菜重要病虫草害种类及其发生特点的基础上，提出适合生产应用的主要作物病虫草害综合防控体系。

第一节 水稻病虫草害

水稻是我国特别是南方的主要粮食作物，种植面积约占全国耕地面积的 1/4，年产量约占全国粮食总产的 1/2。在水稻生产过程中，各种病、虫、杂草繁多，造成严重危害。因此，在了解稻田主要病、虫、杂草种类与发生特点的基础上，掌握其综合防治技术，才能有效地控制其危害。

一、水稻重要病虫草害种类

水稻病虫草害种类很多。在我国，正式记载的水稻病害有 70 多种，其中造成严重危害的有 20 余种，主要包括稻瘟病、稻纹枯病、稻白叶枯病、稻恶苗病、稻曲病、稻粒黑粉病、稻细菌性基腐病、稻细菌性条斑病和稻病毒病等；具有经济意义的水稻害虫近 80 种，重要的常发性害虫有稻飞虱、稻螟虫、稻纵卷叶螟等，以及局部地区的稻蓟马、稻象甲、稻蝗、稻瘿蚊和稻小潜叶蝇等；稻田杂草 200 多种，常见的有禾本科、莎草科及阔叶杂草。

（一）主要病害

1. 稻瘟病（rice blast） 水稻上发生广泛、危害最严重的病害之一（图 8-1A）。病菌无性型为稻梨孢（*Pyricularia oryzae*）；有性型为稻大角间座壳（*Magnaporthe oryzae*），自然界很少发现。该病在水稻整个生育期中都可发生，根据发病部位的不同，可分为苗瘟、叶瘟、节瘟、穗颈瘟、枝梗瘟、谷粒瘟等，其中以穗颈瘟危害最大。叶瘟的典型病斑通常呈纺锤形，少数为圆形或长条形；病斑最外层为黄色的中毒部，内层为褐色的坏死部，中央为灰白色的崩溃部，两端常有延伸的褐色坏死线。在阴雨、高湿气候条件下，感病品种上常出现暗绿色、水渍状、近圆形或椭圆形、且有大量灰色霉层的急性型病斑，这是病害流行的预兆。在不适宜的环境条件下病斑常为白点型，在抗病品种及老叶上多为褐点型。病菌以菌丝体和分生孢子在病稻草和病谷上越冬，其中病稻草是翌年病害初侵染的主要来源。发病期间，病菌可以产生大量分生孢子，以气流传播不断进行再侵染。由于病菌生理分化明显，不同品种抗病性差异很大。通常适温（25～28℃）、高湿（相对湿度 > 90%）有利于病害的发生和流行。

2. 稻纹枯病（rice sheath blight） 世界各产稻区发生面积最大的重要病害（图 8-1B）。病菌无性型为立枯丝核菌（*Rhizoctonia solani*）；有性型为瓜亡革菌（*Thanatephorus cucumeris*），在田间不常见。随着多蘖、矮秆品种的推广种植和施肥水平的提高，纹枯病发生日趋严重，尤以高产稻区最为突出。该病以分蘖后期至抽穗期发生为盛，主要侵害叶鞘，有时蔓延至叶片，严重时可危害穗部和茎秆内部。通常病斑边缘褐色，中央灰绿色或灰白色，呈不规则云纹状。病菌主要以菌核在土壤中越冬，成为次年或下季的主要初侵染来源。该病是一种典型的高温高湿病害，在 28～32℃和相对湿度 97% 以上时病情发展最快。

3. 稻白叶枯病（rice bacterial leaf blight） 我国水稻三大病害之一（图 8-1C），以华东、华中、华南稻区发生较重。病原细菌为水稻黄单胞菌水稻致病变种（*Xanthomonas oryzae* pv. *oryzae*）。该病多在分蘖期后发生，主要侵染水稻叶片，沿叶尖、叶缘或中脉形成长条状病斑，初为黄褐色，后为枯白色。在感病品种上或多肥栽培、温湿度极有利于病害发展时，病叶常为灰绿色，向内卷曲呈青枯状。在南方稻区有时可见凋萎状或枯心型症状，即某些感病品种在菌

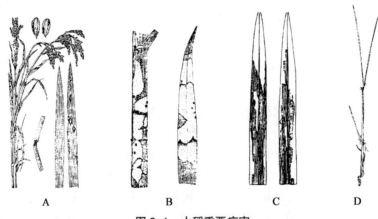

图 8-1 水稻重要病害

A. 稻瘟病；B. 稻纹枯病；C. 稻白叶枯病；D. 稻恶苗病

量大或根茎部受伤的情况下，分蘖期心叶或心叶下 1～2 叶迅速失水、卷曲、青枯而死。在高湿或晨露未干时，病部表面常有蜜黄色黏性菌脓，干燥后呈鱼子状小胶粒，易脱落。该病的初侵染来源，按新、老病区分别以病种和病稻草为主。病菌一般经伤口和水孔侵染叶片，形成中心病株，病株上的病菌随雨水飞溅或灌溉水传播，不断进行再侵染。品种抗感性差异很大。在适温（25～30℃）条件下，病害是否流行主要取决于湿度，特别是台风暴雨或洪涝的侵袭，不仅造成高湿环境，而且使大量稻叶受伤，因而更有利于病菌的侵入、传播和扩展。

4. 稻恶苗病（rice bakanae disease） 我国水稻恶苗病发生较为普遍（图 8-1D），特别是在江苏、浙江、山东、东北等粳稻区危害较重。病菌无性型为藤黑镰孢菌（*Fusarium fujikuroi*），有性型为藤黑赤霉（*Gibberella fujikuroi*）。该病从苗期至抽穗期都有发生。秧田期，病苗表现为徒长、苗高而细弱、叶片淡黄绿色、根部发育不良。本田期，一般于分蘖期始现病株，症状与苗期相似，同时分蘖减少，下部茎节上产生倒生的不定根，发病植株大多提前枯死，在枯死的叶鞘和茎秆上有淡红至灰白色霉层（分生孢子），后期霉层上散生小黑点（子囊壳）。恶苗病是水稻上重要的种传病害，带菌种子是主要的初侵染来源。在水稻浸种过程中，若不进行种子处理或种子处理不好，病种上的病菌可污染健康种子，使得种子带菌率大量增加，引起病害蔓延。

5. 稻曲病（rice false smut） 稻曲病是我国常见的水稻穗部病害。病菌无性型为绿核菌（*Ustilaginoidea virens*），有性型为绿糙棒菌（*Villosiclava virens*）。病菌侵入谷粒后，在颖壳内形成菌丝块，病菌在病粒内进一步扩展，并于谷粒内外颖间形成膨大的孢子座，初为淡绿色，后墨绿色。孢子座最后龟裂，表面散布墨绿色粉末即厚垣孢子。有的病粒可产生少数黑色菌核。病菌主要以落入土中的菌核和附在种子上或土中的厚垣孢子越冬。翌年，菌核萌发产生子座，子座内形成子囊壳和子囊孢子；厚垣孢子萌发产生分生孢子。子囊孢子和分生孢子随风雨传播，主要在孕穗末期至抽穗期自花器和幼颖侵入。一般穗大粒多、密穗形及晚熟的品种发病重。氮肥用量大和抽穗前后的低温（20℃）、多雨有利于发病。

6. 稻粒黑粉病（rice kernel smut） 杂交稻制种田母本上的重要病害，一般大田发病很轻。病菌为狼尾草腥黑粉菌（*Tilletia barclayana*）。病粒色暗，成熟时内、外颖开裂，散出大量黑粉即冬孢子。有些病粒不开裂，似青秕谷，手捏有松软感，内部充满黑粉。病菌以冬孢子在土壤中和种子内外越冬，翌年在孕穗至开花期，冬孢子萌发产生担孢子，担孢子随气流传播至花器并萌发侵入，引起病粒。通常连续制种 3 年以上的田块和扬花时颖壳张开角度大、柱头外露率高、外露时间长的制种田母本发病较重。在水稻开花期间，如多雨、高湿或花期长，有利于病菌侵染。杂交稻是异花授粉，花期较长，病菌侵染时间也长；制种田土中病原积累较多，因而发病较重。

7. 稻细菌性条斑病（rice bacterial leaf streak） 细菌性条斑病是我国南方（淮河以南）稻区局部发生的检疫性病害。病原细菌为水稻黄单胞菌稻生致病变种（*Xanthomonas oryzae* pv. *oryzicola*）。该病主要为害叶片，典型症状是在叶片上形成水渍状、暗绿色至黄褐色短条病斑，大小为（3～5）mm×（0.5～1）mm。严重时，短条斑增多而联合，呈不规则、黄褐色至白枯色斑块。病斑上常有大量小露珠状、蜜黄色菌脓，干燥后不易脱落。病稻谷和病稻草是病害的主要初侵染来源。带菌种子的调运是病害远距离传播的主要途径。病菌主要通过雨水、排灌水接触秧苗，从气孔或伤口侵入。病斑上溢出的菌脓可借风雨、露滴、水流及叶片接触等传播，进行再侵染。该病的发生流行要求高温、高湿条件，偏施、重施氮肥常是病害流行的诱因。

8. 稻病毒病（rice virus disease） 水稻病毒病种类较多，我国有 10 多种，主要在南方稻区发生，其中较为普遍的有条纹叶枯病和黑条矮缩病等。2000 年以来，水稻条纹叶枯病在江苏等长江下游地区发生严重。该病由水稻条纹病毒（rice stripe virus，RSV）引起，秧田和本田均可发生。典型症状为病株心叶沿叶脉呈现断续的黄绿色或黄白色短条纹，后扩展联合成不规则黄白色条斑，严重时心叶卷曲，叶片或植株枯死。病毒在灰飞虱若虫体内和大、小麦及杂草中越冬，翌年由带毒灰飞虱成虫于麦子成熟期或收割时迁入秧田传毒。如灰飞虱传毒较早，秧苗可见症状；传毒较晚，则带毒秧苗移栽大田后不久就表现症状。灰飞虱还可以在大田吸毒后，进行再侵染，造成水稻拔节 – 孕穗期病株。病毒在灰飞虱体内需经过一段循回期才能传毒，可经卵传毒，经 6 年 40 代仍有较高的传毒率。水稻黑条矮缩病由水稻黑条矮缩病毒（Rice black streaked dwarf virus，RBSDV）引起。病株矮缩，分蘖增多，叶片浓绿、粗短而僵直，上部叶片常出现凹凸不平的褶皱，叶背面和叶鞘上出现与叶脉平行的短条状、乳白色或蜡白色，最后至深褐色的脊状突起。该病毒亦由灰飞虱传播，带毒飞虱可终身传毒，但不能经卵传给下一代。南方黑条矮缩病是我国南方水稻上新发生的一种病毒病，其除表现与黑条矮缩病相似的症状外，还可表现高位分蘖与茎节上产生倒生根的症状。南方黑条矮缩病由南方黑条矮缩病毒（Southern rice black streaked dwarf virus，SRBSDV）引起，主要由白背飞虱传播，但不能经卵传毒；灰飞虱也可获毒，但由于受到中肠侵入屏障和释放屏障的阻碍，灰飞虱常不能有效传毒。

（二）主要害虫

1. 飞虱（plant hopper） 亚洲地区主要的水稻害虫，具有远距离迁飞为害的特性，属半翅目同翅类飞虱科（图 8-2）。危害水稻的飞虱主要有褐飞虱、白背飞虱和灰飞虱 3 种，其中以褐飞虱和白背飞虱危害较大。飞虱的成虫和若虫都群集在稻株茎基部，刺吸组织液，同时分泌的唾液破坏植物输导组织，阻碍植株体内养分传导，虫量大时引起稻株下部变黑，瘫痪倒伏，俗称"冒穿"。此外，飞虱能传播病毒病，尤其是灰飞虱。它们作为多种水稻病毒病的传播介体，严重时可造成水稻严重减产甚至绝收。褐飞虱和白背飞虱属喜温性昆虫，耐寒能力极弱。通常褐飞虱在北纬 21° 以南、白背飞虱在北纬 26° 以南地区越冬，春暖时由南向北随气流逐步迁飞为害，秋天再从北向南回迁。灰飞虱属温带地区害虫，耐低温能力较强，对高温适应性较差。虽有远距离迁飞迹象，但多数情况下仍以当地虫源为主。

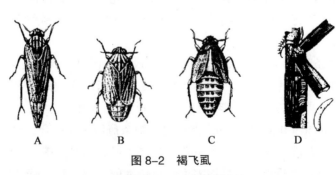

图 8-2 褐飞虱

A. 长翅型成虫；B. 短翅型成虫；
C. 若虫；D. 产在叶鞘内的卵

2. 水稻螟虫（rice borer）　水稻重要的钻蛀性害虫，主要分布在我国南方各稻区。危害水稻的螟虫主要有三化螟、二化螟和大螟，其中三化螟和二化螟属鳞翅目螟蛾科，大螟属鳞翅目夜蛾科。螟虫以初孵幼虫钻孔侵入水稻茎秆，造成枯心苗或枯孕穗、白穗。全国稻区 1956 年水稻改制前，以二化螟为害（图 8-3）为主；以后至 20 世纪 70 年代，三化螟（图 8-4）上升为主要害虫；20 世纪 80 年代以后，由于调整水稻种植制度，大面积推广杂交稻，

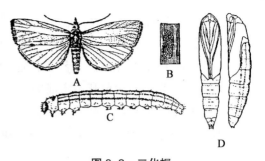

图 8-3　二化螟

A. 成虫；B. 卵；C. 幼虫；D. 蛹

长江流域二化螟又回升为优势种群；进入 21 世纪后，由于农村劳动力不足，一些偏北的双季稻区均已改种单季稻，加之隔离育秧等技术的推广，使螟虫发生量显著下降，在长三角地区，三化螟已无须防治。但在浙江、江西和湖南等地，由于无霜期较长，单季稻分早中晚，播栽期不一，而且多数地区单、双季稻混栽，螟虫发生严重，尤其是二化螟发生期提早，主害代发蛾期长、峰次多。

3. 稻纵卷叶螟（rice leaf roller）　具有迁飞习性的主要食叶类害虫，属鳞翅目螟蛾科（图8-5）。以幼虫吐丝纵卷叶片形成虫苞，幼虫匿居其中取食叶肉为害，取食后仅留表皮，形成白色条斑。稻纵卷叶螟的生长发育受温度影响较大，一般在北纬 30° 以南即岭南地区越冬，春夏季随高空西南气流逐代逐区北迁为害，秋季又随东北风大幅度南迁，从而完成周年迁飞循环。

4. 稻蓟马（rice thrip）　水稻秧田期和本田分蘖期的重要害虫，在全国稻区均有发生，属缨翅目蓟马科。卵散产于叶脉间，有明显趋嫩绿稻苗产卵习性，其成虫和若虫用口器刮破稻苗嫩叶表面，锉吸汁液，使被害叶出现乳白色斑点，叶尖卷缩。严重时，稻苗枯黄发红，僵而不发。此外，有些地区还存在于穗期为害稻花的稻管蓟马和花蓟马。

5. 稻象甲（paddy weevil）　又称稻根象甲，属鞘翅目象虫科，是我国南方稻区的重要害虫。通常成虫啮食稻苗叶片，使心叶呈现横排小孔，为害严重时全田叶片变白、下折。幼虫沿稻株潜入土中，取食幼嫩须根，被害稻株叶尖发黄，生长停滞，甚至枯死。

6. 稻瘿蚊（rice gall midge）　属双翅目瘿蚊科，是我国华南稻区的主要害虫。幼虫随水流扩散，从叶鞘上部和叶舌缝隙进入稻株生长点为害，使生长点停止发育。前期症状不明显，稻株生长点一旦被破坏后，叶鞘成管状伸出淡绿色而中空的苞管，呈葱管状，不能成穗。稻瘿蚊严

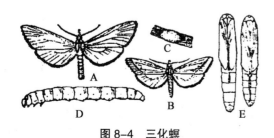

图 8-4　三化螟

A. 雌成虫；B. 雄成虫；C. 卵；D. 幼虫；E. 蛹

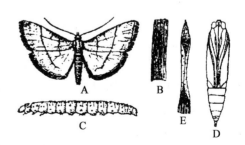

图 8-5　稻纵卷叶螟

A. 成虫；B. 卵；C. 幼虫；D. 蛹；E. 虫苞

重发生时，常造成连片失收。稻瘿蚊成虫飞翔能力弱，远距离扩散主要通过带虫秧苗人为助迁。

7. 稻潜叶蝇（leaf miner fly）　为害水稻的潜叶蝇主要有稻小潜叶蝇和稻潜叶蝇两种，我国以前者为主。稻小潜叶蝇，又名麦水蝇、稻毛眼水蝇，属双翅目水蝇科，是东北稻区的主要害虫，该虫主要为害秧田苗和本田前期的稻苗。幼虫潜入稻苗叶片内，潜食叶肉，残留上、下表皮。受害叶片呈现不规则的白色条斑，严重时可造成稻叶发白和全株枯死腐烂。

8. 稻蝗（rice grasshopper）　我国已知的稻蝗有 17 种以上，其中分布最广、危害最重的是中华稻蝗，属直翅目蝗总科，几乎遍布所有稻区，但以长江流域和黄淮稻区发生较重。以成虫和若虫食叶，三龄若虫开始取食幼芽和稻叶，成虫和大龄若虫食量大增，能够咬食茎秆和谷粒，仅留茎脉。稻蝗发生与稻田生态环境有密切关系，通常滨湖地区、低洼地区和稻田埂沟边发生较重。

（三）主要杂草

稻田生境特殊，杂草种类很多。据调查，稻田杂草包括藻、苔藓、蕨类、双子叶和单子叶植物共 42 科 209 种。在稻田杂草中，多数是水生植物和沼生植物，少数是湿生植物；通常是单子叶杂草比双子叶杂草严重；单子叶杂草中，又以禾本科和莎草科杂草对水稻的危害较大。由于地理位置、土壤类型、生态环境和除草剂使用的不同，各稻区的杂草种类及优势种群可有较大差异。

1. 禾本科杂草　稻田禾本科杂草包括一年生和多年生植物。一年生禾本科杂草主要有稗草和千金子等，其中稗草仍然是稻田发生最重的杂草，千金子则在长江中下游地区直播稻田发生严重。多年生禾本科杂草主要包括双穗雀稗、圆果雀稗、李氏禾、芦苇等。

2. 莎草科杂草　一年生莎草科杂草主要有异型莎草、碎米莎草、日照飘拂草、畦畔莎草等。多年生莎草科杂草主要是扁秆藨草、水莎草、毛轴莎草、牛毛草、萤蔺、针蔺、野荸荠、荆三棱等。

3. 阔叶杂草　稻田阔叶杂草多为双子叶植物，少数为单子叶植物。一年生阔叶杂草主要有鸭舌草、雨久花、节节菜、阔叶节节菜、鳢肠、赛谷精草、陌上菜、母菜、尖瓣花、狼巴草、丁香蓼、水蓼、水苋菜等。重要的多年生阔叶杂草包括矮慈姑、眼子菜、水龙、泽泻、水芹、四叶萍等。

二、稻区分布及病虫草害发生特点

（一）不同稻区及其病虫害分布

我国幅员辽阔，从南到北都能种植水稻。根据地域差异，水稻主要产区可分为华南双季稻稻作区、华中双单季稻稻作区、西南高原单双季稻稻作区、华北单季稻稻作区、东北早熟单季稻稻作区和西北干燥区单季稻稻作区。不同稻作区因气候条件、种植制度、品种类型和栽培技术等不同，主要病虫害发生差异显著。

1. 华南双季稻稻作区　该区为我国最南部，主要包括福建、广东、广西等省。该稻区受台风影响大，气候温暖湿润，雨量充沛。春季常有低温、阴雨；秋季有寒露风，光照充足。种植制度主要为双季稻为主的一年多熟制，即"稻、甘蔗（花生、薯类、豆类、烟草等夏秋季旱作物)"一年两熟，部分热带气候特征明显的地区，实行"稻、稻、甘薯（大豆）"一年三熟。病虫害甚为复杂，以早稻受害最重，主要有稻白叶枯病、稻纹枯病、褐飞虱、三化螟和稻瘿蚊，局部地区有稻瘟病、纵卷叶螟、病毒病等。

2. 华中双单季稻稻作区　该区主要包括江苏、上海、浙江等省市。长江以南多为一年三熟或两熟制，即"稻、稻、肥"或"稻、稻、麦"为主；长江以北多为一年两熟制或两年五熟制，以"稻、麦"或"稻、油菜"为主。早稻多为常规籼稻，中稻多为籼型杂交稻，连作晚稻及单季晚稻以粳稻为主。该稻区受台风影响大，气候温和湿润。早春升温较晚，多梅雨；秋季气温波动不大，降温较晚，光照充足。病虫害复杂，以稻瘟病、纹枯病、稻曲病、稻飞虱、稻纵卷叶螟为主，局部地区有三化螟、二化螟、稻恶苗病、稻细菌性条斑病。

3. 西南高原单双季稻稻作区　该区主要包括云贵和青藏高原地区。属亚热带高原型湿润季风气候，无台风影响。早春升温早；秋季气温波动大，降温早；夏季多雨，多雾露，湿度大，日照少。种植制度一般以种植单季稻为主。重要病虫害比较单一，以稻纹枯病、二化螟为主，还有局部发生的稻瘟病、褐飞虱等。

4. 华北单季稻稻作区　该区主要包括北京、天津、山东等省市。属温带气候，四季分明，春来迟，秋寒早，7—8月份雨水集中，利于水稻病害的发生。耕作制度比较单一，以一季粳稻为主。病虫害比较单一，病害以稻瘟病、稻恶苗病为主，常有稻曲病、稻纹枯病发生；害虫主要有二化螟、纵卷叶螟，沿海地区还有褐飞虱。

5. 东北早熟单季稻稻作区　该区主要包括黑龙江、吉林、辽宁等省。属于温带季风性气候，四季分明，夏季温暖多雨，冬季寒冷干燥。该区是有名的"东北大米"的产区，主要种植粳稻，一年一熟。常见病害有稻瘟病、稻纹枯病、稻恶苗病、稻曲病和稻立枯病等；害虫有稻飞虱、稻纵卷叶螟和二化螟等。

6. 西北干燥区单季稻稻作区　该区包括新疆、宁夏等省。属于温带季风性气候或温带大陆性气候，夏季高温、降水稀少，冬季严寒、干燥，气温日差与年差均较大。该区种植水稻一年一熟，冬季休闲，翌年再种植水稻或旱作（玉米、豆类、蔬菜）。病虫害比较单一，主要有稻瘟病、二化螟等。

（二）不同稻田杂草发生特点

不同地区稻田的杂草群落是不同的，而同一稻区，不同类型的稻田杂草种类及其发生特点也有明显差异。下面以长江下游稻区为例，说明移栽稻田的秧田与本田，直播稻田的水直播与旱直播田的杂草发生特点。

1. 秧田杂草　秧田杂草主要有稗草、异型莎草、牛毛草、节节草、扁秆藨草、矮慈姑等。在不同地区，其田间优势种可能不同，形成不同群落，如稗草—异型莎草—牛毛草、稗草—节节草等。秧田杂草的发生时间因种类而存在差异，有先有后。稗草、异型莎草、牛毛草一般在播种后 5~7 d 陆续发生，播种后 10 d 左右可达到草高峰，播种后 25~32 d 停止出草。而在秧田发生的扁秆藨草、眼子菜等杂草则比稗草发生略迟，一般在播种后 10 d 左右开始发生。此外，由于这些杂草有些具地下块茎或根状茎，其上发生的芽和由种子萌发的芽在时间上不同步，并且水层和土层要达到较深时才能抑制其营养繁殖。所有杂草的发生时间都受到温度的影响，气温偏高，出草早且快，高峰出现早；气温偏低，则杂草发生迟且慢，出草高峰小。

2. 本田杂草　当秧苗移栽本田后，在返青活棵过程中就陆续有杂草的发生。移栽大田中杂草发生高峰出现的早迟与田间优势杂草种类有直接关系。若田间以禾本科杂草为主，移栽后 10～15 d 可达到发生高峰；若田间以阔叶杂草为主，则发生高峰稍迟，通常在移栽后 15～20 d。两类杂草混合发生的田块则会出现两个出草高峰。根据田间杂草的发生情况，水稻移栽后，在早期将杂草除掉，有利于水稻早发、有效分蘖多、封行早，也有利于控制后期杂草。

3. 水直播稻田杂草　水直播稻田杂草种类与秧田或移栽大田相似，常见有稗草、异型莎草、牛毛草、节节草、扁秆藨草、鸭舌草、千金子、鳢肠等，但杂草发生密度通常较移栽稻田大。这些杂草在田间的发生高峰与气温、播种前田间湿度或泡水时间长短、播后水浆管理等因子有关。一般禾本科杂草在播种后 10 d 左右出现出草高峰，而异型莎草、牛毛草、节节草等则在播种后 15～20 d 达到出草高峰，高峰之后杂草发生显著减少。

4. 旱直播稻田杂草　旱直播水稻又称旱播水管水稻。旱直播稻田由于采取旱整旱播，早期以干湿交替为主，因此杂草发生的种类、群落类型及出草特点都与水直播稻田不同，其发生规律也较复杂。这类稻田的主要杂草有稗草、牛毛草、异型莎草、鸭舌草、矮慈姑、节节草、丁香蓼、鳢肠、千金子、马唐、碎米莎草等，有些地区还有扁秆藨草或水莎草。一般杂草群体有两个发生高峰：第一个出草高峰在播种后 10 d 左右，主要集中于干湿交替管理阶段，以禾本科杂草为主；第二个出草高峰大多在建立水层后 15～20 d，以莎草科杂草和阔叶杂草为主。与移栽稻田相比，旱直播稻田的主要杂草发生高峰期较早，发生量较大。

三、水稻病虫草害综合治理

水稻病虫草害综合治理是根据稻田生态系的特点，以水稻为中心，在明确主要病虫草害发生规律的基础上，因地制宜地协调应用各种防治措施，将病虫草害控制在经济允许水平以下，获得最佳的经济效益、生态效益和社会效益。

（一）水稻病虫害综合防治

1. 综合防治关键技术

（1）抗性品种　选用抗性品种，特别是多抗品种，是防治病虫害最经济有效的措施。目前，我国水稻抗性品种的主攻对象是稻瘟病、稻纹枯病、稻白叶枯病、稻条纹叶枯病、褐飞虱、白背飞虱以及稻蓟马等，现已经选培出一批高产、多抗或兼抗多种病虫的品种，如'水源 290'抗稻瘟病、稻白叶枯病、褐飞虱和白背飞虱；'镇稻 88'抗稻瘟病、白叶枯病和灰飞虱；'苏秀326'抗稻瘟病和稻条纹叶枯病；'武运粳 21'抗稻瘟病、稻白叶枯病和褐飞虱；'吉大 718'、'川优 727''金粳 818''新稻 25'抗稻瘟病；'南粳 44''连粳 4 号'等较抗稻条纹叶枯病。需要指出的是，稻瘟病菌、稻白叶枯病菌和褐飞虱等存在致病性或致害性的分化，而现有的抗性品种大多为专化性抗性，若病菌小种或害虫生物型发生改变，品种抗性就会丧失。因此在抗性品种利用中，加强小种或生物型的监测和合理安排品种布局是极其重要的。

（2）栽培控害　栽培技术是农田生态系统多维、多变结构中的主要因素，也是水稻病虫害综合防治技术体系中的重要组成部分。栽培控害措施主要涉及耕作制度与方式改变、培育壮秧和肥水管理等。耕作制度特别是熟制改革影响较大，往往引起大范围水稻主要病虫害的变化。

耕作方式的改变对稻田病虫害的发生也有影响，如 20 世纪 80 年代以来，由于长江下游地区推广免、少耕技术，三化螟、稻象甲的幼虫越冬成活率明显提高，稻纹枯病菌在土中的积累增加，使得这些病虫害加重。近些年推广直播稻和秸秆还田技术，使得稻恶苗病、稻曲病和一些细菌病害在田间有加重发生的趋势。合理轮作可以减轻许多水稻病虫的为害。培育壮秧能提高秧苗素质，增强植株抗病虫能力。肥水管理是栽培控害技术中重要的一环。多施、偏施氮肥，不仅有利于病害的发生，而且加重褐飞虱、稻纵卷叶螟的危害。适时烤田是控制稻纹枯病发生和蔓延的重要措施。

（3）生物防治　稻田生态系统在长期自然进化过程中形成了庞大的天敌类群。据调查，稻田中害虫天敌有 700 多种，如稻飞虱和稻纵卷叶螟的天敌就有多种寄生蜂和捕食性蜘蛛等。生物防治首先就是保护和利用这些天敌来控制害虫的发生。一般结合农事操作活动，为天敌提供栖息或庇护场所。如冬前结合挖土清沟，在田埂边作堆，控制"三光铲草"，保护蜘蛛、青蛙等天敌的越冬和隐蔽场所；绿肥、稻田耕翻前后田间撒放枯草有助蜘蛛转移；稻田田埂或周边种植黄豆、芝麻、茭白等小作物，可增加天敌的蜜源，创造有利天敌生存的环境。生物农药是生物防治的另一个重要方面。如 Bt、阿维菌素可以防治稻螟、稻纵卷叶螟等，而井冈霉素则是防治稻纹枯病、稻曲病的主要药剂；另外，一些芽孢杆菌也被应用于水稻病害的防控，如枯草芽孢杆菌防治稻瘟病，甲基营养型芽孢杆菌和解淀粉芽孢杆菌防治稻白叶枯病和稻细菌性条斑病等。

（4）合理用药　化学防治是防治水稻病虫害的重要手段。但是，是否需要用药和何时用药，必须依据防治指标。我国当前水稻产量损失的经济允许水平为 5% 左右。根据这一原则，不同稻区确定了各主要病虫害的药剂防治指标。在田间，多种病虫往往同步发生、混合为害，因此，需要建立防治两种或两种以上相关病虫的复合指标。合理施用农药，选用选择性药剂，以避免或减少对稻田有益生物的杀伤；选择不同的剂型，提高药剂防效。利用水稻分蘖期个体和群体补偿能力较强的特点，在这一时期尽量少用药，提倡兼治、挑治，也是稻田合理用药的重要部分。此外，正确的施药方法和选择合理的药械，也是充分发挥药效、提高防治效果的重要一环。

2. 不同生育期病虫害防治

根据病虫害的发生特点与水稻生长发育过程，水稻病虫害综合防治可划分为 3 个阶段，并采取不同的防治对策与措施。

（1）秧苗期以"防"为主　播种前，一是要按稻区主要病虫的种类和分布，合理选用和布局抗性品种，以发挥其自然控病作用；二是严格执行检疫，杜绝稻细菌性条斑病等检疫性病害的传入；三是认真进行种子消毒处理，以控制稻恶苗病、稻干尖线虫病等种传病害的发生，并减轻苗瘟等病害。在秧苗期，一是要加强肥水管理，培育壮秧，提高秧苗抗病虫能力；二是由于秧苗面积小，病虫害集中、易于防治，所以可针对稻蓟马、一代二化螟、条纹叶枯病传播介体灰飞虱以及苗床旱育秧"黄枯"病进行喷药防治。

（2）分蘖期"管"、"放"结合　这一时期要积极做好大田肥水管理工作，恶化病虫发生环境，达到控害目的，并充分发挥水稻补偿作用，放宽防治指标，减少用药次数。防治手段上，通过适时烤田控制稻纹枯病等病害的发生和蔓延；根据品种抗性和气候条件，注意稻叶瘟、稻曲病的防治；依据灰飞虱发生和传毒特点，把握稻条纹叶枯病的防治适期；根据不同区域发生规律，注意二化螟、稻纵卷叶螟等的发生。

（3）穗期突出"药保" 水稻穗期（孕穗至抽穗扬花期）是药剂防治的重点。要选用高效、长效、低毒、低残留农药，根据病虫害发生规律，进行多药复合，一药多用，着重控制穗颈瘟、白叶枯病、纹枯病、稻曲病、三化螟、褐飞虱、稻纵卷叶螟等主要病虫害。杂交稻制种田要针对粒黑粉病进行喷药防治。

（二）稻田杂草防除

稻田杂草防除在总的防治策略上与病虫防治相似，但在具体防治措施和技术上有其特殊性，例如，目前的防治手段更多的是化学防除即使用除草剂，在防治时间上主要是前期控制。由于稻田类型不同，杂草种类及其发生特点有所差异，因而杂草防除对策和方法是不相同的。

1. 移栽稻田杂草防除

（1）秧田杂草防除 为了控制秧田杂草的发生，一是要抓好种子质量关，清除混杂在稻种中的一些杂草种子，尤其是稗草种子；二是通过栽培措施如肥水管理和植物生长调节剂的使用，尽早促使壮秧的形成，减少杂草为害；三是针对当地秧田优势杂草群落，选择相应的除草剂进行化学防除。化学防除方法上，根据不同杂草和除草剂的特性，可进行播前土壤处理、随播随用药和苗后处理。

（2）本田杂草防除 目前主要依赖化学防除，通常有移栽前处理和移栽后处理两种方式。移栽前处理是在水稻移栽前进行药剂混土处理或水中施药。药剂混土处理主要是针对多年生杂草，先将药拌土撒施，后用机械将表层土、药混合；水中施用的药剂可在土表、水中形成含药层，但一般需保水几天。移栽后处理大多是在水稻移栽后至杂草萌发高峰前使用除草剂，施药方法有喷雾处理和拌土撒施，通常要保持一定时间的水层。

2. 直播稻田杂草防除 直播水稻，无论是水直播水稻还是旱直播水稻，杂草发生密度较大，因而杂草问题较移栽稻田更为突出，杂草防除更为重要。由于直播稻栽培无拔秧和插秧等工序，因而用于直播的稻种更要精选，以直接减少田间杂草密度。化学防除是直播稻田杂草防除必不可少的重要措施。根据不同除草剂的特点，可以采用播后苗前处理（又称土壤封闭处理）、水稻1~2叶期处理和4叶期处理。

第二节 小麦病虫草害

小麦是我国特别是北方地区的重要粮食作物。在小麦生产过程中，多种病虫和杂草交替为害，直接影响小麦的稳产、高产和优质，常常造成严重损失。因此，有效地防控小麦病虫草害，对于保障小麦生产有着举足轻重的作用。

一、小麦病虫草害及其发生特点

小麦病虫草害种类较多。我国报道的小麦病害有60余种，以锈病、赤霉病、纹枯病和白粉病常年发生危害较重,病毒病、黑穗病、全蚀病、茎基腐病、根腐病、胞囊线虫病等在部分地区发生严重。我国记载的小麦害虫有230余种,以麦蚜、麦蜘蛛和吸浆虫常年发生较重,地下害虫、黏虫、麦叶蜂、麦秆蝇、蝗虫等在部分地区也是主要害虫。麦田杂草种类因地而异,我国记载的麦田杂草有100余种,主要种类涉及禾本科、十字花科、茜草科、石竹科、蓼科、苋科、旋花科和菊科等。

(一)主要病害

1. 小麦锈病(wheat rust) 又称黄疸,包括条锈病、叶锈病和秆锈病3种,分别由小麦条锈菌(*Puccinia striiformis*)、小麦叶锈菌(*P. recondita*)和禾柄锈菌(*P. graminis*)引起。其中条锈病广泛发生于我国各小麦主产区,是发生面广、危害较大的小麦病害。病菌吸取小麦养分,破坏叶绿素,形成大量孢子堆并破坏叶片或茎秆表皮,引起小麦水分蒸腾量增加,影响正常生长发育,造成株高、穗长、小穗数、穗粒数、千粒重显著下降和小麦品质变劣。麦株感染锈菌后,初期在叶片或茎秆表面出现褪绿的斑点,以后出现黄色、橙黄色或红褐色的疱斑或粉疱,后期病斑处变为黑褐色。3种锈病的主要症状区别可概括为"条锈成行,叶锈乱,秆锈是个大红斑"。小麦锈病的发生流行程度取决于气候条件、感病品种与菌源数量的配合。锈菌夏孢子萌发的最适温度为条锈5~12℃,叶锈15~20℃,秆锈18℃。3种锈菌的孢子萌发和侵入均要求与水滴或水膜接触,因此,露、雾和降雨对于锈病的发生至关重要。锈菌的寄生性较强,其夏孢子可以随风在不同地区或海拔进行远距离扩散,在适宜的寄主体内越夏和越冬,并产生孢子作为再侵染源或异地菌源。一般情况下,秋冬和春夏雨水较多,感病品种种植面积较大,菌源数量较多,常常预示锈病将严重发生。

2. 小麦赤霉病(wheat scab) 俗称红头麦、烂头麦,由多种镰孢属真菌引起,其中禾谷镰孢菌(*Fusarium graminearum*)为优势种。赤霉病主要发生于潮湿或半潮湿的长江中下游麦区,近年来黄淮麦区小麦扬花期气候湿润,发生程度加重。病菌从幼苗到抽穗均可引起发病,导致苗枯、基腐、秆腐或穗腐,其中以穗腐发生最为严重。麦穗受害后不仅造成小麦产量下降,而且严重影响小麦品质,特别是感病麦粒内含有多种毒素,可引起人、畜中毒。穗腐发生在小麦扬花以后,初在小穗和颖壳上出现水渍状褐色斑,后逐渐蔓延至全部小穗,并随即枯黄。发病初期,在小穗基部和颖壳缝处产生粉红色的胶质霉层,后期在霉层上产生蓝黑色颗粒。在一个麦穗上,通常少数小穗先发病,然后扩展到穗轴,破坏疏导组织,致使被害部上段的小穗枯死,不能结实或籽粒干瘪。赤霉病的发生程度与小麦杨花期的天气条件密切相关,病菌萌发对湿度要求较高,相对湿度低于72%不能萌发。因此,小麦扬花期若遇3 d以上连续阴雨天气,有利于赤霉病的发生流行。

3. 小麦纹枯病(wheat sharp eyespot) 又称立枯病、尖眼点病,主要由禾谷丝核菌(*Rhizoctonia cerealis*)和立枯丝核菌(*R. solani*)引起。纹枯病广泛发生于我国各小麦主产区,20世纪80年代以来为害逐年加重。小麦各个生育期均可受害,但不同生育期表现的症状不同。小麦发芽感病后,芽鞘变为褐色,严重时芽烂枯死。幼苗感病时叶鞘上出现中部灰色、边缘褐色的病斑,叶片渐呈暗绿色水渍状,以后失水枯黄,严重者死亡。拔节后植株基部叶鞘出现椭圆形水渍状病斑,后发展呈中部灰色、边缘褐色的云纹状病斑(图8-6)。孕穗后病斑扩大相连,形成花秆烂茎,主茎和大分蘖常不能抽穗,成为枯孕穗,或抽穗后成为枯白穗。

纹枯病属于土传病害，病菌以菌核在土壤中或以菌丝在病残体内越冬。纹枯病的发生发展大致分为4个阶段，冬季始病期纹枯病零星发生，播种早的麦田有一个明显的侵染高峰。早春扩展期从小麦返青后开始，随气温升高病株率不断上升，病害发展较快。发病高峰期在小麦拔节至孕穗期，病株率和严重度急剧增长，形成发病高峰。危害高峰期在小麦抽穗后，病株率增长缓慢，但病菌向茎秆扩散，严重度不断上升，死穗率增加。纹枯病的发生流行受温度影响较大，日均温度20~25℃时病情发展迅速，温度高于30℃时病害基本停止发展。秋冬季温暖、春季多雨和连作麦田往往纹枯病发生较重。此外，小麦品种抗病性差、冬小麦播种过早或密度过大、偏施氮肥，田间杂草多等，有利于纹枯病的发生流行。

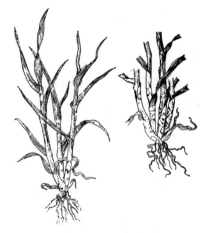

图8-6 小麦纹枯病

4. 小麦白粉病（wheat powdery mildew） 由禾布氏白粉菌（*Blumeria graminis*）引起，该病菌是一种专性寄生的子囊菌。白粉病广泛发生于我国各小麦主产区，且随着麦田水肥条件的改善和种植密度的提高而发生程度加重。小麦受害后叶片早枯，分蘖数减少，成穗率降低，千粒重下降。病菌主要为害叶片，严重时也可以为害叶鞘、茎秆和穗部。发病部位最初出现白色霉点，以后扩大成白色霉斑。病斑近圆形或长椭圆形，严重时病斑连成一片，甚至整个麦株均被霉层覆盖。霉层初为白色，以后逐渐变为灰白色至淡褐色。霉层下的叶片组织初期无明显变化，后期褪绿、发黄以致枯死。小麦生长后期病斑上出现许多小黑点，是病菌的闭囊壳，闭囊壳内的子囊孢子是翌年病害的主要初侵染源。白粉病的发生与温湿度密切相关，温度低于0℃或高于28℃一般不发病。种植密度过大、施用氮肥过多、植株生长旺盛和阴雨天气较多等均会造成田间湿度较大，有利于白粉病的发生流行。

5. 小麦病毒病（wheat viral disease） 我国发现的小麦病毒病有10余种，其中以黄矮病和丛矮病发生比较普遍，分别由大麦黄矮病毒和北方禾谷花叶病毒侵染引起。黄矮病主要由麦蚜传播，其中麦二叉蚜为重要传毒媒介；丛矮病的传毒媒介则为灰飞虱。小麦感染黄矮病后，新叶从叶尖开始发黄并逐渐向叶身扩展，有时病部出现与叶脉平行但不受叶脉限制的黄绿相间的条纹，黄化部分占全叶面积的1/3~1/2，病叶质地光滑；感病植株生长发育不良，分蘖减少，植株矮化。小麦感染丛矮病后，分蘖数量明显增加，植株矮缩；最初基部叶片浓绿，在心叶上有黄白色断续的细线条，后发展成为不均匀的黄绿色条纹；冬前显病的植株大部分不能越冬而死亡，轻病植株在返青后分蘖继续增多，生长细弱，病株严重矮化，一般不能拔节抽穗而提早枯死。病毒病的发生与品种抗性和传毒昆虫数量密切相关，小麦品种抗病性差，播种较早，且传毒昆虫发生数量较多的年份，有利于病毒病的发生流行。

6. 小麦黑穗病（wheat smut） 包括散黑穗病和腥黑穗病两种，前者由小麦散黑穗病菌（*Ustilago nuda*）引起，后者由光腥黑穗病菌（*Tilletia foetida*）和网腥黑穗病菌（*T. caries*）引起。散黑穗病菌在小麦扬花期侵入，潜伏在种胚内，当年无症状显现，随种子越冬。小麦播种后随种子萌动形成系统侵染，但在茎秆和叶片上不表现症状，最后菌丝体进入穗原基，到孕穗时菌丝体在小穗内迅速发展，破坏花器，在麦穗上产生大量黑粉（图8-7），即冬孢子。散黑穗病菌每年只侵染 1 次，种子带菌是发病的唯一菌源。腥黑穗病菌自小麦幼苗侵入，形成系统侵染，最后在穗部表现症状；病株一般稍矮，分蘖较多；病穗短直，颜色较健穗深；颖片略开裂，病粒短胖，初为暗绿色，后变为灰黑色，易破碎，并有鱼腥味。腥黑穗病菌主要来自种子和带菌的土壤、有机肥，病菌侵入麦苗的最适温度为 9 ~ 12℃，任何不利于小麦出苗的气候环境，都会使病菌侵入麦苗的时间延长，发病率增加。

（二）主要害虫

1. 地下害虫（soil insect pest） 主要包括蛴螬、金针虫和蝼蛄 3 类（图 8-8），其中蛴螬是金龟子的幼虫，属鞘翅目金龟甲科，以大黑鳃金龟、暗黑鳃金龟和铜绿丽金龟发生危害最为普遍。金针虫是叩头甲的幼虫，俗称铁丝虫，属鞘翅目叩头甲科，以沟金针虫和细胸金针虫发生危害普遍。蝼蛄又称拉拉蛄，属直翅目蝼蛄科，主要有华北蝼蛄和东方蝼蛄两种。地下害虫是小麦播种期和苗期的常发性害虫，取食种子和麦苗，造成缺苗断垄。3 类地下害虫的为害症状明显不同，蛴螬为害的麦苗断口整齐平截，蝼蛄为害的麦苗断口呈乱麻状或丝状，金针虫蛀食的根茎虽呈乱麻状或丝状，但很少将根茎咬断。绝大多数地下害虫的成虫昼伏夜出，有较强的趋光性和趋化性。幼虫食性较杂，可为害多种作物的地下部分，寄主作物连作往往有利于发生。地下害虫长期生活于土中，发生程度与土壤环境密切相关，就全国而言，地下害虫主要发生于北方地区和南方以旱作农业为主的地区，不同地区土壤理化性状的差异会造成优势种类的不同。在同一地区，发生程度与土壤温湿度密切相关，通常春、秋两季发生严重，温湿度不适宜时则潜入深层土中。水旱轮作可以有效压低其种群数量，耕翻土壤不利于地下害虫生存。

2. 麦蚜（wheat aphid） 俗称腻虫、油虫等，属同翅目蚜科，我国记载有 12 种，以麦长管蚜、禾谷缢管蚜和麦二叉蚜发生危害比较普遍，随着小麦生产水平的提高，麦蚜已经成为小麦穗期最重要的常发性害虫，又称麦穗蚜。麦蚜以成蚜和若蚜刺吸麦株汁液，苗期多集中在麦叶

图 8-7 小麦散黑穗病

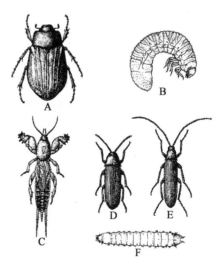

图 8-8 地下害虫

A. 金龟子成虫；B. 金龟子幼虫；C. 蝼蛄；
D. 金针虫雌成虫；E. 金针虫雄成虫；F. 金针虫幼虫

背面、叶鞘和心叶处，小麦拔节抽穗后多集中在叶片、茎秆和穗部刺吸危害，并排泄蜜露引起真菌寄生，导致煤污病，影响小麦的呼吸和光合作用。小麦叶片被害处呈浅黄色斑点，严重时叶片发黄，甚至导致整株枯死。穗部受害后，造成灌浆不足、籽粒干瘪和千粒重下降。此外，麦蚜还是传播小麦病毒病的媒介昆虫，其中以麦二叉蚜传播的小麦黄矮病危害较大。麦蚜的发生危害与气候条件密切相关，但不同麦蚜对温湿度的要求有所差异。麦长管蚜发生危害的适温为 12~20℃，不耐高温和低温；禾谷缢管蚜在 30℃ 左右时发育最快，但不耐低温；麦二叉蚜抗低温能力较强，适温为 15~22℃，温度超过 33℃ 则发育受阻。麦长管蚜喜欢湿润，适宜相对湿度为 40%~80%；禾谷缢管蚜喜欢高湿，但不耐干旱；麦二叉蚜喜欢干燥，适宜相对湿度为 35%~67%。由于各地气候条件特别是麦田微气候环境各不相同，不同地区和不同麦田的麦蚜优势种往往也不相同。一般来说，早播麦田，秋冬温暖低湿，春季温度回升较早，往往有利于麦蚜大发生。

3. 麦蜘蛛（wheat mite）　包括麦圆蜘蛛和麦长腿蜘蛛两种，前者又称麦圆叶爪螨，属真螨目叶爪螨科；后者又称麦岩螨，属真螨目叶螨科。麦蜘蛛在秋、春两季危害麦苗，以成虫和若虫刺吸小麦汁液，叶片被害后出现白色小点，后变为黄色斑点，影响小麦生长，造成植株矮小，穗少粒轻，重则整株枯死。两种麦蜘蛛对麦田温湿度的要求差异较大，麦圆蜘蛛喜欢阴凉湿润，怕高温干燥，适温为 8~15℃，超过 20℃ 则大量死亡；最适相对湿度为 80% 以上，因此，常常在水浇地或密植麦田发生较重，在干旱麦田发生较轻。麦长腿蜘蛛喜欢温暖干燥，适温为 15~20℃，超过 20℃ 则产卵越夏；最适相对湿度为 50% 以下，因此，在干旱麦田发生较重，而在降雨较多的年份或湿度较大的麦田发生较轻。此外，小麦连作、周围杂草多的麦田虫源基数较大，麦蜘蛛发生往往严重。

4. 小麦吸浆虫（wheat midge）　又称小红虫、麦蛆等，包括麦红吸浆虫和麦黄吸浆虫两种，属双翅目瘿蚊科，以麦红吸浆虫发生危害普遍，是黄淮冬麦区的一种毁灭性害虫（图 8-9）。小麦吸浆虫主要为害小麦，多数一年发生 1 代，以老熟幼虫在土壤中结茧滞育、越夏和越冬。春季小麦拔节期，土壤温湿度适宜时幼虫破茧上移到表层土壤，不适宜时则继续滞育，造成虫量积累和多年发生 1 代。小麦孕穗期表层土壤中的幼虫化蛹，抽穗期成虫羽化、交尾和在穗部产卵。小麦扬花期卵孵化，幼虫从颖壳缝隙侵入。灌浆期幼虫贴附于子房或刚灌浆的麦粒上吸食浆液，造成瘪粒而减产，受害严重时几乎绝收。小麦近成熟时，老熟幼虫脱离颖壳入土，开始滞育、越夏和越冬。由于吸浆虫成虫产卵对小麦生育期有严格的选择性，其发生程度除了与虫源基数关系密切外，受小麦品种及其生育期的影响较大，通常种植感虫品种和小麦连作有利于积累虫源，而当年发生程度主要决定于成虫发生盛期是否与小麦抽穗扬花期相遇。

5. 黏虫（oriental armyworm）　又称东方黏虫，俗称五色虫、夜盗虫、行军虫、剃枝虫等，属鳞翅目夜蛾科。除为害小麦外，还为害水稻、玉米、高粱、谷子等多种禾本科作物和杂草。以幼虫取食叶片，1~2 龄幼虫啃食叶肉形成小孔，3 龄后蚕食叶片形成缺刻，5~6 龄进入暴食期，严重时可以将叶片吃

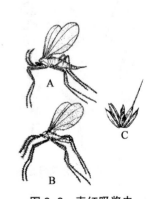

图 8-9　麦红吸浆虫

A. 雌成虫；B. 雄成虫；C. 为害状

光，使植株成为光秆，造成严重减产，甚至绝收。当一块田的叶片被吃光后，幼虫常成群迁移到另一块田取食。黏虫成虫具有远距离迁飞习性，一个地区的爆发成灾通常与外地成虫的大量迁入有关。成虫昼伏夜出，有较强的趋光性和趋化性，羽化后需要取食花蜜作为补充营养才能正常发育和交配产卵。最适产卵温度为 19 ~ 25℃，最适相对湿度为 90% 左右。高温低湿可以明显降低成虫产卵量和卵的孵化率，一般北方雨水多的年份有利于黏虫发生。

（三）主要杂草

1. 种类与危害　麦田杂草种类较多，但不同地区因土壤质地、种植制度、耕作方式、除草习惯等的差异，优势杂草种类往往不同。从全国范围看，分布广泛、发生严重的杂草有野燕麦、看麦娘、猪殃殃、牛繁缕和播娘蒿等，分布较广或局部地区发生严重的杂草有卷茎蓼、柳叶刺蓼、藜、田旋花、狗尾草、大巢菜、香薷、棒头草、硬草、苣荬菜、野油菜、刺儿菜、荠菜和毒麦等（参见第四章）。近年来，随着种植结构的调整和高效轻简栽培技术的推广应用，麦田草相变动较大，同一地区不同田块也有较大差异。若不能有效控制，这些杂草常与小麦争水、争肥、争光，严重影响小麦的正常生长发育，导致产量和品质下降，每年因杂草发生造成的小麦减产一般达 10% ~ 20%。许多杂草还是小麦病虫害的中间寄主或越冬、越夏场所，杂草丛生的麦田往往病虫害发生也较严重。

2. 发生特点　麦田杂草在长期的自然选择过程中，除了在形态、生理、种子成熟期等方面与小麦趋于相似或一致外，还具有适应性强、出苗期长、结实量大等独特的生物学特性。多数杂草具有耐干旱、耐瘠薄、耐盐碱或耐水淹的特点，有些杂草再生能力较强，具有较强的可塑性。通常冬小麦田的杂草有 2 个出苗高峰，一是在小麦播种后 20 ~ 30 d，即 10 月下旬至 11 月下旬；二是在翌年小麦返青拔节前，即 2 月下旬至 3 月下旬。特别是冬前出苗量占总出苗量的60% 以上，高的达 90% 以上。麦田杂草的发生量与小麦播种期及种植密度和土壤湿度关系密切，小麦播种越早，杂草发生越早，发生量也越大，年后大草数量多，防治难度加大；小麦密植或生长旺盛，杂草出苗率低，生长势较弱；杂草种子萌发期如降雨较多和土壤湿度大，麦田杂草数量多，且生长旺盛。

二、小麦病虫草害综合治理

我国小麦主产区包括 5 大麦区。不同麦区的自然地理条件、农田生态环境、耕作栽培制度和生产技术水平等差异较大，小麦病虫草害的种类和发生危害规律也有所差异。在病虫防控目标方面，全国重点防控小麦赤霉病、条锈病、纹枯病、白粉病、麦蚜、吸浆虫和麦蜘蛛"四病三虫"。其中华北麦区的山西、河北中南部以麦蚜、麦蜘蛛和吸浆虫为主，兼顾小麦条锈病和赤霉病；其他区域以麦蚜和吸浆虫为主，兼顾麦蜘蛛和叶锈病。黄淮麦区以小麦条锈病、赤霉病、纹枯病、白粉病、麦蚜、吸浆虫和麦蜘蛛为主，兼顾叶锈病和黏虫。长江中下游麦区以小麦赤霉病、条锈病、纹枯病、白粉病和麦蚜为主，兼顾麦蜘蛛。西北麦区以小麦条锈病和吸浆虫为主，兼顾小麦白粉病、麦蚜和麦蜘蛛。西南麦区以小麦条锈病和白粉病为主，兼顾小麦赤霉病、麦蚜和麦蜘蛛。在病虫防控策略方面，各地应坚持因地制宜、分区治理、分类指导的原则，采取绿色防控与化学防治相结合，应急处置与持续治理相结合，专业化统防统治与群防群治相结合的防控策略，抓住重点地区、重大病虫和关键时期，实施科学防控，注重用药安全，推广绿色防控，实现农药减量控害，确保小麦产量和品质安全。在实施病虫防控措施时，各地应贯彻落实农业农村部《小麦重大病虫害全程综合防控技术方案》和《小麦全生育期赤霉病综合防治指导意见》等要求，根据小麦不同生育阶段，明确主攻对象，兼顾次要病虫，统筹兼顾，全程谋划，综合防控。

（一）备耕阶段

耕作栽培制度的变革是造成不同麦区病虫草优势种类差异的重要原因，也是影响一个地区年度间病虫草发生程度变化的主要因素。因此，在小麦备耕阶段，应综合考虑未来小麦的丰产丰收和病虫草害的防控，不仅要为小麦高产优质创造良好条件，更应重视有目的创造不利于有害生物发生的麦田环境，奠定病虫草害农业防治和生态调控的基础。

1. 改善麦田环境，及时深翻整地　结合农田水利建设，做好田间沟系配套，挖渠排碱降湿，不仅可以改造地下害虫的适生环境，而且能够降低田间湿度，减轻赤霉病、白粉病和纹枯病等病害的发生。麦收后立即进行浅耕灭茬，对潜伏在表土层的麦蜘蛛、蛴螬、吸浆虫幼虫和麦叶蜂幼虫等有较好的杀伤作用；铲除越夏区田间自生麦苗，可以减少秋季麦苗上锈病、白粉病等的菌源。秋收后及时清除田间和地头的杂草，能减少灰飞虱等病毒传播媒介；拾净和销毁田间的玉米、水稻等根茬，能减少赤霉病菌源。做好麦播前以深耕（松）、镇压为主的高质量、规范化整地，全面提高整地质量，不仅有利于熟化土壤，而且可破坏土壤中病虫草的生存环境，机械杀伤潜伏在土壤中的多种害虫。

2. 推广配方施肥，施用腐熟基肥　树立"增产施肥、经济施肥和环保施肥"的理念，推广应用化肥减量增效技术，"重施基肥、巧施追肥和补施微肥"。在施基肥时，要利用好测土配方施肥的最新研究成果，根据目标产量、地力水平和肥料利用等实际情况，注意增施有机肥，做好氮、磷、钾、锌、硫肥的合理搭配，奠定健康栽培的基础，增强小麦对病虫草害的抵抗能力。在施用有机肥做基肥时，应经过充分腐熟，否则不仅影响小麦的健壮生长，还会把混杂其中的杂草种子带入麦田，未腐熟的有机肥也容易招引地下害虫的成虫产卵，导致地下害虫严重发生。

3. 进行合理轮作，发展间作套种　如小麦与水稻轮作，可以控制地下害虫、吸浆虫和野燕麦等的发生。小麦与水稻、甘薯、棉花、蔬菜、烟草轮作，可以减轻全蚀病、纹枯病等土传病害的发生；小麦与油菜、棉花、甘薯、大蒜等轮作，可以控制吸浆虫的发生；小麦与油菜、豌豆、绿肥等速生作物轮作，通过及时收割和耕翻整地，能有效减轻来年看麦娘、野燕麦等杂草的发生；小麦与油菜、叶菜等间作，可以引诱天敌到间作麦田集聚，有效控制麦蚜发生。发展间作套种是充分利用光热资源，提高单位面积收益的重要途径，但应综合考虑病虫草害的防治，如小麦与棉花、玉米、花生、烟草等套种时，要注意丛矮病和赤霉病的防治等。

4. 选种抗性品种，精选小麦种子　实践证明，种植抗性品种是防治病虫草危害最有效和最经济的措施，当前生产上推广的高产优质品种极少对多种病虫草同时具有抗性，但对单一病虫草往往有一些抗性品种，可有目的进行选种。特别是对于小麦锈病、白粉病等重大病害，更应重视抗病品种的选用，以减轻后期防控压力。种植抗小麦条锈病品种时，还要避免品种单一化，应选择 2~3 个遗传背景不同的抗病品种进行合理布局。选定品种后还应对种子进行精选，剔除病、虫、草和霉变、发芽、干瘪的种子，确保种子纯度、净度和发芽率等指标符合国家农作物种子质量标准。

（二）播种至秋苗阶段

播种至秋苗阶段是黑穗病等种子传播病害和幼苗期侵染类病害的侵入和传播期，也是纹枯病、全蚀病等土传病害进行初次侵染和传播蔓延的重要时期，条锈病、白粉病等也会感染麦苗积累冬前菌源。地下害虫在播种出苗期发生危害最大，若防治不及时，常常造成缺苗断垄，直接影响一播全苗。多数杂草也随着小麦发芽逐渐进入出苗高峰，且草小幼嫩，蜡质层尚未形成，易于杀灭。应根据当地主要病虫草害的发生情况，以药剂处理种子和冬前化学除草为重点，以喷药防控条锈病、麦蚜、麦蜘蛛早发重发田块为补充，有针对性地筛选各种高效的防控方法，并进行科学组装配套。

1. 药剂处理土壤，压低发生基数　主要针对常年发生危害特别严重的病虫草害，并应尽量局部施药，减少农药残留。在全蚀病危害严重的地块，可用福美双等杀菌剂加细土制成毒土撒施，然后再深耕翻地；在地下害虫或吸浆虫发生严重的地块，可结合土壤耕作，撒施用辛硫磷等杀虫剂制成的毒土或颗粒剂；在孢囊线虫病严重的地块，可在播种时撒施阿维菌素颗粒剂等；在野燕麦发生严重的地块，犁后耙前喷洒野麦畏等除草剂，结合耙地将药剂混入表土层，能有效防除野燕麦，对看麦娘、早熟禾等杂草也有较好的控制作用；在多种杂草发生严重的麦田，可在小麦播后苗前用绿麦隆、异丙隆等除草剂进行土壤封闭处理。

2. 适期适量播种，提高播种质量　应根据小麦品种的生物学特性，结合土壤墒情、病虫草害发生情况和中长期天气预报等确定播种适期，如适当晚播可减轻黄矮病、锈病、白粉病和麦蚜等的发生。合理密植可以改善麦田小气候环境，降低田间空隙度进而减少杂草的滋生空间，还可减轻小麦生长中后期白粉病、锈病、纹枯病和黏虫等的发生。因此，播种时要根据品种、地力、播期以及土壤墒情、整地质量、栽培条件等综合确定播种量，大力推广精量、半精量播种新技术，避免随意加大播种量，以构建合理的小麦丰产群体结构。此外，还要注意播种质量，做到垄正行直、深浅一致、下种均匀，播种深度控制在 3～5 cm，利用大型机械深旋耕的田块应镇压后播种，防止出现缺位苗、弱小苗或吊死苗。

3. 药剂处理种子，预防病虫发生　进行药剂拌种或种子包衣不仅能有效压低病虫发生基数和推迟发生高峰，而且经济、简便、高效，应针对当地重大病虫选择对路药剂进行种子处理。如纹枯病、全蚀病、黑穗病、根腐病、茎基腐病等土传、种传病害重发区，可用戊唑醇、苯醚甲环唑、咯菌腈或硅噻菌胺等杀菌剂处理种子；小麦黄矮病和丛矮病重发区，可用吡虫啉等杀虫剂拌种防治飞虱、蚜虫等传毒昆虫，同时兼治地下害虫；蛴螬、金针虫等地下害虫重发区，可选用辛硫磷、吡虫啉或噻虫嗪等杀虫剂处理种子；多种病虫的混合发生区，应推广杀菌剂与杀虫剂混合处理种子，如用吡虫啉与戊唑醇混合处理麦种，可兼治多种病虫。

4. 狠抓冬前除草，控制草害发生　冬前化学除草具有可选择除草剂种类多、用药量少、成本低、防治适期宽、防除效果好、施药安全等优点，应针对当地主要杂草种类选择不同的除草剂进行防除。以婆婆纳、播娘蒿、牛繁缕、猪殃殃、荠菜等阔叶杂草为主的田块，可选用噻吩磺隆、氯氟吡氧乙酸或 2-甲-4-氯钠盐等除草剂。以野燕麦、早熟禾、看麦娘、网草、硬草等禾本科杂草为主的麦田，可选用异丙隆或绿麦隆等除草剂在播后苗前施药，苗后茎叶处理可选用精噁唑禾草灵、敌草快或甲基二磺隆等除草剂。对于阔叶杂草与禾本科杂草混生的田块，可选择以上药剂先防治一遍阔叶杂草，3～5 d 后再防治一遍禾本科杂草；也可用精噁唑禾草灵或炔草酸与苯磺隆或氯氟吡氧乙酸等除草剂混配，进行一次性防除，但必须现配现用。

（三）返青至拔节阶段

春季小麦返青后开始进入旺盛生长阶段，多种病虫草也开始传播蔓延和加重危害，是控制病虫草发生的关键阶段之一。纹枯病、全蚀病等病害进入侵染蔓延高峰，麦蜘蛛种群数量迅速增加并形成危害，地下害虫上升到表土取食小麦根系，麦田杂草迅速生长与小麦争水、争肥。条锈病、白粉病、茎基腐病、麦蚜等开始点片发生，并形成发生中心，逐步向四周扩展蔓延。同时，麦田天敌也随害虫的发生开始繁衍。这一阶段应以加强健身栽培为基础，通过中耕除草、科学施肥灌水等培育小麦健壮群体，提高抗害和耐害能力。实施具体措施时，应以防控纹枯病、条锈病、茎基腐病和麦田杂草为重点，挑治苗期麦蚜、白粉病和麦蜘蛛，监测和控制其他病虫害的点片发生。同时，注意保护利用自然天敌，发挥天敌对后期害虫的控制作用。

1. 加强栽培管理，预防病虫草害　小麦返青后应及时进行中耕，不仅有利于水、肥、气、热的调节，而且可以清除90%以上的杂草。水肥管理应根据苗情进行，返青期干旱缺水时可浇返青水，但浇水不宜过早，应在温度稳定到3℃以上时进行，以免造成地温下降、土壤透气性差，不利于麦苗转壮。对于地力较差的中低产麦田和高产麦田中的弱苗，尤其是底肥施用化肥不足的麦田，可适量追施返青肥；而对于高肥、高产麦田的壮苗或旺苗，要控制施用返青肥，否则会造成后期田间郁蔽和小麦徒长倒伏，有利于病虫害的发生。

2. 抓住关键时期，实施化学除草　冬前未进行化学除草或除草效果差，早春又未进行中耕除草的麦田，应抓住小麦返青至起身前这一最后防治关键时期进行化学除草。小麦开始拔节后一般不宜进行化学除草，否则容易出现药害。以阔叶杂草为主的麦田，可选用苯磺隆或氯氟吡氧乙酸等除草剂进行茎叶喷施防除；对野燕麦、早熟禾等禾本科杂草发生较重的麦田，可选用精噁唑禾草灵或甲基二磺隆等除草剂进行茎叶喷施防除；阔叶与禾本科杂草混生的麦田，可将精噁唑禾草灵与氯氟吡氧乙酸混配进行茎叶喷施防除。施药应待气温稳定在10℃以上和晴天无风时进行，严格按照使用说明掌握用药量，且用水量要充足；若除草剂为干悬浮剂、可湿性粉剂等较难溶的剂型时，应进行两次稀释配药，使药剂分散均匀；喷洒药液时要喷细喷匀，以保证除草效果。

3. 监测病虫发生，控制发生中心　返青至拔节阶段是小麦生长中后期多种病害积累菌源和害虫扩大种群数量的重要时期，应按照条锈病、叶锈病、纹枯病、赤霉病、丛矮病、麦蚜、麦蜘蛛、吸浆虫、黏虫等小麦病虫害测报调查国家标准或行业标准的要求，调查监测各种病虫害的发生情况，结合天气预报和历史资料，及时做出重要病虫害的发生区域、发生程度和防治适期预测。除了根据防治指标控制纹枯病、全蚀病、麦蜘蛛、地下害虫等病虫危害外，对于锈病、白粉病、麦蚜等发生较早的田块，应及时采取防治措施，将其控制在点片发生阶段，以降低发生基数和减轻后期防治压力。

4. 明确重点病虫，开展化学防治　返青至拔节阶段是纹枯病、白粉病、麦蜘蛛、地下害虫等病虫害的发生高峰期，也是吸浆虫上升到表土层化蛹的时期，应根据不同麦田病虫害发生的实际情况，采取相应的化学防治措施。当纹枯病病茎率达10%时，可选用戊唑醇、丙环唑、烯唑醇、噻呋酰胺、井冈霉素、多抗霉素、木霉菌等杀菌剂；当白粉病病叶率达10%时，可选用三唑酮、烯唑醇、腈菌唑、丙环唑、氟环唑、戊唑醇、咪鲜胺、醚菌酯、烯肟菌胺等杀菌剂，喷雾时要用足药液量，对准茎基部均匀喷透，重病田应隔 7～10 d 再喷药 1 次。当 33 cm 行长麦蜘蛛数量达 200 头时，可选用阿维菌素、联苯菊酯或硫黄悬浮剂等杀虫杀螨剂喷雾防治。返青后地下害虫造成死苗率达 10% 以上的田块，可结合锄地撒施毒谷诱杀蝼蛄，或将辛硫磷、毒死蜱等杀虫剂稀释后顺垄浇灌毒杀蛴螬、金针虫等。吸浆虫严重发生的地块，可用辛硫磷等杀虫剂制成毒土，在化蛹高峰期均匀撒施于土表，撒后及时浇水。

（四）孕穗至灌浆阶段

孕穗至灌浆阶段也是控制小麦病虫害的关键阶段。此时小麦处于对各种灾害最敏感和形成产量的重要生育阶段，也是多种重要病虫迅速扩展流行并造成严重危害的关键时期。如果气候条件合适，又没有种植抗病虫小麦品种，赤霉病、吸浆虫会在小麦抽穗扬花时侵入危害，锈病、白粉病、麦蚜等迅速扩展蔓延至整个麦田，若不及时采取有效的防控措施，往往造成无法挽回的经济损失。这一阶段也是天敌大量繁衍和利用天敌控制害虫的重要时期。因此，既要控制病虫危害，又要注意保护利用自然天敌。

1. 抓住抽穗扬花，化学防控病虫　应紧紧抓住抽穗扬花这一关键时期，以预防控制小麦赤霉病和吸浆虫为主，兼顾锈病和白粉病。在长江中下游和黄淮南部，应密切关注抽穗扬花期天气预报，若天气预报有连续阴雨、结露和多雾天气，要在小麦扬花初期喷药预防赤霉病，可选用氰烯菌酯、咪鲜胺、戊唑醇、丙硫菌唑、氟唑菌酰羟胺、福美双、枯草芽孢杆菌等高效对路安全的杀菌剂，尽量不使用用药量大、抗性水平高、易刺激毒素产生药剂。在吸浆虫发生区以防控成虫为重点，当每 10 复网次有成虫 25 头以上时，可选用啶虫脒、吡虫啉、抗蚜威、高效氯氟氰菊酯、苦参碱、耳霉菌等杀虫剂喷雾防治。小麦条锈病病叶率达 20% 时，可选用三唑酮、烯唑醇、戊唑醇、氟环唑、丙环唑、醚菌酯、吡唑醚菌酯等杀菌剂喷雾防治。白粉病病茎率达 10%～20% 时，可选用三唑酮等前述返青至拔节阶段使用的杀菌剂喷雾防治。

2. 实施综合用药，推广一喷多防　小麦灌浆成熟期应以控制麦穗蚜为重点，兼顾锈病、白粉病和黏虫，同时注意预防干热风和小麦早衰。为了尽可能节省人工和防治投入，应实施综合用药，减少喷药次数，达到一喷多效。通常围绕当地 2～3 种重大病虫害，选择兼治多种病害的杀菌剂与兼治多种害虫的杀虫剂进行混配，也可以选用已经登记的农药混剂，如唑酮·氧乐果、吡虫·三唑酮、辛硫·三唑酮、甲柳·三唑酮、马拉·三唑酮、吡虫·多菌灵、吡虫·多·三唑酮、甲·戊·福美双、吡·硫·多菌灵、抗·酮·多菌灵、乐酮多菌灵等。还可以在混配农药或混剂中加入磷酸二氢钾、芸苔素内酯、氨基寡糖素、腐殖酸型或氨基酸型叶面肥等预防干热风或调节小麦生长发育。

3. 科学使用农药，保护麦田天敌　孕穗至灌浆阶段也是实施麦田农药减量控害的关键时期，要特别注意科学合理使用农药，尽可能协调好化学防治与保护利用天敌的矛盾。可通过调查麦田益虫与害虫的发育进度和益害比，确定防治适期、防治田块和防治措施，以减少盲目用药和施药面积。若麦蚜与其天敌比在 150：1 以下，黏虫与其天敌比在 20：1～30：1 以下，可不必进行化学防治。严格执行防治指标、合理混用不同药剂和准确把握施药时期，是减少田间用药次数和用药量、保护利用天敌的重要内容。在必须进行化学防治时，还要有目的地选用生物制剂或低毒农药，如选用毒性较低、杀菌谱广的三唑类杀菌剂防治多种病害，选用抗蚜威、耳霉菌等杀虫剂防治麦蚜，选用除虫脲等杀虫剂防治黏虫，选用硫黄悬浮剂防治白粉病等，这些农药对天敌也比较安全。

第三节   玉米病虫草害

玉米是我国主要粮食作物，更是重要的饲料作物，在医药化工方面也有广泛用途。进入 21 世纪，随着种植结构的调整与耕作栽培制度的变革，玉米品种的变化和种植面积的迅速增加，玉米病虫害的发生一直呈加重趋势。因此，了解玉米病、虫、草害的主要种类和发生特点，构建不同玉米生态区的综合防治体系，对于有效控制玉米有害生物、保障玉米安全生产具有重要意义。

一、玉米病虫草害及其发生特点

目前我国记载的玉米病虫害有 265 种，其中病害 47 种，虫害 218 种，能够造成一定危害的病虫害各有 10 多种。生产上常年发生较重的病害主要有玉米大斑病、玉米小斑病、玉米丝黑穗病、玉米纹枯病、玉米茎腐病、玉米褐斑病、玉米弯孢叶斑病、玉米锈病（南方锈病和普通锈病）和玉米瘤黑粉病。玉米茎腐病、玉米穗腐病、玉米鞘腐病发生呈上升趋势。此外，局部地区发生较重的有玉米灰斑病、玉米粗缩病、玉米矮化病。害虫方面主要发生的有草地贪夜蛾、亚洲玉米螟、黏虫、蚜虫、蓟马、叶螨、双斑长跗萤叶甲、二点委夜蛾、棉铃虫、地下害虫和蝗虫等 10 余种。

（一）主要病害

1. 玉米大斑病（corn northern leaf blight） 世界性分布的重要玉米病害。病原物有性态为大斑病毛球腔菌（*Setosphaeria turcica*），属子囊菌门毛球腔菌属；无性态为大斑病凸脐蠕孢（*Exserohilum turcicum*），属无性菌类的凸脐蠕孢属。玉米大斑病主要危害叶片，严重时也危害叶鞘和苞叶，先从底部叶片开始发生，逐步向上扩展，严重时能遍及全株。病斑初期成水渍状青灰色或灰绿色小斑点，沿叶脉扩展后为黄褐色或灰褐色梭状萎蔫型大斑（图 8–10A）。潮湿时病

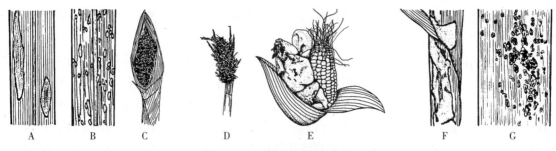

图 8–10   主要玉米病害症状

A. 玉米大斑病；B. 玉米小斑病；C. 玉米丝黑穗病（雌穗）；D. 玉米丝黑穗病（雄穗）；
E. 玉米瘤黑粉病；F. 玉米纹枯病；G. 玉米锈病

斑上有明显的黑褐色霉层，为病菌的分子孢子梗和分生孢子。发病严重时病斑融合、叶片枯死。病原菌主要以菌丝体和分生孢子在病残体中越冬并成为翌年发病的初侵染源。潮湿的气候条件下，病斑上产生大量的分生孢子随气流传播进行多次再侵染，造成病害流行。由于病菌具有小种分化现象，所以品种抗病性差异较大。气温 20~25℃，相对湿度 90% 以上利于病害发生。气温高于 28℃时病害发生受到抑制。玉米连作、晚播或排水不畅、通风不良的田块发病重。

2. 玉米小斑病（corn southern leaf blight） 又称玉米斑点病。世界性分布，我国夏玉米地区发生较重。病原物有性态为异旋孢腔菌（*Cochlibolus heterostrophus*），属子囊菌门旋孢腔菌属；无性态为玉蜀黍平脐蠕孢（*Bipolaris maydis* Shoemaker），属无性菌类平脐蠕孢属。玉米小斑病在玉米整个生育期内都可以发生，主要为害叶片、叶鞘，苞叶和果实也能受害。玉米小斑病菌已知有 2 个生理小种：O 小种和 T 小种。O 小种只侵染叶片，在叶片上形成不规则椭圆形病斑或受叶脉限制表现为近长方形，黄褐色，边缘深褐色（图 8-10B）；T 小种对 T 细胞质玉米专一性侵染，侵染叶片形成的病斑较小，黄色，后扩展为长梭形，中央褐色，边缘红褐色，后期病斑连成片，使病叶枯死。病菌 T 小种在茎秆、叶鞘和果穗上的病斑与叶片上的相似。病原菌以菌丝体或分生孢子在病残体内越冬，在第二年遇到适宜的温湿度条件，即产生大量分生孢子形成初侵染源，分生孢子借气流或雨水传播到田间玉米叶片上进行初侵染和再侵染。气温高于 25℃配合高湿条件利于病情发展，降水多、低洼地、过于密植发病重，连作田发病较重，夏玉米比春玉米发病重。

3. 玉米丝黑穗病（corn head smut） 俗称乌米、哑玉米，在各玉米产区均有发生，是春玉米区的重要病害，造成玉米减产甚至绝收。病原物为孢堆黑粉菌玉米专化型（*Sporisorium reilianum*），属担子菌门孢堆黑粉菌属，异名为 *Sphacelotheca reiliana*，属担子菌门轴黑粉菌属。为苗期侵染的系统性病害，主要危害玉米的雌穗和雄穗，少数植株叶片受害。受侵染的玉米植株矮化，节间缩短，茎秆稍有弯曲，叶片密集，叶片上出现黄白条纹。雌穗发病后，形成灰包，病穗较短，下部膨大顶端较尖，似圆锥体；苞叶由一侧裂开，散出黑色粉末和很多散乱的黑色丝状物，故得名为丝黑穗病（图 8-10C）。雄穗发病后，部分或整个花器变形，形成菌瘿，内包黑粉，黑粉散出后残留黑色丝状物（寄主的维管束残余物）（图 8-10D）；病菌以冬孢子在土壤、粪肥中或附于种子表面越冬，成为翌年初侵染源，在适宜条件下冬孢子萌发侵入幼苗形成系统性病害。通常玉米播后苗前气温 25℃左右、土壤含水量 20%~30% 的条件利于发病。重茬、连作发病严重，使用带菌粪肥、田间管理粗放也可加重病害发生。

4. 玉米瘤黑粉病（cornommon smut） 又名玉米黑穗病，俗称玉米灰苞。是玉米上的重要病害，一般年份发生很轻，但暴发年份能造成玉米严重减产甚至绝收。玉米瘤黑粉病由玉蜀黍黑粉菌（*Ustilago maydis*）所引起，属担子菌门黑粉菌属。玉米从幼苗到成株的整个发育时期，地上部任何器官都能感染瘤黑粉病，病部组织形成大小、形状不同的瘤状物（菌瘿）（图 8-10E）。瘤状物外面包有寄主表皮组织所形成的薄膜，初为白色或浅紫色，逐渐变成灰色，后期变成黑灰色，菌瘿成熟后，外膜破裂散出大量黑粉即冬孢子。病原菌以冬孢子在病株残体或土壤中越冬，并成为第二年的初侵染源，冬孢子萌发产生担孢子随气流传播可造成多次再侵染。低温干燥利于冬孢子越冬，高温高湿利于冬孢子萌发，因此我国北方地区发病较重。连作田、制种田、玉米螟重发生田发病重。

5. 玉米纹枯病（corn sheath blight）　世界性玉米重要病害。病原物有性态为瓜亡革菌（*Thanatephorus cucumeris*）担子菌门亡革菌属；无性态为立枯丝核菌（*Rhizoctonia solani*），属无性菌类丝核菌属。该病菌还可侵染水稻、大豆和麦类等粮食作物。玉米纹枯病为土传病害，在玉米苗期到穗期均可发生，但以抽雄期和灌浆期发生严重，主要危害叶鞘、叶片和穗部，严重时也危害茎秆。初期多在近地面的叶鞘部位发病，逐步向上蔓延，叶鞘上产生不规则水渍状病斑，随后扩展融合成不规则或云纹状大病斑（图 8-10F），病斑中部灰褐色，边缘深褐色。叶鞘腐败引起叶枯，茎秆受害引起倒伏，雌穗受害造成灌浆不足，粒重下降。环境湿度大，则病斑上出现白色蛛丝状菌丝体，进一步聚集形成褐色颗粒状菌核，易脱落。病菌以菌核在土壤和病残体上越冬，并成为主要的初侵染源；菌核萌发长出菌丝，借由病健株间相互搭接进行再侵染；越冬菌核量大发病重，气温 25℃左右，湿度大时利于病菌繁殖与侵染，灌浆至成熟期发病迅速，密植、高肥、连作田病情发展快。

6. 玉米茎腐病（corn stalk rot）　由多种病原菌引起的一种混合性土传病害，在世界范围内普遍发生且影响重大。由多种腐霉引起的病害称为玉米腐霉茎腐病，由镰孢菌引起的病害称为玉米镰孢茎腐病。根及茎基部受害严重，植株从茎基部发病处折断，根茎内部组织腐烂坏死，叶片表现青枯、黄枯或青黄枯症状。穗柄柔韧，雌穗往往下垂，千粒重下降。病原菌在土壤中或病残体中越冬，成为第二年的主要侵染菌源。腐霉菌传播及再侵染过程有限，但镰孢菌可以产生分生孢子借风雨传播造成再侵染。由于玉米茎腐病为多种病原菌引起，所以发病原因复杂。玉米抽雄期及成熟期高温高湿是茎腐病流行的重要条件，尤其是雨后骤晴、土壤湿度大、气温上升快，往往引起该病暴发。矮秆、早熟品种易发病，播种密度大、田间郁蔽、通风透光不良发病重。

7. 玉米褐斑病（corn brown spot）　在世界范围内普遍发生，是一种常见的真菌性病害，在玉米生长的中后期发病。病原菌为玉蜀黍节壶菌（*Physoderma maydis*），属壶菌门节壶菌属。病斑主要发生在叶片、叶鞘和茎秆上，在叶鞘及中脉上形成大小不一圆形或近圆形紫色斑点，后隆起成疱状，病斑表面破裂后，散出黄褐色粉状物（休眠孢子）。病原菌以休眠孢子囊在病残体上或土壤中越冬，翌年，产生游动孢子借风雨气流传播形成初侵染和再侵染。田间温度 23～30℃、相对湿度 85% 以上时，发病严重。土壤贫瘠和潮湿、地势低洼的田块发病重。

8. 玉米弯孢叶斑病（corn curvularia leaf spot）　又称拟眼斑病、黑霉病，是玉米上为害严重的叶部病害，在主要玉米产区普遍发生。病原物有性态为新月旋孢腔菌（*Cochliobolus lunatus*），属子囊菌门旋孢腔菌属；无性态为新月弯孢（*Curvularia lunata*），为无性菌门弯孢属。主要危害植株叶片，有时也为害叶鞘和苞叶。为害叶片初期为水渍状或淡黄色透明小斑点，逐渐扩展为圆形至椭圆形，中央白色，边缘淡红褐色或暗褐色，并具有明显褪绿晕圈，对着光观察更为明显，病斑扩展受叶脉限制。病斑形状和大小因品种抗性分为抗病型、中间型和感病型 3 类。潮湿条件下，病斑正反两面均可见灰黑色霉层，即病原菌的分生孢子梗和分生孢子。病菌以菌丝体在玉米病残体上越冬，并成为翌年初侵染源，在高温高湿条件下病斑上会产生大量分生孢子，借风雨气流传播，形成再侵染。属高温高湿型病害，温度 30～32℃，超饱和湿度下易于发病。低洼地、连作田发病较重。

9. 玉米锈病（corn rust）　玉米锈病为玉米常见病害，通常在玉米生育期的中后期发生。玉米锈病有4种类型：玉米普通锈病、玉米南方锈病、玉米热带锈病和玉米秆锈病。玉米普通锈病和玉米南方锈病在我国普遍发生，由高粱柄锈菌（*Puccinia sorghi*）和多堆柄锈菌（*P. polysora*）引起，属担子菌门柄锈菌属。主要为害叶片（图8-10G），严重时果穗、苞叶和雄花上也可发生。植株中上部叶片发病重，最初在叶片正面散生或聚生不明显的浅黄色小点，小点逐渐隆起，周围表皮翻起散出铁锈色粉末，即病菌的夏孢子。后期叶背产生黑色冬孢子堆。病原菌的夏孢子主要以寄生和不断侵染的方式在玉米植株上存活。夏孢子随风雨传播，形成再侵染。温度和湿度条件是影响发病最主要的气候条件。玉米普通锈病在温度较低且高湿条件下适宜发病，气温16~23℃、相对湿度100%时发病重，玉米南方锈病则在高温高湿条件下发病严重。

10. 玉米灰斑病（corn gray leaf spot）　玉米灰斑病是严重威胁玉米生产的世界性病害，在我国西南地区发病较重。病原物有性态在自然界很少见，无性态为玉蜀黍尾孢菌（*Cercospora zeae-maydis*），属无性菌类尾孢属。主要危害叶片，发病初期病斑为水渍状褪绿小斑点，中期病斑横向扩展出现坏死，变成灰色至浅褐色不规则长条斑，后期成熟病斑与玉米其他叶部病害区别明显，褐色矩形病斑多与叶脉平行，中央灰色，边缘具褐色坏死线，严重时病斑愈合成片，叶片枯死。湿度大时，病斑表面出现灰色霉状物，即病菌的菌丝体、分生孢子梗和分生孢子。病菌以菌丝体和分生孢子随病残体越冬，并成为初侵染源。降雨量大、相对湿度高、气温较低的环境条件利于玉米灰斑病的发生与流行。

11. 玉米病毒病（corn virus disease）　包括玉米条纹矮缩病（maize streak dwarf）、玉米矮花叶病（maize dwarf mosaic）和玉米粗缩病（maize rough dwarf）。玉米条纹矮缩病又称玉米条矮病，由玉米条纹矮缩病毒所引起，是西北局部地区玉米的重要病害。最明显的发病特征是节间缩短，株型矮缩，沿叶脉产生褪绿条纹。传毒介体为灰飞虱，带毒虫口密度大，发病重。玉米矮花叶病在我国各玉米产区均有发生，具有暴发性、迁移性和间歇性三大特征，是影响玉米生产的重要病害之一。

玉米矮花叶病在中国主要由甘蔗花叶病毒引起，属马铃薯Y病毒科马铃薯Y病毒属。玉米整个生育期均可感染，感病后叶片褪绿，在玉米心叶基部细脉间出现许多椭圆形褪绿斑点，成虚线状，后发展至全叶，形成典型的花叶症状，植株矮化，不能抽雄和结穗。病毒以蚜虫作为传毒介体，同时接触摩擦也可传毒。传毒的蚜虫包括麦蚜、玉米蚜、桃蚜、棉蚜等。春季旱情较重，有利于蚜虫的暴发，同时使玉米生长缓慢，抗病力下降，可加重病情。

玉米粗缩病俗称"万年青""小老苗"等，是我国玉米上最严重的病毒性病害，主要由玉米粗缩病毒水稻黑条矮缩病毒和南方水稻黑条矮缩病毒引起，均属呼肠孤病毒科斐济病毒属。典型症状为：植株矮化、发育迟缓、节间缩短和变粗；叶片密集重叠，顶叶簇生，叶色浓绿、宽、短、厚、脆；重病株不能抽雄吐丝。由灰飞虱进行传毒，发生程度与灰飞虱虫口密度密切相关。稻套麦、麦套玉米、免耕等栽培方式下粗缩病发生重。田间管理粗放的田块病害易流行。

（二）主要害虫

1. 玉米螟（corn borer）　又称玉米钻心虫，属鳞翅目螟蛾科。国内为害的玉米螟有亚洲玉米螟（*Ostrinia furnacalis*）和欧洲玉米螟（*O. nubilalis*）两种。亚洲玉米螟分布广泛，各省份均有发生，其中以黄淮平原春、夏玉米区和北方春播玉米区发生最为严重（图8-11）。欧洲玉米螟仅分布在西北等地，且种群量低于混合发生的亚洲玉米螟。玉米螟为多食性害虫，主要为害玉米、高粱、粟等禾谷类旱粮作物及棉花、麻类、向日葵等。以幼虫钻蛀茎秆和果实，也为害叶片。玉米心叶期受害，初孵幼虫食害心叶叶肉，留下表皮使叶面呈现许多细碎的半透明斑，通称"花叶"，后将纵卷的心叶蛀穿，心叶展开后，形成整齐的横排圆孔，称为"排孔"。4龄后蛀食茎秆。穗期受害，幼虫先蛀食雄花，雄穗抽出后，即转移钻蛀雄穗柄，易造成风折，使雄穗成黄白色枯死，雌穗膨大抽丝时，幼虫取食嫩穗的花丝、穗轴，虫龄大后直接咬食乳熟的籽粒，引起霉烂。玉米螟幼虫有喜糖、好湿习性，在玉米植株上最后选择定居的部位，一般都在含糖量高、潮湿阴暗又便于潜藏之处，如玉米的心叶丛、打苞露雄期的雄穗苞、穗期的雌穗顶端花丝基部以及叶腋等处。故幼虫为害有3个较集中的时期，即心叶期、抽雄初盛期和雌穗抽丝吐露期。在春夏玉米混种地区，由于食料充足，一般比单作玉米地区发生重。棉花间作春玉米，利于玉米螟转移为害棉花。

2. 二点委夜蛾（twopoint moth）属鳞翅目夜蛾科。主要为害苗期夏玉米，是近几年玉米苗期新上升为害的害虫。幼虫主要从玉米幼苗茎基部钻蛀到茎心后向上取食，形成圆形或椭圆形孔洞，钻蛀较深、切断生长点时，可使玉米失水萎蔫，形成枯心苗，严重时直接蛀断，致使整株死亡；或取食玉米气生根系，造成玉米苗倾斜或侧倒。幼虫在6月下旬至7月上旬为害夏玉米苗，有假死性。一般顺垄为害，有转株为害习性；有群居性，多头幼虫常聚集在一株玉米苗下为害，可达8~10头；白天喜躲在玉米幼苗周围的碎麦秸下或在2 cm左右的表土层为害玉米苗，麦秸较厚的玉米田发生较重。小麦套播的玉米田、棉田倒茬玉米田、晚播田、湿度大的田块发生较重。

3. 草地贪夜蛾（fall armyworm）又名行军虫、秋黏虫，属鳞翅目夜蛾科（图8-12）。原分

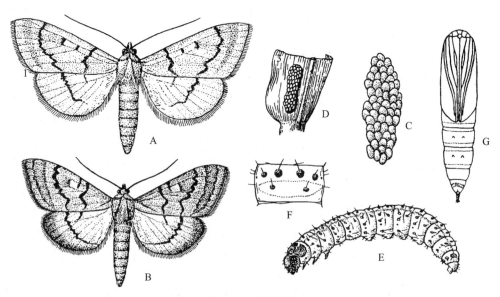

图8-11 玉米螟

A. 雌成虫；B. 雄成虫；C. 卵块；D. 产于叶背的卵；E. 幼虫；F. 幼虫第二腹节背面；G. 蛹

（引自洪晓月主编《农业昆虫学》）

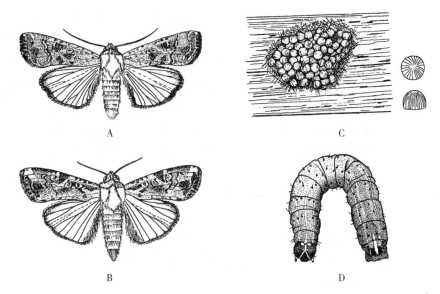

图 8-12　草地贪夜蛾

A. 雌成虫；B. 雄成虫；C. 产于叶背的卵块；D. 幼虫

布于美洲热带地区，是联合国粮农组织全球预警的跨国界迁飞性重大害虫。2019 年 1 月由东南亚入侵我国云南，随后在国内多地迅速传播蔓延。该虫寄主广泛，可为害 80 余种植物，尤其嗜好禾本科的玉米、水稻、小麦、大麦、高粱、粟、甘蔗等。根据寄主偏好性不同，可分为玉米品系和水稻品系，当前入侵我国的为玉米品系。1～3 龄幼虫通常隐藏在玉米心叶、叶鞘等部位取食，形成半透明薄膜"窗孔"，低龄幼虫可以吐丝，借助风力转移扩散到周边植株上继续为害。4～6 龄幼虫取食叶片形成不规则的长形孔洞，可将整株玉米的叶片吃光，还可切断植株的根茎。会钻蛀心叶、未抽出的雄穗及幼嫩的雌穗。严重为害时取食幼嫩植株生长点导致死亡，这种症状称"心死"。种群数量大时，幼虫如行军状，成群扩散。成虫可以进行远距离迁飞，能自行扩散相当距离。草地贪夜蛾的适宜发育温度为 11～30℃，在 28℃条件下，30 d 左右即可完成一个世代，在气候、寄主条件等适宜的地区，可以周年进行繁殖。

4. 东亚飞蝗（Asiatic migratory locust）　属直翅目蝗总科斑翅蝗科。国内发生的飞蝗有东亚飞蝗、亚洲飞蝗和西藏飞蝗 3 个亚种，其中以东亚飞蝗发生为害最重。东亚飞蝗主要在黄淮海平原及毗邻地区危害，包括河北、河南、山东、安徽、江苏、天津等省市。近年来，海南省成为东亚飞蝗的新蝗区，为害严重。飞蝗食性很广，以禾本科和莎草科植物为主，嗜食芦苇、玉米、高粱、小麦、粟、水稻等农作物。主要以成虫和若虫（蝗蝻）取食玉米叶片、嫩茎和苞叶，受害部位常出现孔洞、缺刻，大发生时成群迁飞，把成片的玉米吃成光秆。东亚飞蝗一年发生 1～4 代，均以卵在土中越冬。在山东、安徽等 2 代区，第 1 代称夏蝗，第 2 代称秋蝗。密度大时形成群居型飞蝗，群居型蝗蝻和成虫有结队迁移或成群迁飞的习性。飞蝗种群的数量消长与气候、水文、地势、土壤、植被及人为活动等综合因素有关，其中以旱、涝等水文关系最为密切。飞蝗喜栖息在地势低洼，易涝易旱或水位较高的湿地、滩地、荒地或耕作粗放的农田中。高温干旱年份，有利于飞蝗繁衍，容易成灾。

5. 高粱条螟（spotted stalk borer）　属鳞翅目螟蛾科。寄主有高粱、玉米、粟、麻、甘蔗等。在北方旱粮地区，主要为害高粱、玉米，并常和玉米螟混合发生。其初孵幼虫常群集于玉米心叶内啃食叶肉，留下表皮，呈窗户纸状，龄期增大后能咬食叶片成小孔，待心叶伸展时，呈现网状小斑和许多不规则小孔，但不呈"排孔"，区别于玉米螟的危害状。有时能咬伤生长点，形成枯心。幼虫在心叶内为害 10 d 左右发育至 3 龄，不待玉米抽雄，便由叶鞘蛀入茎秆，蛀入部位多在节的中间，与玉米螟通常在茎节附近蛀入不同，且做环状蛀食，致使茎秆遇风如刀割般折断，受害茎秆内常有数头幼虫在同一孔道内。该虫在长江以北旱作地区通常一年发生两代，以老熟幼虫在玉米、高粱秸秆内越冬。在越冬幼虫基数大、自然死亡率低，春季降水较多的年份，第 1 代发生严重。

6. 玉米蚜（corn aphid）　也称为玉米腻虫，属半翅目蚜科。玉米蚜以成、若蚜群集于玉米叶片背面、心叶、叶鞘、茎秆、花丝和雄穗等部位刺吸为害，使叶片变黄或发红，植株发育不良，甚至枯死；还可在被害部位分泌"蜜露"，形成黑色霉状物，影响植株光合作用；花丝和雄穗受害会影响授粉，导致果穗瘦小、籽粒不饱满、秃尖较长，产量降低。此外，玉米蚜还能传播玉米矮花叶病毒和玉米红叶病毒，造成更大的产量损失。玉米蚜主要为害玉米心叶和雄穗，有栖息于玉米心叶中为害的习性，随着心叶的展开，陆续向新生叶片内集中繁殖为害。随着玉米雄穗逐渐抽出，大量成、若蚜群集于雄穗上，成堆布满各分支，称之为"黑穗"。严重时，自雌穗以上所有叶片、叶鞘及雌穗苞内、外遍布蚜虫，称为"黑株"。玉米蚜 1 年发生 10～20 代，以成蚜在麦类作物、禾本科杂草上越冬。高温干旱年份发生重，一般旬平均气温在 23～25℃、旬雨量低于 20 mm 时有利于其发生。

7. 玉米叶螨（corn leaf mite）　又称玉米红蜘蛛，属蛛形纲蜱螨目叶螨科。常见种类有截形叶螨、朱砂叶螨和二斑叶螨。玉米叶螨主要为害玉米叶片，常聚集在叶片背面吸食汁液，从下部叶片向中上部叶片逐渐蔓延。被害部位初为针尖大小的黄白斑点，之后逐渐连片成失绿斑块，叶片变黄白色或红褐色，俗称"火烧叶"，严重时整株枯死。玉米叶螨喜欢高温低湿的环境，所以在干旱少雨季节容易暴发为害。叶螨抗寒能力较强，一般在杂草中越冬。

8. 玉米蓟马（corn thrip）　玉米蓟马是玉米苗期害虫，主要有玉米黄呆蓟马、禾蓟马和稻管蓟马，均属缨翅目，前两种属蓟马科，后一种属管蓟马科。蓟马以成、若虫在玉米叶片、雄穗和花丝上锉吸为害。在叶片上为害多集中在叶片背面，常出现断续的银白色条斑，叶片正面则呈现黄色条斑，受害严重时，叶片正反面均出现成片的银灰色斑，叶片出现畸形、破裂、变黄干枯等。心叶期被害常导致心叶卷曲、畸形。雄穗受害，常造成小穗脱落。玉米黄呆蓟马喜群集为害，在田间呈聚集分布，降雨对其发生和为害有直接的抑制作用。干旱少雨有利于玉米蓟马的发生。

9. 双斑萤叶甲（double spotted leaf beetle）　又称双斑长跗萤叶甲，属鞘翅目叶甲科。为害盛期在玉米喇叭口后期至抽穗期，以成虫取食下表皮及叶肉，留下上表皮呈不规则白斑，对果穗形成期的光合作用影响较大。玉米雌穗抽出时，该虫还为害花丝，造成授粉不良，发生严重时还取食果穗顶部裸露幼粒。该虫一年发生 1 代，以卵在田间及附近杂草丛、渠埂等 5～10 cm 表土下越冬。成虫有聚集性、趋嫩性，喜高温，高温干旱虫害发生重。

10. 玉米蛀茎夜蛾（corn stalk borer）　属鳞翅目夜蛾科。在玉米苗期，幼虫多由近地表下的玉米幼苗茎基部咬孔蛀入，蛀入后向上取食，有时也从玉米根部蛀入为害，被害玉米幼苗心叶萎蔫或全株枯死，被害根部可见明显蛀孔。有转株为害习性。该虫一年发生1代，以卵在杂草上越冬，翌年孵化后为害玉米苗，成虫有趋光性。气候温暖湿润利于其发生；免耕田、套播田、低洼地或靠近草荒地受害重。

11. 白星花金龟（scarab beetle） 属鞘翅目花金龟科。成虫取食玉米花丝、雄穗、雌穗等部位，多在玉米吐丝授粉期至灌浆期为害，还可在灌浆期啃食玉米籽粒。成虫群集于玉米雌穗上，从穗轴顶花丝处开始，逐渐钻进苞叶内，取食正在灌浆的籽粒，尤其是苞叶短小的品种，籽粒暴露于外，受害更重。取食后排出的白色粥状粪便，严重影响鲜食玉米的产量和品质。该虫在辽宁1年发生1代，以幼虫在土中越冬，成虫于5月上旬开始出现，6—7月为发生盛期。成虫飞翔力强，有假死性，对酒醋味有趋性，有聚集性，产卵于土中。

（三）主要杂草

玉米田杂草种类繁多，包括各种旱田一年生和多年生的单子叶和双子叶杂草（见第四章）。在玉米田杂草中，通常是单子叶杂草比双子叶杂草严重；单子叶杂草中，又以禾本科和莎草科杂草对玉米的危害较大。

1. 禾本科杂草 一年生禾本科杂草主要有马唐、牛筋草、画眉草、狗尾草、稗草、虎尾草等。多年生禾本科杂草主要包括芦苇、白茅等。

2. 莎草科杂草 一年生莎草科杂草主要是碎米莎草。多年生莎草科杂草主要是香附子、毛轴莎草等。

3. 阔叶杂草 一年生阔叶杂草主要有反枝苋、马齿苋、苍耳、苦苣菜、葎草、龙葵、裂叶牵牛、藜、地肤、小藜、灰绿藜、猪芽菜、酸模叶蓼、苘麻、地锦等。多年生阔叶杂草主要有苣荬菜、刺儿菜、车前草、田旋花、打碗花、旱型两栖蓼、鸭跖草、问荆、节节草、萎陵菜、牛繁缕等。

二、玉米病虫草害综合治理

玉米病虫草害种类繁多，不同区域、不同年份、不同生长发育阶段发生种类和为害程度各有不同，因此，在防治策略方面，应根据本地的耕作制度和作物布局，查明玉米病虫草害的主要种类及其发生为害程度，抓住影响玉米产量大的病虫草害种类，明确其发生规律和为害特点，在"预防为主，综合防治"植保方针的指导下，协调应用各种防治技术，以保障玉米高产稳产，并取得良好的生态效益。玉米病虫草害的防治，要在合理施用化学药剂的基础上，综合应用各种绿色防控技术。

（一）苗前病虫草害预防

1. 前茬处理 前茬残留物可根据具体情况做清除或粉碎还田处理，如小麦茬可在麦收后及时重耙灭茬灭草，玉米茬可采用先灭茬后深翻或耙茬整地及秸秆粉碎覆盖或深埋还田等方式。经上述处理可以清除一部分残留在秸秆上的害虫及虫卵，破坏害虫藏匿场所，有利于减轻玉米苗期虫害。

2. 轮作倒茬 在玉米茎腐病发生严重的田块、杂草丛生的田块，采用轮作倒茬，以减轻病虫害的发生。玉米丝黑穗病是土传病害，应注意合理轮作，与非寄主植物（大豆、小麦等）实行 2～3 年以上的轮作；加强栽培管理，播前晒种，进行高温堆肥，杀死病菌后再用，以切断病菌传播途径。

3. 深耕灭茬和冬耕冬灌　玉米收获后，应彻底进行深翻土壤或实行冬耕冬灌，将病株残体翻入土中，加速腐烂分解，可有效地消灭地下害虫、棉铃虫越冬蛹及减少玉米瘤黑粉病、纹枯病等病害的侵染来源。

4. 秸秆处理　春季玉米螟化蛹前，采用烧、轧、封等方法彻底处理玉米秸秆，可消灭大部分越冬玉米螟、高粱条螟和桃蛀螟幼虫，压低越冬基数。

5. 清洁田园　清除田间地边与渠边杂草，切断病虫发生的桥梁寄主植物，能有效预防玉米粗缩病、玉米蓟马和红蜘蛛的发生。

6. 选用抗性品种　根据当地的生态类型以及病虫草害的发生种类，选用优良的抗病虫草害的品种。如对于玉米茎腐病的防治应以推广抗病品种为主，同时加强栽培管理和进行种子处理为辅的综合防治措施。

7. 种子处理　播种时使用包衣种子，或选用玉米专用种衣剂进行种子包衣，既可防治蝼蛄、蛴螬、金针虫、地老虎等多种地下害虫，又可兼治苗期蚜虫、蓟马、灰飞虱等害虫，同时还可减轻玉米粗缩病等病害的发生。未采用包衣的种子，应选择相应的药剂进行拌种，如防治地下害虫时，可选用 50% 辛硫磷乳油拌种；防治玉米丝黑穗病时，可选用 2% 戊唑醇拌种剂进行拌种；防治玉米茎腐病时，可选用粉锈宁可湿性粉剂进行拌种。

8. 播后苗前化学除草　玉米田草害的发生比较严重，主要防除时期为播后苗前的土壤封闭处理和 3～5 叶苗期的茎叶喷雾处理。原则上选择安全广谱、高效低毒的除草剂品种，以土壤封闭为主、茎叶喷雾处理为辅。玉米田常用封闭除草剂有乙草胺、异丙草胺、莠去津、噻吩磺隆等。

（二）苗期病虫草害防治

玉米从出苗到拔节为苗期阶段。苗期病虫害主要有玉米茎腐病、玉米瘤黑粉病、苗枯病、地下害虫、蚜虫、蓟马、黏虫、棉铃虫等。近年秸秆还田和免耕直播技术的应用，为地下害虫提供了稳定的栖息场所，害虫的存活量迅速增加，成为苗期害虫防治的重点，对保全苗至关重要。

1. 加强肥水管理　采用配方施肥，低洼地应注意排水，干旱时适时浇水，以促进玉米植株早发快长，增强植株抗病虫能力。

2. 铲除杂草，拔除病株　切断飞虱、蚜虫等媒介昆虫的桥梁寄主，预防虫传病害的发生。结合间苗、定苗及中耕除草等剔除玉米粗缩病、矮化花叶病株，带出田外沤肥，减少病害再侵染和传播蔓延。

3. 虫害防治　在玉米蚜、蓟马、灰飞虱发生盛期，及时用吡虫啉等喷雾防治。注意保护蚜虫的天敌，如瓢虫、草蛉、食蚜蝇等，避免在天敌活动期间使用农药。在地老虎和黏虫成虫盛发期，设置诱虫灯、糖醋液诱杀成虫；在幼虫盛发期，选用敌百虫、敌杀死或毒死蜱喷雾防治。单独防治黏虫时，也可用辛硫磷颗粒剂毒砂撒施于玉米心叶内，或在低龄幼虫期用苏云金杆菌（Bt）、灭幼脲等生物农药防治。

4. 杂草防治 在播后苗前未施用除草剂进行土壤处理的田块，还需要防治单、双子叶杂草。茎叶处理的除草剂品种主要有烟嘧磺隆、硝磺草酮等。

（三）穗期病虫草害防治

玉米穗期指从拔节到抽雄，为营养生长与生殖生长并进的阶段。病虫害主要有玉米纹枯病、玉米大斑病、玉米小斑病、玉米瘤黑粉病、玉米锈病、玉米螟、黏虫、高粱条螟、棉铃虫、玉米叶螨、蝗虫等。

1. 清洁田园 在玉米瘤黑粉病菌瘤未变色时及早摘除，带出田外深埋或焚毁，以免病瘤中的黑粉（病菌冬孢子）随风雨传播进行再侵染；及时摘除病叶、铲除青枯病、粗缩病等病株残体并销毁，消灭病菌的再侵染来源。

2. 发病初期及时防治 对于玉米瘤黑粉病，可在病瘤未出现前，选用戊唑醇、三唑酮等药剂进行喷雾防治。对于玉米纹枯病，除选用耐抗品种外，在发病初期可茎基叶鞘喷施井冈霉素、烯唑醇、代森锰锌等。对于叶斑类病害，选种抗病品种、合理水肥管理以增强植株抗病能力的同时，在流行初期用苯醚甲环唑、三唑酮、代森锰锌、多菌灵、吡唑醚菌酯等药剂进行叶面喷雾。

3. 心叶末期和抽穗期玉米螟的防治 选用辛硫磷颗粒剂毒砂撒施于玉米心叶喇叭口内，或用晶体敌百虫稀释后灌心叶；在玉米螟幼虫盛孵期，用苏云金杆菌（Bt）稀释后喷于心叶丛中或穗上，或滴灌雌穗顶部。此外，可在田间释放赤眼蜂进行生物防治。

4. 东亚飞蝗的防治 当东亚飞蝗发生严重时，应及时进行防治。夏蝗、秋蝗的防治指标分别是每平方米虫量 0.3 头、0.4 头，防治适期为自蝗蝻孵化出土盛期至 3 龄前。采用的防治方法有：①毒饵诱杀，将麦麸、米糠或蝗虫喜食的鲜草配以 90% 晶体敌百虫粉做成毒饵，撒施；②药剂封锁，为防止蝗群迁入玉米田，可选用马拉硫磷乳油在田块周围喷布 20 m 宽的保护带；③地面喷药，可选用的药剂有马拉硫磷、溴氰菊酯、高效氯氰菊酯等。

（四）花粒期病虫草害防治

玉米从抽雄到籽粒成熟为花粒期，为生殖生长阶段。该阶段田间管理主要目标是防病治虫防早衰，以提高穗粒数和千粒重。主要病害有玉米大斑病、小斑病、锈病等叶部病害和玉米纹枯病、玉米茎腐病、玉米瘤黑粉病、玉米丝黑穗病等；虫害有玉米螟、桃蛀螟、棉铃虫、黏虫、蝗虫、双斑长跗萤叶甲、白星花金龟、蓟马、大青叶蝉等。

花粒期植株较大，施药防治较为困难，应注意玉米瘤黑粉病、玉米丝黑穗病病株的及时处理；对金龟子等害虫采取诱杀防治；加强肥水管理，及时中耕除草，提高植株的抗逆性。必要时，选用药剂进行病虫的化学防治。秋收后彻底清除病株残体，进行深翻，以减少来年的初侵染源。

第四节　大豆病虫草害

大豆起源于中国，种植历史悠久。大豆不仅是植物蛋白制品的主要来源，还是重要的油料、饲料和蔬菜作物，在人们的日常生活和国民经济中占有重要地位。但进入 21 世纪后，我国大豆生产受国外冲击，面积及总产均大幅降低。为此，近年国家大力实施大豆振兴计划，而大豆病虫草害的高效治理在其中起到重要作用。

一、大豆病虫草害及其发生特点

大豆病虫草害种类较多。我国报道的大豆病害有 120 余种，以大豆花叶病、大豆根腐病、大豆胞囊线虫病常年发生较重，大豆灰斑病、大豆菌核病等在局部地区发生严重。我国记载的大豆害虫有 404 种，以地下害虫、大豆食心虫、大豆蚜常年发生较重，斜纹夜蛾、豆秆黑潜蝇、豆根蛇潜蝇、筛豆龟蝽、点蜂缘蝽、豆荚斑螟等在部分地区也是主要害虫。我国文献记载的大豆田杂草有 38 科 112 种，主要有禾本科、蓼科、菊科、藜科、苋科等。

（一）主要病害

1. 大豆根腐病（soybean root rot）　大豆根腐病是大豆根及茎基部病害的统称，由多种病原真菌和卵菌侵染引起，主要表现为根和茎基部腐烂。病原物为无性真菌类镰孢属的尖镰孢（*Fusarium oxysporum*）和茄腐镰孢（*F. solani*）、丝核菌属的茄丝核菌（*Rhizoctonia solani*）、卵菌门腐霉属的终极腐霉（*Pythium ultimum*）和瓜果腐霉（*P. aphanidermatum*）等。在大豆整个生长发育期都能发生，影响根部对水分和养分的吸收，使大豆减产 10%～60%，严重时绝产，并使大豆含油量明显下降。近年来，随着大豆种植面积的扩大，重迎茬情况严重，根腐病防治难度越来越大。病原菌以伤口侵染为主，大豆种子萌发时即可侵入，土壤温度低、湿度大时进入高发期，引起大豆侧根变黑腐烂，病株开始枯萎死亡。病原菌在土壤中存活期极长，因此大豆连作年限越长，土壤中病原菌就越多，发病越重。

2. 大豆灰斑病（soybean gray leaf spot）　病原物为大豆尾孢（*Cercospora sojina*），属半知菌亚门。为害大豆叶、茎、荚及籽粒，严重发病时几乎所有叶片长满病斑，造成叶片过早脱落，大豆品质降低。一般发生年可使大豆减产 12%～15%，严重发生年可减产 30%，甚至可达 50%。该病为间歇性流行病，影响流行的主要因素一是大豆抗病性，不仅大豆品种间抗性差异大，而且同一品种对不同病菌群体的抗性也不同；二是初侵染源的存在，如重病区重茬或邻作、前作为大豆时，发病普遍较重；此外，气候条件如开花后降雨多、田间湿度大、夜间结露时间长等发病重。

3. 大豆花叶病（soybean mosaic disease）　病原物为大豆花叶病毒（Soybean mosaic virus, SMV），为马铃薯 Y 病毒科（Potyviridae）马铃薯 Y 病毒属（*Potyvirus*）成员。在世界大豆产区广泛发生，影响大豆的产量和品质，严重时发病率可达 40%，减产超过 50% 甚至绝收。种子带毒是该病发生的主要原因。种子带毒率高，出苗后病株多，毒源增加，后期发病就重。大豆感病越早，种子带毒率越高。大豆病毒病主要是蚜虫传毒，在田间有毒源存在时，蚜虫发生期、有翅蚜迁飞时间以及在大豆上的着落频率，都是影响发病程度的重要因素；大豆病毒病发生的适宜温度为 20～30℃，当温度高于 30℃时不显症状，低于 30℃时，随着温度的降低，病害潜育期延长；干旱时发病重；抗病性弱的大豆品种发病重。

4. 大豆胞囊线虫病（soybean cyst nematode disease）　又称为大豆黄萎病，俗称火龙秧子，病原物为大豆胞囊线虫（*Heterodera glycines*）（图 8-13）。该病是世界大豆生产上的重要病害之一，

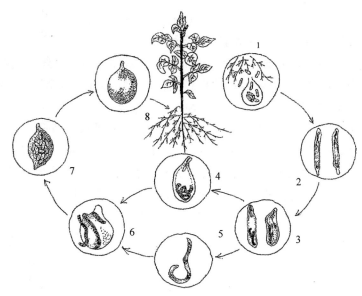

图 8-13　大豆胞囊线虫病（引自侯明生和黄俊斌，2014）

1. 2 龄幼虫侵染大豆根部；2. 3 龄幼虫；3. 4 龄幼虫；4. 雌成虫；5. 雄成虫；6. 繁殖；
7. 老熟雌成虫形成胞囊；8. 以胞囊在土中越冬

一般造成产量损失 5%~10%，严重时颗粒无收。干旱条件下线虫繁殖力强，适宜其生长的温度为 17~28℃。主要以胞囊在土壤中越冬，一般在沙土、壤土、旱地、岗地等土壤瘠薄、土质疏松、透气性良好的环境中发病严重，部分砂浆黑土地和淤土地也发病较重。胞囊在 5~20 cm 深的土层最多，在 40~50 cm 深处仍有存在。线虫适宜生活在碱性土壤中，在 pH 高的土壤中胞囊数量多。此外，连作重茬是大豆胞囊线虫病严重发生的重要条件。

5. **大豆菌核病**（soybean sclerotinia stem rot）　又称白腐病，病原物为大豆核盘菌（*Sclerotinia sclerotiorum*），属子囊菌亚门。发生广泛，可导致大豆严重减产。在整个生育期均可发病，造成苗枯、叶腐、荚腐等症状，花期以后发病较重，主要为害茎秆。病残体、土壤及种子中的菌核为主要初侵染源，或从其他寄主（如向日葵）传播至大豆。大豆开花结荚后田间郁闭高湿，有利于菌核萌发产生子囊盘。子囊盘成熟后弹出子囊孢子，落到附近豆株枝杈、花或叶上，湿度适合可萌发侵入寄主。气流可传播子囊孢子，菌核随田间流水传播。病健株接触时菌丝直接蔓延侵染健株。种子中混杂的菌核是远距离传播和侵染无病田的主要原因。混有菌核而未充分腐熟的肥料也可传病。菌核在土中可存活 3 年以上。菌核埋土中 10 cm 以下不能萌发。

6. **大豆炭疽病**（soybean anthracnose）　病原物为大豆炭疽菌（*Colletotrichum glycines*），属半知菌亚门。在我国普遍发生，南方重于北方。主要为害茎秆和豆荚，有时也可侵染幼苗和叶片。病菌以菌丝体和分生孢子盘在病茎秆或种子上越冬，成为翌年的初侵染源。田间借风雨进行传播。种子带菌，或大豆苗期遇低温，或土壤过分干燥，大豆出土时间延迟，容易引起幼苗发病；生长后期高温多雨的年份发病重；成株期温暖潮湿条件下利于该菌侵染。

7. **大豆细菌性斑点病**（bacterial blight of soybean）　病原为丁香假单胞菌大豆致病变种（*Pseudomonas syringae* pv. *glycinea*）。可使大豆产量降低 14% 以上，严重时高达 30%~40%。病

菌主要在种子和土壤表层的病株残体中越冬，最适生长温度为 24~26℃。病菌可由雨滴反溅带到叶片，也可在叶面潮湿时通过田间作业或收获而传播，东北地区 8 月份为发病盛期。暴风雨后病害常暴发，阴冷潮湿有利于发病。田间遗留病残株残体较多时，只要气象条件适宜就可广泛流行。大豆种植密度大，会加速此病的传播扩展；连作田存在大量菌源，病害发生一般较重；单一品种种植面积过大，或是引入高度感病品种，也会造成病害流行。

8. 大豆紫斑病（soybean purple spot） 病原物为菊池尾孢（*Cercospora kikuchii*），属半知菌亚门。在温暖地区发病较严重，南方重于北方。感病品种的紫斑粒率可达 15%~20%，严重时在 50% 以上，严重影响产量及品质。另外，感病种子的发芽率下降，出苗率降低 10.5%~52.5%。以菌丝体潜伏在种皮内或以菌丝体和分生孢子在残体上越冬。播种后，种子及病残株上的菌源引起子叶发病，产生大量分生孢子，随气流和雨水传播，引起再次侵染。高温、高湿有利于病害的发生和蔓延，大豆结荚期多雨，有利于病害大发生；种植密度过大，通风透光不良，发病重。

（二）主要虫害

1. 蛴螬（white grub） 属鞘翅目金龟甲总科，是金龟子幼虫的统称，俗名地狗子、土蚕。蛴螬是重要的地下害虫，为害大豆的主要有大黑鳃金龟（*Holotrichia diomphalia*）、暗黑鳃金龟（*H. parallela*）、铜绿丽金龟（*Anomala corpulenta*）等。幼虫终生栖居土中，主要以老龄幼虫为害大豆，喜食刚播下的种子、幼苗根以及成株根部的韧皮部等，造成大豆苗期缺苗断垄，成熟期百粒重下降、瘪荚率升高，严重时产量损失可达 50% 以上甚至绝收。蛴螬的发生程度与土壤温度、湿度、食料、耕作栽培以及农田附近生态条件有密切关系。蛴螬终年生活在土壤中，土壤潮湿时活动最盛，尤其在小雨连绵的天气为害严重。在北方春大豆区域，随着春季气温的回升，越冬幼虫向土表移动，对苗期大豆为害严重；在黄淮夏大豆区域，小麦高留茬和玉米秸秆直接粉碎还田等保护性耕作及少免耕栽培技术全面实施，这些未经腐熟的前茬、秸秆混入土壤或覆于地表，十分有利于地下害虫的滋生，导致蛴螬严重为害成株期夏大豆，给该区域大豆生产带来严重威胁。

2. 大豆食心虫（soybean pod borer） 属鳞翅目小卷叶蛾科（图 8-14）。一年仅发生 1 代，以老熟幼虫在豆田、晒场及附近土内做茧越冬。越冬死亡率较低，但越冬后化蛹前的死亡率很高，可达 90% 左右。化蛹期雨量较多，表层土壤含水量达到 10%~30%，有利于化蛹和羽化。初孵幼虫行动敏捷，在豆荚上爬行时间一般不超过 8 h，蛀入豆荚为害豆粒。初孵幼虫造成"针眼形"危害状，3 龄后则沿豆粒边缘取食，轻则被取食成一条沟，重则出现凸凹不平的缺刻，俗称为"虫口豆"或"兔嘴"。一般虫食粒率 5%~10%，严重时可达 50% 以上，严重降低大豆产量和品质。幼嫩豆荚受害后，常干瘪不结籽；鼓粒期受害，则造成烂瓣，籽粒破碎。成虫适宜温度为 20~25℃，相对湿度为 95% 以上。高温干燥或低温多雨，均不利于成虫存活及交尾产卵。8 至 9 月气温低，使荚内幼虫发育缓慢，脱荚数量少，田间越冬虫量减少。

3. 豆荚螟（limabean pod borer） 属鳞翅目螟蛾科（图 8-15）。以幼虫在豆荚内蛀食豆粒，被害籽粒重则蛀空，仅剩种子柄；轻则蛀成缺刻，几乎都不能作种子；被害籽粒还充满虫粪，变褐以致霉烂。一般豆荚螟从荚中部蛀入。整个幼虫期能蛀食豆粒 3~5 粒，当豆荚被食空后还能转荚为害，豆荚被害率在 15%~30%，在个别干旱年份的旱地秋大豆，豆荚被害率高达 80%

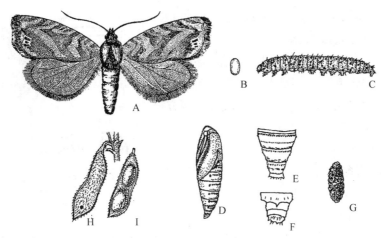

图 8-14 大豆食心虫（引自袁锋，2011）

A. 成虫；B. 卵；C. 幼虫；D. 蛹；E. 蛹末端背面；F. 雄蛹腹部末端；G. 土茧；H. 幼虫脱出孔；I. 为害状

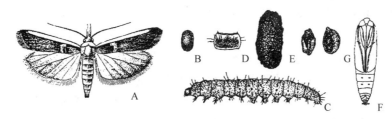

图 8-15 豆荚斑螟

A. 成虫；B. 卵；C. 幼虫；D. 幼虫前胸背板；E. 土茧；F. 蛹；G. 被害豆粒

以上。豆荚螟喜干燥，在适温条件下，湿度对豆荚螟发生的轻重有很大影响，雨量多、湿度大则虫口少，雨量少、湿度低则虫口大；地势高的豆田，土壤湿度低的地块比地势低、湿度大的地块受害重。如土壤湿度太高，饱和水分达到 50% 时，幼虫死亡率达 100%。幼虫入土结茧之前，如果土壤相对湿度过大，会使幼虫结不成茧而致死。

4. 点蜂缘蝽（bean stink bug） 属半翅目蛛缘蝽科。近年对大豆的为害较重，除豆类作物外，也取食水稻、棉花等很多植物。一年发生 2～3 代，以成、若虫刺吸危害，在豆类开始结实时往往群集为害，致使植株生长发育不良，蕾、花凋落，有荚无粒、瘪粒多，也是"症青"的重要原因。受害豆荚上留有针孔样黑褐色圆点。还可以传播病原菌，致使大豆籽粒污斑或霉烂。点蜂缘蝽以成虫越冬，冬季气温偏高、雨雪较多利于越冬；早春气温回升快有利于越冬成虫活动。成虫需取食蕾、花和果荚的汁液才能使卵正常发育，因此豆田周围早花早实植物多，往往发生和危害较重。成虫和若虫均极为活跃，影响喷药防治的效果。

5. 豆秆黑潜蝇（soybean stem fly） 属双翅目潜蝇科（图 8-16）。主要为害豆类作物，是各大豆产区的重要害虫。年发生代数各地不同，且世代重叠。广西一年发生 13 代以上，黄淮流域 4～5 代。一般以蛹和少量幼虫在寄主根茬和秸秆上越冬，但华南部分地区全年为害。从大豆苗期开始，以幼虫在大豆的主茎、侧枝及叶柄处侵入，在主茎内蛀食髓部。受害植株由于上下输导组织被破坏，造成植株矮小，分支减少，叶片发黄，似缺肥缺水状，成熟提前，秕荚、秕粒增多，影响产量和品质。活动适宜温度为 25～30℃，风力在 3 级以上时成虫即隐藏不动，相对湿度低于 80% 时活动也受到抑制。降雨量对越冬蛹的滞育有明显影响，如 5 月末至 6 月初降雨量大，则第一代虫源增加，危害加重。该虫在夏季气温高时危害较轻，南方秋冬季由于温度较为适宜，发生较重。

6. 豆根蛇潜蝇（soybean root fly） 属双翅目潜蝇科（图 8-17）。为单食性害虫，只为害大豆和野生大豆。在黑龙江和内蒙古为害较重，一年发生 1 代，以蛹在豆株根部或被害根部附近土内越冬。主要以幼虫为害根部，成虫也可以以产卵器刺破大豆幼苗的子叶和真叶，舔食汁液，取食处呈枯斑状。幼虫在幼苗茎基以下 3～6 cm 根段的根皮层钻蛀为害，为害主根的皮层和木质部，被害根变粗、变褐或纵裂，或畸形增生或生肿瘤。受害后的大豆根系不发达，幼苗长势弱、矮小，叶色黄，严重者逐渐枯死，严重影响产量。此外，幼虫在根部造成伤口，会导致感染大豆根腐病，加重损失。

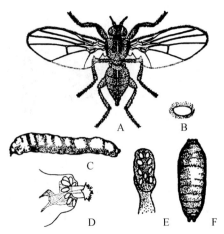

图 8-16　豆秆黑潜蝇（引自袁锋，2011）

A. 成虫；B. 卵；C. 幼虫；D. 幼虫后气门；
E. 幼虫前气门；F. 蛹

7. 大豆蚜（soybean aphid） 属半翅目蚜科，别名腻虫、蜜虫。是我国大豆产区最主要的害虫，大发生年可造成减产 20%～50%。除直接刺吸为害外，其分泌的蜜露能引起霉污病，影响光合作用；还能传播大豆花叶病毒，影响产量。大豆蚜的发生与气候变化密切相关。在东北地区，4 月下旬至 5 月中旬，如雨水充足、鼠李生长旺盛，则蚜虫成活率高，繁殖力大；反之，则不利于成活和繁殖。在东北地区，6 月下旬至 7 月上旬，为大豆蚜盛发前期，当遇到旬平均气温达 20～24℃、相对湿度在 78% 以下时，则有利于蚜量的增长。7 月下旬随着降雨增加，植株茂密，田间高温高湿，不利于繁殖。总的来看，高温高湿对大豆蚜不利，若 5 日平均气温在 25℃以上、相对湿度在 80% 以上，常引起大豆蚜大量死亡。

8. 筛豆龟蝽（kudzu bug） 属半翅目龟蝽科，又名豆圆蝽。以成虫、若虫聚集在大豆植株

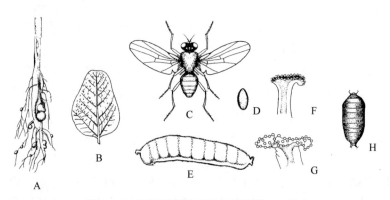

图 8-17　豆根蛇潜蝇（引自李云瑞，2005）

A. 幼虫为害状；B. 成虫为害状；C. 成虫；D. 卵；E. 幼虫；F. 幼虫前气门；G. 幼虫后气门；H. 蛹

的幼嫩茎叶等组织上吸吮汁液，使豆株幼嫩组织变褐、萎缩，致使植株提早枯黄早衰；花期危害造成花荚脱落，影响籽粒饱满，使百粒重降低。大发生时百株虫量可达 10 万头以上，严重影响大豆的产量和品质。气候晴热高温，不利于该虫产卵和卵的孵化，田间虫口密度也随之下降。播种早、生长嫩绿的春大豆上虫口密度高、为害重；秋大豆上虫量较低，一般不影响产量。

9. 豆芫菁（bean blister beetle）　属鞘翅目芫菁科，又名白条芫菁。以成虫为害大豆及其他豆科植物的叶片及花瓣，影响结实。成虫群集性强，转移时成群迁飞。在豆田中常点片发生，数十头群集在嫩叶上为害，也取食老叶和嫩茎。往往仅留叶脉，严重时全株叶片被吃光。成虫能从腿节末端分泌含有芫菁素（或称斑蝥素）的黄色液体，人体接触后会造成皮肤红肿起泡。温度与土壤含水量对豆芫菁的卵、幼虫及蛹的发育和卵的孵化有明显影响，且两者有显著的交互作用。在低温和高土壤含水量条件下，卵块容易受真菌感染，死亡率高；在高温和低土壤含水量条件下，卵容易失水导致干缩，死亡率也很高；这两种不利条件下，幼虫的取食能力下降，发育缓慢。

10. 斜纹夜蛾（common cutworm）　属鳞翅目夜蛾科，又称莲纹夜蛾，俗称夜盗虫，是一种多食性暴发性害虫，寄主植物有 109 科 300 多种。初龄幼虫取食大豆叶片的下表皮和叶肉，仅留上表皮和叶脉，叶片呈纱窗状。随龄期增长，为害加重，严重时除主脉外，全部叶片被吃光，并可为害大豆茎和荚。斜纹夜蛾喜温、喜湿性，高温、多阵雨、秋季温度偏高的天气有利于害虫的发生。最适生长温度为 28～32℃，相对湿度 75%～95%，土壤含水量 20%～30%。该虫不耐低温，长期处于 0℃条件下基本不能存活。土壤含水量低于 20% 时不利于化蛹、羽化，田间积水对羽化也不利。

11. 短额负蝗（point-headed grasshopper）　属直翅目锥头蝗科。大豆生长后期的食叶害虫，还可危害其他豆类、蔬菜、棉花、甘薯、马铃薯等。取食叶片成缺刻和孔洞，严重时将叶片食光，只留叶柄。一般以早晨和傍晚取食为多，尤其在植株密、湿度大的环境条件下为害严重。蝗卵的发育与土壤湿度关系密切，土壤含水量为 15%～20% 时卵的成活率在 78% 以上。越冬卵在较干燥的土壤（含水量在 20% 以下）才能安全过冬，土质较硬的偏碱性黏土有利于成虫产卵和卵的孵化。

12. 二条叶甲（two-striped leaf beetle）　属鞘翅目叶甲科，俗称地蹦子，是大豆重要食叶害虫。以成虫为害大豆子叶、生长点、嫩茎，把叶片取食成浅沟状圆形小洞，为害真叶成圆形孔洞，影响大豆幼苗生长，严重时幼苗被毁；有时为害花和雌蕊，减少结荚；蛀食青荚荚皮和嫩茎成黑褐洼坑。幼虫在土中为害根瘤，致使根瘤成空壳或腐烂，造成植株矮化，影响产量和品质。冬季温暖、早春不冷、盛夏不热、晚秋不凉的特殊气候，有利于二条叶甲的生长繁殖和越冬。成虫活泼善跳，有假死性，遇惊扰则跌落到地面呈假死状。白天藏在土缝中，早、晚为害，成虫产卵于植株四周的土表。

（三）主要杂草

大豆田杂草种类和群落组成，受耕作制度、栽培措施、除草剂使用年限的变化而有一定的变化。21 世纪之前，大豆田中以禾本科杂草为主，而阔叶类杂草极少。进入 21 世纪，随着大豆耕作模式的变化及除草剂的大量使用，大豆田杂草群落的演替速度加快，优势种也逐渐从禾本科杂草向阔叶类杂草转变。

1. 北方春大豆区 多为一年一熟。大豆田杂草主要有稗草、苍耳、狗尾草、反枝苋、马唐、铁苋菜、蓼、藜、刺儿菜、苣荬菜等。

2. 黄淮夏大豆区 多为一年两熟或两年三熟。大豆田杂草主要有光头稗、青葙、野艾蒿、狗牙根、莎草、苍耳、画眉草、千金子、地锦、马唐、牛筋草、藜、狗尾草、反枝苋、鳢肠、铁苋菜等。

3. 南方多作大豆区 多为一年多熟。大豆田杂草主要有铁苋菜、马唐、千金子、车前草、空心莲子草、地锦、牛筋草、狗尾草、田旋花、刺儿球等。

二、大豆病虫草害综合治理

随着我国大豆振兴计划的实施，大豆种植面积不断扩大，重迎茬面积明显增加，使近几年大豆病虫草害都呈上升趋势。在制订综合防治计划时，应综合考虑大豆品种资源丰富和补偿能力较强的特点，以压低病虫草发生基数为重点，以保护利用天敌资源为补充，把农业防治、生物防治、诱杀防治与药剂防治有机结合，科学把握防治指标，及时采取有针对性的措施，把有害生物的危害控制在经济允许水平以下。

（一）备耕期

1. 秋翻整地灭茬 大豆收割后进行耕耙，能把残茬、草根、病株残体等翻下去，有效压低越冬病虫基数，减少土壤病虫害及苗期害虫发生。

2. 选择抗性品种 针对重要病虫害，因地制宜选种高产、优质、抗（耐）病及抗（耐）虫品种，可从根本上控制病虫的危害。

3. 实行轮作及间作套种 合理轮作是预防病虫害的有效手段。推广玉米与大豆轮作、间作套种或同穴混播，不仅可以提高复种指数和种植收益，而且能显著减轻多种大豆病虫的为害。

4. 调节播种期 在不影响大豆高产优质前提下，适当调节播种期和收获期可以避免或减轻某些病虫为害。早播或迟播使结荚期错过成虫产卵盛期，大豆食心虫、豆荚螟为害自然减轻。

5. 合理施肥 均衡施用氮磷钾肥，不可过量施用氮肥，以免造成植株贪青晚熟，适当增加有机肥的用量，促进植株茎秆粗壮，增强抗病虫害的能力。

（二）播种期至出苗期

播种期是播种当天的日期。出苗期是幼苗子叶出土达 50% 的日期。播种期至出苗期的病虫害主要是土壤及根部病虫害。

1. 处理种子 根据地下害虫、土壤病害和苗期病虫害种类，选择适宜的种衣剂实施种子统一包衣。种子处理和地下施药能兼治多种苗期病虫害。

2. 适时除草 适时除草既可以消灭草荒，又能清除病原菌或害虫的中间寄主或栖息场所，改善作物生长条件而不利于病虫发生。喷洒化学药剂杀灭杂草，以减少病虫害的发病率。选择杀草广谱、药效期适中、不影响后茬作物的除草剂，坚持"土壤处理为主、茎叶处理为辅"的原则，抓住除草的关键期。大豆田杂草多为禾本科和阔叶草混合发生，土壤处理和茎叶处理应采用两类或两类以上防除禾本科杂草和防除阔叶杂草的除草剂，现混现用。

3. 适时用药 出苗期经常发生的主要是大豆蚜、蓟马、叶甲、蛾类等食叶类害虫，当田间有蚜株率达 5%～10% 或百株蚜量 1 500～3 000 头时，及时施用药剂进行防治，注意选择对天敌安全的药剂或错开天敌活动高峰施药。

4. 招引天敌　在豆田按 1 个 /10 m² 的密度，挖 12 cm×12 cm×12 cm 的小坑，覆盖秸秆或杂草，可有效招引步甲、蜘蛛等天敌栖息，提高自然天敌数量。

（三）开花期和结荚期

开花期是开花株数达 50% 的日期，结荚期是幼荚长度在 2 cm 以上的株数达 50% 的日期。该时期病虫发生种类较多，也是需要重点防治的时期。

1. 成虫诱杀　结荚期最主要害虫是大豆食心虫等。在大豆食心虫成虫羽化期，使用杀虫灯诱杀，对成虫可结合性诱剂诱杀。

2. 赤眼蜂利用　在大豆食心虫等害虫产卵初期至卵盛期，选用当地优势蜂种，每亩放蜂 2 万～3 万头，每亩设置 3～5 个释放点，分 2 次统一释放。

3. 合理使用药剂　大豆食心虫成虫发生高峰期可见蛾量达 40 头 /100 m² 时，应及时进行药剂防治，对成虫可选用熏蒸药剂拌麦麸撒施于垄沟中；也可选用氯氰菊酯乳油等常规农药喷雾防治。

4. 适时灌溉追肥　提高土壤和空气湿度，改善田间微气候环境，能增加害虫感染白僵菌、蚜霉菌等微生物天敌的概率，且有利于寄生性和捕食性天敌的栖息和存活。大豆初花期结合中耕培土，适当喷施叶面肥。

（四）鼓粒期和成熟期

鼓粒期指籽粒较明显凸起的植株达 50% 的日期；成熟期是全株有 95% 的荚变为成熟颜色，摇动时开始有响声的植株达 50% 的日期。该期病虫草害较少，注意调节收获期，在不影响产量的前提下，及早收获和脱粒可减少大豆食心虫越冬数量并防止幼虫在荚内继续为害。

第五节　棉花病虫草害

棉花是人类的主要经济作物，在国民经济中占有十分重要的地位。棉花生长期长，常遭受病虫害严重危害，在所有大田作物中，棉花是使用化学药剂最多、病虫危害最严重、抗药性害虫最猖獗的作物之一。采用棉花病虫害综合治理，是维持棉花生产可持续发展的有效措施。

一、棉花病虫草害及其发生特点

我国棉区辽阔，各棉区因生态、耕作栽培制度不同，病虫草害发生种类及为害程度也有明显变化。在我国分布较广、为害较大的病害有立枯病、炭疽病、红腐病、黑斑病、疫病、角斑病、茎枯病、枯萎病、黄萎病、黑果病和红粉病，虫害有种蝇、地老虎、蜗牛、棉蚜、蓟马、红蜘蛛、棉育螨、棉铃虫、红铃虫、金刚钻、玉米螟、棉大卷叶虫、棉小造桥虫和棉叶蝉等。

（一）主要病害

1. 棉立枯病（cotten sareshin）　棉立枯病由立枯丝核菌（*Rhizoctonia solani*）引起，主要为

害棉苗。在棉苗出土前造成烂芽,出土后,幼茎基部近土面处出现淡黄色或黄褐色病斑,病斑逐渐扩展围绕幼茎,病部变黑褐色并缢缩,棉苗枯死,但不倒伏(图8-18A)。病菌生长最适温度为17~28℃,发病最适土壤温度为15~23℃。病菌主要以菌丝体和菌核在病残体和土壤中腐生越冬,成为来年的侵染源。苗期低温高湿,有利于发病。

2. 棉炭疽病(cotten anthracnose) 由棉炭疽菌(*Colletotrichum gossypii*)引起,主要为害棉苗(图8-18B)和棉铃(图8-20A)。棉子刚萌发时受害造成烂根烂芽,苗出土后感病造成近土面的茎部出现红褐色梭形条斑,略凹陷,纵裂,严重时病部变黑,棉苗干枯死亡。后期为害棉铃,最初病斑呈暗红色或褐色小点,以后扩大合并成褐色病斑。病部凹陷,边缘为暗红色稍隆起。在高湿条件下,病斑表面产生橘红色的黏质物或薄霉层,严重时全铃腐烂。病菌主要来源于土壤和种子带菌,菌丝生长发育及发病最适温度为25~30℃;苗期土壤含水量高、通气性差,铃期高湿或多虫伤,有利于炭疽病的发生。

3. 棉红腐病(fusarium rot of cotton) 主要由串珠镰孢菌(*Fusarium moniliforme*)引起,主要为害棉苗(图8-18C)和棉铃(图8-20B)。棉苗出土前感病变黄褐色腐烂,出土后感病,根尖先变褐色腐烂,以后蔓延到全根和茎基部,病部肥肿,后呈黑褐色腐。子叶边缘生黑褐色病斑,潮湿时病斑上生粉红色霉层。后期为害棉铃,多从铃尖、铃基部或铃壳缝隙处开始,病部初期呈墨绿色水渍状,后迅速扩散,全铃呈黑褐色腐烂,并在裂缝处或病部表面产生粉红色或浅色霉层。病菌主要来源于土壤和带菌种子。棉花苗期低温高湿、铃期高湿以及虫伤或机械损伤,有利于发病。

4. 棉黑斑病(cotton altemaria spot) 又称轮纹斑病,由大孢链格孢菌(*Alternaria macrospora*)引起,主要为害棉苗(图8-18D)。棉苗子叶和真叶感病后,产生近圆形褐色病斑,扩大后直径可达8~10 mm,病斑上有同心环纹及灰黑色霉层。子叶柄和幼茎感病后,生黑褐色梭形凹陷的病斑,严重时子叶脱落。生长点罹病时变黑枯死。病菌主要来源于土壤和带菌种子,寄生性较弱,棉苗遭受冻伤后易发病。

5. 棉角斑病(cotton bacterial blight) 由棉角斑病细菌(*Xanthomonas malvacearum*)引起,棉花各生育期均能发病,主要为害棉花子叶、真叶(图8-19A)和嫩茎,也为害棉铃(图8-20C)。子叶感病,初生水渍状病斑,逐步扩大成为圆形或不定形黑褐色病斑,严重时导致子叶枯死脱落。真叶上病斑因受叶脉限制而呈多角形,有时沿叶脉发展成条状病斑,易造成叶片枯黄脱落。病菌通过叶柄侵染幼茎,初呈水渍状病斑,后扩大变黑而腐烂,病部下陷,幼苗向

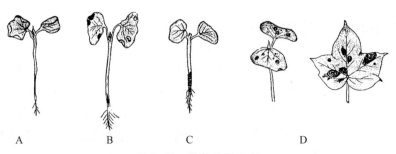

图8-18 棉花苗期病害

A. 棉立枯病；B. 棉炭疽病；C. 棉红腐病；D. 棉黑斑病

一边弯曲。如顶芽受害则造成"烂顶"，引起全株死亡。病菌主要来源于种子带菌及部分土壤中的病残体。病菌生长的适温为 25～30℃，发病适温为 21～28℃。田间高湿易发病。

6. 棉茎枯病（cotton ascochyta blight）　由棉壳二孢菌（*Ascochyta gossypii*）引起，棉花各生育期均可为害，但以棉花现蕾前后突发为害最重（图 8-19B）。受害叶片上初生紫红色小点，后扩大成边缘紫红色、中间淡褐色的近圆形病斑，病斑上有同心轮纹，并散生小黑点。长期阴雨，可出现灰绿色大型急性病斑，叶片如同水烫一样，萎垂变黑，脱落后棉株成光秆。叶柄基部和茎上病斑初为红褐色小点，后扩大成褐色梭形病斑，中间凹陷，上生小黑点。叶柄发病，可使叶片脱落。茎部被害先呈失水状，后成溃疡，严重的茎部枯死变黑，后期外皮脱落，内皮纤维外露。病菌主要来源于土壤中的病残体。5—6 月份连阴雨造成的持续高湿，有利于该病暴发流行。

7. 棉枯萎病（cotton fusarium wilt）　由尖镰孢（*Fusarium oxysporum*）萎蔫专化型引起，以现蕾前侵染为主，导致整株发病（图 8-19C）。枯萎病是一种系统性维管束病害，在不同情况下导致不同症状。但一般来说主要是造成前期死苗，后期叶片和蕾铃大量脱落，甚至整株枯死。剖开茎、枝和叶柄，内部可见深褐色条纹状的变色维管束。病菌主要来源于带菌土壤，可在连作棉田土壤中不断积累，形成所谓的"毒土"；病菌还可来源于种子和其他病残体。土壤线虫为害造成根部伤口，有利于侵染。土温适宜，雨水多且分布均匀，有利于发病。依靠培育和推广抗枯萎病棉花品种，该病在我国各棉区已基本得到有效控制。

8. 棉黄萎病（cotton verticillium wilt）　被称为棉花的"癌症"，遍及我国各棉区，特别是在新疆棉区日趋严重，成为棉花第一大病害。该病由大丽轮枝菌（*Verticillium dahliae*）和黄萎轮枝菌（*V. alboatrum*）引起，是一种系统性维管束病害，以花蕾期为发病高峰（图 8-19D）。病菌孢子萌发产生菌丝体，从根毛或伤口处侵入根系。症状表现由下部叶片开始，逐步向上发展。叶片边缘的叶脉之间出现淡黄色斑块，逐渐扩大并失绿变淡，而主脉及其附近并不褪绿，因此呈现出掌状斑驳，最后变褐枯死。病叶由下而上逐步脱落，仅在植株顶部留下少数小叶片，蕾铃稀少；严重时甚至造成叶、蕾、铃全部脱落，仅剩光秆。夏季久旱遇暴雨或漫灌时，会出现叶片像水烫一样垂萎而脱落的急性症状。病菌主要来源于带菌土壤、病残体和带菌种子。发病适宜温度为 22～28℃，降雨及线虫伤口有利于侵染发病。苗期棉株抗病性较强，当棉株转入生殖生长后，抗病性开始下降，开花结铃期发病达到高峰。

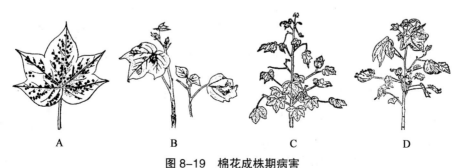

图 8-19　棉花成株期病害

A. 棉角斑病；B. 棉茎枯病；C. 棉枯萎病；D. 棉黄萎病

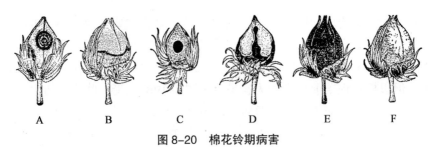

图 8-20 棉花铃期病害

A. 棉炭疽病; B. 棉红腐病; C. 棉角斑病; D. 棉疫病; E. 棉黑果病; F. 棉红粉病

9. 棉疫病（cotton blight） 主要由苎麻疫霉菌（*Phytophthora boehmeriae*）引起，主要为害棉苗和棉铃（图 8-20D）。子叶感病多从边缘开始，初呈暗绿色水渍状，如遇潮湿天气，病斑迅速扩大，病斑四周呈暗绿色，中央灰褐色，呈不规则形，叶易脱落。为害棉株下部大铃，发病从棉铃基部萼片下面开始，初在铃面上形成淡褐、青褐至青黑色水渍状病斑，形状不规则，边缘颜色浅，界限不明显。几天后铃面出现霜霉状物。棉铃逐渐腐烂，棉絮变成僵瓣。病菌主要来源于土壤中的病残体，田间高湿有利于该病发生。

10. 棉黑果病（cotton diplodia boll rot） 由棉色二孢菌（*Diplodia gossypina*）引起，主要为害后期中上部棉铃（图 8-20E）。病铃黑色僵硬、不易开裂，棉絮僵硬变黑，铃表面密生许多小黑点，并布满一层黑色烟煤状物。病菌主要来源于病铃残体，高温高湿或有日灼伤时易发病。

11. 棉红粉病（cotton cephalothecium boll rot） 由玫红复端孢菌（*Cephalothecium roseum*）引起，主要为害棉铃（图 8-20F）。受害棉铃腐烂，多在裂缝处产生粉红色松散的绒状霉，开始较薄色淡，随后发展到全铃壳布满橘红色厚而坚实的孢子堆。病铃不能吐絮，棉絮成褐色僵瓣，棉瓤干缩。病菌主要来源于病铃残体。该病菌为弱寄生菌，虫伤或机械损伤有利于发病。

（二）主要害虫

1. 种蝇（seedcorn maggot） 又称根蛆，属双翅目蝇类害虫，可为害棉花、玉米等很多种作物。以幼虫（蛆）为害发芽的棉子和棉苗幼茎，常造成缺苗断垄，是一种苗期害虫，在南方棉区发生较重。有机肥发酵对成虫有引诱产卵作用，土壤含水量低、高温不利于种蝇发生。

2. 地老虎（cut worm） 又称土蚕，切根虫，属鳞翅目夜蛾科害虫。为害棉花的主要是小地老虎（图 8-21）和黄地老虎。以幼虫为害棉苗，低龄幼虫啃食叶片，常使棉叶呈窗纱状穿孔或形成缺刻。高龄幼虫常齐地把苗咬断，造成严重的缺苗断垄。耕作粗放、杂草丛生的棉田发生严重。

3. 蜗牛（snail） 属有害软体动物。以带尖锐小齿的舌舔食棉苗，在叶片上形成孔洞和缺刻，取食幼茎可把棉苗咬断。大发生时，蜗牛行走分泌的白色黏液条纹和青色绳状粪便，板结遮光，滋生病菌，严重影响棉花生长。棉花苗期多雨、土壤湿润，往往大发生，但高温干旱则发生轻。

4. 棉蚜（cotton aphid） 又称腻虫、蜜虫。棉花重要害虫，以黄河流域、辽河流域及新疆等北方棉区发生最重，长江流域棉区次之，华南棉区一般较轻。主要为害棉苗，条件

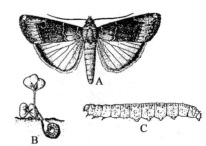

图 8-21 小地老虎

A. 成虫; B. 危害状; C. 幼虫

适宜时夏季伏蚜大发生，会对蕾铃期棉花造成很大危害。棉蚜聚集在叶背面或嫩头上，以口针刺吸植物汁液，受害叶向下卷缩，棉苗生长停滞。一年发生 20～30 代，早春在木槿等越冬寄主上繁殖 2～3 代后，产生有翅蚜迁入棉田为害；10 月中下旬产生有翅的性母，迁回越冬寄主，产生无翅雌蚜和有翅雄蚜，雌雄蚜交配后，在越冬寄主枝条缝隙或芽腋处产卵越冬。棉蚜生长发育的最适温度为 23～27℃，25℃时种群增长率最高；伏蚜发生期适宜的相对湿度为 69%～89%，超过 90% 时造成蚜霉菌流行，使蚜虫种群迅速下降；此外，大雨对棉蚜有明显的冲刷作用，因此夏季高温多雨不利于棉蚜发生。棉蚜发生受天敌的影响较大，苗期蚜虫一般麦套棉发生较轻，而纯作直播棉发生较重。

在新疆棉区，除棉蚜外，棉黑蚜和棉长管蚜也发生较重。

5. 棉蓟马（cotton thrip） 属缨翅目害虫，为害棉花的主要有烟蓟马、花蓟马和黄蓟马（图 8-22）。以口器锉吸棉苗子叶、真叶和生长点的汁液。棉苗子叶期受害后，生长点变成锈色枯死，常形成只有两片肥厚子叶的"公棉花"，其后死亡或发出多个新芽形成"破头棉"。棉叶受害后变厚变脆，叶背面沿叶脉出现银白色斑点，为害重时成银白色条带。叶正面出现黄褐色斑，叶面皱褶不平，变成畸形。棉蕾受害后，苞叶展开。发生受虫源作物影响大，一般麦套棉田发生轻，而绿肥、蚕豆、油菜与棉花套种，或棉田靠近绿肥、蚕豆和油菜田的发生重。

6. 棉红蜘蛛（cotton red mite） 即棉叶螨，属蛛形纲叶螨科（图 8-23），为害棉花的主要是朱砂叶螨和截形叶螨。主要为害棉花叶片，聚集在叶背面吐丝织网，虫体隐藏在网下取食棉花汁液。一般叶背有 1～2 头螨为害，叶正面出现黄色斑点，有 5 头以上螨时，出现红色斑点，螨越多红斑越大，严重为害时，状似火烧，叶片脱落。干旱少雨，氮肥使用不足易造成大发生。

7. 棉盲蝽（cotton leaf bug） 又称盲蝽象，属半翅目害虫，为害棉花的主要有绿盲蝽（图 8-24）、中黑盲蝽、苜蓿盲蝽、牧草盲蝽和三点盲蝽。绿盲蝽分布最广，南北均有分布，且具一定数量；中黑盲蝽和苜蓿盲蝽分布于长江流域以北的省份；而三点盲蝽和牧草盲蝽分布于华北、西北和辽宁。以口针刺入植物体内取食汁液，主要为害棉花顶芽、边心、花蕾和幼龄，为害盛

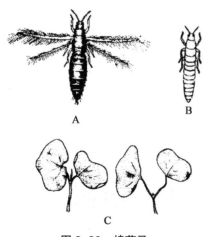

图 8-22 棉蓟马

A. 成虫；B. 若虫；C. 为害状

图 8-23 棉红蜘蛛

A. 成虫；B. 为害状

期在棉花现蕾到开花盛期。棉花子叶期生长点受害变成黑褐色，干枯脱落，形成无头棉；真叶期顶芽被刺伤形成破头疯，嫩叶受害展开后形成大、小孔洞，造成"破叶疯"；幼蕾受害后，变黑脱落，中型蕾被害则形成张口蕾，并很快脱落。幼铃被害伤口呈水渍状斑点，重则僵化脱落；顶心或旁心受害，形成扫帚棉。6—8月份多雨，温暖高湿有利于其大发生；棉花生长茂盛，蕾花较多的棉田，发生较重。

8. 棉铃虫（cotton bollworm）　属鳞翅目夜蛾类，棉花蕾铃期重要害虫。寄主植物达30多科200余种。以幼虫啃食或蛀食棉花的头、蕾、花和铃。幼虫孵化后先取食卵壳，再啃食嫩头，2龄后开始取食幼蕾，且不食空即转移为害，凡受害蕾苞叶张开，很快变黄脱落。4龄后进入暴食期，大量蛀食蕾、花和铃，造成极大损失（图8-25）。在黄河流域棉区和部分长江流域棉区年发生4代，以第2代最重，第3代次之；在长江流域大部分棉区每年发生5代，以第3、4代最重。在黄河流域棉区4月下旬至5月中旬，当气温升至15℃以上时，

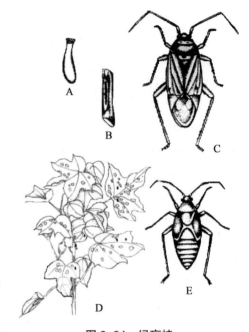

图 8-24　绿盲蝽

A. 卵；B. 产卵痕；C. 成虫；
D. 棉株被害状；E. 若虫

越冬代成虫羽化，第1代幼虫主要为害小麦、豌豆等作物，6月中、下旬第1代成虫盛发，大量迁入棉田产卵；第2代幼虫发生较重，7月下旬至8月上旬为第2代成虫盛发期，主要集中于棉花上产卵；第3代幼虫为害盛期在8月上中旬，成虫盛发期在8月下旬至9月上旬，大部分成虫仍在棉花上产卵；9月下旬至10月上旬第4代幼虫老熟，在5～15 cm深的土中筑土室化蛹越

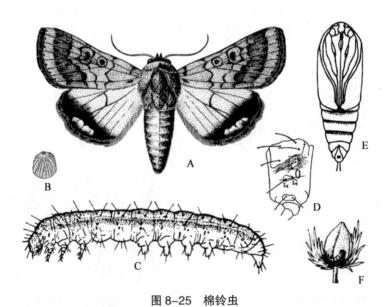

图 8-25　棉铃虫

A. 成虫；B. 卵；C. 幼虫；D. 幼虫前胸侧面（示气门前2根毛连线与气门相切）；E. 蛹；F. 为害状

冬。一代桥梁寄主和蜜源植物多，雨量适中，土壤湿润疏松，常引起大发生。

9. 棉红铃虫（cotton pink bollworm）　属鳞翅目麦蛾科，是世界性重要害虫。为害棉花的蕾、花、铃和种子，引起蕾铃脱落，导致僵瓣、黄花等。成虫产卵于蕾铃上，幼虫孵化后立即蛀入蕾铃内危害，蛀入处外表仅留有一小黑点，而无其他症状。幼虫蛀入蕾后取食花心，并吐丝缀合花瓣，使花瓣不能张开，形成"风车花"（图8-26），绝大部分脱落。蛀入铃后，幼虫取食棉籽和纤维，使铃重减轻，棉花品质下降，严重时形成僵瓣和腐烂。为害种子时，吐丝将两个棉籽连在一起。暖冬、棉花现蕾早或生长茂盛棉田发生重。

10. 金刚钻（bollworm）　属鳞翅目夜蛾类害虫，常见的有鼎点金刚钻、翠纹金刚钻和埃及金刚钻。在棉花现蕾前，幼虫从顶芽蛀入幼茎，造成嫩头变黑枯死、倒头，侧枝丛生。蕾铃期危害蕾、花和青铃，造成脱落，大铃腐烂。不同种的金刚钻对环境要求有一定差异，一般来说，夏季低温有利于其大发生。

11. 玉米螟（corn borer）　属鳞翅目螟蛾科害虫。低龄幼虫蛀食棉花嫩茎或叶柄，使顶部枯死，形成"挂叶"；啃食蕾、花、幼铃，则造成脱落。高龄幼虫蛀食茎秆，遇风折断，造成棉株上部枯萎。棉田玉米螟的发生受作物布局影响较大，一般春玉米面积大而夏玉米面积小，且发生期低温高湿，有利于棉田玉米螟发生。

12. 棉大卷叶虫（cotton leaf roller）　又称棉大卷叶螟，属鳞翅目螟蛾科害虫，是棉花食叶类害虫。低龄幼虫聚集在叶背啃食叶肉，稍大后分散，吐丝把棉叶卷成喇叭筒形状，幼虫躲在其中取食。大发生时，棉叶被食光后，也取食蕾铃的苞叶。棉田偏施氮肥，郁闭、徒长、迟熟的棉田，以及秋季多雨年份发生重。

13. 棉小造桥虫（cotton leaf caterpillar）　属鳞翅目夜蛾类害虫。以幼虫取食棉花叶片危害。初龄幼虫啃食叶片，稍大后沿叶片边缘蚕食，造成缺刻，甚至将叶片吃光，仅留下叶脉。幼虫有时也取食蕾和花蕊，导致脱落。一般靠近村庄、树林，杂草多的棉田发生重。

14. 棉叶蝉（cotton leafhopper）　属半翅目叶蝉类害虫。以成、若虫在叶背面刺吸为害。受

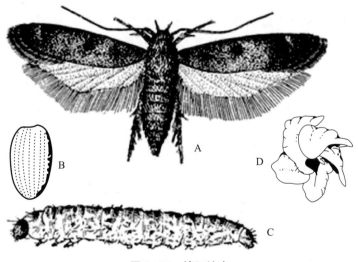

图8-26　棉红铃虫

A. 成虫；B. 卵；C. 幼虫；D. 风车花

害叶在叶尖和边缘出现黄白斑，后变紫红，且向背卷，严重时整株叶片变红卷缩，枯焦脱落。受害棉株蕾铃脱落增加，纤维质量差。零星分散棉田、夏季高温干旱发生重。

（三）棉田草害

棉田草害种类繁多，包括各种旱田一年生和多年生的单子叶和双子叶杂草（见第四章）。

1. 一年生单子叶杂草　主要有马唐、旱稗、狗尾草、牛筋草、千金子、碎米莎草、虎尾草、大画眉草等，它们以种子过冬，在春季或夏季发芽，夏秋或初冬季开花结籽。幼苗植株在严寒到来前枯死，有很强的结实繁殖能力。

2. 多年生单子叶杂草　主要有狗牙根、香附子、扁秆藨草、双穗雀稗等。这类杂草地上部分随生长季不同而在一定时期内死亡，但地下根茎可延续数年不死，它们不仅以种子繁殖，还以地下根、茎进行营养体繁殖。

3. 一年生双子叶杂草　主要有鳢肠、苍耳、铁苋菜、地锦、苘麻、野西瓜苗、藜、苋、龙葵、毛酸浆、马齿苋、地肤、曼陀罗和车前等，每年春夏季种子萌发出土，夏秋或初冬季开花结果，以种子过冬。

4. 多年生双子叶杂草　主要有打碗花、田旋化、刺儿菜和苣荬菜等。除种子繁殖外，还可用延续数年不死的发达地下根茎繁殖。在早春萌发时，为地老虎等害虫提供早春寄主。

二、棉花病虫草害综合治理

棉花病虫草害综合治理要在弄清当地的主要病虫草害种类及其关键防治措施和时期的前提下，根据当地耕作制度和农田生态系统的特点协调应用这些关键措施，尽量发挥天敌等自然控制因素的作用，减少化学农药的使用，从而获得理想的经济效益、生态效益和社会效益。转 Bt 基因抗虫棉在我国普遍推广后，棉铃虫、红铃虫及玉米螟等鳞翅目害虫得到有效控制，而棉蚜、盲蝽象及烟粉虱等刺吸式害虫成为防治重点，在防治这些害虫的同时，也要密切注意鳞翅目害虫对 Bt 棉花抗性的发生和发展，防治它们的上升危害。

1. 播种前　播种前可根据当地农业生态系统的特点及主要病虫害发生情况，以合理作物布局、选择抗性品种为关键，并结合必要的农事操作，压低病虫草的发生基数。在可能的情况下，尽量选用抗性品种。有条件时，选择适当作物进行轮作或间作套种，或种植诱集植物，可以建立早期天敌群落。在叶螨和盲蝽象重发地区，要注意作物布局和田块的设置。在苗期病虫严重的地区，要考虑进行种子处理，包括浸种、拌种及种子包衣。人工允许的情况下，还可大面积实施育苗移栽，以便于苗期集中管理，降低防治成本。对于土栖有害生物较重的地区，必要时要考虑土壤处理。此外，还应避免施用未腐熟的有机肥。对于杂草的防除，可将除草剂以土壤封闭的方式进行处理。

2. 苗期　苗期是从播种到棉花现蕾的一段时期，其管理目标是全苗、壮苗、早发。棉花三叶前的苗期对病虫害的耐害补偿能力弱，常影响全苗早发，防治上要特别重视。

苗期病虫草害主要是苗病、棉蚜、蓟马、红蜘蛛及杂草等，局部地区还有地老虎、种蝇和蜗牛等。一般要求是尽量通过苗前措施（如种子处理、间套作等），以及人工机械方法进行防治。严格掌握防治指标，尽一切可能避免喷施化学农药，必要时尽量采用选择性药剂以及隐蔽性施药技术，保护天敌。在棉花苗期及现蕾期，杂草种类复杂且发生量大，对棉花生长的影响较大，主要通过中耕除草或选用除草剂以茎叶处理的方式进行防除。

3. 蕾铃期 蕾铃期是指从现蕾到开始吐絮的一段时期，其管理目标是多现蕾、多结铃、早吐絮。棉花现蕾初期的耐害补偿能力较强，而后期的蕾铃盛期则较弱，病虫害极易造成产量损失。

蕾铃期主要病虫草害有枯萎病、黄萎病、铃病、棉铃虫、红铃虫、盲蝽象、红蜘蛛和杂草，局部地区还有玉米螟、金刚钻、伏蚜和小造桥虫等。要特别注意棉花封行前对杂草的防治，采用中耕除草或茎叶处理剂进行化学除草。加强水肥管理，提高棉花对枯、黄萎病和其他茎叶病害的抵抗能力。这一时期要注意发挥农业栽培措施的作用，减少用药，必要时用药要及时。对于大量迁入的盲蝽象可采用集中施药的方法防治。在没有种植 Bt 抗虫棉的田块，重点监测棉铃虫产卵量和产卵高峰，调整打顶、摘心时间；利用棉铃虫性诱剂、食诱剂及田边种植诱集植物等诱蛾，叶面喷施过磷酸钙，以减少田间卵量。红铃虫一代和棉铃虫二代可采用不施药、或挑治、或使用高选择性生物农药的方法。

4. 吐絮期 吐絮期是从开始吐絮到全田收花基本结束的一段时期，是棉花生长的后期，其管理目标是多结铃、结大铃、结优质铃，促吐絮，力争早熟不早衰。

该期主要病虫害是烂铃、红铃虫和棉叶蝉，局部地区还有棉铃虫、金刚钻和小造桥虫为害。需要根据具体情况，针对晚熟和秋桃多的棉田进行防治，必要时按防治指标用药，以防棉花减产或品质下降。

第六节 果树病虫害

我国幅员辽阔，果树种类丰富，果树病虫害防治在生产中占有重要地位。近年来随着人们生活水平的提高，对水果的需求迅速上升，水果生产发展较快，果树栽培水平不断提高，栽培模式也有所变化，导致病虫害发生也出现新的变化。根据果树、病虫害和环境之间的关系，开展果树病虫害综合治理，实现果树安全、优质、高效生产是果树病虫害综合治理的最终目标。

一、苹果病虫害综合治理

苹果常见病虫害有腐烂病、轮纹病、炭疽病、苹果褐斑病、斑点落叶病、霉心病、锈病、白粉病、病毒病、苹果绵蚜、苹果瘤蚜、绣线菊蚜、绿盲蝽、山楂红蜘蛛、二斑叶螨、苹果全爪螨、金纹细蛾、顶梢卷叶蛾、黄斑卷叶蛾、苹果小卷叶蛾、桃小食心虫、梨小食心虫、棉铃虫、康氏粉蚧等。不同年份，病虫害发生种类及发生程度不同。

（一）主要病害

1. 苹果腐烂病（apple Valsa canker） 俗称烂皮病，由苹果黑腐皮壳菌引起。病菌有性阶段为 *Valsa mali*，属子囊菌门，无性阶段为 *Cytospora* sp.，属半知菌门类。除为害苹果等苹果属植物外，还可侵染梨、桃、樱桃、梅等多种落叶果树及柳、杨等阔叶树种。

为害特点：腐烂病主要为害枝干，有时也会侵害果实。枝干受害，表现出两种症状：溃疡型和枝枯型。溃疡型主要发生在树体的主干和大枝上（图 8-27）。发病初期，病斑圆形或椭圆形，红褐色，水渍状，略隆起，边缘不清晰，按压病斑有黄褐色酒糟味汁液流出。后期病斑干缩，边缘有裂缝，病皮长出小黑点。枝枯型多发生在 2~5 年生的小枝条、果台、干桩等部位，以剪口处发生最多。病斑形状不规则，边缘不清晰，不隆起，不呈水渍状，后失水干枯，密生小黑粒点，造成全枝枯死。果实受害，果面上产生暗红褐色、圆形或不规则形病斑，有轮纹，边缘清晰；病部组织软化腐烂，略带酒糟气味；病斑中部常形成黑色小粒点。

图 8-27　苹果腐烂病

发生规律：病原菌主要以菌丝体、分生孢子器、子囊壳和孢子角，在病树或修剪下的病残枝干上越冬。越冬后，早春产生分生孢子，靠雨水冲溅传播，从皮孔、果柄痕、叶痕及各种伤口或落皮层等部位侵染。病原菌有潜伏侵染的特点。山东省 2 月下旬开始发生，在 3—4 月和 8—9 月形成两个高峰，春季重于秋季；陕西省发病盛期在初冬至早春的果树休眠期，2—3 月为害最重；黄河故道地区可周年为害，1 月下旬—3 月下旬为发病盛期。立地条件差，施肥不足，干旱缺水，冻害、红蜘蛛、落叶病和烂根病造成树势衰弱时，次年腐烂病易大发生。

2. 苹果轮纹病（apple ring rot）　又称粗皮病、轮纹褐腐病等。病原菌有性阶段为 *Botryosphaeria dothidea*，属子囊菌门，无性阶段为 *Fusicoccum aesculi*，属半知菌类。该病与苹果干腐病是同种病害在不同树体营养水平

图 8-28　苹果轮纹病

下的不同表现型。除为害苹果、梨外，还为害山楂、桃、李、杏、栗、枣、海棠等果树。该病主要为害果实含糖量高的品种。

为害特点：枝干受害后有 3 种表现型。①干腐型。树体衰弱，对病原菌无抵抗能力时表现，树皮组织呈干腐状。②轮纹型。以皮孔为中心形成暗褐色、水渍状或小溃疡斑，稍隆起，呈疣状，圆形。之后病斑失水凹陷，边缘开裂翘起，扁圆形，直径 1 cm 左右，青灰色。多个病斑密集，造成主干大枝树皮粗糙，故也称粗皮病，病斑上有稀疏小黑点（图 8-28）。该症状在树体亚健康时表现。③马鞍型病斑。病斑直径一般不超出 2 cm，四周翘起，此症状在树体营养水平提高、抗病能力强时表现，原因是病斑处产生离层，病、健组织分离，病害侵染终止。果实受害后，以果点为中心出现浅褐色的圆形斑，后变褐扩大，呈深浅相间的同心轮纹状病斑，其外缘有明显的淡色水渍圈，界线不清晰。病斑扩展引起果实腐烂，并流出茶褐色黏液，发出酸臭气味，最后干缩成僵果，表面密生黑色小点（分生孢子器）。

发生规律：病原菌主要以分生孢子器、菌丝体和子囊壳在病树受害部位或修剪下来的病枯残枝上越冬。春季气温 15℃、相对湿度 80% 以上时，产生大量孢子，借雨水冲溅传播。果实受侵染的时期为落花后 1 周至果实成熟期。皮孔密度大、细胞结构疏松的品种感病重。果树生长前期，降雨次数多、雨量大，侵染严重；若果实成熟期遇上高温干旱，则受害更重。山间窝风、空气湿度大、夜间易结露的果园发病重。果园管理差，树势衰弱，重黏壤土、红黏土及偏酸性土壤上的植株易发病。

3. 苹果斑点落叶病（apple Alternaria leaf spot） 又称褐纹病、褐色斑点病等。由苹果斑点落叶病原菌（*Alternaria mali*）引起，病原菌属链格孢属真菌，通常只为害苹果，主要侵害叶片，偶尔侵害果实。该病造成苹果早期落叶，引起树势衰弱，产量和质量降低。'富士'、'嘎拉'、'乔纳金'等品种一般染病较轻或不染病。

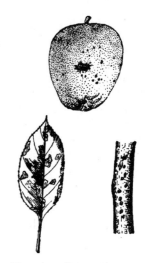

图 8-29 苹果斑点落叶病

为害特点：叶片染病初期出现褐色圆点（图 8-29），其后逐渐扩大为红褐色，边缘紫褐色，病部中央常具一深色小点或同心轮纹，一片病叶上常有病斑 10～20 个，多斑融合成不规则大斑时叶即穿孔或破碎，生长停滞，枯焦脱落。天气潮湿时，病部正反面均可长出墨绿色至黑色霉状物（分生孢子梗和分生孢子）。叶柄、1 年生枝和徒长枝上染病，出现褐至灰褐色病斑，边缘有裂缝，病部焦枯，易被风吹断，病枝上叶片亦扭曲、皱缩。果实染病，在幼果面上产生 1～2 mm 的带红晕的小圆斑，病斑上有黑色发亮的小斑点或锈斑。病部有时呈灰褐色疮痂状斑块，病健交界处有龟裂，病斑不剥离，仅限于病果表皮，但有时皮下浅层果肉可呈干腐状木栓化。

发生规律：病原菌以菌丝在受害叶、枝条或芽鳞中越冬。翌春产生分生孢子，随气流、风雨传播，从气孔侵入进行初侵染。分生孢子一年有两个活动高峰：第一高峰从 5 月上旬至 6 月中旬，导致春梢和叶片大量染病，造成落叶；第二高峰在 8 至 9 月份，侵害秋梢发出的幼嫩叶片，严重时造成大量落叶。高温多雨时病害易发生，夏季降雨量多，发病重。果园密植，树冠郁闭，杂草丛生，树势较弱，地势低洼，地下水位高，枝细叶嫩等易发病。

4. 苹果褐斑病（apple brown leaf spot） 病原菌有性阶段为 *Diplocarpon mali*，属子囊菌门，无性阶段为 *Marssonina coronaria*，属半知菌类。主要为害叶片，也能侵染果实、叶柄，是引起早期落叶的主要病害。

为害特点：病斑最初为黄褐色小点，渐渐扩大为圆形，中心暗褐色、边缘黄褐色，周围为边缘不清晰的绿色晕圈，病斑主要有 3 种类型：①同心轮纹型。病斑圆形，四周黄色，中心暗褐色，有呈同心轮纹状排列的黑色小点（分生孢子盘），病斑周围有绿色晕。②针芒型。病斑呈针芒状向外扩展，边缘不规则，暗褐色或深褐色，上散生小黑点；叶片逐渐变黄，病部周围及背部仍保持绿褐色。病叶很快变黄脱落，仅在叶面上少量绿色部位上存有病原菌分生孢子盘。低龄树体上常见此症状。③混合型。初期病叶上仅有少量浅褐色失绿点，不易发现。后期病斑变大，近圆形或不规则形，暗褐色，中心为灰白色，其上亦有小黑点，但无明显的同心轮纹。果实受害后病斑褐色，圆形或不规则形，凹陷，表面有黑色小粒点，内部果肉褐色，呈海绵状干腐（图 8-30）。

发生规律：病原菌以菌丝体和分生孢子盘在病叶上越冬，翌年春季苹果萌芽后形成初侵染，降雨量超出 10 mm 时，在病叶上产生分生孢子，借风雨传播。该病潜育期短，潜育期 6～12 d，7 至 9 月为发病盛期。多雨高湿是再侵染和发病流行的先决条件，雨季早且降雨量大则发病重。一般幼树发病较

图 8-30 苹果褐斑病

轻，结果树和老树发病较重。

5. 苹果炭疽病（apple bitter rot） 又称苦腐病、晚腐病。病原菌有性阶段为 *Glomerella cingulata*，属子囊菌亚门；无性阶段为 *Colletotrichum fructigenum*，属半知菌类。主要为害果实，也可危害枝条和果台等。除苹果外，还能为害海棠、梨、葡萄、李、樱桃、山楂、核桃、枣、柿、木瓜、枇杷、无花果、油茶等多种果树。该病系低糖病害，主要侵害口感发酸的苹果品种，如'嘎拉'、'乔纳金'等，并且在果实发育早期就可发病。

图 8-31　苹果炭疽病

为害特点：果实发病，果面初现淡褐色圆形小病斑，后为褐色至深褐色，表面下陷，果肉腐烂呈漏斗形，可烂至果心，界限明显；后期病斑中部长有黑色呈同心轮纹状的小粒点（图 8-31），如遇降雨或天气潮湿则溢出绯红色黏液（分生孢子团）。有的病果失水成黑色僵果挂在树上，经冬不落，成为来年病害的初侵染源。温暖条件下，病原菌可在衰弱或有伤的 1~2 年生枝上形成溃疡斑，多为不规则形，逐渐扩大，到后期病表皮龟裂，致使木质部外露，病斑表面也产生黑色小粒点，病部以上枝条干枯。果苔受害自上而下蔓延呈深褐色，导致果苔抽不出副梢干枯死亡。

发生规律：病原菌以菌丝体、分生孢子盘在树上的病僵果、果台、枯枝及破伤部位越冬，也能在梨、葡萄、枣、刺槐、核桃等寄主上越冬。春季温湿度适宜时产生分生孢子，借雨水冲溅进行传播，经皮孔、伤口侵入果实。病原菌从幼果期开始侵染，侵染时期与降雨关系密切，降雨早则侵染早。北方果区，苹果坐果后（5 月中旬）病原菌开始侵染，果实膨大期（6—7 月）为侵染盛期；7 月中旬发病，8 月中旬进入发病盛期。高温、高湿、多雨发病重。

6. 苹果霉心病（apple core rot） 又称霉腐病、心腐病、果腐病和红腐病。在我国苹果产区发生普遍。由多种弱寄生菌侵染所致，常见病原为粉红单胞菌（*Trichothecium roseum*）、链格孢（*Alternaria alternaria*）、镰孢菌（*Fusarium* spp.）。

为害特点：主要为害果实，引起果实心部发霉、腐烂。病果外观正常，个别病重果实小而畸形，梗洼或萼洼处有腐烂迹象。有的品种提前落果或果色异常。果实内部有霉心和心腐两种症状：前者果心发霉，心室内有粉红色、青灰色、黑褐色和（或）白色霉状物，果肉不腐烂，在果实贮运期发展为心腐；后者不仅果心发霉，心室也褐变、坏死或腐烂，果实外形常完整但易因挤压而破碎，果肉有苦味。

发生规律：病原菌在树体、土壤等的僵果、枯枝落叶等处越冬。果园周边环境中的腐生菌也是重要侵染源。翌年春天遇高湿，越冬病原菌产生孢子借风雨传播，在苹果花期侵染花器，在花柱上定植。苹果落花后，花柱上的病原菌通过萼筒扩展到心室。苹果成熟期至储藏期是该病的发生高峰期。该病发生与品种关系密切，萼口开、萼筒长、萼筒与心室相通的品种发病重，如'北斗''红星''元帅'等品种。

7. 苹果炭疽菌叶枯病（苹果炭疽叶枯病） 一种导致'嘎拉'、'金冠'、'乔纳金'等品种苹果大量落叶的新病害。病原为胶孢炭疽菌（*Colletotrichum gloeosporioides*）。

为害特点：主要侵害叶片，也侵害果实。叶片发病初期出现褐色坏死病斑，病斑边缘模糊。高温高湿条件下，病斑扩展迅速，1~2 d 内可蔓延至整张叶片，导致叶片变褐坏死，之后失水、焦枯、脱落。环境条件不适宜时，病斑停止扩展，在叶片上形成大小不等的枯死斑，病斑周围的健康组织随后变黄。病斑较小、较多时，病叶的症状酷似褐斑病症状。果实被侵染后仅形成直径 2~3 mm 的圆形坏死斑，病斑凹陷，周围有红色晕圈，自然条件下病斑很少产孢，与常见的苹果炭疽病症状明显不同，且不再继续腐烂。

发生规律：病原菌主要以菌丝体在苹果休眠芽和枝条上越冬，翌年 5 月条件适宜时产生分生孢子，借风雨和昆虫传播，形成初侵染，可一直侵染至 9 月份。最早于 6 月上中旬开始发病，发病高峰主要出现在连续阴雨的 7 至 8 月。病原孢子经皮孔或伤口侵入叶片、果实，可重复侵染。分生孢子萌发的最适温度为 28~32℃；菌丝生长的最适温度为 28℃。该病发生与品种密切相关，'富士''红星'等品种高度抗病。

8. 苹果锈病（apple rust） 又名赤星病，病原为担子菌门胶锈菌（*Gymnosporangium yamadae*），是苹果园中必须防治的重要病害。除侵害苹果外，也为害沙果、山定子、海棠等。该病可转主为害，转主寄主为桧柏。

为害特点：主要侵害叶片，也侵害幼嫩的新梢、果梗和果实。叶片受害，初期正面出现油亮的橘红色小斑点，逐渐扩大，形成橙黄色的圆形病斑，边缘红色。发病严重时，一张叶片出现几十个病斑。发病 1~2 周后，病斑表面密生鲜黄色细小点粒（性孢子器）。后期病斑周围产生细管状的锈孢子器。新梢发病，病部橙黄色，稍隆起，多呈纺锤形，初期表面产生小点状性孢子器；后期病部凹陷、龟裂、易折断。幼果染病后，靠近萼洼附近的果面上出现近圆形病斑，初为橙黄色，后变黄褐色，直径 10~20 mm。

发生规律：以菌丝体在桧柏小枝菌瘿中越冬。翌年春天形成褐色冬孢子角。冬孢子角遇雨吸水膨大，呈胶质状，表面产生大量担孢子，随风传播到苹果树上，侵染叶片、叶柄、果实及当年新梢等。先形成黄色性孢子器和性孢子。发病 30 d 以后，病斑的反面逐渐隆起，并生出羊胡子状的锈子器。7、8 月份，锈子器中的锈孢子陆续成熟，产生粉状锈孢子，再随风传播到桧柏上，侵染桧柏，以菌丝体在桧柏发病部位越冬。该病发生的最适温度为 17℃，因而苹果自展叶至展叶后 20 d 内最易感病，展叶 25 d 以上，一般不再感染。该病大发生的主要条件是苹果谢花前、后降雨。

9. 套袋果实斑点病（apple necrotic spot） 发生于套袋苹果上的果面病害。从果实套袋病斑中分离的病原菌多达 30 个属，目前已确认粉红单胞菌［链格孢（*Alternaria* spp.）］和菌核生枝顶孢（*Acremonium sclerrotigenum*）能引起套袋果实斑点病。套袋改变了微生态、果实因缺少光照导致抗病性下降，这些都是造成此病的原因，各种伤害也能诱发果实发病。苦痘病型病斑则与钙失调有关。

为害特点：根据病斑大小、颜色、发生期等分为 4 种类型。①黑点型。又称套袋果实黑点病，发生于果实生长前期，多出现于萼部，病斑小而多，直径 1~3 mm，黑褐色，病组织坏死干枯，病斑中央常有白色蜡状物。病斑周围果肉细胞木栓化。②黑斑型。发生于果实膨大期及近成熟果实上。病斑大而圆形，直径多大于 1 cm，病斑黑色或中央有黑色病组织，病组织腐烂，病斑继续扩展，最终烂果。病斑上常有裂纹，湿度大时裂纹中产生黑色霉层。③褐斑型。发生于果实膨大期及近成熟果实上。病斑褐色、红褐色或浅褐色，近圆形，较大而且继续扩展，病组织坏死腐烂，中央有裂纹，失水后凹陷。有的病斑表面有粉红色霉层。④内变型。也叫苦痘病，主要发生于近成熟期和储运期果实上。病斑多以皮孔为中心，近圆形，直径 0.5~1 mm，表面凹陷。病部表皮完好或坏死，表皮下果肉褐变、坏死，失水变硬或海绵状，深度 1~5 mm，病组织味苦。

发生规律：果实套袋斑点病的发病高峰期有 2 个，分别在 6 月底前后（黑点型）和 8 月底前后（黑斑型与褐斑型）。苦痘病主要发生于果实膨大后，高峰期在果实摘袋后和转储冷库后的 7~14 d 内。持续阴雨、果实膨大迅速发病重；果实越大发病越重。

10. 苹果病毒病（apple viral disease） 苹果病毒病是一类发生较普遍的病毒病，全世界已鉴定 30 余种病原。我国发生较重的有：锈果病毒病，病原为苹果锈果病原（Apple scar skin viroid, ASSVd）；花叶病毒病，病原为苹果花叶病毒（Apple mosaic virus, Ap MV）；隐性病毒病，病原有 3 种，分别为苹果褪绿叶斑病毒（Apple chlorotic leafspot virus, ACLSV）、苹果茎沟病毒（Apple stem grooving virus, ASGV）和苹果茎痘病毒（Apple stem pitting virus, ASPV）。

（1）锈果病毒病 主要为害果实，有的幼苗也显现症状。受害果实分 3 种类型：①锈果型。果肩处先出现浓绿色水渍斑，逐渐木栓化形成锈斑，导致果实发育受阻，果肉变硬，'富士''国光''青香蕉''印度''乔纳金'等症状典型；②花脸型。果实着色后，果面出现黄绿色斑块，红绿相间，着色部分稍隆，病部稍凹，病果较小，'早生富士''祝光''北斗'等品种症状明显；③混合型。

（2）花叶病毒病 在叶片上形成各种类型的鲜黄色病斑，一般分为 4 种症状类型：①轻花叶型，少数叶片出现少量黄色斑点；②重花叶型，病斑鲜黄色，后变为白色的大型褪绿斑区；③沿脉变色型，沿脉失绿黄化，形成黄色网纹，叶脉之间多小黄斑，而大型褪绿斑区较少；④环斑型，形成闭合或不闭合的圆环。

（3）隐性病毒病 特点是不表现明显症状，但影响苹果生长量，有的可在木质部表现明显的凹陷茎痘或纵条沟。该病毒能引发敏感品种高接衰退，树势衰退，甚至死亡；还能造成砧穗不亲和，砧木根系发育不良。

发生规律：苹果病毒主要靠嫁接经接穗或砧木传播，也可以通过根部交接和工具传播。锈果病毒、花叶病毒及茎沟病毒还能通过种子传播。目前没发现上述病毒的传毒媒介。苹果萌芽期和幼果期温度偏低，有利于病毒增殖和症状表现。花叶病毒病还会因高温出现隐症现象。

（二）主要害虫

1. 苹果蚜虫类（apple aphid） 主要有绣线菊蚜、苹果瘤蚜和苹果绵蚜。除直接为害外，其分泌物污染叶片和果实，不仅大大影响光合作用，而且降低果品质量。

（1）绣线菊蚜（spirea aphid） 又称为苹果黄蚜、苹果蚜，属半翅目蚜科。除苹果外还为害沙果、海棠、梨、山楂、桃、李、杏、樱桃、枇杷等。

以成虫和若虫群集为害新梢、嫩芽和未长成叶片，也能为害幼果。被害叶的叶尖向叶背横卷（横后卷）。绣线菊蚜为留守蚜，以卵在枝条芽旁或轮痕处越冬，来年苹果发芽期卵孵化，为害嫩芽和嫩梢。6 月以后，大量转移到幼果上为害。绣线菊蚜耐高温，全年发生较重的时期为 6 月至 7 月上中旬，可在短时间内暴发；8 月后田间数量逐渐减少，11 月上旬产卵越冬。低龄树和苗木受害严重。

（2）苹果瘤蚜（apple leaf curling aphid） 又称苹瘤蚜或卷叶蚜，属半翅目蚜科。除为害苹果外，也为害沙果、海棠、山楂等。

以成虫和若虫群集为害新梢、嫩芽和叶片，初期被害叶片不能正常展开，后期被害叶片皱缩，叶片边缘向背面纵卷。受害枝条的芽提前萌发，造成无效枝。幼果受害出现红色斑点，受害处凹陷。该蚜为留守蚜，以卵在枝条的芽旁或轮痕处越冬，来年苹果发芽后卵开始孵化，若虫孵出后先在开绽的芽顶端为害，后在新生叶片上为害。苹果开花后至麦收前为主要为害时期。7月以后虫口数量大大下降，11月上旬产卵越冬。

（3）苹果绵蚜（woolly apple aphid） 苹果绵蚜是一种国内检疫害虫。属半翅目绵蚜科。

为害根部和枝干，形成瘤状突起，且布有白色棉絮状分泌物；为害叶柄，造成叶柄变黑、叶片脱落；也可为害果实，多在萼洼处，导致果实发育不良。以2龄若蚜在中、下部主枝和大枝的剪锯口、环剥切口及裸露的根部越冬。苹果萌芽期出蛰为害，苹果开花期越冬代若蚜变为成蚜，繁殖为害并随新梢生长逐渐上移。5月下旬—6月上旬为害达到高峰，麦收期间种群回落；7月上中旬形成年中第二次高峰；9月中旬—10月中旬达到年中第三次高峰；11月进入越冬状态。

2. 苹果卷叶蛾类 主要包括顶梢卷叶蛾、黄斑卷叶蛾和苹果小卷叶蛾。均属鳞翅目卷蛾科。

（1）顶梢卷叶蛾（tip leaf-curling moth） 又名芽白小卷叶蛾，主要为害苹果，也为害梨、桃、海棠、山楂、枇杷等。

仅为害新梢，在枝梢顶端，吐丝卷叶成团，在卷叶中吐丝结一隧道食害。在山东和陕西年发生2代，在安徽年发生3代。以2~3龄幼虫在枝梢顶端的卷叶中结茧越冬。次年春天气温达10℃以上时，越冬幼虫出蛰离茧，为害新的梢嫩。在山东省，越冬代、第1代成虫分别出现于6月上旬、7月下旬—8月上旬；在陕西省，各代成虫分别出现于6月下旬—7月下旬、7月下旬—8月下旬；在安徽省，各代成虫发生盛期分别出现于5月上中旬、7月上中旬、8月上中旬。在山东、陕西、安徽的越冬时间分别为10月下旬、9月下旬、11月。

（2）黄斑卷叶蛾（macular leaf curler moth） 别名黄斑长翅卷叶蛾。除为害苹果外，在桃、杏、李上为害也比较严重。

幼虫吐丝将2~3张叶片缀连在一起，在其中取食，将叶片吃成网状或缺刻。幼虫也啃食果皮，使果面出现大小不规则的坑洼。年发生3~4代，以冬型成虫在杂草、落叶上越冬。次年春季苹果花芽萌动、候均温度达到7℃时，越冬成虫出蛰活动。4月中旬，苹果花序分离期时，成虫开始产卵。卵多产在叶芽旁边或小枝上。苹果花后，第1代幼虫孵化。幼虫有转叶为害习性，老熟后在卷叶中化蛹。各代成虫发生期：第1代为6月上、中旬，第2代为7月下旬—8月上旬，第3代为8月下旬—9月上旬，第4代为10月中旬，并进入越冬。

（3）苹小卷叶蛾（codling moth） 通用名称为棉褐带卷蛾，但习惯上将在北方为害落叶果树的种类称为苹果小卷叶蛾或远东卷叶蛾，其寄主有苹果、梨、山楂、桃、杏、李和樱桃等多种果树；将在南方为害茶叶和棉花的称为茶小卷叶蛾。

以幼虫吐丝缀连2~3叶片，剥食叶肉呈孔洞或网状；幼虫啃食果皮和果肉，造成"麻面果"（图8-32）。一年发生3~4代，以2~3龄幼虫潜藏在剪锯口、老翘皮、裂缝中结茧越冬。翌春4月中旬花序分离期是越冬代幼虫出蛰期，苹果盛花期为出蛰盛期。出蛰后幼虫吐丝缀缠幼芽和嫩叶，长大后多卷叶形成虫苞。幼虫有转叶为害现象，老熟幼虫在卷叶中结茧化蛹。第一代幼虫6月上中旬至7月上旬发生，卷叶为害；第二代幼虫7月下旬至8月中旬发生，卷叶并啃食果皮，贴叶果、双贴果、短枝型品种受害重；第三代幼虫9月上中旬发生，主要啃食果皮，脱袋果、贴叶果受害更重，9月中下旬以2龄幼虫潜回枝干越冬。

3. 桃小食心虫（peach fruit borer）　属鳞翅目果蛀蛾科。为害苹果、梨、山楂、桃、枣和酸枣等。在果实进行全套袋管理的地区发生较轻。

为害特点：以幼虫蛀食果实。初蛀入后，果实流胶，俗称"流泪"，2～3 d后果胶凝干留下白色膜，俗称"白灰"。早期被害果，一果多虫时造成果面凹凸不平，果肉坚硬难食，俗称"猴头果"。切开果实，果肉呈现幼虫纵横串食形成的黄褐色条状虫道，布满虫粪，俗称"豆沙馅"（图8-33）。

图8-32　苹小卷叶蛾为害状

图8-33　桃小食心虫为害状

发生规律：以老熟幼虫在土中做茧越冬。当5 cm地温平均在18～20℃、土壤含水量达8%以上时开始出土。胶东最早可在5月初出土，6月上旬大量出土。降雨是影响出土的关键因子。从出土到出土结束可达2个月之久，可一直延续到8月份。由于出土不整齐，造成虫态混杂，给防治带来困难。出土后的幼虫在石块下、草根上做夏茧化蛹。桃小食心虫出土期是全年防治的第一个关键时期。

4. 金纹细蛾（Leaf miner）　属鳞翅目细蛾科，是一种为害苹果和海棠叶片的重要害虫。

为害特点：幼虫最初在叶片背面表皮下取食海绵组织。后期在栅栏组织和海绵组织之间上下串食，并吐丝收紧下表皮，而使下表皮皱缩，叶片向下弯曲。叶片正面留有网状失绿斑，叶反面仅留表皮。

发生规律：金纹细蛾在华北地区一年发生5代，以蛹在被害叶片中越冬。越冬代成虫于次年3月底至4月上旬发生，所有第一代卵均产在发芽早的树种和品种上，于谢花后孵化。第一代成虫于5月下旬至6月上旬发生。第二代卵产在叶片背面，第二代幼虫于5月下旬至6月上中旬发生。其他各代成虫发生时间大约为7月上旬、8月上旬和9月中旬。金纹细蛾发生程度与降雨量关系密切，天气干旱不利于卵的孵化和低龄幼虫成活，而5月多雨的年份发生偏重。

5. 苹果害螨类（apple mite）　属蛛形纲蜱螨亚纲。危害苹果较重的有山楂叶螨、二斑叶螨和苹果全爪螨。

（1）山楂叶螨（hawthorn spider mite）　可为害蔷薇科苹果亚科果树，还为害桃、樱桃、山楂、李、板栗等。

几乎只在叶片背面为害，主要集中在叶脉两侧。叶片受害后，正面叶脉周围出现大的黄色失绿斑点，背面呈锈红色。该螨可吐丝结网，但不吐丝下垂。为害造成早期落叶。以受精雌成虫在树皮缝隙和根茎处周围 1 寸深的土中越冬。次年春季 3 月中下旬，当苹果芽萌动时（候均温 6 ℃）开始出蛰，'富士'展叶至花序分离期为出蛰盛期，盛花初期出蛰结束。盛花期前后为产卵盛期，谢花后 5 ~ 7 d 第一代卵大量孵化，在麦收前（胶东地区为 6 月上中旬），种群数量急剧增加，7 月上中旬达到高峰，7 月底至 8 月上旬又迅速下降；8 月份后，种群数量维持较低水平；10 月中下旬后，陆续越冬。

（2）二斑叶螨（two-spotted spider mite）　可为害几十个科的 200 多种植物，果树中主要为害苹果、梨、桃。

在叶片正、反面为害，但主要在反面。叶片受害后，出现白色的小失绿斑点，在叶面上常有白色的薄丝网。为害造成早期落叶。以受精雌成虫在树体、土中或杂草根际处越冬。来年春季 3 月下旬，在地下越冬的个体先出蛰，取食越年生杂草，产卵繁殖，发生 1 代。4 月下旬后，一代成螨陆续由地下向树体上迁移。在树体上越冬的个体，于 4 月中旬出蛰，先在树体内膛为害。二斑叶螨在树体和果园中的发生规律与山楂叶螨十分相似。10 月后逐渐越冬。

（3）苹果全爪螨（European red mite）　为世界广布种，除为害苹果属植物外，还可为害小麦、枣、葡萄、栗、榆树和覆盆子等。

在叶片正、反面均可为害，以反面为主。为害初期，在叶片正面出现白色、小型、分布均匀的褪绿斑点，后期造成叶片背面焦煳状。不在叶片上吐丝结网，但密度大时可吐丝下垂扩散迁移。以越冬卵在小枝轮痕、芽旁等处越冬。次年 4 月中下旬苹果花蕾膨大期（候均温 10℃左右）卵开始孵化，盛花期为孵化盛期，花末期孵化结束。5 月中旬出现第一代成螨；6 月上旬为第二代成螨发生盛期，此后虫态混杂。10 月中下旬开始越冬。

（三）病虫害综合治理技术

1. 树体发芽前　剪除病虫残枝，刮除病斑、老翘皮，清除园内枯枝落叶、杂草、病虫残果。全园喷波美 5 度的石硫合剂、戊唑醇可湿性粉剂或苯醚甲环唑可湿性粉剂等，防治轮纹病并兼治腐烂病、炭疽病。3 至 4 月间选用戊唑醇等涂抹主干和大枝，杀灭腐烂病、轮纹病、干腐病的潜伏病原菌，并兼防细菌病害和叶螨、介壳虫。萌芽前追施钙肥，防治苦痘病。

2. 花芽萌动期　及时浇水，促进果树生根，增强抗逆性。喷施噻虫嗪悬浮剂等防治蚜虫、绿盲蝽等害虫。

3. 花期　适当补硼，一般在 20% 花朵开放时喷施流体硼，可同时混入磷酸二氢钾。

4. 谢花后　谢花后 5 ~ 7 d 喷施丙森锌可湿性粉剂预防斑点落叶病、锈病、白粉病；喷施虫酰肼防治卷叶蛾类及金纹细蛾等害虫。谢花后 10 ~ 15 d 采用苯醚甲环唑可湿性粉剂等防治轮纹病；配合以噻虫嗪悬浮剂防治蚜虫、绿盲蝽等。谢花后 4 周喷施螺螨酯乳油等长效杀螨剂，控制斑点落叶病；喷施广谱性杀菌剂如异菌脲等防治套袋果实斑点病；喷施叶面钙肥防治苦痘病。应注意的是，果毛脱除、皮孔形成期是幼果易发生隐性药害的敏感期，要谨慎使用铜制剂等，以免产生药害。

5. 幼果膨大期　套袋防除食心虫类。套袋前可使用对果实没有伤害的内吸性杀菌剂如甲基硫菌灵可湿性粉剂，预防果实轮纹病等果、叶病害；套袋后喷施波尔多液、碱式硫酸铜防治炭疽菌叶枯病；及时浇水，加强田间管理。

6. 果实发育期　轮换用药控制轮纹烂果病、苹果褐斑病、炭疽病、斑点落叶病、桃小食心虫、棉铃虫、红蜘蛛、二斑叶螨、金纹细蛾。进入雨季后，果园以防治叶部病虫害为主，使用耐雨水冲刷的药剂，缩短用药时间。

7. 摘袋成熟期　选用多抗霉素和高效氯氰菊酯防治斑点落叶病、果面病害及苹果小卷叶蛾等。

8. 采收后至休眠期　全面清除园内落叶、杂草、病残落果，剪除各种病虫枝，压低病虫越冬基数。提倡测土配方施肥，增施有机肥和磷钾肥，重视钙肥和硼肥的应用，浇足封冻水，实行扶干壮势修剪，控制亩枝量，改善果园风光条件，提高树体抗病虫能力。

对于免袋栽培的苹果园，麦收前喷施倍量式或多量式波尔多液。麦收后喷施一次内吸性的杀菌剂（内吸剂），如三唑类农药。麦收 10 d 后喷施第二次波尔多液，此次石灰的用量应酌情减少。其后，内吸剂与保护剂交替使用直到 8 月中旬，多雨年份则延续到 9 月初。免袋果园还必须注意桃小食心虫的防治，于出土盛期在果园地面撒施 5% 辛硫磷颗粒剂，施药后用锄轻锄一下。

二、梨树病虫害综合治理

梨树常见病虫有梨黑斑病、梨黑星病、梨锈病、梨轮纹病、梨炭疽病、套袋果黑点病、白粉病、中国梨木虱、梨茎蜂、康氏粉蚧、梨小食心虫、桃小食心虫、梨二叉蚜、梨圆尾蚜、绣线菊蚜、黄粉蚜、苹果小卷叶蛾、苹果全爪螨、山楂红蜘蛛、绿盲蝽等。

（一）主要病害

1. 梨黑斑病（pear black spot）　由梨黑斑病原菌（*Alternaria alternate*）引起，主要危害叶片、新梢和果实，导致大量裂果和早期落叶、落果。

为害特点：幼叶先发病，形成褐至黑褐色圆形斑点，后逐渐扩大，形成圆形病斑，中央灰白色，边缘黑褐色；潮湿时病斑表面出现黑色霉层。果实受害，果面出现一至数个黑色斑点，逐渐扩大形成浅褐至灰褐色圆形病斑，病斑略凹陷；发病后期病果畸形、龟裂、脱落。新梢上病斑椭圆形，稍凹陷，边缘产生细小裂缝。梨芽受害后多变黑枯死（图 8-34）。

发生规律：病原菌以分生孢子及菌丝在病枝梢、病芽、病果梗以及有病的落叶、落果上越冬。次年春从病组织上产生新的分生孢子，借风雨传播至梨树组织，经气孔、皮孔侵入。当气温上升到 15℃ 时，开始发病。当温度达 20℃ 以上，田间孢子量逐渐增多，6—7 月孢子散发达高峰，病害进入盛发期。入秋后温度下降到 20℃ 以下，田间孢子减少，10 月以后病害停止发生。一般 24～28℃，连续阴雨有利于黑斑病的发生与蔓延。树势弱、树龄在 10 年以上的梨树发病严重。

2. 梨黑星病（pear scab）　又称疮痂病，是梨树的主要病害，由 *Venturia nashicola* 和 *Venturia pirina* 两类病原菌引起，前者只侵染东方梨，后者只侵染西方梨。无性态为梨黑星孢（*Fusiciasium pyrorum*）。

图 8-34　梨黑斑病

为害特点：黑星病能够侵染为害所有幼嫩的绿色组织，以果实和叶片为主。果实发病出现淡黄色圆形斑点，逐渐扩大，病部稍凹陷、上面长出黑霉，后病斑木栓化，坚硬、凹陷并龟裂，变成畸形。成长期果实发病不畸形，但有木栓化的黑星斑。果梗、叶柄受害，出现黑色椭圆形的凹斑，上面生有黑霉；病部缢缩，失水干枯，致叶片或果实早落。叶片受害，初在叶背主、支脉之间呈现圆形、椭圆形或不规则的淡黄色斑，病斑上长有黑色霉层。新梢受害，病斑呈黑色或黑褐色，椭圆形，凹陷，表面长有黑霉，最后病斑呈疮痂状，周缘开裂（图8-35）。该病引起梨树早期大量落叶，幼果畸形，不能正常膨大；造成病树第二年结果锐减。

发生规律：梨黑星病以未成熟的假囊壳、菌丝、分生孢子在病叶、病芽和芽鳞内越冬。翌年春天，在落地病叶上越冬的假囊壳成为主要侵染源，于梨树萌芽时开始成熟，开花后陆续释放子囊孢子进行侵染。在病芽内越冬的菌丝也产生分生孢子进行侵染。在山东莱阳，4月中旬梨树初花期，子囊孢子开始释放，5月达到高峰。子囊孢子主要随气流传播，分生孢子主要随雨水传播，且遇雨才能从病斑上脱落。梨黑星病全年有2个发病高峰期，分别为7—8月和9月。孢子发生期多雨高湿发病重；果园管理不善、地势低洼、通风透光不良时，发病重。

3. 梨锈病（pear rust） 又名赤星病、羊胡子病。由担子菌门梨胶锈菌（*Gymnosporangium asiaticum*）引起。近年来还发现了一种新的梨锈病原菌（*G. haraeanum*）。梨锈病还能为害木瓜、山楂、棠梨和贴梗海棠等，*G. asiaticum* 也侵染苹果，但不长锈子器。

为害特点：主要危害叶片和新梢，严重时也危害幼果。叶片受害，正面有近圆形橙黄色病斑，外围有一层黄绿色晕圈。幼果受害，病斑稍凹陷，后期产生羊胡子状灰黄色的锈孢子器。新梢、果梗与叶柄被害，病部龟裂，长有黄色孢子器（图8-36）。梨锈病跟苹果锈病症状类似，但梨锈病发病至产生锈子器仅需要30~40 d，而苹果锈病至少需要80 d。

发生规律：以菌丝体在转主寄主上越冬，*G. asiaticum* 在桧柏上越冬，梨锈病原菌在圆柏上越冬。翌年春天，温度为15℃左右时，转主寄主上的冬孢子角遇雨吸水膨胀，冬孢子成熟后产生担孢子，随风传播到梨树上，产生侵染丝，从表皮细胞或气孔侵入嫩叶、新梢及幼果。梨树自展叶开始至展叶后20 d容易感染，展叶25 d以上，叶片一般不再受 *G. asiaticum* 感染。中国梨最感病，日本梨次之，西洋梨最抗病。

（二）主要害虫

1. 梨小食心虫（oriental fruit moth） 属鳞翅目卷叶蛾科。其寄主有苹果、梨、桃、杏、李、

图8-35 梨黑星病

图8-36 梨锈病

樱桃、山楂等。

图8-37　梨小食心虫为
害的果实和桃梢

为害特点：主要为害果实，常由萼洼处蛀入，蛀果孔小，蛀入后直达果心，脱果孔大。为害新梢时，小幼虫由新梢叶梗基部蛀入，直达木质部取食为害，导致新梢萎蔫枯死，俗称截梢虫（图8-37）。

发生规律：在山东一年发生4~5代，以老熟幼虫在老树翘皮下、枝杈缝隙、根茎部土壤等作茧越冬。在4代区，3月下旬至4月上旬幼虫化蛹，4月下旬至5月上旬羽化出越冬代成虫，并主要产卵于桃树、李树等新梢叶片，第一代幼虫严重为害桃梢；第二代幼虫6—7月发生，绝大部分继续蛀害桃梢，极少部分蛀害幼果；第二代成虫发生在7月中、下旬，绝大部分转向梨园产卵于梨果；第三代幼虫发生在7—8月份，主要为害梨果、核果果实或核果类新梢；第四代卵主要产在梨园果实或核果类新梢，幼虫于8—9月发生，几乎全部蛀果为害，在樱桃、李、桃单植区则蛀梢为害。9—10月越冬代幼虫老熟越冬。

2. 中国梨木虱（pear psylla）　属半翅目木虱科。除为害栽培梨外，还为害梨属的其他种类。

为害特点：成虫和若虫主要刺吸取食梨叶、新梢、嫩芽的汁液，也可为害果实。若虫多在叶片背面为害，常分泌黏液将两片或几片叶黏在一起。叶片受害后叶脉扭曲，叶面皱缩，产生黑斑，严重时叶片变黑，提早脱落。为害果实的若虫分泌黏液，使果实表面出现霉污斑。

发生规律：在辽宁西部年发生3~4代，河北北部和山东4~5代，河北中南部5~6代。以成虫在落叶、杂草、土石缝隙及树皮缝内越冬。在山东省，3月上旬出蛰。梨树发芽前，越冬代成虫产卵于枝、叶痕处，以后各代成虫多产卵于叶柄、叶脉及叶缘锯齿间。第一代若虫在梨树花期前后孵化（第一个防治关键期），潜藏为害，多在叶柄基部、蚜虫害造成的卷叶中生活，因而给防治带来困难。麦收前为二代卵孵化盛期（第二个防治关键期），麦收后进入猖獗发生期，可持续到8月中旬前后。此后，数量迅速减少。梨树落叶前出现冬型成虫并越冬。

3. 梨蚜（pear aphid）　属半翅目蚜科。主要有梨二叉蚜和绣线菊蚜（见苹果害虫）。此处介绍梨二叉蚜，其在我国各主要梨产区均有分布。

为害特点：以成蚜和若蚜群集叶面吸食，被害叶由两侧面纵卷成筒状或饺子状，造成叶片早期脱落，影响产量与花芽分化，削弱树势。

发生规律：一年发生10代左右，以卵在芽附近和果台、枝杈的缝隙内越冬，于梨芽萌动时开始孵化。若蚜群集于露绿的芽上为害，待梨芽开绽时钻入芽内，展叶期又集中到嫩梢叶面为害，致使叶片向上纵卷成饺子状。至麦收前，即从5月上旬至6月上中旬后可繁殖4~5代。梨树叶片老化后，产生有翅蚜迁移到狗尾草上越夏，9月下旬再回迁到梨树上产卵越冬，秋季不造成危害。

4. 康氏粉蚧（Comstock mealybug）　属半翅目粉蚧科。主要为害苹果、梨等枝条和果实。

为害特点：在枝干上多在裂皮处为害，果实上则多在两洼处，尤其是萼洼处居多。轻者在果实受害处出现大小不等的黑点或黑斑，严重时造成果实腐烂。套袋果受害较重。

发生规律：在胶东半岛一年发生3代，主要以卵（少数以若虫、成虫）在树皮裂缝中越冬。翌年5月上中旬（谢花后15~20 d）发生第一代若虫，此时为全年第一次关键防治期。此代为害枝干。从 5 月下旬至 6 月上中旬，开始由枝干逐渐转移到果实上为害，可钻到果袋内为害。7 月上中旬为第一代若虫发生盛期，主要为害枝梢嫩皮和膨大期果实。8 月中下旬为第二代若虫发生盛期，主要为害膨大期果实。9 月中下旬第二代成虫羽化，交配产卵越冬。

5. 梨冠网蝽（pear lace-bug）　属半翅目网蝽科。除为害梨树，也为害苹果、桃、海棠、枣等。

危害特点：成、若虫在叶背吸食汁液，被害叶正面形成苍白点，背面有褐色斑点状虫粪及分泌物，呈锈黄色。为害严重时叶片提早脱落。

发生规律：在山东、陕西一年发生 3~4 代，以成虫在枯枝落叶、翘皮缝、杂草及土石缝中越冬。翌年梨树展叶时成虫开始活动。产卵在叶背叶脉两侧的组织内。卵上附有黄褐色胶状物。若虫孵出后群集在叶背主脉两侧为害。10 月中旬后成虫陆续寻找适宜场所越冬。

（三）病虫害综合治理技术

1. 发芽前休眠期　刮除枝干老翘皮、病皮，剪除衰弱枯枝，清除地面病果、落叶、杂草、枯枝。清理梨园周围的桧柏或圆柏类。全园细致喷布波美 5 度石硫合剂，杀灭越冬的轮纹病原菌、介壳虫和梨蚜越冬虫卵等。梨萌芽前半个月左右喷施高效氯氰菊酯等防治梨木虱。

2. 花芽萌动期　全树喷施一遍尿素 10~20 倍液，健壮树体；喷施石硫合剂、树干上喷药环等预防黑星病、腐烂病并防治蚧和叶螨等。

3. 花蕾期　喷施吡虫啉、菊酯类农药等防治蚜虫、梨星毛虫等。

4. 谢花后　交替喷施戊唑醇悬浮剂、苯醚甲环唑水分散粒剂、氟硅唑水乳剂、甲基硫菌灵悬浮剂等防治梨黑星病、黑斑病、锈病和白粉病等。喷施长效杀螨剂如四螨嗪悬浮剂等防治红蜘蛛。

5. 幼果期　喷施螺虫乙酯悬浮剂或吡虫啉等防治梨木虱、蚜虫、康氏粉蚧等。在喷药时，遍及主干、大枝，尤其枝干背阴面。同时继续用药防治梨黑斑病、黑星病、梨轮纹病、梨锈病。要注意的是，5 月份是梨皮孔形成期，禁止使用波尔多液、国产代森锰锌、铜制剂、高渗剂和乳油剂等，以免产生药害。

6. 幼果膨大期　适宜套袋的梨树品种此时开始套袋，而非套袋栽培的品种需合理选择用药，以免形成铁头梨。随着雨季的来临，多选用保护剂和内吸剂，缩短用药间隔期，提高防效。在果实迅速膨大期，加强肥水管理，增施叶面肥。此期主要选择合适药剂并轮换使用，防治梨木虱、康氏粉蚧、黄粉蚜、绣线菊蚜、桃小食心虫、梨小食心虫，以及轮纹病、炭疽病、黑星病、黑斑病。

7. 果实成熟期　合理用药，喷施溴氰菊酯防除梨小食心虫、桃小食心虫、梨黄粉蚜、毛虫类、茶翅蝽等，继续选择合适的杀菌剂防治梨黑斑病、黑星病、轮纹病、炭疽病。

8. 果实采收期　分期分批采收，剔除病虫、残次果。日韩梨提倡带袋采收，以减少碰压刺伤。

9. 果实采收后　合理用药，防除梨木虱、螨类、梨小食心虫、腐烂病等。人工清除园内各种病虫、残枝落叶、落地果。越冬前铲除各种病虫源，减轻来年防治压力。

三、柑橘病虫害综合治理

柑橘主要病虫害包括溃疡病、树脂病、黄梢病、炭疽病、青霉病、绿霉病、柑橘全爪螨、橘小实蝇、橘大实蝇、柑橘锈壁虱、柑橘潜叶蛾、柑橘爆皮虫等。

（一）主要病害

1. 柑橘溃疡病（citrus canker） 由黄单孢杆菌属的一种细菌（*Xanthomonas axonopodis* pv. *citri*）引起，是一种世界性重要病害，为国内外植物检疫对象。

为害特点：柑橘溃疡病为害柑橘叶片、枝梢与果实，以苗木、幼树受害最重，造成落叶、枯梢，削弱树势和降低产量；果实受害，引起落果或造成病疤，严重影响品质（图8-38）。溃疡病危害果实的症状与疮痂病很相像，区别在于：溃疡病初期，病斑油胞状突起半透明，稍带浓黄色，顶端略皱缩；如用切片检查，可见中果皮细胞膨大，外果皮破裂，病部与健康组织间一般无离层，病组织内可发现细菌。疮痂病初期，病斑油胞状突起半透明，清晰，顶端无皱纹，切片检查可见中果皮细胞增生，外果皮不破裂，病部与健康组织间有明显离层。溃疡病病斑与健部分界处常有深褐色狭细的釉光边缘，而疮痂病则无。危害叶片，两者较易区别。溃疡病病斑叶片正反面都有症状，病斑较圆，中央稍凹陷，边缘清晰，外围有黄色晕环；疮痂病病斑仅呈现于叶的一面，一面凹陷，另一面凸起，病斑较不规则，外围无黄色晕环。感染溃疡病的病叶外形一般正常，而感染疮痂病的病叶常为畸形。

发生规律：病原菌潜伏在病组织（病叶、病梢、病果）内越冬，秋梢上的病斑为其主要越冬场所。翌年春季条件适宜时，病部溢出菌脓，借风雨、昆虫和枝叶接触传播至嫩梢、嫩叶和幼果上，细菌借助幼嫩组织上的水膜从气孔、皮孔或伤口侵入。高温多雨季节有利于病原菌的繁殖和传播，发病严重；雨水是病害发生的必要条件。柑橘抽梢期气候条件适宜，病害容易流行。品种混种的果园，有利于病原菌的传染。溃疡病原菌有潜伏侵染现象。远距离传播主要通过带菌苗木、接穗和果实等繁殖材料。

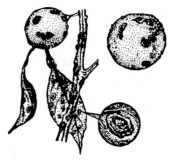

图8-38 柑橘溃疡病

2. 柑橘黄龙病（citrus yellow shoot） 又称黄梢病，台湾省称为立枯病，是国内植物检疫对象。病原菌为一种原核生物，韧皮部杆菌属，即*Liberobacter*。由于亚洲的黄龙病与非洲的青果病在发病条件、症状和传播介体等方面均有不同，故鉴定为两个种，亚洲的为*L. asiaticum*，非洲的为*L. africanum*。

为害特点：病树初期典型症状是在浓绿的树冠中发生1~2条或多条黄梢。由于病梢叶片黄化程度不同，可分为均匀黄化型和斑驳黄化型两类。病树开花早、花多，花瓣短小、肥厚，淡黄色、无光泽，小枝上花朵往往多个聚集成团。病果小、畸形，果脐常偏歪在一边，着色较淡或不均匀（图8-39）。

发生规律：黄龙病初次侵染源主要是田间病株、带病苗木和

图8-39 柑橘黄龙病

带菌木虱。柑橘木虱成虫和高龄若虫（4～5龄）均可传病，木虱数量与病害蔓延速度成正比。除木虱外，也可通过嫁接传播。老龄树较抗病，幼龄树较敏感。

3. 柑橘炭疽病（citrus anthracnose）　由半知菌胶胞炭疽菌（*Colletotrichum gloeosporioides*）引起。

为害特点：柑橘炭疽病可以引起落叶、枝梢枯死、果实腐烂及将近成熟果实蒂枯落果。叶片发病症状可分为两种，即慢性叶斑型和急性叶枯型。枝梢发病一般从梢顶或中部、基部腋芽处开始，病斑初为淡褐色，椭圆形，后形成大小不一的梭形或带状病斑，病斑下陷，环绕枝梢一圈后，病梢枯死。大枝、主干受害后，形成大小不一的梭形或带状病斑，病斑下陷，周围产生愈伤组织，病部坏死干燥后，树皮脱落，俗称"爆皮病"。花朵受害后呈褐色腐烂而落花。幼果受害初期，初呈暗绿色油渍状不规则形病斑，后扩展至全果。湿度大时，病果上长出白色霉状物及淡红色小液点，以后病果腐烂干缩成僵果，不脱落。长大后的果实受害，其症状表现有干疤型、泪痕型和软腐型3种。在果实生长中期果梗受害，造成"枯蒂"，果实随之脱落。储藏期炭疽病多从果蒂部位开始发病，形成褐色凹陷干腐状病斑，引起果实腐烂，潮湿时病部产生橘红色黏液。幼苗多在离地面6～10 cm处或嫁接口处发病。病斑深褐色，形状不规则。

发生规律：病原菌在有病组织上以菌丝及分生孢子越冬。环境条件适宜时，分生孢子萌发芽管，从气孔、伤口或直接穿透表皮侵入寄生组织。栽培管理不良、冻害严重、早春低温潮湿和夏秋季高温多雨等，均能助长此病害发生。

4. 柑橘树脂病（citrus gummosis）　又称流胶病、蒂腐病、砂皮病，是严重危害我国柑橘生产的病害之一。病原菌有性世代为 *Diaporthe medusaea*，属子囊菌门；无性世代为 *Phomopsis cytosporella*，属半知菌类。

为害特点：主要为害柑橘树的枝干、叶和果实（图8-40）。严重时在1～2年内引起全株枯死，甚至毁园。果实受侵染，引起大量烂果。为害症状表现为4种类型：①流胶型，枝干被害后渗出褐色胶液，有酒糟味；②干枯型，柑橘主枝或主干被害后干枯，病健交界处有一条褐色或黑褐色隆起；③砂皮型，幼果、新梢和嫩叶被害，表面粗糙，许多褐色、黑褐色的硬胶质小粒点散生或密集成片着生；④蒂腐型，从果实蒂部发病，病斑褐色、水渍状或波纹状，引起全果腐烂。

发生规律：病原菌以菌丝体、分生孢子器和分生孢子在病部越冬。春季来临，气温回升，雨水增多，产生大量分生孢子，从冻伤、灼伤、剪口伤和虫伤等伤口侵入，引起侵染。

（二）主要害虫

1. 柑橘蚧类　主要包括矢尖蚧和吹绵蚧。

（1）矢尖蚧（arrowhead scale）　属半翅目盾蚧科。除为害柑橘外，还为害金橘、木瓜和龙眼等。

为害特点：以成虫和若虫在叶片、枝条、果实和芽上刺吸汁液，造成枝梢枯萎，叶片和果实脱落。排泄物污染寄主，引发煤污病。

发生规律：年发生代数因地而异，陕西汉中发生2代，四川2～3代，湖南3代，福建3～4代。主要以受

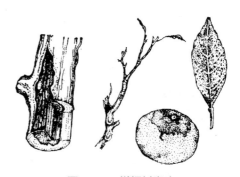

图8-40　柑橘树脂病

精雌成虫在叶片和嫩枝上越冬，少数以2龄若虫越冬。翌年春季，平均温度13℃以上时出蛰取食，气温达到19℃以上时开始产卵。第一代若虫于4—5月盛发；2代区各代初孵若虫分别出现于5月中下旬和8月上旬；3代区各代初孵若虫出现于4月下旬至5月上旬、7月上旬和9月上中旬；3~4代区各代初孵若虫盛期出现于4月、6—7月、9月和12月初。

（2）吹绵蚧（cottony-cushion scale）　属半翅目绵蚧科。寄主达250余种，除为害柑橘外，还为害多种果树和经济林。

为害特点：同矢尖蚧，但一般不为害果实。

发生规律：我国南部年发生3~4代，西北地区和长江流域2~3代，华北2代，四川东南部3~4代。以若虫和雌成虫在枝干和叶片上越冬，雄性若虫集中于树皮裂缝、树洞或有蛛网的枯叶中越冬，雌性在为害处越冬。

2. 柑橘潜叶蛾（citrus leaf-miner）　属鳞翅目潜蛾科，又称画图虫、鬼画符、潜叶虫等（图8-41）。为害柑橘、金橘、柠檬等果树，是华南柑橘的重要害虫。

为害特点：幼虫潜叶为害幼芽嫩叶，形成蜿蜒的隧道，被害叶片卷缩硬化，引起早期落叶，新梢生长受阻。该虫为害还能诱发溃疡病。

发生规律：主要以蛹在秋梢和冬梢嫩叶表皮下越冬，或以幼虫结茧越冬。翌年4月下旬开始羽化成虫，5月中旬开始发生幼虫，6月夏梢期为第一个危害高峰期，8月下旬至9月上旬秋梢期严重受害。

3. 柑橘木虱（citrus psylla）　属半翅目木虱科。主要为害芸香科植物，是柑橘嫩梢期的重要害虫（图8-42）。

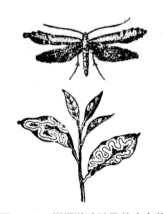

图8-41　柑橘潜叶蛾及其为害状

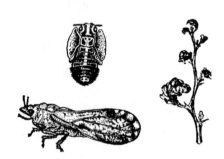

图8-42　柑橘木虱及其为害状

为害特点：主要为害柑橘嫩梢。成虫、若虫吸食芽、梢汁液，引起新梢生长不良、干枯萎缩。分泌蜜露，导致煤污病。传播柑橘黄龙病。

发生规律：主要以成虫密集在叶背越冬。翌年条件适宜开始出蛰。在广东，2月开始产卵；在福建和湖北，越冬成虫3月下旬开始产卵。柑橘木虱卵、若虫的发生盛期与柑橘抽梢期相吻合，以夏梢受害最重，其次是秋梢，每次新梢期是防治木虱的关键时期。

4. 柑橘爆皮虫（citrus flatheaded borer）　又称为柑橘锈皮虫和橘长吉丁虫，属鞘翅目吉丁甲科。主要为害柑橘类作物。

为害特点：成虫在树冠内取食嫩叶成小缺刻，小幼虫侵入树皮浅处蛀食为害，造成芝麻大小的胶点，随着虫龄的增长，向柑橘形成层钻蛀，上下蛀食，形成蛀道，造成树皮干枯、爆裂，导致整株或主枝枯死。

发生规律：年发生 1 代。以不同龄期幼虫在树干内越冬，幼龄幼虫在皮层内越冬，老龄幼虫在木质部越冬。翌年 3 月下旬开始化蛹，4 月下旬为化蛹盛期，5 月上旬为第一代成虫羽化盛期，6 月中下旬为产卵盛期，7 月上中旬为孵化盛期。6—10 月为为害盛期。

5. 柑橘实蝇（citrus fruit fly） 属双翅目实蝇科。包括柑橘大实蝇和橘小实蝇，两者均是重要的植物检疫性害虫。柑橘大实蝇主要为害柑橘类；橘小实蝇可为害很多种作物的果实，以热带和亚热带的果蔬为主，偏好柑橘。

为害特点：两种实蝇成虫均产卵于果皮内，孵化后幼虫潜居果瓣取食，造成果实腐烂或未熟先黄而脱落，严重影响产量和质量。

发生规律：两种实蝇均以蛹在土中越冬。次年春季羽化，产卵于柑橘。在四川疫区，6—7月为柑橘大实蝇的产卵期。在广西疫区，越冬代橘小实蝇出现于 5 月下旬；第一代成虫活动高峰期出现在 9 月下旬至 10 月上旬。幼虫老熟后，随果实落地或在果实未落地前即爬出，入土化蛹。

6. 柑橘全爪螨（citrus red mite），又名柑橘红蜘蛛，属蛛形纲蜱螨亚纲（图 8-43），是柑橘栽培种的重要害虫。寄主植物包括 30 科 40 多种寄主植物，主要为害芸香科植物。

为害特点：以成螨和若螨群集于叶片中脉附近和叶缘处，刺吸叶片、果实和枝梢汁液，造成无数灰白色小斑点，为害严重时，整个叶片变白，导致大量落叶，影响树势和产量。幼果受害变为畸形果或因油细胞遭到破坏而失去光泽，易脱落。

发生规律：年发生 10 余代，因气温和食物条件而异。以卵或成螨在柑橘叶背或枝条芽缝中越冬。冬季温暖地区无越冬现象。次年 3 月虫口开始活动，4—5 月迁移至春梢为害，种群增殖迅速，若遇春季高温干旱少雨，易暴发。6—7 月虫口下降，7—8 月受高温影响发生量更低。9—10 月虫口数量回升，严重为害秋梢。该螨有春、秋秀两个为害高峰。

7. 柑橘锈瘿螨（citrus rust mite） 属蛛形纲蜱螨亚纲。又称柑橘锈壁虱、柑橘刺叶瘿螨、锈螨、锈蜘蛛，是柑橘的主要害虫（图 8-44）。

为害特点：以成、若螨群集在果面、叶片及绿色嫩枝上为害，被害果变为黑褐色，果皮失去光泽、木栓化、粗糙，布满龟裂状细纹。被害叶背面初呈黄褐色，后变黑褐色，卷缩、变粗糙，早期脱落。

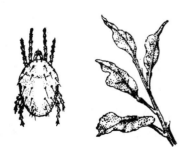

图 8-43 柑橘全爪螨及其为害状

图 8-44 柑橘锈螨

发生规律：以成螨在柑橘腋芽和卷叶内越冬。在福建，越冬成螨于翌年4月初开始在春梢新叶上出现，5月中旬以后虫口数量激增，7月下旬达到高峰，为害逐渐严重，8月上旬开始转移到幼果上为害并繁殖，8月中旬果实上为害达到高峰。7—9月是锈壁虱发生的猖獗时期。

（三）病虫害综合治理技术

1. 柑橘发芽前　结合施肥及翻耕清洁田园，清除病果、落叶。剪除病虫枝带出果园销毁。用1~2度石硫合剂或45%松脂合剂清园，人工刷除蚧壳虫类，减少病、虫越冬基数。

2. 现蕾至谢花期　用波尔多液、氟硅唑、甲基硫菌灵等防柑橘疮痂病、炭疽病、树脂病。蚜虫发生时，混入防治蚜虫的药剂。喷药前先击打枝干震落瓢虫、草蛉等天敌昆虫。覆盖地膜防治花蕾蛆。橘园行间播种藿香蓟、白三叶、圆叶决明、百喜草和大豆等作物。谢花后利用机油乳剂可兼治柑橘木虱和蚜虫等（避免现蕾期使用，会增加畸形花率）。

3. 生理落果期至坐果期　合理用药，喷施噻嗪酮等防治蚧壳虫、黑蚱蝉；喷施联苯菊酯等防治刺蛾、蓑蛾、潜叶蛾、锈壁虱等；喷施氟硅唑、甲基硫菌灵等防治炭疽病、疮痂病、树脂病等。悬挂实蝇诱捕器诱捕实蝇成虫。释放胡瓜钝绥螨等天敌防治红蜘蛛。

4. 果实膨大期至采收　9月上中旬注意防治锈壁虱，兼治红蜘蛛。同时做好凤蝶、尺蠖、蚜虫等的防治。9月下旬至11月上旬，根据红蜘蛛的发生情况，选择虫口密度大的地块防治。

5. 采收后　人工捡除病虫害果集中销毁，减少果园内的侵染源。

四、葡萄病虫害综合治理

为害葡萄较为严重的病虫害有霜霉病、白腐病、炭疽病、黑痘病、绿盲蝽、短须螨、根瘤蚜、葡萄叶蝉等。

（一）主要病害

1. 葡萄黑痘病（grape sopt anthrcnose）　又称疮痂病，俗称"鸟眼病"，是世界著名葡萄病害。病原菌有性阶段为 *Elsinoë ampelina*，属子囊菌门；无性阶段为 *Sphaceloma ampelinum*，属半知菌类。

为害特点：在葡萄的生长前期和幼果期危害。主要为害葡萄的幼嫩组织，幼叶、嫩梢、花穗、幼果和幼嫩卷须。叶片染病，初现圆形或不规则形褐色小斑点，后呈灰黑色，边缘深褐色或紫色，中部凹陷开裂；新梢和叶柄染病，生长停滞，萎缩、枯死；幼果被害，初为圆形深褐色小斑点，中央凹陷，呈灰白色，外部仍为深褐色，而周缘紫褐色似"鸟眼"状（图8-45）；湿度大时，病斑上出现乳白色黏质物。

发生规律：病原菌以菌丝体潜伏于病蔓、病残果和病叶中越冬，也可在病部形成拟菌核越冬，在病组织中可存活3~5年。翌年春季葡萄发芽后，温湿度适宜时，产生分生孢子借风雨传播。分生孢子借自由水萌发侵染，直接侵入寄主的幼嫩组织。侵入植株后，菌丝在表皮下蔓延。以后在病部形成分生孢子盘，突破表皮，在湿度大的情况下，不断产生分生孢子，进行再侵染。

图8-45　葡萄黑痘病

黑痘病属低温高湿型病害。果园低洼、排水不良，氮肥偏多，新梢徒长，枝蔓量大，副梢多长，负载量大，管理粗放等利于流行。秋雨绵绵易造成黑痘病秋季发病高峰，累积来年病原。

2. 葡萄霜霉病（grape downy mildew） 为世界著名葡萄病害，也是我国沿海果区和高寒山区的主要葡萄病害。病原菌为葡萄生单轴霜霉（*Plasmopara*），属藻物界卵菌门单轴霉属。

为害特点：霜霉病发生、为害期在春夏之交和夏秋之交前后的温凉季节；主要为害叶片，严重时引起早期落叶。最初形成半透明的水渍状病斑，逐渐扩大形成淡黄色至黄褐色多角形病斑，病斑常连片，病斑反面形成灰白色霉层。新梢和果粒也能受害，新梢染病初为水渍状斑点，后来扩大并稍微凹陷，霉层较薄，最终停长；果穗染病果皮变为灰褐色，后期皱缩脱落。

发生规律：主要以卵孢子在地下落叶和病残体中越冬，也可以在芽上越冬，土中可存活两年。翌年春天，温度适宜时卵孢子可在水滴或潮湿土壤中萌发，形成孢子囊。孢子囊借风雨传播到植株上，在游离水中萌发，并释放出游动孢子。游动孢子在气孔附近萌发，自气孔或皮孔侵入寄主，引起初侵染。此后只要条件适宜，就不断产生分生孢子形成再侵染。

霜霉病属中温潮湿型病害。偏氮施肥、通风不良、潮湿加重发病。

3. 葡萄白腐病（grapevine white rot） 又称烂穗病或水烂病，病原菌为 *Coniella diplodiella*，属子囊菌门；为无性态真菌，异名 *Coniothyrium diplodiella*，属半知菌亚门。葡萄白腐病是我国葡萄重要病害之一，也是我国南方欧亚系葡萄品种最严重的果实病害。

为害特点：主要为害穗轴、果梗和果粒，也为害新梢、叶片。初发病时，病部呈现淡褐色水渍状病斑，之后病斑蔓延，引起葡萄穗轴腐烂、果粒软腐脱落，严重时果粒散落满地。叶片发病多在叶缘部，病斑不规则，沿叶缘或叶尖向内逐渐扩大成圆形，有褐色轮纹（图8-46）。

发生规律：主要以分生孢子器、菌丝体和分生孢子在病枝梢、病果、病叶等处越冬，其中土壤中的病残体是翌年初侵染的主要来源。越冬后形成新的孢子器和分生孢子，借风雨溅散、尘土飞扬传播，通过伤口或皮孔侵入果粒，也可直接侵入穗轴和果梗，形成初侵染。形成的病斑释放出来的分生孢子形成再侵染。一般从6、7月到果实成熟都有发病，夏季发生严重。

图8-46 葡萄白腐病

白腐病属高温高湿型病害，久旱无雨后持续高温，特别是遭遇暴风雨和冰雹后，常引起白腐病大流行。不同品种抗性差异较大，如欧美杂交种比欧亚杂交种抗病。

4. 葡萄炭疽病（grapevine anthracnose） 又称晚腐病，病原菌有性阶段为 *Glomerella cingulata*，属子囊菌门；无性阶段为 *Colletotrichum gloeosporioides*，属半知菌类。该病是我国葡萄产区重要病害，也是南方种植区和北方东南沿海葡萄种植区的第一大病害。

为害特点：可侵染果粒、果梗、穗轴及花序。主要为害接近成熟的果实，果粒着色期至成熟期是集中发病期，近地面果穗尖端果粒先发病。果实受害后，先在果面产生针尖大的褐色圆形小斑点，逐渐扩大成病斑并凹陷，长出同心轮纹状排列的小黑点；湿度大时，小粒点涌出橘红色黏胶质物（典型症状），后期果粒软腐脱落或逐渐失水干缩成僵果（图8-47）。花穗、果梗、穗轴和嫩梢受害产生深色的椭圆形或不规则形短条状的凹陷病斑，病斑也产生粉红色的分生孢子团。幼果期发病多在葡萄遭受药害或冰雹之后表现症状；表面出现黑色、圆形、蝇粪状病斑；病部仅限于表皮，不形成分生孢子。

发生规律：主要以菌丝体在一年生枝蔓表层组织和病果中越冬，或在叶痕、穗梗及节部等处越冬。越冬病原菌产生分生孢子借风雨溅散引起初侵染，通过皮孔或直接侵入表皮。

炭疽病属高温高湿高糖型病害。夏季雨频高湿（日降水量达15~30 mm），秋季多雨高温，采收期持续高温，常引起炭疽病的大流行。果粒含糖量达8%以上时，病原菌迅速生长，病斑扩大直至果粒腐烂。栽植过密、行间通风不畅、架式不当、排水不良、穗位太低、蔓叶过多等有利于发病。另外，果皮薄的品种和晚熟品种发病重。

图 8-47　葡萄炭疽病

5. 葡萄褐斑病（grape leaf spot）　又称斑点病、褐点病、叶斑病及角斑病，分为大褐斑病和小褐斑病。该病分布广泛，多雨潮湿的沿海地区和江南各地发生严重。大褐斑病的病原菌为葡萄褐柱丝霉（*Phaeoisariopsis vitis*），小褐斑病的病原菌为座束梗尾孢（*Cercospora roseleri*）。

为害特点：大褐斑病病斑大，侵染点发病初期呈淡褐色、不规则的角状斑点，病斑逐渐扩展，直径可达1 cm，病斑中部黑褐色，边缘褐色，界限清楚；后期病斑变赤褐色，联合，病部枯死破裂，多雨或湿度大时发生灰褐色霉状物。小褐斑病病斑小，直径2~3 mm，初侵染时出现黄绿色小斑点，逐渐扩大成圆形或不规则形褐色病斑，病斑中部茶褐色至灰褐色，边缘暗褐色；发病严重时小病斑联合成大斑，病斑外围变黄，直至整叶变黄甚至脱落。

发生规律：病原菌主要以菌丝体或分生孢子在落叶上越冬。翌年葡萄开花后，病原菌产生分生孢子，借风雨传播，高湿条件下孢子萌发，由叶背气孔侵入，进行初侵染。潜育期20 d左右，可多次再侵染。5—6月为初发病期，7—9月为发病盛期。夏秋多雨发病重，管理粗放、地势低洼、树势衰弱时发病重。

（二）主要害虫

1. 绿盲蝽（green plant bug），属半翅目盲蝽科。除为害葡萄外，还可为害苹果、梨、桃、枣、棉花、豆类、马铃薯等多种作物。

为害特点：主要以若虫和成虫刺吸，为害葡萄未展开的芽或刚展开的幼叶和新梢等。幼叶受害后，最初形成针头大小的红褐色斑点，之后随叶片生长，以小点为中心形成不规则的孔洞，大小不等，严重时叶片上聚集许多刺伤孔，致使叶片皱缩、畸形甚至呈撕裂状，生长受阻。穗轴和粒轴受害后，为害处以下部分死亡；幼果受害则变黑死亡。

发生规律：以卵在葡萄干老翘皮、枝干皮缝、杂草和枯枝上越冬。次年春天葡萄发芽时，卵孵化，直接为害，下部新梢受害最重。绿盲蝽适宜生活在气温20℃左右、相对湿度80%左右的环境中，因此葡萄园内1 m以下环境更适宜其取食和为害。绿盲蝽对灯光和黄色有趋性。欧美品种对绿盲蝽抗性更强。

2. 葡萄斑叶蝉（grape leafhopper）　属半翅目叶蝉科，别名葡萄二星叶蝉、葡萄小叶蝉、二星浮尘子、小蠓虫等，除为害葡萄外，还为害猕猴桃、桃、樱花等。

为害特点：主要为害叶片。虫体在叶背面为害，被害处产生白色小点；虫口密度大时，斑点相连，叶面变为灰白色，而叶背被害处呈淡黄褐色枯斑，以致焦枯脱落。

发生规律：在山东、山西、河南、陕西一年发生3代。以成虫在果园杂草丛、落叶下、土缝、石缝等处越冬。翌年3月葡萄末发芽时，成虫即开始活动。先在发芽的杂草、梨、桃、樱桃、山楂上为害，葡萄展叶后到叶片上取食为害。第一代若虫发生于5月下旬至6月上旬，成虫发生于6月上中旬，以后世代重叠。从葡萄展叶直至落叶期均有为害。杂草丛生或湿度较大、通风透光不良的葡萄园发生多，受害重。叶背绒毛少的欧洲种葡萄受害重，绒毛多的美洲种葡萄受害轻。

3. 斑衣蜡蝉（chinese blistering cicada）　属半翅目蜡蝉科，又称红娘子、斑衣、臭皮蜡蝉等。除为害葡萄外，还为害臭椿、香椿、千头椿、合欢、刺槐、榆、杨、桃、李等多种植物。

为害特点：以成虫、若虫刺吸为害。幼嫩叶片受害后，叶面有淡黄色的坏死斑点，随着叶片生长造成叶片穿孔、破裂；枝条被害后逐渐变黑。其排泄物落在叶片、枝条或果实表面像刚喷过水，有亮斑，易引起真菌寄生，影响光合作用和产品质量。

发生规律：一年发生1代。以卵块在葡萄支架水泥柱上或其他寄主的主干、粗枝上越冬，水泥柱上的卵块以东、西两面居多。翌年4月中下旬若虫孵化危害，5月上旬为盛孵期；6月中下旬至7月上旬羽化成虫，为害至10月。8月中旬开始交尾产卵。成、若虫均具有群栖性。成虫飞翔力较弱，但善于跳跃。

4. 葡萄短须螨（grape mite）　又称葡萄红蜘蛛，属蛛形纲蜱螨亚纲，主要为害葡萄。

为害特点：春季葡萄展叶开始，以幼若、成螨先后在嫩梢基部、叶片、果穗及副梢上为害。叶片受害后，叶面呈现黑褐色斑块，严重时焦枯脱落；果穗受害后，果梗、穗轴呈黑色，组织变脆，极易折断；果粒前期受害，果面呈红褐色，果皮粗糙。

发生规律：以雌成螨在粗老翘皮裂缝内、叶腋及芽鳞片绒毛内群集越冬。在山东，春季4月底至5月初出蛰，危害刚展叶的嫩芽，2周左右开始产卵，8~10 d开始孵化，2周后进入孵化盛期（防治关键期），10月上旬开始转移越冬。平均温度在27~30℃、相对湿度在80%~90%的条件下，发生的频率最高。一年中7、8月份发生量最大。

5. 葡萄根瘤蚜（grape phylloxera）　属半翅目瘤蚜科，是国际植物检疫对象，单食性害虫，只为害 Vitis 属葡萄。

为害特点：主要为害叶和根。叶片受害后，在葡萄叶背形成许多粒状虫瘿，称为"叶瘿型"。根部受害，以新生须根为主，在须根端部膨大成比小米粒稍大的略呈菱形的瘤状结，在主根上则形成较大的瘤状突起，称为"根瘤型"，影响水分和养分的吸收、运输，造成树势衰弱，叶片变黄早落，严重时根部腐烂，整株枯死（图8-48）。

发生规律：主要以1龄若虫和少量卵在粗根分叉处或根上缝隙处越冬。翌春越冬若虫开始为害，并发育成无翅雌蚜营孤雌生殖。根瘤蚜只在秋末才进行两性生殖，雌、雄交尾后产越冬代卵。该虫的远程传播主要随苗木的调运。

（三）病虫害综合治理技术

一般情况下，春季以防葡萄黑痘病和绿盲蝽为主，兼治葡萄霜霉病；夏秋季高湿多雨以防白腐病为主，兼

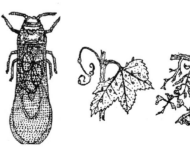

图8-48　葡萄根瘤蚜及其为害状

治炭疽病、灰霉病；秋季秋高气爽，以防霜霉病为主，持续高温则以防治炭疽病为主。除了加强植物检疫，防止葡萄根瘤蚜传入外，葡萄病虫害综合治理技术如下。

1. 农业防治

（1）选择抗病虫品种   葡萄品种间抗病虫害的差异很大，故可选育园艺性状良好而又抗病虫的品种栽培。

（2）清洁田园   秋冬季气温0℃前及时清除病叶、病枝、病果，集中深埋或烧毁，消灭白腐病、黑痘病、炭疽病等病源。剪除虫害枝蔓，剥除枝蔓上的翘皮和老树皮，集中烧毁，消灭越冬虫源。

（3）合理修剪   冬季以清园壮树为主，力争枝蔓不受冻、不抽条；适当抬高第一穗果的着生部位，以预防白腐病、炭疽病和霜霉病侵染；垄两侧铺设地膜，以防雨水飞溅带起病原菌侵染下部果穗或叶片；借助修剪捕捉天蛾、透翅蛾幼虫。

（4）合理管理   生长期及时摘心、除掉副梢，中耕除草，保持良好的通风透气条件。施足基肥，增施钾肥，健壮树势，减轻褐斑病、霜霉病的发生。搞好果园排水工作，以降低田间湿度，减少白腐病、黑痘病等的发生。改良土壤或施行沙地栽培，生产无根瘤蚜苗木，可有效防治根瘤蚜的发生。

2. 化学防治

（1）出土后上架前   在全部枝蔓和地面喷施波美5度石硫合剂，预防各类葡萄病害和虫害发生。

（2）展叶至现蕾期   展叶后喷施等量式波尔多液，防治病害。喷施苦皮藤素、苦参碱防治绿盲蝽和葡萄叶蝉。花前花后喷施嘧菌酯等防治葡萄黑痘病和霜霉病。

（3）坐果后   喷施等量式波尔多液，预防病原菌的侵害。6月中旬喷施菊酯类预防害虫发生。7月初喷施氟硅唑、嘧菌酯等防治葡萄霜霉病、白腐病、褐斑病。7月中旬喷施菊酯类防治各种害虫。8月后，每隔15～20 d喷施100倍液等量式波尔多液，预防各种病害发生，直至采收前20 d停止施药。

3. 生物防治   在越冬代绿盲蝽羽化前1周左右开始使用绿盲蝽性信息素诱捕绿盲蝽。

第七节   蔬菜病虫害

绝大多数蔬菜生长期短，因此，菜田作物相变化快，复种指数高，病虫害发生有鲜明的特点。同时，蔬菜收获后大多为新鲜食用，因此，其安全生产非常重要。蔬菜病虫害综合治理就是协调运用多种有效的防治措施，充分发挥自然控制因素和其他非化学防治措施的作用，控制有害生物的危害，减少化学农药的用量，确保蔬菜生产的高产、稳产、优质和高效。

本节简要介绍茄科、葫芦科、十字花科及豆科等蔬菜的主要病虫害种类、为害症状和综合治理措施。蝼蛄、蛴螬、金针虫、地老虎和种蝇等地下害虫也对蔬菜生产造成危害，但已分别在小麦和棉花病虫害综合治理部分介绍，此处不再赘述。

一、茄科蔬菜病虫害

茄科蔬菜主要包括番茄、茄子、青椒、马铃薯等。茄科蔬菜在生产中遭受多种病虫侵害，包括茎叶病虫害番茄早疫病、番茄晚疫病、番茄菌核病、番茄枯萎病、番茄病毒病、番茄叶霉病、番茄青枯病、茄子黄萎病、青椒疫病、二十八星瓢虫、茶黄螨、粉虱和蚜虫；果实期的病虫害包括番茄脐腐病、青椒炭疽病、茄子绵疫病、茄子褐纹病和烟青虫等。有些病虫害在整个生长期都发生，如线虫病、病毒病、菌核病、枯萎病、茄子黄萎病、青椒疫病等，严重影响蔬菜的产量和质量。

（一）主要病害

1. 番茄晚疫病（tomato late blight） 是一种毁灭性的世界病害，由致病疫霉（*Phytophthora infestans*）侵染引起。该病除为害番茄外，还可为害马铃薯。

为害特点：在番茄的整个生育期均可发生，幼苗、茎、叶、果实均可受害。幼苗染病，病斑由叶片向叶脉和茎蔓延，使茎变细并呈黑褐色，高湿条件下病部产生白色霉层。叶片受害多从叶尖、叶缘开始发病，初为暗绿色水浸状不规则病斑，扩大后转为褐色。茎秆染病产生暗褐色凹陷条斑，导致植株萎蔫。果实染病主要发生在青果上，病斑初呈油浸状暗绿色，后变成暗褐色至棕褐色，稍凹陷，边缘明显，果实一般不变软。

发生规律：主要以菌丝体在温室种植的番茄上和马铃薯块茎中越冬，也能以厚垣孢子随病残体在土壤中越冬。温室等保护地栽培的番茄或田间的马铃薯感病后，产生的孢子囊借风雨传播到陆地栽培番茄上，形成中心病株，再产生孢子囊进行传播流行。湿度是晚疫病发生的关键因子。温度在24℃以下，空气湿度大，露水重，雨日多，晚疫病发生重；田块低洼、排水不良、密植易诱发此病。

2. 番茄早疫病（tomato early blight） 又称为"轮纹病"，由茄链格孢（*Alternaria solani*）引起。各地普遍发生，是为害番茄的重要病害之一。除为害番茄外，还可危害茄子、辣椒和马铃薯等茄科蔬菜。

为害特点：主要为害叶、茎和果实（图8-49）。叶片受害，初呈暗褐色小斑点，后扩大成圆形至椭圆形病斑，并有明显的同心轮纹，边缘具黄色或黄绿色晕圈。茎部发病多在分支处，病斑黑褐色、椭圆形、稍凹陷。果实发病，多在果蒂附近或裂缝处形成近圆形凹陷病斑，也有同心轮纹，病果开裂，病部较硬。潮湿时病斑上生出黑色霉层。

发生规律：病原菌以菌丝体和分生孢子随病残体在土壤中或种子上越冬。翌年产生新的分生孢子，借气流、雨水及农事操作传播，从寄主的气孔、皮孔或表皮直接侵入。田间温度高、湿度大有利于侵染和发病。气温15℃、相对湿度80%以上时开始发病；20～25℃、多雾阴雨时病情发展迅速，易造成病害流行。5—6月份正是番茄坐果期，多在结果初期开始发病，结果盛期进入发病高峰。老叶一般先发病，嫩叶发病轻。一般底肥充足、灌水追肥

图8-49 番茄早疫病

及时，植株生长健壮，则发病轻；连作、基肥不足、种植过密，植株生长衰弱，田间排水不良，则发病重。

3. 番茄叶霉病（tomato leaf mould）　由黄褐孢霉（*Fulvia fulva*），异名黄枝孢菌（*Cladosporium fulvum*）侵染引起。

为害特点：叶、茎、花和果实部都能被害，以叶片发病最为常见。叶片被害，最初在叶背面出现椭圆形或不规则的淡绿色或浅黄色褪绿斑，后在病斑上长出灰色渐转灰紫色至黑褐色的霉层。叶片正面病斑呈淡黄色，边缘不明显，后期病叶干枯卷曲。嫩茎及果柄上也产生与上述相似的病斑，并可延及花部，引起花器凋萎或幼果脱落。果实受害，常在蒂部产生近圆形硬化的凹陷斑，并可扩大至果面的 1/3 左右。

发生规律：病原菌以菌丝体或菌丝块在病残体内越冬，也可以分生孢子附着于种子表面或以菌丝潜伏于种皮越冬。翌年条件适宜时产生分生孢子，通过气流传播，引起初侵染。环境适宜时，病斑上又产生大量分生孢子，进行再侵染。病原菌发育的最适温度为 20～25℃。在高温、高湿（90%以上）条件下，有利于该病的发生。

4. 番茄绵疫病（tomato brown rot）　又名褐色腐败病，病原主要有 3 种：寄生疫霉（*Phytophthora parasitica*）、辣椒疫霉（*P. capsici* Leonian）和茄疫霉（*P. melongenae*）。在我国普遍分布，在保护地和阴雨潮湿的南方地区发生极严重，一般可导致减产 25%～40%，严重时减产可达 60% 以上甚至绝收。

为害特点：主要为害未成熟的果实，但茎、叶亦可受害。初发病时在近果脐或果肩部出现表面光滑的、淡褐色的不定形湿润病斑，病斑迅速扩展并出现深污褐色和浅污褐色的轮纹。最后病斑覆盖大部分甚至整个果面，果肉腐烂变褐。湿度大时，病斑上长出白色絮状霉层。叶片染病多从叶缘开始发病，产生水浸状大型褪绿斑或污褐色不定形病斑，有时隐约可见同心轮纹，迅速扩展至全叶，导致叶片变黑、腐烂、枯死，潮湿时亦长出白色霉层。

发生规律：病原菌主要以卵孢子、厚垣孢子或菌丝体在植株病残体和土壤中越冬。阴雨连绵、相对湿度 85% 以上、气温 25～30℃的条件下，特别是雨后转晴、气温骤升最有利于绵疫病的流行。露地栽培中高温多雨是主要发病条件，夏季常下大雨最易发病，大雨将病原菌溅在茎叶和果实上，形成中心病株，病株上的病原菌借雨水传播，形成再侵染。病原菌也可随灌溉水蔓延。重茬地、排水不良地、低洼地，与茄科蔬菜连作或邻作时，发病较重。适温、寡照、多雨、空气潮湿的气候条件有利于病原菌侵染、繁殖，是番茄绵疫病大发生的主要原因。

5. 番茄根结线虫病（tomato root-knot nematode disease）　病原为南方根结线虫（*Meloidogyne incognita*）。可为害瓜类、茄果类、豆类、绿叶菜类、葱蒜类及根菜类等多种蔬菜。

为害特点：该病很少在苗期显现症状，主要在成株期发病。发病较重的菜株，叶色微黄，生长缓慢，将感病植株从土中拔出后可见根部自下而上布满大小不等的根结，须根很少。后期根部腐烂中空，仅存皮层和木质部，最后导致植株枯萎死亡。

发生规律：常以 2 龄幼虫或卵随病残体在土中越冬，可存活 1～3 年。翌年条件适宜时，越冬卵孵化为幼虫，继续发育并侵入寄主，刺激根部细胞增生，形成根结。线虫发育至 4 龄时交尾产卵，雄虫离开寄主进入土中，不久即死亡。卵在根结里孵化发育，2 龄后离开卵壳，进入土中进行再侵染或越冬。初侵染源主要是病土、病苗及灌溉水。土温 25～30℃，土壤持水量 40%

左右时，病原线虫发育快；10℃以下幼虫停止活动。地势高燥、土壤质地疏松、盐分低的地块适宜线虫发生，连作地发病重。

6. 番茄病毒病（tomato virus disease）　是由多种病毒引起的一类病害。

（1）番茄斑萎病毒病（tomato spot wilt virus，TSWV）　为 RNA 病毒，可侵染 84 科 1 000 多种植物，番茄等茄科作物是其主要寄主。2011 年被列为世界十大植物病毒之一，可系统侵染整株番茄。由蓟马传播，以西花蓟马的传毒效率最高；也可通过机械摩擦、汁液、种子等途径传播。田旋花、繁缕和野生烟等是其越冬寄主。

苗期染病，顶芽下垂，此后全株死亡；生长期染病，叶片最先出现小黑斑，叶背面沿叶脉呈黑褐色或生长点坏死，发病早的不结果；坐果期染病，绿果上出现白色同心环纹或呈瘤状突起，果面上产生褐色坏死斑，果实易脱落。

（2）番茄黄化曲叶病毒病（tomato yellow leaf curl virus，TYLCV）　仅侵染双子叶植物 25 科 122 种，包括番茄、辣椒、黄瓜等蔬菜作物。以烟粉虱持久传毒，种子及汁液摩擦不能传播。

发病后叶片褪绿发黄、变小，边缘上卷、增厚，叶质变硬，植株矮化、生长缓慢或停滞，病后无法恢复。早期发病植株严重矮缩，无法正常开花结果；后期染病植株仅上部叶和新芽表现症状，结果少、果实小、果实着色不匀（俗称"半边脸"）。越夏茬和秋延茬番茄受害严重。

（3）番茄褪绿病毒病（tomato chlorosis virus，ToCV）　能侵染 7 科 25 种植物，但以茄科为主，包括番茄、辣椒、马铃薯、烟草、苦苣菜、百日菊等。烟粉虱、温室白粉虱、纹翅粉虱和银叶粉虱均可有效传毒，其中纹翅粉虱和 B 型烟粉虱的传毒效率较高。不能通过汁液摩擦传播。

发病后引起植株严重褪绿和黄化，类似缺镁症状。植株中部发病，向上和向下同时发展；发病后叶肉变黄，叶边缘向上卷曲，呈船形，严重时叶脉深绿，叶片变小；叶片初期呈斑驳失绿，但不明显，后期叶脉间叶肉褪绿黄化。各个种植茬口均可发生，夏季常与 TYLCV 复合侵染。

（4）番茄花叶病毒（tomato mosaic virus，ToMV）　为 RNA 病毒，可侵染茄科、葫芦科、十字花科及豆科等 38 科 268 种植物。通过摩擦、嫁接、整枝打杈等农事操作传播。常与黄瓜花叶病毒复合侵染。

感病后幼嫩叶片侧脉及支脉组织呈半透明状（明脉），叶脉两侧叶肉组织渐呈淡绿色。叶片薄厚不匀，颜色黄绿相间，呈花叶状。后花叶斑驳程度加大，并出现大面积深褐色坏死斑，中下部老叶尤甚；发病重的叶片皱缩、畸形、扭曲。早期发病的植株节间缩短，严重矮化，生长缓慢，不能正常开花结果，易脱落；发育的果实小而皱缩，种子量少且小，多不能发芽。

（5）黄瓜花叶病毒（cucumber mosaic virus，CMV）　为 RNA 病毒，能够侵染 85 科、1000 种以上植物，是世界范围内发生最普遍、为害最重的植物病毒。典型的种传病毒，以蚜虫为介体通过非持久性方式传播。

染病后植株矮化，叶片变薄，颜色变淡，叶背、叶脉逐渐变紫，中下部叶片向上卷起，重者呈现管状。中上部叶片卷叶较轻，但主脉出现扭曲现象。番茄叶茎顶部会有新的细叶生长，叶肉组织退化。发病重时无叶肉，仅有一条中肋。新叶逐渐变窄或接近线状，侧枝出现蕨叶状小叶，复叶节间明显缩短，丛枝状。

7. 辣椒疫病（phytophthora blight of pepper）　病原物为辣椒疫霉（*Phytophthora capsici*）。辣

椒疫病是辣椒生产中的一种毁灭性病害，辣椒疫霉还可侵染番茄、茄子和多种瓜类等。

为害特点：在辣椒的整个生育期均可发生，茎、叶、果实和根都能发病。幼苗受害时茎基部最初先出现暗绿色水渍状软腐，之后形成褐色至黑褐色并显著缢缩的大斑，造成幼苗猝倒。成株期多危害茎秆分支处，产生暗绿色水渍状病斑，后期病斑变为褐色坏死长条斑，病部凹陷缢缩，植株上部萎蔫枯死，但维管束不变色，该症状可区别于镰刀菌引起的枯萎病。叶片受害产生暗绿色、水渍状、圆形或近圆形的病斑，直径 2~3 cm，湿度大时整叶腐烂，干燥时病斑淡褐色、病叶易脱落。果实受害始于蒂部，产生暗绿色水渍状病斑，湿度大时变褐软腐，表面长出白色稀疏霉层，干燥时形成僵果悬挂于枝上。根部受害变褐腐烂，整株萎蔫枯死。

发生规律：主要以卵孢子或厚垣孢子在病残体、土壤或种子中越冬。翌年雨季，卵孢子和厚垣孢子经雨水、灌溉水传播到寄主茎基部或近地面果实上，引起田间初次侵染。温度在24~27℃、相对湿度95%以上时，可产生游动孢子囊并释放游动孢子，经雨水和灌溉水传播，引起频繁的再侵染。病原菌直接或从伤口侵入。高温多湿条件下，有利于该病发生。苗期易感病，成株期较抗病。

8. 辣椒炭疽病（pepper anthracnose） 是一种世界性辣椒病害，我国各辣椒产区都有发生，由 *Gloeosporium* 或 *Colletotrichum* 属的几种真菌引起。

为害特点：为害叶片和近成熟的果实，造成落叶和烂果。根据症状分为 3 种类型。①红色炭疽病。在成熟果和幼果上发病，病斑黄褐色、水渍状，上密生红色小点，同心环状排列，湿润时整个病斑表面溢出淡红色物质。②黑色炭疽病。在果、叶特别是成熟果上发病，病斑褐色，水渍状不规则形，有稍隆起的同心环纹，其上密生小点，周缘有湿润性变色圈。③黑点炭疽病。在成熟果发病，病斑很像黑色炭疽病，但其上的小点较大，颜色更黑（图 8-50）。黑色炭疽病在东北、华北、华东、华南、西南等地区发生普遍；黑点炭疽病发生在浙江、江苏、贵州等地；红色炭疽病发生较少。

发生规律：病原菌以分生孢子附着在种子表面，或以菌丝潜伏在种子内部越冬，也能以分生孢子盘、菌丝体和分生孢子随病残体在土中越冬。多由寄主伤口侵入，红色炭疽病原菌还可从表皮直接侵入。分生孢子通过风雨、昆虫和农事操作等传播。病原菌发育的最适温度为27℃、相对湿度为95%左右。分生孢子萌发的适温为25~30℃、相对湿度在95%以上。温暖多雨、排水不良，通风性差或偏施氮肥有利于病害发生。成熟果或过成熟果易受害，圆椒比尖椒感病。

图 8-50　辣椒炭疽病

9. 茄子黄萎病（eggplant verticillium wilt） 俗称"半边疯"，主要由大丽轮枝孢（*Verticillium dahliae*）引起。是茄子的主要病害之一，世界各地都有分布。

为害特点：病原菌在苗期即可侵染，但一般多在定植后出现病症。病株一般较矮，病叶从下部向上部发展。从全株看，先是一个枝条变黄，以后发展成半边变黄。发病叶片先表现为叶脉间、叶尖或叶缘褪绿、变黄，逐渐发展至整片叶变黄或黄化斑驳。早期病株晴天高温时病叶萎蔫，早晚或天气阴凉时恢复；后期病株彻底萎蔫，叶片黄萎、卷曲、脱落，严重时只剩下茎秆或心叶。剖开茎秆，维管束呈褐色，但无白色菌液渗出（有白色菌液渗出的是青枯病）。

发生规律：病原菌以休眠菌丝、厚垣孢子和微菌核随病残体在土壤中越冬，通过根部伤口或幼根表皮及根毛直接侵入，先在根部维管束内繁殖，再蔓延到茎、叶和果实中。也能以菌丝体和分生孢子在种子内、外越冬，常随种子调运而远距离传播。带菌肥料和带菌土壤借助风、流水、人、畜及农具等将病菌传播至无病田。病原菌发育适温为 19 ~ 24℃，属于中低温病害。气温低，定植时根部伤口愈合慢，有利于病原菌侵入；从定植到开花期，日均温度较长时间低于 15℃，则发病早而重。此外，地势低洼、施用未腐熟有机肥、浇水不当及连作地发病重；直接使用冰凉井水灌溉，也可导致病害加重。

10. 茄子绵疫病（eggplant phytophythora rot）　又称烂茄子，各菜区普遍发生，露地及保护地茄子均可受害。病原菌为烟草疫霉（*Phytophthora nicotianae*）和寄生疫霉（*P. parasitica*）。也能侵染番茄、辣椒、马铃薯和黄瓜等。

为害特点：主要为害果实，也能侵染幼苗叶片、花器、嫩枝、茎秆等部位。果实受害多以下部老果较多，初期果实腰部或脐部出现水渍状圆形斑点，逐渐扩大呈黄褐色至暗褐色，稍微凹陷或呈半软腐状，湿度大时病部表面产生茂密的白色棉絮状霉层。病斑发展到果面 1/2 左右时，果实脱落。幼果受害时，呈半软腐状，之后干缩悬挂于枝上；幼苗发病时，幼茎呈水渍状，腐烂猝倒死亡；叶片发病多从叶缘或叶尖开始，初期病斑水渍状、褐色，形状不规则，常有明显轮纹；潮湿条件下，病斑快速扩展形成边缘不甚清楚的枯死斑，病部有白色霉层；干燥条件下，病斑边缘较明显，叶片干枯破裂。嫩枝发病多在分支处或果梗及花梗处，病斑水渍状，之后变为褐色以致折断，病斑以上部分枯死。

发生规律：病菌主要以卵孢子随病残体在土中越冬，可存活 3 ~ 4 年。次年条件适宜，病原菌可直接侵染幼苗茎部。田间主要借雨水飞溅传播到近地面果实，卵孢子萌发后从表皮直接侵入，引起初侵染。发病后的病组织产生大量孢子囊并释放游动孢子，经风雨和流水传播，进行再侵染。茄子生长后期，病原菌在寄主组织中形成卵孢子，随病残体越冬。茄子发病的适宜温度为 30℃，相对湿度为 95% 以上。雨水多、湿度大，尤其是雨后天气闷热时，利于该病发生。地势低洼、排水不良的连作地，种植过密、通风不良的地块发生重。

11. 茄子褐纹病（phomopsis blight of eggplant）　又称褐腐病、干腐病，在北方与绵疫病、黄萎病并称为茄子三大病害。病原菌为茄褐纹拟茎点霉（*Phomopsis vexans*），有性世代为茄间座壳菌（*Diaporlhe vexans*）。

为害特点：主要为害茄果，也侵染叶片和茎秆。果实发病，初期果柄上产生浅褐色、圆形或椭圆形病斑，病斑稍凹陷，扩大后变成暗褐色、半软腐状的不规则病斑，病部出现同心轮纹，上面产生许多小黑点，湿度大时病果落地腐烂，或干缩为僵果悬挂在枝头。叶片受害一般从下部叶片开始，最初出现水渍状、褐色、圆形或近圆形小点，后期扩大为不规则形病斑，直径为 1 ~ 2 cm，病斑边缘暗褐色，中央灰白色至深褐色，轮生小黑点，病斑处易破裂穿孔。茎秆发病多以基部较重，病斑褐色、梭形、稍凹陷，呈干腐状溃疡斑，上面散生小黑点；病部表皮常干腐而纵裂，皮层脱落露出木质部，遇大风易折断。苗期发病多在茎基部形成水渍状、梭形、暗褐色、稍凹陷的病斑，病部缢缩，导致幼苗猝倒死亡，稍大幼苗则呈立枯状，病部有稀疏小黑点。

（二）主要害虫

1. 烟粉虱（tobacco white fly） 又称甘薯粉虱、棉粉虱，属半翅目胸喙亚目粉虱科。多食性，分布广。寄主主要有烟草、番茄、番薯、木薯、棉花及十字花科、葫芦科、豆科、茄科、锦葵科等植物。

为害特点：以成虫和若虫刺吸植物汁液，导致植株生长衰弱；若虫和成虫还分泌蜜露，诱发煤污病，发生严重时，叶片呈黑色，影响植物光合作用及花木观赏效果；另外还能传播病毒病。

发生规律：年发生代数因气候有所不同，世代重叠严重；在北方以各种虫态在温室内越冬，在南方不越冬。在25℃条件下，卵期5 d，1~4龄各4 d，从卵到成虫共21 d。大棚栽培在5月份出现一个高峰，露地在7—10月出现两个高峰，种群数量大，防治困难。

2. 侧多食跗线螨（broad mite） 又称为茶黄螨，属蛛形纲蜱螨亚纲，可为害茄科、豆科、瓜类、芹菜、木耳菜和空心菜等。还可为害葡萄、苹果、梨等的果树苗木。

为害特点：以刺吸式口器吸取植物汁液，可为害叶片、新梢、花蕾和果实。茄子受害后，叶片变厚变小变硬，叶反面茶锈色，油渍状，叶缘向背面卷曲，嫩茎呈锈色，梢顶端枯死，花蕾畸形，不能开花。果实受害后，果面黄褐色粗糙，果皮龟裂，种子外露，严重时呈馒头开花状。辣椒受害后，叶片同茄子，果皮粗糙变色。

发生规律：一年可发生几十代，主要在棚室中的植株上或土壤中越冬。棚室中全年发生，在，而露地菜则以6—9月受害较重。该螨生长迅速，在18~20℃下，7~10 d可完成一代；在28~30℃下，4~5 d完成一代。最适生长温度为16~23℃，相对湿度为80%~90%。卵多散产于嫩叶背面和果实的凹陷处。成螨活动能力强，靠爬迁或自然力扩散蔓延。大雨对其有冲刷作用。

3. 马铃薯瓢虫（potato lady beetle） 又名二十八星瓢虫，属鞘翅目瓢甲科，主要为害马铃薯、茄子、辣椒、番茄、豆类和瓜类蔬菜。

为害特点：以成虫和幼虫为害，初孵幼虫群居于叶背啃食叶肉，仅留表皮，形成许多平行半透明的细凹纹，稍大后幼虫逐渐分散，植株受害严重时叶片只剩叶脉（图8-51）。

发生规律：以成虫群集在背风向阳的山洞、石缝、树洞、树皮缝及山坡的石块下、杂草间越冬。翌年5月中下旬开始活动，先在越冬场所附近的杂草、小树上栖息，再迁移到马铃薯等茄科蔬菜和杂草上取食为害。6月下旬至7月上旬为第一代幼虫为害高峰。8月中旬至9月上旬为第二代幼虫为害高峰。卵多产于叶背面，每个卵块有卵20~30粒，竖立于叶背。幼虫共4龄，幼虫期16~26 d，老熟后在叶背、茎上或植株基部化蛹，蛹期4~9 d。

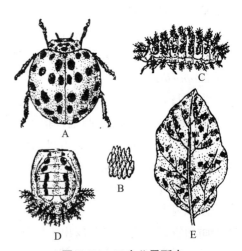

图8-51 二十八星瓢虫

A. 成虫；B. 卵；C. 幼虫；D. 蛹；E. 为害状

4. 烟青虫（oriental tobacco budworm） 属鳞翅目夜蛾类，常和近似种棉铃虫混合发生。主要为害辣椒、番茄和茄子，也为害烟草。

为害特点：以幼虫啃食幼嫩叶片和花器，然后蛀食花蕾、果实，造成落花、落果及虫果腐烂，少数蛀食嫩茎。

发生规律：发生世代数因地而异，东北地区 2 代，黄淮地区 3~4 代，西南和华南 4~6 代，均以蛹在土中越冬。以 4 代区为害严重，越冬代成虫一般发生于 5 月中下旬。成虫需吸食花蜜补充营养，有一定的趋光性和趋化性。卵多散产在嫩头、幼叶和蕾，以及幼果萼片或花瓣上。幼虫有假死及吐丝下坠习性。

二、葫芦科蔬菜病虫害

葫芦科蔬菜主要包括黄瓜、西葫芦、苦瓜、瓠瓜、南瓜、丝瓜、冬瓜、西瓜、甜瓜等，在不同的生长发育时期，病虫害发生的种类和严重程度均有所不同。我国仅黄瓜栽培中发生的病害就有 50 余种，其中常年造成较重损失的有 10 余种。葫芦科蔬菜常见病虫害包括黄瓜霜霉病、白粉病、褐斑（靶斑）病、细菌性角斑病、灰霉病、黑星病、疫病、菌核病、根结线虫病、南美斑潜蝇、美洲斑潜蝇、温室白粉虱、烟粉虱和瓜绢螟等。

（一）主要病害

1. 黄瓜霜霉病（cucumber downy mildew）　由古巴假霜霉菌（*Pseudoperonospora cubensis*）引起。该病原菌可侵染 20 属 60 种葫芦科作物，主要为害黄瓜，也可为害甜瓜等其他瓜类，是保护地黄瓜发生最普遍、为害最严重的病害。

为害特点：主要为害叶片。发病初期，叶面出现黄色褪绿斑点，叶背呈现水浸状斑点，病斑逐渐扩大，受叶脉限制形成多角形、淡褐色或黄褐色的斑块；后期病斑连片，导致叶缘卷缩干枯。在感病品种上，病斑较大，湿度大时叶背常产生灰黑色霉层；在抗病品种上，病斑较小，叶背一般没有灰黑色霉层。

发生规律：在北方，病原菌在温室大棚中越冬，侵染保护地的黄瓜，来年春天逐渐传播到露地黄瓜，秋季再从露地黄瓜传到保护地黄瓜上为害并越冬。在南方，病原菌周年侵染为害。孢子囊主要通过气流和雨水传播，萌发后从气孔或直接侵入，环境适宜时潜育期 3~5 d。适宜发病温度为 20~24℃，低于 10℃或高于 30℃不易发病；适宜发病湿度为 85% 以上，叶片上有露水或水膜时，最易受侵染发病。通常，多雨、多雾、昼夜温差大、阴晴交替等有利于该病害发生流行。

2. 瓜类白粉病（cucurbit powdery mildew）　病原菌包括白粉菌属的瓜白粉菌（*Erysiphe cucurbitacearum*）和单丝壳属的瓜单囊壳菌（*Sphaerotheca cucurbitae*）两种。瓜类植物中的黄瓜、西葫芦、南瓜、甜瓜和苦瓜等均可受害。

为害特点：白粉病自苗期至收获期均可发病，但以中后期较重。主要为害叶片，亦为害茎部和叶柄。叶片发病初期叶片正面或背面产生白色、近圆形的小粉斑，以后逐渐扩大成边缘不明显的连片白粉斑，犹如撒了一层白粉。此后白色粉状物逐渐变成灰白色或灰褐色。秋季或生长季后期，有的病斑上散生黑色粒状物（闭囊壳）。叶柄和嫩茎受害的症状类似叶片，但粉斑较小，白粉较少。

发生规律：在低温干燥的地区，病原菌以闭囊壳随病残体遗留在田间越冬；在保护地，以菌丝体在被害寄主上越冬。翌年 5—6 月当气温在 20~25℃时闭囊壳释放子囊孢子，或由菌丝体产生分生孢子，借气流、雨水传播，侵入寄主。当田间湿度较大，温度在16~24℃时，白粉病很易流行；在高温干旱条件下，病害即受到抑制。栽培管理粗放、偏施氮肥的地块，有利于白粉病发生。

3. 黄瓜细菌性角斑病（cucumber angular leaf spot） 病原菌为丁香假单胞菌流泪致病变种（*Pseudomonas syringae* pv. *lachrymans*）。除黄瓜外，还侵染葫芦、西葫芦、丝瓜、甜瓜和西瓜等。

为害特点：幼苗和成株均可受害，成株期叶片受害较重。叶片症状和霜霉病一样，受叶脉限制而成多角形病斑，但病斑较小，且棱角不像霜霉病的明显。采摘病叶对光透视，角斑病病斑有透光感觉，而霜霉病病斑无透光感觉。角斑病病斑后期变白、易开裂形成穿孔，干枯脱落；霜霉病的病斑末期变为深褐色并干枯，不易脱落、不形成穿孔。

发生规律：病原菌可在种子内、外或随病残体在土壤中越冬，成为翌年初侵染源，由伤口和气孔等侵入。当田间空气相对湿度为80%~95%，温度为18~25℃时，发病重、流行快。黄河以北露地黄瓜7月中下旬为病害高发期；棚室黄瓜4—5月为发病盛期。温暖多雨、湿度大有利于该病害发生。另外，多年重茬、过量浇水、阴天浇水、偏氮施肥及磷肥不足等易诱发该病害。

4. 黄瓜褐斑病（cucumber brown spot） 又称靶斑病，病原菌为山扁豆生棒孢（*Corynespora*）。该病寄主范围广泛，可侵染葫芦科、茄科、十字花科和豆科等作物21种。

为害特点：主要为害叶片，多从下部叶开始，严重时蔓延至叶柄、茎蔓，并可造成果实流胶。叶片受害，初期出现黄褐色水渍状斑点，略凹陷。以后病斑逐渐扩大，直径约为2 mm时，近圆形，外围颜色褐色，中部颜色稍浅、淡黄色；病斑直径扩展至3~4 mm时，多为圆形，有的病斑受叶脉限制呈多角形或不规则形，褐色、中央灰白如同靶心、质薄、半透明状，上面生有黑色霉状物。严重时病斑连成一片导致叶片干枯，甚至蔓延至茎蔓、叶柄，导致全株枯死。与霜霉病的主要区别是病斑颜色明亮、黄白色，边缘明显，叶片背面无霉层，阳光下病斑透明；而霜霉病病斑叶片正面褪绿、发黄，病健交界处不清晰，病斑多交集成片，湿度大时叶背面有灰色霉层。

发生规律：病原菌主要以分生孢子丛或菌丝体在土壤中病残体上越冬，还可以产生厚垣孢子及菌核度过不良环境生长期。翌年条件适宜时产生分生孢子，借气流、雨水飞溅或农事操作传播，从气孔、伤口或直接穿透表皮侵入，进行初侵染，发病后形成新的分生孢子进行重复侵染。温暖高湿有利于发病，发病温度为20~30℃，相对湿度90%以上；温度为25~27℃和湿度饱和时，病害发生较重；黄瓜生长中后期高温高湿，叶面结露、光照不足、昼夜温差大等均有利于发病。

5. 瓜类枯萎病（melon wilt） 又称为蔓割病、萎蔫病。国内分布广泛，主要为害黄瓜、西瓜，亦可为害甜瓜、西葫芦、丝瓜和冬瓜等葫芦科作物。病原为镰孢属真菌，在我国主要是不同专化型的尖链孢（*Fusarium oxysporum*）和瓜萎链孢（*F. bulbigenum* var *niveum*）。

为害特点：幼苗发病时子叶变黄萎蔫，重者枯萎，茎基部变褐缢缩，多呈猝倒状；成株发病一般在开花后出现症状。发病初期，病株表现为叶片由下向上逐渐萎蔫，似缺水状，数日后整株叶片枯萎下垂。茎蔓上出现纵裂，裂口处流出黄褐色胶状物；病株根部褐色腐烂，纵切可见维管束呈褐色，潮湿条件下病部常有白色或粉红色霉层。疫病菌也能引起瓜类枯萎症状，但病株不流胶，且常自叶柄基部处开始发生，只有发病部位以上部分枯死，病部明显缢缩。

发生规律：尖镰孢菌为土壤习居菌，可以菌丝、厚垣孢子在土壤中或病残体、种子、未腐熟粪肥中越冬。病原菌在土壤中可存活5~6年，主要通过根部伤口与侧根之处的裂缝和茎基部裂口处侵入维管束。病原菌在田间主要靠农事操作、雨水、地下害虫和线虫等传播，连作、地势低洼、排水不良、耕作粗放，土层瘠薄不利于根系生长，往往发病重。

6. 黄瓜蔓枯病（cucumber gummy stem blight） 由黄瓜蔓枯病原菌（*Mycosphaerella melonis*）引起，除黄瓜外，也侵染丝瓜和甜瓜。

为害特点：主要为害叶片和茎。叶片受害时边缘出现半圆形或双楔形病斑，由外缘向中心发展；叶面上病斑近圆形或不规则形，浅褐或黄褐色，上生许多小黑点，晚期容易破裂；病叶自下而上变黄，严重时仅剩顶部的1~2片叶，病叶不脱落。茎部发病多在基部或节间，最初病斑呈油浸状，近圆形或梭形、灰褐至黄褐色，由茎基向上或由节间向茎节发展至相互连接，溢出琥珀色胶状粒体。茎部蔓枯病与枯萎病的区分是枯萎病维管束变褐，而蔓枯病不变色。

发生规律：病原菌以分生孢子器和子囊壳随病残体在土壤中越冬，还能附着于架材和种子上越冬。翌年条件适宜则产生分生孢子，随流水或雨水传播。从寄主伤口或气孔侵入。温度偏高、湿度过大，受害严重。露地黄瓜在夏秋雨季的高温连阴雨天容易发病。

（二）主要害虫

1. 美洲斑潜蝇（vegetable leafminer）和南美斑潜蝇（pea leafminer） 同属双翅目潜蝇科。两种斑潜蝇单独或混合发生，对各种蔬菜、花卉和烟草等作物均可造成严重危害。

为害特点：均以幼虫和成虫为害叶片（图8-52）。美洲斑潜蝇以幼虫取食叶片正面叶肉，形成先细后宽的蛇形虫道，其内有整齐交替排列的黑色虫粪。南美斑潜蝇幼虫主要取食背面叶肉，多从主脉基部开始为害，形成弯曲较宽的虫道，不受叶脉限制，可若干虫道连成一片形成取食斑，后期受害叶片变枯黄。两种斑潜蝇成虫为害特点基本相似，雌成虫在叶片正面取食和产卵，刺伤叶片细胞，形成针尖大小的近圆形刺伤"孔"。

发生规律：美洲斑潜蝇和南美斑潜蝇冬季在棚室中为害越冬。在山东省，南美斑潜蝇4月上中旬在露地为害，5月中旬进入为害盛期；6月下旬后，温度超过30℃以上，为害减轻；9月中下旬随温度降低，发生量上升。美洲斑潜蝇5月开始在露地为害，6月上中旬进入猖獗为害期，可持续危害到8月下旬。11月份两种斑潜蝇迁至大棚内越冬为害。两种斑潜蝇世代重叠，各代间无明显界限。干旱少雨年份为害严重。成虫具趋黄性。

2. 黄守瓜（cucurbit leaf beetle） 又名瓜守、黄虫、黄萤等。属鞘翅目叶甲科。主要为害葫芦科植物，还为害十字花科、茄科、豆科植物及桃、梨等。

为害特点：成虫早期咬食瓜类幼苗和嫩茎（图8-53），以后为害花和幼瓜。幼虫主要在土中啃食瓜根，常造成瓜苗死亡，同时也能蛀入地面的瓜果为害。

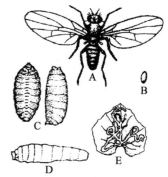

图8-52 美洲斑潜蝇

A. 成虫；B. 卵；C. 蛹；

D. 幼虫；E. 为害状

发生规律：黄守瓜在北方自然条件下一年1代，长江流域一年1~2代。以成虫在草堆、土块、瓦砾及树洞等处群集越冬。喜温好湿；土温6℃时成虫开始活动，10℃时完全出蛰。瓜苗出土前为害其他菜类，瓜苗出土后集中为害瓜叶。成虫产卵于瓜根附近表土，幼虫孵化后即潜入土内为害细根，3龄后食害主根呈索状。黄守瓜在温度22~23℃时开始取食，27~28℃时取食最盛。

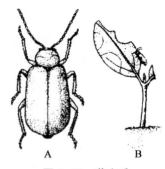

图 8-53 黄守瓜

A. 成虫；B. 为害状

3. **瓜绢螟**（Indian cabbage moth） 属鳞翅目螟蛾科。近年成为瓜类蔬菜主要害虫，除为害黄瓜外，还为害丝瓜、苦瓜、西瓜、冬瓜、番茄及茄子等。

危害特点：以幼虫为害黄瓜叶片和果实。低龄幼虫常在叶背啃食叶肉形成灰白色斑或在嫩梢上取食造成缺刻；3龄以上幼虫吐丝缀连叶片或嫩梢，躲在其中取食，严重时造成叶片大量穿孔或仅剩叶脉；高龄幼虫可为害瓜条，啃食表皮而后钻入瓜类，取食皮下瓜肉，影响瓜果品质。

发生规律：在我国一年可发生2~6代不等，以老熟幼虫或蛹在枯叶或土壤中越冬。在苏北2代区，最早在7月中下旬发现成虫，在9月为害随作物拉秧而结束；在浙江5代区，从6月中下旬持续为害至10月初前后；在福建，瓜绢螟可从5月中旬持续为害至11月中旬。瓜绢螟发生具有明显的世代重叠，7—9月为各地瓜绢螟为害高峰期。老熟幼虫通常在被害卷叶内、附近杂草或土壤表层吐丝结茧化蛹。成虫昼伏夜出，具有趋光性。该害虫生长发育的适宜温度为26~30℃、适宜相对湿度为70%~80%，温暖、湿润的条件下发生较重。

4. **瓜蚜**（cotton aphid） 即棉蚜，属半翅目蚜科。寄主广泛，越冬寄主为木槿、花椒、石榴、枣、夏枯草和车前草等；夏寄主主要是棉花和瓜类等。

为害特点：在瓜类上，瓜蚜栖息在嫩梢、嫩茎和叶背面，吸取汁液，造成寄主叶片皱缩不平、黄化，分泌蜜露，引发霉污病，影响植株的生长，还能够传播病毒病。

发生规律：一年发生十几代，以卵在越冬寄主上越冬。来年3月下旬至4月上旬，卵大量孵化。若虫孵出后在越冬寄主上发生3~4代，5月份由越冬寄主迁往夏寄主，在夏寄主上营孤雌胎生。在夏季4~5 d即可发育一代。10月上旬，由夏寄主再回迁到冬寄主上，并于11月份产卵越冬。在瓜类上的为害盛期是春末夏初，夏季条件适合也会大发生，秋季较轻。

三、十字花科蔬菜病虫害

十字花科蔬菜包括白菜及白菜变种（油菜、薹菜）、甘蓝、花椰菜、芥菜和荠菜等。在生长发育过程中，十字花科蔬菜遭受多种病虫害，主要包括霜霉病、软腐病、黑斑病、根肿病、菌核病、病毒病、菜粉蝶、小菜蛾、黄曲条跳甲、小猿叶甲、甜菜夜蛾和甘蓝夜蛾等。

（一）主要病害

1. **霜霉病**（downy mildew） 病原为寄生霜霉（*Perenospora parasitica*），主要为害白菜、油菜、花椰菜、甘蓝、萝卜、芥菜、荠菜和榨菜等蔬菜。

为害特点：主要为害叶片，其次为害留种株茎秆、花梗和果荚。白菜幼苗受害，叶面症状不明显，叶背产生白色霉层，严重时幼苗变黄枯死。包心期以后，病株叶片由外向内层层干枯，严重的只剩下心叶球。留种株花轴受害后弯曲肿胀；花器受害后呈畸形，花瓣肥厚，变成绿叶状，不能结实；种荚受害后瘦小，淡黄色，结实不良（图8-54）。花椰菜花球受害后，其顶端变黑；甘蓝和花椰菜幼苗受害则产生霉层，变黄枯死；成株叶片正面产生微凹病斑，黑色至紫黑色，多角形或不规则形，病斑背面具霜状霉层。

发生规律：北方寒冷地区，病原菌主要以卵孢子随病残体在土壤中，或以菌丝体在采种母株或窖贮白菜上越冬；南方地区可终年为害。卵孢子和孢子囊主要靠气流和雨水传播，萌发后从气孔或表皮直接侵入。病原菌也可附着在种子上越冬，播种带菌种子可直接侵染幼苗，引起苗期发病。气温在16~20℃，相对湿度高于70%，昼夜温差大或忽冷忽热的天气有利于病害发生。田间湿度大、十字花科蔬菜连作、秋季播种早、基肥不足、氮肥过量、通风排水不良、密植时，则发病重。移栽田病害往往重于直播田。

2. 细菌性软腐病（bacterial soft rot） 俗称"烂葫芦""烂疙瘩"或"水烂"等，是白菜和甘蓝包心后期的主要病害。病原菌为胡萝卜软腐欧文氏菌胡萝卜亚种（*Erwinia carotovora* pv. *carotovora*）。该病除为害白菜、甘蓝、萝卜、花椰菜等十字花科蔬菜外，还为害马铃薯、番茄、辣椒、大葱、洋葱、胡萝卜、芹菜、莴苣等茄科和豆科、伞形科、葫芦科的多种蔬菜以及鸢尾、马蹄莲等花卉植物。

为害特点：症状因病组织和环境条件不同而略有差异。一般来说，柔嫩多汁的组织受害时，呈浸润半透明状，以后病斑扩展，呈明显的水渍状，表皮下陷，具污白色菌浓；内部组织除纤维束全部腐烂，发出恶臭。坚实少汁的组织受侵染后，先呈水浸状，逐渐腐烂，但最后患部水分蒸发，组织干缩（图8-55）。

发生规律：在北方，软腐病原菌主要在病株和病残体组织中越冬，在南方周年发生。病原菌主要通过昆虫、雨水和灌溉水传播，从伤口侵入寄主。由于寄主范围十分广泛，所以能从春到秋，在田间各种蔬菜上传播繁殖，不断为害。播种期早，发病较重；白菜包心后多雨发病较重。

3. 十字花科蔬菜黑腐病（crucifers black rot） 病原菌为白菜黑腐病原菌（*Xanthomonas*

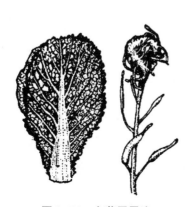

图8-54 白菜霜霉病

图8-55 白菜软腐病

campestris pv. *campestris*)。为害多种十字花科蔬菜。

为害特点：黑腐病是一种细菌引起的维管束病害。幼苗被害，子叶呈现水浸状，逐渐枯死或蔓延至真叶，使真叶叶脉上出现小黑斑或细黑条。成株发病多从叶缘和虫伤处开始，出现"V"字形的黄褐斑，病部叶脉坏死变黑（图8-56）。病原菌能沿叶脉、叶柄发展，蔓延到茎部和根部，使维管束变黑，植株叶片枯死。萝卜肉根被害，外部症状常不明显，但切开后可见维管束环变黑，发病严重的内部组织干腐，变为空心。与软腐病不同的是，此病不软化，无恶臭味。

图 8-56　白菜黑腐病

发生规律：病原菌在种子内和病残体上越冬。播种带病的种子，病原菌能从幼苗子叶的叶缘水孔侵入，引起发病。成株叶片受侵染后，病原菌多从叶缘水孔或虫咬伤口侵入，先侵害少数的薄壁组织，然后进入维管束组织，并随之上下扩展，可以造成系统性侵染。在染病的留种株上，病原菌可从果柄维管束进入种荚而使种子表面带菌，并可从种脐入侵使种皮带菌。种子带菌是该病远距离传播的主要途径。在田间，病原菌主要借助雨水、昆虫、肥料等传播。高湿多雨有利于发病，连作地往往发病重。

4. 十字花科蔬菜黑斑病（crucifers alternaria leaf spot） 由芸苔链格孢（*Alternaria brassicae*）和芸苔生链格孢（*Alternaria oleracea*）引起。主要为害白菜、油菜和荠菜等。

为害特点：主要为害叶片和叶柄，有时也为害花梗和种荚。寄主不同，病斑大小不同。叶片受害，多从外叶开始发病，最初为近圆形褪绿斑，之后逐渐扩大，变成灰褐色或暗褐色病斑，有明显的同心轮纹，有的病斑外围有黄色晕圈，后期病斑上出现黑色霉状物。高温高湿条件下，病斑常引起穿孔。发病严重时，病斑联合成大斑，导致半叶或整叶变黄枯死。茎、叶柄和花梗的病斑呈褐色，长梭形，稍凹陷。种荚发病，病斑近圆形，中央灰色，边缘褐色，外围淡褐色，有或无轮纹，潮湿时也产生黑色霉状物，造成荚小而弯曲，籽粒不饱满。

发生规律：病原菌以菌丝体和分生孢子在病残体、土壤、冬储菜及种子上越冬。次年环境适宜时产生分生孢子，借风雨传播。从气孔或直接侵入，潜育期3~5 d。形成的病斑产生分生孢子，进行再侵染。高湿多雨时发病重。

5. 十字花科蔬菜根肿病（clubroot disease of crucifers） 又称大根病，是世界性的毁灭性病害。病原为芸苔根肿菌（*Plasmodiophora brassicae*）。该病遍布全国各地。随十字花科蔬菜栽培面积增大，土壤酸化程度加剧，该病有加重趋势，在重病区甚至导致绝收。

为害特点：主要为害根部，主根或侧根上形成形状不规则、大小不等的肿瘤，初期瘤面光滑，后期龟裂、粗糙，也易感染其他病菌而腐烂；主根生长慢，植株矮小。苗期即可受害，严重时小苗枯死。成株期受害，发病后期自基部叶片逐渐萎蔫，一般在中午萎蔫，早晚或浇水后恢复，后期不可逆转，外叶发黄枯萎，有时全株枯死。

发生规律：病原菌以休眠孢子随病残体在土壤中或黏附于种子上越冬越夏。适宜条件下休眠孢子萌发，产生游动孢子，从寄主侧根或根毛侵入。休眠孢子在土中可存活10年以上，借流水和线虫、昆虫及农事操作等传播；也可以随带病根的植株调运或带菌泥土转移传播。发病的最适温度为19~25℃，最适相对湿度为70%~90%。生长季多雨、雨天移栽、田地地势低洼有利于发病；土壤呈酸性有利于病菌繁殖。

6. 十字花科蔬菜菌核病（crucifers sclerotinia rot） 又称菌核性软腐病，由核盘菌（*Sclerotinia sclerotiorum*）引起。该病在南方沿海及长江流域发生普遍，以甘蓝和大白菜受害最重。除十字花科蔬菜外，核盘菌还能侵染豆科、茄科、葫芦科等19科71种作物。

为害特点：整个生育期都可发病，生长后期和留种株发生重。主要为害茎部，叶、花、叶球、荚果也可受害。苗期被害，茎基部出现水渍状病斑，逐渐软腐、猝倒。成株期时一般近地面的茎、叶柄和叶片先发病。初期出现淡褐色水渍斑，而后逐渐扩大，导致茎基部和叶球软腐；叶片上的病斑扩大后变成圆形或不规则形，病斑中心灰褐色或黄褐色，中层暗青色，外缘有黄晕；天气潮湿时病部长出白色絮状菌丝，以后形成鼠粪状黑色菌核。留种株也是近地面叶片先发病，从叶柄蔓延到茎秆，在茎秆上形成稍凹陷的水渍状病斑，最初浅褐色，后期灰白色，条件适宜时蔓延至全茎，导致组织腐烂，茎内出现菌核，进而造成荚果干瘪甚至全株枯死，荚果受害时病斑为白色且不规则，荚内出现菌核。

发生规律：以菌核在土壤、种子和病残体中越夏、越冬。次年2—4月，随着气温回升和雨水增多，土壤中的菌核可直接萌发产生大量子囊孢子，成熟后弹射散发，随气流传播。子囊孢子萌发产生菌丝从表皮细胞间隙、花瓣、伤口和自然孔口侵入。田间再侵染主要通过病健植株或组织相互接触。温度20℃、相对湿度85%以上有利于病害发生。早春和晚秋多雨、连年重茬、种植密度大、排水不良及氮肥用量过多均加重病害发生。

7. 十字花科作物病毒病（crucifers viral disease） 病原主要包括芜菁花叶病毒（Turnip mosaic virus，TuMV）、黄瓜花叶病毒（cucumber mosaic virus，CMV）和烟草花叶病毒（tobacco mosaic virus，TMV）等。这些病毒可以单独侵染，也可复合侵染。华北和东北地区大白菜受害严重，华南地区芜菁、芥菜、小白菜、菜心、萝卜和大白菜等普遍发生。

为害特点：因蔬菜品种、毒源和环境的不同而有所不同。

（1）大白菜 幼苗受害，心叶出现明脉及沿脉失绿，继而呈花叶状并皱缩。重病株叶片皱缩成团，变硬变脆，上有许多褐色斑点，叶背叶脉上亦有褐色坏死条斑，并出现裂痕；病株严重矮化、畸形，不结球。轻病株的畸形和矮化较轻，有时只呈现半边皱缩，能部分结球。

（2）甘蓝 苗期发病，叶片上产生直径为2~3 mm的褪绿圆斑，以后整个叶片颜色变淡或变为浓淡相间绿色斑驳；成株染病，嫩叶出现浓淡不均斑驳，老叶背面有黑色坏死斑点。病株发育迟缓，结球推迟且疏松。

（3）油菜 白菜型和芥菜型油菜的症状类似大白菜的症状。甘蓝型油菜的症状包括两种。①黄斑型：初期新生叶片出现分散的绿色斑点，以后逐渐形成黄斑；留种株花梗上有长形褪绿斑块。②枯斑型：病叶出现褐色枯死斑，有时叶脉、叶柄也产生褐色枯死条纹。留种株花梗上产生深褐色坏死斑，可导致病株死亡。

（4）萝卜、小白菜、芜菁、芥菜等 症状与大白菜的基本相同，明脉、斑驳，稍皱缩，少数畸形，植株矮化；也影响结实。

发生规律：在华北和东北地区，病毒在窖内储藏的白菜、甘蓝、萝卜等及采种株上越冬，也可以在宿根作物及田边杂草上越冬。在长江流域及华东地区，病毒可以在田间生长的十字花科蔬菜、菠菜及杂草上越冬，引起次年十字花科蔬菜发病。芜菁花叶病毒和黄瓜花叶病毒主要由蚜虫进行传播。幼苗7叶期前最易感病，受害后多不能结球；后期受侵染则发病轻。苗期气温高、干旱，病毒病发生常较严重；十字花科蔬菜邻作时发病重；秋播的十字花科蔬菜播种期早，发病重。

（二）主要害虫

1. 菜粉蝶（cabbage butterfly） 幼虫称为菜青虫，属鳞翅目粉蝶科。主要危害十字花科植物，也可取食菊科、百合科、紫草科等多种植物。

为害特点：初龄幼虫啃食叶片，留下表皮；3龄后幼虫蚕食叶片，造成孔洞和缺刻；粪便污染叶片；虫害伤口使植株易受软腐病菌侵染（图8-57）。

发生规律：在东北、西北、华北地区一年发生4~5代，在长江中下游一年发生5~8代，以蛹在秋季为害田附近的屋墙、篱笆、风障、树干或砖石、土块、土缝、杂草或落叶下越冬。一年中，以5—6月及9月之后发生较重。成虫白天活动，夜晚潜藏。卵期3~8 d。幼虫5龄。其幼虫生活的适宜温度为16~31℃，相对湿度为68%~80%。

2. 小菜蛾（diamond back moth） 属鳞翅目菜蛾科。主要为害十字花科蔬菜，也为害播娘蒿等十字花科杂草。

为害特点：初龄幼虫钻入叶片中取食叶肉，2龄以后脱出，啃食叶片，常留下一层表皮；3~4龄取食造成孔洞和缺刻（图8-58）。含芥子油苷丰富的品种对小菜蛾有较强的吸引力。

发生规律：在华北地区一年发生3~4代，黄河流域一年5~6代，长江流域一年9~14代，两广地区一年17代。在北方，小菜蛾不能自然越冬，分别在5—6月和8—9月形成两个为害高峰；在长江以南则分别在3—6月和8—11月形成为害高峰。幼虫受惊后吐丝下垂，成虫具趋光性。

3. 黄曲条跳甲（striped flea beetle） 属鞘翅目叶甲科，主要为害十字花科油菜、小白菜、萝卜、大白菜等，还可为害瓜类、茄果和豆类蔬菜（图8-59）。

为害特点：成虫常三五成群取食叶片，将叶片咬成密密麻麻的孔洞。幼虫在土中蛀食寄主根部皮层，造成疤痕和隧道，所造成的伤口使寄主易感染软腐病。

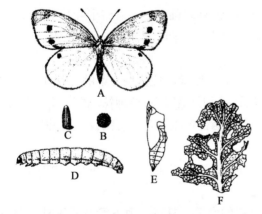

图8-57 菜粉蝶

A. 成虫；B、C. 卵；D. 幼虫；E. 蛹；F. 为害状

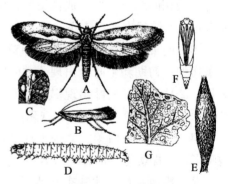

图8-58 小菜蛾

A、B. 成虫；C. 卵；D. 幼虫；E. 茧；
F. 蛹；G. 为害状

发生规律：华北地区一年发生4~5代，上海、杭州一年4~6代，南昌一年5~7代，广州一年7~8代。以成虫潜藏越冬。在华北，春季3—4月间气温升至10℃左右时，成虫出蛰活动。5月后大量迁入菜田为害油菜、小白菜、萝卜和留种株等。成虫具趋光性，善跳。早晚和阴天躲藏，中午前后大量活动。成虫产卵在离主根3 cm左右的土隙或细根上，深度在1 cm以内。春季为害较重。

4.菜螟（cabbage webworm）　属鳞翅目螟蛾科，又称为菜心野螟、萝卜螟、钻心虫，主要为害十字花科蔬菜。

为害特点：初孵幼虫潜叶为害，形成隧道；2龄幼虫在叶面取食；3龄幼虫吐丝结网取食心叶，轻则造成幼苗生长停滞，重则导致死苗，造成缺苗断垄。4~5龄幼虫还可向下钻蛀髓部，并能传播软腐病（图8-60）。

发生规律：在河北一年发生3~4代，陕西一年4~5代，河南一年6代，湖北以南一年7~9代。主要以幼虫在土中越冬。卵散产于叶片、茎及外露的根上，以心叶为多。幼虫共5龄，老熟后入土化蛹。菜螟喜产卵于3~5片真叶的幼苗上，因此幼苗的3~5叶期是否与菜螟的产卵期吻合主要决定菜苗的受害程度。十字花科蔬菜连作则发生重。

5.甜菜夜蛾（beet armyworm）　属于鳞翅目、夜蛾科。主要为害十字花科、茄科、豆类、菠菜、芦笋和葱等蔬菜，也为害多种大田作物和药用植物等。

为害特点：以幼虫取食啃食、咀嚼叶片，还可钻蛀青椒、番茄的果实。在十字花科蔬菜以及菠菜上，低龄时常群集在心叶中结网为害，然后分散为害叶片。在大葱上，幼虫在叶腔中取食。

发生规律：在北京、陕西一年发生4~5代，山东一年5代，湖北一年5~6代，江西一年6~7代。主要以蛹在土中越冬。南方全年为害；北方，全年以7月以后发生严重，尤其是9、10月份。成虫昼伏夜出，取食花蜜，具趋光性。幼虫共5龄，少数6龄，1~2龄时常聚集在心

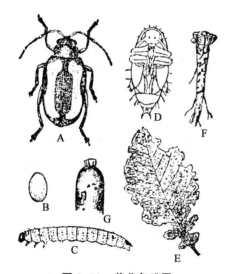

图8-59　黄曲条跳甲

A. 成虫；B. 卵；C. 幼虫；D. 蛹；
E. 成虫危害状；F、G. 幼虫为害状

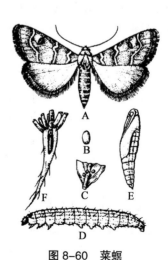

图8-60　菜螟

A. 成虫；B、C. 卵；D. 幼虫；E. 蛹；F. 为害状

叶中为害，并叶丝拉网，3龄以后分散为害，4龄以后昼伏夜出，食量大增，有假死性。

6. 甘蓝夜蛾（cabbage moth）属于鳞翅目夜蛾科。为多食性害虫，为害45科120种以上的植物，对十字花科白菜和甘蓝为害较重。

为害特点：初孵幼虫集中叶背取食，残留表皮；稍大后分散取食，将叶片咬成小孔洞。4龄后进入暴食期，在寄主叶片上咬出大洞，高龄幼虫还能钻入叶球种为害。排泄粪便污染叶球，导致腐烂。

发生规律：各地的每年发生世代数不同。东北北部、内蒙古一年发生2代，新疆、四川（重庆）一年2~3代，陕西一年3~4代。以蛹在寄主根部附近滞育越冬。东北地区第1、2代幼虫分别出现于6月下旬至7月上旬、8月下旬至9月上旬；在华北地区，第1代、第2代和第3代幼虫分别出现于6月上旬至7月下旬、8月上中旬、8月下旬至10月上旬。成虫对黑光灯及糖液的趋性强，飞翔能力强，卵多产在叶片背面。

四、豆类蔬菜病虫害

豆类蔬菜包括菜豆、豇豆、扁豆、甜豌豆、荷兰豆、刀豆、蚕豆和毛豆等。为害豆类蔬菜的病虫害包括菜豆锈病、炭疽病、细菌性疫病、菌核病、花生蚜、豆荚野螟、美洲斑潜蝇和豌豆潜叶蝇等。

（一）主要病害

1. 豆类锈病（bean rust）菜豆锈病由疣顶单孢锈菌（*Uromyces*）引起；豇豆锈病由角豆单孢锈菌（*U. vignae-sinensis*）引起；蚕豆锈病由蚕豆单孢锈菌（*U. viciae-fabae*）引起；豌豆锈病由豌豆单孢锈菌（*U. pisi*）引起。

为害特点：多发生在生长中后期，主要侵害叶片，病情严重时茎、蔓、叶柄及荚均可受害。发病初期，叶片上出现褪绿或淡黄色小斑点，后中央稍隆起，逐渐扩大为黄色疱斑（夏孢子堆），表皮破裂后散出红褐色粉状物（夏孢子），夏孢子堆周围有黄色晕圈；发病后期或寄主接近衰老时，夏孢子堆或四周产生紫黑色疱斑，即冬孢子堆，裂开后散出黑褐色粉状物（冬孢子）。豆荚染病后形成突出表皮的疱斑，表皮破裂后散出褐色孢子粉；为害严重时叶片干枯脱落。

发生规律：在北方以冬孢子在病残体上越冬。翌年春天条件适宜萌发产生担子和担孢子，侵入寄主形成锈孢子器，产生锈孢子侵染寄主，形成夏孢子堆，散发夏孢子进行再侵染，使病害蔓延，深秋产生冬孢子堆即冬孢子越冬。在南方主要以夏孢子越冬，越冬夏孢子成为翌年的侵染源。高温高湿是诱发四季菜豆锈病的主要原因，寄主表面上的结露及叶面上的水滴是病原菌孢子萌发和侵入的先决条件。在北方，豆类锈病主要发生在夏秋季节。夏孢子萌发的适宜温度是16~22℃，侵入的适宜温度为15~24℃。气温20℃左右，高湿、昼夜温差大及结露时间长使此病易流行。秋播四季菜豆及连作地块发病较重，蔓生品种较矮生品种易感病。

2. 豆类炭疽病（bean anthracnose）病原菌为*Colletotrichum lindemuthianum*，除侵染菜豆外，还侵染扁豆、刀豆、豇豆和蚕豆等。豌豆炭疽病的病原为*C. pisi*，主要侵染豌豆。

为害特点：幼苗受害，子叶上出现近圆形、红褐色凹陷病斑，呈溃疡状。幼茎受害，出现锈色小斑点，之后扩展呈短条状锈斑，造成叶片变黄，幼苗折断枯死。叶片受害，正面散生红褐色小斑，之后扩展成中间浅褐色、边缘红褐色的病斑，圆形至不规则形，并融合为大病斑；叶背病斑多沿叶脉发展，形成黑褐色多角形病斑。叶柄和茎蔓病斑锈褐色，椭圆形或梭形，稍凹陷，之后联合为长条形，后期龟裂，潮湿时产生肉粉色黏状物（分生孢子团）。豆荚受害，初为褐色小点，后为圆形或近圆形褐色至黑褐色斑，周缘红褐色或紫色，中间凹陷，内生大量肉粉色黏状物（图 8-61）。种子受害后出现大小不等的黄褐色凹斑。

发生规律：主要以菌丝体潜伏于种子或在病残体上越冬。带菌种子直接引起幼苗发病；病残体中越冬的病原菌于翌春产生分生孢子，借雨水、昆虫传播，从伤口或直接侵入，潜育期 4~7 d。温度 17℃、相对湿度 100% 利于发病。多雨、多露、多雾、种植过密、地块土壤黏重及排水不良，该病发生重。

3. 细菌性疫病（bean bacterial blight） 又称火疫病。国内普遍分布，病原菌为地毯草黄单胞菌菜豆致病亚种（*Xanthomonas axonopodis* pv. *phaseoli*）。

图 8-61 菜豆炭疽病

为害特点：主要为害叶片，也能为害茎蔓、豆荚、种子和子叶。病种长成的幼苗子叶带有红褐色溃疡斑，之后小叶叶节处或初生真叶的叶柄基部出现水渍状小斑点，逐渐扩大为红褐色溃疡斑，绕茎一周后，幼苗折断。成株叶片受害，多从叶尖或叶缘发病，初期出现暗褐色水渍状斑点，逐渐扩展成不规则形黄褐色斑，病组织变薄，半透明状，周围有黄色晕圈；后期病斑处破裂干枯；发病严重时病斑联合，叶片枯死，犹如火烧；遇高温高湿，病叶变黑凋萎但不脱落。茎蔓受害，常发病于豆荚半成熟时，产生红褐色溃疡条斑，干燥时病部开裂，环绕茎蔓一周后，茎蔓折断。湿度大时病部有菌脓溢出（区别于炭疽病）。豆荚受害，最初为油浸状小斑点，扩大后呈不规则形，红色或褐色或紫褐色，中部凹陷，表面有淡黄色菌脓；发病严重时，豆荚皱缩枯萎，种子随之皱缩，脐部带有菌脓。

（二）主要害虫

1. 花生蚜（peanut aphid） 又称豆蚜、苜蓿蚜，属半翅目蚜科。主要为害豆科植物，以豇豆、扁豆和菜豆受害较重。

为害特点：以成蚜和若蚜刺吸为害植株各部分，还分泌蜜露污染叶片和豆荚，并传播病毒病。

发生规律：一年发生 20~30 代，主要以无翅成蚜和若蚜在荠菜等宿根植物上及冬豌豆的嫩芽、心叶和根茎交界处越冬。翌年春天，出蛰后先在越冬寄主上繁殖，再产生有翅蚜迁往冬豌豆和"三槐"（紫穗槐、国槐、刺槐）新梢为害。菜豆、豇豆发芽时，有翅蚜即飞迁到菜田为害幼苗；6 月中下旬菜豆、豇豆始花期时，集中为害花朵和嫩荚。7 月上旬以后，在花序上大量发生；9 月下旬后，产生有翅蚜飞迁到越冬寄主上繁殖为害并越冬。

2. 豇豆野螟（bean pod borer） 又称豇豆螟，属鳞翅目螟蛾科。主要为害豇豆、菜豆、扁豆、大青豆。

为害特点：幼虫蛀食花蕾、花器、嫩荚和种子，有时亦可蛀茎、新梢或卷叶。

发生规律：华北、西北地区一年发生 4~5 代，华东、华中地区一年 5~6 代，华南地区一年 6～9 代。在北方以老熟幼虫、预蛹或蛹在土中越冬。在江苏 5 代区，越冬代成虫出现于 5 月上中旬，6 月中旬至 8 月下旬危害最严重，即第 2～3 代为主要为害世代。成虫具趋光性，连续阴雨、湿度高，则发生重。

五、其他重要蔬菜病虫害

1. 韭菜灰霉病（chinese chives grey mold） 病原为葱鳞葡萄孢（*Botrytis aquamosa*）。

病害症状：叶片受害，初期叶面上生出白色至浅灰褐色小点，斑点扩大后呈椭圆形至梭形，在湿度大时表面生出稀疏的霉层，后期病斑互相联合成大片枯死斑。有的从叶尖向下发展，形成枯叶，还可在割刀口处向下呈水渍状淡褐色腐烂，后扩展为半圆形或"V"字形病斑，黄褐色，表面生灰褐色霉层，引起整簇溃烂，严重时成片枯死。

发病规律：该病主要靠病原菌的分生孢子传播。收割韭菜时，病株上的病原菌可散落于地表，借助流水、大风和农事操作等传染到新生叶上。适宜菌丝生长的温度为 15～21℃。空气相对湿度在 85% 以上时发病重，相对湿度低于 60% 时很少发病。若韭菜夜间受冻，白天高温、湿度大，发病重。

2. 韭菜迟眼蕈蚊（chinese chive maggot） 又称韭蛆，属双翅目蕈蚊科。主要为害韭菜。

为害特点：以幼虫钻蛀为害韭菜鳞茎和幼茎，造成叶片变黄、鳞茎腐烂及植株枯死。

发生规律：在山东一年发生 5～6 代，在天津发生 4 代。以幼虫在韭菜鳞茎和周围土壤中越冬。在山东，主要在春、秋两季为害，为害盛期是 4—6 月和 9—10 月。成虫喜好阴湿环境，在土中产卵。新茬韭菜田发生较轻，两年以上的韭菜田发生严重。

3. 棕榈蓟马（palm thrip） 属缨翅目蓟马科，又名节瓜蓟马、瓜蓟马。是外来入侵种类，可为害茄科、葫芦科、十字花科很多种蔬菜，以及烟草、棉花和马铃薯等作物。

为害特点：成虫和若虫以锉吸式口器锉吸汁液，被害处留下黄色斑点，影响光合作用，造成花朵凋落、果实品质下降。此外，还能够传播番茄斑萎病毒、花生芽枯病毒和甜瓜黄斑病毒等。

发生规律：在浙江一年发生 10～12 代，世代重叠。以成虫在茄科、豆科、杂草或在土块、砖缝下及枯枝落叶间越冬，少数以若虫越冬。4 月始见，5—9 月为盛发期，作物收获后成虫逐渐向越冬寄主转移。发育适温为 15～32℃，温度低于 2℃时仍能成活。该虫在夏、秋两季高温干旱时发生重。

4. 豌豆潜叶蝇（garden pea leafminer） 又名油菜潜叶蝇、豌豆植潜蝇，属双翅目潜蝇科。主要为害十字花科蔬菜、豆类、茄科类、莴苣、茼蒿及多种草本花卉和杂草。

为害特点：主要以幼虫潜入寄主叶片表皮下，蛀食绿色叶肉组织，叶面上形成许多不规则的灰白色蛇形蛀道，蛀道内有黑色颗粒状虫粪。成虫吸食植物汁液造成小白斑点。

发生规律：北方以蛹越冬。4 月下旬出现第 1 代幼虫，为害越冬豌豆以及春播菜苗等。第 2 代幼虫于 5 月发生，为害豌豆、油菜、甘蓝、莴苣、茼蒿等。豌豆潜叶蝇在夏初达到为害高峰，入夏后数量骤减，到秋季数量又有增加。

六、蔬菜病虫害综合治理

由于作物生育期短，蔬菜病虫害综合治理的重点在播种育苗阶段，其后主要是加强田间管理，适时进行化学防治，注意轮换用药，并严格执行用药安全间隔期。

（一）播种育苗阶段

1. 实行轮作　与适宜的作物隔年轮作，可有效控制多种病虫害。如非十字花科蔬菜与十字花科蔬菜隔年轮作，可有效控制甘蓝黑斑病、甘蓝软腐病、花椰菜黑斑病、黑胫病等的发生。

2. 选用抗病、耐病品种　对于大多数病害都十分有效，应尽量采用。

3. 苗床消毒　尽量选用新苗床进行育苗，若使用老苗床必须换用无病新土或进行土壤药剂处理。为预防蚜传病毒病，播种时在播种沟施用 3% 噻虫嗪颗粒剂等防治苗期蚜虫。

4. 耕翻土地　播种前进行深耕，减少病源和虫源。

5. 种子处理　蔬菜播种量较少，方便采取各种种子处理技术，如干热灭菌、温水浸种、药液浸种和药剂拌种等。

6. 嫁接防病　瓜类常采用此措施。如防治黄瓜疫病，选用云南黑籽南瓜或"南砧 1 号"作砧木，采用靠接或插接法进行黄瓜嫁接，防效显著。

7. 建立无病虫留种地，培育无病无虫苗。

（二）生长期

1. 加强栽培管理　定植前喷药，带药移栽，防止幼苗带病进入大田；施足基肥，多施腐熟的有机肥，增施磷、钾肥，控制氮肥用量，防止旺长；定植后至生长前期适当控制浇水，及时追肥、浇水，但要防止大水漫灌；阴天不浇水，防止湿度过大，增加病害发生；及时摘除病果和老叶，集中烧毁或深埋，防止病原菌进一步传播蔓延；覆盖地膜，阻止病原菌子囊盘出土和子囊孢子扩散。

2. 物理防治和行为调控　病虫害发生初期，及时处理病株和虫害株，并对病穴和周围土壤进行消毒；进行地膜覆盖，利用高温杀灭韭蛆；利用蚜虫、粉虱等喜黄色、避银灰色的特点，用黄板诱杀、使用银灰膜驱避；利用糖醋液诱杀夜蛾类害虫；利用性信息素或食物引诱剂诱杀害虫。

3. 药剂防治　根据病虫害发生的种类、时期和轻重不同，选用高效低毒药剂在病虫害发生初期进行防治，注意保护天敌，并严格遵守用药安全间隔期。蔬菜常见病虫害可选用的防治药剂参见表 8-1。

表 8-1　蔬菜常见病虫害的防治药剂

病虫害名称	防治药剂
番茄早疫病	碱式硫酸铜、代森锌、嘧菌酯等
番茄晚疫病	百菌清、丙森锌、双炔酰菌胺等
番茄叶霉病	春雷霉素、氟硅唑、甲基硫菌灵等

病虫害名称	防治药剂
辣椒疫病	侧孢短芽孢杆菌 A、丁吡吗啉、氟啶胺等
辣椒炭疽病	苯醚甲环唑、啶氧菌酯、波尔多液等
茄子黄萎病	枯草芽孢杆菌等
茄子绵疫、褐纹病	波尔多液、百菌清、嘧菌酯等
十字花科蔬菜软腐病	枯草芽孢杆菌、噻森铜、噻唑锌等
十字花科蔬菜霜霉病	丙森锌、代森铵、百菌清等
十字花科蔬菜菌核病	盾壳霉 ZS-1SB、氟唑菌酰羟胺、异菌脲等
十字花科蔬菜根肿病	枯草芽孢杆菌、氟啶胺、氰霜唑等
十字花科蔬菜黑腐病	春雷霉素等
十字花科蔬菜黑斑病	苯醚甲环唑、嘧啶核苷类抗生素、戊唑醇等
黄瓜霜霉病	吡唑醚菌酯、氰霜唑、烯酰锰锌、代森联等
黄瓜白粉病	吡唑醚菌酯、吡噻菌胺、氟硅唑等
黄瓜细菌性角斑病	春雷霉素、松脂酸铜、噻唑锌等
豆类锈病	苯醚甲环唑、苯甲·氟酰胺、硫黄·锰锌等
豆类炭疽病	苯甲·嘧菌酯、苯醚甲环唑等
菜豆细菌性疫病	参照黄瓜细菌性角斑病
病毒病	甾烯醇、盐酸吗啉胍、香菇多糖等
线虫病	噻唑膦、氟烯线砜、阿维菌素等
蚜虫类	苦参碱、啶虫脒、溴氰菊酯等
粉虱类	溴氰虫酰胺、噻虫嗪、螺虫乙酯、噻虫胺等
蓟马类	溴氰虫酰胺、噻虫嗪、呋虫胺等
潜叶蝇类	噻虫嗪、高效氯氰菊酯、阿维菌素、灭蝇胺等
十字花科食叶害虫	茚虫威、甲氨基阿维菌素苯甲酸盐、虫螨腈、氟苯虫酰胺等
黄曲条跳甲	溴氰虫酰胺、氯虫·噻虫嗪、虫螨腈·啶虫脒等
豇豆野螟	虱螨脲、阿维菌素等
棉铃虫	棉铃虫核型多角体病毒、虱螨脲、溴氰虫酰胺等
瓜绢螟	溴氰虫酰胺、氟啶虫酰胺、呋虫胺等

（三）收获后

彻底清除病残体，病叶、病果并深埋。发病田深翻土壤后灌水，棚室还可密闭后药剂处理，杀灭病原菌。

第八节 设施农业病虫害

一、设施农业的概念、特征与类型

（一）概念

设施农业是随着农业现代化和农村种植业结构调整而发展起来的新型产业，是采用具有特定结构和性能的设施、工程技术和管理技术，改善或创造局部环境，为种植业、养殖业及其产品的储藏保鲜等提供相对可控制的适宜温度、湿度、光照度等环境条件，以期充分利用土壤、气候和生物潜能，在一定程度上摆脱对自然环境的依赖而进行有效生产的农业。设施农业使传统农业走向现代工厂化生产，同时实现农产品反季节上市，进一步满足了多元化、多层次的消费需求。作为一种获得速生、高产、优质、高效农产品的新型生产方式，设施农业已经成为世界各国生产和提供新鲜农产品的主要技术措施。

（二）特征

设施农业除具有农业生态系统的一般特征之外，还具有下列显著特征：

1. 抵御风险的能力强 设施农业对农业生产的各个方面及环节，都进行人为的干预和控制，使农业生产受自然限制的程度降低，大大增强了抵御风险的能力。

2. 物质和能量的投入大 设施农业是科技含量及集约化程度非常高的现代农业生产方式，自然要求有大量物质和能量的投入。

3. 知识与技术高度密集 设施农业是先进的生物技术、工程技术、信息技术、通信技术和管理技术的高度集成，是涵盖了建筑、材料、机械、通信、自动控制、环境、栽培、管理与经营等科学领域的系统工程。

4. 具有经济、社会、生态三重性 设施农业系统是典型的生态经济系统，具有经济效益、社会效益、和生态综合效益。首先，设施农业通过对环境条件的控制，实现周年性、全天候和反季节的规模生产，产量高且产品品质好，生产周期短，从而提高经济效益。其次，设施农业可为人们提供新鲜、奇特、健康、安全的农副产品，满足城乡居民对农产品的市场需求，从而取得社会效益。第三，设施农业可使农业资源得到优化配置和高效利用，并改善农业环境从而取得生态效益。

5. 地域差异性显著 设施农业生态系统具有显著的地域差异性。

（三）类型

从种类上分，设施农业主要包括设施种植和设施养殖两大类型。设施养殖主要有水产养殖和畜牧养殖两类。设施种植按技术类别一般分为玻璃/PC连栋温室（塑料连栋温室）、日光温室、塑料大棚、小拱棚（遮阳棚）4类。本节主要介绍设施种植业中的主要病虫害及其综合治理。

二、设施栽培的植物种类

（一）蔬菜类

1. 茄果类　番茄、茄子、辣椒和甜椒。
2. 瓜类　黄瓜、西葫芦、丝瓜、瓠瓜、小南瓜、苦瓜、西瓜和甜瓜等。
3. 豆类　菜豆、豇豆、荷兰豆、甜豌豆、扁豆和毛豆等。
4. 十字花科蔬菜　大白菜、小白菜、油菜、花椰菜、青花菜、芥蓝和萝卜等。
5. 绿叶蔬菜　中国芹菜，西芹、叶用莴苣、落葵、蕹菜、苋菜、茼蒿、芫荽和生菜等。
6. 葱蒜类　韭菜、大蒜和葱等。
7. 根茎类　马铃薯、芋、茭白、莲藕、茎用莴苣、芦笋和生姜等。
8. 其他蔬菜　香椿和野生、半野生蔬菜（马兰、荠菜、蒌蒿和蒲公英等）。

（二）果蔬类

草莓、葡萄、酸浆、桃、油桃、樱桃和杏等。

（三）花卉类

按照观赏用途以及对环境条件的要求，设施栽培花卉分为切花花卉、盆栽花卉、室内花卉、花坛花卉等。主要如下：

1. 切花花卉　①切花类，如菊花、非洲菊、香石竹、月季、唐菖蒲、百合、小苍兰、红掌和鹤望兰等。②切叶类，如天门冬、蓬莱松、狐尾天门冬、石刁柏、文竹、肾蕨、苏铁、天门冬和散尾葵等。③切枝类，如松枝、银牙柳、雪柳、绣线菊和红端木等。

2. 盆栽花卉　盆栽花卉多为半耐寒和不耐寒性花卉。半耐寒性花卉若在我国北方冬季栽培，需要在温室中越冬，如金盏菊、紫罗兰、桂竹香等；不耐寒性花卉大多原产热带及亚热带，在生长期间要求高温，不能忍耐0℃以下的低温，这类花卉也叫作温室花卉，如一品红、蝴蝶兰、小苍兰、红掌、球根秋海棠、仙客来、大岩桐和马蹄莲等。

三、设施植物病虫害发生特点及种类

我国常年发生的重要设施植物病虫害多达百种以上，造成严重危害的50余种，产量损失超过25%，其原因主要有：①温度高、湿度大、通气性差的设施小气候特点，导致病虫害容易滋生，能够使病虫繁殖速度加快，生活周期缩短，世代增多，发生量加大，蔓延速度加快；②设施生产为病虫害提供了合适的越冬场所，使得一些原先不能在北方越冬的病菌和害虫也能安全越冬；③由于设施内病虫发生期较露地早，因此成为露地相关作物病虫害的最大侵染源，而这些害虫又可以传回到设施植物上危害，形成交叉感染；④设施生产过程中还会随带栽培引种带入新的病虫害；⑤有些经营者，因单纯追求产量而过量施用化肥农药及重茬连作，常引起土壤微生物种群改变、土壤结构破坏和次生盐渍化以及养分障碍，不仅降低了植株的抗逆性，也使病虫害产生抗性。总之，我国设施植物病虫害发生严重，综合治理任务艰巨。

（一）病虫害发生特点

1. 虫害发生特点　在棚室环境封闭、空气湿度大、昼夜温度相差悬殊的特殊条件下，有 4 类害虫发生最为严重，即潜叶蝇类、害螨类、粉虱类和蚧类。其他类别害虫的发生和为害一般较轻。害虫主要通过 3 种方式进入棚室：一是在扣棚前，一些害虫就已经生活在棚室内的杂草上，如朱砂叶螨、茶黄螨和温室白粉虱等；二是扣棚前潜藏在土壤中（如斑潜蝇）或在土壤中休眠或滞育的害虫（如朱砂叶螨和二斑叶螨），待扣棚后温度升高到一定程度时，出土繁殖并为害；三是随苗迁入，如温室白粉虱和蚧类。

2. 病害发生特点　主要有：①适合高湿度的病害发生重。在冬季，为保持棚室内的温度，通风换气便受到限制，使棚室内的湿气不能及时逸散，特别是遇到连阴天，湿度可以达到饱和状态，造成植株表面大量结水。这种环境尤其适合真菌病害如霜霉病、晚疫病、疫病等的发生。这些病菌孢子只有浸浴在水滴或水膜中才会萌发，进而侵染寄主。另外，其他一些需要高湿度的病害，如菌核病、叶霉病、黄瓜细菌性角斑病、番茄溃疡病和桃细菌性穿孔病等，也较露地作物发生重。②昼夜温差大，导致某些病害严重发生。如灰霉病是一种可侵害多种作物的重要病害，该病的孢子萌发需要偏低的温度，而棚室内夜间温度一般在 15℃ 以下，十分有利于孢子的萌发，而棚室内的高湿度又适合病菌的生长，所以灰霉病在棚室中的发生明显重于露地。③棚室长期连续使用，倒茬轮作困难，使土壤带菌量不断增加，土传病害发生严重，防治起来也十分困难，如黄瓜枯萎病、番茄枯萎病、辣椒疫病、线虫引起的各种病害等。③病害抗药性大大提高。由于保护地发病重，防治次数多，从而使病害的抗药性大大增加，导致防治效果不好，这也是棚室病害的一个显著特点。⑥某些病害发生轻。由雨水飞溅传播的病害发生轻，如茄子绵疫病。另外，白粉病在棚室中发生也较轻，原因是虽然该类病害适合在高湿环境下发生，但当植株表面长期有水存在时，白粉病的病菌孢子会在水中胀裂而死亡。

（二）病虫害主要种类

1. 设施蔬菜主要病害　常见设施蔬菜病害包括灰霉病、疫病、菌核病、霜霉病、枯萎病、病毒病、细菌性角斑、软腐病和线虫病。灰霉病在大棚中发生最重，可以侵染番茄、辣椒、茄子、黄瓜和菜豆等多种蔬菜及；疫病包括早疫病和晚疫病，主要发生于番茄、马铃薯、韭菜、辣椒、韭菜、黄瓜和芹菜；菌核病主要发生于菜豆、芹菜、油菜和黄瓜；霜霉病主要发生于黄瓜及莴苣类；枯萎病主要发生于茄子、番茄和马铃薯等；病毒病主要发生于番茄、辣椒、菜豆和马铃薯等。由于棚室白粉虱发生较重导致温室大棚中番茄病毒病严重。细菌性角斑病主要发生于黄瓜；软腐病主要发生于白菜、芹菜；线虫病主要发生于黄瓜、番茄、马铃薯等。有关病害已在蔬菜病虫害综合治理中介绍，在此不再赘述。

（1）茄科蔬菜灰霉病（grey mould of nightshade family vegetable）　是由灰葡萄孢霉 *Botrytis cinereal* 引起的真菌病害，可侵染 200 余种寄主，除为害番茄、茄子、辣椒等茄科蔬菜外，还可为害黄瓜、菜豆、韭菜、大蒜等。田间首先在靠近地面的衰老叶片、花瓣和果实上发病，然后再侵染其他部位。叶片发病，沿叶脉间形成"V"字形病斑向内扩展，病斑黄褐色，边有深浅相间的纹状线，病健交界分明。果实染病，青果受害重，残留的柱头或花瓣多先被侵染，之后向果实扩展，致使果皮呈灰白色，并生有厚厚的灰色霉层，呈水腐状。幼茎受害，多在叶柄基部初生不规则水浸斑，很快变软腐烂，缢缩或折倒，最后病苗腐烂枯死。在长江流域，大棚发病盛期在成株期（4月中旬至5月），露地栽培发病盛期为4月底至5月。灰霉病菌的寄生性较弱，当寄主植物生长健壮时不易被侵染。灰霉病菌分生孢子在5~30℃均可萌发，最适温度为13~25℃；分生孢子在湿度低于95%不能萌发。当气温达20℃左右，相对湿度持续在90%以上时发病最重，并形成灰霉层，产生大量分生孢子，进行再侵染。

（2）菜豆菌核病（bean sclerotinia blight）　病原为核盘菌（*Sclerotinia sclerotiorum*）。主要为害茎部，尤其茎基部或分支处易感染，也可为害豆荚。茎部染病，初呈湿腐状，皮层呈灰褐色至灰白色病变，干燥后易崩裂，有的茎组织解离呈纤维状，后病部表面长满白色菌丝体，茎腔及表面生鼠粪状黑色菌核。荚果染病，表面长满白色菌丝体，后纠结形成菌核，致荚果腐烂。棚室外病菌以菌核在土壤、肥料中或混在种子中越冬，条件适宜时萌发产生子囊盘，子囊成熟时弹射出子囊孢子，作为初次侵染接种体，借助气流传播侵染致病；发病后主要依靠菌丝攀缘接触进行再侵染。不能在棚室内越冬。病菌生长最适温度约为20℃，并要求较高湿度，菌核的形成和萌发条件与此大体相同，故冷凉而高湿的棚室中该病发生较重。

（3）芹菜斑枯病（celery septoria leaf spot）　也称芹菜晚疫病、芹菜叶枯病，病原为芹菜生壳针孢 septoria apiicola 和芹菜小壳针孢 S. apii，是冬春保护地及采种芹菜的重要病害，在大棚中呈逐年加重的趋势。该病主要为害叶片，也能为害叶柄和茎。一般老叶先发病，后向新叶发展。我国主要有大斑型（华南地区）和小斑型（东北、华北地区）两种。大斑型初发病时，叶片产生淡褐色油渍状小斑点，后逐渐扩散，中央开始坏死，后期可扩展到3~10 mm，多散生，边缘明显，外缘深褐色，中央褐色，散生黑色小斑点。小斑型大小0.5~2 mm，常多个病斑融合，边缘明显，中央呈黄白色或灰白色，边缘聚生许多黑色小粒点，病斑外常有一黄色晕圈。叶柄或茎受害时，产生油渍状长圆形暗褐色稍凹陷病斑，中央密生黑色小点。棚室外病原菌以菌丝体潜伏在种皮内或病残体上越冬，种皮内的潜伏菌丝可存活1年以上。棚室内以分生孢子借气流及农具传播，可持续侵染。病原菌可随种子作远距离传播。温暖多雨、重茬、排水不良、种植过密时，发病严重。

（4）芹菜早疫病（celery early blight）　又称斑点病，病原为芹菜尾孢菌（*Cercospora apii*），各地普遍发生，露地和保护地芹菜均可发病，但保护地发病更重。主要危害叶片，也危害茎和叶柄。叶片受害后，初期产生水渍状黄绿色斑点，以后发展为圆形或不规则形的黄褐色病斑，直径4~10 mm，边缘黄色或深褐色。病斑不受叶脉限制，连片后导致叶片干枯。叶柄和茎受害，产生水渍状条斑或圆斑，之后变褐，稍凹陷，湿度大时病斑上生出灰白色霉状物（分生孢子梗及分生孢子）。棚室外以菌丝体随病残体在土表越冬，也可在种子上越冬，分生孢子通过风雨及农事操作传播。对于保护地栽培，昼夜温差大时因易结露而发病较重。

2. 设施蔬菜主要虫害　主要是小型刺吸类和潜叶类害虫及地下害虫。

（1）粉虱类　温室中粉虱类发生较重，主要包括烟粉虱（见蔬菜病虫害部分）和温室白粉虱（greenhouse whitefly）。温室白粉虱为害黄瓜、菜豆、茄子、番茄、辣椒、冬瓜、豆类、莴苣、白菜、芹菜和大葱等。以成虫和若虫吸食植物汁液，并引发煤污病和传播病毒病，被害叶片褪绿、变黄、萎蔫，甚至全株枯死。棚室内一年可发生10~12代，不能在温室外越冬。

（2）蚜虫类　设施蔬菜蚜虫主要包括桃蚜（green peach aphid）和瓜蚜（见蔬菜害虫章节）两种。桃蚜主要为害甘蓝、花椰菜、萝卜等十字花科蔬菜。瓜蚜主要为害黄瓜、西葫芦等葫芦科蔬菜。与露地蚜虫相比，大棚蚜虫繁殖周期短、代数多、速度快。露地蚜虫以卵在木本寄主上越冬，而在大棚内，如果条件适宜，蚜虫会周年发生，加之冬、春季节天敌较少，发生严重。

（3）潜叶蝇类　主要包括美洲斑潜蝇和南美斑潜蝇（参见本章第七节），一年发生多代。南美斑潜蝇不耐高温，最高气温低于 30℃ 利于其发生，在北方主要发生在揭棚后的 6 月中下旬至 7 月中旬；美洲斑潜蝇较耐高温，但不耐低温，发生的适宜温度为 23~30℃。

（4）蓟马类　危害设施栽培蔬菜的常见蓟马有棕榈蓟马（参见本章第六节）和烟蓟马等。在温室中，葫芦科和茄科蔬菜受害较重。瓜类受害后，受害嫩叶和嫩梢变硬缩小，茸毛呈灰褐色或黑褐色，植株生长缓慢，节间缩短；幼果受害后亦硬化，表皮变色。茄子受害时，叶脉变黑褐色，植株生长受阻。温室中蓟马发生较露地更为严重。

（5）韭菜迟眼蕈蚊　严重威胁冬季大棚韭菜生产，扣棚以后是为害高峰期。其为害及发生详见蔬菜病虫害防治部分。

（6）螨类　主要是茶黄螨、朱砂叶螨和二斑叶螨，茶黄螨的发生为害见蔬菜病虫害章节。朱砂叶螨一年发生 10~20 代，由北向南逐增，一般高温（21~30℃）干燥时发生严重，温度超过 30℃、湿度大于 70% 不利于发生，但茶黄螨在温暖多湿的条件下容易发生。二斑叶螨的为害特征类似朱砂叶螨，对大棚茄子、辣椒等为害较重。氮肥使用多利于螨类发生。

3. 设施果树主要病害　最严重的设施果树病害是灰霉病，在葡萄、桃树、大樱桃、蓝莓、草莓上均有发生；其次还包括桃细菌性穿孔病、桃流胶病、桃根癌病、杏疮痂病、杏褐腐病、杏疔病、樱桃穿孔性褐斑病、樱桃褐腐病、葡萄霜霉病、葡萄黑痘病、葡萄白腐病、葡萄炭疽病等。部分病害已在本章第六节叙述，此处不再赘述。

（1）桃细菌性穿孔病（peach bacterial shot hole）　病原为甘蓝黑腐黄单胞菌桃穿孔致病型（*Xansomonas arboricola* pv. *pruni*），侵染桃、杏、樱桃、李等的叶、梢和果实。侵染枝梢，造成以皮孔为中心的褐色至紫褐色的圆形稍凹陷病斑；危害叶片，先造成水渍状小点，逐渐扩大成紫褐色至黑褐色病斑，病斑周围具水渍状黄绿晕环，随后病斑干枯脱落形成穿孔；为害果实，造成果面出现圆形、暗紫色的中央微凹陷的病斑，空气湿度大时，病斑上有黄白色黏质，干燥时病斑发生裂纹。病原菌在枝条皮层组织内越冬，翌年随温度的升高越冬细菌开始活动，形成溃疡病斑。桃树开花期前后，病菌从染病组织中溢出传播，经叶片气孔、枝条芽痕和果实皮孔侵入，病原菌的越冬期随气温高低和树势强弱而异。该病的发生还与空气湿度有关，棚内空气流通、湿度较低时发病轻，树势弱、积水、通风不良和偏施氮肥时发病重。

（2）桃流胶病（peach tree gummosis）　为害桃、杏、李、樱桃的根和枝干，分为侵染性和非侵染性两种。非侵染性流胶病由多种因素引起，如水肥失衡、修剪过重、结果过多、生物及非生物因素造成的伤口。流出的树胶初为半透明乳白色，后变为红褐色，呈胶冻状，干燥后成为坚硬的琥珀状胶块。侵染性流胶病由子囊菌门茶藨子葡萄座腔菌中的真菌（*Botryosphaeria ribis*）引起，无性态为 Dothiorella gregaria sacc。在一年生嫩枝上发病时，最初以皮孔为中心，产生小突起，后形成瘤状突起，当年不流胶。树胶初为无色半透明稀薄有粉性软胶，不久变硬为茶褐色的结晶，吸水后膨胀，成为冻状胶体，造成枝条表皮粗糙变黑，并以瘤为中心逐渐下陷，形成圆形或不规则的病斑。多年生枝干受害后呈水泡状隆起，病斑多时，大量流胶导使枝干枯死。病菌在病枯枝上过冬。气温在 15℃ 左右时，病部即可渗出胶液，随气温上升，树体流胶点增多，病情逐渐加重，5—6月为发病高峰。

（3）桃根癌病（peach crown gall）　病原为土壤中的根癌农杆菌（*Agribaterium tumefacieus*），侵染根和枝干，造成癌瘤。病菌在癌瘤皮层中越冬，或在癌瘤破裂皮层脱落时进入土壤越冬。细菌通过根系的伤口侵入皮层组织，刺激伤口附近细胞分裂形成瘤状。土壤湿度大时，该病传染率高。

（4）杏疮痂病（apricot scab）　病原为嗜果枝孢菌（*Cladosporium carpophilum*），侵染杏树的果、花、叶。侵染果实，在果面上造成紫黑或红黑色霉状斑点，严重时果实龟裂，果皮粗糙，不能食用。侵染叶片和新梢，使叶片早落，新梢枯死，严重时整株树死亡。病菌在枝梢病组织中越冬，随着气温升高，病菌开始活动。高温、高湿条件下发生严重。

（5）杏褐腐病（apricot brown rot）　病原为核果褐腐菌（*Monilinia fructigena*），主要侵染果实，也侵染叶片、花及枝梢，果实近成熟易感此病。果实发病初期，出现圆形褐色病斑，随后扩展全果，造成果肉变褐软腐，最后失水变成黑色僵果，病斑上有圆圈状白色霉层，后变成灰褐色；幼叶受害，初期在边缘产生褐色的水渍状病斑，随后扩展全叶，造成叶片干枯；花朵受害，花器变为黑褐色，枯萎软腐；枝条受害，形成长圆形灰褐色溃疡，边缘紫褐色，中央凹陷，并伴有流胶现象。病斑绕枝一周时，枝条干枯。病原菌以菌丝体在病僵果、病枝中越冬，条件适宜时形成分生孢子，借风雨或昆虫传播，经伤口或自然孔口侵入。温暖高湿条件利于发病。

（6）杏疔病（apricot pox）　又称杏黄病、红肿病。病原为杏疔座霉（*Polystigma deformans*），主要侵染新梢和叶片，也可侵染花和果实。新梢染病，节间缩短，其上叶片变黄、变厚，从叶柄开始向叶脉扩展，以后叶脉变为红褐色，叶肉呈暗绿色、变厚，并在叶正反两面散生许多小红点（分生孢子器）。后期从小红点中涌出淡黄色孢子角，卷曲成短毛状或在叶面上混合成黄色胶层。叶片染病，叶柄变短、变粗，基部肿胀，节间缩短，以后干枯变为褐色，质地变硬，卷曲折合呈畸形，最后变黑，于树上经久不落且质脆易碎，叶背面散生小黑点，即子囊壳。花朵染病后不易开放，花苞增大，花萼、花瓣不易脱落。果实染病后生长停滞，果面生淡黄色病斑，带有红褐色小粒点，病果后期干缩脱落或挂在树上。病原菌以子囊壳在病叶内越冬。春季从子囊壳中弹射出子囊孢子，随气流传播到幼芽上进行侵染。

（7）樱桃穿孔性褐斑病（cherry hole-shooting brown leaf spot）　病原为球腔菌（*Mycosphaerella cerasella*）。侵染叶片，最初出现紫褐色小点，后扩大成圆形病斑，边缘不清晰；以后病斑中央变为灰白色，长出灰褐色霉状物，中央干枯脱落，形成穿孔。病原菌在落叶或枝梢上越冬，借风雨和昆虫传播。棚内通风透光差，肥力不足，排水不良发病重。

（8）樱桃褐腐病（sweet cherry brown rot）　病原为樱桃核盘菌（*Sclerotinia kusanoi*），主要侵染叶、果。叶片染病，病部表面最初呈现不明显褐斑，后扩及全叶，生有灰白色粉状物。展叶期叶片发病重。嫩果染病，表面初现褐色病斑，后扩及全果，致果实收缩，覆盖灰白色粉状物（分生孢子）。病果多悬挂于树梢，成为僵果。病原菌主要以菌核在病果中越冬，翌年条件适宜菌核上生出子囊盘，形成子囊孢子，进行广泛传播。落花后遇雨或湿度大易发病。

（9）草莓灰霉病（strawberry grey mold）　病原为灰葡萄孢霉（*Botrytis cinereal*），主要侵害花器和果实，开花后发生较重。花器染病，初在花萼上产生水渍状小点，扩展后呈近圆形或不规则形，并能由花萼扩展至幼果，导致幼果湿腐。湿度大时，病部产生灰褐色霉状物，即分生孢子梗及分生孢子。果实染病主要发生在青果上，柱头呈水渍状，发展后形成淡褐色病斑，向果内扩展，使果实湿腐、软化。侵害近成熟果实时，果面表现水渍状褐色斑块，后变深褐色，导致组织软腐，香气和风味消失。湿度大时，病部产生灰褐色霉状物。有的幼果在与湿土接触处的果面先发病，再沿果柄蔓延到花序梗，使整个花序干腐枯死。被害果柄呈紫色，干后细缩。叶片发病时，病部产生暗褐色水渍状病斑，有时病部微具轮纹。病菌以菌丝、菌核及分生孢子随病残体在土中越冬。发育适温为 20~25℃，温暖高湿时发病重。该病在温室大棚中发生严重。

（10）草莓炭疽病（strawberry anthracnose） 病原为刺盘孢菌（*Colletotrichum* spp.）。在苗期主要侵染匍匐茎、叶柄、叶片。茎和叶柄受害初期，形成黑色纺锤形或椭圆形凹陷病斑，病斑扩展后环绕一圈时，病斑以上部分萎蔫枯死，湿度高时病部可见肉红色黏状物。定植初期主要侵染茎基部，发病后整株萎蔫，逐渐全株枯死，横切茎基部可见自外向内发生褐变。浆果受害产生近圆形病斑，淡褐至暗褐色，软腐状并凹陷，后期也可长出肉红色黏质孢子堆。病菌以分生孢子在发病组织或落地病残体中越冬。分生孢子借雨水及带菌工具、病叶、病果等进行传播。连作田、老残叶多、氮肥过量、植株幼嫩及通风透光差的棚室发病严重。

（11）草莓白粉病（strawberry powdery mildew） 是温室草莓生产中的主要病害，发生严重时叶片感染率和果实感染率可达 50% 以上，严重威胁草莓生产。病原为羽衣草单囊壳菌（*Sphaerotheca aphanis*）。主要侵染叶子、叶柄、花、花梗和果实。患病初期，叶背面长出较薄的白色菌丝，随病情发展，叶缘逐渐上卷呈汤匙状，叶片上出现大小不等的暗色污斑。后期病斑为红褐色，叶缘萎缩，整个叶片焦枯死亡。花和花器受害，花瓣萎蔫，授粉不良；幼果受害后被菌丝包裹，因不能正常膨大而干枯。果实后期受害，果面裹有一层白粉，着色缓慢，果实失去光泽并硬化，严重时整个果实如同一个白粉球，失去食用价值。

（11）葡萄灰霉病（grape gray mold） 又称葡萄灰腐病，俗称烂花穗，对设施栽培葡萄危害较重。病原为灰葡萄孢霉（*Botrytis cinereal*）。主要在花前和花期侵染花冠、小花梗、花穗梗和受粉后刚结的幼果，也可在果实着色至成熟期进行侵染；凡裂果、虫伤果都可诱发灰霉病，造成烂果。花序、幼果感病，先在花梗和小果梗或穗轴上产生淡褐色、水浸状病斑，后病斑变褐色并软腐。空气潮湿时，病斑上可产生灰色霉状物，即分生孢子梗与分生孢子；空气干燥时，感病花序、幼果逐渐失水、萎缩，后干枯脱落，造成花、果大量脱落，甚至整穗落光。新梢及幼叶感病，产生淡褐色或红褐色、不规则的病斑，病斑多在靠近叶脉处发生，叶片上有时出现不太明显的轮纹，后期空气潮湿时病斑上也可出现灰色霉层。病原菌在土壤中越冬，借助气流、棚室内水汽和露水进行传播，通过伤口侵入。温暖湿润条件有利于发病。连作、偏施氮肥、过度密植、通风不良等都会导致严重发病。

设施葡萄主要病害还有葡萄霜霉病（详见本章第六节）。

4. 设施果树主要虫害 设施果树害虫主要为蚜虫和山楂叶螨（详见本章第六节），此外还有桃潜叶蛾和桃小绿叶蝉等。扣棚期间山楂叶螨为害一般不重，揭膜之后为害加重。此外，茶黄螨在扣棚期间也有发生。

（1）蚜虫类（aphid） 主要包括桃蚜、桃粉大尾蚜和樱桃瘤头蚜。前两者为害桃、李、杏、樱桃等的叶片。桃蚜在叶片背面取食，使桃树叶片呈螺旋状扭曲，严重者卷成绳索状，逐渐干枯；桃粉蚜也在桃叶背面取食，造成叶缘后卷，叶片呈勺子状，叶片背面布满白色蜡粉。樱桃瘤头蚜主要为害樱桃叶片，在叶片上形成向正面肿胀凸起的花生壳状的伪虫瘿。虫瘿初期略呈红色，后变枯黄，最后发黑干枯。上述蚜虫除以成、若虫刺吸汁液外还能分泌蜜露引起煤污病，并能传播病毒病。三种蚜虫均以卵在芽腋、树皮缝或枝条上越冬。翌年，果树萌芽期或花芽膨大期，卵孵化为若蚜，开始为害。大棚揭膜后，蚜虫产生有翅蚜，迁飞至其他作物上为害繁殖。10月份又回迁到果树上，并产生有性蚜。

（2）桃潜蛾（peach leaf miner） 以幼虫在桃、杏、李、樱桃等叶片中潜食，形成隧道。一年发生 5~7 代，以成虫在落叶、杂草或石块下越冬，越冬成虫在桃芽萌发前后出蜇，展叶后开始产卵，幼虫孵化后蛀入叶肉潜食，老熟后从蛀道内爬出，在叶背面吐丝结茧化蛹。桃潜蛾在大棚内只能发生 1 代，一般不会造成大的危害。但揭棚后几乎每月发生 1 代，6—8 月发生最为严重。

（3）桃小绿叶蝉（smaller green leafhopper） 为害桃、杏、李、樱桃等的叶片、花芽，造成失绿斑点。一年发生 4~6 代，以成虫在落叶、杂草、树皮缝内越冬，翌年寄主发芽后，越冬成虫开始出蜇。桃树落花后，出现成虫高峰期，产卵于叶背主脉两侧，孵化后的若虫群集于叶片背面危害，若虫的蜕留在叶背。成虫寿命较长，造成世代重叠。旬平均气温在 15~25℃ 时适于其生长发育，气温高于 28℃ 时，种群密度下降。

5. 设施花卉主要病害　设施花卉常见病害主要包括灰霉病、白粉病、炭疽病、叶斑病、锈病、花叶病毒病、细菌性软腐病、细菌性枯萎病、线虫病和苗期的立枯病、猝倒病等。灰霉病主要发生于月季、仙客来和四季海棠等；白粉病主要发生于月季、瓜叶菊等；炭疽病主要发生于兰花、茉莉和万年青等观叶植物；叶斑病包括黑斑病、褐斑病和轮斑病等，主要发生于月季、君子兰、山茶、菊花和红掌等；锈病主要发生于菊花；花叶病毒病主要发生于唐菖蒲、仙客来和香石竹等；细菌性软腐病主要发生于仙客来、鸢尾和君子兰等；细菌性枯萎病主要发生于红掌；线虫病和苗期的立枯病、猝倒病可侵染多种花卉。

（1）月季灰霉病（Chinese rose grey mold） 病原为灰葡萄孢霉（*Botrytis cinerea*），主要侵染温室切花月季的叶片、嫩枝和花冠。幼蕾发病时，花托部位产生灰黑色腐烂斑，直至腐烂枯死。花朵受害，最初在花瓣上出现火燎状小斑或花瓣边缘变褐色，之后迅速扩展，花瓣直至整个花朵褐变枯萎。叶片受害，最初出现淡褐色病斑，密生灰色霉点，之后扩大腐烂。嫩枝受害，茎节中间腐烂，造成枝条萎蔫枯死。病菌也侵染剪花后的枝端，形成黑褐色、略下陷的条斑。病原菌以菌丝体或菌核在病部越冬，适宜时产生子囊孢子，从伤口、衰弱器官或表皮侵入，借风、水滴、雾滴传播，湿度大时容易发病。

（2）仙客来根结线虫病（cyclamen root-knot nematode disease） 病原为南方根结线虫（*Meloidogyne incognita*）。侵染球茎及根系的侧根和支根，形成瘤状物，造成植株矮小，叶色发黄甚至枯死。该线虫一年发生多代，完成 1 代需 30~50 d，主要通过土壤传播，也可以通过水流、肥料、种苗传播。

（3）瓜叶菊白粉病（cineraria powdery milde） 病原为白粉菌（*Erysiphe eichoracearum*），主要侵染叶片。发病初期，病部长出一层白粉状霉层，后期变为灰色。病原菌在植株残体上越冬，经气流传播，自表皮直接侵入。高温湿润，施氮肥多、栽植密度大，光照不足或通风不良有利于该病发生。

（4）兰花炭疽病（cymbidium anthracnose disease） 病原为兰炭疽菌（*Colletotrichum orchidaerum*），侵染叶片和茎部叶片。发病之初，病部多呈圆形、椭圆形红褐色小斑点，后扩大为深褐色病斑，病斑中央产生纹状黑点，边缘呈暗绿色。病原菌越冬于病残体或假鳞茎上，自由水利于孢子萌发。病菌一般从植株伤口侵入。高温闷热、通风不良利于该病发生。

（5）香石竹叶斑病（carnation leaf spot） 病原为香石竹链格孢（*Alternaria dianthi*），主要侵染香石竹叶片、茎秆和花冠。叶部受害时多从下部叶开始发病，初期在叶上产生淡绿色水渍状圆斑，后扩大为圆形、椭圆形或不规则形褐色病斑，中央灰白色，造成叶片枯黄扭曲、枯萎下垂；茎干受害，多侵染分叉处或伤口处，形成不规则的灰褐色的带霉层病斑，严重时造成病斑以上枯死，花冠受害，主要侵染苞片，形成黄褐色的水渍状病斑，造成花朵畸形或不开花。湿度较大时，各处病斑均能产生黑色霉层。病原菌在病株或土壤中越冬，通过气流及水传播，从植株气孔、伤口侵入。该病在温室中周年发生。潮湿和连作条件下，该病容易发生。

（6）菊花白锈病（chrysanthemum white rust） 菊花白锈病为植物检疫性病害，病原为掘氏菊柄锈菌（*Puccinia horiana*），主要发生在叶片上。感病初期，叶片正面出现黄白色斑点，叶片下表面产生小的变色斑，然后隆起呈疱疹状，不久疱疹病斑破裂，散发出褐色粉状物；发病严重的植株生长衰弱，不能正常开花且大量落花，病斑布满整个叶片，并使叶片卷曲。病菌多在植株的新芽中越冬，随菊苗传播。孢子最适宜萌发的温度是 15～25℃。株间密度大、湿度高时发病严重。

（7）唐菖蒲花叶病（crane flower mosaic virus） 病原为菜豆黄花叶病毒（bean yellow mosaic virus，BYMY）和黄瓜花叶病毒（CMV），主要侵染叶片，也侵染花器等部位。发病初期，叶片出现褪绿角斑与圆斑，后期变褐色，最终造成唐菖蒲球茎退化，植株矮小，花穗短小，花少且小。该病主要由种球、种苗带毒引起，可由蚜虫取食传播。

（8）君子兰细菌性软腐病（clivia soft rot） 病原为菊欧文氏菌（*Erwinia chrysanthemi*）和软腐欧文氏菌黑茎病变种（*E. carotovora atroseptica*），主要侵染君子兰叶片及假鳞茎。发病初期出现水渍状斑，其后病斑迅速扩大，导致组织解体，并流出带臭味的液汁。病原菌在病残体或土壤中越冬，温室内可由灌溉水、病健叶接触或操作工具传播，由植株伤口侵入。高温高湿、施氮肥多的环境有利于该病的发生与流行。

（9）红掌细菌性枯萎病（andraeanum bacterial wilt） 该病为红掌的毁灭性病害，病原为油菜黄单孢菌花叶万年青致病变种（*Xanthomonas campestris* pv. *dieffenbachiae*），主要侵染叶片和花朵苞片，边缘、叶尖最易感染。叶片、苞叶受害后，出现中间褐色、边缘黄色的斑点，周围呈水渍状。病斑可扩展到叶柄及植株基部，导致叶片脱落，植株死亡。病原菌在病残体上越冬，由风雨、昆虫等传播，伤口有利于其侵入，潜育期 3～6 d。高湿高温、伤口多、植株长势弱均有利于发病。

（10）苗期猝倒病和立枯病 发病原因包括非侵染性和侵染性两种。前者因圃地积水和土壤板结所致，后者由腐霉菌（*Phythium* spp.）、丝核菌（*Rhizoctonia* spp.）和镰刀菌（*Fusarium* spp.）引起。受害症状：①种子或未出土幼芽腐烂；②在尚未木质化的幼苗茎基部出现水渍状病斑，病部缢缩变褐腐烂，幼苗猝倒；③木质化后的幼苗根茎部皮层腐烂，幼苗不倒伏。病原菌腐生性强，可以在土壤中长期存活，温室内可随灌溉水传播。播种过密、间苗不及时、温度过高易诱发该病。

6. 设施花卉主要虫害   设施花卉主要害虫包括蚜虫类、白粉虱、螨类和蚧类。一些常见种类的发生和危害参见第六节相关内容。

（1）蚜虫   常见的蚜虫为桃蚜，主要为害百合、瓜叶菊、郁金香等，使叶片向反面横卷。

（2）白粉虱   常见的白粉虱为温室白粉虱，主要为害瓜叶菊、茉莉、一品红等，花棚内可终年繁殖。

（3）螨类   常见螨类为朱砂叶螨和刺足根螨（bulb mite），前者主要为害香石竹、月季、菊花、杜鹃和海芋等；后者主要危害水仙、郁金香、风信子、百合和仙客来等，为害球根部位，逐步向上扩展，使被害部位变黑腐烂；花卉有伤口、连作及池栽时利于发生。

（4）蚧类   常见的蚧类为褐软蚧（brown soft scale）、茶褐圆蚧（Florida red scale）、矢尖盾蚧（arrowhead scale）和仙人掌白盾蚧（cactus scale）等。褐软蚧主要为害万年青、月季、君子兰、米兰、龟背竹和苏铁等；茶褐圆蚧主要为害苏铁、山茶、桂花和金橘等；矢尖盾蚧主要为害桂花、山茶、金橘等。上述3种蚧类均为害叶片和（或）枝条，刺吸汁液，造成叶片萎黄、早落，引发煤污病。仙人掌白轮盾蚧危害仙人掌科植物，如蟹爪仙人掌、令箭等，使植株衰弱或肉茎腐烂。蚧类害虫在温室内可周年发生。

四、设施植物病虫害综合治理

1. 合理轮作，控制土传病害的发生。例如防治黄瓜和番茄的枯萎病和青枯病时，应将番茄与葱蒜类蔬菜等作物轮作，发病重的地块轮作期为4~5年。

2. 扣棚前及扣棚初期病虫害的防治

（1）保持棚室卫生   清除棚室内不必要的杂物和病残体、枯枝落叶等，消灭棚室内及周围的杂草，减少病源、虫源，清除害虫（如潜叶蝇、白粉虱、叶螨等）的中间寄主。

（2）进行棚室消毒   由于棚室多年使用，其墙体、地面及支撑材料的表面均会成为多种有害生物的越冬场所，扣棚以后，这些有害生物会传到设施栽培植物上，造成危害。因此，要做好设施植物病虫害的防治工作，首先应减少棚室内有害生物的数量。通常选用的方法有：①在作物定植15 d以前，扣棚密封后用硫黄熏蒸消毒。②扣棚后用40%福尔马林150倍液淋洗式喷施棚室内的墙体、地面等各个部位。③扣棚后选择几个天气晴好、温度较高的日子，密闭棚体，使棚室内中午的温度达到50℃左右，不仅可以杀死部分病菌，还可以杀死螨类、蚜类等害虫。

（3）土壤处理   微酸性土壤有利于番茄青枯病的发生，当土壤pH在7.2以上时，青枯病的发生受到抑制。因此，可撒施石灰调节土壤的pH，使之不适合青枯病的发生；多施草木灰和钾肥也可达到这一目的。防治蔬菜的根结线虫，也可以采用土施氯化钾的方法。

（4）深翻土地消灭越冬病虫害   有些病虫害，如美洲斑潜蝇以蛹在土中潜藏，可以通过深翻土地进行杀灭。

（5）采用抗病品种，培育无病虫苗木   播种或定植前对种子、种苗、种球进行严格挑选，及时进行药物消毒处理或温水浸泡，以防种源、苗源带菌带虫。

3. 作物生长期病虫害防治

（1）生态防治　主要是控制棚室内的湿度，使之不适合病虫害的发生。首先要加强通风管理，降低棚内湿度，减少叶面结露。如上午日出后早揭棚但不放风，使棚温迅速升高至33℃后，再开始放顶风；下午棚温保持在25~20℃，降至20℃时关闭通风口；夜间温度保持在15~17℃。阴天时也应打开通风口换气。其次是合理灌水，可采用地膜覆盖、膜下浇水或滴灌、渗灌技术，也可以行间铺草，以降低棚室的空气湿度。最后，花卉生产中注意花盆的合理摆放，增强通风透光性。

（2）及时控制中心病株，清除病虫害残体　由于棚室范围小，病原均来自于室内，因而通过控制中心病株来控制发病的效果要比露地好。例如对于各种枯萎病、辣椒疫病等，发现中心病株后应及时拔除，并进行土壤消毒。再如番茄晚疫病发生初期，应及时摘除病叶和病果，并喷药保护。

（3）合理肥水管理　合理浇灌，增施有机肥，补施叶面肥，增强植株抗性。

（4）合理修剪　对于果树和花卉，合理的枝蔓管理能够增强透光性和通风性，减轻诸如葡萄霜霉病等病害的发生。

（5）化学防治　要选择适当的药剂、剂型和防治方法。棚室中施药时，应尽量减少用水量，尤其是遇到连阴天时，可将喷施药液改为施用烟剂或粉尘剂。

（6）生物防治　可利用捕食性天敌（草蛉、瓢虫、食蚜蝇、蜘蛛等）、寄生性天敌（寄生蜂、寄生蝇等）、微生物农药（苏云金杆菌、白僵菌、核多角体病毒等）等防治设施内的虫害。

（7）物理和化学诱杀防治　利用色板（膜、纸）或化学引诱剂等诱杀害虫。例如使用粘蝇纸消灭潜叶蝇成虫；利用黄板诱杀温室白粉虱和蚜虫等。

数字课程学习

📥 教学课件　　　✏ 思考题

第九章 植物保护技术推广

　　植物保护技术推广（plant protection technique extension）是将植物保护新知识、新技术、新方法、新产品和新器械等综合运用于植物保护的过程，是植物保护工作的重要内容。植物保护工作要坚持"预防为主、综合防治"的方针，树立"公共植保、绿色植保"的理念。首先，植物保护工作是现代农业必不可少的技术支撑，是关系"三农"、社会公众、国家粮食战略安全的公益性服务工作，因此必须坚持公共植保的理念。公共植保具体表现为：①国家和各级政府将植物保护工作作为农业和农村公共服务事业，持续给以大力度支持和发展；②植保工作作为农业和农村公共事业的重要组成部分，具有明显的社会管理属性和公共服务职能，植物检疫和农药管理等植保工作都具有行政执法与公益性质；③许多重大农作物病虫害具有迁飞性、流行性和暴发性，其监测和防控需要政府组织开展跨区域统一监测和防治。

　　其次，植物保护工作是生态文明建设的重要组成部分，要确保环境安全和生态安全，实现"绿色家园"，必须倡导绿色植保的理念。2020 年 3 月 26 日，国务院总理李克强签署第 725 号国务院令，公布《农作物病虫害防治条例》，明确提出要从科研、推广及防治等各个环节鼓励绿色防控。植保工作要重视生态调控、农业防治、生物控制、物理诱杀及新型设施设备与技术方法的应用，确保农业可持续发展；采用化学防治时，尽量选用低毒高效农药，应用先进施药器械与科学施药技术，降低残留与环境污染，避免人畜中毒及非靶标生物致害性和作物药害，保障农业安全生产；另外，不仅要防治已发生的生物灾害，而且要防范外来有害生物入侵和传播，确保环境安全。2022 年习近平总书记在二十大报告中特别指出，"中国式现代化是人与自然和谐共生的现代化"，我们要"像保护眼睛一样保护自然和生态环境"。

最后，植物保护不断向相关学科和边缘学科交叉渗透，已逐步发展成为一门综合性应用科学，因此还必须把科学植保的理念贯穿于有害生物管理的全过程，与时俱进，积极研发、推广和使用植保新技术、新器械和新成果，促进绿色农业和精准农业的综合发展。植物保护新技术和新器材一般由植物保护科研单位和有关高校及企业研发，并最终由基层植物保护部门、专业化植保服务组织和广大农户负责应用实施。因此需要通过适当的渠道和方式，让基层植物保护部门、专业化植保组织以及农户学习、掌握和使用不断出现的植保新技术，这是植物保护推广工作的核心任务。

鉴于植物保护在保障国家粮食安全、国民经济发展中的重要作用，政府部门始终是植保技术推广的主导者，通过行政、教育和服务的综合运用，实现大范围、迅速而有效的技术推广。近年来，我国政府通过加强行政管理与推广力度，加大科技研发投入，加大市场调控引导以及对专业化植保组织和农民的技术培训力度，有效提升了植物保护等农业生产技术水平。

第一节　植物保护技术的推广形式

同其他农业技术推广相似，植物保护技术推广主要采用行政式、教育式和服务式相结合的推广方式。

一、行政式技术推广

行政式技术推广主要是政府运用权力贯彻植物保护政策，通过制定相关法规，指导和协调实施植物保护技术措施的一种技术推广方式。如政府颁布条例和法规，包括动植物检疫法、植物检疫条例、农药管理条例等，由政府行政部门监督强制实施。

为防止危险性病、虫、杂草传播蔓延，保护农业、林业生产安全，我国出台了进出境动植物检疫法以及国外引种检疫审批管理办法、植物检疫条例实施细则等，对进出境动植物的检疫等做出了具体规定与限制。如 1983 年 1 月 3 日国务院发布了《植物检疫条例》，1992 年 5 月 13日根据《国务院关于修改 < 植物检疫条例 > 的决定》对其进行了首次修订发布，2017 年 10 月 7日根据中华人民共和国国务院令第 687 号，又对其进行了修订。

农药作为重要的农业投入品，其使用直接关系到农产品的质量安全和生态环境安全。《农药管理条例》是为加强农药管理，保证农药产品质量，保障农产品质量安全和人畜安全，保护农业、林业生产和生态环境而制定。首部《农药管理条例》由国务院于 1997 年 5 月 8 日发布并实施，2001 年 11 月 29 日曾进行了修订。《农药管理条例》实施办法于 1999 年 4 月 7 日开始施行，并先后于 2002、2004 及 2007 年进行了修订。部分省市根据各自的地方特点，如湖南、湖北、河北、江西、四川、云南等先后通过了本省的植物保护条例。为了适应形势发展和农药管理的新要求，2017 年 2 月 8 日国务院第 164 次常务会议对《农药管理条例》进行了再次修订通过。新修订的现行版《农药管理条例》包括总则、农药登记、农药生产、农药经营、农药使用、监督管理、法律责任以及附则等八章内容，对我国农药产业的健康发展以及农药的依法登记、生产、经营和合理使用起到有力的保障作用。

2020年3月26日，国务院总理李克强签署第725号国务院令，公布《农作物病虫害防治条例》，自2020年5月1日起施行。条例从4个方面对农作物病虫害防治工作予以规范。一是明确防治责任。县级以上人民政府要加强对农作物病虫害防治工作的组织领导，县级以上人民政府农业农村主管部门负责农作物病虫害防治的监督管理，其他有关部门按照职责分工做好防治相关工作。农业生产经营者做好生产经营范围内的防治工作，并积极配合各级人民政府及有关部门开展防治工作。二是健全防治制度。加强农作物病虫害监测网络建设和管理，规范监测内容和信息报告，明确农作物病虫害预报发布主体。按照农作物病虫害的特点和危害程度，将农作物病虫害分为三类，实行分类管理。明确应急处置措施，要求农业农村部、县级以上地方人民政府及其有关部门制定应急预案，开展应急培训演练，储备应急物资，病虫害暴发时立即启动应急响应。三是规范专业化防治服务。鼓励和扶持专业化病虫害防治服务组织，要求县级以上人民政府农业农村主管部门为专业化病虫害防治服务组织提供技术培训和指导。规定专业化病虫害防治服务组织应当有相应的设施设备、技术人员、田间作业人员以及规范的管理制度，要遵守国家有关农药安全、合理使用的规定，建立服务档案，为田间作业人员配备必要的防护用品。四是鼓励绿色防控。鼓励和支持开展农作物病虫害防治科技创新、成果转化和依法推广应用，普及应用信息技术、生物技术，推进防治工作的智能化、专业化、绿色化；鼓励和支持科研单位、有关院校等单位和个人研究、依法推广绿色防控技术，鼓励专业化病虫害防治服务组织使用绿色防控技术。此外，对违反条例规定的行为设定了严格的法律责任，强化责任追究。

二、教育式技术推广

教育式技术推广是指将植物保护与农民生产需要结合起来，通过各种方式，如大众媒体、成人教育、短训班、现场会、送科技下乡活动等，引导植保技术人员和农民学习并应用植物保护新技术、新知识、新方法、新产品和新器械，提高农民的植保技术水平，通过主动了解、购买并使用等形式实现植物保护技术的推广。新型农药、施药器械、抗害种苗及包衣种子等以商品为载体的植物保护技术，大都以这种方式进行推广。

随着2017年新修订《农药管理条例》的实施，对农药经营从业人员资格有了更进一步的要求。经营门店从业人员必须要参加56课时的专项培训，不但要学习新条例相关内容，而且要学习掌握相关农药知识，培训考试合格发给结业证书，在满足必要的门店软硬件条件下才能申请农药经营许可，当地农业部门进行实地核查，符合要求的才发放农药经营许可开展农药销售业务，农药门店应该科学、合理地向农户推荐产品以对症用药并保障农业安全生产。农业管理部门可组织高校老师、专家以及通过农业电视广播学校针对基层农药经营人员、农技人员和广大农户开展培训，形成可以是课堂式的专项培训，也可以是田间地头的现场培训，使从业者既能掌握理论知识，又具备实际操作能力。

三、服务式技术推广

服务式技术推广主要由政府通过外部间接投入，为农民提供免费服务，使农民在利润驱动下，主动采用植保技术。如由政府出资进行研究开发形成的各种农业有害生物综合治理技术，经推广示范后，农民主动学习采用。在我国，植物保护技术科研立项时，通常由政府的农业科技管理部门规定科研单位在形成技术成果后，必须进行一定面积的推广示范，并通过科研项目合同的形式确定下来，使技术开发项目承担单位负有一定的技术推广责任，确保政府投资能使农民受益。近年来，各地政府建立大量农业科技示范园区，积极推进新型农业科技成果的示范推广，引导广大农户进一步学习掌握现代农业技术。此外，随着农村人口数量的减少，土地的集约化、规模化、机械化生产经营成为趋势，随之而来的专业化植保服务发展迅速，成为越来越重要的植保技术推广形式。

专业化植保服务是实施病虫害防治的重要力量，也是植保技术推广的重要形式。专业化植保服务，是指具备病虫害防治能力的服务组织通过采用先进、实用的设备和技术，为农业生产经营者提供规范化的统防统治等服务。专业化植保服务组织主要有 4 种形式：①专业合作社型。由种植业、农机等专业合作社把大量分散的机手组织起来，形成有法人资格的经济实体，专门从事专业化防治服务。②企业型。由农资生产经营企业成立专业防治服务公司，既为农户提供农资销售服务，也为农户提供病虫专业化防治服务。③规模化生产经营主体自有型。主要指由种植大户、农场主或农产品生产加工企业创办的专业化防治队，除开展自营的农作物病虫害防治外，还为周边农户开展专业化防治服务。④村级组织型、村民互助型等其他类型。

20 世纪 90 年代中期，为应对棉铃虫大暴发的严峻形势，在全国 13 个棉花主产省，组织实施了棉花重大病虫统防统治产业化推广项目，成为专业化防治的先行者。进入 21 世纪，现代农业发展走上集约化、规模化、标准化的快车道，目前专业化防治服务组织的作业面基本覆盖全国粮食产区。2020 年公布的《农作物病虫害防治条例》明确规定要鼓励和扶持专业化病虫害防治服务组织，同时规定了专业化服务组织必备的条件和专业化服务组织的有关责任。该条例的颁布，为专业化植保服务带来了新的发展机遇，服务范围将由单一环节"代防代治"，向覆盖生产全过程的全链条服务转变；服务方式由单纯依赖化学农药防治，向综合应用生物防治、理化诱控、生态调控、绿色农药等立体式防治转变。同时，为了加强组织管理，规范服务行为，提升服务能力，健全农作物病虫害防治体系，根据该条例等相关法律法规制订的《农作物病虫害专业化防治服务管理办法》，自 2021 年 5 月 1 日起正式施行。

在具体实施过程中，3 种推广形式可以相互配合。在传统农业时期，生产环境相对单一，农民文化水平较低，通常通过行政式推广，使农民被动了解掌握植保技术。随着社会的发展，农民文化水平、科学种田意识的提高，农民自主决策能力和主动性有显著提升，教育式植保技术推广具有了更强生命力。未来植物保护技术推广将更趋向于通过行政推广使基层农技人员和农业从业者了解国家相关政策法规，并通过教育培训向农户尤其是种田大户、专业植保服务组织推广植保新技术、新器械、新产品和新要求等，而专业化植保组织将是未来把我国农业生产进一步推向集约化、规模化、机械化、现代化的重要技术支撑力量。

第二节　植物保护技术推广体系

植物保护技术推广体系在不同国家有一定差异，我国的植物保护技术推广体系主要由植保教育、植保科研、省市县（区）级植保技术推广管理部门以及植保产品和器械供应保障体系等共同构成。

一、植保教育

植保教育的主要目标是培养植物保护人才，使之具备系统的植物保护专业知识、较宽广的知识面、独立解决植物保护问题的能力，并了解掌握国内外相关法律、法规以及一定的经营管理知识和实际应用管理能力，从而胜任植物保护教育、科研、管理和推广工作。植保教育负有促进植物保护事业后继发展的使命，是植物保护事业的人才支撑体系。此外，植保教育还包括相关知识的创新与传播，如开展各种科学研究、学术交流活动，举办植物保护技术成人教育、短训班，制作植保科普和技术录像，出版读物，宣传植物保护相关政策法规，提升从业人员植保知识、政策法规、新技术、新产品的了解掌握水平和植保工作管理水平。

目前我国大陆有 23 个植物保护一级博士学位授权点，45 个植物保护一级硕士学位授权点，专门从事植物保护高级专门人才和复合应用型人才的培养，另外还有不少涉农高校、地区农校，也开设植物保护专业课程，开展植物保护教育。

二、植保科研

植保科研通过研究开发提供植保新技术和新产品，是植物保护的技术支撑，主要包括基础研究、技术研发以及产品与器材的研发。从事植物保护相关科研的单位包括中国科学院、中国农业科学院、涉农高校、各省市农业科学院，以及植物保护器材生产企业。

基础研究通过现象探索农业有害生物内在机制和规律，主要研究农业有害生物的系统进化、分布演替、基础生物学、分子生物学和组学、种群生态学、有害生物与寄主、天敌和环境的相互作用、发生流行规律、预测理论、控制理论、防治对策以及农药毒理学、抗性治理等，以推动植物保护技术的发展和植物保护产品的开发。如病原物与寄主的互作识别机制的研究，促进无病原物识别靶标抗病作物品种的开发；有害生物体内大分子功能化合物结构与功能的研究，促进高效专一选择性农药的开发；转基因作物研究，通过转入外源基因到寄主作物中进行表达，筛选培育出转基因抗病虫作物品种，有针对性地对病虫害加以控制。

植保技术研发主要是针对重点农业有害生物，根据基础研究成果，通过应用研究，开发和完善调查统计方法、预测预报手段和防控技术。如利用病虫草智能识别及物联网技术，建立田间有害生物发生和为害的自动监测技术系统；利用遥感、全球定位系统、地理信息系统等研究成果，研发害虫雷达监测预警技术系统；利用病虫草害等发生和为害的历史数据，结合气象等数据，建设短、中、长期病虫害智能化预警系统；利用生物学研究成果，根据生物学特性，研发有害生物的特效防治技术。产品与器材的研发主要指农药等有害生物防治产品及其使用器械的研发。农药研发包括农药化合物与生物农药的创制与筛选、新剂型和制剂的研发（见第七章），其他防治产品如含药地膜、抗害作物品种、包衣种子、防虫网、诱虫灯等；器械研发主要针对药械，如喷雾器、喷粉器、注射器、诱捕器及无人机等。此外，我国积极推进农药使用零增长战略，农药减量使用技术及配套产品和器械也是植保科研的重要内容。

由于植物保护关系到粮食安全和生态安全，因此植保科研必须关注生产一线出现的关键植保问题，如随时发生的有害生物抗药性问题、推广（转基因）抗性作物后的次要害虫暴发问题、耕作制度改变后有害生物的演替问题、入侵生物的治理问题等。近期自 2019 年以来，广泛发生于美洲等地的草地贪夜蛾入侵我国，对玉米、棉花等多种作物生产造成严重威胁，成为植保科研急待解决的重大攻关课题。

三、植保产品与器械供应

植物保护新技术的实施常伴随着植物保护新产品、新器械的推广应用，这些物资的生产和供应也是植物保护技术推广的重要组成部分。植保物资主要由生产和经营企业推广销售。首先，企业通过生产和销售各种高效、优质的植保产品和器械，为植物保护提供充足的物资保障，并为植保新产品和器械的进一步研发升级提供了资金。其次，企业通过产品促销活动、制作广告录像、现场示范等进行产品性能和应用技术的演示讲解，将植物保护新技术直接传授给使用者。在市场经济体制下，企业对植保新技术、新产品和新器械的推广具有更大的推动作用。目前我国大陆现有农药定点生产资质的企业约 1 670 家，此外还有不少生产销售施药器械的药械公司、生产销售抗性作物种子和包衣种子的种子公司、生产销售微波处理设备以及诱杀隔离器材的物理防控器材公司、生产销售天敌生物和生物技术产品的生物公司、生产销售病虫害自动识别监测设备的信息技术公司，以及遍布全国的专营植保器材销售的门店等，它们构成了植保器材的保障体系，也是植保技术推广的重要组成。

四、植保技术推广管理

植保技术推广管理是植物保护技术推广的重要保障。植保推广的行政管理在不同国家有一定的差异，主要由国家农业行政部门设立的专门机关负责。我国主要由农业农村部种植业管理司、全国农业技术推广服务中心以及各省市县植保站系统负责。植物保护推广管理系统按国家行政划分可分为四级，即国家级、省（市）级、县（区）级植保推广部门和乡镇植保团体或生产者。

国家级植保推广部门负责全国各基层植保机构和各方面工作的管理，包括制定植保方针政策、颁布法规条例、拟定长期规划、建立组织机构、规定投资比例、筹划物资供应、协调内外关系、指导下级工作、掌握科研方向、加强教育培训等，从而实现总揽全局、宏观调控的作用，通过战略管理推广实施各种植保技术，以保证农业生产和环境质量。省（市）级植保推广部门是在国家统一的方针、政策指导下，根据本地情况制定规划，指导防治，应用新技术，设计综合防治技术方案，发布测报信息，进行物资调配，开展技术培训和示范推广工作。县级植保推广管理主要由县级植保站组织实施，在上级的领导和支持下，面向乡、村、户，针对当地情况实施病虫草等有害生物的测报防治，是技术推广的重要一环，既要贯彻植保方针，落实综合防治计划，又要结合实际取得实效，同时还需将实施情况、存在问题和经验教训及时上报。生产者和当地植物保护服务机构是最基层的植保技术管理者，主要由农户、植保专业户或承包植保服务的专业服务组织参与，直接开展应用植保技术实施有害生物的综合治理。

此外，植物保护的行政管理还包括植物检疫、农药检定和农药执法。植物检疫是由国家设立动植物检疫机关，根据出入境动植物检疫法，对出入境动植物及其产品进行检疫，以阻止危险性有害生物的人为传播。具体外检由海关分支机构负责，内检由农村农业部的有关职能部门和省市县植保站系统负责（见第七章）。农药检定由农业农村部农药检定所具体负责，省级农药检定部门协助，包括农药登记、药效试验、质量检测、残留分析、农药生产和销售许可发放等。国家还设立了农药监管执法机构，各省市农业行政主管部门一般设有农业行政执法单位，县级设有农业行政执法大队，负责对农药的生产、经营和使用进行监管。另外，各省市农业行政主管部门一般还设有农产品质量检测中心，农药残留检测是其重要工作。

第三节   植物保护产品和器械的管理与销售

农药作为一种特殊商品，必须经过国家农药检定部门指定的试验单位开展药效、毒理、残留、对非靶标生物的影响、环境影响等多项试验，只有相关指标参数符合要求，没有明显的负面影响的产品，在符合国家与地方产业政策前提下才能取得产品登记证，并通过安全与环境评价立项后，经实地核查满足生产要求才能取得生产许可，产品才能合法生产销售。传统的植保器材器械（喷雾器等）近年来已不再列为专控产品加以管理与销售，但对于近年新兴的植保无人机及其植保作业，国家相继制定了一些规定并在不断完善中。

一、农药的登记管理

农药是用于植物保护的特殊商品，各国政府均采用登记管理制度进行产品管理，一方面是为了保证农药产品质量，使其在农业生产中科学合理使用，发挥应有的作用，另一方面是防止农药产品在生产、储运、销售和使用过程中对人、畜、非靶标生物和环境等造成危害。

农药登记试验是保障农药产品的有效性、真实性、可靠性和安全性的关键环节，为了保证农药登记试验数据的完整性、可靠性和真实性，加强农药登记试验管理，2017年新颁布的农药管理条例实施后，原农业部（现农业农村部）先后发布了几个管理办法和要求，包括：农药登记管理办法（2017年农业部令第3号）、农药登记试验管理办法（2017年农业部令第6号）、农药登记资料要求（2017年农业部公告第2569号）、《农药登记试验质量管理规范》《农药登记试验单位评审规则》（2017年农业部公告第2570号），并确定了《限制使用农药名录（2017版）》

（2017 年农业部公告第 2567 号），以及取得有效农药试验资质的农药登记试验单位名单（2019年农业农村部公告第 189 号）。

2017 年 6 月 25 日出台的《农业部关于加强管理促进农药产业健康发展的意见》（农农发〔2017〕4 号）要求"严把登记准入关，优化农药产品结构"。一是加强登记分类指导。支持高效低毒低残留农药登记，加快推广应用；支持小宗特色作物用药登记，在确保产品质量的前提下，适当简化登记资料，加快审批进程；支持生物农药登记，对天敌生物免于登记。限制高毒高风险农药登记，对安全性存在较大风险或隐患的产品不予登记，对在生产或使用中缺乏有效安全防范和监管措施的产品不予登记。二是要求加快农药技术创新。完善农药创新体制机制，推动农药创新由国家主导向企业和产学研相结合转变。深化农药科研成果权益改革，建立技术交易平台，促进成果转化应用，激发科研人员创新热情。鼓励企业增加科研投入，开发高效、低风险、低残留农药新产品。支持研发机构、科研人员等新农药研制者申请登记。加快建立完善的农药创新体系和与之配套的知识产权管理体系。三是提升农药登记门槛。采取有效措施，适当控制产品数量。相同有效成分和剂型的产品，有效成分含量梯度不超过 3 个。严格限制混配制剂产品登记，混配制剂的有效成分不超过 3 种；有效成分和剂型相同的，配比和含量梯度不超过 3 个。鼓励已登记产品优化配方或剂型，及时淘汰落后的配方或剂型。四是建立农药退出机制。加强对已登记农药的安全性和有效性监测评价，重点对已登记 15 年以上的农药品种开展周期性评价，加快淘汰对人畜健康、生态环境风险高的农药。发现有严重危害或较大风险的，不予延续登记，或采取撤销登记、禁限用措施，并督促农药生产经营单位及时召回问题产品。加强现有高毒农药的风险评估，本着"成熟一个、禁用一个"的原则，有序退出，加快淘汰。五是加强登记试验管理。规范农药登记试验单位的申请、审核和管理。农药登记试验实行省级备案管理，新农药登记试验须经农业农村部批准。试验申请人要对样品的真实性和一致性负责，保证其生产或者委托加工的农药，与登记试验样品一致。登记试验单位要按照试验技术准则和方法开展登记试验，保证试验数据的准确性。省级农业主管部门要加强对登记试验安全风险及其防范措施落实情况的监督，发现在登记试验过程中出现难以控制的安全风险时，责令停止试验。

此外，针对仅限出口农药产品的登记，中华人民共和国农业农村部公告第 269 号首次明确了不在我国境内使用的出口农药（简称"仅限出口农药"）产品的登记相关事项：一是申请仅限出口农药登记的范围，二是申请仅限出口非新农药登记的资料要求，三是申请仅限出口新农药登记的资料要求，四是关于仅限出口农药登记、变更、延续及审批流程、登记证编号规则以及其他与此类登记相关的事项说明。

二、农药的生产和销售管理

农药生产应当符合国家产业政策。国家鼓励和支持农药生产企业采用先进技术和先进管理规范，提高农药的安全性、有效性。国家实行农药生产许可制度。农药生产企业应当具备相关生产条件，并按照国务院农业主管部门的规定向省、自治区、直辖市人民政府农业主管部门申请农药生产许可证。取得农药生产许可才能生产合法登记的农药产品。

我国实行农药经营许可制度，经营卫生用农药的除外。经营农药要向县级以上地方人民政府农业主管部门申请农药经营许可证。要求：①有具备农药和病虫害防治专业知识，熟悉农药管理规定，能够指导安全合理使用农药的经营人员；②有与其他商品以及饮用水水源、生活区域等有效隔离的营业场所和仓储场所，并配备与所申请经营农药相适应的防护设施；③有与所申请经营农药相适应的质量管理、台账记录、安全防护、应急处置、仓储管理等制度。经营限制使用农药的，还应当配备相应的用药指导和病虫害防治专业技术人员，并按照所在地省、自治区、直辖市人民政府农业主管部门的规定实行定点经营。

取得农药经营许可证的农药经营者设立分支机构的，应当依法申请变更农药经营许可证，并向分支机构所在地县级以上地方人民政府农业主管部门备案，其分支机构免予办理农药经营许可证。农药经营者应当对其分支机构的经营活动负责。农药经营者采购农药应当查验产品包装、标签、产品质量检验合格证以及有关许可证明文件，不得向未取得农药生产许可证的农药生产企业或者未取得农药经营许可证的其他农药经营者采购农药。农药经营者应当建立采购台账，如实记录农药的名称、有关许可证明文件编号、规格、数量、生产企业和供货人名称及其联系方式、进货日期等内容。采购台账应当保存两年以上。农药经营者应当建立销售台账，如实记录销售农药的名称、规格、数量、生产企业、购买人、销售日期等内容。销售台账应当保存两年以上。农药经营者应当向购买人询问病虫害发生情况并科学推荐农药，必要时应当实地查看病虫害发生情况，并正确说明农药的使用范围、使用方法和剂量、使用技术要求和注意事项，不得误导购买人。

农药经营者不得加工、分装农药，不得在农药中添加任何物质，不得采购、销售包装和标签不符合规定，未附具产品质量检验合格证，未取得有关许可证明文件的农药。经营卫生用农药的，应当将卫生用农药与其他商品分柜销售；经营其他农药的，不得在农药经营场所内经营食品、食用农产品、饲料等。境外企业不得直接在中国销售农药。境外企业在中国销售农药的，应当依法在中国设立销售机构或者委托符合条件的中国代理机构销售。向中国出口的农药应当附具中文标签、说明书，符合产品质量标准，并经出入境检验检疫部门依法检验合格。禁止进口未取得农药登记证的农药。出口仅限国外登记使用的农药产品，不得在国内销售。办理农药进出口海关申报手续，应当按照海关总署的规定提供相关证明文件。

县级以上人民政府农业主管部门应当定期调查统计辖区内农药生产、销售、使用情况，并及时通报本级人民政府有关部门。地方政府农业主管部门应当建立农药生产、经营诚信档案并予以公布；发现违法生产、经营农药的行为涉嫌犯罪的，应当依法移送公安机关查处。县级以上人民政府农业主管部门应履行农药监督管理职责，可依法开展相关监管措施。

对于农业主管部门及其工作人员、农药登记评审委员会组成人员、登记试验单位等存在渎职、违法犯罪行为的依法追究责任，对于生产假劣农药的，以及无证经营农药、经营假农药、在农药中非法添加物质的以及未履行农药经营、使用相关义务的或存在涉及农药的其他违规违法行为的，将依法追究法律责任。

三、转基因抗病虫与抗逆植物品种的管理

自 20 世纪 90 年代以来，转基因抗逆等作物品种的研究和商业化应用呈持续增长态势。2017 年，全球以抗虫和抗除草剂为主的转基因作物种植面积达 1.9 亿公顷，约占全球 15 亿公顷耕地的 13%，面积较 1996 年增长了 113 倍；种植国家达到 26 个，另有 44 个国家 / 地区进口转基因作物用于粮食、饲料和加工。在世界范围内，商品化种植的转基因作物主要是棉花、大豆、玉米和油菜，此外还有紫花苜蓿、甜菜、木瓜、南瓜、茄子、马铃薯和苹果等；转入的基因除传统的苏云金杆菌（Bt）抗虫基因和抗除草剂（草甘膦）基因外，还有其他一些抗逆基因、营养品质（如高油酸）基因、农艺性状（如防挫伤等）基因。我国目前允许商品化种植的转基因作物只有抗虫棉花和抗病毒木瓜，其中绝大部分是抗虫棉花；2018 年我国的转基因作物种植面积是 290 万公顷，位列全球第 7 位；同时从美国、巴西等国家还进口转基因大豆、玉米及其加工产品。我国对转基因抗虫作物的研究非常重视，2015 年的中央一号文件明确指出，要加强农业转基因生物技术研究、安全管理、科学普及。自主研发的转 Bt 基因抗虫棉花已经在全国推广种植，抗虫水稻、玉米等也具有了很好的技术和材料储备。

抗病虫等转基因作物品种是一类特殊的植保产品（plant-incorporated protectant），因为其中大部分为粮油作物（如玉米、大豆、水稻、甜菜等），是人畜的主食或油料来源，必须经过充分且非常严格的安全评估认证，同时对生态环境和非靶标生物的影响也必须得到充分评估，才能取得登记，进行环境释放与商业化种植。我国一直非常重视转基因生物安全管理，按照全球公认的评价准则，借鉴欧美做法并结合我国国情，建立了涵盖 1 个国务院条例、5 个部门规章的法律法规体系，包括《农业转基因生物安全管理条例》《农业转基因生物安全评价管理办法》《农业转基因生物进口安全管理办法》《农业转基因生物标识管理办法》《农业转基因生物加工审批办法》《进出境转基因产品检验检疫管理办法》等，并经不断修订和完善，对国内开展转基因相关研究、试验、检测、标识、安全性评价、商业化种植、安全风险评估与管控等做出具体要求，以规范相关行为，避免造成重大生态风险与损失。在我国，转基因植物从开展研究到进入商品化生产要经过 5 个阶段：实验研究阶段、中间试验阶段、环境释放阶段、生产性试验阶段、申请安全证书与商业化生产阶段。通过安全评价并获得批准才可以进行下一阶段的研究实验，取得"安全证书"后，生产和经营的企业或者单位还必须在生产省（区）取得转基因农作物生产许可证和经营许可证，才可以从事相应转基因农作物的生产和经营。

四、植保无人机的管理

植保无人机是用于农林植物保护作业的无人驾驶飞机，由飞行平台（固定翼、直升机、多轴飞行器）、导航飞控、喷洒机构三部分组成，通过地面遥控或导航飞控，来实现药剂、种子等喷洒作业。应用无人机进行植保作业具有人机分离、省水省药、效率高、不受地形限制等优点，在提高防治效率和降低劳动强度方面尤为突出。因此，近年来我国植保无人机技术及其应用飞速发展，植保无人机保有量从 2015 年的 2 300 多架，激增至 2017 年底的 13 000 多架，2018 年

突破 3 万架、作业面积突破 3 亿亩次，2021 和 2022 年保有量进一步增加到 9.8 万和 13 万架左右。

现代化装备是现代植保的重要支撑，我国在 2013 年就出台了多项推进农业领域无人机发展的政策，在《关于加快推进现代农业植物保护体系建设的意见》中，提出鼓励有条件地区发展无人机、直升机和固定翼飞机防治病虫害；2015 年农业农村部发布了《到 2020 年农药使用量零增长行动方案》，提出开发应用现代植保机械，替代跑冒滴漏落后机械，减少农药流失和浪费。经过 10 年来的快速发展，我国的植保无人机及使用已经走在世界前列。

在植保无人机的管理方面，2016 年中国民用航空局先后发布了《轻小型民用无人机系统运行管理暂行规定》《使用民用无人驾驶航空器系统开展通用航空经营活动管理暂行办法（征求意见稿）》，对植保类无人机的经营、管理、飞手培训等做了详细规定。2018 年国家发布了首个植保无人机的行业推荐标准《NY/T 3213–2018 植保无人飞机质量技术评价规范》，对植保无人机在质量和质量检验方法两方面均做出明确要求。2023 年全国农业技术推广服务中心发布了《植保无人飞机防治农作物病虫害技术指导意见》，为进一步规范无人机施药行为，提高施药作业的科学性、有效性、安全性和规范性，提供了重要指导。随着专业化植保组织和植保无人机行业的快速发展，我国植保无人机市场的监管体系仍需不断完善。

小　结

植物保护技术推广就是将植物保护的新技术、新知识、新方法、新器材、新产品综合运用于植物保护的过程，通常采用服务式、行政式、教育式三者相结合的方式开展。我国植物保护技术推广体系主要由植保教育、植保科研、植保器材与产品供应等服务保障体系以及植保技术推广管理体系等组成，植保系统的分级推广管理是植物保护技术推广的主体。

我国实行农药产品登记管理制度，农药生产与销售实行许可制度，以保证农药产品质量，并防止在生产、储运和使用过程中对人、畜和其他非靶标生物以及生态环境造成危害，使其在农业生产中发挥最大效益。转基因抗病虫作物是一类特殊的植保产品，必须经过充分且非常严格的安全评估认证，才能进行商品化种植。植保无人机近年发展迅速，极大地提高了病虫害防治效率，有关植保无人机的经营、管理、飞手培训等均有详细规定，但随着形势发展，需要不断完善。

数字课程学习

📥 教学课件　　　📝 思考题

主要参考文献

1. 马承忠.农田杂草识别及防除.北京：中国农业出版社，1999.

2. 王春林.植物检疫理论与实践.北京：中国农业出版社，2000.

3. 王祖望.鼠害防治的理论与实践.北京：科学出版社，1996.

4. 王燕.玉米病虫害原色图谱.郑州：河南科学技术出版社，2017.

5. 中国农业科学院植物保护研究所.中国农作物病虫害.3版.北京：中国农业出版社，2015.

6. 中国植物保护学会.2016–2017植物保护学学科发展报告.北京：中国科学技术出版社，2018.

7. 牛德水.农业生物学研究与农业持续发展.北京：科学出版社，1997.

8. 方中达，陆家云，叶钟音，等.中国农业百科全书植物病理学卷.北京：中国农业出版社，1996.

9. 方中达.植病研究法.2版.北京：中国农业出版社，1997.

10. 石洁，王振营.玉米病虫害防治彩色图谱.北京：中国农业出版社，2011.

11. 吕佩珂，刘文珍.中国蔬菜病虫原色图谱（修订本）.北京：农业出版社，1998.

12. 朱水芳.植物检疫学.北京：科学出版社，2019.

13. 朱国仁.保护地蔬菜病虫害综合防治.北京：中国农业出版社，1998.

14. 仵均祥，袁锋.农业昆虫学.5版.北京：中国农业出版社，2019.

15. 任晋阳.农业推广学.北京：中国农业大学出版社，1998.

16. 全国农业技术服务推广中心.鼠害管理技术.北京：中国农业出版社，2018.

17. 全国农业技术服务推广中心.农业鼠害防控技术及杀鼠剂科学使用指南.北京：中国农业出版社，2017.

18. 全国农业技术推广服务中心.水稻主要病虫害测报与防治技术手册.北京：中国农业出版社，2014.

19. 全国农业技术推广服务中心.玉米主要病虫害测报与防治技术手册.北京：中国农业出版社，2017.

20. 刘玉升.果园农用药物使用手册.北京：中国标准出版社，1999.

21. 刘向东.昆虫生态及预测预报.4版.北京：中国农业出版社，2016.

22. 刘步林.农药剂型加工技术.2版.北京：化学工业出版社，1998.

23. 刘乾开.农业害鼠及其防治.北京：中国农业出版社，1996.

24. 许志刚，胡白石.普通植物病理学.5版.北京：高等教育出版社，2021.

25. 许志刚.植物检疫学.3版.北京：高等教育出版社，2008.

26. 农业大词典编辑委员会.农业大词典.北京：中国农业出版社，1998.

27. 农业农村部种植业管理司，全国农业技术推广服务中心.农作物病虫害专业化统防统治指南.北京：中国农业出版社，2019.

28. 农业部农药检定所.玉米病虫草害防治实用手册.北京：中国农业大学出版社，2016.

29. 农业部种植业管理司，全国农业技术推广服务中心.农作物病虫害专业化统防统治培训指南.北京：中国农业出版社，2013.

30. 苏建亚，陆悦健.蔬菜病虫害防治.南京：南京大学出版社，2000.

31. 李照会.园艺植物昆虫学.2版.北京：中国农业出版社，2013.

32. 吴云锋.植物病虫害生物防治学.2版.北京：中国农业出版社，2016.

33. 邱式邦.中国植物保护研究进展.北京：中国科学技术出版社，1996.

34. 沈兆昌.农业害鼠学.南京：江苏科学技术出版社，1993.

35. 沈萍，陈向东.微生物学.8版.北京：高等教育出版社，2016.

36. 张成良.植物病毒分类.北京：中国农业出版社，1996.

37. 张勇，王小阳.果树病虫害绿色防控技术.北京：中国农业出版社，2020.

38. 张惠珍，王金锋.棉麦一体化栽培农田病虫害综合防治技术.北京：中国农业出版社，1996.

39. 陆家云.植物病害诊断.2版.北京：中国农业出版社，1997.

40. 陈利锋，徐敬友.农业植物病理学.4版.北京：中国农业出版社，2015.

41. 陈捷.植物保护学概论.北京：中国农业出版社，2016.

42. 金濯.植保无人机应用技术.北京：中国农业出版社，2018.

43. 赵俊侠，江世宏.园林植物病虫害防治.3版.北京：高等教育出版社，2015.

44. 赵桂枝，施大钊.农业鼠害防治指南.北京：金盾出版社，1994.

45. 赵善欢.植物化学保护.3版.北京：中国农业出版社，2000.

46. 胡泊海，姜瑞中.农作物病虫长期运动规律与预测.北京：中国农业出版社，1997.

47. 段玉玺，方红.植物病虫害防治.北京：中国农业出版社，2017.

48. 侯慧锋.园艺植物病虫害防治.3版.北京：中国农业出版社，2020.

49. 洪晓月.农业昆虫学.3版.北京：中国农业出版社，2017.

50. 洪晓月.农业螨类学.北京：中国农业出版社，2012.

51. 徐志华.设施花卉病虫害诊治图说.北京：中国林业出版社，2004.

52. 高学文，陈孝仁.农业植物病理学.5版.北京：中国农业出版社，2018.

53. 郭全宝.中国鼠类及防治.北京：中国农业出版社，1994.

54. 黄云，徐志宏.园艺植物保护学.北京：中国农业出版社，2015.

55. 曹子刚.苹果病虫害看图防治.北京：中国农业出版社，1998.

56. 曹若彬.果树病理学.北京：中国农业出版社，1995.

57. 商鸿生.植物检疫学.2版.北京：中国农业出版社，2017.

58. 葛春华，周威君，郑祖祥，等.昆虫园艺学.南京：江苏科学技术出版社，1997.

59. 董金皋.农业植物病理学.3版.北京：中国农业出版社，2015.

60. 蒋先明.蔬菜栽培学各论.北京：中国农业出版社，1999.

61. 韩召军，杜相革，徐志宏.园艺昆虫学.2版.北京：中国农业大学出版社，2008.

62. 程伯瑛.设施蔬菜病虫害防治技术问答.北京：金盾出版社，2010.

63. 焦修伟，孙丽娟，张玉刚.果树生产与管理技术.北京：中国农业出版社，2018.

64. 温秀云.葡萄病虫害原色图谱.济南：山东科学技术出版社，1998.

65. 雷朝亮，荣秀兰.普通昆虫学.2版.北京：中国农业出版社，2011.

66. 梁成华，吴建繁.保护地蔬菜生理病害诊断及防治.北京：中国农业出版社，1999.

67. 蔡平，尹新明．园林植物昆虫学．2版．北京：中国农业出版社，2020.

68. 管致和．植物医学导论．北京：中国农业出版社，1996.

69. 管致和．植物保护概论．北京：北京农业大学出版社，1995.

70. 雒珺瑜，马艳，崔金杰．棉花病虫草害生物生态防控新技术．北京：金盾出版社，2015.

71. 翟虎渠．农业概论．3版．北京：高等教育出版社，2016.

72. 薛春生，陈捷．玉米病虫害识别手册．沈阳：辽宁科学技术出版社，2014.

73. Flint M L.IPM in Practice：Principles and Methods of Integrated Pest Management (2nd ed).University of California (System)，2012.

74. MacBean C.农药手册．16版．胡笑形，等译．北京：化学工业出版社，2015.

郑重声明

高等教育出版社依法对本书享有专有出版权。任何未经许可的复制、销售行为均违反《中华人民共和国著作权法》，其行为人将承担相应的民事责任和行政责任；构成犯罪的，将被依法追究刑事责任。为了维护市场秩序，保护读者的合法权益，避免读者误用盗版书造成不良后果，我社将配合行政执法部门和司法机关对违法犯罪的单位和个人进行严厉打击。社会各界人士如发现上述侵权行为，希望及时举报，我社将奖励举报有功人员。

反盗版举报电话　　（010）58581999　58582371

反盗版举报邮箱　dd@hep.com.cn

通信地址　北京市西城区德外大街4号　高等教育出版社法律事务部

邮政编码　100120

读者意见反馈

为收集对教材的意见建议，进一步完善教材编写并做好服务工作，读者可将对本教材的意见建议通过如下渠道反馈至我社。

咨询电话　400-810-0598

反馈邮箱　gjdzfwb@pub.hep.cn

通信地址　北京市朝阳区惠新东街4号富盛大厦1座

　　　　　高等教育出版社总编辑办公室

邮政编码　100029

防伪查询说明

用户购书后刮开封底防伪涂层，使用手机微信等软件扫描二维码，会跳转至防伪查询网页，获得所购图书详细信息。

防伪客服电话　　（010）58582300